面向21世纪课程教材
Textbook Series for 21st Century

观赏植物生物学

Biology of Ornamental Plants

（第2版）

赵梁军　主编

中国农业大学出版社
·北京·

内容简介

观赏植物生物学是为观赏园艺专业的大学生设计的一门专业基础课教材，也可作为园林植物和园艺专业方向的教学参考书。该教材在正确理解观赏植物概念的基础上，着眼于观赏植物的特殊性和多样性，以及观赏植物生存环境的复杂性，将植物学、植物生理生态学以及传统的花卉学和园林树木学中的有关内容进行了提练、融合、归纳与概括。

教材主要讲述观赏植物的分类与起源、形态与生物学特性、生长发育规律与调控途径、植物与环境的关系以及观赏植物对人类健康的影响，并根据生物学特性和用途将观赏植物分为15类，即裸子植物类、花木类、藤蔓类、一二年生花卉、宿根类、球根类、兰科花卉、水生花卉、仙人掌类及多浆植物、草坪地被植物、竹类、棕榈类、蕨类、高山植物和芳香植物。目的是让学生用最短的时间对庞杂的观赏植物有一个总体把握，为继续学习观赏植物栽培、育种以及植物材料综合应用等方面的课程奠定理论基础。同时，由于该教材强调对知识的归纳和凝练，可为不同专业背景的学生报考观赏园艺和园林植物方向的研究生提供有益参考。

图书在版编目(CIP)数据

观赏植物生物学 / 赵梁军主编．— 2版．— 北京：中国农业大学出版社，2011.8

ISBN 978-7-5655-0301-6

Ⅰ.①观… Ⅱ.①赵… Ⅲ.①观赏植物-植物学-高等学校-教材 Ⅳ.①S68

中国版本图书馆 CIP 数据核字(2011)第 094729 号

书　名　观赏植物生物学(第2版)
作　者　赵梁军　主编

策划编辑　孙　勇　　**责任编辑**　田树君
封面设计　郑　川　　**责任校对**　陈　莹　王晓凤
出版发行　中国农业大学出版社
社　址　北京市海淀区圆明园西路2号　　**邮政编码**　100193
电　话　发行部 010-62731190，2620　　读者服务部 010-62732336
编辑部 010-62732617，2618　　出　版　部 010-62733440
网　址　http://www.cau.edu.cn/caup　　**e-mail** cbsszs @ cau.edu.cn
经　销　新华书店
印　刷　北京鑫丰华彩印有限公司
版　次　2011年8月第2版　2011年8月第1次印刷
规　格　787×1092　16开本　26.25印张　648千字
定　价　44.00元

第 2 版编写人员

主　编　赵梁军　中国农业大学

副主编　包满珠　华中农业大学
　　　　高润清　北京农学院
　　　　白瑞琴　内蒙古农业大学

编　委（以姓氏笔画为序）
义鸣放　中国农业大学　教授
于晓南　北京林业大学　博士，副教授
包满珠　华中农业大学　博士，教授
白瑞琴　内蒙古农业大学　博士，副教授
孙红梅　沈阳农业大学　博士，教授
吕英民　北京林业大学　博士，教授
刘青林　中国农业大学　博士，副教授
张延龙　西北农林科技大学　博士，教授
张海清　四川农业大学　副教授
赵梁军　中国农业大学　博士，教授
胡惠蓉　华中农业大学　博士，副教授
高润清　北京农学院　教授

审　稿（以姓氏笔画为序）
牛立新　西北农林科技大学　教授
孙自然　中国农业大学　教授
张秀英　北京林业大学　教授
骆炳山　华中农业大学　教授
彭春生　北京林业大学　教授

第1版编写人员

主　编　赵梁军　中国农业大学

副主编　包满珠　华中农业大学
　　　　高润清　北京农学院

编　委（以姓氏笔画为序）
义鸣放　中国农业大学　教授
于晓南　北京林业大学　博士，讲师
包满珠　华中农业大学　博士后，教授
孙红梅　沈阳农业大学　博士，讲师
吕英民　北京林业大学　博士后，副教授
刘青林　中国农业大学　博士后，副教授
张延龙　西北农林科技大学　副教授
赵梁军　中国农业大学　博士后，副教授
胡惠蓉　华中农业大学　博士，讲师
高润清　北京农学院　教授

审　稿（以姓氏笔画为序）
牛立新　西北农林科技大学　教授
孙自然　中国农业大学　教授
张秀英　北京林业大学　教授
骆炳山　华中农业大学　教授
彭春生　北京林业大学　教授

第2版　前　言

本教材是在“面向21世纪课程教材”——《观赏植物生物学》第1版的基础上经过补充、改正、增删等修订而成的。

随着社会进步和经济繁荣，花卉产业与教学科研也在飞速发展。为了适应新时代和新形势的要求，本次修订保留了原教材的基本框架和基本内容，同时结合专业特点以及初版以来读者的反馈意见和教学实践，对全书进行了系统的校正，对部分章节进行了调整和修改。

改动较大的内容如下：为第1章、第4章、第5章中补充了思考题；在第5章增加了“芳香植物”一节内容，主要包括芳香植物的概念、主要成分及功效、种类与分布以及应用；重写了第8章“土壤污染物胁迫与观赏植物”，在“观赏植物对环境影响”部分增添了“环境安全”、“负氧离子”、“资源有效利用”面的内容，包括节水耐旱植物、宿根花卉以及乡土植物。为了方便读者阅读和参考，增加了中英文索引，增加了参考文献33篇（部）。

本书的编写人员有所调整，内蒙古农业大学的白瑞琴副教授参与编写了部分内容，并对全书进行了统稿与修改。

本书由中国农业大学赵梁军教授主编，在初版基础上提出的编写体系、编写原则与本次修订要求。全书主要由内蒙古农牧学院白瑞琴博士负责修订，最后由赵梁军教授统一校阅全书。

在编写与修订过程中，我们参考了大量国内外有关书籍、教材和文献，汲取了各自的精华，并引用了其中的部分资料和数据，在此，谨向相关作者和出版社表示由衷的谢意。由于水平有限，编写与修订经验不足，书中难免存在错误与缺点，敬请专家和读者批评指正。

本教材是编写组集体智慧与辛勤劳动的结晶。参加编写与图片资料整理的人员还有北京农学院园林系讲师李月华，中国农业大学观赏园艺与园林系的研究生孙洪波、王茂良、付彦荣、陈菊、彭勇政、吴利敏、黄玄。尽管编写组尽了很大的努力，但作为首次尝试编写面向21世纪教材，同时又受到知识、信息、工作经验和时间的限制，从形式到内容均会有疏漏与不足，书中错误也在所难免。真诚希望广大师生提出批评意见和建议。以便于今后不断修改、充实与完善。

赵梁军

2011年5月于北京

目　录

0 绪 论

以观赏植物为核心的花卉园林产业兴起于第二次世界大战以后，现已发展成为世界上最具活力的产业之一。据统计，目前全球花卉消费额超过 1 000 亿美元，国际花卉贸易额为 100 亿美元左右，成为国际贸易的大宗产品，目前还在递增。当今主要花卉出口国为荷兰、哥伦比亚、以色列、丹麦、比利时等国，居于世界花卉出口的领先地位。同时形成了欧洲（荷兰、德国为核心的欧共体国家）、北美（美国、加拿大为核心）和亚洲（日本及我国香港地区为核心）的三大消费市场。

我国对观赏植物的栽培应用源远流长。特别是 20 世纪 80 年代以来，随着国民经济的飞速发展和人民生活水平的不断提高，花卉和园林绿化受到普遍的重视，环境建设热潮已在我国全面兴起。通过园林绿化来改善环境、通过花卉博览来促进交流、通过植物装饰来美化家居、通过鲜花礼品来传情达意、通过养花种草来陶冶情操、通过插花艺术来提高素养、通过赏花食花来增强体质，观赏植物产品和文化已经渗透到社会的各个领域和人们经济文化生活的方方面面，园林花卉产业正以排山倒海之势雷霆万钧之力向前发展，观赏园艺及园林教育事业亦应运而生，园林植物与观赏园艺学科已上升为国家一级重点学科。目前，我国的园林花卉产业蓬勃发展，观赏园艺事业方兴未艾，前景极为广阔。

观赏园艺学（ornamental horticulture）是园林植物与观赏园艺专业的骨干课程，它是以观赏植物为主要对象，研究其种质资源与分类、生物学特性与生育规律、生态习性与环境生理、品种改良与种苗繁育、栽培管理与商品生产、植物应用与环境美化、产后处理及流通贸易等方面的基础理论与应用技术的综合性学科。其目的是通过改良植物的观赏性和环境适应能力，提高栽培水平、产品质量以及植物材料的综合应用水平，来塑造更好的绿色环境和文化氛围。观赏园艺理论体系建立于生命科学、环境科学及造型艺术三大学科的基础之上，涉及植物学、植物生理学、植物生态学、植物遗传育种学、植物保护学、土壤肥料学、农业气象学、设施园艺学等，同时又与建筑工程、环境工程、文学、历史、美学、艺术等学科相互渗透及密切结合。所以，观赏园艺既是农业又是艺术，观赏植物是其核心。观赏植物不仅是研究与栽培的对象，又是塑造环境的材料，还是花艺与园林艺术的载体。观赏园艺与园林植物专业的学生必须熟悉和牢牢地把握各种观赏植物的特性。

观赏植物（ornamental plants）是指广义上的花卉，是具有一定观赏价值和生态效应，可应用于花艺、园林，以及室内外环境布置和装饰，改善或美化环境的草本和木本植物的总称。我国拥有涵盖热带、亚热带、温带、寒温带的广阔的大陆国土和海洋国土，地质地貌丰富多样，尤其是拥有大面积的山峦叠嶂的热带和亚热带高原，植物种质资源极为丰富，我国拥有蕨类植物 2 600 多种，占全世界种数的 21.6%；拥有裸子植物 236 种，占全世界种数的 29.5%；拥有被子植物 25 000 多种，占全世界种数的 10% 左右。我国又是具有悠久历史及源远流长的花文化传统的文明古国，从各个领域为世界园艺事业的发展作出了最杰出的贡献，被赞誉为“世界园林之母”（E. H. Wilson，1929）。因此，我国也是世界上三大植物栽培品种和品种的起源中心之一，也是世界上 8 大观赏植物原产地的分布中心之一，栽培植物品种资源也极为丰富。观赏植物是园林花卉产业发展的物质基础，我国丰富的植物资源为民族观赏园林花卉产业的发展提供了得天独厚的条件。

观赏植物的主要价值在于其观赏性，评价观赏植物优劣的基点是色、形、势、姿、韵、趣以及芳香气味等，因为观赏植物的姿、色、香、韵、昼夜节律和季相变化是自然界色彩、情趣及环境动感的主要来源，观赏植物多彩的变异可以展示大自然的神奇，启迪人们的思维，激发灵感。在实践中，植物的观赏价值不仅体现在器官水平上，还体现在植物个体乃至群体水平上。了解和把握观赏植物自身的特性，是花艺设计和园林环境创建的基础。只有合理地应用观赏植物的绿化、美化、彩化、香化等作用，以及植物特有的节奏感和动感，才能充分体现环境与生命的自然规律和相互联系，创造出优美的环境。

观赏植物的美要以其周围环境为背景才能得以体现，观赏植物的生长发育也受环境的影响。观赏植物所处的环境与大田作物不同，因栽培目的的不同其生长环境往往会差异很大。在观赏植物商品化生产中，需要极端优化的人工环境，以便使植物的生长发育及产品达到最佳的水平，调控栽培环境成为观赏植物商品化生产的主要环节；在室内观赏时植物会受到弱光、光周期、倒温差的影响，要求植物必须去忍耐和适应室内环境；经常处于某种或某几种环境因子胁迫之中的园林植物，则必须具有更强的适应性。因此，在栽培和应用中必须充分考虑观赏植物对环境的要求。

观赏植物又会影响其周边的环境，其对环境的保护和调节作用日益受到重视。植物环境是人类赖以健康生存和愉快生活的基础，现代花卉园林艺术不仅要求观赏植物能在特定的环境中生存并达到美化环境的效果，而且要求能通过植物配置来提高环境质量。例如，起源于美国的园艺疗法就是通过植物以及植物有关的活动（园艺、花展等）达到促进体力、身心以及精神恢复的疗法。良好的环境能够使患者身心健康、消减疾病、树立信心。因此，了解不同植物的生态特性，合理运用各种植物之间的相互作用、植物与环境的相互关系，才能有效地利用观赏植物来监测环境、改造环境，以建设生态园林，为人们提供理想的生活环境。

观赏植物的商品化生产和园林应用必须优化植物与环境资源的配置，追求综合效益的最大化。在商品化生产中要追求植物生产潜力的最大化与环境调节费用的最小化；在园林应用中则要追求植物对环境贡献的最大化和养护费用的最小化。因为现代化生产追求最大的经济效益，现代园林也必须追求最大的生态效益和社会效益，还因为日益拥挤的城市正在不断地挤占绿地，城市容积中植物的比重不可能扩大。因此，对观赏植物的生产效益和环境效益必须进行精确的计算，以便量化园林建设的环境评价指标。这就要求观赏园艺及园林工作者必须对观赏植物的物质能量的投入和产出有一个最基本的把握。

观赏植物生物学（biology of ornamental plants）是为观赏园艺专业的大学生设计的一门基础课，它是在正确理解观赏植物概念及其作用的基础上，着眼于观赏植物本身的特殊性和多样性，以及观赏植物生存环境的复杂性，将有关普通植物学、植物生理生态学以及传统的《花卉学》和《园林树木学》中的有关内容进行提炼、融合、归纳与系统概括的结果。本课程重点讲授观赏植物的起源与分类、形态与生物学特性、生长发育规律与调控途径，同时讨论观赏植物与环境的相互关系。其目的是让学生用最短的时间对极其庞杂的观赏植物有一个总体的把握，为继续学习观赏植物栽培、育种，以及植物材料的综合应用等课程奠定理论基础。

本教材主要由中国农业大学、华中农业大学、北京林业大学、西北农林科技大学、北京农学院、沈阳农业大学、四川农业大学、内蒙古农业大学有关方面的中青年骨干教师共同编写。全书共分 8 章。

第 1 章介绍观赏植物的营养器官包括根、茎（枝）、芽、叶的形态特征及多样性，并扼要介绍营养器官的发生和生长发育规律，对各种营养器官调控途径及方法进行了介绍。

第 2 章主要讲述观赏植物的花、种子和果实，在简要介绍观赏植物的花、种子和果实的形态特征和生长发育规律的基础上，重点讨论观赏植物生殖器官的多样性及其成因，并针对每一种器官的特点介绍了调控途径及方法。

第 3 章介绍观赏植物分类与品种演化。针对观赏植物是在植物系统发育的基础上，经过人工栽培与选育而形成的基本特点。讲述观赏植物的各种分类方法、起源中心、起源方式，并以梅花、牡丹、月季、菊花、大丽花、唐菖蒲为例，论述了观赏植物起源与品种演化的过程，展示了观赏植物多样性产生的根源与遗传学基础。

第 4 章和第 5 章介绍观赏植物主要类群的起源分布、生物特性、生态适应性以及常见和新优的品种类型。考虑到植物的系统分类地位，兼顾观赏植物的园林应用及生态特征，又照顾到章节的总体平衡，将观赏植物分为木本和草本两大类群，尽管两大类群中的木本和草本植物也有少量的相互包容和渗透。另外，对两大类群的植物又细分为 14 类。依照先木本后草本的原则，在第 4 章介绍木本观赏植物，包括 5 类即裸子植物类（银杏、苏铁、松柏）、花木类、藤蔓类、观赏竹类、棕榈类。在第 5 章介绍草本观赏植物，包括 9 类即一二年生观赏植物、宿根类、球根类、水生观赏植物、多浆植物类、观赏蕨类、兰花类、草坪地被、高山观赏植物、芳香植物。

第 6 章介绍观赏植物的繁殖。本着理论联系实际的原则，将观赏植物繁殖途径分为有性繁殖、无性繁殖、孢子繁殖和组织培养繁殖 4 大类，详细论述各种繁殖途径的原理、方法以及种苗生产的技术路线，并比较各种途径和方法的优缺点。为在栽培实践中正确选择各种观赏植物的繁殖途径和方法奠定理论基础。

第 7 章介绍观赏植物的环境生理，重点讨论观赏植物正常生长发育对环境的要求。详细讲述影响观赏植物生长发育及其观赏品质的非生物学和生物学环境因子，包括温度、光照、水分、土壤（基质）、矿质营养、根际 pH、气体成分、其他生物等。为在商品性花卉生产中按照植物的生态特性优化植物与环境资源，创造优良环境或进行合理布局，选用最适合的方法调控植物生长发育，实现低成本栽培管理提供依据。

第 8 章介绍观赏植物对环境胁迫的适应能力以及植物对环境的影响。针对观赏植物尤其是用于园林的观赏植物，在从外界环境中获取物质、能量和信息用于其生长发育的同时，常常会受到各种不良环境因子的影响的实际情况，重点讨论非生物环境因子对观赏植物的影响以及植物对各种不良环境因子的适应性。鉴于在园林环境中，植物还会遇到某几种不良环境的共同影响，植物必须抵抗各种逆境胁迫而生存，因而还讨论了环境因子的互作。在园林应用中，考虑到美观的同时，根据观赏植物对胁迫因子的适应性选择适宜的栽培种类，发挥观赏植物的美化作用和生态效益。

1 观赏植物的营养器官及其发育

【内容提要】

观赏植物的营养器官包括根、茎（枝）、芽、叶，它们均有重要的观赏价值。其形、姿、色丰富多彩，成为观赏植物的重要观赏要素。本章在扼要介绍其基本生长发育规律基础上，主要介绍观赏植物营养器官形态多样性及其发生规律；还对各种营养器官的调控途径及方法进行了介绍。通过本章内容学习，为观赏植物识别、引种栽培与园林应用奠定基础。

1.1　观赏植物的根

根（root）是植物的重要组成部分，一般生长在土壤中，个别植物的根也会生长在地面上，如一些禾本科植物茎干基部所产生的不定根。从纵向看，根的基本结构包括根冠（root cap）、分生组织区（meristematic region）和成熟组织区（mature region）。其中分生组织区为根细胞分裂和增长分化区域，而成熟区包括根毛区（root hair region）和次生组织区（zone of secondary tissue）（图 1－1－1），根与茎的形态在结构上的差别是：根无节，不着生叶，无髓组织，而茎则有。根一般能无限地向下生长，它的内部能发生侧向的支根，形成庞大的根系，为地上部的生长提供各种必要的条件。

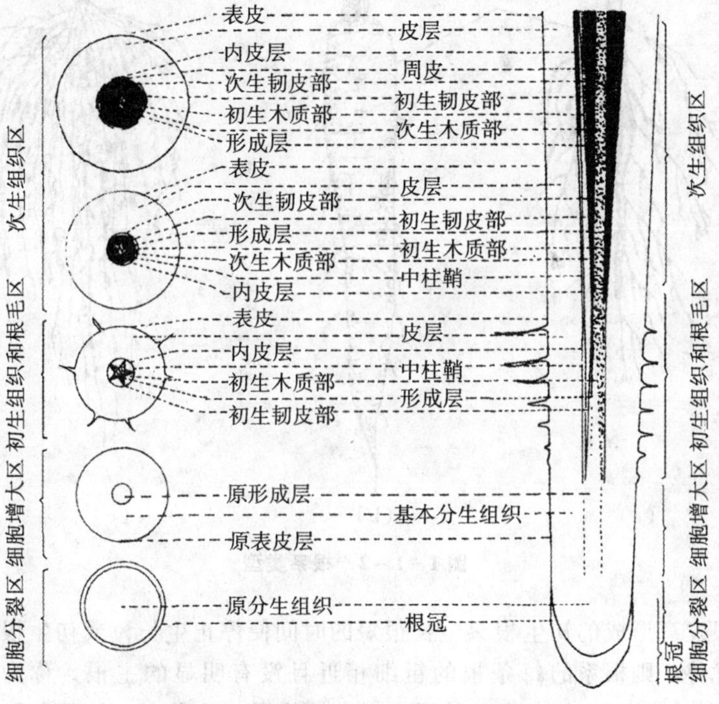

图 1－1－1　维管植物根的结构模式图

左：离根尖不同距离处的横切面；右：根的纵切面

（仿 Florence Brown，1967）

1.1.1　根的基本类型

1.1.1.1　根的类型

种子植物的根有主根、侧根和不定根之分。种子植物的第一个根，由种子中的胚根或下胚轴发育形成，称为主根（main root）或初生根（primary root）；主根垂直于地面向下生长，长到一定长度后，生出许多分枝，称为侧根（lateral root）或次生根（secondary root）。侧根的生长方向往往与主根成一定的角度，还可以进一步生出次生侧根。植物体在主根和侧根以外的部分如茎、叶、胚轴或老根上产生的根统称为不定根（adventitious root）。

1.1.1.2 根系的类型

植物根的总和称为根系（root system）。如果初生根一直保持较旺盛的生长，就会形成明显的主根与侧根之分，大多数双子叶植物和裸子植物就属于此类型，特称为直根系（tap-root system）（图 1-1-2a，b）。如红叶甜菜、山茶、酒瓶兰、针叶树、山核桃、萝卜属等观赏植物均属于此类。直根的穿透力强，可以向下生长到较深的土层中，形成深根性，其每年的生长量主要取决于所在地的年降雨量。

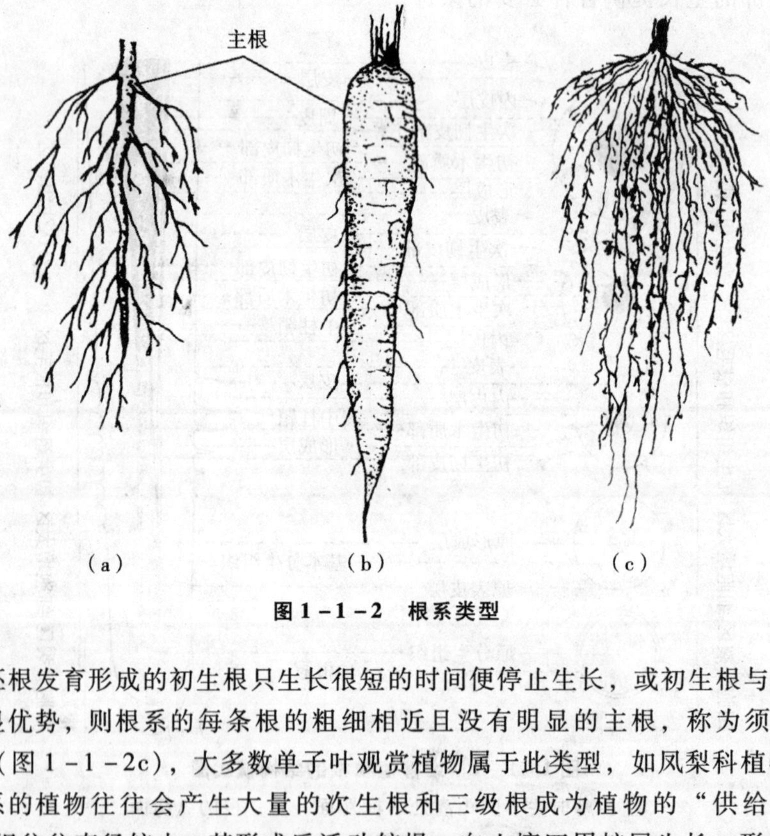

图 1-1-2　根系类型

如果由胚根发育形成的初生根只生长很短的时间便停止生长，或初生根与侧根的生长速度相近无明显优势，则根系的每条根的粗细相近且没有明显的主根，称为须根系（fibrous root system）（图 1-1-2c），大多数单子叶观赏植物属于此类型，如凤梨科植物、百合属植物等。须根系的植物往往会产生大量的次生根和三级根成为植物的“供给根”（feeder roots）。这些根往往直径较小，其形成后活动较慢，向土壤四周扩展生长，形成浅根系，可以迅速吸收地表和土壤浅层的水分。直根系并不都是深根系，须根系也并不都是浅根系。由于环境条件的改变，直根系可以分布在土壤浅层，须根系亦可以深入到土壤深处。

1.1.2 根的形态多样性

很多观赏植物的根由于生态环境的不同，在长期发展过程中，由于生态环境不同，很多观赏植物根系的形态及功能发生了变化，这种变化可以遗传，并已成为这种植物的鉴别特征，相应构成了根的形态多样性（图 1－1－3）。

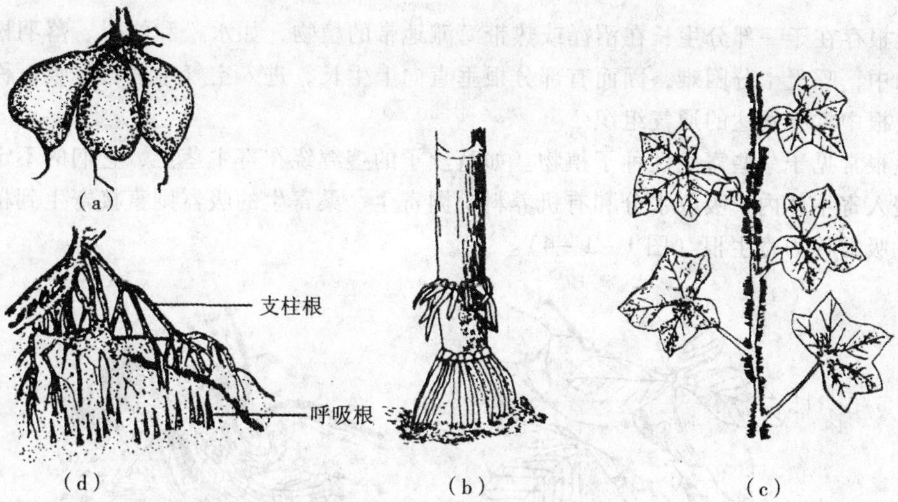

图 1－1－3 根变态类型

（a）大丽花的贮藏根；（b）玉米的支柱根；
（c）常春藤的攀缘根；（d）红树的支柱根和呼吸根

1.1.2.1 贮藏根

贮藏根（storage roots）的主要功能是贮藏大量的营养物质，因此其根常肉质化。根据来源不同可分为肉质直根（fleshy storage taproots）和块根（tuberous roots）两大类。

肉质直根主要由主根发育而成。一棵植株上仅看一个肥大的直根，常常包括下胚轴和节间极度缩短的茎。茎上着生有许多叶片，肉质根的上部由下胚轴发育而成，这部分没有侧根发生。下部由根基部分发育而成，具有纵裂侧根。如胡萝卜、萝卜、红叶、甜菜肉质直根（图 1－1－2b）。

块根和肉质直根不同，主要由侧根和不定根发育形成，因此在一株植物上可以形成许多块根。块根的形态不规则，其膨大的原因多为异常生长所致，如大丽花、花毛茛、欧洲银莲花、天门冬等。

1.1.2.2 气生根

通常根生活在土壤中，但有些植物的根却生活在地面以上的空气中。广义的气生根包括了所有生活在空气中的不定根。常见的有支柱根（prop root）、攀缘根（climbing root）、呼吸根（respiratory root）、寄生根或附生根（parasitic root）。

支柱根主要是一种支持结构，可以伸入土壤起支持作用。小型的支柱根常见于玉米等禾本科植物，在茎基部的节上发生许多不定根，先端伸入土壤中，并继续产生侧根，成为增加植物整体支持的辅助根系。较大的支柱根可见于露兜树属，也常见于榕树、橡皮树，从枝上产生很多不定根，垂直向下生长，到达地面后即伸入土壤中，再产生侧根，以后由于支柱根的次生生长，产生强大的木质部支柱，起支持和吸呼的作用。

攀缘根多见于一些茎细长柔软不能直立的植物。如常春藤、绿萝、喜林芋、凌霄花、络石、卫矛、爬山虎等，其上生有无数很短的不定根，能分泌黏液，以此固着于他物之上向上生长。

呼吸根存在于一部分生长在沼泽或热带海滩地带的植物，如水松和红树、落羽松，由于生在泥水中，呼吸十分困难，因而有部分根垂直向上生长，进入空气中进行呼吸，称为呼吸根。呼吸根中常有发达的通气组织。

寄生根常见于一些寄生性种子植物。如菟丝子的茎缠绕在寄主茎上，它们的不定根形成吸器，侵入寄主体内，吸收水分和有机养料；槲寄生、桑寄生的吸器则直接寄生到植物枝干上，这种吸器称为寄生根（图 1-1-4）。

（1）

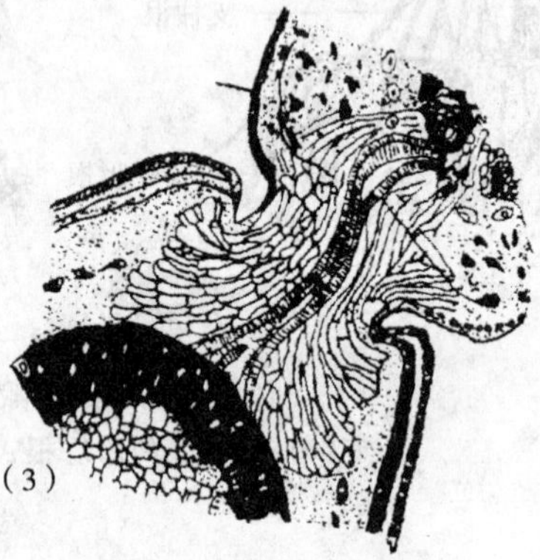

（3）

（2）

图 1-1-4　菟丝子的寄生根

（仿 Gieseen）

（1）寄生根；（2）菟丝子的纵切；（3）寄主植物茎的横切

有些附生物如仙人掌中的绯牡丹等，以气生根附生于树皮上，吸取养料与水分而生活。

1.1.3　根的基本功能

根是植物适应陆地生活的重要器官，构成植物体的地下部分。其主要生理学功能如下：

1.1.3.1　吸收输导功能

根可以从土壤中吸收水分、二氧化碳和无机盐类，并通过根的维管组织输送到茎和叶；而叶所制造的有机物通过茎输送到根，再经根的维管组织输送到根的各部，以满足根的生长发育。

1.1.3.2　支持和固定功能

根系固着在土壤中，使茎叶得以伸展，并能经受风雨和其他机械力量的袭击。另外，一些藤本和蔓生植物，在茎的节处产生不定根，使植物能附着或攀缘在其他植物或物体上。

1.1.3.3　合成功能

根还有合成功能，制造某些重要的有机物质，如氨基酸、植物激素和植物碱等。据研究，根中所合成的氨基酸是蛋白质合成的必需氨基酸，被运送到生长部位构成蛋白质。激素和生物碱对地上部分的生长发育也具有重要作用。此外，根还有分泌有机酸、促进土壤矿物营养溶解等作用。

1.1.3.4 贮藏功能

对一些二年生或多年生观赏植物来说，为了适应恶劣的环境条件，往往形成一种贮藏根，将植物在生长期合成的多余的养分贮藏下来，以备在不利的条件下利用。于是形成了块根类球根花卉。

1.1.3.5 繁殖功能

根上一般不产生芽，但在特定的条件下，一些观赏植物种类在根上会产生不定芽，形成根蘖苗。利用这个特性可以进行分株繁殖或根插繁殖，可用分株繁殖的如大丽花、朱顶红、君子兰、银莲花等，可用根插繁殖的如杨树、刺槐、秋海棠、黑树莓、一品红等。

1.1.4 根的发生类型

根的发生与形成可分为主根发生型和不定根发生型两类。所谓主根发生型就是通过种子萌发，由胚根直接发育形成根系的方式。凡是通过种子繁殖的观赏植物，其根系发生都属于此类型。不定根发生型是指根系并非直接来源于种子，而是直接来源于茎、叶、老根或胚轴上，这类根系对观赏植物生产与繁殖有特别重要的意义。因为许多观赏植物的繁殖，都是借助于不定根发生类型途径来实现的。与主根相比，不定根的来源较为复杂。

1.1.4.1 茎扦插时不定根的发生

茎插条（指扦插繁殖的枝段）的不定根发源于一些分生组织细胞群。分生组织的发育差异很大，因植物种类不同而异。

草本植物不定根发源部位常在维管束外面和维管束之间，如菊花插条的不定根存在于维管束之间，香石竹插条的根原始细胞发生在纤维鞘内侧的薄壁细胞层，西葫芦的不定根发源于韧皮部的薄壁组织。这些部位体积较小的细胞群是根原始细胞群，它们通过分裂而后发育成根原基（root primordia）。根原基内细胞继续分裂，很快形成一个根尖的外形。在新的根原基内发育出维管系统的同时，与附近的维管束连接起来。根尖向外生长，穿过皮层，突破茎表皮。

多年生木本植物，有一层或多层次生木质部和韧皮部，不定根往往从幼嫩的次生韧皮部发生（图 1－1－5），但也可以从维管射线、形成层及髓部发生。当不定根从茎上出现时，已长出根冠和通常的根组织，同时与母茎有完整的维管束联系。

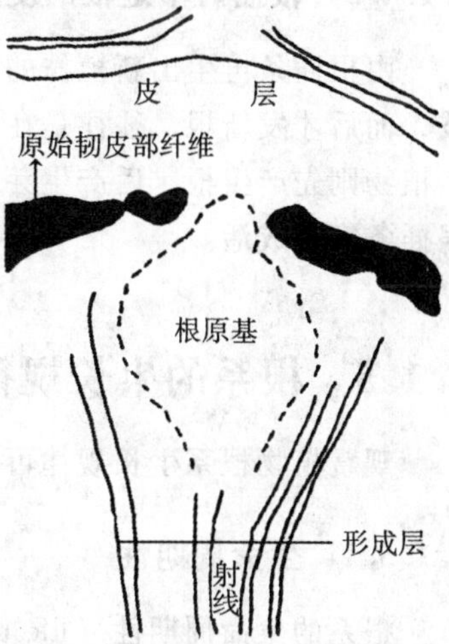

图 1－1－5 李硬枝插条中形成不定根的组织模式图

（仿 A. Bery Beakbane）

多数观赏植物茎上的不定根是在离体后发生的，但也有一些观赏植物茎上不定根的根原细胞在发育早期未离体时产生，即在采插条时已经存在。相应的细胞称为潜伏根原细胞(latent root initial cell)。它们在扦插前一直处于休眠状态，直至离体插条遇到适合环境后才解除休眠，即可发育成根原基和不定根。另有一些植物茎上的根原基会在未离体的茎上发育长成气生根，并十分发达。这种潜伏的根原细胞在很多易生根的种类如柳、八仙花、杨、茉莉、醋栗、香橼等茎中可以见到。埋藏在柳树枝树皮内的潜伏根原基可以保持休眠状态达数年之久，去掉枝条的皮可观察到它们的存在部位，即在木质部上可看到突起物，同时在树皮的内侧可看到凹痕。

1.1.4.2 叶插时不定根的发生

叶插时不定根的发源可分为两类：一类来自于初生分生组织，另一类来自于次生分生组织，以后者最为普遍。

落地生根（*Bryophyllum*）离体叶片的叶缘会发生小植株。它们起源于所谓的叶“胚”，在叶片发育的早期阶段，由叶边缘一些小的细胞群形成。随着叶片的扩展，叶胚也发育直至形成两片发育不完全的叶片，其间具有一大茎尖、两个根原基和一个伸向叶脉的“脚”。叶片长成后，叶胚的细胞分裂亦停止，而后进入休眠状态。如果叶片自母体分离下来，放在湿润的生根基质上，数天后幼小植株很快穿破叶表皮长成小植株，数周后老叶死去，形成很多独立的植株。具有这种生根机制的尚有千母草（*Tolmiea*）、过山蕨（*Camptosorus*）等。

叶插时通过次生组织形成不定根的种类较多。毛叶秋海棠（*Begonia rex*）、景天、非洲紫罗兰、虎尾兰、青锁龙（*Crassufa argentea*）及百合等均可以从叶片基部或叶柄的成熟细胞所发生的次生分生组织发育出新的植株。但在叶插时从叶上形成不定根容易，而形成不定芽较难，因此对一些观赏植物如印度橡皮树和青锁龙树，用于扦插的叶片上必须带一个侧芽，因为这些植物的叶基部虽能产生不定根却不能产生芽。

1.1.4.3 根插时不定根的发生

由根插条再生出新植株的途径因植物种类不同而异。常见的方式是根插条首先发出不定枝，而后才发新根，往往是在新的不定芽基部发出新根，而不是在原有根插条上发生。另一些植物则先产生根，后产生芽和地上部分。一般从幼龄实生苗得到的根插条比从老树上得到根插条容易成活。

1.1.5 根系的生长规律

观赏植物根系生长规律可概括为如下几点：

1.1.5.1 生命周期性

根系的生命周期性（life periodicity）是指根系的生长在植株整个生活史中表现出一定的节奏性。一年生观赏植物根系的生长规律为，从初生根伸长到水平根衰老，最后垂直根衰老死亡，完成其生命周期。而多年生观赏植物生长规律为，幼年期先长垂直根，而水平根则是随着地上冠幅的增大而不断扩大，当进入衰老期后，冠幅缩小，枝叶枯衰，根系生长减弱，表现为水平根首先衰老，最后垂直根衰老死亡。总的来说，观赏植物幼年期植株根系生长速率与相对生长量最大。

1.1.5.2 年周期性

年周期性（annual periodicity）是指根系的生长在一年中表现出一定的节奏性。多年生观赏植物由于受季节和器官发育的影响，其根系生长速率表现为高峰与低谷交替出现的态势。如蔷薇科苹果属植物，在华北地区从3月上中旬至4月中旬，地温回升，被迫休眠解除，根系利用自身贮藏营养开始生长，出现第一个生长高峰；第二个高峰在5月底至6月份前后，此时地上部叶面积最大，光合效率高，温光条件良好，从而促进了根系迅速生长；之后地温升高，果实迅速生长，消耗大量营养，根系生长逐渐变缓。第三个高峰出现在秋季，温度适宜，果实已采收或脱落，地上部养分向下转移，促进了根系生长。

1.1.5.3 日周期性

日周期性（diurnal periodicity）是指根系的生长的昼夜节奏性。由于适应了气温的昼热夜凉变化，绝大多数观赏植物根系在夜间的生长量大于白天，因为在夜间地上部转移至地下部的光合产物较多。在一定的昼夜温差范围内，适当提高昼夜温差，可以降低夜间呼吸消耗促进根系生长，收到苗壮、花艳、果美的栽培效果。

1.1.5.4 地下与地上生长的相关性

植物的地下部与地上部生长的相关性（correlation of the below ground to the above）是普遍存在的。观赏植物地上部和地下部的功能和所处环境不同，在营养物质的供求关系上存在着相互依赖和相互制约的关系。一般说来，凡有利于地上茎叶生长的环境或技术措施，均会对根系生长有一定削弱或抑制作用；反之亦然。在生产实践中，不同植物的要求有所差异。

1.1.6 根系生长的调控

根据观赏植物根系发生和生长规律，通过生物学、化学和物理学方法可以对根系生长进行调控，从而有利于观赏植物的繁殖和生长发育。

郁金香栽培中利用生命周期特征，对球根进行10℃左右的遮光处理，可以促进球根早期大量生根，之后增温加光，促使地上萌发生长。这样大量的根群保证了水分和矿质养分的充足供应，从而使后期生长在短时间内一气呵成，有利于花茎生长和花朵的艳丽。

采取肥水措施。根据地上、地下的相关性，对根系加以调控是观赏植物栽培管理中常用的方法。如适度干旱（少灌水）和降低氮素（N），有助于根系生长，而抑制地上生长，如生产中的“蹲苗”正是基于此原理。

在设施栽培中，利用根系昼夜周期特性，适当降低夜温，对促进苗期根系生长，培育壮苗大有好处。

在多年生观赏树木的管理中，根据根系生长的年周期特征，往往施肥灌水抓住根系生长高峰的关键时期，不但促进根系生长，而且促进地上部的枝叶繁茂。

1.2 观赏植物的茎

茎（stem）一般生长在地面以上（也有些生长地下或水中），地上部分的生态环境相对变化较大，因而茎的形态结构比根复杂。

茎是植物地上部分的轴，其上着生叶、花和果实。着生叶和芽的茎称为枝或枝条（shoot）。一般种子植物的茎多为圆柱形，但也有三棱形和四棱形的茎。茎的长短大小差别很大，从数厘米到百米以上。从茎的质地上看，茎内含木质成分少的称为草本植物（herbaceous plant），而木质化程度高的植物称为木本植物（woody plant），木本植物的茎往往长得高大。

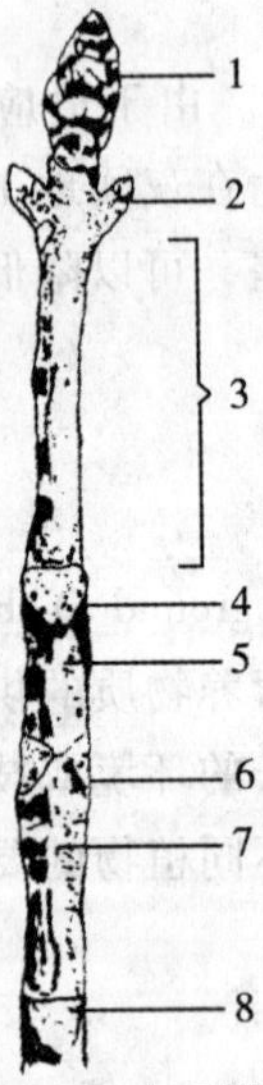

图 1－2－1　山毛榉的枝条

（仿高信曾）

1. 顶芽；2. 腋芽；3. 节间；4. 节；5. 皮孔；6. 叶痕；7. 芽鳞痕；8. 束痕

茎上着生叶和芽的位置叫节（node），两节之间的部分为节间（internode）（图 1－2－1）。有些植物的节很明显，如竹类、香石竹、月季、菊花、百合等。各种植物茎的节间长短不一，有些植物的节间很长，如瓜类植物的节间长达数十厘米；有些植物则很短，如非洲菊、蒲公英、羽衣甘蓝的节间极度缩短，被称为莲座状植物。同一种植物中有节间长短不一的品种类型，如苹果的长枝品种和短枝品种的节间长度截然不同；同一品种的不同枝条的节间长度也有所不同，如苹果和梨在营养生长时节间较长，而果枝的节间短。但一二年生草本和一些宿根类观赏植物则往往表现为营养生长时节间短而生殖生长时节间长，如禾本科植物、二月兰、羽衣甘蓝、荷兰菊、香石竹等。

茎上的叶子脱落后留下的痕迹叫叶痕（leaf scar），不同植物的叶痕形态和大小各不相同，在叶痕内，还可以看到叶柄和茎内维管束断离后留下痕迹，称维管束痕，简称束痕（bundle scar）。在不同植物中，束痕的形状、束数和排列方式也不同。同样，将小枝脱落在茎上留下的痕迹叫枝痕。有些植物茎上还可以见到芽鳞痕（bud scale scar），这是鳞芽开展时，其外的鳞片脱落后留下的痕迹，可以根据茎表面的芽鳞痕来判断枝条的年龄。有的植物茎表面可以见到形态各异的裂缝，这是茎上的皮孔，是植物气体交换的通道，皮孔的形态、大小与分布等，也因植物不同而异。因此，落叶乔木和灌木的冬枝，可以利用上述形态特点作为鉴别指标。

1.2.1 茎的基本类型

观赏植物的茎复杂多样，但根据其生长习性可以分为如下基本类型：

1.2.1.1 直立茎（erect stem）

茎背地面而生，直立。大多数植物的茎是这样的，如蓖麻、向日葵、杨树等（图1-2-2a）。

1.2.1.2 缠绕茎（twining stem）

茎幼时较柔软，不能直立，以茎本身缠绕其客观存在的支柱而上升。缠绕茎的缠绕方向，有些是左旋的，即按反时针方向的，如茑萝、牵牛、马兜铃和菜豆等（图1-2-2b）；有些是右旋的，即按顺时针方向的，如忍冬、葎草等（图1-2-2c）。葎草的茎上有倒刺，还可以钩着他物上升，因此有时也归入攀缘茎。此外，有些植物的茎既可左旋，也可右旋，称为中性缠绕茎，如何首乌（*Polygonum multiflorum*）的茎。

1.2.1.3 攀缘茎（climbing stem）

茎幼时较柔软，不能直立，以特有的结构攀缘他物上升（图1-2-2d）。按它们的攀缘结构的性质，又可分成5种：①以卷须攀缘的，如丝瓜、豌豆、黄瓜、葡萄、乌蔹莓（*Cayratia japonica*）、南瓜等；②以气生根攀缘的，如常春藤、络石、薜荔、扶芳藤等；③以叶柄攀缘的，如旱金莲（*Tropaeolum majus*）、铁线莲等；④以钩刺攀缘的，如藤本月季、花旗藤、白藤、猪殃殃（*Galium aparine* var. *tenerum*）等；⑤以吸盘攀缘的，如爬山虎属（*Parthenocissus* spp.）的植物。

有缠绕茎和攀缘茎的植物统称为藤本植物（liana）。缠绕茎和攀缘茎都有草本和木本之分，因此藤本植物也分为草本和木本，前者如菜豆、南瓜、旱金莲等，后者如葡萄、紫藤、忍冬等。藤本植物在热带森林和湿润的亚热带森林里，由于条件优越，生长特别旺盛，形成森林内的特有景观。

1.2.1.4 匍匐茎（creeping stem）

茎细长柔弱，沿着地面蔓延生长，如草莓、甘薯（山芋）、吊兰、虎耳草（*Saxifrage stolonifera*）等的茎（图1-2-2e）。匍匐茎一般节间较长，节上能生不定根，芽会生长成新株。栽培甘薯和草莓就利用它们这一特性进行繁殖。草莓产生的新株，成为独立的个体后，相连的细茎节间即行死去，根据这一特点，有时将吊兰、草莓自匍匐茎中分出，另立一类，称为纤匍枝（runner）。

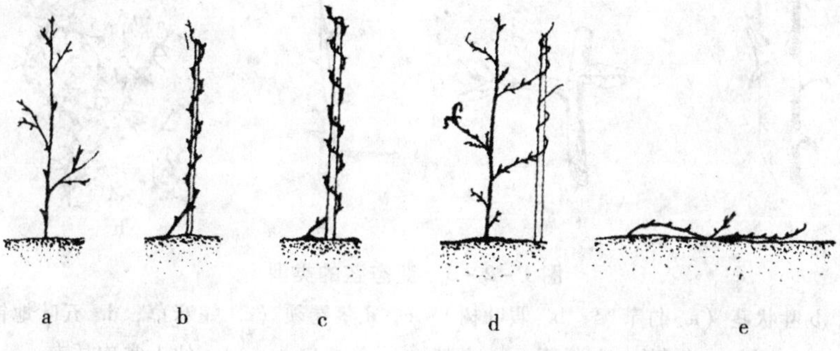

图1-2-2 茎的生长方式

a. 直立茎；b. 左旋缠绕茎；c. 右旋缠绕茎；d. 攀缘茎；e. 匍匐茎

1.2.2 茎的形态多样性

大多数观赏植物的茎生长在地面以上，具有节和节间，并在节上生长着叶和芽，芽萌发以后形成枝，使植物地上部的体量得到扩大。但有些植物的茎为了适应不同的功能，形态结构上常发生一些变化，还有的茎主要在地下生长与扩展，形成地下茎及其变态，这样构成茎的形态多样性。

1.2.2.1 地上茎变态

（1）叶状枝　叶状枝是一类形如叶状并执行叶功能的绿色茎。其上可以产生花、果实以及暂存的叶。如假叶树属（*Ruscus*）(图1-2-3)、天门冬属（*Asparagus*）、菝葜属（*Smilax*）和某些兰属。例如树兰属（*Epidendrum*）都具有叶状枝（图1-2-3a，b）。

（2）茎卷须　卷须是卷曲的纤长结构，卷须具有敏感的触觉和支持植物的攀附作用。形态学上有两种卷须：叶卷须和茎卷须。例如，紫葳属（*Bignonia*）茎的最上面的几节上不是对生的叶片，而代以很细小的卷须。显然，这些是叶卷须。葡萄属（*Vitis*）和五叶地锦（*Parthenocissus quinquefolia*）的卷须，则是茎的变态（图1-2-3c，d），因为它们的卷须存在于节上叶腋内，并且卷须是分叉的。五叶地锦的卷须与它所黏附的表面相接触时，在每一个卷须末端变成扁平的盘状吸器。

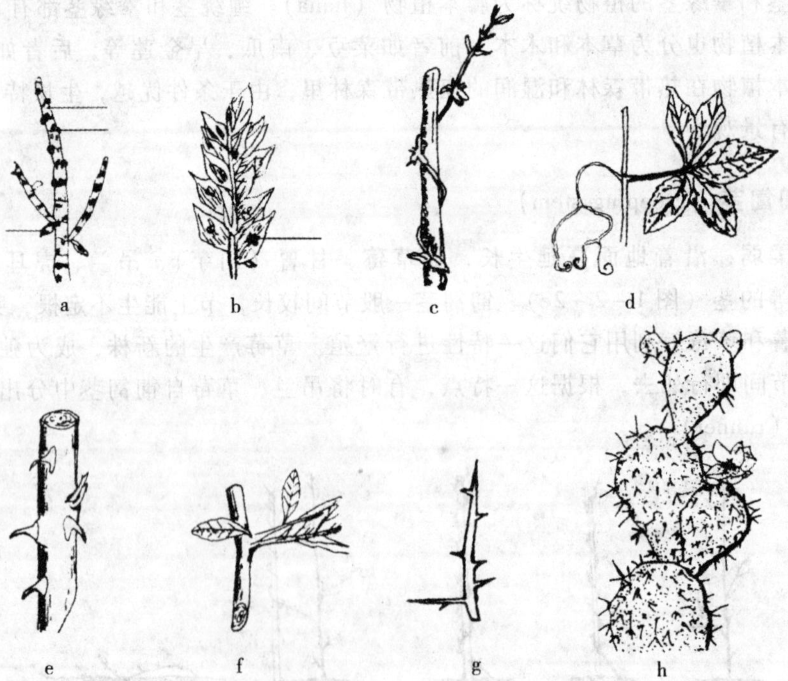

图1-2-3　变态茎的类型

a，b叶状茎（a. 竹节廖；b. 假叶树）；c，d茎卷须（c. 蛇麻草；d. 五叶地锦）
e，f，g茎刺（e. 蔷薇；f. 火棘；g. 美洲皂荚）；h. 仙人掌肉质茎

(3) 刺和枝刺　大多数植物的刺和枝刺都是变态茎或由茎的衍生物变来。某些植物上具刺，例如小檗属（*Berberis*）和刺槐（*Robinia pseudoacacia*），偶尔甚至根也能变为刺。火棘属（*Pyracantha*）中的一些种（图 1-2-3e，f）和美洲皂荚（*Gleditsia*）是枝刺的好例子（图 1-2-3g）。枝刺像普通枝，也着生在叶腋中。有时枝刺上带有叶，而且可以有分枝，这些证明了枝刺是变态茎。另一方面，例如在蔷薇茎上的刺叫皮刺，它是与毛相似的表皮突出物。

(4) 肉质茎（fleshy stem）　茎肥厚多样，呈扁圆形、柱形或球形等多种形态，能进行光合作用，如仙人掌、莴苣（图 1-2-3h）。

1.2.2.2　地下茎变态

(1) 根状茎（rhizomes）　根状茎是平展的地下茎。在大多数的鸢尾种（*Iris*）中，叶和花柄部都产生于正在生长着的根状茎的顶端。叶在离生长尖端的不远处即枯萎，因此许多鸢尾属植物带有衰老的叶。在节上也会产生根，这些根可以一直保留到根状茎的生命结束。其他的根状茎植物，如美人蕉属（*Canna*）（图 1-2-4a，b），在根状茎上可产生具叶的直立茎，每一顶生花具有三节，中间的两个茎节以具有小的鞘状叶为标志。

(2) 球茎（corms）　球茎是一种直立、肥厚的短缩地下茎（图 1-2-4c，d）。

唐菖蒲属（*Gladiolus*）的球茎是一个贮藏着大量养料的短缩茎。一般球茎的茎节可借叶着生位置而辨认。在球茎的正中切面，能够区别出边上贮藏养料的部分和有单个芽的中央部分，这种芽会产生一个具叶的花枝。贮存在休眠球茎中的养分被用来形成营养枝。

腋芽中可产生新的球茎。此外，还可以形成一些缩短的地下根状茎，并在每一个地下根状茎的顶端再长出单个小球茎。

(3) 鳞茎（bulbs）　鳞茎不同于球茎，它的养料贮藏在叶状的鳞片中。茎的部分细小，但至少有一个中央的顶芽，顶芽会产生一个直立的营养枝。此外，至少有一个腋芽，这种腋芽在第二年生长出鳞茎。

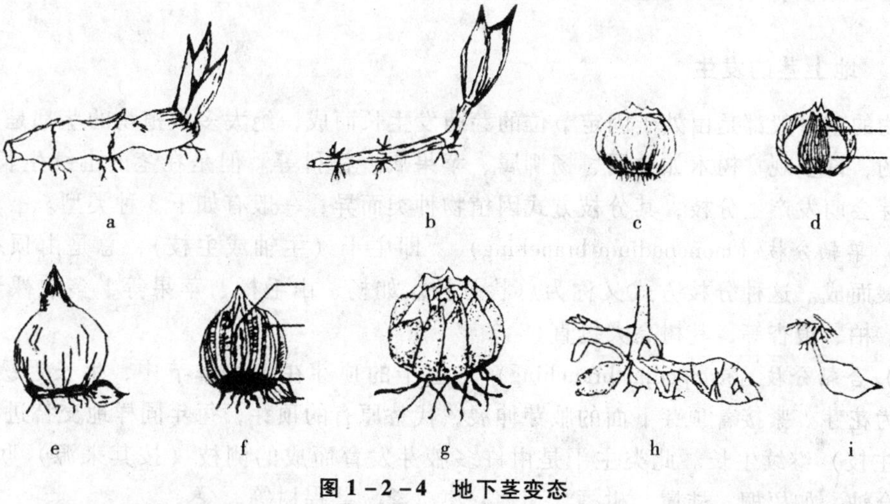

图 1-2-4　地下茎变态

a. 鸢尾的肉质根茎；b. 铃兰的细根茎；c，d 番红花的球茎；e，f 风信子有皮鳞茎；g. 百合无皮鳞茎；h. 菊芋块茎；i 甘露子块茎

鳞茎的叶状鳞片中所贮藏的养料，在营养枝的最初的生长中就耗尽了。所以，用于新鳞茎的养料贮存要由营养枝供应。

(4) 块茎（tuberous stem） 为短粗的肉质地下茎，形状不规则，有顶芽和缩短的节和节间，叶同时退化为鳞片状叶，幼时存在，以后脱落，留下条形或月牙形的叶痕，在叶痕的内侧为凹陷的芽眼，其中有腋芽一至多个，叶痕和芽眼在块茎上呈规则的排列，相当于节的位置，两相邻芽眼之间即为节间。从发生上看，块茎是植物基部的腋芽伸入地下形成的分枝，达一定的长度后先端膨大，贮藏养料，形成块茎，如马铃薯、彩叶芋、菊芋和甘露子、仙客来等。块茎的内部构造也和茎一致，可见到周皮、皮层、内外韧皮部、木质部及中央的髓，但与一般茎的构造有所不同，为茎的异常生长（图 1-2-4h，i）。

1.2.3 茎的基本功能

茎的主要功能是输导和支持。茎向上承载着叶，向下与根系相连，其内的维管组织使两者联系到一起，茎能将根从土壤中吸收的水分和无机盐通过木质部运输到地上各部分，同时又能将叶光合作用制造的有机养料通过韧皮部运送到根部及植物体的各个器官。另外，茎又有支持叶、花和果实的功能，将它们合理地安排在一定的空间里，有利于光合作用、开花和传粉的进行以及果实、种子的成熟和散布。

除了输导和支持的作用外，茎还有贮藏和繁殖的功能。在茎的薄壁组织中，贮有大量的营养物质。不少植物的茎可以形成不定根和不定芽，具有营养繁殖的作用。

1.2.4 茎的发生与扩展

由于观赏植物茎的多态性的存在，使得茎的发生类型和扩展方式也有较大的不同。为了便于叙述，分为地上茎和地下茎两大部分。地下茎是茎的变态，在观赏植物上具有特殊的意义。

1.2.4.1 地上茎的发生

植物的茎一般都是由处于固定节位的芽萌发生长而成，绝大多数植物的茎都是以这种方式形成的，许多观赏树木如桃属、杨柳属、苹果属、松科等。但是在茎的继续生长过程中，茎上的芽会萌发产生分枝，其分枝方式因植物种类而异，一般有如下 3 种类型。

(1) 单轴分枝（monopodium branching） 即主干（主轴或主枝），总是由顶芽不断地向上伸展而成。这种分枝方式又称为总状分枝。如杨、山毛榉、苹果等，多数裸子植物如松、杉、柏、银杏等，其树高大挺直。

(2) 合轴分枝（sympodial branching） 主干的顶芽在生长季节中，生长迟缓或死亡，或顶芽为花芽。紧接着顶芽下面的腋芽伸展，代替原有的顶芽，每年同样地交替进行，使主干（或主枝）继续生长。此类主干是由许多腋芽发育而成的侧枝（按其来源）联合组成，故称为合轴。如梧桐、柿属、柑橘、葡萄、枣、桑、菩提树等。

(3) 假二叉分枝（false dichotomous branching） 具对生叶的植物，在顶芽停止生长后，或顶芽是花芽，在花芽开花后，由顶芽下的两侧腋芽同时发育成二叉状分枝。如丁香、茉莉、接骨木、石竹、繁缕等。

1.2.4.2 地下茎的发生

地下茎发生分为鳞茎发生型、球茎发生型、块茎发生型、根茎发生型4种。

（1）鳞茎发生型　正常情况下，在生长阶段开始时就在鳞茎盘上的鳞片腋内孕育小鳞茎，这一孕育期往往需要一个生长季。对于百合的一些种类，如珠芽百合（*Lilium bulbiferm*）、加拿大百合（*L. canadense*）、豹纹百合（*L. pardalinum*）、帕氏百合（*L. parryi*）、美丽百合（*L. superbum*）和卷丹（*L. tigrinum*），除了上述方法产生新的小鳞茎外，地下茎上也会产生小鳞茎，这种方式又称为芽殖。而地上茎的叶腋里，还会产生气生的小鳞茎（称为珠芽）。

百合还可以通过鳞片形成的小鳞茎。把鳞片从母鳞茎上一片片分开，放在适宜的生长条件下，每一鳞片的基部都能发出3~5个不定的小鳞茎。

（2）球茎发生型　唐菖蒲和藏红花是典型的球茎类植物，这类植物的球茎在发芽、长枝开花的同时，自身养分不断消耗，直至成为一个极度收缩的残态老球茎，与此同时在老球茎上部形成次年的新球茎（新的开花球茎）。而在新球茎基部匍匐茎状组织的顶端发育出小型球茎（小球茎）（图1-2-5）。

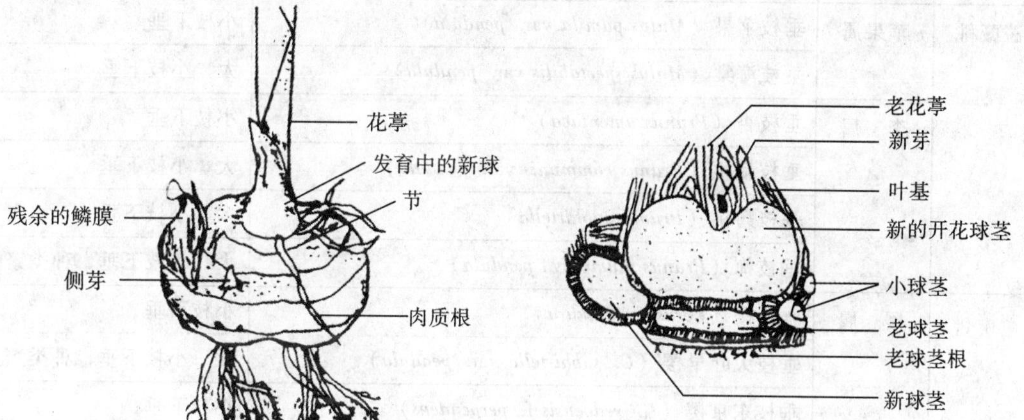

图1-2-5　唐菖蒲球茎

左：外貌；右：纵切片

（3）块茎发生型　在主茎的基部萌发出不定根，侧芽横向生长变成匍匐茎。在长日照并同时存在生长激素与大量赤霉素的情况下，匍匐茎会不断生长。当顶端生长受到抑制并且匍匐茎的次顶端部位的细胞开始增大与分化时，块茎便开始形成。块茎形成的条件是：短日照或中日照、温度降低（尤其在晚上）、高光强度、低矿质含量和植物体内低水平的赤霉素含量等。像花叶芋属（*Caladium*）、菊芋（*Helianthu tuberosu*）等属于该类型。

（4）根茎发生型　根茎的发生是靠根茎顶端和侧根茎上的生长点而生长的。随着植株的不断生长，地下根茎的分枝数增加，同时会增加地上植株（地上茎）数，如鸢尾属、生姜等。

1.2.4.3 茎的扩展及其变异

一般植物的茎主要是通过分枝而扩展，分枝结果形成各类枝条，由各类枝条构成树冠。枝条形态与着生角度对树冠的观赏价值影响很大。与普通植物相比，观赏植物枝条的形态多样性极为明显，主要表现为枝条的下垂、扭曲、扁化（缀化）。

（1）垂枝（pendent） 在自然界中，由于植物的向光性以及群落中种间竞争结果，筛选出不同光适应性植物：

强阳性－直立向上的乔木；耐阴性－灌木；喜阴性－阴生宿根草本。因此，垂枝不应该是自然选择的必然结果，而应该是人为呵护的结果。垂枝广泛应用于园林造景。

垂枝发生在许多科属的植物之中，可以认为是一种直枝型的劣变。有的已发育成独立的种，但多数还停留在变种（variety）和变型（forrna）的水平。有的被定位在栽培品种变种(variety)或变型（cultivar）的水平上，垂枝类型在蔷薇科（Bosaceae)、松科（Pinaceae)、柏科（Cupressaceae)、杉科（Taxodiaceae)、杨柳科（Salicaceae）中表现得最多（表1－2－1)。

表1－2－1 常见观赏植物的垂枝类型

（赵梁军整理，2002）

科 名	属 名	种、变种、变型、栽培品种名	垂枝性状
蔷薇科	苹果属	垂枝苹果（*Malus pumila* var. *pendula*）	小枝下垂
		垂枝海棠（*Malus spectabilis* var. *pendula*）	大、小枝下垂
	李 属	垂枝杏（*Prunus ameniaca*）	小枝下垂
		垂枝扁桃（*Prunus communis* var. *pendula*）	大、小枝下垂
		垂枝碧桃（*Prunus subhirtella*）	大、小枝下垂
		垂枝梅（*Prunus mume* cv. *pendula*）	大、小枝下垂，种类繁多
蔷薇科	樱 属	垂枝樱（*Cerasus itosakura*）	小枝下垂
		垂枝大叶早樱（*C. subhirtella* var. *pendula*）	大、小枝下垂，种类繁多
		垂枝东京樱（*C. yedoensis* f. *perpendens*）	小枝下垂
		垂枝樱花（*C. serrulate* f. *pendula*）	大、小枝下垂
		垂枝日本晚樱（垂枝菊樱、‘菊枝垂’）（*C. lannesiana* f. *pleno-pendula*）	小枝下垂
		垂枝毛樱桃（*C. tomentosa* var. *pendula*）	大、小枝下垂
	栒子属	平枝栒子（*Cotoneaster horizontalis*）	枝水平略下垂
松 科	雪松属	垂枝雪松（*Cedrus deodara* var. *pendula*）	小枝下垂
		灰色地带（*C. deodadra* ‘Glauca Pendula’）	小枝下垂，大枝藤状
		垂枝喜马拉雅雪松（*C. deodadra* ‘Pendula’）	小枝下垂
		垂枝翡翠（*C. libani* ‘Emerald Weeper’）	
		垂枝黎巴嫩雪松（*C. libani* var. *atatica* ‘Glauca Pendula’）	大枝近藤本、小枝向下垂吊，蘑菇状

续表 1-2-1

科 名	属 名	种、变种、变型、栽培品种名	垂枝性状
	云杉属	麦吊（垂枝）云杉（*Picea brachytyla*）	小枝下垂
		垂枝欧洲（挪威）云杉（*Picea abies* ‘Pendula’）	小枝下垂
	松 属	垂枝黑松（*Pinus thunbergii* cv. *pendula*）	小枝下垂
	金钱松属	垂枝金钱松（*Pseudolaxix amlailis* var. *annes-leyana*）	小枝下垂
	金松属	垂枝日本金松（*Sciadopitys vertiollate* var. *pendula*）	小枝下垂
	铁杉属	垂枝加拿大铁杉（*Tsuga canadensis* ‘Pendula’）	大、小枝下垂
桑 科	桑 属	垂枝桑（*Morus alba* cv. Pendula）	大、小枝下垂
	榕 属	垂叶榕（*Ficus benjiamina*），另有栽培种‘Varie-gata’，‘Re aginald’，‘Golden Leaves’，‘Natasja’，‘Golden Princess’	小枝下垂，叶色丰富，种类繁多
		黄果垂榕（*F. benjamina* var. *comosa*）	小枝下垂
		亚里垂榕（*F. binnendijkii*）	小枝下垂
		柳叶榕（*F. celebensis* = *F. irregularis*）	小枝下垂
		长叶垂榕（*F. maclellandii* ‘Glabrirecepta’）	小枝下垂
		白肉榕（*F. vasculosa* = *F. championii*）	小枝细长垂吊
柏 科	扁柏属	垂枝扁柏（*Chamaecyparis obtusa* ‘Pendula’）	小枝下垂
	柏木属	垂枝墨西哥柏（*Cupressus lusitanica* cv. Pendula）	小枝下垂
		克什米尔柏（*Cupressus cashmeriana* Royle ex Carriere）	小枝下垂
	香柏属	垂枝香柏（*Sabina pingii* ‘Pendula’）	小枝下垂
		垂枝铅笔柏（*Sabina virginiana* cv. Pendula）	小枝下垂
杉 科	柳杉属	垂枝柳杉（*Cryptomeria japonica* cv. *nutans*）	小枝下垂
	落羽杉属	垂枝池杉（*Taxodium asceridens* var. *nutans*）	
		垂枝落羽杉（*Taxodium distichum* cv. *Pendula*）	
	香柏属	垂枝北美香柏（*Thuja occidentalis* ‘Pendula’）	小枝下垂
杨柳科	柳 属	绦柳（金枝垂柳）（*Salix matsudana* f. *pendula*）	小枝细长下垂
		垂柳（*Salix babylonica*）	小枝细长下垂
		青皮垂柳（*Salix ohsidare*）	小枝细长下垂
	杨 属	垂枝小叶杨（*Populus simonii* f. *pendula*）	侧枝平展，小枝下垂
		垂枝山杨（*Populus davidiana* cv. Pendula）	
桃金娘科	红千层属	垂花红千层（*Callistemon viminalis*）	小枝下垂
	蒲桃属	海蒲桃（*Syzygium firmum*）	小枝细长下垂
榆 科	榆 属	垂枝榆（*Ulmus pumila* cv. Pendula）	大、小枝下垂

续表 1-2-1

科 名	属 名	种、变种、变型、栽培品种名	垂枝性状
豆 科	槐 属	垂枝槐（*Sophora japonica* var. *pendula*）	小枝下垂
桦木科	桦 属	垂枝桦（*Betula platyphylla* cv. Pendula）	小枝下垂
槭树科	槭 属	垂枝鸡爪槭（*Acer palmatum* cv. Pendula）	小枝下垂
银杏科	银杏属	垂枝银杏（*Ginkogo biloba* cv. Pendula）	小枝下垂
漆树科	黄栌属	垂枝黄栌（*Cotinus coggygria* var. *pendula*）	小枝下垂
清风藤科	泡花树属	垂枝泡花树（*Meliosma pendens*）	小枝下垂
木樨科	白蜡树属	垂枝白蜡（*Fraxinus chinesis* cv. Pendula）	大、小枝下垂

（2）曲枝（zigzag） 在园林植物中，曲枝现象没有垂枝普遍，它多发生在一些小乔木与灌木中，且在科属上没有集中分布的倾向。常见于以下几个科属（表 1-2-2）。

表 1-2-2 常见观赏树木的曲枝种类

（赵梁军整理，2002）

科 名	属 名	种、变种、变型、栽培品种名	植株型态
蔷薇科	李 属	龙游梅（*Cerasus mume* cv. *tortuosa*）	小乔木
杨柳科	柳 属	龙爪柳（*Salix matsudana* cv. *tortuosa*）	乔木
桑 科	桑 属	龙爪桑（*Morus alba* var. *tortuosa*）	乔木
豆 科	紫荆属	曲枝紫荆（*Cercis chingii* cv. *tortuosa*）	灌木
	刺槐属	龙爪刺槐（*Robinia pseudoacia* f. *tortuosa*）	乔木
山茶科	山茶属	曲枝山茶（*Camellia japonica* cv. *tortuosa*）	小灌木
鼠李科	枣 属	龙游枣（*Ziziphus jujuba* cv. *tortuosa*）	乔木
芸香科	枳 属	龙爪枸橘（*Poncirus trifoliata* cv. *tortuosa*）	有左旋和右旋
蔷薇科	木瓜属	曲枝贴梗海棠（*Chaenomeles speciosa* cv. *tortuosa*）	鳞凤或云龙更纱

（3）扁化（fasciation） 扁化俗称缀化、带化。是某些分生组织细胞异常发育的结果，但诱发的机理不太清楚。在根、花、果、茎、叶上均可以发生。在花卉中，扁化的器官常被作为主要观赏性状之一来看待。扁化现象可见于 107 个科的维管植物中，其中仙人掌科中最多，还有大戟科。另外，可见豆科的紫藤、国槐，苋科的鸡冠花、扁茎蓼，菊科的莴苣（表 1-2-3）。

表 1-2-3 常见观赏植物枝的扁化

（赵梁军整理，2002）

科 名	属 名	种、变种、变型、栽培品种名	其他特性
仙人掌科	巨人柱属	牟庆冠（*Carnegiea giantea* f. *crist*）	在12个属中普遍存在，构成一大类型
	翁柱属	翁冠（*Cephalocereus senilis* f. *crist*）	
		拳骨冠（*Cylindropuntia twgida* f. *crist*）	
大戟科	变叶木属	变叶木（*Cudioeum variegatum*）	
	大戟属	大棱缀木（*Eophorbia angularis* f. *crist*）	多重生草本
		一品红（*Euphorbia pulcherrima*）	小灌木
		虎刺梅（*Euophorbia milli* var. *splendens*）	
		金刚（霸王鞭）（*Euphorbia antiquorum*）	带刺
		三棱茎（*Euphorbia trigona*）	无刺
		彩云阁（*Euphorbia trigona*）	
		八卦球（*Euphorbia obesa* f. *crist*）	无刺无叶，似仙人球
		鸡冠木（*Euphorbia lactea* f. *crist*）	
		鹿角麒麟（*Euphorbia neriifolia* f. *crist*）	
		光棍树（*Euphorbia tirucalli*）	
豆 科	槐 属	国槐（*Sophora japonica*）	乔木
	紫藤属	紫藤（*Wistara sinensis*）	木质藤本
漆树科	芒果属	芒果（*Mangifera indica*）	乔木
	黄栌属	黄栌（*Cotinus coggygria*）	小乔木
苋 科	青葙属	鸡冠花（*Celosia cristata*）	
菊 科	莴苣属	莴苣（*Lactuca sativa*）	
蓼 科	竹节蓼属	竹节蓼（*Homalocladium platycladium*）	

（4）跳枝（shift） 调枝俗称为半枝，在植物学上称作“移位”。往往表现为在原来的同一枝上出现不同类型的叶、花、果。在观赏园艺上常将跳枝视为珍品。常见的有以下几个种（表1-2-4）。

表 1-2-4 常见观赏植物的跳枝类型

（赵梁军整理，2002）

科　名	属　名	种、变种、变型、栽培品种名	性状表现
蔷薇科	樱　属	梅花（*Cerasus mume*）	粉/红同株不同枝，一株多变，有双碧跳枝，复瓣跳枝等
		桃（*Cerasus persica*）	粉/红，同株不同枝，红白相间
	绣线菊属	日本绣线菊（*Spiraea japonica* cv. *shirodana*）	有红白分枝现象
杜鹃花科	杜鹃花属	杜鹃（*Rhododendron hydridum*）	栽培品种的春雨、王室珠，同枝可开红、粉白不同花色的花朵
紫茉莉科	叶子花属	三角梅（*Bougainvillen spectabilis* cv. Mary Palmer）	同枝上苞片有红、紫、白、红白相间的类型
	紫茉莉属	紫茉莉（*Mirabilis jalapa*）	紫红、黄、白、橙色同株相间，也有单一花色
芍药科	芍药属	牡丹（*Paeonia suffruticosa* cv. *luoyangjin*）	有洛阳锦，同株或同枝上出现紫红、浅红两种花
山茶科	山茶属	山茶（*Camellia japonica* cv. Hua Furong）	有花芙蓉，不同枝上有白、红两色花，枝色也有所不同
		云南山茶（*Camellia reticulata*）	同枝上开出红/白两色花
茄　科	番茉莉属	二色茉莉（*Brunfelsia latifolia*）	紫/白两色花同枝
苋　科	青葙属	鸡冠（*Celosia cristata*）	同一花序上表现红黄相间
菊　科	大丽花属	大丽花（*Dahlia pinnata*）	同株不同枝上红/白两色
绣球花科	绣球花属	蓝边八仙花（*Hydrangeamaerophylla* var. *courulea*）	同一花序上的花蓝边白芯

1.2.5 茎的生长规律及调控

观赏植物茎的生长表现为加长生长和加粗生长两个方面，其中加长生长所持续时间短于加粗生长。一般为茎的高度（或节间长度）发育到一定阶段，其长度基本恒定，而茎的粗度则随着生长发育的继续而持续增加。就个体发育年龄阶段而言，茎的加长生长主要是在植物个体发育早期进行。

对一些多年生观赏植物来说，在一年中，茎的加长生长表现为三段式：开始生长期—旺盛生长期—缓慢生长期。不同种类茎的加长生长动态有很大差异，同一种类也会因品种、环境、植物年龄、负载量等诸多因素的影响而有所变化。

由于主茎的顶芽生长对其腋芽有明显的抑制现象（顶端优势），所以主茎生长很快，侧枝从上到下的生长速度不同，距茎尖越近，被抑制越强，因此许多针叶观赏树木，如松、柏、杉等树冠都明显地呈宝塔形。

茎的加粗生长依赖于形成层细胞的活动状态。对于北方多年生落叶观赏树木，休眠是从根茎开始，逐渐上移，但细胞的分裂活动却首先在生长点开始，它所产生的生长素刺激了形成层细胞的分裂，所以加粗生长略晚于加长生长。多年生茎干只有加粗生长而无加长生长，枝龄越小加粗的绝对值越小，相对值越大。

由于观赏植物茎的种类多样，观赏用途各异，因此对茎的调控成为观赏植物栽培管理技术的重要内容。如在各种切花生产中，总是千方百计增加花梗的长度，生产中采用前期培养壮苗，而在花葶发生之时，适当提高温度，加强肥水。在月季花生产中，除了控制肥水和温度外，还应用修剪方法，打破顶端优势，促进侧芽形成旺盛的侧枝。当然也可用一些化学、生物的方法控制茎干的过度生长，如为了制作小型盆景，可以适当应用矮壮素、PP_{333} 等生长抑制剂，也可采用矮化砧木等。

1.3　观赏植物的芽

芽（bud）是处于幼态而未伸展的枝、花或花序，也就是枝、花或花序尚未发育前的雏体。因而芽对观赏植物有着极其重要的意义。

1.3.1　芽的基本类型

观赏植物的芽在大小、形态和外貌等方面，变化很多，现将其主要类型归纳如下。

1.3.1.1　根据芽在枝上的位置

芽可分为定芽（normal bud）和不定芽（adventitious bud）。定芽着生于茎的固定位置，又可分为顶芽（terminal bud）和腋芽（axillary bud）两种。顶芽是生在主干或侧枝端的芽，腋芽是生在枝的侧面叶腋内的芽，也称侧芽（lateral bud）两种。一般讲，多年生落叶植物落叶后，枝上的腋芽非常显著，接近枝基部的腋芽往往较小。在一个叶腋内，通常只有一个腋芽。但有些观赏植物如金银花、桃、桂、葡萄等的部分或全部叶腋内，腋芽却不止一个，其中后生的称为副芽（accessory bud）。

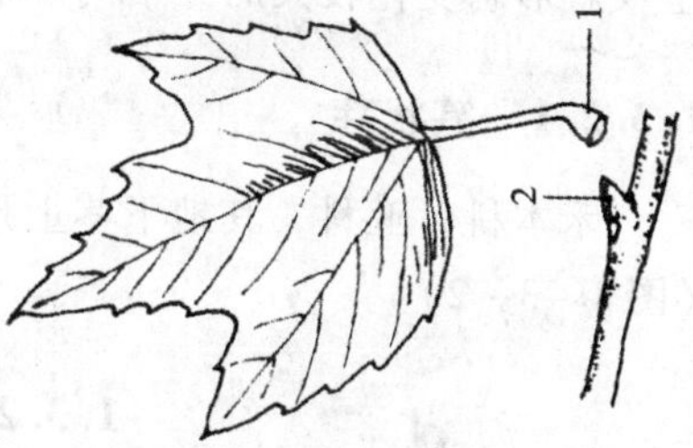

图 1-3-1　叶柄下芽
1. 叶柄基部；2. 芽

有的腋芽生长的位置较低，被覆盖在叶柄基部内，直到叶落后，芽才显露出来，这类芽又被称为叶柄下芽（subpetiolar bud）（图 1-3-1），如法国梧桐、八角金盘、刺槐等。

凡不是生在枝顶或叶腋内的芽，都被称为不定芽。如蒲公英、榆、刺槐等生在根上的芽，秋海棠和落地生根叶上的芽，桑、柳等老茎或创伤切口上产生的芽。

1.3.1.2　根据芽鳞的有无

将芽分为裸芽（naked bud）和被芽（protected bud）。多数多年生木本植物的越冬芽，外面有鳞片（scale）包被，称为被芽或鳞芽（scale bud），如悬铃木、杨、玉兰、柳等都属于被芽类型。所有一年生观赏植物、多数两年生植物和少数多年生木本植物的芽，外面没有鳞片，只被幼叶包着，称为裸芽，如元宝枫和葡萄的副芽（夏芽）。

1.3.1.3 根据芽形成的器官性质

芽可分为叶芽（leaf bud）、花芽（flower bud）和混合芽（mixed bud）。叶芽发育开放后形成茎和叶，因此又称之为枝芽（branch bud），它由顶端分生组织幼叶、叶原基和腋芽原基组成；花芽是产生花或花序的雏体，由一个花原基（flora primordium）或花序原基组成，没有叶原基和腋芽原基。花芽的顶端有分生组织，不能无限生长，当花或花序的各部分形成后，顶端就停止生长，如桃属植物的花芽就属此类；混合芽则是由叶芽原基、花原基等共同组成，将来发育形成枝叶及花的混合体，如苹果、石楠、海棠、葡萄等的部分芽。

1.3.1.4 根据芽的生理活动状态

芽可分为活动芽（active bud）和休眠芽（dormant bud 或 latent bud）。活动芽是生长季节活动的芽，也就是能在当年生长季节形成新枝、花或花序的芽。一般一年生草本观赏植物，其植株上多数芽都是活动芽。休眠芽是在其形成当年的生长季节不发展，保持相对静止的状态。绝大多数落叶观赏木本植物都有这一习性，还有常绿柑橘植物也是如此。葡萄植物的叶腋一般着生两个芽，其中一个为休眠芽，而另外一个为活动芽，它们分别又被称作冬芽和夏芽。

1.3.2 芽的形态多样性

从芽的基本类型，我们已经领略到芽的丰富多彩，事实上芽的多态性是十分丰富的，这里仅就形态变化较大的芽举例说明如下。

1.3.2.1 笋状芽

禾本科竹亚科，其地下茎上形成的芽，一般被称为竹笋，将来形成竹干、株枝、株叶等（图 1－3－2）。

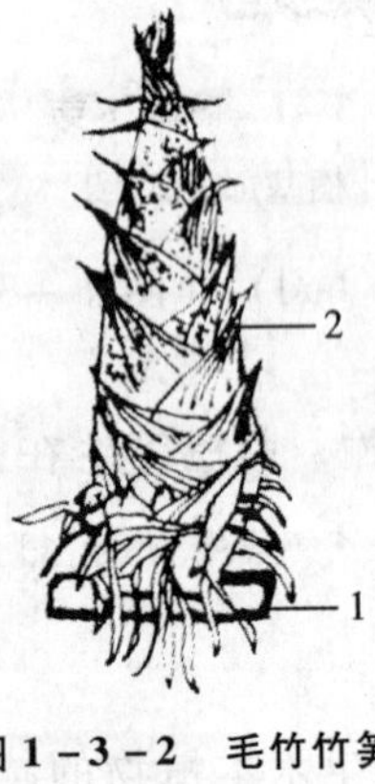

图 1－3－2 毛竹竹笋

1. 地下茎；2. 竹笋

1.3.2.2 巨型花芽

常见的花椰菜、羽衣甘蓝、莲花、香蕉、帝王花等植物的可食或观赏部分即为一变态的花芽。

1.3.2.3 巨型顶芽

甘蓝和头状莴苣包球就是顶芽的一种特殊变态。

1.3.2.4 苞片多态性

一些植物花芽的苞片特化，形态丰富多样。如球状洋蓟，其花的苞片特化为肥的肉质苞片，可供食用；玉兰花的花芽苞片着生较多的毛状物，花朵未放之前，酷似毛笔头，故该类植物又有木笔之称；银芽柳的雄花芽，芽鳞密被银白色绢毛，成为早春一景。

1.3.2.5 珠芽

百合属一些种类，在其茎的叶腋处分化出鳞茎状的芽，可用于繁殖。

1.3.3 芽的基本功能

根据芽的特性，其基本功能可以简单概括为以下几种。

1.3.3.1 生长功能

芽是一个短缩的茎，可以形成枝叶，扩大植株。叶芽决定着植株主干和侧枝的关系与数量，即决定植株的长势和外貌。对于许多木本观赏植物来讲，枝上的芽的生长周期为：芽—萌发—枝—芽，这一过程周而复始。也可以说，一株树上的芽就像播种于土壤的“种子”，每年都会萌发（长成枝），每年又会有新的形成（新芽）。一株高大的乔木，其树冠大小和形状，正是由不同部位的芽形成长势和数量不同的枝，经过年复一年的积累塑造的自然杰作。

1.3.3.2 繁殖功能

芽本身具有萌生新个体进行无性繁殖的能力，同时具有成花结果进行有性繁殖的能力。花芽或混合芽决定着花或花序的结构和数量，并决定开花的迟早和结果的多少。就植物而言，这些直接决定了其繁育后代的能力（种子繁殖），而就人类功利性考虑，又直接决定着园艺产品的多少与好坏。另外，对鳞茎类植物，特殊的芽变态所构成的小鳞茎（珠芽），更是一种无性繁殖的形式。

1.3.3.3 休眠功能

植物在不良环境下停止生长，形成芽。这种芽是植物的一个休眠体，具有种子的某些特性，可以帮助植物渡过不良环境，尤其是有苞片的芽具有更强的抗寒性。

1.3.4 芽的发生类型

按芽的来源可以将芽的发生类型分如下两类。

1.3.4.1 定芽发生类型

即由顶端分生组织分裂演化形成的芽，它们一般都位于茎的固定位置上。大部分观赏植物的芽均属于此种类型。

1.3.4.2 不定芽发生类型

即此芽的发生源于成熟或特化的细胞而非分生组织。不定芽产生时，首先要使处于发育态的成熟细胞返回分生组织态（即脱分化），然后再分化出不定芽。通常根插繁殖技术便是采用芽的这一发生方式。

1.3.5 芽的生长与休眠规律

观赏植物芽的生长与休眠特性因植物种类不同而异，有如下表现形式。

1.3.5.1 芽的生长特性

(1) 芽的潜伏性　在枝上芽鳞痕和过渡性叶的腋间都含有一个弱分化的芽原基，从枝的外部又看不到它的形态，所以称为潜伏芽或隐芽（latent bud）。潜伏芽一般不会萌发，但当植株的枝梢开始衰老时，或在外界强烈刺激下（如冻害、修剪等），潜伏芽也能萌发。不同种类或品种的潜伏芽寿命和萌发能力并不一样，如柑橘、梨亚科植物潜伏芽寿命较长，桃较短。凡潜伏芽寿命长的树种，易于更新复壮。

(2) 芽的异质性　枝条不同部位的芽体形成期，其营养状况、激素供应及外界环境条件不同，造成了它们在质量上的差异，称为芽的异质性。通常单轴分枝植物种类的顶芽质量最好，而腋芽质量主要取决于该节叶片的大小和提供养分的能力。高质量的芽，外形饱满，在相同条件下萌发早，抽生的新梢健壮，生长势强。在树冠造型上，经常利用芽的异质性，选择强或弱芽，来达到促进或控制枝梢生长强度。

(3) 芽的早熟性　一些观赏树木的芽当年就能大量萌发并可连续分枝，形成二次或三次梢，这种特性称为芽的早熟性，如桃、枣、杏等；另一类则在当年并不萌发，新梢也很少分枝，具有这类习性称为芽的晚熟性。一般具有芽的早熟性植物种类，其开花结果的童期较短。

(4) 萌芽力　枝条上芽能抽生枝叶的能力叫萌芽力，一般以萌发芽占总芽数的百分率指标（萌芽率）表示。萌芽率因树种或品种不同而有较大差异。萌芽力与观赏植物的产量及品质有关，是衡量品种的一个重要指标。

1.3.5.2 芽的休眠

芽的休眠（bud dormancy）是指芽的生长暂时停顿，仅维持微弱的生命活动。休眠分为自然休眠（natural dormancy）和强迫休眠（forced dormancy）。当芽处于自然休眠时，即使给予适合的生长发育环境，也不能正常萌芽生长，而必须经过一段外部温度条件，解除休眠后方能正常生长萌发。强迫休眠是指由于不利的外界环境条件（低温、干旱）的胁迫而暂时停止萌发生长的现象，一旦逆境解除，萌发生长即可恢复。

芽的自然休眠解除因观赏植物种类不同而异，一般可分为两大类：

(1) 低温型　即解除芽的自然休眠条件是提供一定的低温，北方落叶观赏植物和百合科鳞茎球根花卉鳞茎芽的主芽，都属于此类型。如常见的果树植物（表 1－3－1），一般在 0～7.2℃条件下，200～1 500 h 可以通过休眠。百合鳞茎需要 2～10℃低温 50～60 d 即可。

(2) 高温型　对郁金香、风信子等球根花卉，其鳞茎芽的自然休眠解除，都需要较高的温度，一般在 20～23℃下持续 50～60 d 才能解除休眠。

表 1-3-1 常见落叶果树通过休眠所需低温

（引自：Childers，1983）

树种	需低于7.2℃温度的时数	树种	需低于7.2℃温度的时数
苹果	1 200 ~ 1 500	欧洲李	800 ~ 1 200
核桃	700 ~ 1 200	日本李	700 ~ 1 000
梨	1 200 ~ 1 500	杏	700 ~ 1 000
酸樱桃	1 200	扁桃	200 ~ 500
甜樱桃	1 100 ~ 1 300	无花果	200
桃	50 ~ 1 200	猕猴桃	600 ~ 800

1.3.6 芽的生长调控

芽的调控是观赏植物的一个重要领域，其中有花芽的调控参见有关花的章节，此处仅就叶芽调控概要说明如下。对叶芽的调控目前主要限于促进萌发和抑制萌发两个方面。而根据其控制机理不同，大致分为如下两大方面。

1.3.6.1 芽的自然休眠调控

芽的休眠调控方法一般是根据芽的自然休眠特性来进行。通常有以下几种：①促进休眠，为了提高一些观赏植物的越冬性，特别对一些旺长的幼旺树，可在其生长后期限制灌水，少用氮肥，也可使用生长抑制剂，抑制营养生长，从而起到促进芽休眠，提高抗寒力。②推迟进入休眠，对一些花期早的树种、品种，适当推迟进入休眠期，不仅可以延长营养生长期，而且还可以延迟次年萌芽和开花的物候期，避免早春的冻害。如适当的夏季重修剪，后期加施氮肥或适当多灌水等。③延长休眠期，适当延长休眠期，可以防止因萌芽过早而遇到的春寒。如可采用树干涂白，早春灌水；秋季使用青鲜素或多效唑，早春使用赤霉素、萘乙酸或2，4-D等延长芽休眠，推迟开花的作用。④打破休眠，对于一些促成栽培的观赏植物，经常遇到打破休眠的问题。如郁金香栽培中，将采收的鳞茎经34℃处理1周，再放20℃下贮藏1个月，再移至17℃下经1~2周预处理，然后便可保持在9℃下进行冷藏，可使一般休眠时间减少约3周。在葡萄上，用石灰氮处理，可以代替低温的休眠需求。

1.3.6.2 芽的非自然休眠调控

由于芽在枝上所处的部位不同和发育质量不同，致使一些芽可以正常萌发，而另外一些芽则不能萌发。在观赏园艺植物的栽培管理中，有时为了促进枝叶的生长，便采用促进萌芽的技术。常见的方法有：①利用修剪的方法：如短截，可解除顶端优势，促进腋芽萌发，将直枝拉至水平位置，可以解除枝的垂直优势，从而促进枝梢基部芽的萌发；②化学的方法：将枝上一些未能萌发的芽，涂抹上细胞分裂素物质，可以促使其萌发。

1.4 观赏植物的叶

1.4.1 叶的基本类型

叶的基本类型可以分为单叶和复叶两类。

1.4.1.1 单叶

在一个叶柄上生有一个叶片的叶称为单叶（simple leaf）。典型的单叶具有叶片、叶柄和托叶三部分，这样的叶又称为完全叶（complete leaf），如豆科、蔷薇科植物的叶。若缺少其中任何一部分，则为不完全叶（incomplete leaf），如金合欢属（*Acacia*）植物的一部分叶只有扩展成叶片状的叶柄，无叶片；烟草无叶柄；丁香（*Syringa oblata*）、泡桐、白蜡、樟树等无托叶；蓝桉既无托叶也无叶柄。

禾本科植物的叶较为特殊，叶片为狭带形，其下部为抱茎的叶鞘；叶片与叶鞘相接处的向轴面有一膜质突出物为叶舌；两边有一对从叶片基部边缘伸出的耳状突出物为叶耳；背轴面突出的环为叶枕（叶颈、叶环）。叶舌、叶耳的有无及大小、形状，常因植物而异。

1.4.1.2 复叶

在一个总叶轴上生有多个小叶片的叶称为复叶（compound leaf）。依小叶片数及其着生的方式可分为下列几种类型（图1-4-1）：

图1-4-1 复叶的种类

（引自：高润清．园林树木学．气象出版社，2001）

(1) 羽状复叶　小叶多数，对生于总叶轴两侧呈羽毛状。有顶生小叶、小叶数因而为奇数者成为奇数羽状复叶，如槐、绣线菊、臭椿、火炬树、白蜡等；无顶生小叶，小叶数因而为偶数者称为偶数羽状复叶，如合欢、香椿、大叶桃花心木、无患子、黄连木等；如果总叶轴两侧有羽状分枝，分枝上再生羽状排列的小叶，称为二回羽状复叶，如复叶栾树等；依次又有三回或多回羽状复叶，如楝树等。不论有几回（级）分枝，总是最末分枝上生有羽状小叶，该分枝称为羽片。

(2) 掌状复叶　多个小叶皆生于总叶轴顶端，如七叶树、欧洲七叶树、羽扇豆等。同样，又有二回或三回掌状复叶之分。

(3) 三出叶　每个复叶仅有3个小叶。3个小叶如果皆生于总叶轴顶，为掌状三出复叶，如红车轴草；如果顶小叶生于总叶轴顶，2个侧生小叶对生于总叶轴两侧，则为羽状三出复叶，如重阳木、秋枫、省沽油、大豆等。

(4) 单身复叶　两个侧生小叶退化，而其总叶轴与顶生小叶连接处有关节，如柑橘、佛手、代代、柠檬等。

1.4.1.3 单叶与复叶的区别

有时单叶与复叶的小叶片不易区分，可从以下几个方面进行区别：

(1) 单叶叶腋处有腋芽　复叶的小叶叶腋处则无。

(2) 单叶叶柄基部有托叶　复叶的小叶柄处常无。

(3) 单叶着生的枝上有顶芽　复叶总叶轴顶端无芽。

(4) 单叶在茎上排成叶序　复叶的小叶均排列在一个平面上。

(5) 单叶落叶时，叶片与叶柄同时脱落　复叶常以小叶先脱落，叶轴后落。

1.4.2 叶的基本功能

叶是绿色植物进行光合作用和蒸腾作用的主要器官。这两种作用在植物生活中有着重要的意义。另外，有一些植物的叶还有繁殖作用。

1.4.2.1 光合作用

光合作用（photosynthesis）是绿色植物（主要在叶片）吸收阳光的能量，同化二氧化碳和水，制造有机物质，并放出氧气的过程。所合成的有机物主要是糖，糖再进一步转变为淀粉。光合作用所贮藏的能量，存在于所形成的糖和淀粉等有机物中。光合作用的产物不仅供植物本身新陈代谢之用，而且所有其他生物包括人类在内，都是以植物的光合作用产物为食物的最终来源。

光合作用是当太阳光被叶片中的叶绿体吸收时，CO_2 就被还原到糖的水平，同时释放出气态的 O_2，所释放的 O_2 的体积与被还原的 CO_2 的体积相等。光合作用的方程式可以写成：

$$CO_2 + 2H_2O \xrightarrow[\text{叶绿体}]{\text{光}} (CH_2O) + O_2^* + H_2O$$

* 表示过滤作用中释放的 O_2 来自于 H_2O。

通过同位素 ^{18}O 所标记的 H_2O 和 CO_2 已证明，光合作用所放出的 O_2 并不是从 CO_2 来的，而是从 H_2O 中来的。事实上，水的光解可能是整个光合作用过程中的一个关键，因为它是光能被转化为化学能的起点。

在植物中参加反应的 CO_2 从叶子表面敞开的气孔进入叶肉组织，经过细胞间隙到达叶肉细胞。叶片是植物最主要的光合作用器官，可以把叶片看成是几层活跃地进行光合作用的细胞（栅栏组织和海绵组织），被一个保护层（表皮）所包围，并且叶脉（木质部和韧皮部）担任两个方向的运输任务，把原料（H_2O）运送到叶子，又把光合作用产物从叶子里运出来。

光合作用的机理是一个比较复杂的问题。从表面上看，光合作用的总反应式似乎是一个简单的氧化还原反应，但实质上包括一系列的化学步骤和物质的转变问题。光合作用是积蓄能量和形成有机物的过程。能量的积蓄是把光能转变为电能，进一步形成活跃的化学能，最后转变为稳定的化学能。在无机物（CO_2 和 H_2O）形成有机物（如糖类）的同时，能量就积存于有机物之中。整个光合作用大致可分为以下三大步骤：a. 光能的吸收、传递和转换过程（通过原初反应完成）；b. 电能转变为活跃的化学能的过程（通过电子传递和光合磷酸化完成）；c. 活跃的化学能转变为稳定的化学能的过程（通过碳同化完成）。其中 a，b 步骤基本属于光反应，步骤 c 属于暗反应。

1.4.2.2 蒸腾作用

水分以气体状态从生活的植物体表面（主要是叶子）散失到大气中的过程叫做蒸腾作用（transpiration）。植物的主要蒸腾器官是叶，所以蒸腾作用也是叶子的一个重要的生理机能。

光合作用和蒸腾作用在叶片上是两个互相矛盾的过程，蒸腾失水是植物进行光合作用时不可避免的损失。空气中的二氧化碳只有通过气孔才能进入叶肉细胞的间隙中，然后进入叶肉细胞，形成光合作用的产物。但与此同时，叶肉细胞间隙中的水分也就不可避免地要通过蒸腾作用而散失。叶片上的一些结构，如气孔分布在下表皮，表皮上密生茸毛，气孔下陷或气孔分布在气孔窝内，都是对减少水分蒸腾的适应。

事实上，旺盛的蒸腾作用对于植物的生长并不是必需的，在潮湿的气候下，植物生长总是比较茂盛。喷灌（人工降雨）的效果所以好，就是因为它不仅提高了土壤含水量，而且提高了空气湿度，减少了蒸腾作用，因此比单纯的土壤灌溉效果好。在生产中，采取适当的方法降低蒸腾速率，减少水分损失，是有一定的实践意义的。但是，过分抑制蒸腾作用，对植物体反而有害，因为蒸腾作用在植物生命活动中具有重要的意义，是不可缺少的。

蒸腾作用的生理意义主要有以下三点：

第一，蒸腾作用是根系吸收水分和水分运输的主要动力之一，特别是高大植物，如果没有蒸腾作用，由蒸腾拉力引起的吸水过程便不能产生，植株较高部分也无法获得水分。

第二，由于矿质盐类要溶于水中才能被植物吸收和在体内运转，既然蒸腾作用是对水分吸收和流动的动力，那么矿物质也随水分的吸收和流动而被吸入和分配到植物各部分中去。植物对有机物的吸收和有机物在体内的运转也是如此。所以，蒸腾作用对矿物质和有机物的吸收和在植物体内的运输都是十分有利的。

第三，蒸腾作用可以降低叶子的表面温度，使叶子在强烈的日光下，不致因温度过高而受损害。叶片的蒸腾作用有两种方式：a. 通过角质层的蒸腾，称为角质蒸腾（cuhicular transpiration)；b. 通过气孔的蒸腾，称为气孔蒸腾（stomatal transpiration）。角质本身不易使水通过，但角质层中间夹有吸水能力大的果胶质，同时角质层也有空隙，可使水分通过。一般植物成熟叶片的角质蒸腾，仅占总蒸腾量的5% ~10% 。因此，气孔蒸腾是植物蒸腾作用的主要形式。

1.4.2.3 其他功能

叶除了具有光合作用和蒸腾作用两大基本功能外，还有一些其他功能，如吸收功能和繁殖能力等。例如，根外施肥，向叶面上喷洒一定浓度的肥料，叶片表面是能够吸收的；或对叶面喷施农药，也可以为叶子所吸收。有少数植物的叶具有繁殖能力，如落地生根，能在叶边缘生长不定芽，芽脱落后掉在土壤上，就可以长成一个新个体。叶经过变态后，可以具有更多的功能，如豌豆小叶变为卷须，具有攀缘功能；洋葱、百合的叶变态为肥厚的鳞片，成为贮藏器官；还有的植物叶变成保护结构，如鳞叶、叶刺等；另外食虫植物的捕捉器也是由叶变成的，具有捕捉和消化昆虫的功能，如猪笼草、捕蝇草等。

1.4.3 叶的形态多样性

1.4.3.1 叶的大小和形状

正常叶由叶片（lamina）、叶柄（petiole）、托叶（stipule）组成，进行光合、呼吸和蒸腾作用，称为普通叶（foliage leaf）。叶片大小差异很大，亚马孙酒瓶椰子的叶片可以达到22m 长，12m 宽，小者如卷柏、麻黄、柽柳等的鳞片叶仅长几毫米。一般而言，原产热带湿润气候的植物，叶片常较大，如芭蕉、椰子、棕榈等；而原产寒冷干燥地区的植物，叶片多较小，如槐、柳、松等。叶形，即叶片的形状。常见的叶形有以下几种（图 1 -4 -2)：

(1) 椭圆形　长是宽的1.5 ~2.0 倍，中部最宽，尖端和基部近圆形。如广玉兰、樱桃、李、板栗等。

(2) 卵形　形如鸡卵，长约为宽的2 倍或更少，中部以下为最宽，向上渐狭，如金银木、多花栒子等；如果叶是卵形倒转，成为倒卵形，如锦鸡儿、蒙古栎等。

(3) 肾形　宽大于长，基部有缺口凹入，形如肾脏，如洋蹄甲等。

(4) 圆形　形状如圆盘，长宽接近相等。如黄栌、王莲、荷花、睡莲、旱金莲、金钱桉等。

(5) 匙形　全叶形状狭长，上端宽而圆，向基部渐狭，状如汤匙，如白菜、雏菊等。

(6) 针形　叶细长，顶端尖而如针，如油松、白皮松、雪松、马尾松等。

(7) 披针形　叶长为宽的5 倍以上，中部或中部以下最宽，两端渐狭，如桃、柳、夹竹桃、罗汉松等。

(8) 线形　长而狭，两侧边近平行，如刚竹、虎尾兰、球根鸢尾、麦冬、石蒜、兰属植物等。

(9) 鳞形叶　叶片形状似鳞片，如侧柏、龙柏、日本花柏、柽柳、柳杉、巨衫、黄蒿等。

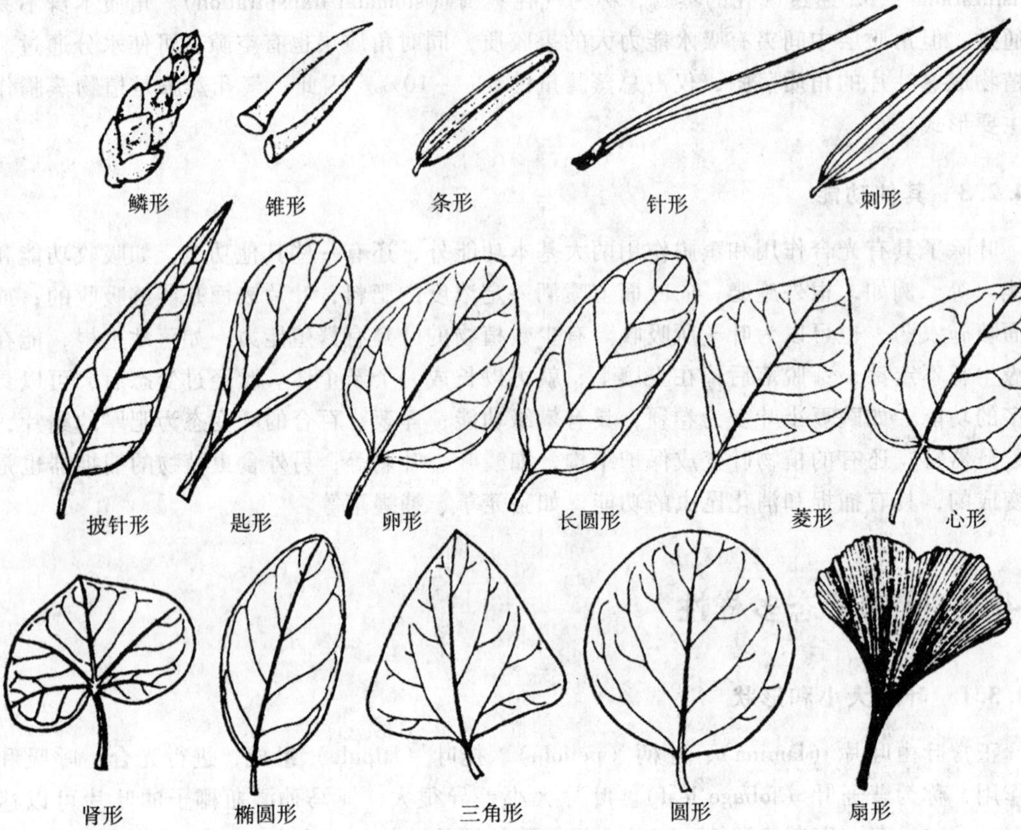

图 1-4-2 叶 形

（引自：高润清．园林树木学．气象出版社，2001）

1.4.3.2 叶序

叶在茎上或枝上的排列方式成为叶序（leaf phyllotaxy）。常见的叶序有以下类型。

（1）互生 茎的每个节上仅生一片小叶，依次交互着生，如月季、梅花、海棠、榆叶梅等。

（2）对生 茎的每个节上，有相对而生的两片叶，如忍冬、连翘、丁香、卫矛、白蜡、流苏等。

（3）轮生 每个节上，生有三片或三片以上的叶片，排成一轮，如黄蝉、夹竹桃、刺柏、杜松等。

（4）簇生 由于茎节的缩短，多数叶丛生在短枝上，如落叶松、银杏、刺楸、石榴、龙血树等。

（5）基生 叶自基部发出，常呈莲座状，如蒲公英、非洲菊、鸢尾、补血草、风信子、唐菖蒲等。

1.4.3.3 叶脉

叶片上叶脉（leaf venation）的分布主要有两种形式：

(1) 平行脉序(parallel venation) 平行脉序是中脉和侧脉自叶片基部发出，大致互相平行，至叶片顶端汇合，侧脉与中脉以及侧脉之间，彼此有细脉相连，但不成网状。平行脉序是单子叶植物叶脉的特征。平行脉序又根据侧脉的形状或自中脉分枝位置的不同，分为直出脉(如竹类、玉米)、侧出脉(如美人蕉、芭蕉)、射出脉(如棕榈、蒲葵)、弧形脉(如玉簪)。

(2) 网状脉序(reticulate venation) 网状脉序的特点是叶脉错综分枝，联结成网状，是双子叶植物叶脉的特征。网状脉序又因中脉分出侧脉的不同，分为羽状脉序(pinnate venation)和掌状脉序(palmate venation)。羽状脉序的侧脉是从中部分出的，似羽毛，细脉仍呈网状，如苹果、夹竹桃、枇杷、香夹莲等；掌状脉序的侧脉自中脉基部分出，如掌状，细脉也联结呈网状，如葡萄、槭树、蓖麻、羊蹄甲、紫荆等。

(3) 三出脉 从叶片基部伸出三条明显的叶脉，如枣树、铜钱树、拐枣、肉桂等。

(4) 叉状脉序(dichotomous venation) 裸子植物银杏的脉序呈二叉式分枝，一个叶脉分为大小相等的两个分枝，在同一叶上可以有好几级分枝。这种脉序常见于蕨类植物。

1.4.3.4 叶基

叶基(leaf base)是指叶的基部。常见的叶基形状有下列几种(图1-4-3)。

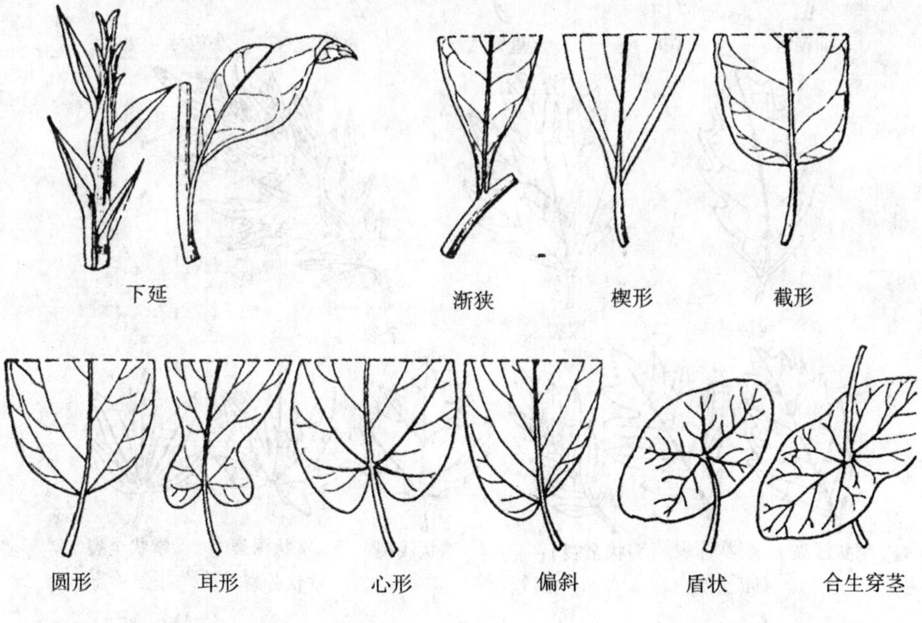

图1-4-3 叶 基

(1) 半圆形 叶基部呈半圆形，如山茱萸、四照花、喜树等。

(2) 心形 叶基部内凹，呈心脏形，如紫荆、紫丁香、猕猴桃、心叶椴等。

(3) 箭形 叶基深陷，两侧的裂片向下呈箭形，如慈姑等。

(4) 耳形 叶基两侧各有一耳形的小片，如苦荬菜等。

(5) 戟形 叶基两侧的小片向外，如龟背竹等。

(6) 楔形 叶片自中部以下，基部两边呈锐角状渐变狭，如蓝丁香、代代、人心果等。

（7）偏斜　叶片的基部两侧不对称，如榆树、朴树、人面子、野漆树、南酸枣等。

1.4.3.5　叶缘

叶片的边缘称为叶缘（leaf margin）。常见的叶缘有下列几种类型（图1-4-4）。

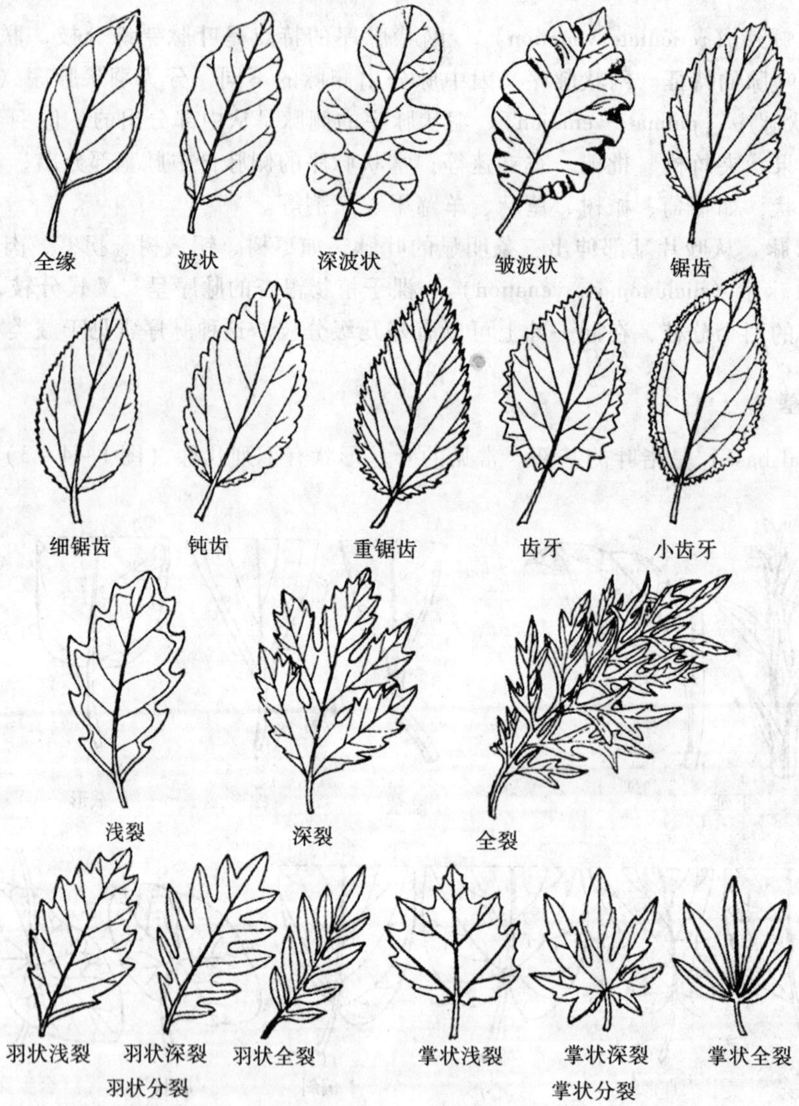

图1-4-4　叶　　缘

（1）全缘　叶缘不具齿或缺刻，如丁香、女贞、黄杨、榕树、鹅掌柴、樟树、玉兰等。

（2）锯齿状　叶缘具锯齿，锯齿先端向前，如桃、梅、光叶榉、八仙花等。

（3）重锯齿　锯齿的边缘又具锯齿，樱花、郁李、黑榆等。

（4）牙齿状　叶缘有粗疏齿，齿尖直向外方，角的两边近相等，如大叶黄杨等。

（5）波齿状　边缘起伏如波状，如月桂、槲栎、白栎等。

1.4.3.6　叶尖

叶片的顶端称为叶尖（leaf apex）。常见的叶尖有下列几种类型（图1－4－5）。

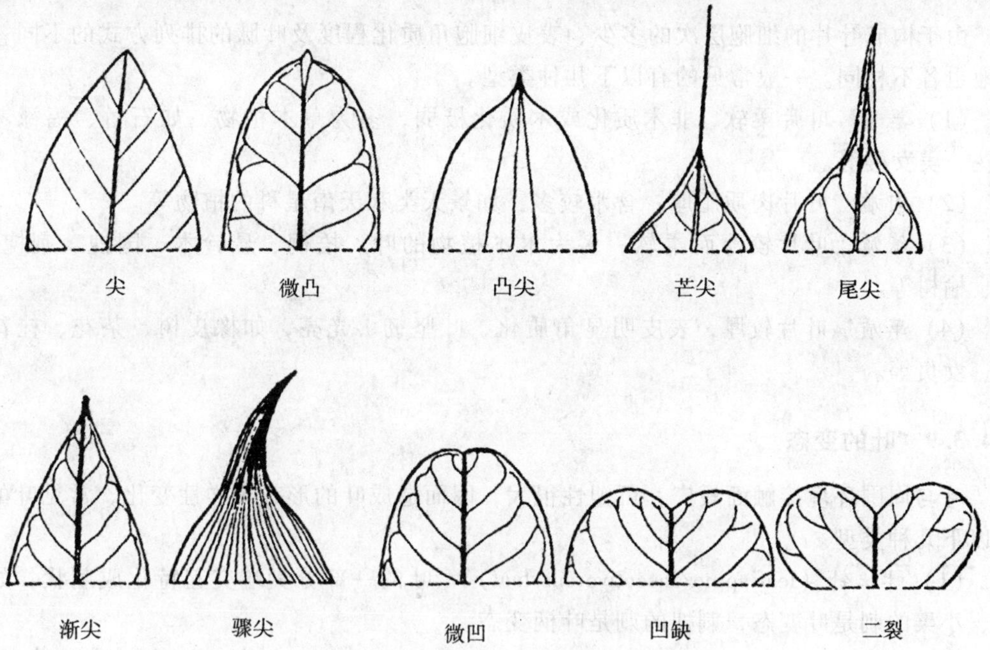

图1－4－5　叶先端

（1）渐尖　叶片的顶端逐渐变尖，如垂柳、紫荆等。
（2）急尖　叶片的顶端突然变尖，如女贞、竹等。
（3）钝形　叶片先端钝圆，如大叶黄杨、桃金娘等。
（4）凹形　叶片先端有小凹陷，如锦鸡儿、猕猴桃等。
（5）倒心形　叶片先端宽而凹入呈圆缺，如羊蹄甲等。
（6）骤尖　叶端有一锐利尖头，如黑榆等。
（7）凸尖　叶端中脉延伸突出而呈一短锐尖，如玉兰等。
（8）芒尖　凸尖延长呈一芒状附属物，如胡枝子、紫穗槐等。
（9）尾尖　凸尖渐狭长，成尾状附属物，如菩提树、梅、石栎、甜储等。

1.4.3.7　复叶与托叶

复叶可以分为羽状复叶（奇数羽状复叶和偶数羽状复叶）、掌状复叶、三出复叶和单身复叶4种类型（详见1.4.1.2）。托叶是位于叶柄基部的附属物。常见的托叶有以下几种类型。

（1）离生托叶　即托叶与叶柄分离，如苹果、贴梗海棠、山楂、硕包蔷薇等。
（2）托叶与叶柄基部结合　如月季、百叶蔷薇、野蔷薇等。
（3）托叶呈叶状　如豌豆。
（4）托叶呈鞘状（托叶鞘）　如金露梅等。

(5) 托叶呈卷须状　如茜草等。

(6) 托叶呈刺状　如刺槐、枣、锦鸡儿、金雀儿等。

1.4.3.8　叶质

由于构成叶片的细胞层次的多少、表皮细胞角质化程度及叶脉的排列方式的不同，叶的质地也各不相同。一般常见的有以下几种类型。

(1) 草质　叶片柔软，非木质化或木质化极弱，多为草本植物，如石竹、福禄考、凤仙花、美女樱等。

(2) 肉质　叶片肉质肥厚，含水较多，如景天类和天南星科的植物等。

(3) 纸质　叶片较薄而柔软，多为木本植物的叶。梧桐、悬铃木、国槐、刺槐、桑、榉、榆树等。

(4) 革质　叶片较厚，表皮明显角质化，叶坚韧、光亮，如橡皮树、茶花、桂花、黄杨、女贞等。

1.4.3.9　叶的变态

叶与周围环境接触面最广，可塑性很大，因而造成叶的形态多样性变化，常见叶的变态有以下几种类型。

(1) 叶状针 (leaf spine/insectivorous leaf)　叶的一部分尖端突起特化成刺状，如仙人掌、小檗的刺是叶变态，刺槐的刺是叶柄变态。

(2) 叶卷须 (leaf tendril)　叶特化成卷须用于攀缘，如香豌豆、叶豌豆等。

(3) 鳞片叶 (scaly leaf)　叶特化成肉质肥厚多汁，能贮藏大量营养的鳞叶。百合等无皮鳞茎的地下鳞叶和有皮鳞茎的风信子、朱顶红等。

(4) 叶状柄 (phyllode)　叶柄变成扁平的叶状体，代替叶的功能，如台湾相思树，仅在幼苗期有几片叶，之后仅有叶状柄。

(5) 球状叶 (spherical leaf)　叶片球形，如菊科的绿铃 (*Seneci rowleyanus*) 等。

(6) 总苞片 (involucre) 和苞片 (bract)　即叶变成佛焰苞，如圣诞红、火鹤、一叶兰等。

(7) 囊状叶 (pitcher) 或捕虫叶　叶特化成囊状或盘状，用来捕食昆虫。盘状的如茅膏菜，瓶状的有狸藻和猪笼草等。由于这种变态叶具有独特的观赏价值，因而食虫植物构成一个特殊的观赏类群。常用于观赏的食虫植物均为猪笼草科猪笼草属 (*Nepenthes*)，全属共有65种，有直立性和蔓性，有地生和附生，一般雌雄异株，囊状叶的颜色、形态和大小差异很大，种类极为丰富。用于观赏的有猪笼草 (*N. alata*)，*N. albo-marginata*，*N. ampullaria*，*N. bicalcarata*，*N.* ×*chelsonii*，*N.* ×*coccinea*，*N.* ×*dicksoniana*，*N. distillatoria*，*N.* ×*dominii*，*N.* ×*dyeriana*，*N.* ×*fukakusana*，*N.* ×*gracilis*，*N.* ×*hookeriana*，*N.* ×*hybrida*，*N.* ×*intermedia*，*N. khasiana*，*N. lowii* 等40多个种和种间杂种。

(8) 异形叶性 (heterophylly)　观赏植物的叶还有异形性，即同一植物不同部位的叶在不同环境会出现形态差异。如水毛茛，位于水中的叶呈丝状，以增加叶与水的接触面和浮力，水上的气生叶则呈浅裂状圆形；又如慈姑，具有三种叶形，水中叶呈带状，水面叶呈椭圆形，气生叶则为箭头形；有些植物的异形叶性与发育年龄有关，如十字花科的独行菜，下部叶是二回羽状全裂叶，而上部叶呈心脏形的无柄、抱茎全缘叶；猪笼草属的囊状叶有二形性（dimorphism），生长在下方的体积小为细筒状，生长在上方的体积大为袋状；龟背竹（*Monstera deliciosa*）和斜叶龟背竹（*Monstera obliqua*）的幼叶为心形而成龄叶片上会形成很大的穿孔或发生羽裂；桉树的老枝上的叶为披针形而徒长枝上的叶片为卵形；桧柏有针状叶和鳞状叶两种；紫菀在营养生长期的叶子为披针形、开花枝上的叶子为针状；变叶木和胡杨的叶子形态则更多。

另外，植物的叶片有的会出现扭曲或卷曲如龙爪红松（*Pinus koraiensis* cv. Tortuosa）和龙爪五针松（*Pinus parviflora* cv. Tortuosa）的针叶回旋呈龙爪状，小枝顶部针叶更明显。

1.4.3.10 其他特征的多样性

（1）乳汁　许多植物体具有乳汁，如大戟科植物的叶片常有白色乳汁。

（2）毛　在植物的叶片上常生有一些毛，常见的有丁字毛（如糙叶黄芪），星状毛（如锦葵科的一些植物），短柔毛（如毛叶丁香），绵毛（如银白杨），硬毛（如毛莲菜），鳞片状毛（如胡颓子），腺毛等。

（3）腺鳞　质薄近圆形的小体，如胡颓子叶背面的银白色物。

（4）白粉　叶背面具有白色粉状颗粒，如银白杨、桉树等。

（5）腺体　痣状、盾状或肉质小体，如臭椿、楸树叶柄上的腺点。

（6）油腺点　如紫穗槐、橘类、花椒叶部的腺点。

1.4.4 叶色的多样性

观赏植物的叶片具有极其丰富的姿态和色彩，且叶片的颜色有很好的观赏价值。以观叶为主的植物在观赏植物中占有相当大的比重，其园林观赏中具有极为重要的意义。尤其是在最近，为了解决北方城市立体绿化美化中夏秋开花的观赏树种缺乏的问题，为达到三季有花的园林效果，“以叶代花”的美化观点颇受重视，彩叶植物的引种育种十分活跃。如自1990年以来，北京市植物园先后引进了紫叶矮樱（*Prunus* × *cistena*）、紫叶稠李（*Prunus virginiana*‘Canada Red’）、红王挪威槭（*Acer platanoides*‘Crimson King’）、王室红挪威槭（*Acer platanoides*‘Royal Red’）、施威得勒挪威槭（*Acer platanoides*‘Schwedleri’）、贝雷茶条槭（*Acer ginnala*‘Bailey Compact’）、火焰茶条槭（*Acer ginnala*‘Plame’）、金山绣线菊（*Spiraea* × *bumalda*‘Goldmound’）、金焰绣线菊（*Spiraea* × *bumalda*‘Gold flame’）、王族海棠（*Mlus*‘Royalty’）、金叶接骨木（*Sambucus canadensis*‘Aurea’）、水牛果（*Shepherdia argentea*）、紫叶黄栌（*Cotinus coggygria*‘Nordine’）等；1998年以来，北京林业大学引进了金叶刺槐、金脉连翘、金叶连翘、金叶锦熟黄杨、金叶莸、金叶梓树、黄叶糖槭、金叶皂荚、紫叶黄栌、紫叶榛子等；还有一些单位引进了日本花柏（*Chamaecyparis pisifera*‘Golden Sparngless’）、银叶雪松（*Cedrus deodara*‘Silver Mist’）、锐尖北美云杉（*Picea pungens*‘RH Montgomery’）、光叶漆（*Rhus glabra*‘Laciniata’）、加拿大紫荆（*Cercis canadaensis*‘Forest Pansy’）、红叶鸡爪槭（*Palmatum*‘Shaina’）、花叶丁香等。目前红槲栎（*Ouerus rubra*）很受重视。

1.4.4.1 叶色的分类

根据叶色的季相变化的特点和叶片上彩色的分布变化，一般将观叶色的植物分为以下6种类型：

(1) 绿色类 绿色是叶片的基本色彩，但在正常的生长环境下，仍有嫩绿、浅绿、鲜绿、浓绿、赤绿、褐绿、蓝绿、墨绿、亮绿、暗绿等差别，且随环境及本身营养状况的影响会发生变化。将不同绿色的树木搭配在一起，在色彩上就有参差错落的韵律美。叶色浓绿者有：油松、圆柏、云杉、青杆、侧柏、山茶、女贞、桂花、槐、榕、毛白杨等；叶色淡绿者有：水杉、落羽松、金钱松、鹅掌楸、玉兰、七叶树等。

(2) 春色叶类及新叶有色类 春季新生嫩叶与其他季节叶色有显著不同。如臭椿、五角枫、乌桕、山麻杆的春叶呈红色，黄连木、天竺桂春叶呈紫红色，蒲桃春叶呈粉红色等。在南方暖热气候地区，有许多常绿树的新叶不限于在春季发生，而是不论季节只要发生新叶，就会有美丽色彩和宛若开花的效果。如芒果四季新抽梢的嫩叶呈现深浅不同紫色，铁力木叶色因不同的物候呈现浅红色或褚红色，日本红枫和红叶石楠叶片呈现红色，金叶卫矛和金叶女贞的新叶为金黄色等。

(3) 秋色叶类 秋色叶类指的是每年秋季树叶变色比较一致、持续时间较长、观赏价值较高的植物。秋叶呈红色或紫红色的有：鸡爪槭、五角枫、茶条槭、枫香、五叶地锦、小檗、樱花、漆树、盐肤木、黄栌、花楸、南天竹、卫矛、山楂、紫薇、杜英、红槲等；秋叶呈黄色或黄褐色的有：银杏、复叶槭、无患子、七叶树、鹅掌楸、梧桐、榆、槐、白桦、紫荆、栾树、悬铃木、胡桃、水杉、落叶松、金钱松等。

(4) 常色叶类 有些树的变种或变型，其叶常年均呈异色，特称为常色叶树。全年树冠呈紫色的有：紫叶小檗、紫叶李、紫叶欧洲槲、紫叶桃等；全年叶均为金黄色的有：金叶鸡爪槭、金叶雪松、金叶圆柏、金叶风箱果、金叶接骨木、金叶红瑞木、金叶卫矛、金叶女贞、金叶榕、金叶假连翘、金山绣线菊、金焰绣线菊、金叶皂荚、金叶楸树、金叶刺槐等。最近，中国农业大学又发现了金叶珊瑚朴。

(5) 双色叶类 双色叶类的观赏植物叶面和叶背的色彩显著不同，在微风中能形成特殊的闪烁变化的效果。如红背桂、银白杨、毛白杨、胡颓子、栓皮栎、青紫木、银桦、银芽柳等。

(6) 斑色叶类 叶片上具有其他颜色的斑点或条纹，构成花叶、金心、金边、银心、银边、洒金等斑驳彩纹的观赏植物。日本学者将叶斑分为覆轮斑、条带斑、虎皮斑、扫迹斑、斑叶5大类，并且还可以再细分为41种（图1-4-6）。大多数盆栽观叶植物都有彩斑，如天竺葵属（*Pelargonium*）、紫茉莉属（*Mirabilis*）、月见草属（*Oenothera*）、槭树属（*Acer*）、常春藤属（*Hedera*）、卫矛属（如金心黄杨、银边黄杨、银斑大叶黄杨）、金边水蜡、变叶木、洒金珊瑚木、洒金千头柏、红继木、花叶芋、花叶鹅掌柴、花叶艳山姜、花叶龙血树等。

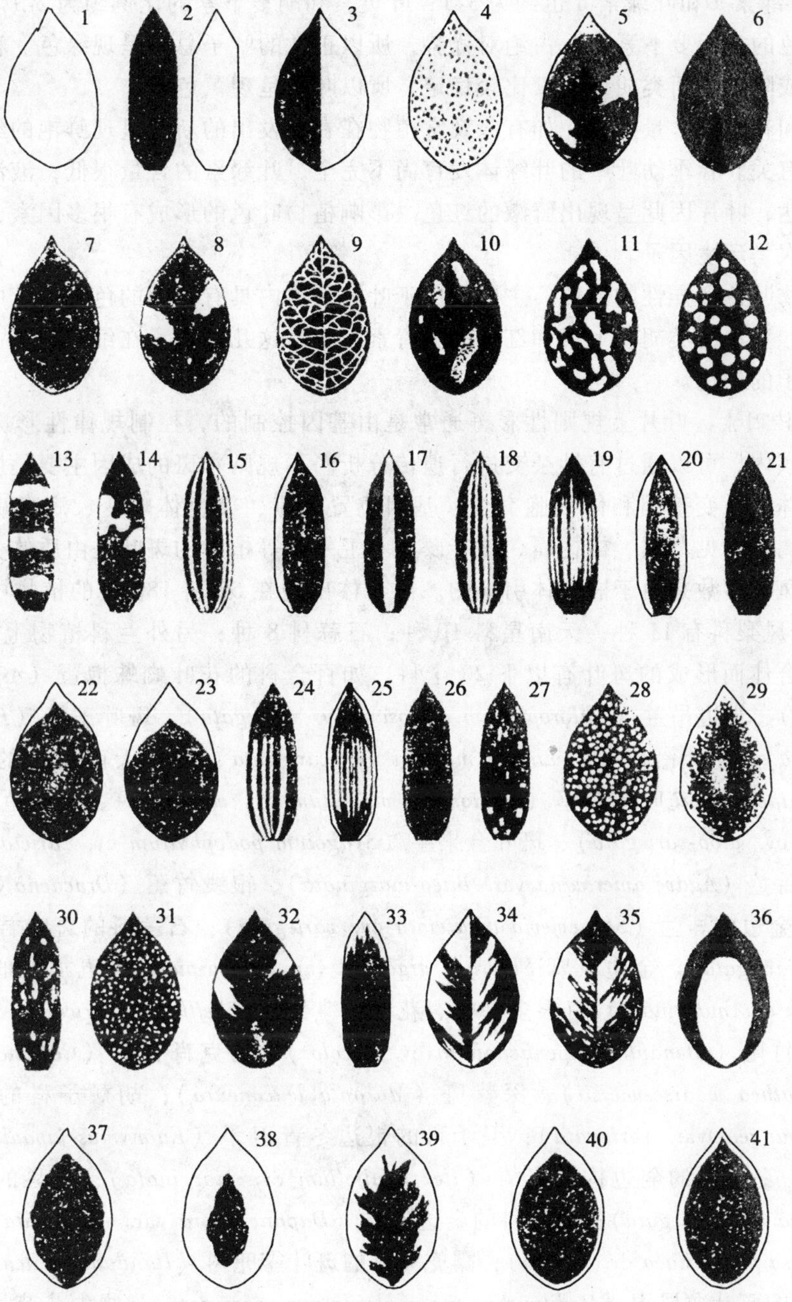

图 1-4-6　观赏植物斑叶模型图

1. 白化；2. 双色叶（左：叶表；右叶背）；3. 切块斑；4～41. 各种斑纹与斑点

1.4.4.2　叶色多样性的成因

观赏植物叶色的呈现是叶片细胞内各种色素的综合表现，其中主要是绿色的叶绿素和黄色类胡萝卜素之间的比例变化产生的。高等植物叶子所含各种色素的数量和比例，与植物种类、叶片老嫩、生育期和季节有关。一般来说，正常叶子中叶绿素和类胡萝卜素的分子比例约为3:1，叶绿素a和叶绿素b也约为3:1，叶黄素和胡萝卜素的比例约为2:1。由于绿色的叶绿素比黄色的类胡萝卜素多，占绝对优势，所以正常的叶子总是呈现绿色。秋天，叶绿素较易被破坏或降解，而类胡萝卜素比较稳定，所以叶片呈现黄色。

叶色还和花青素含量有关。如有些观赏植物在春季发出的新叶呈现鲜艳的红色，这与花青素的存在有关。春季幼叶中的叶绿体发育尚不完全，叶绿素的含量很低，液泡中花青素的色泽得以表达，叶片因此呈现出鲜嫩的红色。影响植物叶色的形成有很多因素，但主要是遗传因素，其次是环境因子。

观赏植物叶色多样性的形成，主要是由于叶片细胞内具有不同的色素，其中主要包括绿色的叶绿素、黄色的类胡萝卜素和红色的花青素。正是这几种色素在细胞内所占的数量和比例决定着叶子的颜色。

（1）遗传因素　叶片上规则性彩斑通常是由基因控制的，控制规律性彩斑遗传的基因均位于细胞核内，可以通过有性杂交进行遗传分析。不规则彩斑的成因主要是质体的分离和缺失、嵌合体、易变基因和体细胞突变、基因位置效应、染色体畸变、病毒病等。天竺葵属、紫茉莉属、月见草属、槭树属、常春藤属和卫矛属等植物的斑叶是由质体分离和缺失而引起的，但斑叶多数是由于嵌合体引起的。嵌合体出现在52科180种的植物中，其中百合科有17种；凤梨科有11种；天南星科10种；石蒜科8种；另外兰科植物上也普遍发生。常见的由嵌合体而形成的斑叶有以下20个科。如百合科的花叶蜘蛛抱蛋（*Aspidistra elatior* cv. *variegata*）、银边吊兰（*Chlorophytum comosum* cv. *variegata*）、斑叶玉簪（*Hosta undulata* cv. *mediopicta*）、花叶沿阶草（*Liriope muscari* cv. *variegata*）等；天南星科的花叶金钱蒲（*Acorus gramineus*）、花叶亮粉草（*Aglaonema modestum* cv. *variegata*）、斑叶龟背竹（*Monstera deliciosa* cv. *albo-variegata*）、斑叶合果芋（*Syngoium podophyllum* cv. *varietaga*）；龙舌兰科的金边龙舌兰（*Agave americana* var. *luteo-marginata*）、银线竹蕉（*Dracaena deremensis* cv. *warneckii*）、金边虎耳兰（*Sansevievia trifasciata* cv. *variegata*）；石蒜科的斑叶君子兰（*Clivia miniata* cv. *variegata*）、金边巨麻 *Furcraea gigantea* var. *medio-picta*）；五加科的白斑常春藤（*Hedera herix* cv. *marginata*）有很多种类、花叶鹅掌柴（*Schefflera arboricola* cv. *variegata*）；竹芋科的锦竹尾（*Ctenanthe oppenheimiana* cv. *tricolor*）、马克肖竹芋（*Calathea makoyana*）白斑、（*Calathea waarscewiczzii*）、深紫斑（*Maranta leuconeura*）；胡颓子科的金边胡颓子（*Elaeagnus pungens* var. *variegata*）；卫矛科的银边冬青卫矛（*Euonymus japonicus* var. *albo-marginatus*）；冬青科的金边构骨冬青（*Ilex aquifolium* cv. *marginata*）；桑科的斑叶橡皮树（*Ficus elastica* cv. *variegata*）；瑞香科的金边瑞香（*Daphne odora* var. *marginata*）；芭蕉科的斑叶蕉（*Musa patadisiaca* cv. *vittata*）；露兜树科的斑叶露兜树（*Pandanus veitchii* cv. *variegata*）；大戟科的斑叶龙凤木（*Pedilanthus tithymaloida* var. *variegata*）；牻牛儿苗科的银边天竺葵（*Pelargonium hortorum*）；鸭趾草科的斑叶吊竹草（*Tradescantia alboflora* cv. *covittata*）；夹竹桃科的花叶蔓长春花（*Vinca major* cv. *variegata*）；禾本科的条叶钝叶草（*Stenotaphrum secundatum* cv. *variegata*）、纵条纹斑马草（*Miscanthus sinensis* f. *zebrinus*）；银杏科的斑叶银杏（*Sinkgo biloba* f. *variegata*）；蔷薇科的斑叶杏（*Prunus armeriaca* f. *variegata*）。

（2）环境因子　温度对叶片色彩有一定的影响，秋季叶片变色主要是由于入秋气温降低，叶绿素合成受阻直至分解，其他色素如花青素、叶黄素、胡萝卜素、类胡萝卜素等则相对显现而使叶片出现红、橙红、黄等色彩。

光照对叶片绿色的浓淡的影响决定于细胞中叶绿素 a 和叶绿素 b 的含量。光照强，叶绿素 a 含量高，叶片呈现深绿色；光照弱，叶绿素 b 含量高，叶片呈现浅绿色。强光下合成叶黄素较多，叶片呈偏黄色；弱光下，胡萝卜素合成较多，叶片呈现橙红至红色。

水分也影响叶色。在干旱的条件下，观赏植物各部分由于木质化的增加，常使其叶面粗糙而失去鲜亮色泽，叶色变深，特别是阴生性植物。

1.4.4.3 彩叶观赏植物在园林建设中的应用

由于物候期的变化，使植物产生各种色彩的变化，将它们进行群植、片植、孤植则会形成美丽的景观；或以大面积常绿树作背景，形成万绿丛中一点红的景色。还可以在公园、小游园及街头绿地中作大面积流线形模纹或地被，营造热烈的气氛。又可点缀假山，使其与山石、流水相配。

近年来，随着人们对生活、工作环境要求的提高，不但要绿化，而且要达到美化、彩化和香化的要求，因此，除绿色植物的大量应用以外，还需尽量应用各种有色彩的植物进行合理配置，利用植物的色相和季相变化，发挥个体美和群体美，形成多样的植物观赏效果，丰富城市景观。

1.4.4.4 叶色的季相变化

许多观赏植物的叶色能随季节的变化而呈现出不同的色彩，这对于美化环境、丰富园林景观都有十分重要的意义。其中，常见的主要有春色叶和秋色叶。形成原因主要有以下三方面：

（1）秋季黄色叶的形成　由于绿色的叶绿素比黄色的类胡萝卜素多，占绝对优势，所以正常的叶子总是呈现绿色。但到了秋天，叶绿素较易被破坏或降解，数量减少，而类胡萝卜素比较稳定，所以叶片呈现黄色。秋色叶中，常见的黄色系观赏植物有：鹅耳枥属（*Carpinus*）、桦木属（*Betula*）、梾木属（*Cornus*）、榛属（*Corylus*）、花楸属（*Sorbus*）、栎属（*Quercus*）、槭属（*Acer*）、银杏（*Ginkgo biloba*）、蒙椴（*Tilia mongolica*）等。

（2）秋季红色叶的形成　秋季红叶的形成，主要是由于花青素的存在。秋天，叶片中花色素的合成与衰老期间糖分的积累有关。秋季由于日照缩短，温度降低，叶绿素的合成停止，分解成黄色的小颗粒；而较低的夜温，降低了暗呼吸的速率，从而加速了糖的积累，当植物组织中的糖含量超过了用于立即生长的量时，花青素就得以积累。如果秋季光照充足，空气湿润，夜晚凉爽，就会加重色彩的表达。秋色叶为红色系观赏植物有：槭属（*Acer*）、栎属（*Quercus*）、小檗属（*Berberis*）、荚蒾属（*Viburnum*）、爬山虎（*Parthenocissus tricuspidata*）、枫香属（*Liquidambar*）、栒子属（*Cotoneaster*）、柿属（*Diospyros*）等；褐色系观赏植物有：七叶树属（*Aesculus*）、红槲栎（*Quercus rubra*）、鹅耳枥（*Carpinus turczaninovii*）、落羽杉（*Taxodium distichum*）等。

（3）春季红色叶的形成　有些观赏植物在春季新发出的叶色呈现鲜艳的红色，这也是与花青素的存在有关。春季，由于叶片刚开始发育，此时幼叶中的叶绿体发育尚不完全，叶绿素的含量很低，所以液泡中花青素的色泽可以很好地表达，叶色因此呈现出鲜嫩的红色。同时，很多研究还表明，由于幼叶中的光合细胞器正处于发育初期，较多的花青素可以吸收短波光，从而对叶片的内部组织起到一定的保护作用。

1.4.5 叶的生长发育与调控

1.4.5.1 叶的生长发育

叶的发生始于茎尖的叶原基。原基的顶端原始细胞进行垂周分裂产生出表面层，近顶端原始细胞则行平周分裂和垂周分裂产生出表面下层和里面层。原基伸长早期，边缘分生组织中的边缘原始细胞经垂周分裂产生原表皮，近边缘原始细胞经过交替的平周分裂和垂周分裂形成基本分生组织和原形成层。

只进行垂周分裂的板状分生组织分裂的同时，叶肉细胞开始分化，最终分别形成栅栏组织和海绵组织。微管组织则由将来中脉处原形成层分化而来，各级侧脉从边缘分生组织所衍生的细胞中发生。原形成层的分化常常是一个连续的过程，并最终形成韧皮部和木质部。双子叶植物叶中脉的纵向分化是向顶的，一级侧脉由中脉向边缘发育，平行脉叶的几个同等大小的叶脉的发育也是向顶的；单子叶和双子叶植物的小脉都在大脉中间，一般由叶尖向叶基发育。

一般来说，叶的生长发育是有限的，在短期内长到一定的大小，即停止生长，基本没有次生生长和次生结构。有些植物叶的基部保持居间分生组织，可以有较长时间的生长。一般植物叶的顶端生长很早就停止了，后期生长常是叶基的居间生长。

1.4.5.2 叶片形态的调控

据研究表明，叶片形态的不同，是由于叶片在发育后期，长、宽生长速率不同的结果。在个体发育早期的细胞分裂时期，已经决定了叶片的形状，但还未表现出来。例如，对小麦幼叶照射珈玛射线，可以抑制它的细胞分裂，但叶片形状仍然和正常幼苗一样，说明在辐射前，胚胎中早期的分裂已经刻画出了叶片的形状，后期的分裂已经不重要了。

在叶原基发育时期，光照、温度等环境因子都可以影响细胞分裂和伸长。另外，高剂量的辐射可能使叶面积减小。

（1）环境因素的调控　有些植物具有二型叶，如水毛茛（*Ranunculus aquatilis*），位于水中的叶呈多分叉的丝状，水上的气生叶则呈浅裂状圆形。其不同叶型的形成受光周期的影响。圆形的气生叶是在长日照下发育而成的，而在短日照下（10 h 或更短），无论植株是否生活在水下，都只发育出分叉的丝状叶。

还有一种扇形毛茛（*Ranunculus flabellaris*），它的沉水叶有大量分叉，而气生叶只有少量的裂片。但如果对陆生的植株进行低温处理，就能够诱导发育出分叉的沉水叶型。说明温度在影响叶片形状方面起着一定的作用。

（2）激素的调控　赤霉素能影响叶片的形状。在一些植物中，能促使叶片形成分裂的或全缘的形状。如对黄星矢车菊（*Centaurea solstitialis*）的离体培养实验中，在含赤霉素的培养基上形成的植株具有全缘的叶片，叶片不裂。这是由于赤霉素影响边缘分生组织的细胞分裂面，也可能影响到细胞的伸长，这些效应促使叶轴的伸长和掩盖了叶裂片的原基发育。

1.4.5.3 叶片衰老和脱落的调控

植物落叶的现象受内外条件的影响。通常叶片经过一定时期的活动后，细胞内矿物质积累太多，引起细胞生理机能的衰老而死亡；另外就是秋天气温下降，土壤温度降低，植物根系吸收水分的能力大大减弱，由于植物得不到充足的水分，而叶片进行光合作用必须消耗大量的水分，所以落叶可以减少水分的消耗，是植物维持体内水分平衡、保证生命活力和对外界不良环境条件的一种适应。

从解剖结构来看，是由于在叶柄的基部形成了离层。植物落叶前，叶肉细胞内的合成功能降低，有机物和激素从叶片中转移到根、茎及其他部分。叶柄基部有一部分细胞，经过分裂，形成了几层薄壁细胞，称为离层。离层的薄壁细胞之间，胞间层发生化学变化，其果胶酸钙转化为可溶性果胶和果胶酸，而使这几层细胞分离。在重力、风雨等外力的作用下，叶片就从离层处脱落。与此同时，离层下的几层细胞木栓化，在叶柄的断面处形成保护层。保护层最终与茎的周皮相通。

引起叶片衰老和脱落的原因是多方面的，其中激素含量的变化是调控叶片衰老的原因之一。细胞分裂素自根部合成运输到叶片，具有促进细胞分裂，抑制蛋白质分解，促进气孔开放和蒸腾进行等作用，是延缓衰老的物质。叶衰老时，细胞分裂素减少，脱落酸含量增加。脱落酸能抑制叶绿素、蛋白质和核酸的合成，促进气孔关闭，提高膜的透性，抑制蒸腾，影响光合作用，它通过这些生理作用促进衰老，最终引起叶片的脱落。

思考题

1. 观赏植物的茎有哪些变态？这些变态有哪些生物学意义？哪些变态具有观赏价值？
2. 观赏植物的根有哪些变态？这些变态有哪些生物学意义？哪些变态具有观赏价值？
3. 观赏植物的叶有哪些变态？这些变态有哪些生物学意义？哪些变态具有观赏价值？

2 观赏植物的生殖器官及其发育

【内容提要】

本章主要讲述观赏植物的花、种子和果实。其中花是大多数观赏植物最醒目的部位，也是观赏植物育种、栽培和应用的核心，也是花卉研究的焦点。许多观赏植物的果实也具有观赏价值，种子虽很少用于观赏，但具有繁殖功能，在观赏植物品种改良和苗木生产方面意义重大。本章在介绍花、种子和果实的形态和生长发育规律的基础上，重点讨论观赏植物生殖器官的多样性及其成因，针对每一种器官的特点介绍了调控途径及方法。通过本章的学习，应对常见观赏植物生殖器官的形态多样性、发生发育规律、调控途径有一个基本的把握。

2.1 观赏植物的花

花是被子植物的繁殖器官，由于其高度的保守性，常用做分类的重要依据，往往反映出植物属的特性，甚至是科的特性。花又是大多数观赏植物最醒目的部位，其色、形和香等均能给人以美的享受。因此，花是观赏植物育种、栽培和应用的核心，也是花卉研究的焦点。

2.1.1 花的基本类型

观花类的观赏植物全部是被子植物。被子植物的完全花（complete flower）由花梗（pedicel）、花托（receptacle）、花萼（calyx）、花冠（corolla）、雄蕊群（androecium）和雌蕊群（gynoecium）组成。

花萼由萼片（sepal）组成，按萼片着生的不同分为两类：离萼（chorisepalous）和合萼（gamosepalous）。有些植物的花萼之外还有副萼（epicalyx）。

花冠由花瓣（petal）组成，花瓣之间完全分离的称离瓣（choripetalous）；花瓣之间部分或全部合生的称合瓣（synpetalous）。花冠因花瓣的离合、花冠筒（corolla tube）长短、花冠裂片（corolla lobe）的形状和深浅的不同，形成不同的类型：筒状（tubular）、漏斗状（funnelform）、钟状（campanulate）、高脚碟状（salverform）、轮状（rotate）、唇形（bilabiate）、舌状（ligulate）、蝶形（papilionaceous）、十字形（cruciform）。

萼片与花萼裂片、花瓣与花冠裂片在花芽中的排列方式有：镊合状（valvate）、旋转状（convolute）、覆瓦状（imbricate）。

花萼和花冠合称花被（perianth）。根据花被的数目及有无，通常将花分为三类：两被花（dichlamydeous flower），花萼、花冠都有；单被花（monochlamydeous flower），多仅有花萼；无被花（achlamydeous flower），花萼、花冠均无，又称裸花（naked flower）。

雄蕊群为雄蕊（stamen）的总称。雄蕊由花药（anther）和花丝（filament）组成，据其数量和着生方式的不同分为不同的类型：单体雄蕊（monadelphous）、二体雄蕊（diadelphous）、多体雄蕊（polyadelphous）、聚药雄蕊（syngenesious stamen）、二强雄蕊（didynamous）和四强雄蕊（tetradynamous）等。

雌蕊群为雌蕊（pistil）的总称。雌蕊由一个或多个心皮（carpel）组成，并分化出柱头（stigma）、花柱（style）和子房（ovary）三个部分。根据心皮的离合与数目，雌蕊可分为以下几种类型：单雌蕊（monogynous）、离生单雌蕊（apocarpous gynoecium）和复雌蕊（compound pistl），又称合心皮雌蕊（syncarpous pistil）。复雌蕊中有子房合生，花柱、柱头分离；有子房、花柱合生，柱头分离；也有子房、花柱、柱头全部合生，柱头呈头状等三种类型。

植物的花根据雌雄蕊的有无可分为三类：两性花（bisexual flower）、单性花（unisexual flower）和无性花（neutral flower）或称中性花。单性花又分为雌花（pistillate flower）和雄花（staminate flower）。根据各类花的着生状况又有雌雄同株（monoecious）、雌雄异株（dioecious）、杂性同株（polygamo-monoecious）和杂性异株（polygamo-dioecious）之分。

有些植物的花在植株上是单生的（solitary），而多数植物的花是由多朵小花按照一定的规律排列在一个花轴（总花柄）上形成花序（inflorescence）。根据小花在花轴上排列的情况将花序进行分类。常见的花序有：总状花序（raceme）、穗状花序（spike）、肉穗花序（spadix）、葇荑花序（catkin or ament）、圆锥花序（panide）、伞房花序（corymb）、伞形花序（umbel）、头状花序（capitate or head）、隐头花序（hypanthodium）、聚伞花序（cyme）。以上花序又可分为无限花序和有限花序两种。无限花序（indefinite inflorescence）的特点是基部或边缘的花先开，顶部或中间的花后开，包括总状花序、穗状花序、肉穗花序、佛焰花序、葇荑花序、圆锥花序、伞房花序、伞形花序、头状花序、隐头花序等；聚伞花序则为有限花序（definite inflorescence），其特点是花序轴顶端或中间的花先开，渐次向下和向外。观赏植物的花序类型见图 2－1－1。

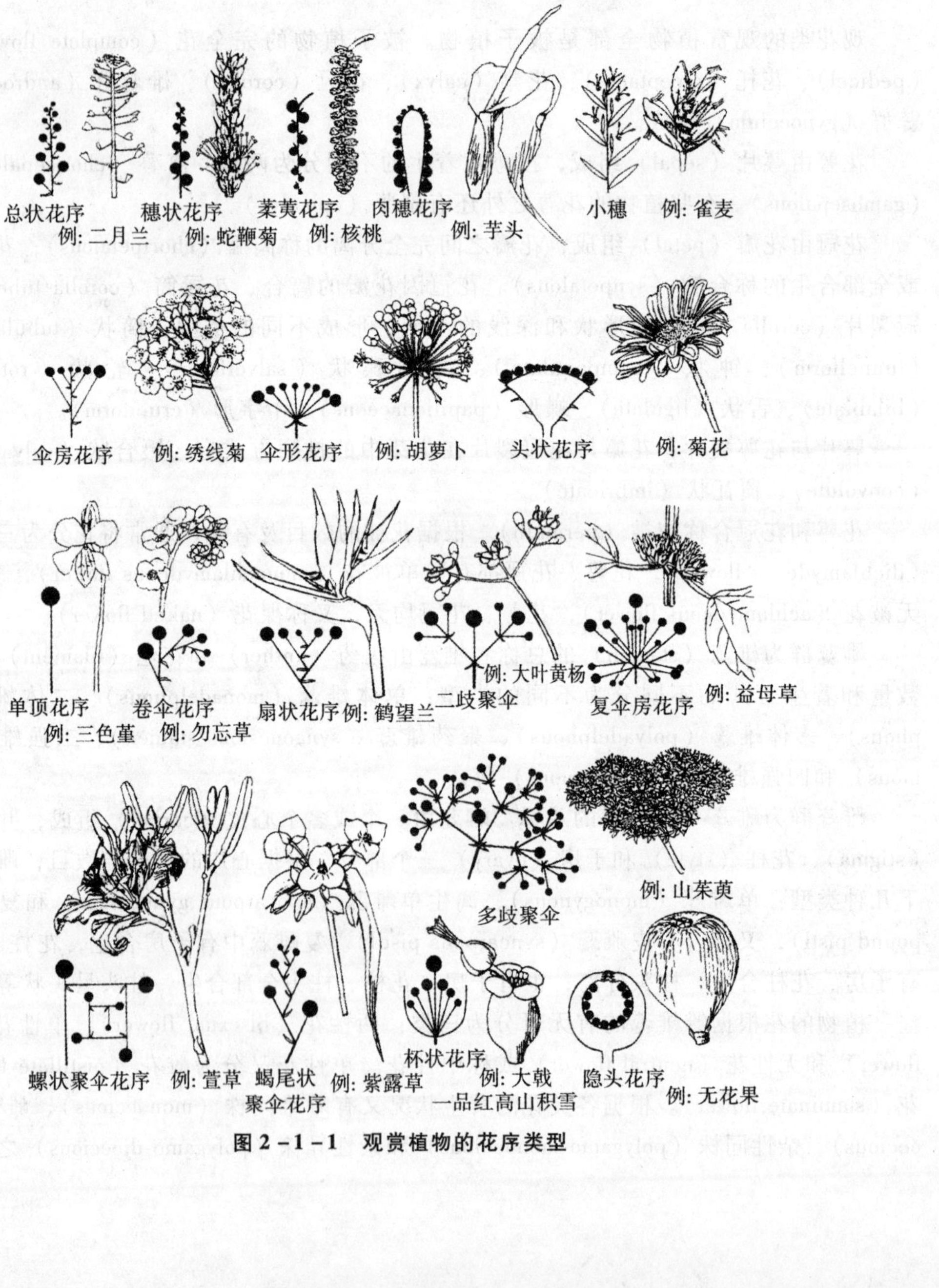

图 2－1－1 观赏植物的花序类型

2.1.2 花的基本功能

花的各个组成部分的结构和功能都是适应于生殖过程的。在被子植物的完全花中，花梗是连接花和枝条的部分，是各种营养物质由茎向花输送的通道，同时支撑着花向各个方向伸展。

花托是花梗顶端略微膨大的部分，支持着花萼、花冠、雄蕊群、雌蕊群由外至内依次着生在其密集的节上。

组成花萼、花冠、雄蕊群和雌蕊群的萼片、花瓣、雄蕊和心皮都是变态叶，其发生、生长方式和维管系统与叶相似，但形态和功能差别很大。其中萼片和花瓣是不育的变态叶，雄蕊和心皮是可育的变态叶。因此，花是适应于生殖的变态短枝。

花萼是花的最外一轮变态叶，一般呈绿色，具有保护幼花和为授粉后的子房发育提供营养物质的作用。有些植物的花萼大，具彩色，能吸引昆虫传粉；有些花萼则变成冠毛，有利于果实的传播。

花冠常有鲜艳的色彩或能散发特殊的气味，以适应昆虫传粉；而有些植物的花冠退化，以适应风力传粉。此外，花冠还有保护雌雄蕊的作用。

雄蕊的花丝支持着花药，花药内部的花粉囊则可产生大量花粉粒。花粉粒能释放精细胞，携带父本植株的遗传信息。

雌蕊的柱头用于接受花粉粒，常扩展成各种形状，以增加接受花粉粒的表面积。多数植物的柱头能分泌水分、脂类、酚类、激素和酶等，有的能分泌糖类和蛋白质，有利于花粉粒的附着和萌发。花柱是花粉萌发后花粉管进入子房的通道，同时为花粉管的生长提供营养物质。子房内着生胚珠，卵细胞位于胚珠的胚囊内，携带母本植株的遗传信息。花粉管进入胚囊后，释放出精细胞进行受精。受精后，整个子房发育成果实，胚珠发育为种子。

2.1.3 花的形态多样性

观赏植物种类繁多，其花的基本构成与普通植物相同，但长期的栽培与品种选育使得花的构成与形态极为丰富，是观赏植物最具有多样性的器官。

2.1.3.1 花器官的多样性

(1) 花梗　花梗本身一般不具有观赏功能，但花梗的有无、长短及着生方式可使花的姿态发生变化，观赏价值大不相同。花梗的形态有以下类型。

无梗花：梅花一般无梗，霜雪中更显“傲骨梅无仰面花”之精神，类似无梗的花卉有：贴梗海棠、腊梅。

花梗和花冠均向上直立：多数观赏植物的花梗直立生长，向上支持着花朵。波斯菊和虞美人花梗细长直立，花瓣轻盈，随风舞动时尤觉娇媚。

花梗直立，花心和花瓣下垂：雪钟花、垂笑君子兰和钓钟柳的花梗朝上，顶端向下弯曲，使花头向下，花朵下垂，一副谦谦君子之态。

花梗直立，花心向下，花瓣上翻：仙客来花梗向上将花朵举出叶丛，顶端又向下弯曲，使花头朝下，花瓣反卷向上，使人们联想起“两只耳朵竖起来”的兔子，又名兔子花。嘉兰的花梗类似仙客来，较长且顶端向下弯曲，使花头下垂，花被片长波状向上反卷，绰约多姿。

花梗、花朵均下垂：倒挂金钟、悬铃花（*Malvaviscus arboreus*）、金铃花（*Abutilon striatum*）、吊钟花（*Enkianthus quinqueflorus*）、宝莲花（*Medinilla magnifica*）、垂丝海棠等，花梗长，向下生长，别有一番飘逸感。

花梗和花心向下，花瓣上翻：吊灯花（*Hibiscus schizopetalus*）也有长而下垂的花梗，但花瓣向上反卷，又因花瓣边缘多裂，似龙爪，装饰感强，故称拱手花篮或吊篮花。

（2）花萼　花萼通常呈绿色，也有的观赏植物花萼大而色艳，呈花瓣状，具观赏价值。如一串红的红色花萼，补血草的膜质彩色花萼，鹤望兰橙黄色的花萼，秋海棠与花瓣同色的两枚花萼，耧斗菜五枚与花瓣同色的花萼，倒挂金钟钟罩形的白色花萼，龙吐珠的白色萼片，铁线莲具绿色条纹的6枚乳白色瓣化花萼，而紫茉莉的花冠退化，花萼发达并瓣化成花冠，苞片貌似花萼（图2－1－2），仙人掌的花萼片与花瓣也难以区分（图2－1－3）。

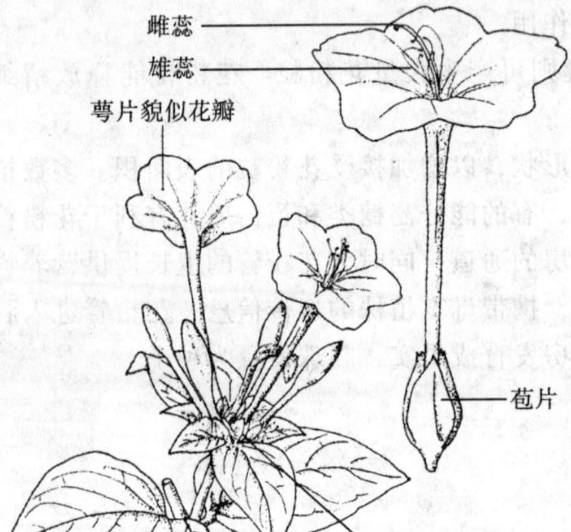

图2－1－2　无花瓣的花——紫茉莉（*Mirabilis jalapa*）

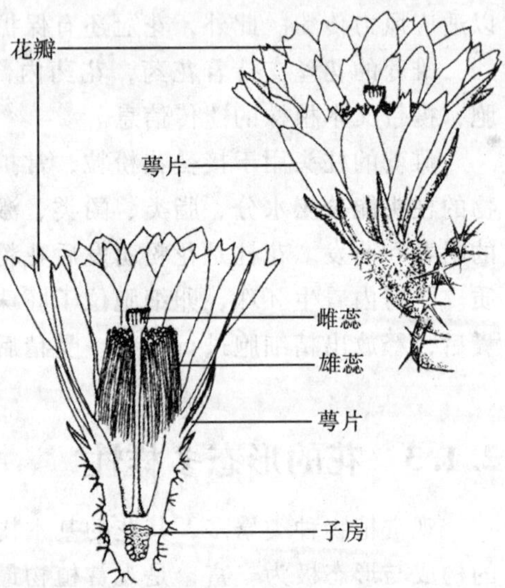

图2－1－3　花萼与花瓣连在一起，难以区别的花——仙人掌（*Echinoereus fendleri*）

贝壳花的花萼大，呈杯形，黄绿色，边缘具5个锯齿状凹凸，为其主要观赏性状；矮雪轮的花萼呈筒状膨大，并有纵棱，饶有特色。

白纸扇（*Mussaenda frondosa*）花萼裂片条形，一枚萼片扩大成叶状，白色，花冠黄色，又称玉叶金花。同属红纸扇（*M. erythrophylla*）叶状萼片深红色，迎风摇曳，颇具野趣。乌头的花萼5枚，顶端的一枚大而呈帽状，侧面两片较下面两片宽，花瓣状，为主要观赏部位。

凤仙花的三枚萼片中一片具有后伸之距，呈花瓣状。旱金莲的5枚花萼中也有一枚延伸成距。飞燕草有5枚花瓣状的萼片，后面一枚延长成距，其上面的一对花瓣有距且突伸于萼距之内。

(3) 花冠　花冠是大多数花卉最具观赏价值的部位，通常具彩色与芳香。花冠的形态差异非常大，花瓣的形状、大小、数量、质地和色彩都决定着其观赏特性，这些也给赏花者提供了丰富的视觉享受。

金鱼草的花冠有两个裂片，形似嘴唇，筒部似喉，用手捏住喉，上下唇即可张开，俗称龙口花。同为二唇形花冠，蒲包花的上唇小而前伸，下唇则膨大呈荷包状。

荷包牡丹花瓣4枚，外侧两枚基部囊状，形似荷包，玫瑰红色，内侧两枚瘦长，突出于外，色粉红。

紫薇的花瓣有长爪，瓣边皱波状，给人轻盈柔美之感。

兰科花卉的花被片各有名称，其中以唇瓣（舌）的形态变化最为丰富：兜兰的唇瓣膨大呈口袋状；卡特兰的唇瓣呈管状包围着蕊柱；蝴蝶兰的唇瓣小，具爪；文心兰唇瓣开展，似舞女的大摆裙故俗称舞蹈兰；虾脊兰的唇瓣基部合生成管，前端伸展成“人”字形裂片，后端有距；虎头兰唇瓣黄色，上有褐色斑纹，酷似老虎的面部图案。

耧斗菜5枚花瓣的长距自花萼间伸向后方，形成极富动感的花型。

三色堇花瓣5枚，两侧对称，一瓣具短而钝之距，下面花瓣有线形附属体，向后深入距内。上面三枚花瓣下方常具深色花斑，酷似双眼及嘴，故又有“猫儿脸”、“鬼脸花”之称。

水仙的6枚花被中央有杯状或喇叭状的副冠（corona-crown，corona），其形状、长短、大小及色泽均因种而异。喇叭水仙的副冠发达突出，红口水仙的副冠边缘波皱带红色。蜘蛛兰、大花油加律6枚雄蕊的花丝下部合生成副冠，使花型的层次感增强。

(4) 花被　萼、瓣不分的花被一般具有较高的观赏价值，如百合、郁金香、君子兰等。

雪滴花（*Leucojum*）白色或粉红色花被片先端有绿色或黄色斑点。三色裂缘莲花被片下部有或深或浅的斑纹，基部又有黑斑，6枚花被片形成醒目怪诞的图案，又叫丑角花。凤眼莲有6枚花被片，上面较大的一片中间具深蓝色斑块，斑中又生鲜黄色小斑，颇似孔雀羽毛，故名。

葡萄风信子总状花序上小花的花被片小，呈坛状，顶端紧缩，又有“蓝壶花”之称。

鸢尾的花被片6枚，外轮3片为大而外弯或下垂的垂瓣，内轮3片为小而直立或呈拱形的旗瓣，整个花型极富动感，又称“蓝蝴蝶”。

(5) 花蕊　少数花卉如醉蝶花、火炬花、石蒜、忽地笑、网球花、佛塔树（*Banksia speciosa*）、金丝桃、扶桑、悬铃花、倒挂金钟、杜鹃花、合欢、红千层等的雌雄蕊较为突出，具有一定的观赏价值。

美人蕉的花不整齐，花萼苞片状，花瓣花萼状，而5枚雄蕊瓣化为最具观赏价值的部分，雌蕊亦瓣化。

鸢尾的花柱三裂并瓣化，色彩与花被片同，可供观赏。

(6) 苞片　有些花朵的下部或整个花序的下部着生有起保护功能的变态叶，即花苞片。有些花苞片形大、色艳，具有吸引昆虫传粉受精的作用。如千日红的红色干膜质苞片、宝莲花、鹤望兰、蝎尾蕉、垂花火鸟蕉、黄苞火鸟蕉、凤梨、一品红、金苞花、虾衣花、叶子花、马蹄莲、火鹤花、珙桐的主要观赏部位均为花苞片。

2.1.3.2 花序的多样性

在观赏植物中，有些种类的花单生于叶腋或枝顶，如半枝莲、紫茉莉、牵牛、茑萝、矮牵牛、三色堇、凤仙花、旱金莲、虞美人、花菱草、长春花、耧斗菜、月见草、芍药、葱兰、郁金香、百合、花毛茛、番红花、仙客来、大岩桐、荷花、扶桑、玉兰、白兰、桃、月季、木槿、山茶等；但更多种类的花形成花序，整个花序实际上是对多数小花进行了自然造型，构成一个观赏的整体，表现出更加丰富的色彩组合与姿态。

(1) *总状花序* 诸葛菜、紫罗兰、金鱼草、毛地黄、飞燕草、风铃草、羽扇豆、香雪球、玉簪、火炬花、芦荟、美人蕉、晚香玉、风信子、葡萄风信子等均为总状花序。一串红的总状花序顶生，由于花序轴、花梗、花萼、花冠均为红色，极为醒目；蜀葵枝条顶端的小花聚生成总状花序，而下部枝条的花单生叶腋；荷包牡丹、铃兰、石斛、蝴蝶兰的花朵总状着生，花序下垂，摇曳多姿。

(2) *肉穗花序和葇荑花序* 随意草、千屈菜、火鸟蕉、虾衣花都为穗状花序；鸡冠花的穗状花序变态成扁平状，形似鸡冠，中下部密生小花；香蒲的穗状花序呈浅褐色蜡烛状；天南星科的火鹤花、马蹄莲、龟背竹则为肉穗花序。银芽柳的葇荑花序着生于叶腋，未开放时呈银白色，使枝条富有装饰性。

(3) *伞形花序和伞房花序* 报春、美女樱、天竺葵、贝母、木香以及石蒜科的水仙、石蒜、雪滴花、君子兰、朱顶红、文殊兰、蜘蛛兰均具伞形花序。叶子花除具有3枚大型苞片外，小花3朵伞形着生；大花葱和网球花则由多数小花组成球形的伞形花序。杜梨、八仙花、石竹和多花型香石竹、月季都为伞房花序，上层花柄短，下层花柄长，花头在同一个平面上。

(4) *头状花序和隐头花序* 菊科花卉的头状花序多数单生叶丛、叶腋或枝顶，如翠菊、金盏菊、雏菊、百日草、千日红、万寿菊、麦秆菊、波斯菊、矢车菊、向日葵、非洲菊、大花金鸡菊、菊花、金光菊、大丽花等；有些头状花序则呈伞房花序式或圆锥花序式排列，如藿香蓟、荷兰菊、蓍草、一枝黄花、瓜叶菊、蓝刺头（*Echinops latifolius*）等；蛇鞭菊的头状花序着生于较长的穗状花序轴上，自上而下开放，颇有动感。桑科榕属的薜荔、无花果、榕树、橡皮树等花序轴膨大、凹陷，小花单性无柄，生于凹陷内壁上，雄花在上，雌花在下，称隐头花序。

(5) *圆锥花序* 乌头、福禄考、补血草、落新妇、凤尾丝兰、珍珠梅、牡荆、泡桐、米兰、楝树、雪柳都是圆锥花序。锥花丝石竹和霞草为复伞形花序组成的疏散的圆锥花序，花小色白，故都有“满天星”之称，是良好的散状切花花材。

(6) *其他花序* 单歧聚伞花序（monochasium）中的蝎尾状聚伞花序（scorpioid cyme）有唐菖蒲、鸢尾、小苍兰、鹤望兰等，唐菖蒲的单歧聚伞花序直立、挺拔，小苍兰则平伸、俏丽。螺状聚伞花序（helicoid cyme）有勿忘草（*Myosotis sylvatica*）。泽漆（*Euphorbia helioscopia*）、益母草（*Leonurum japoniccum*）为多歧聚伞花序（pleiochasium）。

2.1.3.3 花的构成要素多样性

花是大多数观赏植物的观赏中心，但是观赏园艺学上所指的“花”与植物学上的概念有所不同，植物学上强调花的繁殖功能，特指一个繁殖单元即小花。观赏园艺学上则更强调花的观赏功能，兼顾其繁殖功能，习惯上将观赏植物最醒目的部位即花器官或花器官群称为“花”。所以，观赏植物的“花”包括三种情况：即单个的花（flower）、花序（inflorescence）、花及其他貌似花被的部分如苞片、苞叶等。

在植物系统演化过程中，萼片及苞叶的瓣化对花的进化贡献最大，雌雄蕊瓣化对花的重瓣化贡献最大，而人工选择对花色、花形、花的大小以及开花期的贡献较大。所有自然的演化、变异与人工选择的结果相互融合与叠加，形成了多姿多彩争奇斗艳的观赏植物大世界。使得观赏植物“花”的构成要素更加复杂（表2-1-1）。

表2-1-1 观赏植物花的构成要素

（赵梁军、包满珠整理，2002）

花的观赏构成	花的观赏特点	代表性观赏植物
萼片	花冠小型或退化，萼片瓣化明显	贝壳花、补血草、金莲花、乌头、铁线莲、八仙花
花冠、萼片	花冠正常，萼片瓣化，但与花冠区别明显	一串红、凤仙、兰花、耧斗菜、倒挂金钟、龙吐珠、鹤望兰
花被	花冠正常，花萼瓣化，与花冠不易区分	百合科、石蒜科和鸢尾科的多数花卉
花冠	花冠正常，最具观赏性	香豌豆、三色堇、杜鹃花、报春
花冠、花蕊	花冠正常，雄蕊和心皮变异、瓣化，成为半重瓣或重瓣	香石竹、郁金香、朱顶红、月季、茶花、木槿、扶桑等植物的重瓣品种
雄蕊	花冠小型或退化，雄蕊瓣化或形态正常但色彩鲜艳	合欢、凤凰木、美人蕉、红千层属美蕊花、滨玉蕊、糯米条
花柱、花苞	无花冠，总苞片比花被大且有颜色，有些种的花瓣会突出，毛刷状着色	佛塔树属、银桦属、*Leucospermum*属、*Telopea*属
花朵、花苞	花朵正常，苞叶着色明显	凤梨、鹤望兰、火鸟蕉、地涌金莲
花苞	花小型化或正常，苞叶瓣化明显	千日红、火鹤、叶子花、珙桐
总苞片、小苞片	总苞片瓣化，小苞片发达呈丝状	老虎须、箭根薯（*Tacca chantrieri*）
花苞和顶小叶	顶部叶片变成彩色，烘托小花	一品红、高山积雪、大戟、香果树、红毛玉叶金花
花序	多数小花密集着生的头状、伞形花序	菊科花卉、千日红、大花葱、宝莲花
花柄	上位子房极小，花柄异长呈丝状，多数聚生，花开满株似云雾	黄栌（雾木）（*Cotinus coggygria*）

2.1.3.4 花的重瓣化类型多样性

重瓣花（double flower）现象主要发生在观赏植物中。由于自然选择的结果，在野生状态下，植物的重瓣花类型极少。即使是在栽培植物中，凡是以收获种子、果实、营养器官的植物，重瓣花也很少见。由于花瓣是观花植物的重要观赏部位，其数量的多少直接改变花的观赏特性。所以自古以来，人们就对重瓣花品种情有独钟，在观赏植物品种选育与栽培方面投入了很大的精力。

花的重瓣性是一个“笼统的、从观感角度出发”的概念，一般指花瓣或花轮（合瓣花）数量的增加，但有些重瓣花只是由于曲折、重叠增加了花瓣的表面积而造成重瓣的效果；还有些重瓣花实际是一个花序。观赏植物花瓣数量由少到多，经历了从单瓣花（single flower）经复瓣花（半重瓣花 semi-double flower）最后发展到重瓣花的历程。从形态起源的角度来看，花的重瓣化类型有以下 7 种：

（1）营养器官突变　由花器官以外的其他营养器官（主要是花苞片）突变成类似花瓣的彩色结构，从而形成重瓣状的花朵。如“二层楼”的紫茉莉。重瓣马蹄莲有两层瓣化的佛焰苞片、重瓣一品红多数瓣化的花苞片。

（2）花萼瓣化　由花萼彩化、瓣化形成重瓣花类型。前面提到花被片萼瓣不分的情形，实际上就是花萼瓣化的一种形式，只是由于花瓣数量仍很少，未被看做重瓣类型。但仍有一些萼片瓣化且数量较多，形成重瓣类型，如欧洲银莲花、山茶等。洋绣球的萼片瓣化形成单瓣与重瓣的装饰花，再根据装饰花的数量不同，形成蝴蝶绣球、洋绣球、重瓣洋绣球等不同形态的花（图 2-1-4）。

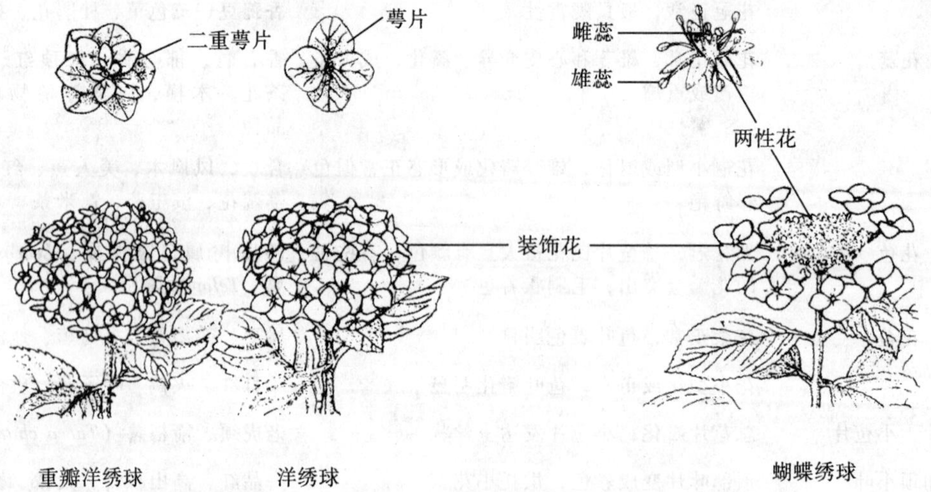

图 2-1-4　洋绣球花的重瓣化类型及萼片瓣化

（3）花瓣或花冠裂片累积　单瓣花的花瓣或花冠裂片的数目偶尔出现少量的增加，经过若干代人工选择，可使其数目逐代增加，直至最后形成重瓣花。这种起源类型的重瓣花在半枝莲、芍药、牡丹、月季、山茶、梅花中较为常见。

（4）花冠重复　花的萼片、雄蕊、雌蕊均正常，而合瓣花的花冠呈套筒状，其两轮（少见三轮）花冠的结构和外形完全相同，是真正意义上的重瓣类型。花冠重复起源的重瓣花常见于合瓣花中，如矮牵牛、曼陀罗、杜鹃花、丁香、桔梗（图 2-1-5）等，还有离瓣花的木槿（图 2-1-6）。

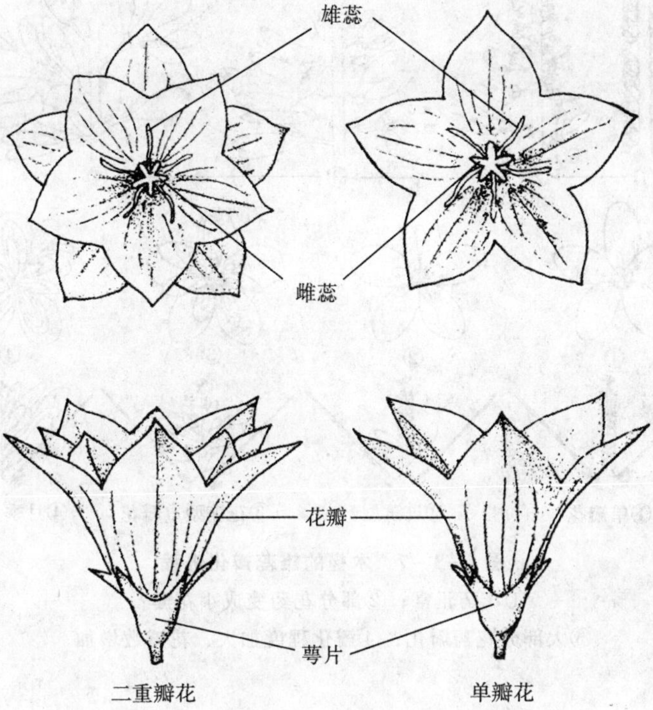

图 2-1-5 花瓣自身增加（桔梗的单瓣与二重瓣花）

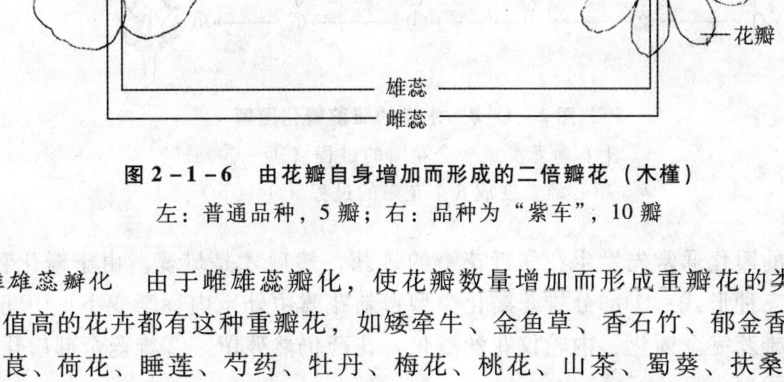

图 2-1-6 由花瓣自身增加而形成的二倍瓣花（木槿）

左：普通品种，5 瓣；右：品种为“紫车”，10 瓣

（5）雌雄蕊瓣化 由于雌雄蕊瓣化，使花瓣数量增加而形成重瓣花的类型最为常见。许多观赏价值高的花卉都有这种重瓣花，如矮牵牛、金鱼草、香石竹、郁金香、仙客来、朱顶红、花毛茛、荷花、睡莲、芍药、牡丹、梅花、桃花、山茶、蜀葵、扶桑、芙蓉、木槿等。木槿同时存在着雄蕊瓣化（图 2-1-7）和雌蕊瓣化（图 2-1-8）的现象。

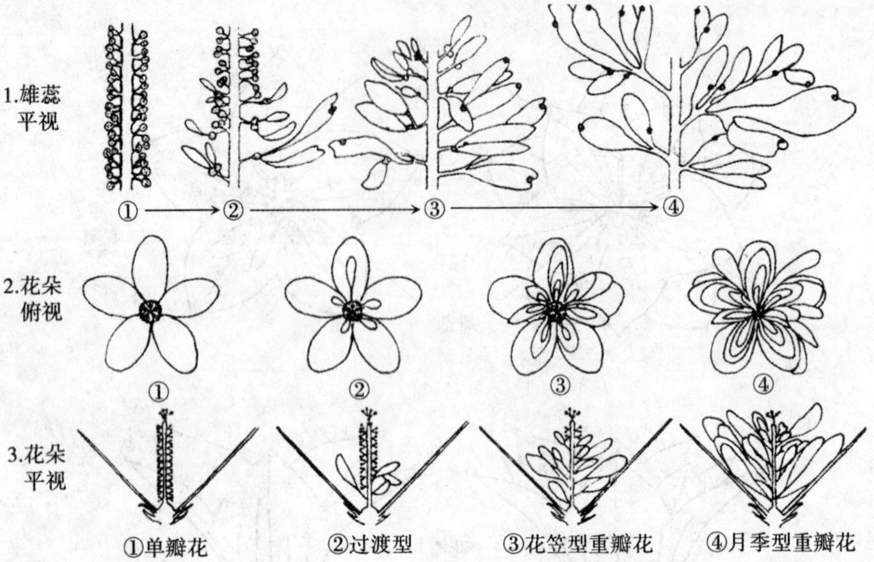

图 2-1-7　木槿的雄蕊瓣化进程

①花药正常；②部分花药变成小花瓣；
③大部分花药瓣化；④瓣化程度加大，花瓣数增加

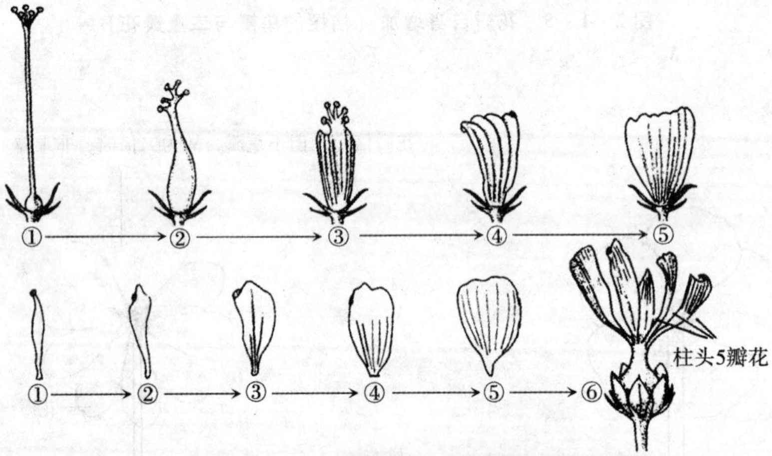

图 2-1-8　木槿的雌蕊瓣化图解

上：雌蕊变成一个花瓣的过程（①~⑤）；
下：雌蕊变成 5 个花瓣的过程（①~⑤）

这种类型的瓣化通常先发生在靠近花瓣的雄蕊，然后才是雌蕊。由于瓣化程度的不同，其花型可出现三种形式：①部分雄蕊瓣化类型：新花瓣由外至内逐渐变小，中间仍有正常雄蕊。有的外轮雄蕊完全瓣化，内轮仅花丝瓣化，花药仍然残留。②雄蕊全部瓣化类型。③雌雄蕊全部瓣化类型。

（6）“台阁”　由于两朵花着生的节间极度短缩，使花朵叠生，形成花中有花的重瓣类型。这种重瓣花的特点是有两层花蕊，在梅花、牡丹、芍药中较为常见。这种重瓣花的性状常因营养状况而变化，不稳定。在木槿中，有两个花合生而成重瓣的现象（图2-1-9）。

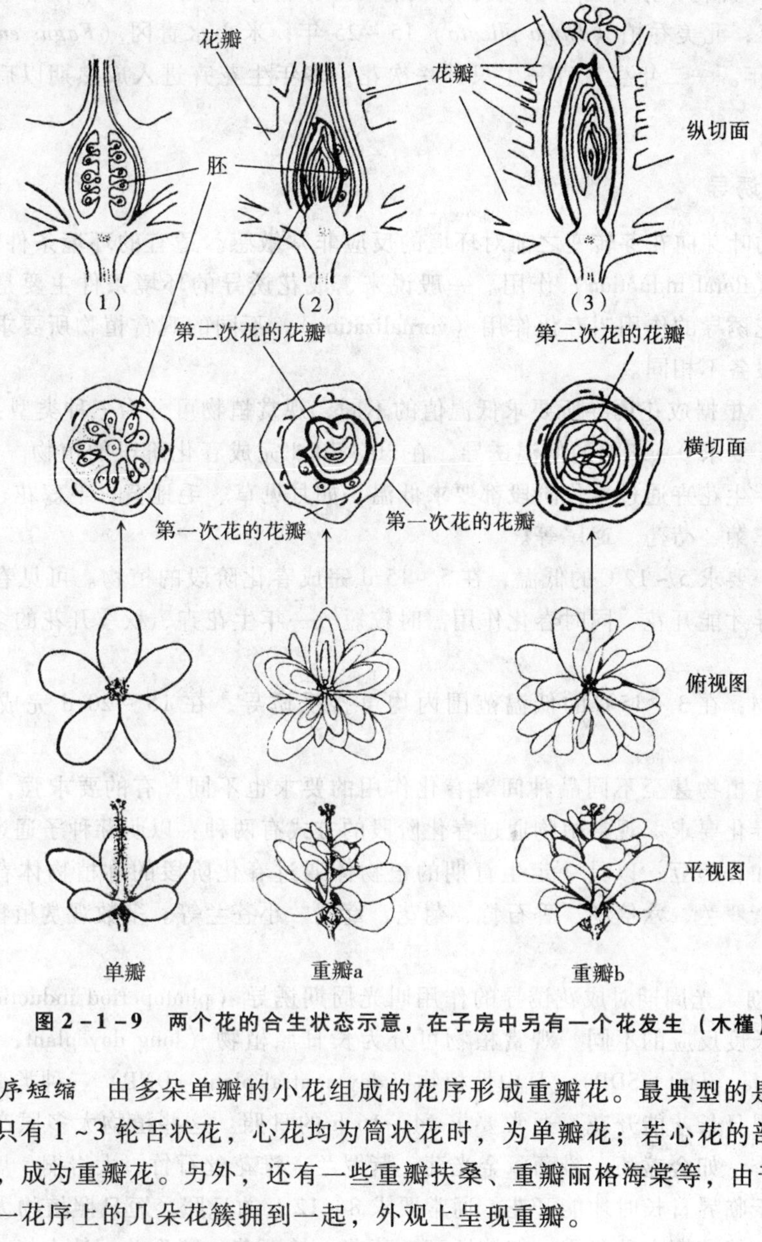

图2-1-9 两个花的合生状态示意，在子房中另有一个花发生（木槿）

（7）*花序短缩* 由多朵单瓣的小花组成的花序形成重瓣花。最典型的是菊科的头状花序：当边花只有1~3轮舌状花，心花均为筒状花时，为单瓣花；若心花的部分或全部也变成舌状花时，成为重瓣花。另外，还有一些重瓣扶桑、重瓣丽格海棠等，由于花序轴极度短缩，使得同一花序上的几朵花簇拥到一起，外观上呈现重瓣。

2.1.4 花的形态发育

植物要到达一定年龄或是处于一定的生理状态，才能感受外界环境的诱导而开花。开花之前达到的生理状态，称为花熟状态。植物在花熟状态之前的时期称为幼年期（juvenile phase）。幼年期的长短因种及品种而异：一般说来，一二年生花卉的幼年期较短，多年生花卉的幼年期较长，而木本花卉又较草本花卉长。如大花牵牛（*Pharbitis nil*）几乎没有幼年期，种子发芽后2~3 d就可以接受外界条件的诱导形成花芽，从而在子叶期开花；瓜叶菊播种后8个月才能开花；唐菖蒲早花品种种植后90 d就可开花，晚花品种需要120 d；芍药播种后需2～4年开花；茶香月季的幼年期只有20～30 d；樱属2～8年；苹果属4～8年；常春藤5～10年；北美乔柏（*Thuja plicata*）15～25年；米心水青冈（*Fagus engleriana*）则可长达30～40年。一二年生花卉一生只开一次花，多年生花卉进入成熟期以后能每年形成花芽。

2.1.4.1 成花诱导

观赏植物的叶芽向花芽转变之前对环境的反应非常敏感。适宜的环境条件能诱导开花，称为成花诱导（floral induction）作用。一般说来，成花诱导的环境条件主要是温度和光周期。低温对成花诱导的作用叫春化作用（vernalization）。不同的观赏植物所要求的低温值和通过低温的阶段各不相同。

（1）温度　根据成花诱导所要求低温值的不同，观赏植物可分为三种类型：

冬性植物：要求0～10℃的低温诱导，在30～70 d完成春化阶段的植物。二年生花卉、早春开花的多年生花卉通过春化阶段都要求低温，如月见草、毛地黄、毛蕊花、罂粟、虞美人、蜀葵、矢车菊、芍药、鸢尾等。

春性植物：要求5～12℃的低温，在5～15 d完成春化阶段的植物。可见春性植物需要较高的低温诱导才能开花，同时春化作用需时较短。一年生花卉、秋季开花的多年生草花为春性植物。

半冬性植物：在3～15℃的低温范围内均可接受诱导，在15～20 d完成春化阶段的植物。

不同的观赏植物甚至不同品种间对春化作用的要求也不同，有的要求强，有的要求不强，有的则无春化要求。观赏植物通过春化阶段的方式有两种：以萌芽种子通过春化阶段的称种子春化，如香豌豆；以具一定生育期的植物体通过春化阶段的称植物体春化，如瓜叶菊、报春花、紫罗兰、六倍利、香石竹、菊花、鸢尾、小苍兰等。多数观赏植物的春化为植物体春化类型。

（2）光周期　光周期对成花诱导的作用叫光周期诱导（photoperiod induction）。根据成花诱导对日照长度反应的不同，观赏植物可分为长日照植物（long day plant，LDP）、短日照植物（short day plant，SDP）、日中性植物（day neutral plant，DNP）三种类型。长日照植物大于某一临界日长才能开花，通常要求14～16 h的日照。这些植物大多原产于温带，自然花期在春夏季，如金盏菊、雏菊、金光菊、紫罗兰、锥花丝石竹、大岩桐、唐菖蒲等。短日照植物在短于临界日长时才能开花，通常要求8～12 h的日照。短日照植物大多原产于热带、亚热带，自然花期在秋冬季，如波斯菊、菊花、长寿花、蟹爪兰、仙人指、一品红、叶子花等。日中性植物对日照长度不敏感，只要温度适宜可四季开花，如凤仙花、非洲菊、香石竹、天竺葵、美人蕉、扶桑、月季、白兰等。

2.1.4.2 花芽分化

到达花熟状态的观赏植物，接受成花诱导后，茎的顶端分生组织不再形成叶芽，而分化为花芽的过程就是花芽分化（flower-bud differentiation）。在花芽分化的过程中，茎尖的生长点首先由叶芽的生理状态转向形成花芽的生理状态，这一阶段称为生理分化期。接着，茎尖分生组织发生一系列细胞学的变化，茎生长锥在形态上也发生变化，产生花原基或花序原基，再依次形成花或花序的各组成部分，分化成花或花序，这一阶段称为形态分化期。最后是性细胞形成期。

花的形态分化期，又称形态建成阶段，若茎尖圆锥形的生长点逐渐增宽变平，则为花原基，直接形成单花（马蹄莲）；若茎尖增大，顶端生长点不断伸长，在侧面不断分化小花原基则形成花序（如唐菖蒲的穗状花序），亦或生长点不再伸长，但不断分化花芽也形成花序（如水仙的伞形花序）。除花托外，花芽各部分的分化顺序，通常是由外至内进行的，即先分化出萼片原基，其次是花瓣原基，然后是雄蕊原基，最后分化出雌蕊原基。如麝香百合花芽分化的顺序为：外层花瓣原基形成、内层花瓣原基形成、雌雄蕊形成；梅花的顺序为：萼片原基分化、花瓣原基分化、雄蕊原基分化、雌蕊原基分化、雄蕊、雌蕊解剖结构分化。但牡丹属植物多轮雄蕊的分化是由内至外进行的。

张伟（1996）对菊花花芽分化的研究结果表明：植株处于不同的发育阶段时生长点的形态不同，当植株处于非生殖生长期时，叶原基包裹着的生长点呈圆锥状，在向生殖生长状态发生生理转化时则变得扁平。就不同类型的菊花而言其头状花序的形成过程一致（图2-1-10），小花分化的具体过程则因花形而异（图2-1-11和图2-1-12）。

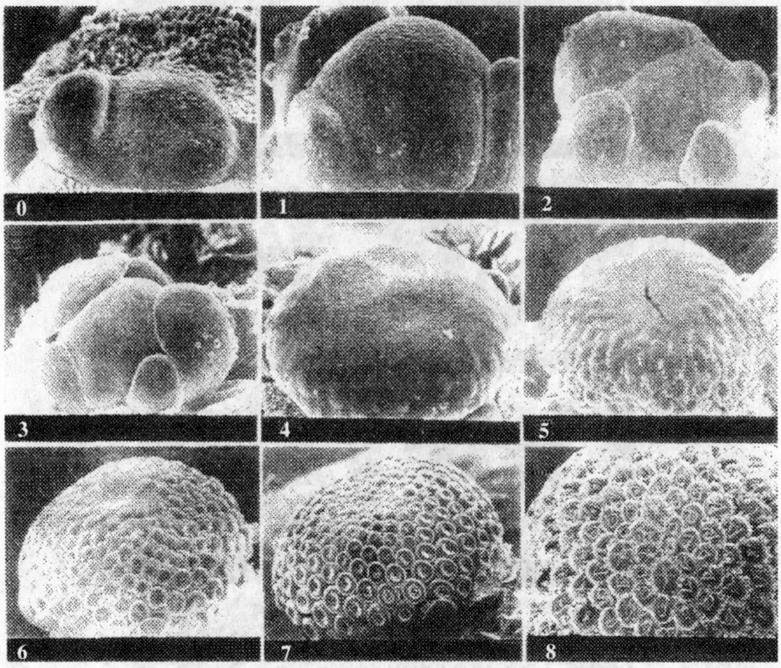

图2-1-10 独本菊花芽分化形成过程

（引自：张伟，1996年）

头状花序的分化过程

0. 未分化；1. 茎尖肥大（生殖转换）；2. 总苞鳞片分化初期；3. 总苞鳞片分化终期；4 小花原基分化初期；5. 小花原基分化终期；6. 花冠形成初期；7. 花冠形成中期；8. 花冠形成后期

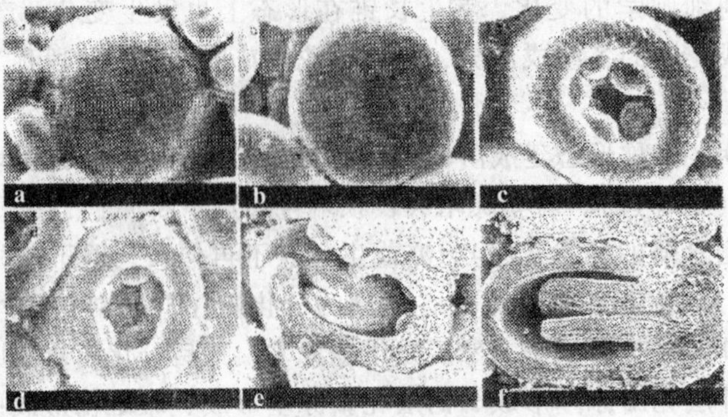

图 2-1-11 独本菊花芽分化形成过程

（引自：张伟，1996 年）

舌状小花的分化过程

a. 小花原基；b. 花冠分化；c. 雄蕊分化；d. 雌蕊分化；

e 雄蕊退化；f. 胚珠分化

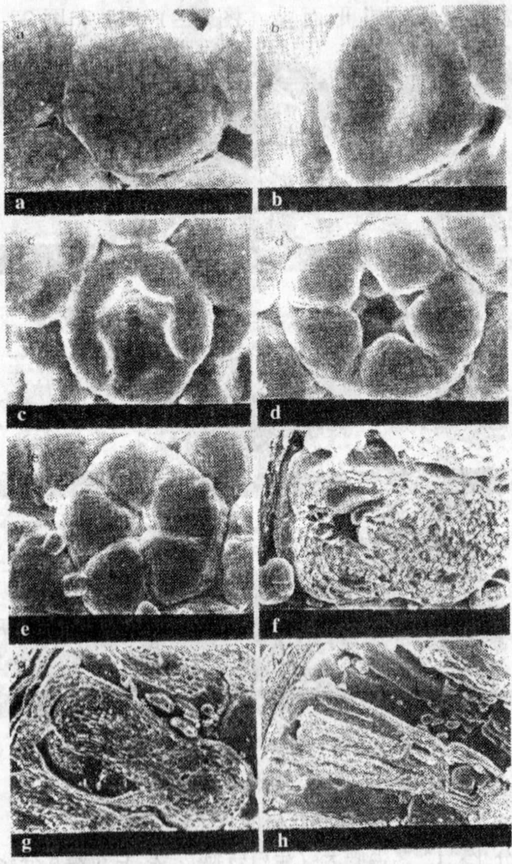

图 2-1-12 *Chrysanthemum indicum* 筒状小花的分化形成过程

（引自：张伟，1996 年）

筒状两性小花的分化过程

a. 小花原基；b. 花冠原基分化；c. 花冠分化；d. 雌蕊原基分化；

e. 花冠闭合；f. 雌蕊原基分化；g. 胚珠分化；h. 花粉形成

在花芽分化过程中，存在着两个参数系统：一个参数系统控制纵向的分化发育，如花序特性基因、分生组织特性基因和花器官特性基因；另一个参数系统控制横向的分化发育，如花形基因。这些基因的遗传变异就是观赏植物花形态多样性的基础。花芽分化取决于花卉的种类、品种、环境条件、地区及年龄。可以归纳为如下类型：

(1) 当年分化类型　于当年生枝的新梢或花茎顶端形成花芽，当年夏秋开花的种类，包括一些一年生花卉、春植球根花卉、夏秋开花的宿根花卉和木本花卉等，如鸡冠花、翠菊、朱顶红、唐菖蒲、菊花、萱草、紫薇、木槿、木芙蓉等。

(2) 夏秋分化类型　花芽分化每年一次，于夏秋（6—9 月份）的高温季节进行，秋末分化完成后进入休眠状态，必须经过低温才能完成性细胞的分化，翌年早春或春夏间开花。这类花卉包括秋植球根花卉和许多木本花卉，如郁金香、水仙、牡丹、山茶、杜鹃、梅花、榆叶梅、垂丝海棠、玉兰的大多数品种等。

(3) 冬春分化类型　花芽分化每年一次，于冬春（12 月份至翌年 3 月份）较低温度下进行，其分化至开花时间短且连续。一些二年生花卉、春季开花的宿根花卉和原产温暖地区的某些木本花卉多属此类，如报春花、三色堇、芍药、鸢尾、柑橘类、荔枝、龙眼等。

(4) 不定期分化类型　花芽每年不定期分化，达到一定叶面积即可开花，主要决定于个体养分的积累程度。如凤梨科、芭蕉科、棕榈科的某些种类。

(5) 多次分化类型　一年中多次发枝，每次发枝均能分化花芽的类型。如香石竹、非洲菊、火鹤、倒挂金钟、茉莉、月季、四季桂等四季开花的宿根花卉及木本花卉。这些花卉通常在花芽分化和开花过程中，营养生长仍在继续进行。一些一年生花卉，如半枝莲、长春花、紫茉莉等，只要营养生长达到一定大小，即可在气温较高的条件下，多次形成花蕾并开花。

2.1.4.3　开花与花的衰老

花芽分化至性细胞成熟期，花萼和花冠即行开放，露出雄蕊和雌蕊，称为开花（anthesis）。一些花卉花芽分化后很快开花，如一年生花卉、多数仙人掌科花卉等。但更多在休眠期完成花芽分化的多年生花木，须待解除休眠至花器官生长的适宜条件相继到来时才能开花。

观赏植物的花蕾开放有一定的时间性。大多数花卉晨开夜合，而少数花卉只在一天当中特定的时间开花。在常见的观赏植物中，牵牛花和蓝亚麻在晨曦中开放；半枝莲、酢浆草在中午强光下开花；紫茉莉、月见草、晚香玉、夜香树、夜香木兰和夜来香等在傍晚盛开，且花香浓郁；而“昙花一现”只在无光照的夜间。花蕾在一天中定时开放的本质是由于各种植物的开花过程对温度和光照强度有着不同的要求，即不同植物开花需要不同的光照强度和温度。

观赏植物的花朵开放后逐渐褪色、萎蔫或脱落称为花的衰老。只有极少数植物的花瓣或其他花器官失水后仍然保持原有的形态和色彩，这类植物大多耐高温、干燥的环境条件，其观赏部位为膜质或被蜡质，是制作干花的良好材料，如麦秆菊、百日草、千日红、鸡冠花、补血草等。

一般情况下，创造低温、弱光的环境降低代谢强度可以延长花期、延迟衰老。控制灌水也可有效减缓花的衰老，因为开花期水分过多会使授粉提前，从而导致花的衰败。另外，乙烯可促进香石竹、矮牵牛、牵牛等花卉的花瓣衰老，传统的切花保鲜方法多采用含乙烯抑制剂（AVG，MVG，AOA 等）或乙烯拮抗剂（Ag，STS，2，5 - NBD 等）的保鲜剂。考虑到这些化学物质易造成环境污染，目前国内外均倾向于采用基因工程的方法降低乙烯合成过程中的关键酶 ACS 或 ACO 的活性，从而抑制乙烯的生物合成。如 Savin 等将反义 ACO 基因导入香石竹，抑制 ACO 基因的表达，花瓣乙烯合成抑制达 90% 以上，花朵瓶插寿命延长近 1 倍。

2.1.5 花色发育

狭义的花色仅指花瓣的颜色；广义的花色还包括花瓣以外的花萼、雌雄蕊以及瓣化的花苞片的颜色。花色是人眼对来自花瓣的光线的能量构成的判断或感觉。当光线照射到花瓣上以后，一部分在穿过色素层时被吸收，一部分被投射或折射，只有来自花瓣表面的反射光和经海绵组织层反射后再次通过色素层过滤的光线才有可能映入人们的眼帘产生色感。可见，花的颜色与花瓣的组织结构、花瓣中所含的色素种类、色素含量以及花瓣所接受的光源等因素有关。一种植物的标准花色应该是其花瓣在太阳光照射下所呈现的颜色，而决定花色的主要内因是花色素。

2.1.5.1 花色素种类及存在部位

花色素包括叶绿素、类胡萝卜素和酚类色素三大类。这些色素仅存在于花瓣表皮和近表皮的地方，并且多在上表皮细胞中。栅栏组织细胞中几乎没有或很少有色素存在，海绵组织一般不含色素。这种分布可以节约色素，遵照节能的原则达到传授花粉的目的。

叶绿素（chlorophyll）属于水溶性或醇溶性色素，存在于叶绿体中。一朵花的绿色花瓣、绿色瓣化花萼以及绿色佛焰苞的绿色细胞中均有叶绿素的存在。如菊花、兰花、花烛和马蹄莲的绿色花品种。

类胡萝卜素（carotenoid）是胡萝卜素（carotene）和叶黄素（xanthophyll）的总称，一般存在于细胞质内的色素体上，不溶于水，而溶于脂肪和类脂中。胡萝卜素有 α -，β -，γ - 胡萝卜素、番茄红素、甜菜红素等；叶黄素是由胡萝卜素衍生醇类，也称胡萝卜醇（carotenol），有叶黄素、隐黄质等。类胡萝卜素呈现黄、橙、红等多种颜色，一般共轭双键越多，越偏向红色。金盏菊、万寿菊、桂竹香、酢浆草、蒲公英、郁金香、百合、蔷薇等许多黄色、橙色花含有类胡萝卜素。

酚类色素包括类黄酮（flavonoid）、花青素类（anthocyan）和单宁（tannin）等，多为水溶性，存在于液泡中。其中，类黄酮包括黄酮、黄酮醇、黄烷酮、查尔酮、橙酮及其衍生物。类黄酮多为无色至淡黄，偶为橙黄色，一般酸性越强，黄色越淡，而与 Fe^{3+} 等离子结合可变为蓝绿色。大多数白色、象牙色、奶油色、黄色及橙色花均含有类黄酮，如报春花、酢浆草、杜鹃、樱花以及玄参科（如金鱼草）、菊科（万寿菊、大丽花）、豆科、山茶科花卉。花青素类有花葵素（天竺葵色素）、花青素（矢车菊色素）、花翠素（飞燕草色素）、牡丹色素（芍药色素）、矮牵牛色素、锦葵色素、报春花色素等。花青素类色素常与糖类结合形成糖苷，为水溶性。随着色素分子结构和环境 pH 的变化表现为红色至蓝紫色。在色素分子中甲氧基增加时则红色增加，羟基数增加时则蓝紫色增加；随着环境 pH 由酸至碱变化则呈现红色至蓝紫色。但花青素与 K^+，Mg^{2+}，Fe^{2+}，Al^{3+} 等金属离子螯合后，不再受 pH 的影响，如蓝色矢车菊的花青素以 K^+，Na^+ 等盐类形式存在，在酸性环境中仍能表现偏碱下的蓝色。花青素类存在于大多数红、蓝和紫色的花中。

2.1.5.2 花色的表现及其物质基础

花色的种类很多，一种花色由一种或多种色素来决定。如黄色樱草、橙色百合、绯红色一串红分别只含有黄酮醇、类胡萝卜素、花葵素；而黄色万寿菊中有类黄酮和类胡萝卜素，橙色金鱼草中含花葵素和橙酮，绯红色郁金香中含花青素和类胡萝卜素。另外，色素的含量也会影响花色的深浅。如四季秋海棠花青素含量高时呈深红色，含量低时为粉红色。

不同花色的呈色机理不尽相同：

(1) 白色花　严格地讲，世界上没有纯粹白色的花。在理论上无论何种颜色，只要很浅就不容易和白色区分。但人眼对色彩的感觉很特殊，可以辨别极浅的粉色、蓝色、红色，却不能辨别很浅的黄色和白色。事实上，植物界并不存在白色素，从白色花中提取出来的仅是一种淡黄色或近似无色的类黄酮物质，将其溶于水绝对不是白色的液体，而只是近似于无色的透明液体。因为类黄酮的作用在于防止紫外线的侵害或病虫害的侵袭，关系到植物的生存。所以，没有绝对不含类黄酮的植物或植物组织，也就没有绝对纯白色的花。白色花实际上是非常淡的黄色花，使花朵呈现白色的是花瓣中的小气泡群。花瓣的海绵组织中薄壁细胞间隙很小，存在于其中的空气形成气泡，无色透明的气泡集结或叠加，并对入射的光线产生多次折射，给人眼的感觉是白色的，这与我们看到水中的小气泡是白色的一样。

(2) 黄色花　黄色与类黄酮和类胡萝卜素两大色素类群有关。非常浅的黄色花几乎是白色的，所以狭义的黄色是指深黄色。仅含有类黄酮的花近乎无色或浅黄色，由于类胡萝卜素比类黄酮的显色效果更明显，因此黄色花的色素主要是类胡萝卜素。类黄酮和类胡萝卜素的比例因植物的种或品种的不同而异，有的植物仅含有其中一种色素，有时同时含有两种。仅含类黄酮的植物有杜鹃、金鱼草、樱草、瞿麦、大丽花等；主要含类胡萝卜素的植物有郁金香、百合、蔷薇等；同时含有两种色素的植物有百脉根、万寿菊、酢浆草等。

(3) 橙色花　橙色花中的色素往往是类胡萝卜素与花青素，其中特别是显示橙色的花葵素系的色素。不同色调的橙色花中，类胡萝卜素与花青素的比例不同。在黄色为主的橙色花中，以类胡萝卜素显色为主，如百合；而在红色为主的橙色花中，则以花青素显色为主，如天竺葵等；由红黄两种颜色混合产生的橙色有两种可能，一种是由花青素与类黄酮组合产生，如金鱼草；另一种是由花青素与类胡萝卜素结合而成，如郁金香。由于花青素可由红—橙—紫进行变化，类胡萝卜素可由橙—黄进行变化，两者色素组合可以产生许多颜色。

(4) 红色和粉红色花　红色花均是以花青素为主体而呈现出来的颜色，尤其是深红色和粉红色的花。花青素的浓度大多呈现红色，浓度小时则变成粉色。如月季、一品红、樱草等。但并非所有的红色品种与粉色品种之间均存在这种关系。

(5) 黑色花　黑色的花有黑郁金香（夜皇后）、黑蔷薇、黑玫瑰、黑牡丹、黑矢车菊、黑紫罗兰、黑蜀葵、黑三色堇。但用色彩学衡量就会发现，世界上并没有真正的黑色花，只是有黑红色的、深紫黑色、深紫红色的花。化学分析结果表明，黑色花的色素均是花青素。人眼在识别较深的红、蓝、紫色时就会产生黑色的感觉，但多数是红色素太浓造成的，或是红色与紫色的混合。另外，有的黑色花上有一种天鹅绒的感觉，这是由于黑色花瓣表皮细胞比红色花的长，使花瓣表面凹凸不平，长细胞高浓度的红色素和阴影共同在起作用。黑色月季初开时为黑色，以后会变红，这是由于表皮细胞扩大，天鹅绒也逐渐消失，色素的含量减少的缘故。

(6) 蓝色花及花的蓝变　对蓝色花及蓝变的解释有以下几种学说。

pH 学说（维尔斯塔特学说）：德国有机化学家认为，花瓣中同样会表现试管中的现象。当花瓣细胞为碱性时会呈现蓝色。但日本学术界提出反驳，认为只要花卉处于正常生长条件下，正常生理状态细胞组织为酸性，一般在 pH 2.8 ~ 6.2，不可能呈碱性，只有病变时才可能是碱性；另外，碱性条件下花青素给人的感觉和蓝色花不一样，并且天然花瓣中的蓝色很稳定，而在试管中和高 pH 条件下得到的蓝色不稳定。

络合物学说：认为花青素和金属元素络合，产生蓝色。花青素与钾、钠、镁结合可形成稳定的化合物，用花青素和这些离子反应确实能得到蓝色物质，但是自然界的实际情况还需要探讨。

助色素学说：英国的鲁滨逊认为助色素（黄酮、单宁等）与花青素结合形成蓝色，在戊醇或加热条件下复合物分解，在室温条件下可以再复合。即：

（戊醇或加热）

【花青素 + 助色素】 ←—↑—↓—→ 花青素 + 助色素

［复合物（蓝色）］　（常温）　（红色）（几乎无色）

各种研究表明，铁、铝、镁等元素与花青素形成的化合物，与花瓣内部的酸度大致是相等的，pH 在 4 ~ 6，并且相当稳定，同时这些化合物与天然蓝色花呈现同样鲜艳的颜色。

虎耳草科八仙花属的八仙花（紫阳花、绣球花），即洋绣球（*Hydrangea macrophylla*）可以有 7 种颜色变化，到目前为止只有几位学者解释过这种现象，尚未完全弄清楚机理。把绣球花种在不同 pH 的土壤上，结果花瓣总是酸性的，但花色有所改变，这种变化与花瓣中铁铝离子含量有关（表 2－1－2）。

表 2－1－2　土壤 pH 对八仙花（洋绣球）的花色与花瓣中铁铝含量的影响

土壤 pH	花 色	铝/（$mg \cdot L^{-1}$）	铁/（$mg \cdot L^{-1}$）
4.56	蓝色	2 375	836
4.65		2 842	516
4.74		2 100	310
4.85		1 906	502
5.13		897	430

续表 2－1－2

土壤 pH	花 色	铝/（mg·L^{-1}）	铁/（mg·L^{-1}）
5.50	带粉红的蓝色	338	300
5.75		270	264
6.01		241	232
6.25	淡紫色	289	219
6.44	带蓝色的粉红色	187	222
6.51		214	229
6.70	粉红色	201	237
6.89		180	235
6.92		70	267
7.02		187	182
7.16		193	190
7.36		217	123

千日莲苷的存在：林孝三认为桔梗糖分子中的特殊有机酸对桔梗分子本身产生一种助色素的作用。千日莲呈现蓝色的机理与桔梗糖一样，是由于分子中含有的特殊有机酸所起的作用。

(7) 绿色的花　在植物界中，绿色是植物叶片的颜色，这种颜色是由叶片栅栏组织与海绵组织细胞中叶绿体中的叶绿素存在决定的。叶绿素 a 为深绿色，叶绿素 b 为黄绿色，通常二者的比例为 3∶1。在弱光条件下，叶绿素 b 会比叶绿素 a 增加得更多，使叶片呈现浅绿色。

由于花是叶的变态，因此在花中原本就有叶绿素存在。多数花直到花蕾期仍然会表现绿色，在白色花中表现得明显。当花蕾长大后花瓣中叶绿素逐渐消失，同时被合成的其他色素所取代。有的花永不褪绿，并且也无其他红色、黄色色素合成时，则成为绿色的花。

在花瓣中，绿色的消失有 3 种类型：其一是花蕾期花被的绿色保持期极长，之后无其他色素合成。如郁金香的花被基部花脉附近，有时开花期也有绿色，有些菊花的白色品种、月季的纯白色品种等。其二是从花蕾初期开始由其他色素合成，从一开始就呈现花朵本来的颜色。绝大多数植物的花属于这种情况。其三是从花蕾到开花之后花被颜色不褪去，其他色素不合成，是真正的绿色花，这在兰科兰属植物中常见。在其他植物中也育出绿色品种（表 2－1－3）。

表 2-1-3 具有绿色花的代表性观赏植物

类别	花色	植物种类
开花后不褪绿	绿色	浙贝母（*Fritillaria thunbergi*）、肖竹竽（*Calanthea hybrida*）、朱顶红、马蹄莲、卡特丽亚兰、兜兰（*Paphiopedilum*）、蝴蝶荚蒾（*Vibrnum plicatum*）、铁筷子属（*Helleborusmiger*）、樱花（*P. lannesiana*）"御衣黄"、*Anigozanthus manglesii*
花后逐渐褪绿	黄绿色	菊花"绿云"、月季"绿宝石"、牡丹"豆绿"、飞燕草、香石竹、唐菖蒲、重瓣三角梅、百日草
花的一部分保持绿色	绿花，其他颜色的边	郁金香"Spring Green"
	绿边，白或红色花	六出花（*Alstromeria* spp.）
	花的一部分呈绿色	兜兰、蕙兰、卡特丽亚兰
	白橙色花的基部呈绿色	铁炮百合"白龙"
	绿心黄花或绿心白花	菊花和万寿菊中的一些品种

绿色花多属于白叶的返祖现象，如火鹤花等。一般绿色花比其他花色的寿命长两三倍，如八仙花变绿后其花期极度延长，月季也有这样的倾向。因为有叶绿素光合作用，并使基部离层形成较晚。

2.1.5.3 花色发育的生理生化与遗传基础

花色主要是由花中的色素种类和浓度等因素决定的，花色的形成主要受遗传特性的影响，但也与栽培环境及开花进程有关。

(1) *花色发育的生理生化基础* 花色发育的物质基础是色素，分析花卉中色素的组成和结构是研究花色发育的前提。前人研究结果证明：不同观赏植物的花色发育的生理生化基础不同，这些不同主要表现为色素的差异。

唐菖蒲共有24种花色的变化，花瓣中有6种花色素（天竺葵色素、花青素、芍药色素、翠雀素、矮牵牛素、锦葵素）、2种糖（葡萄糖、鼠李糖）和4种构型［葡萄糖（+，-）、鼠李糖（+，-）］的变化，在牡丹品种群中花色素也有差异。暗红色或深紫红色的日本牡丹品种群含芍药素（Pn3G5G，Pn3G）与花青素（Cy3G5G，Cy5G）、天竺葵素（Pg3G5G，Pg3G）等6种色素；鲜红色品种缺少Cy3G，Cy3G5G，而大量含有Pg3G；粉色品种缺少Pn3G，Pg3G和Cy3G，Cy3G5G；中国牡丹缺少Pg3G因而没有鲜红色花；美国和法国的牡丹与紫牡丹、黄牡丹的种间杂种缺少Pg3G和Pg3G5G，使其显深红或猩红色。

在菊花中，花色也是由不同色素引起的：白花的色素为类黄酮；黄花的色素为类胡萝卜素；粉色与红紫色的含花青素和类黄酮；棕色花（橙色—红）含有花青素和胡萝卜素。另外，由于脂溶性的胡萝卜素存在于质体，而水溶性的黄酮类存在于液泡。因此，菊花的质体着色主要来自LⅡ层的中层叶肉细胞；而液泡着色则主要来自于LⅠ层的上下表皮。

茶花的色素也比较复杂。有隅健一曾对246个茶花品种的色素进行了研究，证明茶花中有24种花青素，都是花色素的诱导体，其中核心色素是Cy3G，但各品种中的色素含量差异很大，变幅在0.1～4.2之间（total Anthocyanin O. D at 535 nm/300 mg of Dry plants/50 mL of

0.05% HCl-MeOH)。而金花茶的黄色是由一种特殊的色素——栎皮素-7G(Uercetin-7 glucoside)决定的。

月季花色极为丰富，花瓣中含有5种花青素（花青素、菊胺、天竺葵双苷、翠菊胺、芍药素）和14种类黄酮（四羟基黄酮-3-葡萄糖苷、栎精-3-鼠李糖苷、四羟基黄酮-3-芸香糖苷、四羟基黄酮-3-槐糖苷、四羟基黄酮-7-葡萄糖苷、四羟基黄酮-4′-葡萄糖苷、栎精葡萄糖苷、栎精-3-葡萄糖苷、栎精-3-葡萄糖苷酸、栎精-3-鼠李糖苷、栎精-3-芸香糖苷、栎精-3-槐糖苷、栎精-7-葡萄糖苷、栎精-4-葡萄糖苷)。但由于月季花青素苷中B环5′端不能发生羟基化，因而用传统的杂交育种的方法不能育出蓝色花品种。

(2) 花色发育的遗传基础　花色的发育最终要受基因的控制。Forkmann将花色基因分为7类：①控制黄酮类生物合成单个步骤的基因；②与黄酮类修饰有关的基因；③开关全部或部分合成途径的调节基因；④影响黄酮类浓度的基因：增减色素合成，阻止色素积累，引起酶促或化学褪色；⑤与花朵结构有关的基因：花瓣特定部位色素的产生和积累，花嵌合体的形成，转座子引起的基因不稳定表达；⑥影响花色的基因或因子：共着色、黄酮类与金属离子作用，液泡pH；⑦控制花瓣毛、乳突、色素细胞的形状分布、角质层类型等形态特征的基因。

决定色素种类的基因——目前已弄清现代香石竹品种的花色分布，显色物质（色素种类）及相关基因（表2-1-4)。

表2-1-4　现代香石竹的花色及决定花色的基因

花　色	色素种类	基因型	品种数目
红色	Pg3G	Rrmm	28
紫红色	Pg3G5G	Rrmm，rrmm	17
深红色	Cy3G	Rrmm，RRmm	6
红紫	Cy3G5G	RRMM，RRMm，RrMm，RrMM	13
鲑粉	Pg3G		24
亮粉	Pg3G5G		8
淡紫（带红）丁香色	Cy3G		3
淡紫	Cy3G5G		4
橙色	Pg3G + Chalcone		5
黄色	Chalcone		13
绿色	Chlorophyll		1
白色	Nd（未检出）		8

注：Pg：(天竺葵素)；Cy：花青素；Chalcone：查尔酮；Chlorophyll：叶绿素。

香石竹花青素的种类受到r基因控制；显性基因R合成Cy，隐性基因r合成天竺葵色素Pg；花青素的糖苷化受m基因控制；显性M形成二糖苷，隐性m形成单糖苷。非“威廉希姆”系的新型花色（淡藤色）基因为R-ss，受S基因控制，支配花青素含量。目前认为控制着香石竹的花色基因有6种（a, I, m, r, s, y），其中I, m, r与色素合成的酶类有关，是酶的结构基因。

最近育出绿色香石竹，它有一个g基因，是一个调节基因，控制叶绿素向花瓣中扩散，其基因为：表层组织（LⅠ层起源）yyIiAAmmrrSSGg；内部组织（LⅡ层起源）YyliAAmmrrSSGg。

决定色素量的基因——决定色素量的基因绝非是单一的，有显性、隐性及基因互作。在樱草中，Dz是增强花青素含量的基因，与花青素种类无关（表2-1-5）。虞美人中的Vjiyin也同Dz的作用相似；决定大丽花花色素含量的是A，B两个基因，基因A使花青素含量低，基因B使花青素含量高，但基因B与抑制基因Y共存时，花青素含量也降低；金鱼草花青素含量与基因的关系为ppmmyy＜Ppmmyy＜PpMmyy＜PPMmYm＜PPMmYY＜ppMMYY；紫花地丁的花青素含量与基因的关系为aabb＜aaBB＜Aabb＜AaBb＜AABb＜AaBB或AABB。

控制花瓣酸度的基因——花青素的颜色变化是由微小的酸碱度变化决定的，因此，控制酸度的基因影响花色的表现。在虞美人、香豌豆、报春花中，红花花瓣内pH比蓝花的低，红花对蓝花是显性的（表2-1-6）。

表2-1-5　报春花的花色素含量与基因组合的关系

色素种类	色素含量	
	KKDxDx型	KKd2d2型
花青素	3.2	1.0
类黄酮	0.67	1.7
类黄酮2	7.2	7.2

表2-1-6　控制虞美人、香豌豆、报春花瓣内酸度的基因

植物种类	花瓣内pH	
	显性（红色花）	隐性（蓝色花）
虞美人	5.00	5.77
香豌豆	5.38	5.93
报春花	5.2~5.45	5.9~6.05

控制色素分布的基因——植物的根为白色或淡黄色，叶片为绿色，花果多为彩色，制造花青素的基因多在花果上表达，而不在叶片和根上表达。马铃薯有一个基因I，这个基因为显性时花和果都有花青素生成，为隐性时，仅在花中有花青素合成。

对同一朵花或者花瓣，色彩分布不均匀，有的还带有斑点、条纹、镶边等。这是由于色素分布造成的，基因是控制色素分布的根本。例如，控制报春花色素分布不均匀的基因有J，D，G三个，J基因具有使花青素生成活跃的作用，但在花的中心部分作用弱，使中部变浅呈现粉色；D基因抑制花青素合成，但只对周边起作用，边缘呈现浅色或白色；G基因抑制花青素合成，但只对中心部分起作用。又如，虞美人也有色素分布基因，抑制花瓣四周花青素的合成，使花瓣边缘为白色。另外，基因D的存在可使花瓣中心与周围颜色不一致。在海角旋果苣中，基因B可以使得花青素呈斑点分布，基因L可以使得花青素呈线状花纹分布，基因Y1Y2可使花瓣呈现黄色带状花纹。在香豌豆上，旗瓣和翼瓣中花青素以及助色素合成不一致，颜色表现比较复杂（表2-1-7）。

易变基因（转座子）——由易变基因（转座子）引起花色变化的有鸡冠花、紫茉莉、牵牛花、金鱼草、桃花和杜鹃等。在鸡冠花的花头上，镶边是由基因突变引起的。基因a→A的突变引起黄色花出现红色镶边，因此在红边上采的种子，其后代也会出现红色花；而在黄色部位采的种子出现黄色花。这与色素分布基因控制的花色的不均匀分布的遗传规律不同。在紫茉莉上，常开白花、黄花和黄底红斑的花，控制花色的基因为Y，R，并且各自含有隐性基因y，r。Y基因制造黄色素，R基因只有在Y存在时才能显示制造红色素的功能。YR开红花，yR或yr开白花，Yr开黄花。另外还有易变基因r′或y′，常发生r′→R，y′→Y的变化，Yr′（黄色）→YR红色，y′R（白色）→YR（红色）这些基因的变化常发生在花冠的某些部位，形成斑点。

表2-1-7 控制香豌豆旗瓣和翼瓣中色素生成的基因

基因类型	基因的作用及其部位	
	旗瓣	翼瓣
K M	红色	助色素生成旺盛（变成蓝色）
H	助色素生成旺盛（变成蓝色）	红色
Co	助色素生成完全被抑制（红色）	助色素合成在某种程度上抑制（有时蓝色）
Dw	红色	花青素合成受抑制，助色素生成旺盛（蓝色）

芽变——发生于枝条、茎干形成初期。石竹的芽变最普遍，从品种威廉希姆（Carnation Willian Sim）中发现70个变异，几乎包括全部花色；在菊花上最容易发生的是玫瑰紫、朝黄、红、白、黄铜等颜色变化，1997年中国农业大学引种日本品种夏黄（Summer Yellow）产生了黄铜色带紫红斑的变异，白色品种有时会朝玫瑰色或黄色变异；在球根类中的芽变，常见于郁金香、风信子、水仙等，郁金香从重瓣品种幕里劳算起，出现了大约60个芽变品种，达尔文系中也出现过许多著名芽变品种；现代月季品种有80%是芽变的结果。

到目前为止，已经定位了许多与类黄酮生物合成有关的基因，金鱼草、矮牵牛等模式植物的部分花色素合成酶基因也已经分离出来，其中多属于结构基因或修饰基因，调节基因仅见于金鱼草的Pr因子和香石竹的G因子。另外，花色基因经常有互作，花菖蒲中控制黄酮类合成的互补基因，使得F_1和双二倍体品种的花色素含量分别为亲本的2.45和2.85倍，耧斗菜萼片着色由FW与Mw两对基因互作调控。天竺葵的红色花由R1/r1和R2/r2互补产生。

目前，遗传工程在花色改良中得到普遍的应用，主要是在编码花色素以及花色素合成酶基因的分离，用反义RNA技术抑制基因的表达，利用反义抑制法抑制靶基因转录产物mR-NA的积累，利用导入新基因的方法创造新物种等方面。例如，液泡pH调节基因，可增加花青素B环的羟基化，有利于花青素表现蓝色。但由于B环5位的羟基化在郁金香和月季中比较困难，故未见蓝色的月季和郁金香。近年利用基因工程的方法已经分离出控制蓝色的基因，从矮牵牛中也分离出控制花瓣pH的基因（pH 6），使该基因失活可以提高花瓣pH到6.4，有望培育出蓝色的月季。

（3）开放进程中的花色变化　观赏植物花色一般随着花朵的开放、凋谢而变浅，即出现褪色。褪色的原因之一是花色素合成速度不足以阻止由花瓣扩大引起的色素稀释；其二是花朵开放后，花瓣与日光、空气的接触面积增大，花色素在强光下易被分解破坏；其三是色素合成速度赶不上分解进程的变化。花的颜色还会随开放进程而变化，花色变化有三种类型：花色不变型（从开放到花凋谢，花色不变化）、花色微变型（从开放到花凋谢，花色细微变化）和花色巨变型（从开放到花凋谢，花色发生巨大变化）。

大多数植物的花属于花色不变型。

花色微变型的多见于红色花，常呈现由鲜红—浅红—蓝色的变化。这多发生在以花青素为主要色素的花。如月季、郁金香、菊花，尤其是月季表现得最明显，当花开放5~8成时最美丽，之后逐渐变差。这种现象早已引起人们的关注，但蓝变的机理因至今尚不完全清楚，防止蓝变的方法也未建立。另外，多数黄色花，会发生由黄—浅黄—白的变化，如月季、郁金香、菊花；还有一些花则会发生由黄—红的变化，如菊花、丰花月季'金玛丽-82'；另有少数花会由白变黄，如忍冬，这是由于花瓣衰老时释放的氨使pH增高，从而使类黄酮的黄色加深；还有的由绿变白，如白色的菊花、香石竹和月季'坦尼克'。

花色巨变型（花色发生极端变化）的有：白—红转变，菊花白品种也有类似现象，但变成粉色的多，如中国农业大学育成的'12B-17'。黄—红转变的有大花曼陀罗、月季'十样锦'和'加尔斯'，在花蕾和初开时期是黄色，不久变成粉色，最后变成红色。呈现乳黄—浅红—深红变化的有水芙蓉，早上4~9时为奶油色，之后红色增加，傍晚5时呈红色。花朵中最初是类黄酮起作用，之后是花青素起作用。原因是有些类黄酮是花青素类生物合成过程中的中间产物。五色梅则呈现复杂的白—黄—橙—红—紫的变化。还有的由蓝—白转变，较典型的有鸳鸯茉莉。由于整株植物的花朵次第开放，因此巨变型的品种在整株或群体水平上表现为各种颜色共存的现象，可同时欣赏到两种花色。但应注意将这种类型与跳枝品种相区别。

(4) *花色发育与环境因子* 花色的发育受环境因子的影响，如光照、温度及土壤因子等。一般说来，在维持正常生命活动的前提下，光照越强、温度越低，花色就越深。强光中由于含有较多的紫外线，能促进花青素的形成，故花色艳丽。如高原花卉一般花色艳丽，是因为当地紫外线含量较高。低温使花瓣增厚、使滞留于花瓣中花青素形成的物质基础——碳水化合物增多，因而花色鲜艳。例如，月季夏季开花不如春秋的好看，秋天的花色最鲜艳，这与多数现代月季的品种是在欧洲育成的，比较适合夏季冷凉干燥的气候有关。关键因素是温度：夏季温度高月季花瓣中海绵组织薄而疏，春秋温度低海绵组织厚而密，从而影响花色鲜艳度。又比如，黑色月季夏季色素少，表面天鹅绒构造也不发达，花色变成红色。故而最理想的栽培措施是营养生长期采用合适的温度，花蕾显色后给予低温。这也是昼夜温差大的地区花色格外鲜艳的原因。如前所述，土壤pH通过影响类黄酮和花青素类的花色表现或通过改变对辅助色素的吸收（如八仙花）从而改变观赏植物的花色。土壤肥料则通过提供金属离子作为辅助色素影响花色。

2.1.6 花期调控

为了满足市场和节日的需求，为了杂交育种工作的顺利进行，控制观赏植物的开花时间是非常必要的。影响花期的因素很多：开花需达到花熟状态，所以营养生长状况影响着花期；春化作用和光周期的成花诱导说明温度和光照影响花期；研究发现花期与植物体内激素的种类、数量及比例相关。针对上述4种影响因素，采取相应的措施，可以使观赏植物在自然花期之前开放，称为促成栽培（forcing culture）；使自然花期推迟则称为抑制栽培（retarding culture）。调控的途径和方法如下。

2.1.6.1 温度调节

温度对观赏植物花期的直接调控主要包括低温对花芽分化的促进（即春化作用）和温度对花芽发育进程的影响；间接的调控则表现在打破休眠，使叶芽或花芽提前萌动，从而促进开花。

观赏植物的生长和开花与温度关系较为密切，且因种而异，比如不同的植物感受春化作用的时期、所需低温值及低温持续时间各异。以下分类就花期的温度调控方法加以介绍：

二年生草花：由于生命周期短，二年生花卉一般在幼苗期进行低温处理，就能促进花芽分化，如紫罗兰、报春花、瓜叶菊等。少数可进行种子春化处理，如矢车菊等。

宿根花卉：原产温带的宿根花卉一般具有在秋季短日照条件下形成莲座状，经冬季低温处理，在较高温度下抽薹开花的习性，因此促成栽培先进行低温处理，然后加温。

球根花卉：①促成栽培：春植球根花卉可采用起球后预先冷藏的方法，既可打破休眠又起到春化诱导的作用，然后再在高温下促进花芽发育，达到促成栽培的目的。秋植球根花卉则可采用提前起球，给予花芽分化所需高温；再人工冷藏，给予发根及花茎伸长所需低温；最后逐渐升高环境温度促其开花。②抑制栽培：春植球根花卉可于春季气温上升前将球根低温干藏，推迟种植，推迟花期。秋植球根花卉可在花芽形成后冷藏以延迟发根，或发根后冷藏以延迟升温，从而延迟花期。

花木类：对于冬春低温下进行花芽分化、春夏开花的木本花卉，采用低温处理可提早花芽分化期，促进开花，如银芽柳、碧桃、贴梗海棠等；而对于在夏秋高温进行花芽分化、冬季低温时休眠、春季开花的种类，如梅花、杜鹃等，则可在其完成花芽分化后，接受低温，然后逐渐提高环境温度打破休眠，使提早开花。

对观赏植物进行春化处理应注意到植物在幼年期结束后即可感受成花诱导，因此，确定幼年期结束的时间就非常重要，如瓜叶菊叶片长至 8 片以上时即可在 10℃ 以下诱导成花。对春化要求性植物进行冷处理必须持续到一定时间才能起到成花诱导的作用。目前，许多研究已确定出诱导某种植物 100% 开花的最短低温处理时间，如 *Leucanthemum* × *superbum* ‘Snowcap’ 6 周，东方假昙花（*Rhipsalidopsis gaertneri*），‘Crimson Giant’ 8 周，落新妇（*Astilbe chinensis*）15 周，珍珠菜（*Lysimachia dethroides*）10 周，天竺葵（*Pelargonium hybrida*）‘Fairy Hand’ 4 周，‘Crimson Star’ 8 周，‘Mckana’s Giant’ 10 周，耧斗菜（*Aquilegia vulgaris*）8 周，薰衣草（*Lavandula angustifolia*）15 周等。珍珠菜、夏斯塔菊（*Chrysanthemum* × *superbum*）、耧斗菜等随着低温处理时间的加长，处理后到达开花的日程亦直线缩短。

春化作用在一定程度上可以取代植物对光周期的要求，而取代的程度以及取代的形式因种而异。*Leucanthemum* 在无长日照诱导前提下，若不经低温处理，完全不开花，而 6 周以上 5℃ 低温诱导成花率可达 100%，此时低温完全取代了 LD 的作用。又如东方假昙花在 18℃ 时为短长日照（SLD）植物，6 周 10℃ 低温处理可以取代短日照（SD）。另有许多的 SLD 植物的 SD 过程均能由低温取代，且后者效果似乎更好。由此，Damann 等甚至认为这类 SLD 植物应为可春化的 LD 植物（Chillable LD）。薰衣草在 LD 和 SD 下分别要经过 6 周和 15 周的低温处理才能 100% 开花。可见春化作用也会受光周期的影响。

2.1.6.2 光照调节

光周期调控：通过光周期处理调控花期，首先要了解对某一植物成花起作用的是长日照还是短日照，其次研究其是作用于花芽分化阶段还是作用于花芽发育阶段，并且要确定其作用是质的诱导还是量的促进。在已研究的观赏植物中，花菱草和耧斗菜在花芽分化阶段分别为质性长日和量性长日；瓜叶菊和东方假昙花均在花芽分化阶段表现量性短日，而花芽发育阶段为量性长日；罂粟（*Papaver somniferum*）和假昙花（*Rhipsalidopsis rosea*）在花芽发育阶段均为量性长日；另有 *Strentoslen jamesonii* 为质性短日；花毛茛、五星花（*Pentas lanceolata*）、冷水花属（*Pilea*）、珍珠菜属、矮牵牛等均为量性长日，但它们的光周期作用阶段不确定。详细掌握光周期作用类型，才能具体地指导花期调控的工作。Wang 等将罂粟的花芽发育过程中对光周期的反应分为 4 个时期：①光周期不敏感——幼年期（JP）；②光周期敏感——诱导期（PSP）；③光周期敏感——诱导后期（PSPP）；④光周期不敏感——诱导后期（PIPP）。

菊花的短日诱导过程中，高温会促进营养生长而抑制小花的分化，推迟开花的时间。故光周期诱导要在温度控制的基础上进行，故同时还要避免光照强度不同造成非光周期因素的干扰。另外，从节约能源角度考虑，可用暗中断的方法取代延长照明期的长日照处理。Runkle 等用 4 h 连续暗中断成功地满足了 5 种花卉的长日照要求。

限界性诱导光周期（limited inductive photoperiod，LIP）又被称为最低限光周期循环（minimum number of photoperiod cycle，minimum cycle number），指的是诱导成花所需特定光周期处理的最少周期数（常以天为单位）。为更经济有效地利用成花的光周期作用，人们已研究确定了多种观赏植物的 LIP，如瓜叶菊为 15 ~ 20SD、菊花 4 ~ 5SD、大金鸡菊 6LD、毛叶金光菊 4LD、花菱草 8LD、罂粟 4LD、东方假昙花 5LD 等。

光强调节：有些花卉，如堇菜属（*Viola*）中的某些品种对光周期不敏感，但光照强度对其开花可起到一定的调控作用。光照越强，开花需时越短；光照弱则发育慢、开花迟。目前采用的光照强度衡量参数是光合作用光子通量（photosynthetic photon flux，PPF），即单位时间单位面积上通过的 400 ~ 700 nm 波长的光量子数，单位 $\mu mol \cdot m^{-2} \cdot s^{-1}$。增加 PPF 可缩短月季可见芽形成及开花的时间，而花径及植株各部分干重、鲜重均有增加。发育早期采用高压钠灯补充光照同样可促进满天星开花，高 PPF 对矮牵牛开花亦有促进作用。量子通量密度（quantum flux density，QFD）亦用于光强的衡量（因其所测光量子数未限定波长范围，目前已被淘汰），万寿菊在高 QFD 条件下花期明显提前且总叶面积达最大值。杂种天竺葵可见芽形成所需时间与 QFD 成反比，即光照越强，花芽形成需时越短。对其研究表明，强光照能显著加快耧斗菜开花进程，其可能的机理是由强光照射引起的叶片温度的升高加速了发育的进程。另外，光质调控对花期的影响也有一些报道。魏胜林等对菊花‘白莲’的研究表明，蓝光光质可提前花期 12 d 并提高观赏品质。

2.1.6.3 栽培调节

栽培调节方法包括调节繁殖栽培时间、整形修剪以及水肥管理等。

调节繁殖栽培时间：在适宜的环境条件下，根据花期的需要改变繁殖栽培时间，可使花期相应地提前或推迟。

整形修剪：摘心一般会使观赏植物的花期延迟，而抹芽则会提前。花后及时地修剪、去残，减少营养消耗，可促使下一次的花期提前。根据品种特性适时修剪可有效控制花期。

水肥管理：由于营养物质的累积是开花的前提条件，充足的水肥可以使植株早日达到花熟状态，可促进开花。另外，控水可抑制营养生长，促进生殖生长，使花期提前；同样，减少氮肥的施用或不施，可抑制营养生长，而增施磷、钾肥，可促进开花。

2.1.6.4　化学调节

植物生长调节剂对于打破花卉的休眠，促进茎叶生长，促进花芽分化和开花有着重要的意义。常用药剂有赤霉素（GA_3）、萘乙酸（NAA）、2，4-D、吲哚丁酸（IBA）、6-苄基腺嘌呤（6-BA）、丁酰肼（B_9）、矮壮素（CCC）、多效唑（PP_{333}）、脱落酸（ABA）及乙醚等。

（1）赤霉素　①打破休眠：许多观赏植物都可应用 GA_3 打破休眠，从而达到提早开花的目的，如芍药、桔梗、蛇鞭菊、杜鹃花、牡丹等。②促进花芽分化：赤霉素可代替二年生花卉及秋植球根花卉所需低温完成春化作用，从而促进开花，如紫罗兰、郁金香、小苍兰。赤霉素还可以代替30多种长日植物及少数短日植物的成花诱导。③茎叶伸长生长：赤霉素对菊花、紫罗兰、金鱼草、报春花、仙客来等有促进花梗伸长，提早开花的作用。

（2）生长素　吲哚丁酸、萘乙酸、2，4-D等生长激素一方面抑制开花，处理后可推迟花期。如秋菊花在花芽分化前，用50 mg/L萘乙酸每3 d处理一次，持续50 d，可延迟开花10～14 d。另一方面，由于高浓度的生长素能诱导植物体内产生大量乙烯，而乙烯可诱导一些花卉开花，因此，高浓度的生长素可促进某些植物开花，如柠檬。

（3）细胞分裂素类　细胞分裂素有类似赤霉素诱导一些长日照植物在非诱导光周期环境中开花的作用，对另一些短日照植物也有类似的作用。6-BA是应用最多的细胞分裂素，可以促进杜鹃、连翘、樱花等的开花，但必须在花芽开始分化后处理才有效。

（4）植物生长延缓剂　丁酰肼、矮壮素、多效唑等对观赏植物的开花作用因种类而异。

（5）其他化学药剂　乙醚、三氯一碳烷、α-氯乙醇、乙炔气、碳化钙等均有促进花芽分化的作用。如用0.3～0.5 g/L的乙醚气处理小苍兰的休眠球茎或花灌木的休眠芽24～48 h，能使花期提前数月至数周，碳化钙注入凤梨科植物筒状叶丛内能促进花芽分化。

2.1.6.5　花期调节与花的品质

经过花期调节的观赏植物，其观赏品质也常发生改变。

（1）温度调节的影响　在春化诱导中，一定范围内较高的温度下花芽分化快，但形成的花芽数量少。如麝香百合（*Lilium longiflorum*）在9℃下诱导比在2℃下速度要快，但花少。已诱导花芽分化的植株在较高的温度下花芽发育显著加快，但开花品质显著下降。金鱼草在较高温度下花梗长、花筒大小、小花数明显减少；大金鸡菊（*Gaillardia × grandiflora*）、大花天人菊（*Leucanthemum*）、全缘叶金光菊（*Rudbeckia fulgida*），随着温度升高，花期明显提前，而前3个种的株高、花径、花芽数目均显著减少；反之，低温延缓花芽发育，但能提高植株的开花品质。月季在低日温（≤17℃）和低夜温（≤14℃）的条件下，花芽分化和花芽发育推迟，但花径、花梗长、叶干重和鲜重均增加，珍珠菜在低温下花持续开放时间延长、荷包牡丹、矮牵牛、花毛茛、香雪兰、宿根满天星、天竺葵等在花芽发育期对温度均有类似反应。

要解决花芽发育速度与质量之间的矛盾，只有通过实践探索最适温度以提供最佳发育条件，如东方假昙花为春化要求性植物，10℃夜温处理 4 周即可开花，若将此低温持续至 16 周则开花速度明显减缓，而花芽数目增多。实践证明，东方假昙花经 4～8 周 10℃春化处理后再于 18℃条件下培养可收到开花早、花量多的双重功效。

(2) 光周期调节的影响　经 LIP 处理的大金鸡菊花期明显缩短，同时植株高度由对照的 39 cm 矮化到 17 cm，且第一支花的花梗长度并未受明显影响，其原因可能是 LIP 处理后，第一支花包括其花梗的生长已经得到了促进，而植株的继续伸长生长在处理结束后受到了抑制。毛叶金光菊经 LIP 处理后花期明显缩短，而植株高度只有对照的 50%；Carter 亦指出 LIP 能控制花菱草的高度。可见，LIP 有限的光周期诱导延缓了成花诱导的进程，但对于提高盆栽花卉的观赏价值有着重要的意义。当然上述结论亦有例外，如夏斯塔菊经低温处理后株高不受 LIP 影响，而其同科的金鸡菊属则不论有无低温，株高都会受 LIP 限制。

(3) 赤霉素影响　小苍兰球茎经 GA 处理后花期提前约 3 周，但植株叶片变细且短；杜鹃花用赤霉素打破休眠，若用量过多会使花色减退，花瓣软，花梗弱。

2.2 观赏植物的种子

种子在观赏植物的繁殖栽培中占有极其重要的地位，许多观赏植物，尤其是一二年生草本花卉几乎全部利用种子繁殖，因此种子也是花卉业最为重要的商品之一。观赏植物中的种子包括植物学上的种子以及所有类似种子或种子功能的器官或组织。种子最基本的功能是繁殖后代、保持种质、躲避不良环境以及产生变异以促进植物进化。种子中贮藏着可供胚长期维持生命活动与萌发生长的营养物质，其中主要是淀粉、脂类、蛋白质及其他含氮化合物，还有少量的维生素、酶、色素、矿物质和一些微量元素。

2.2.1 种子的基本类型

种子类型多样，并常带有附属物，在园艺学中常依有无胚乳、附属物的性状以及种子大小、形状、成熟特性等对种子进行分类。

2.2.1.1 依有无胚乳分类

根据种子成熟后是否具有胚乳，将种子分为有胚乳种子和无胚乳种子两大类。

有胚乳种子 (albuminous seed)：指种子在成熟后具有胚乳并占据了种子的大部分，胚相对较小。大多数单子叶植物和部分双子叶植物及裸子植物的种子都是有胚乳种子。根据胚乳和子叶的发达程度及胚乳组织的来源，又可划分为三类：其一，内胚乳发达，这类种子的胚只占种子的一小部分，其余大部分为内胚乳；其二，内胚乳和外胚乳同时存在，这类植物很少；其三，外胚乳发达，这类植物在种胚形成发育过程中，消耗了所有的内胚乳，但由珠心层发育而成的外胚乳却被保留下来。

无胚乳种子（exalbuminous seed）：指种子成熟时无胚乳，以肥厚的子叶贮藏营养。

2.2.1.2 按种子形状分类

按种子的形状常分为球形（如紫茉莉）、卵形（如金鱼草）、椭圆形（如四季秋海棠）、肾形（如鸡冠花）以及线形、披针形、扁平状、舟形等。

2.2.1.3 按粒径（grain diameter）大小分类（以长轴为准）

观赏植物种类多样，不同物种间种子大小差异很大，有小的种子如矮牵牛，种子的直径不足1 mm，而大的种子，如棕榈的种子，直径可达10 mm。下面主要依据草本花卉种子的大小，将其分为：

大粒种子：粒径大于5.0 mm，如牵牛、牡丹、紫茉莉等。

中粒种子：粒径在2.0~5.0 mm之间，如紫罗兰、凤仙花、一串红、仙客来等。

小粒种子：粒径在1.0~2.0 mm之间，如三色堇、鸡冠花、半枝莲、报春花等。

微粒种子：粒径小于0.9 mm，如金鱼草、矮牵牛、虞美人等。

2.2.1.4 依附属物的有无和来源分类

从形态上看，种子往往包括种子以外的许多部分共同构成，事实上是植物学所指的果实。根据种子所附属的果实部分的多少，将种子归纳为以下5种类型。

(1) 包括果实及其外部的附属物　藜科植物的坚果，外部附着花被及苞叶等附属物，如红叶甜菜、地肤、梭梭等；蓼科植物的瘦果，花萼不脱落称为宿萼，呈翅状或肉质，附着在果实基部如竹节蓼、红蓼等；禾本科植物的颖果，外部包有稃如野牛草、黑麦草、早熟禾、结缕草。

(2) 包括果实的全部　棕榈科植物的核果，如椰子、软叶刺葵、槟榔；蔷薇科植物的瘦果，如草莓、蛇莓、棣棠；蔷果，如多花蔷薇、白鹃梅；某些豆科植物的荚果，如紫穗槐；荨麻科植物的瘦果，如苎麻；山毛榉科植物的坚果，如栗、栎、槲；伞形科植物的分果，如防风；菊科植物的瘦果，如向日葵、菊花、万寿菊、翠菊、蒲公英等；睡莲科植物的坚果，如荷花、睡莲。

(3) 包括种子及果实的一部分（内果皮）　蔷薇科的桃、李、梅、杏、樱桃；桑科的桑；杨梅科的杨梅；胡桃科的胡桃、山核桃；鼠李科的枣、鼠李；五加科的五加、楤木、刺楸、常春藤；漆树科的火炬树、芒果、红叶黄栌、漆树；樟科的香樟。

(4) 包括种子的全部　石蒜科的大花葱、石蒜；葫芦科的观赏南瓜、栝楼、小葫芦；十字花科的二月兰、桂竹香、紫罗兰、羽衣甘蓝；苋科的鸡冠花、雁来红、彩叶苋；山茶科的茶花；锦葵科的木槿、扶桑、芙蓉；蔷薇科的海棠、梨、山楂；豆科的国槐、刺槐、紫藤、羽扇豆、舞草；芸香科的柑、橘、柚、枸橼、佛手、金橘、九里香；大戟科的大戟、一品红、虎刺梅；葡萄科的地锦；柿树科的柿、君迁子；旋花科的牵牛、茑萝；茄科的观赏茄、观赏烟草、矮牵牛、观赏辣椒、冬珊瑚；柳叶菜科的月见草；茜草科的栀子、六月雪；松科的马尾松、华山松、油松、落叶松、赤松、黑松。

(5) 包括种子的主要部分　种皮的外层已脱去，如银杏科的银杏、苏铁科的苏铁。

2.2.1.5 按果实类型分类

（1）干果（dry fruit）类种子 指果实为蒴果、荚果、角果等干果的植物的种子。这类果实成熟时自然干燥，开裂后散出种子，或者种子与干燥果实一同脱落。如凤仙花、玉兰、含羞草、紫罗兰、菊花等。

（2）肉果（freshy fruit）类种子 指果实为浆果、核果、梨果等肉果的植物的种子。这类果实果皮含水多，一般不开裂，成熟后自母体脱落或逐渐腐烂。如文竹、梅、西府海棠、金橘等。

（3）球果（strobile）类种子 指果实为球果的植物种子。这类果实成熟时干燥开裂，大部分种子可自然脱落。如针叶树类。

2.2.1.6 按种子成熟特性分类

（1）生理先熟种子 指形态发育尚未完全时，生理上已完全成熟的种子，如禾本科的部分植物，常表现为胎萌。

（2）生理同熟种子 指生理成熟与形态成熟是同步完成的种子。大多数观赏植物都属此类，如菊花，十字花科的紫罗兰、桂竹香、羽衣甘蓝，报春花属的四季樱草等。

（3）生理后熟种子 指形态已充分发育成熟，但生理上尚未成熟的种子，如蔷薇属、苹果属、李属、芍药、牡丹、银杏及百合属部分植物等。

2.2.1.7 按种子萌发对光照的要求分类

（1）好光性种子 指必须在有光的条件下发芽或发芽更好的种子，也称喜光性种子，如四季报春、毛地黄、瓶子草等。

（2）嫌光性种子 指必须在无光的条件下发芽或发芽更好的种子，也称忌光性种子，如雁来红、黑种草、喜林草等。

（3）光不敏种子 指发芽对光照要求不严格的种子，大多数观赏植物的种子在发芽过程中受光的影响不大，对光没什么反应，属于此类。

2.2.1.8 按遗传基础分类

（1）混合或自然授粉种子（mixture or open pollinated seeds） 这些种子在长期的自然授粉下形成，基因组成较为复杂，群体性状遗传稳定。

（2）自交系种子（inbred lines） 也称常规种子与纯种，这些种子在长期自交下形成，故基因型为高度纯合的，性状遗传很稳定，后代个体性状一致。

（3）F_1 代种子（F_1 hybrids） 这些种子是由高度纯合的亲本杂交一次形成，基因型高度杂合，常具杂种优势，个体间性状一致，但其后代性状会分离，发生退化，不能留种使用。

（4）F_2 代（F_2 strains） 这是杂交的第二代种子，基因有不同程度的分离，个体间有一些差异，但后代的退化不如 F_1 代种子严重。杂种优势不明显的植物可使用 F_2 代种子或 F_3 代种子。

2.2.2 种子的形成与发育

2.2.2.1 观赏植物的结实规律

对于一二年生的草本花卉而言，在一个生长季即可开花结实，完成整个生活史，但对于多年生多次结实的观赏木本植物包括观赏乔木和灌木，其结实的早晚、结实能力的强弱与植物个体发育的年龄时期有关。

以观赏树木为例，从卵细胞受精开始到形成种子，再经种子萌发、生长、发育直至死亡，要经过5个年龄时期：种子时期（胚胎时期）、幼年时期、青年时期、成年时期、老年时期。每种树种每个时期开始的早晚和延续时间长短都不一样，同一树种在不同外界环境条件影响下，每个年龄时期也有一定差异，因此树木开始结实的年龄决定于树木的生物学特性和环境条件，影响开花结实的迟早除了遗传基因外，一个重要因素是外界环境条件。温暖的气候和充足的光照会促使树木提早开花，土壤、水分、养分条件好的情况下结实早。

2.2.2.2 种子形成

种子的形成和发育过程是指从卵细胞受精成为合子开始，经过多次细胞分裂增殖和基本器官的分化成长，直到种子完全成熟所发生的一系列变化。种子的发育是植物个体发育的最初阶段，它的可塑性最强，对外界环境条件非常敏感。这一阶段发育的好坏，直接关系到种子本身的活力水平，同时也可能影响到下一代的生长发育，有时也能使植物的遗传特性发生一定程度的改变。

种子的基本结构包括胚、胚乳和种皮三部分。通常种子由受精后的胚珠进一步发育而成；受精卵发育成胚，受精的极核发育成胚乳，珠被发育成种皮，珠心部分以及胚囊内的助细胞、反足细胞在种子发育过程中作为营养被吸收而消失。

（1）*授粉受精* 授粉（pollination）是受精的前提，是有性生殖过程的重要环节。自然界中普遍存在着自花授粉（self-pollination）、异花授粉（cross-pollination）和常异花授粉3种方式（表2-2-1）。

表2-2-1 几种草花的授粉方式

授粉方式	植物名称
自花授粉	凤仙花、香石竹、香豌豆、牵牛花、羽扇豆、桂竹香、君子兰
常异花授粉	翠菊、一串红、仙客来、三色堇、荷花、睡莲、非洲菊、萱草
异花授粉	香雪球、万寿菊、金鸡菊、雏菊、虞美人、旱金莲、勿忘草、矮牵牛、百合、大丽菊、百日草、菊花、石竹属、鸡冠花、芍药、二月兰

根据传粉媒介的不同可将观赏植物分为风媒花（anemophilous flower）、虫媒花（entomophilous flower）、鸟媒花（ornithophilous flower）3类。风媒花的植物多为穗状花序或柔荑花序，花冠不发达或不鲜艳，花粉粒体积小，质轻，较干燥。如杨、柳、桦、胡桃等；虫媒花观赏植物的花，多数花冠发达，花朵较大，花色鲜艳，具花蜜腺，有特殊的气味，花粉粒

较大，表面附有黏性物质，如三叶草、向日葵、百合、郁金香、菊花、月季、梅、桃、海棠、梨树；鸟媒花植物的花器形态结构多特化，如观赏植物中的鹤望兰等。

另外，水生被子植物如苦草（*Vallisneria spiralis*）、金鱼藻（*Ceratophyllum demersum*）等借助于水力传粉。

被子植物的受精作用（fertilization）包括花粉在柱头上的萌发、花粉管在雌蕊组织中的生长、花粉管进入胚珠与胚囊、花粉管中的两个精子与卵和中央细胞结合。不同植物受精所需时间不同，通常需要 1 ~ 5 d，时间较短的如橡胶草仅需要数十分钟，长的如栎属（*Quercus*）则需要一年以上。在兰科植物中，石斛兰需要几个月，毛氏兜兰（*Paphiopedilum maudiae*）需 20 周，春兰需 1 年，贝母兰需 2 年。受精不亲和在授粉期、配子发育前期及融合期均可发生，发生不亲和反应的位置一般是在花柱中，只有少数发生在胚珠或胚囊中。受精不亲和最终导致合子不能正常形成，也就不能形成有生活力的种子。

（2）无融合生殖　无融合生殖（apomixis）指植物不经过雌雄配子结合而产生种子的生殖方式（Bashaw，1988）。有些观赏植物的不定胚与合子胚同在胚囊中发育，如芒果（*Mangifera indica*）；有些植物的合子胚早期退化，种子中只剩下不定胚，如柑橘属（*Citrus*）；有些植物的卵器官在早期退化，胚珠中不形成合子胚，种子中只存在不定胚，如花椒（*Zanthoxylum bungeanum*）。通过这种途径形成的种子与母体的遗传特性一致，具有类似无性繁殖的效果。无融合生殖在被子植物中有 3 种类型：即在减数胚囊中的无融合生殖、在未减数胚囊中的无融合生殖和不定胚生殖。已鉴定有无融合生殖特性的植物（表 2－2－2）。

表 2－2－2　具无融合生殖特性的植物科别

（引自：Hanna，1987）

科　名	无孢子生殖	二倍体孢子形成	不定胚生殖
苋科 Amaranthaceae		X	
石蒜科 Amaryllidaceae		X	
漆树科 Anacardiaceae			X
蛇菰科 Balanoporaceae		X	
桦科 Betulaceae	X		
水玉簪科 Burmanniaceae		X	
黄杨科 Buxaceae			X
仙人掌科 Cactaceae			X
腊梅科 Calycanthaceae			X
白花菜科 Capparidaceae			X
卫茅科 Celastraceae			X
菊科 Compositae	X	X	
十字花科 Cruceferae		X	
葫芦科 Cucurbitaceae			X
大戟科 Euphobiaceae			X

续表 2-2-2

科　名	无孢子生殖	二倍体孢子形成	不定胚生殖
球花科 Globulariaceae	X		
禾本科 Gramineae	X	X	
藤黄科 Guttiferae	X		
豆科 Leguminosae			X
百合科 Liliaceae			X
金虎尾科 Malpighiaceae			X
紫金牛科 Myrsinaceae			X
桃金娘科 Myrtaceae			X
似梨科 Ochbaceae			X
兰科 Ochidaceae			X
蝶形花科 Papilionaceae	X		
白花丹科 Plumbaginceae		X	
蓼科 Polyonaceae			X
毛茛科 Ranunculaceae	X		
蔷薇科 Rosaceae	X	X	
芸香科 Rutaceae	X		X
茄科 Solanaceae			X
山矾科 Symplocaceae			X
百鸢科 Tccophilacaceae			X
伞形科 Umbeiliferae			X
荨麻科 Urticaceae	X	X	X

引自：孟金陵．植物生殖遗传学．科学出版社，1997。

注：X 表示该种植物具有相对应的无融合生殖特性。

2.2.2.3 种子发育与成熟

种子的发育（development of seeds）主要包括胚及胚乳（或子叶）的发育。胚的发育从受精卵开始，受精卵经过短期休眠后发生极度不等性横裂，形成基细胞和顶细胞，二者经过几次分裂分别形成胚柄和胚体构成原胚，原胚继续进行细胞分裂与分化形成完整的胚。胚乳由一个精细胞与中央细胞的 2 个极核或次生核受精后形成的初生胚乳核发育而成，胚乳的发育稍早于胚的发育，发育形式有核型和细胞型两种。早熟禾、结缕草、木槿、海棠等的胚乳发育形式为核型；大多数双子叶合瓣花植物，如矮牵牛、红花烟草、冬珊瑚等的胚乳发育属于细胞型。

种子成熟主要包括生理成熟和形态成熟两个过程。

(1) 生理成熟　种子发育初期，子房膨大，体积快速增长，种皮和果皮薄嫩，色泽浅淡，内部营养物质增加速度慢，水分多，多呈透明状液体。当种子发育到一定程度时。体积不再增加，种子在形态上表现出组织充实，木质化程度加强，且内部营养物质积累速度加快，水分减少，浓度提高，由透明状液体变成混浊的乳胶状态，并逐渐浓缩向固体状态过渡，最后种子内部几乎完全被硬化的合成作用产物所充满。种子的营养物质贮藏到一定程度时，种胚形成，此时种实具有发芽能力，称为种子的生理成熟。此时种子的含水量高，种皮不致密，不易防止水分的散失，未完全具备保护种仁的特性，此时采集的种实，其种仁急剧收缩，不利于贮藏，很快就会失去发芽能力，同时抵抗外界不良环境能力差，易受微生物侵害。

(2) 形态成熟　当种子完成了种胚的发育过程，结束了营养物质的积累时，含水量逐渐降低，营养物质由易溶状态转化为难溶的脂肪、蛋白质和淀粉，种子本身的重量也不再增加或增加很少，呼吸作用也逐渐减弱，此时种子的外部形态完全呈现出成熟的特征，称为种子的形态成熟。种子致密、坚实、抗害力强，进入休眠状态后耐贮藏。

在种子从生理成熟到形态成熟的转化过程中，其内部进行着一系列的生物化学变化，从而为种子的休眠创造了一定的条件。

2.2.3 种子的寿命与休眠

2.2.3.1 种子的寿命

不同的种子寿命不同，从几天到几年不等。因不同植物种类差异很大。依种子寿命可将其分为：短寿命种子、中寿命种子和长寿命种子。

(1) 短寿命种子（short-life seed）　种子寿命一般在3年以内，主要成分为淀粉，因淀粉易分解，故寿命较短。又可细分为3类：一类是保存期只有几天的种子，多是一些夏季成熟的种子，一般随采随播，如菊花、报春、杨、榆、柳等的种子。另一类是保存期达几个月的种子，水分含量较多，如栗、栎、银杏等，采用湿藏或采后当年秋季播种。再一类是保存期1年左右的种子，这些种子的外壳较为坚硬，故贮藏时间较长，如福禄考、地肤等。

(2) 中寿命种子（medium-life seed）　种子寿命一般为3～15年，主要成分为脂肪、蛋白质，如针叶树的种子。

(3) 长寿命种子（long-life seed）　种子寿命在15年以上，种子含水量低，种皮紧密，不易透水，主要为豆科植物的种子，如刺槐、合欢等，还包括一些种皮较硬的种子，如莲、美人蕉属及部分锦葵科植物的种子。

以上所讲的种子寿命指的是在自然条件下的寿命，实际上，种子的寿命还因采收时期、种子成熟度、贮藏方法等而有很大差异。表2－2－3为几种一二年生草本花卉种子的保存年限。

表 2-2-3 几种一二年生草本花卉种子的保存年限

种子寿命（年）	植物名称
1	福禄考、紫菀、非洲菊、射干鸢尾、飞燕草、五色梅
1~2	报春花、花菱草、三色堇、美女樱、矢车菊、翠菊、蛇鞭菊、蓝刺头、天人菊、长春花、一串红、耧斗菜、泽兰、鸢尾、地肤、薰衣草、百合、千屈菜
2~3	蜀葵、牵牛、金鱼草、旱金莲、醉蝶花、香豌豆、虞美人、中国石竹、菊花、波斯菊、雏菊、万寿菊、麦秆菊、千年菊、矢车菊、百日草、藿香蓟、风铃草、毛地黄、扁豆、勿忘草、桔梗
3~4	向日葵、桂竹香、蛇目菊、紫罗兰、矮牵牛、鸡冠花、金盏菊、半枝莲、茑萝、乌头、美人蕉、古代稀、剪秋罗、猴面花、罂粟、草本象牙红、旱金莲
4~5	三色苋、大丽花、霞草、花亚麻、羽扇豆、花烟草、酸浆、茑萝
5~6	观赏南瓜、凤仙花

2.2.3.2 种子的休眠

种子休眠（dormancy of seeds）是植物个体发育过程中的一种暂停现象，是植物经过长期演化而获得的一种对环境条件季节性变化的生物学适应性，有利于种族的生存和繁衍，但给园艺、园林生产造成一定的不便。一般来说，种子休眠有两种：一是种子已具有发芽的能力，但因得不到发芽所必需的基本条件，而被迫处于静止状态，此种情况称为强迫休眠，一旦外界条件具备，处于强迫休眠的种子即可萌发；二是种子本身还未完全通过生理成熟阶段，即使供给合适的发芽条件仍不能萌发，这种情况称为深休眠或生理休眠。

（1）强迫休眠（forced dormancy） 也称为种皮限制性休眠，指种皮或果皮及其他附着物的不透性强迫种子休眠，通常是由除胚以外的因素造成，一些植物的强迫休眠原因见表2-2-4。可用刻伤、机械破损、腐蚀性药剂处理等方法去除种皮，用流水冲洗的方式去除水溶性抑制剂，以解除种子休眠。

表 2-2-4 强迫休眠的原因及代表植物

休眠原因	代表植物
种皮（果皮及附着物）坚硬致密	蔷薇、丁香、梅、桃、白蜡、齐墩果
种皮不透水	古莲子、三叶草、羽扇豆、葛藤、刺槐、相思树以及锦葵科、百合科、半日花科、旋花科、美人蕉科、铃兰科的一些种类
种皮不透气	结缕草、深山含笑、香樟、红松、水曲柳、椴木
抑制发芽物质（氨，氰化氢，有机酸，植物碱等）	悬钩子、鸢尾、野蔷薇、水曲柳、格木羊胡子草

（2）胚休眠（embryo dormancy） 又叫生理休眠，主要是由于胚发育不成熟造成（表2-2-5），一般可通过后熟、低温层积处理、赤霉素处理、超声波处理或遮光等方法来解除。

表 2-2-5 生理休眠原因及代表植物

胚发育状况	休眠原因	代表植物
胚尚未成熟	胚尚未成熟未发育完全	兰科花卉，银杏，冠状银莲花
	整个胚需生理后熟	月季，蔷薇，垂丝丁香，日本红豆杉，王莲
	上胚轴休眠	芍药，牡丹，荚蒾，百合，乌头
	上胚轴及胚根的双重休眠	大花延龄草
胚已经成熟	胚存在萌发抑制剂（如脱落酸、香豆素）	人参、鸢尾、牡丹、荚蒾、梅、桃、金缕梅、红松、瑞士五针松、美国白皮松
	光感休眠型	多数杜鹃、月见草、水浮莲、秋海棠、连翘、桦木
	照光抑制萌发所致	仙客来

（3）二次休眠（secondary dormancy） 也称再度休眠，指原先能萌发的种子，在不适宜萌发的环境中重新进入休眠状态。原本不休眠的种子和部分休眠的种子均可发生二次休眠，产生的原因是由于不良外界条件使种子的代谢作用改变，影响到了种皮或胚的特性。二次休眠一旦发生，即使再将种子移置到正常条件仍不能萌发。许多因素如光或暗、高温或低温、水分过多或过于干燥、氧气缺乏、高渗压溶液和某些抑制物质等均可诱导二次休眠。二次休眠的解除与休眠深度有关，休眠解除的条件在大部分情况下与其原发性休眠（primary dormancy）是一致的。

2.3 观赏植物的果实

果实是植物最重要的器官之一，但不同学科对果实所下的定义不同。植物学上的定义为，果实是由子房发育而来的，成熟果实有时仅为子房部分所构成（桃、李、杏、柿等），即真果；有的还包含与子房壁愈合的花的其他部分（梨、苹果）或属于子房以外的部分（如草莓、桑葚、无花果）即假果。植物生理学上的定义为，果实是由支持胚珠的组织构成，而且这些组织的发育有赖于胚珠内发生的生理变化（Nitsch，1991）。果树园艺家指出，果实是植物可供食用的产品，它由种子及其包被组织构成，特别是包被是多汁的或肉质的（Coombe，1976）。在观赏园艺学上，尚未见到对果实所下的定义。但根据观赏植物果实的多样性并考虑到观赏的特点，可以认为观赏植物的果实是由花或花序发育而成的非延存器官，这种器官在外观上是一个整体。

2.3.1 果实的基本类型

单纯依据果实发育的来源可将果实分为：真果、假果、单性结实、无融合生殖等。受精后胚珠发育成种子，相应地子房新陈代谢活跃，生长迅速，发育成果实。花的其他部分，如花被、雄蕊以及雌蕊的柱头、花柱等多枯萎凋谢。单纯由子房发育成的果实为真果，如小麦、水稻、棉花、柑橘等的果实属于此类。有些植物，如苹果、海棠、梨、菠萝等的果实，除子房外，还有花托、花萼、苞片甚至整个花序都参与形成果实，这类果实称为假果。

2.3.1.1 真果和假果

真果（true fruit）的果皮由子房壁发育而成，可分为外、中、内 3 层。通常外果皮较薄，表皮上常具气孔器、角质膜及蜡被等；中果皮和内果皮的结构则因植物种类不同而有较大变化，如桃、杏、李、梅等的中果皮全部由薄壁细胞组成，成为果实中的肉质可食部分，而内果皮则由石细胞构成硬核。柑橘、柚等的中果皮疏松，其中分布有许多维管束，而内果皮膜质，其内表面生出许多具汁液的囊状表皮毛，成为可食部分。蚕豆、花生的果实成熟后，中果皮常变干收缩。

假果（pseudocarp 或 spurions fruit）的结构比较复杂，例如：苹果、梨的食用部分，主要是由花托和花被愈合膨大而成，中部才是由子房发育而来的部分，所占比例较小，但外、中、内 3 层果仍能区分。

2.3.1.2 单果、聚合果、复果、附果

依据果实的来源与结构可分为 4 大类，即单果（simple fruit）、聚合果（aggregate fruit）、复果或聚花果（multiple fruit）和附果（accessory fruit）（图 2-3-1）。

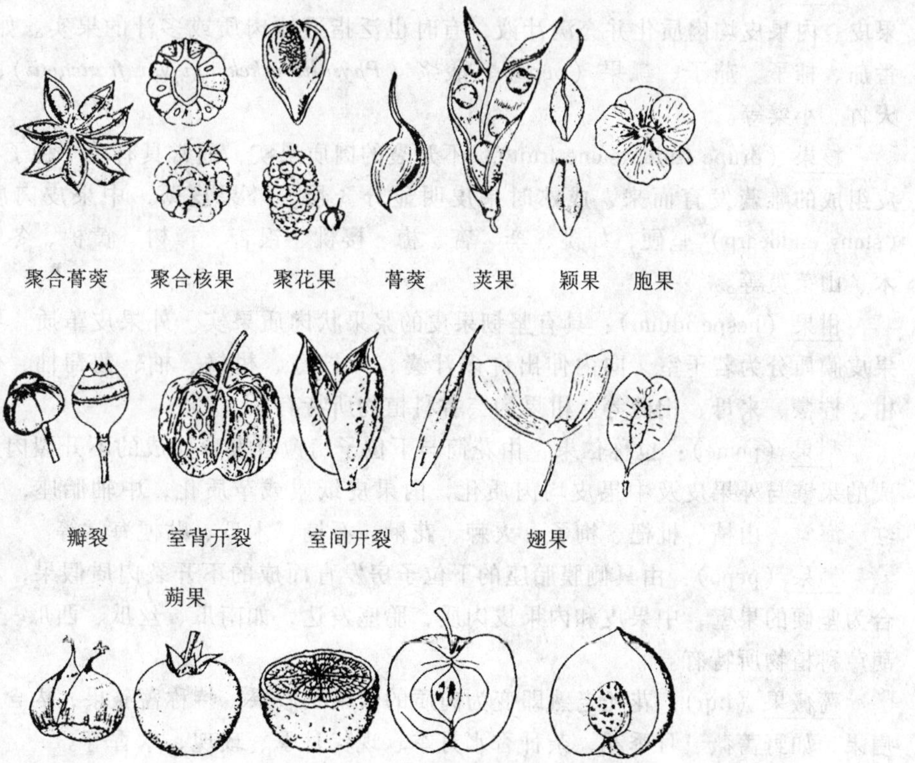

图 2-3-1 果实的类型

(1) 单果　是指由一朵单雌蕊的花发育而形成的果实。如李属的桃、李、梅、杏、山桃、榆叶梅、苹果、海棠、梨、木瓜、柿子、核桃、枸子、山楂、枣、杨梅、枇杷、龙眼、荔枝、芒果、忍冬、荚蒾、葡萄、地锦（爬山虎）、枸杞、辣椒、番茄、茄子、曼陀罗、西番莲、仙人掌、椰子、榴莲（*Durio zibethinus*）等植物的果实，柑橘类的柑果，葫芦科的瓠果等。

(2) 聚合果　是指由具有许多离生雌蕊（separate pistils）的单花形成的一簇或一组小型肉质果，如悬钩子的簇生小核果（drupelet）、四照花、含笑、鹅掌楸（具翅小坚果组成）、五味子、悬铃木、牡丹、八角、草莓等植物的果实。

(3) 复果　也称聚花果，是指由聚集在单个花轴上的几个分离的花形成的果实，如桑、凤梨、无花果、构树、菠萝蜜（*Atocarpus heteroplylla*）、巴婆（*Ashimina triloba*）、面包树（*Atocarpus odoratissima*）、秘鲁番荔枝 *Annona cherimolia*）、龟背竹、火鹤等植物的果实等。

(4) 附果　是指由多汁花托而不是由雌蕊发育成的肉质果实。包括刺果（bur）、蔷薇果（hip）、梨果（pome）、假果（pseudocarp，由花托而不是由子房发育来的果实，如草莓等）、假核果（pseudodrupe）、瘾头果（syconium），如无花果、翅坚果（winged nut）。

2.3.1.3　肉质果和干果

按成熟时果皮的性质可将果实分为肉果（fleshy fruit）与干果（dry fruit）。

(1) 肉质果　果实成熟时果皮肉质化，可根据果皮来源再细划分。

浆果（berry fruit）：由单雌蕊发育成的肉质果实，具有几个或多个种子，外果皮薄，中果皮、内果皮均肉质化并充满汁液，有时也泛指通体肉质或多汁的果实。如葡萄、猕猴桃、番茄、柿子、茄子、瓠果（pepo）、酸浆（*Physalis alkekengi* var. *franchetii*）、十大功劳、南天竹、小檗等。

核果（drupe fruit，stone fruit）：不开裂的肉质果实，通常具有单个种子，由一至数个心皮组成的雌蕊发育而来，成熟时果皮明显分 3 层，外果皮薄，中果皮肉质，内果皮石质（stony endocarp）坚硬，如桃、李、杏、梅、樱桃、银杏、樟树、黄栌、冬青、枸骨、红瑞木、山茱萸等。

柑果（hesperidium）：具有坚韧果皮的浆果状肉质果实。外果皮革质，中果皮疏松，内果皮膜质分为若干室，向内伸出许多汁囊，如柠檬、柑橘、柚、葡萄柚、代代、佛手、金柑、柠檬、来母、枸橼等。柑果为芸香科植物所特有。

梨果（pome）：也称仁果，由花筒与下位子房愈合发育而成的不开裂肉质假果，花筒形成的果壁与外果皮及中果皮均肉质化，内果皮纸质或革质化，中轴胎座，如梨、苹果、花红、海棠、山楂、枇杷、枸子、火棘、花楸、石楠、木瓜、贴梗海棠等。

瓠果（pepo）：由具侧膜胎座的下位子房发育而成的不开裂肉质假果，花托与外果皮结合为坚硬的果壁，中果皮和内果皮肉质，胎座发达，如南瓜、丝瓜、西瓜、甜瓜等。瓠果为葫芦科植物所特有。

蔷薇果（hip）：花托老熟即变为肉质的浆果状假果，特称蔷薇果，内含少数或多数骨质瘦果，如野蔷薇、月季花、杂种香水月季、现代月季、玫瑰、木香等。

荔枝果（litchi fruit）：是指由上位子房发育成的果实，为真果，可食用部分是假种皮，如荔枝、龙眼等。

聚花果（multiple fruit）：由多数小果实聚合而成的果实，如菠萝、菠萝蜜、桑葚等。

（2）干果（dry fruit）　果实成熟后果皮干燥，依开裂与否可分为裂果（dehiscent）与闭果（indehiscent fruit）两类。裂果的果实成熟后，果皮开裂，包括荚果（legume）、蓇葖果（follicle）、角果（silique and silicle）、蒴果（capsule）。闭果的果实成熟后，果皮不开裂，包括瘦果（achene）、颖果（caryopsis，grain）、翅果（samara）、坚果（nut）、分果（schizocarp）。

荚果：由单雌蕊发育而成的果实，成熟时，沿腹缝线与背缝线裂开，如大豆等，但也有不开裂的，还有其他开裂方式。荚果为豆科植物所特有，如合欢、台湾相思、金合欢、紫荆、羊蹄甲、凤凰木、皂荚、云实、腊肠树、铁刀木、紫藤、刺槐、锦鸡儿、胡枝子、红豆树、国槐、沙冬青等。

蓇葖果：由单雌蕊发育而成的果实，成熟时仅沿一个缝线裂开（腹缝线或背缝线），如梧桐、芍药、牡丹、木兰属、卫矛属、秀线菊、风箱果、珍珠梅等。

角果：由两个心皮组成，具假隔膜，成熟时从两腹缝线裂开。有长角果（silique）和短角果（silicle）之分，如萝卜、油菜、诸葛菜是长角果；荠菜、独行菜是短角果。角果为十字花科植物所特有。

蒴果：由复雌蕊发育成的果实，成熟时有各种开裂方式，有周裂蒴果（circumscissile capsule）、孔裂蒴果（poricidal capsule）、室背开裂蒴果（loculicidal capsule）、室间开裂蒴果。如棉花、紫花地丁（*Viola philippica*）、罂粟属（*Papaver*）、马齿苋（*Portulaca deracea*）、烟草（*Nicotia*）、颠茄（曼陀罗）太平花（*Philadephus pekinesis*）、山梅花、溲疏、八仙花、海桐、金缕梅、枫香、蚊母树、继木、蜡瓣花、乌桕、山麻杆、黄杨、扶芳藤、丝绵木、卫矛、七叶树、栾树、文冠果等。

瘦果：果皮与种皮易分离，含一粒种子，如菊花、非洲菊、万寿菊、波斯菊、向日葵、翠菊、腊梅、棣棠、金露梅等。

颖果：果皮与种皮合生，不易分离，含一粒种子。颖果为禾本科植物所特有。

翅果：果皮向外延伸成翅，利于果实传播，如榆、臭椿、杜仲、元宝枫、鸡爪枫、枫杨、白蜡等。

坚果：果皮坚硬，内含一粒种子，如栎属（*Quercus*）、榛属（*Corylus*）、栗属（*Castania*）核桃、扁桃、阿月浑子等。

分果：由两个以上心皮构成，各室含一粒种子，成熟时心皮沿中轴分开，如胡萝卜、芹菜等。

常见果实类型检索表

1　果实由两枚或多枚花组成

　2　果实主要由花序托组织（receptacle tissue）组成，成熟的子房着生在中空、内陷的花托内（如无花果）……………………………………………………………… 瘾头果（syconium）

　2　果实由许多紧密簇生在一起的成熟的子房组成（如桑葚和菠萝）……… 聚花果或复果（multiple）

1　果实由单花形成

　3　多子房果实

　　4　心皮被包围，着生在球形托杯（hypanthium）的壁上 ………………………… 蔷薇果（hip）

　　4　心皮不被包围，不着生在托杯壁上

5 雌蕊在非肉质的花托上发育成肉质的小核果（如悬钩子）…………………… 聚合果（aggregate）

5 雌蕊在肉质的花托上发育为瘦果（如草莓）………………………………… 附果（accessory）

3 单子房的果实

6 果实成熟时干燥

7 果实成熟时开裂

8 果实由一个以上的心皮组成

9 心皮两枚，被一宿存透明的隔膜分隔

10 果长小于2倍果宽 ………………………………………………………… 短角果（silicle）

10 果长大于2倍果宽 ………………………………………………………… 长角果（silique）

9 心皮两枚或多枚，不被隔膜分隔（蒴果）

11 蒴果沿横向环开裂，顶部开裂呈盖状 ………………………… 周裂蒴果（circumscissile capsule）

11 蒴果沿纵线或孔开裂

12 蒴果由孔开裂 ……………………………………………………… 孔裂蒴果（poricidal capsule）

12 蒴果沿纵线开裂

13 蒴果通过果室开裂 …………………………………… 室背开裂蒴果（loculicidal capsule）

13 蒴果通过隔膜开裂 …………………………………… 室间开裂蒴果（septicidal capsule）

8 果实由单心皮组成

14 果实沿单缝开裂 ……………………………………………………………… 蓇葖果（follicle）

14 果实沿两条缝开裂

15 果实在种子间不明显缢缩 ……………………………………………………… 荚果（legume）

15 果实在种子间明显缢缩 ………………………………………………………… 节荚（loment）

7 果实成熟时不开裂

16 果实成熟时分开，但心皮不开裂，种子不散出 …………………………… 分果（schizocarp）

16 果实成熟时不分开

17 果实具翅 ……………………………………………………………………… 翅果（samara）

17 果实无翅

18 种子和子房壁愈合，不可分 ……………………………………… 颖果（caryopsisi，grain）

18 种子和子房壁不愈合，可分

19 果壁膀胱状膨胀 ……………………………………………………………… 胞果（utricle）

19 果壁不膀胱状膨胀

20 果壁坚硬

21 果实很小 ……………………………………………………………… 小坚果（nutlet）

21 果实很大 …………………………………………………………………… 坚果（nut）

20 果壁不特别坚韧 ………………………………………………………… 瘦果（achene）

6 果实成熟时肉质

22 种子一枚

23 果实很小 …………………………………………………………… 小核果（druplete）

23 果实较大 ……………………………………………………………… 核果（drupe）

22 种子多枚

24 果实由肉质花托包围 ………………………………………………………… 梨果（pome）

24 果实不由肉质花托包围

25 果实具坚韧果皮 …………………………………………………………… 瓠果（pepo）

25 果实无坚韧果皮 …………………………………………………………… 浆果（berry）

2.3.2　果实的多样性

以果实为主要观赏对象的植物称为观果植物（plants with ornamental fruits）。观赏植物的果实有的色彩艳丽，有的果形奇特，有的香气浓郁，有的着果丰硕或兼具多种观赏性能。园林中常用以点缀景色或丰富园林的色彩。有的观果类的果实也用做花艺材料，一般是剪取果枝插瓶或仅摘取果实供赏或用做观果类盆景。观果植物除了有其特定的生态要求外，在栽培管理上还应着重于促进结果和果实发育，以达到果繁色艳之目的。

常见的观果植物除柿、石榴、柑橘等果树可兼作观果植物外，多数仅供观赏，各具特色。如南天竹（*Nandina domesitica*）的浆果红色或黄色，经久不落；木瓜（*Chaenomeles sinensis*）的梨果金黄色，有浓郁香气，熟后摘放室内，久闻果香，沁人肺腑；金瓜（*Gymnopetalum chinensis*）的瓠果果型多变，橘红色，熟后可于置果盘观赏；冬珊瑚（*Solanum pseudo-capsicum*）的茄果朱红色，多作盆栽；万年青（*Rohdea japonica*）的浆果密集成穗，果色朱红，宜做盆栽。此外，火棘、枸杞、金弹子、冬红果、平枝栒子、小果冬青等常做观赏盆景。

2.3.2.1　果实形状的多样性

观赏植物的果实形态多样。从观赏的角度出发，果实的形状奇特、巨大或繁多为上品。

奇特，是指形状奇异有趣。例如：仁果中有蟠桃，形状如圆盘；核果中有葫芦枣；蒴果中有观赏辣椒的变种佛手椒（*Capsicum frutescens* var. *fascicalatum*），由 9 ~ 17 个果实簇生；乳茄的形状也十分奇特；又比如铜钱树的果实形如铜钱；象耳豆的荚果酷似大象的耳朵；腊肠树的果实好比香肠；秤锤树的果实如秤锤一样；紫珠的果实宛若晶莹的紫色小珍珠；唐棉的果实飘飘然如吹开的气球；柑果中的佛手（*Citrus medica* var. *sarcodactylus*）为枸橼的变种，果实分裂成指状，或裂纹如拳。抱合如拳者名“拳佛手”，开张者名“开佛手”，大者长可达 50 cm，皮皱而有光泽，熟时黄色，芬芳宜人；腰果的果实像梨种子似蚕豆，种子长果实的顶部；在葫芦科的瓠果形状更多，如葫芦、蛇瓜、南瓜等的果实形态各异，有的像气球而有的像元宝。

巨大，是指果实较大或较长。葫芦科的果实大小差异很大，有的观赏葫芦和观赏南瓜的果实很小，但有的极大。世界上最大的果实是南瓜，2010 年 10 月，世界上大个头南瓜在美国纽约植物园集体亮相展示，其中包括刚打破世界纪录，重达 821.2 kg 的“新科状元”；世界上最长的果实是葫芦，可达 2 m 长，丝瓜和蛇豆的果实也很长。又如桑科木菠萝属的菠萝蜜（*Artocarpus heterophyllus*）的果实也很大，体积可达 25 cm × 60 cm，重量可达 20 kg；果实较大的还有芸香科的一些种类，如柚子（*Citrus grandis*）的果实近球形，直径可达 25 cm；枸橼（*Citrus medica*）的果实长圆形，大者如瓜，长达 50 cm，经霜不落，在枝头有历经 4 ~ 5 年者。秋冬色黄，翌春回青。10—11 月份成熟，熟时呈金黄色，味酸而芳香。

繁多，是就全树而言，指果实虽小而密生，或者果虽小而果穗较大色泽鲜艳，可收到“引人注目”的效果。此类植物有很多，如枸骨（*Ilex corhuta*）的核果鲜红，密集成穗，冬季宿存，极为艳丽；紫金牛（*Ardisia japonica*）的核果球形鲜红，密集枝顶，周年可赏；火棘（*Pyracantha fortuneana*）的梨果密枝，红艳可爱，经久不落；另外，咖啡树（*Coffea ara-*

bica）红色果实满枝。还有接骨木、山楂、海棠、金橘、忍冬、荚蒾等也很美观。另外，有些种类不仅果实可观赏，而且种子又美，富于诗意，如王维“红豆生南国，春来发几枝，愿君多采撷，此物最相思”诗中的红豆树等。还有一些果实着生部位奇特，引人注目，如可可树（*Theobroma cocao*）老枝结果，炮弹树（*Couropita guianensis*）棕色的球形果实挂在茎干上别有情趣，可用做庭院栽培。

2.3.2.2 果实色彩的多样性

除了果实形状外，果实的颜色，有着更重要的观赏意义。“一年好景君须记，正是橙黄橘绿时”，苏轼这首诗描绘出一幅美妙的景色，这正是果实的色彩效果。果实的色彩又分果实的底色和着色的色彩。如金冠苹果的底色是黄色，在生态条件好的地区还可以有红色晕。果实的颜色千变万化，不过大致可以有以下几大类：

（1）果实呈红色　桃叶珊瑚（*Aucuba chinensis*）、小檗类（*Berberis*）、平枝栒子、山楂、冬青、枸杞（*Lycium chinensis*）、火棘（*Pyracantha fortuneana*）、花楸、樱桃（*Prunus pseudocerasus*）、毛樱桃、郁李、欧李、麦李、枸骨、金银木（*Lonicera maackii*）、南天竹（*Nandiua domestica*）、珊瑚树、紫金牛、朱砂根、橘、柿、石榴（*Punica granatum*）、荔枝（*Litchi chinensis*）呈紫红色，鲜艳夺目。

（2）果实呈黄色　银杏、梅、杏、瓶兰花、柚、甜橙、枸橼、佛手、金橘（*Fortunella margarita*）枸橘、南蛇藤、梨、木瓜、榅桲、贴梗海棠、沙棘呈金黄色。

（3）果实呈蓝紫色　紫珠、蛇葡萄、葡萄、豪猪刺、十大功劳、李、蓝果忍冬、桂花、白檀等。

（4）果实呈黑色　小叶女贞、小蜡、女贞、刺楸、五加、琵琶叶荚蒾、黑果绣球、毛梾、鼠李、常春藤、君迁子、金银花、黑果栒子等。

（5）果实呈白色　红瑞木、芫花、雪果、湖北花楸、陕甘花楸、西康花楸、白果南天竹（*Nandiua domestica* var. *leucocarpa*）亦称“白南天”、玉珊瑚，果实呈白色。

（6）果实呈紫色　紫果南天竹（*Nandiua domestica* var. *prophyrocarpa*）果实成熟后，呈淡紫色。杨梅（*Myrica rubra*）属杨梅科。单性花，雌雄异株，雄花单生或丛生，黄红色，雌花序腋生，三四月份开花，核果球形，外果皮由多数囊状体密生而成，多汁液及树脂，六七月份果熟，呈紫红色，浓荫中丹实离离，红绿交辉，斑斓可爱，景色宜人。杨梅品种甚多，根据果实成熟时色泽等特点可分为：a. 白种：一称水晶杨梅。果实呈纯白色、黄白色、乳白色、灰白色或白色中带有绿晕，但绝不间有红色。例如，浙江上虞之白杨梅，福建长乐之纯白蜜等。b. 红种：果实呈红色、深红色或紫红色、朱红色、血红色、大红色。例如，浙江杭县之荔枝梅，江苏吴县之大叶细蒂等。c. 粉红种：果实呈水红、粉红、淡红或一果二色，即向阳面淡红色，而另一面为白色或淡黄色。例如，浙江上虞之白花种，镇海之糖酸杨梅等。d. 乌种：果实未熟前为红色，全熟时呈浓紫色或紫黑色。例如浙江慈溪的荸荠，建阳的大花梅。

除上述基本色彩外，有的果实尚有具花纹的。此外，由于光泽、透明度等的不同，又有许多的变化。在选用观果树木时，最好选用果实不易脱落而浆汁较少的，以便长期观赏。果实色泽是获得良好的观赏效果的重要前提，其各种颜色形成受内在基因和外在条件的双重调节。在苹果上的研究已经有一些进展，红色品种的变化情况是：果实在近成熟时绿色逐渐消失，底色变黄，并慢慢着上红色。花青苷是其前体，花青苷来自苯丙氨酸或光合作用的糖，从苯丙氨酸到花青苷的代谢过程要有至少11 种酶的参与，此外还与花青苷在果皮中的分布有关系。此外，还受到栽培条件、内源激素水平、生长调节剂、光、温度、水分、土壤等的综合因子的影响。

2.3.2.3 果实香型多样性

除了果实形态和颜色具有多样性之外，果实还有不同的香味（fragrance），其中每一种香型由一两种主要的芳香物质决定。如6－辛内酯、6－葵内酯和乙酸乙酯构成杏果实的三大香型，闻到这样的香气就知道是杏。芳香物质对人体健康有很大的益处，有关具体内容可以参考有关园艺治疗方面的研究。

2.3.3 果实的基本功能

果实最基本的功能是食用，其次是繁殖等。另外一个重要的功能就是供人们观赏。果实不仅可以观赏，又有招引鸟类和兽类的作用，可给园林带来生机。不同的果实可招来不同的鸟，例如小檗易招来黄连雀、乌鸦、松鸡等，而红瑞木一类的树则易招来知更鸟等。儿童们喜欢色彩鲜艳果实累累的环境。布置精美的观果园可使儿童们流连忘返。如北京世界公园的山楂树配置的效果很好。但应不具有毒性的种类。

此外，果实还具有其他用途，其中葫芦在世界范围内广泛被用来做乐器，包括鼓、号角、木琴、弦乐、响葫芦等，此外还将葫芦用来做假面具、水瓢、鸟巢、洗澡用擦拭品、装饰品（上面有精美的图案）。特别提起的是在19 世纪80 年代海地国用葫芦作为货币流通，一直到现在海地货币的名称叫“gourde”。而 gourd 是葫芦的英文名称。

2.3.4 果实发育及调控

无论单果或果穗，均应有一定的果实数量，才能发挥较高的观赏效果。本节主要阐述以观赏为目的的观赏植物果实的发育，而主要以种子繁殖的观赏植物的果实发育不在此处赘述。对于以种子为繁殖材料的观赏植物以及以果实为观赏对象的观赏植物，了解其果实发育的规律对于确保坐果率、提高果实的内在品质和外在品质具有十分重要的意义。

2.3.4.1 影响授粉受精的因素

（1）自交不亲和现象　所谓自交不亲和就是栽培观赏植物同一品种的雌雄配子最终不能发育成具有生命力的种子的现象。自交不亲和分以下几种情况：花粉粒落到同一品种的花器柱头上不能萌发（相互识别后排斥，有关识别蛋白、柱头分泌抑制花粉粒萌发的物质等）；花粉粒萌发，但在深入到花柱内，还没有到达胚囊时停止伸长，无法到达胚囊；花粉管伸入到胚囊，但是不释放精子；释放精子但是不与卵细胞结合；与卵细胞结合但不能正常分裂发育等。不同的植物种类有不同的自交不亲和方式。从生物进化的角度，许多植物有异花授粉的习性。

针对这一现象，对于园林造景的观果植物配置时就要充分考虑到授粉植株的配置，配置的原则是这两个品种要花期相遇、互为授粉品种、两个品种都具有很高的观赏价值等。此外花期放蜂（蜜蜂等），让蜜蜂对不同品种的花朵访问，作为很好的授粉使者，不仅解决了授粉问题，而且在花丛中有蜜蜂飞舞，为景点增添活力和情趣。

（2）雌雄异熟现象（dichogamy） 对于许多观赏树木如核桃、银杏等，属于雌雄同株（hermaphrodite）或雌雄异株（dioecious），往往存在雌雄异熟现象，就是雌花或雌株上的雌花与雄花或雄株上的雄花不能同时进入授粉受精的最佳状态，这样往往造成不能正常授粉受精。解决这一问题的关键也是配置合适的授粉树（株）。

（3）单性结实和无融合生殖现象 果实的形成一般与受精作用密切相关，但也有不经受精子房就发育成果实的，称单性结实（parthenocarpy）。单性结实的果实中不含种子，这类果实称为无籽果实。单性结实有两种情况：一种是不经传粉或其他任何刺激，子房可膨大成无籽果实，称为营养性单性结实，如香蕉（三倍体）、无核葡萄、无核柿子和无核蜜橘等能形成无籽果实，可作为园艺上的优良品种；另一种情况是子房必须经过一定的刺激才能形成无籽果实，这种现象称为刺激性单性结实，例如用马铃薯的花粉刺激番茄的柱头；采用一定浓度的2，4－D、吲哚乙酸或萘乙酸等生长素水溶液喷洒到西瓜、番茄或葡萄等花蕾或花序上，都能获得无籽果实。

不经过授粉受精，果实和种子也能正常发育，最后产生具有生活力的种子的现象称为无融合生殖（apomixis），如苹果属、花楸属、山楂属、栒子属、唐棣属（*Amelanchier*）5个属中发现90个种如湖北海棠、变叶海棠、锡金海棠、小金海棠等有这种现象。

（4）外界因子 温度、植物体的营养状况、空气的湿度、病虫害危害等都会影响授粉受精的完成。花器是对温度十分敏感的。温度过低，花粉粒不能萌发、花粉管不能延伸，精子和卵子不能结合等。开花是一个需能很多的过程，营养不足，会引起大量的落花。此外，钙离子、硼离子等对于花粉管的伸长有重要的促进作用。枣树花期需要空气有一定的湿度，所以，花期喷水可以提高枣树的授粉受精。另外，GA等生长调节物质涂抹柱头或花器可以提高坐果率。花期的金龟子、蚜虫等虫害严重影响花器的正常功能。

2.3.4.2 坐果

经授粉受精，子房膨大发育成果实的过程就是坐果（fruit setting）。对于以观赏为目的的观果植物，对于坐果困难的种类要尽量提高坐果率，对于坐果率太高的要适当的疏花疏果，以达到降低大小年，每年都有很好的观赏效果。

落花落果的原因有很多，一般有早期落果、6月生理落果（生理落果的原因是种子不能产生足够的如生长素、赤霉素和细胞分裂素等内源激素，以至果实不能正常分裂生长而果柄形成离层而脱落）和成熟前落果和成熟后落果，对于观赏植物，在选择配置品种时要选择不易落果的品种，达到成熟后在植物体上还可以保留很长的时间，延长观赏期。此外，防止落果的措施还有：提高植物体营养、适当的疏花疏果、抑制营养生长（夏季修剪、喷布生长延缓剂等）、使用促进果实生长的激素类调节物质。

2.3.4.3 果实发育的调控

从坐果到果实成熟经历整个发育过程，不同种类的果实有不同的发育规律，大致可以分为S形和双S形两种，从激素调控来分有乙烯跃变型和非乙烯跃变型，此外还有ABA控制类型的果实等。从观赏目的出发要求果实能在树体（植株）上比较长时间地保留而不脱落。所以有必要了解其发育规律，或有意识地选择优良、观赏期长的品种。此外，果实分早熟、中熟和晚熟品种，对于观赏来说要求尽量选择晚熟品种，以延长观赏期，或早中晚按照适当比例搭配，达到理想的观赏效果。

掌握发育规律，可以调整其营养生长和生殖生长的矛盾，同时对于木本植物要考虑当年的结果和明年的结果，消除大小年的影响。

桃果实的发育分3个时期（属于双S曲线）：一是迅速增长期，细胞迅速分裂，细胞数目增加，纵横径的日增长量在1 mm以上；二是硬核期，各品种此期的长短差异明显，早中晚熟品种的差异就在此期决定，由于此期核的缝合线从先端开始硬化，故称硬核期；三是速长期（熟前增长期），此期大约40 d。果实体积迅速增长，内含物的积累增加并开始转化，色泽变鲜，果实每天可增加3～4 g。

一般果实在发育过程中，从外形来看，前期纵径增加较快，后期则横径增加较快。从其内含物看，首先是水分含量的改变，越接近成熟期水分含量越高。幼果期淀粉含量高，从果实外部的细胞层开始积累，逐渐向内，直至果心。随着果实的增长，快到成熟时，淀粉通过糖的各种酶（山梨醇脱氢酶、山梨醇氧化酶、蔗糖合酶、酸性转化酶等）转化为可溶性的糖（蔗糖、果糖、葡萄糖等）。在果实发育早期含有单宁，所以很涩，在发育后期逐渐分解。在成熟前开始积累各种芳香类物质，使果实有香气。在果实整个发育过程中受到各种水平的调节，如器官水平（不同器官间的互相影响调节）、组织水平（果实不同组织之间的调节）、细胞水平、分子水平的调控。基因的时空表达受到内在和外界因素的调节，如内部营养状况、激素水平等。所以，在实际园林运用过程中要根据实际情况，为观果植物提供良好的栽培条件，通过修剪、地下水肥管理、土壤管理、激素调节，使果实正常发育，达到最终理想的观赏效果。

思考题

1. 试述观赏植物花的形态多样性与自然选择和人工选择的关系。
2. 如何利用花色发育的规律进行花色调控？
3. 如何利用花芽分化的规律进行花期调控？
4. 种子分类有哪几种方法，各自的意义如何？
5. 无融合生殖形成的种子有何遗传特点？在园艺学上有何意义？
6. 种子休眠的机理有哪几种？
7. 什么是果实，有哪些基本类型，各有什么特点？
8. 观赏植物果实有哪些多样性和观赏价值？
9. 果实的发育是怎样被调节的，如何为果实发育提供良好的栽培条件？

3 观赏植物的分类与品种演化

【内容提要】

观赏植物是在植物系统发育的基础上，经过人工栽培与选育而形成的。观赏植物的起源中心包括中国、西亚、中南美。观赏植物的起源方式有芽变、嫁接杂种、种内杂种、种间杂种、同源多倍体、异源多倍体等多种方式，而且往往是几种方式的混合起源。本章以梅花、牡丹、月季、菊花、大丽花、唐菖蒲为例，论述了观赏植物起源与品种演化的过程，展示了观赏植物多样性产生的遗传学基础。

3.1 观赏植物的分类

地球上已发现的高等植物约有30万种，其中约1/6具观赏价值。观赏植物分类就是按一定标准和方法将这些植物划分为不同的类别，为其栽培、育种和应用提供科学依据。不同时期的不同学者用不同的分类方法对观赏植物进行过分类，各自的分类结果差异很大。宋代陈景沂的《全芳备祖》（约1256年）按实际用途与生长特性将观赏植物分为花部、果部、卉部、草部、木部等；清代陈淏子所著《花镜》（1668年）分列了花木、藤蔓、花草3类；汪灏在《广群芳谱》（1708年）中，则分为花、果、木、竹、卉、药等。近代国内外常按植物自然分类系统、用途、栽培方式、观赏部位、地理分布、生态习性等不同的标准进行分类，且国际间的分类方法也在相互借鉴渗透，使观赏植物分类得到充实和发展。

3.1.1 根据植物自然分类系统的分类

根据植物演化亲缘关系建立的分类系统称为自然分类系统或系统发育分类系统。其中最有代表性的是恩格勒（Engler）系统和哈钦松（Hutchinson）系统。观赏植物系统分类是建立在植物自然系统分类基础上的。根据自然分类系统，观赏植物通常包括在蕨类植物门、种子植物门的裸子植物亚门和被子植物亚门中；其中被子植物亚门又分为双子叶植物纲和单子叶植物纲；其中双子叶植物纲又分为离瓣花亚纲和合瓣花亚纲。在这些高级分类单位下面，再分为不同的目、科、属、种，有时还会使用辅助等级，如亚目、亚科、族、亚族、亚属、组、亚组、节、亚节、系、亚系、亚种、变种等。对于一些大属，如杜鹃花属（800余种）、金合欢属（700余种）、桉属（600余种）。尽管我们很少听说将观赏植物分为裸子观赏植物、被子观赏植物等类别，但在实际生产中我们常常将观赏形态相似、生态习性相近的观赏植物按科划分，如苏铁类、兰科、仙人掌类、凤梨科、竹、棕榈类等，都是以科（或亚科）称呼的；还有菊科花卉、蔷薇科花木、百合科花卉等比较常见的说法。观赏植物的自然分类系统上的等级如表3-1-1所示。

表3-1-1 植物自然分类等级系统和观赏植物（长叶山樱、花菖蒲）的分类

分类等级（categories）	词尾	长叶山樱	花菖蒲
界（regnum，kingdom）	-	植物界 plantae	
门（dvision，phylum）	-phyta	被子植物门 angiospermae	
亚门（subdivision，subphylum）	-		
纲（clasis，class）	-opsida	双子叶植物纲 Dicotychledoneae	单子叶植物纲 Monocotyledoneae
亚纲（subclasis，subclass）	-idea	古生花被植物亚纲 Archichlamydeae	

续表 3－1－1

分类等级（categories）	词尾	长叶山樱	花菖蒲
目（ordo，order）	－ales	蔷薇目 Rosales	百合目 Liliiflorae
亚目（subordo，suboder）	－ineae	蔷薇亚目 Rosineae	
科（familis，famili）	－aceae	蔷薇科 Rosaceae	鸢尾科 Iridaceae
亚科（subfamilis，subfamili）	－ideae	李亚科 Prunoideae	
族（tribe）	－eae	李族 Pruneae	鸢尾族 Irideae
亚族（subtribe）	－inae		
属（genus）	－	李属 *Prunus*	鸢尾属 *Iris*
亚属（subgenus）	－	李亚属 *Cerasus*	鸢尾亚属 *Iris*
节（section）（sect.）	－	李节 *Pseudocerasus*	*spadula* 节
亚节（subsection）（subsect.）	－		*apogon* 亚节
系（series）	－		*laevigatae* 系
亚系（subseries）	－		
种（species）	－	山樱 *Prunus jamasakura*	玉蝉花 *Iris ensata*
亚种（subspecies）（subsp.）	－		
变种（variety）	－		花菖蒲 var. *spontanea*
亚变种（subvariety）	－		
变型（forma）（f.）	－	长叶山樱 f. *superflua*	

＊亚族以下的名词的词尾不作统一规定。

观赏植物的种类比果树和蔬菜多。比如，果树有 141 个种，蔬菜有 152 个种，而观赏植物超过 1 000 个种。至于品种则更多，如月季有 1 万多个，水仙、百合、郁金香等各有数千。因此，如何对其进行合理的分类是观赏园艺研究的重要课题之一。分类的目的是为了将植物更好地应用于园林及观赏之中。在实际栽培和应用中，观赏植物主要是种（species）以下的分类单位出现的，因此观赏植物的分类还必须考虑种以下的变种（variety）、变型（forma）、品种（cultivar）和品系（strain）。这里所述的品种是指通过自然变异和人工选择所获得的栽培植物群体；品系是源于同一祖先，与原品种或亲本性状有一定差别，但尚未正式鉴定命名为品种的过渡性变异类型，它不是品种的构成单位，而是品种形成的过渡类型。对观赏植物品种的分类属于栽培植物分类学的范畴，但由于许多观赏植物都是杂交起源的，园艺学的品种分类往往与植物学的种的分类相互交叉。

3.1.2 根据生物学特性的园艺学分类

自然分类是依据植物形态进行划分，便于进行查索，也便于理解植物的亲缘关系。但是，同属植物的生物学特性与园艺用途往往不同，仅靠自然分类不便于观赏植物生产与应用。如一品红（*Euphorbia pulcherrima*）是灌木多用于盆栽，高山积雪（*Euphorbia marginata*）则是花境植物，虎刺梅（*Euphorbia milii*）则是灌木状多肉质植物，对干旱抗性很强，可用于园林与盆栽观赏。因此需要进行园艺学分类。一般按生物学特性可将观赏植物分为草本观赏植物（herb ornamentals）和木本观赏植物（woody ornamentals）两大类，通常还结合栽培习性再行细分。本教材将观赏植物分为如下 14 类。

3.1.2.1 裸子植物类

裸子植物类是园林绿化的重要材料。包括裸子植物门（Gymnospermae）的苏铁目（Cycadales）、银杏目（Ginkgoales）、松杉目（Pinales）、罗汉松目（Podocarpales）、三尖杉目（Cephalotaxales）、红豆杉目（Taxales）的有关种、变种、变型、杂交种及品种。

3.1.2.2 花木类

花木类（含乔木、小乔木、灌木）包括落叶花木和常绿花木两类。落叶花木常见的有合欢（*Albizzia julibrissin*）、玉兰（*Magnolia denudata*）、梅花（*Prunus mume*）、牡丹（*Paeonia suffruticosa*）、腊梅（*Chimonathus praecox*）、海棠花（*Malus spectabilis*）、樱花（*Prunus serrulata*）、桃花（*Prunus persica*）、石榴（*Punica granatum*）、榆叶梅（*Prunus triloba*）、紫薇（*Lagerstroemia indica*）、丁香属（*Syringa*）、贴梗海棠（*Chaenomeles lagenaria*）等。

常绿花木类常见的有榕树（*Ficus microcapa*）、橡皮树（*Ficus elastica*）、山茶花（*Camellia japanica*）、杜鹃花（*Rhododendron simsii*）、桂花（*Osmanthus fragrans*）、扶桑（*Hibiscus rosasinensis*）、三角花（*Bougainvillea spectabilis*）、平枝栒子（*Cotoneaster horizontalis*）、南天竹（*Nandina domestica*）、变叶木（*Codiaeum variegatum*）等。

3.1.2.3 藤蔓类

藤蔓类观赏植物特指那些自身不能很好地直立生长，需攀依他物上升，或匍匐卧地蔓延，亦或垂吊生长的植物类型。这一类植物种类非常庞杂，攀缘植物（climbing plant）匍匐植物（creeping plant）、垂吊植物（weeping plant）3 类。如紫藤（*Wisteria sinensis*）、葡萄（*Vitis vinifera*）、凌霄（*Campsis grandiflora*）、中国地锦（*Parthenocissus tricuspidata*）、五叶地锦（*Parthenocissus quinnquefolia*）、扶芳藤（*Euonymus fortunei*）、铁线莲（*Clematis florida*）、栝楼（*Trichosanthes kirilowii*）、茑萝（*Quamoclit* spp.）等。

3.1.2.4 一二年生花卉

一年生（annuals）花卉是指一个生长季节内完成生活史的观赏植物。即从播种、萌芽、开花结实、衰老乃至枯死，均在一个生长季节内完成。一般不耐寒，春季晚霜后播种，多是短日性的，夏、秋季开花结实后死亡。如万寿菊（*Tagetes erecta*）、一串红（*Salvia splendens*）、金盏菊（*Calendula officinalis*）、茑萝（*Quamoclit pennata*）、凤仙花（*Impatiens balsamina*）、大花牵牛（*Pharbitis nil*）、鸡冠花（*Celosia cristata*）、石竹（*Dianthus chinensis*）、紫茉莉（*Mirabilis jalapa*）、千日红（*Gomphrena globosa*）、百日草（*Zinnia elegans*）、翠菊（*Callistephus chinensis*）、半枝莲（*Portulaca grandiflora*）等。

二年生（biennials）花卉是指两个生长季节内才能完成生活史的观赏植物。一般比较耐寒，但不耐高温，大都是长日性的，常秋天播种，当年只生长营养体，第二年开花结实。如三色堇（*Viola tricolor*）、雏菊（*Bellis perennis*）、金鱼草（*Antirrhinum majus*）、香豌豆（*Lathyrus odoratus*）、虞美人（*Papaver rhoeas*）、桂竹香（*Cheiranthus cheiri*）、福禄考（*Phlox drummondii*）、美女樱（*Verbena hybrida*）、紫罗兰（*Matthiola incana*）等。

3.1.2.5 宿根类

宿根花卉（perennials, perennial flower）植株地下部分宿存越冬而不膨大，次年继续萌芽开花。宿根花卉种类繁多，大多花色艳丽，适应性强，多数耐寒或半耐寒，可露地栽培，管理粗放。主要有菊花（*Dendranthema morifolium*）、芍药（*Paeonia lactiflora*）、萱草（*Hemerocallis fulva*）、锥花丝石竹（*Gypsophila paniculata*）、二色补血草（*Limonium bicolor*）、蜀葵（*Althaea rosea*）、荷兰菊（*Aster novibelgii*）、鸢尾属（*Iris*）等。不耐寒种类需温室栽培，主要有鹤望兰（*Strelitzia reginae*）、香石竹（*Dianthus caryophyllus*）、非洲菊（*Gerbera jamesnii*）、花烛属（*Anthurium*）、秋海棠属（*Begonia*）、君子兰属（*Clivia*）等。有时也包括多年生低矮的，用于覆盖地面的植物类型或群体。

3.1.2.6 球根类

球根花卉（flowering bulbs）的地下茎或根变态膨大，形成球状物或块状物，并贮藏大量营养，以休眠状态度过寒冷的冬季或炎热的夏季。据变态部分的来源和形态分为5类。鳞茎类（bulbs）：茎短缩为圆盘状的鳞茎盘，其上着生多数肉质膨大的鳞叶，主要有百合（*Lilium* spp.）、郁金香（*Tulipa gesneriana*）、水仙（*Narcissus* spp.）、风信子（*Hyacinthus orientalis*）、朱顶红（*Hippeastrum vittatum*）、葱莲属（*Zephyranthes*）、雪钟花（*Galanthus*）、石蒜属（*Lycoris*）、贝母属（*Fritillaria*）等。球茎类（corms）：地下茎短缩膨大呈实心球或扁球形，主要有唐菖蒲（*Gladilus hybridus*）、小苍兰（*Freesia hybrida*）、秋水仙（*Colchicum* spp.）、番红花（*Crocus sativus*）等。块茎类（tubers）：地下茎或地上茎膨大呈不规则实心块状或球状，主要有仙客来（*Cyclamen persicum*）、球根秋海棠（*Begonia tuberhybrida*）、晚香玉（*Polianthes tuberosa*）、大岩桐（*Sinningia speciosa*）等。根茎类（rhizomes）：地下茎呈根状膨大，主要有美人蕉属（*Canna*）、鸢尾类（*Iris* spp.）、铃兰（*Convallaria majalis*）、六出花（*Alstromeria* spp.）等。块根类（tuberous root）：由不定根经异常地次生生长，增生大量薄壁组织而形成，主要有大丽花（*Dhlia hybrida*）、花毛茛（*Ranunculus asiaticus*）、银莲花属（*Anemone*）等。

3.1.2.7 兰科花卉

兰科花卉（orchids, orchidaleae flowers）为单子叶植物，地生、附生或腐生，常具假鳞茎或根状茎。全世界约有兰科植物800属，2万~3.5万种及天然杂交种，人工杂交种4万多种。主产于热带地区。我国有166属1 019种。通常又将兰科花卉分为中国兰和洋兰两大类，常见的仅是兰科植物中一小部分具有观赏价值的栽培种类。中国兰特指兰属植物，主要有春兰（*Cymbidium goeringii*）、惠兰（*C. faberi*）、建兰（*C. ensifolium*）、墨兰（*C. sinense*）、寒兰（*C. kanran*）等。洋兰特指一些热带兰，常见的有蝴蝶兰（*Phalaenopsis*）、卡特丽亚兰（*Cattleya*）、石斛（*Dendrobium*）、兜兰（*Paphiopedilum*）和万带兰（*Vanda*）等。

3.1.2.8 水生花卉

水生花卉（aquatic flower）泛指生活在水中或沼泽地的观赏植物。如荷花（*Nelumbo nucifera*）、睡莲（*Nymphaea tetragona*）、王莲（*Victoria amazornica*）、凤眼莲（*Eichhornia crassipes*）、千屈菜（*Lythrum salicaria*）、慈姑（*Sagittaria sagittifolia*）、金鱼藻（*Ceralophyllum demersum*）、芡实（*Euryale ferox*）和水葱（*Scirpus tabernaemontani*）等。

3.1.2.9 仙人掌类及多浆植物

仙人掌类及多浆植物（cacti and succulents）多数原产于热带或亚热带的干旱地区或森林中，通常包括仙人掌属（*Opuntia*）、景天科（Crassulacae）、番杏科（Aizoaceae）、大戟科（Euphorbiaceae）、菊科（Compositae）、龙舌兰科（Agavaceae）中的一些属。

3.1.2.10 草坪地被植物

草坪植物（lawn plants）是用于铺设草坪的植物总称。主要的是禾本科和莎草科，也有豆科和其他科的植物。如草地早熟禾（*Poa pratensis*）、黑麦草（*Lolium perenne*）、狗牙根（*Cynodon dactylon*）、结缕草属（*Zoysia*）等。

3.1.2.11 竹类

属禾本科（Gramineae）竹亚科（Bambusoideae），全世界有70余属800多种。我国有40余属400多种，主要分布于秦岭、淮河以南的广大地区，北方则多为栽培种。主要有紫竹（*Phyllostachys heterocycla*）、佛肚竹（*Bambusa ventricosa*）、翠竹（*Pleioblastus pygmaeus*）、凤尾竹（*bambusa glaucescens*）等。

3.1.2.12 棕榈类

包括苏铁科、棕榈科的全部成员，以及与它们形态、生态、习性及园林用途相似的植物。棕榈类植物树姿独特，最能体现热带、亚热带的南国风光。苏铁（*Cycas revoluta*）、槟榔（*Areca catechu*）、棕榈（*Trachycarpus fortnei*）、棕竹（*Rhapis excelsa*）等。

3.1.2.13 蕨类植物

很多种蕨类植物（ferns）可作为室内的观叶植物，如铁线蕨（*Adiantum capillus-veneris*）、肾蕨（*Nephrolepis auriculata*）、鸟巢蕨（*Neottopteris nidus*）、蝙蝠蕨（*Platycerium bifurcatum*）、波斯顿蕨（*Nephrolepis exaltata* cv. *bostoniensis*）等。

3.1.2.14 高山植物

一般生长在海拔1 500 m以上的观赏植物，如高山杜鹃、龙胆、报春等。少数为木本，绝大部分为宿根性喜低温植物。

3.1.3 根据原产地气候型分类

各种植物均有其原产地及一定的分布区，这主要由各种植物对环境的要求与适应性及历史、地理因素所形成。花卉原产地或分布区的环境包括气候、地理、土壤、生物及历史诸方面，其中以气候条件，主要是水分与温度状况起主导作用。

3.1.3.1 中国气候型

又称大陆东岸气候型，本区气候特点是冬季寒冷夏季炎热，雨季多集中在夏季。根据冬季气温的高低又分为温暖型和冷凉型。

（1）温暖型（又称低纬度地区） 包括中国长江以南及日本西南部、北美东南部、巴西南部、大洋洲东部及非洲东南角附近的地区。原产本区的是部分喜温暖的一年生花卉、球根花卉及不耐寒宿根、木本花卉的自然分布中心。主要有原产中国的珙桐（*Davidia involucrata*）、海棠花（*Malus spectabilis*）、扶桑（*Hibiscus rosasinensis*）、石竹（*Dianthus chinensis*）、南天竹（*Nandina domestica*）、百合属（*Lilium*）、报春属（*Primula*）、凤仙属（*Impatiens*）；原产中国和日本的石蒜属（*Lycoris*）、山茶属（*Camellia*）、杜鹃属（*Rhododendron*）；原产巴西南部的矮牵牛（*Petunia hybrida*）、美女樱（*Verbena hybrida*）、半枝莲（*Portulaca grandiflora*）、一串红（*Salvia splendens*）；原产美洲东部的福禄考（*Phlox drummondii*）、天人菊（*Gailladia pulchella*）、马力筋（*Asclepias curassavica*）；原产非洲东部的非洲菊（*Gerbera jamesonii*）、松叶菊（*Lampranthus tenuifolius*）、马蹄莲（*Zantedeschia aethiopica*）、唐菖蒲（*Gladilus hybridus*）；原产美国南部的待草（*Oenothera drummondii*）、银边翠（*Euphorbia marginata*）。

（2）冷凉型（又称冬凉亚型，高纬度地区） 包括中国华北、东北南部及日本东北部、北美洲东北部等地区。本区形成的是耐寒宿根、木本花卉的自然分布中心。如原产中国的紫藤（*Wisteria sinensis*）、丁香（*Syringa* spp.）、含笑（*Michelia figo*）、菊花（*Dendranthema morifolium*）、芍药（*Paeonia lactiflora*）、荷包牡丹（*Dicentra spectabilis*）、落新妇（*Astilbe chinensis*）、翠菊（*Callistephus chinensis*）、二色补血草（*Limonium bicolor*）、大花飞燕草（*Delphinium grandiflorulm*）；北美洲东部原产的荷兰菊（*Aster novibelgii*）、金光菊（*Rudbeckia hybrida*）、花毛茛（*Ranunculus asiaticus*）、假龙头花属（*Physostegia*）、吊钟柳属（*Penstemom*）。

3.1.3.2 欧洲气候型（又称大陆西岸气候型）

本区的气候特点是冬暖夏凉，雨水四季都有。属于这一气候型的地区有欧洲大部、北美洲西海岸中部、南美洲西南角及新西兰南部。本区是较耐寒一二年生花卉及部分宿根花卉的自然分布中心。代表种类有三色堇（*Viola tricolor* var. *hortensis*）、雏菊（*Bellis perennis*）、勿忘我（*Myosotis silvatica*）、香豌豆（*Lathyrus odoratus*）、紫罗兰（*Mattiola incana*）、霞草（*Cypsophila elegans*）、宿根亚麻（*Linum perenne*）、香葵（*Malva moscahata*）、铃兰（*Convallaria majalis*）、毛地黄（*Digitalis purpurea*）、耧斗菜（*Aquilegia vuljaris*）等。

3.1.3.3　地中海式气候型

本区的气候特点是冬不冷，夏不热；夏季少雨，为干燥期。属于这一气候型的地区有地中海沿岸、南非好望角附近，大洋洲东南和西南部、南美洲智利中部、北美洲加利福尼亚等地。本区由于夏季干燥，故形成了夏季休眠的秋球根花卉的自然分布中心。代表种类有水仙属（*Narcissus*）、郁金香（*Tulipa gesneriana*）、风信子（*Hyacinthus orientalis*）、小苍兰（*Freesia refracta*）、网球花（*Haemanthus multiflorus*）、葡萄风信子（*Muscair botrioides*）、银莲花（*Anemone cathayensis*）、金鱼草（*Antirrhinum majus*）、金盏菊（*Calendula officinalis*）、锥花丝石竹（*Gypsophila paniculata*）、紫罗兰（*Matthiola incana*）等。

3.1.3.4　墨西哥气候型（又称热带高原气候型）

本区气候特点是四季如春，温差小，四季有雨或集中于夏季。这一气候型的地区包括墨西哥高原及南美洲安第斯山脉、非洲中部高山区，中国云南等地。本区是不耐寒、喜凉爽的一年生花卉、春植球根花卉及温室花木类的自然分布中心。著名花卉有百日草（*Zinnia elegins*）、波斯菊（*Cosmos bipinnatus*）、万寿菊（*Tagetes erecta*）、旱金莲（*Tropaeolum majus*）、藿香蓟（*Ageratum conyzoides*）、大丽花（*Dahlia pinnata*）、晚香玉（*Polianthes tuberosa*）、球根秋海棠（*Begonia tuberhybrida*）、一品红（*Euphorbia pulcherrima*）、鸡蛋花（*Plumeria rubra*）等。

3.1.3.5　热带气候型

本区特点是周年高温，温差小；雨量丰富，但不均匀。属于本气候型的地区有亚洲、非洲、大洋洲、中美洲及南美洲的热带地区。本区是一年生花卉、温室宿根、春植球根及温室木本花卉的自然分布中心。如鸡冠花（*Celosia cristata*）、彩叶草（*Coleus blumei*）、凤仙花（*Impatiens balsamina*）、茑萝（*Quamoclit pennata*）、紫茉莉（*Mirabilis jalapa*）、长春花（*Catharanthus roseus*）、牵牛花（*Pharbitis indica*）、蟆叶秋海棠（*Begonia rex*）、美人蕉（*Canna indica*）、朱顶红属（*Hippeastrum*）、大岩桐属（*Sinningia*）、竹芋科（Marantaceae）、凤梨科（Bromeliaceae）等。

3.1.3.6　沙漠气候型

本区气候特点为周年少雨。属于本气候型的地区有阿拉伯及非洲、大洋洲和南北美洲等的沙漠地区。是仙人掌及多浆植物的自然分布中心。常见观赏植物有：仙人掌属（*Opontia*）、龙舌兰属（*Agave*）、芦荟属（*Aloe*）、十二卷属（*Haworthia*）、伽兰菜属（*Kalanchoe*）等。

3.1.3.7　寒带气候型

本区气候特点为冬季长而寒冷，夏季短而凉爽，植物生长期短。属于这一气候型的地区包括寒带地区和高山地区，故形成耐寒性植物及高山植物的分布中心。如雪莲花（*Saussurea involucrata*）、细叶百合（*Lilium tenuifolium*）、点地梅属（*Androsace*）、绿绒蒿属（*Meconopsis*）、龙胆属（*Gentiana*）等。

3.1.4 根据植物对环境条件的要求分类

3.1.4.1 水分

植物在旺盛生长期中总是离不开水的，依对水分要求的多少，可将花卉分为：

(1) 水生花卉 水生花卉是园林、水景园观赏植物的重要组成部分。这类花卉种类繁多，但其共性是根的全部或部分必须生活在水中，遇干旱则枯死。水生植物进化过程为：沉水植物→浮水植物→挺水植物→陆生植物。根据水生植物生活方式与形态的不同，可分为挺水型、浮叶型、漂浮型和沉水型。挺水型的根或根状茎生于泥中，植株茎、叶和花高挺出水面，如荷花（*Nelumbo nucifera*）、中华水韭（*Isoetes sinensis*）、千屈菜（*Lythrum salicaria*）等；浮叶型的根或根状茎生于泥中，茎细弱不能直立，叶片漂浮在水面上，如王莲（*Victoria amazornica*）、睡莲（*Nymphaea tetragona*）、芡实（*Euryale ferox*）等；漂浮型的根悬浮在水中，植株漂浮于水面上，随着水流、波浪四处漂泊，如凤眼莲（*Eichhornia crassipes*）、荇菜（*Nymphoides peltatum*）等；沉水型整株沉于水中，无根或根系不发达，通气组织特别发达，利于在水中进行气体交换，如金鱼藻（*Ceralophyllum demersum*）、苦草（*Vallismeria apiralis*）等。

(2) 湿生花卉 湿生花卉近于挺水生花卉。根部生于潮湿或积有浅水的沼泽中，地上部均生于空气中。不能适于深水淹埋，也不能生长在干旱的土壤中。如马蹄莲（*Zantedeschia aethiopica*）、菖蒲（*Acorus calamus*）、花叶万年青（*Dieffenbachia maculata*）、泽泻（*Alisma orientale*）、水生美人蕉（*Canna glauca*）等。

(3) 中生花卉 中生花卉是生长于适当湿润、既不干旱也不积水的土壤中。既不耐干旱也不耐水淹。大部分花卉属于此类。

(4) 旱生花卉 旱生花卉是适应干旱环境的花卉。它们有很强的抗旱能力，能较长期忍耐干旱，只要很少的水分便能维持生命或进行生长。如柽柳（*Tamarix chinensis*）、醉鱼草（*Buddleia lindleyana*）、沙葱（*Allium mongolicum*）、仙人掌类及许多肉质多浆花卉。

3.1.4.2 根据植物对温度的要求分类

(1) 耐寒花卉 耐寒花卉多原产于高纬度地区或高海拔地区，耐寒而不耐热，冬季能忍受 -10℃或更低的气温而不受害。在我国西北、华北及东北南部能露地安全越冬。如榆叶梅（*Prunus triloba*）、牡丹（*Paeonia suffruticosa*）、丁香属（*Syringa*）、锦带花（*Weigela florida*）、珍珠梅（*Sorbaria kirilowii*）、黄刺梅（*Rosa xanthina*）、贝母（*Fritillaria thunbergii*）、芍药（*Paeonia lactiflora*）、荷包牡丹（*Dicentra spectabilis*）、雪莲花（*Saussurea involucrata*）、龙胆（*Gentiana scabra*）、荷兰菊（*Aster novibelgii*）、桂竹香（*Cheiranathus cheiri*）等。

(2) 喜凉花卉 喜凉花卉在冷凉气候下生长良好，稍耐寒而不耐严寒，但也不耐高温。一般在 -5℃左右不受冻害。在我国江淮区域及北部的偏南地区能露地越冬。如梅花（*Prunus mume*）、桃（*Prunus persica*）、腊梅（*Chimonanthus praecox*）、菊花（*Dendranthema morifolium*）、紫罗兰（*Matthiola incana*）、萱草（*Hemerocallis fulva*）、三色堇（*Viola tricolor*）、雏菊（*Bellis perennis*）、落新妇（*Astilbe chinensis*）等。

(3) 中温花卉 中温花卉一般耐轻微短期霜冻，我国在长江流域以南大部分地区能露地越冬。如苏铁（*Cycas revoluta*）、山茶花（*Camellia japanica*）、桂花（*Osmanthus fragrans*）、栀子花（*Gardenia jasminoides*）、含笑（*Michelia figo*）、杜鹃花（*Rhododendron* spp.）、金鱼草（*Antirrhinum majus*）、报春花（*Primula* spp.）等。

(4) 喜温花卉 性喜温暖而绝不耐霜冻。一经霜冻，轻则枝叶坏死，重则全株死亡。一般在5℃以上安全越冬，我国长江流域以南部分地区及华南能安全越冬。如茉莉花（*Jasminum sambac*）、鸡蛋花（*Plumeria rubra* var. *acutifolia*）、叶子花（*Bougainvillea glabra*）、白兰花（*Michelia alba*）、嘉兰（*Glorisa superba*）、含羞草（*Mimosa pudica*）、瓜叶菊（*Cineraria cruenta*）、非洲菊（*Gerbera jamesonii*）、蒲包花（*Calceolaria herbeohybrida*）等。

(5) 耐热花卉 耐热花卉多原产于热带或亚热带。喜温暖而能耐40℃或以上的高温，但极不耐寒，在10℃甚至15℃以下便不能适应。我国福建、广东、广西、海南、台湾大部分地区及西南少数民族地区能露地安全越冬。如番木瓜（*Carica papaya*）、红桑（*Acalypha wilkesiana*）、米兰（*Aglaia odarata*）、扶桑（*Hibiscus rosasinensis*）、变叶木（*Codiaeum variegatum*）、竹芋（*Maranta arundinacea*）、芭蕉属（*Musa*）、凤梨科（Bromeliaceae）、仙人掌科（Cactaceae）、天南星科（Aracease）等。

3.1.4.3 根据植物对光强的要求分类

光强：根据植物对光强的要求分为喜光、耐阴和喜阴3类。

(1) 喜光花卉或称阳生花卉 只有在全光照下才能生长发育良好并正常开花结实。光照不足常使节间伸长、生长不良、不开花、少开花或不正常结实。如山楂（*Crataegus pinnatafida*）、贴梗海棠（*Chaenorneles lagenaria*）、茉莉花（*Jasminum sambac*）、一品红（*Euphorbia pulcherrima*）、唐菖蒲（*Gladilus hybridus*）、麦秆菊（*Helichrysum bracteatum*）、荷花（*Nelumbo nucifera*）、半枝莲（*Portulaca grandiflora*）、仙人掌科（Cactaceae）及许多旱生、沙生、多浆花卉等。

(2) 耐阴花卉或称中生花卉 在充足光照下生长良好，但能忍耐不同程度的荫蔽。大部分花卉属这一类型，但耐阴的程度各不相同。如广东万年青（*Aglaonema modestum*）、龟背竹（*Monstera deliciosa*）、袖珍椰子（*Collinia elegans*）、桃叶珊瑚（*Aucuba japonica*）、山茶花（*Camellllia japonica*）、米兰（*Agiaia odorata*）、桂花（*Odmanthus fragrans*）、杜鹃花（*Rhododendron simsii*）、腊梅（*Chimonanthus praecox*）、夜合花（*Magnolia coco*）、南天竹（*Nandina domestica*）、含笑（*Michelia figo*）、玉簪（*Hosta plantaginea*）、天竺葵属（*Pelargonium*）等。

(3) 喜阴花卉或称阴生花卉 只有在一定的荫蔽环境下才能生长良好，适于在散射光下生长。直射的强光，尤其在夏季，将造成灼伤、叶片变黄、生长受阻甚至死亡。如魔芋（*Amorphophallus rivieri*）、蕨类、虎耳草属（*Sasifraga*）、蜘蛛抱蛋属（*Aspidistra*）、玉簪属（*Hosta*）、秋海棠属（*Begonia*）、常春藤属（*Hedera*）等。

3.1.4.4 光周期

根据植物对光周期的要求分为3类：

(1) 短日性花卉 日长等于或短于临界日长条件下开花或促进开花的观赏植物。如叶子花（*Bougainvillea spectabilis*）、一品红（*Euphorbia pulzherrium*）、蟹爪莲（*Schlumbergera truncatus*）、菊花（*Dendranthema morifolium*）、波斯菊（*Cosmos bipinnatus*）等。

（2）长日性花卉　与短日性花卉相反，日长等于或长于临界日长条件下开花或促进开花的观赏植物。例如，八仙花（*Hydrangea macrophyua*）、唐菖蒲（*Gladiolus gandavensis*）、香豌豆（*Lathyrus odoratus*）、紫茉莉（*Mirabilis jalapa*）、桂竹香（*Cheiranathus cheiri*）、香雪球（*Lobularia maritima*）等。

（3）日中性花卉　这一类花卉，花芽的分化和发育不受日照长短的影响。只要其他条件合适，生长到一定时期便能开花，有些花卉甚至能周年不断开花。例如，月季花（*Rose chinensis*）、茉莉花（*Jasminum sambac*）、扶桑（*Hibiscus rosasinensis*）、仙客来（*Cyclamen persicum*）、香石竹（*Dianthus caryophyllus*）、矮牵牛（*Pepunia hybrida*）等。

3.1.5 根据主要观赏部位分类

（1）观花类　花色、花形、花香等表现突出。如珙桐（*Davidia involucrata*）、玉兰（*Magnolia denudata*）、桂花（*Osmanthus fragrans*）、梅花（*Prunus mume*）、月季花（*Rose chinensis*）、牡丹（*Paeonia suffruticosa*）、黄禅（*Allamanda neriifolia*）、蝴蝶荚蒾（*Viburnum plicatum* f. *tomentosum*）、垂花火鸟焦（*Heliconia rostrata*）、地涌金莲（*Musella lasiocarpa*）、玫瑰茄（*Hibiscus sabdariffa*）、吊灯花（*Hibiscus schizopetalus*）、悬铃花（*Malvaviscus arboreus*）、水仙（*Narcissus* spp.）、三色堇（*Viola tricolor* var. *hortensis*）等。

（2）观果类　果实显著、挂果丰满宿存时间长。南天竹（*Nandina domestica*）、佛手（*Citrus medica* var. *sarcodactylis*）、金柑（*Fortunella margarita*）、石榴（*Punica granatum*）、冬珊瑚（*Solanum pseudo-cupsicum*）、朱砂根（*Ardisia crenata*）、五色椒（*Capsicum annuum*）、乌柿（*Diospyros cathayensis*）、余甘子（*Phyllanthus emblica*）等。

（3）观叶类　叶色、叶形或叶的大小、着生方式等独特。如银杏（*Ginkgo biloba*）、火炬树（*Rhus typhina*）、黄栌（*Cotinus coggyuria*）、乌柏（*Sapium sebiferum*）、异叶南洋杉（*Araucaria heterophylla*）、红桑（*Acalypha wikesiana*）、山麻杆（*Al chornea davidii*）、变叶木（*Codiaeum variegatum*）、彩叶芋（*Daladium bicolor*）、龟背竹（*Monstera deliciosa*）、肖竹芋属（*Calathea*）、竹芋属（*Maranta*）、草胡椒属（*Peperomia*）及其他一些观叶植物。

（4）赏枝干类　枝、干有独特的风姿或有奇特的色泽、附属物等。如白皮松（*Pinus bungeana*）、红瑞木（*Cornus alba*）、紫茎（*Stewartia sinensis*）、柽柳（*Tamarix chinensis*）、光棍树（*Euphorbia tirucalli*）、竹节寥（*Homalocladium latycladium*）、红雀珊瑚（*Pedilanthus tithymaloides*）、仙人掌类及天门冬属（*Asparagus* spp.）植物。

（5）赏根类　榕树（*Ficus microcapa*）、银叶树（*Heritiera littoralis*）、红叶露兜树（*Pandanus utilis*）、斑叶露兜树（*Pandanus veitchii*）等。

（6）赏株型类　雪松（*Cedrus deodara*）、龙柏（*Sabina chinensis* 'Kaizuca'）、酒瓶椰子（*Hyophorbe lagenicaulis*）、金刚纂（*Euphorbia antiquorum*）、玉树珊瑚或佛肚树（*latropha podogrica*）等。

另外，还有根据栽培方式进行分类的。如温室观赏植物与露地观赏植物，盆栽与地栽等。

3.2 观赏植物的起源与品种演化

观赏植物的起源与品种演化本质上就是植物的系统发育。所谓品种，是指经人工选育而形成的种性基本一致，遗传性比较稳定，具有人类需要的某些观赏性状或经济性状，作特殊生产资料用的栽培植物群体。植物的系统发育（phylogeny）是指某一个植物类群形成和发展的过程。系统发育包括两个基本过程：即起源和发展。起源是从无到有的过程；发展是从少到多、从简单到复杂的过程。观赏植物的系统发育是在植物系统发育的基础上进行的，不仅要遵从突变、自然选择、遗传进化的自然规律，还要接受人类活动的干预和栽培环境的影响。因此，观赏植物的系统发育也包括两个基本过程：即栽培起源和品种演化。栽培起源是指观赏植物从野生状态到人工栽培的过程；品种演化则是指某一属、种、变种、变型观赏植物，在人工选择条件下，从少到多、从简单到复杂向符合人类观赏、应用方向发展的过程。在这一过程中，品种不断产生，不断被淘汰，只有优良品种才能被稳定地利用与保留。

3.2.1 栽培植物的起源中心

观赏植物是栽培植物的一大类群，绝大多数原产于栽培植物的起源中心（centers of origin）。瑞士德堪道尔（De Candolle）被公认为是最早研究栽培植物起源的植物学家。他在1882年写成的《栽培植物起源》一书中，将世界栽培植物起源划定为3大区：即西南亚、中国、热带美洲。

前苏联瓦维洛夫（N. I. Vavilov）经过广泛考察，于1926年将世界栽培植物起源中心分为8大区：即中国、印度、中亚、近东、地中海、埃塞俄比亚、墨西哥和中美洲、南美洲。他还提出了栽培植物的原始起源中心和次生起源中心的概念。前者是指某个种或变种的原产地，一般是该种天然的遗传多样性中心或分布中心；后者是指经过引种、杂交、选育而形成的中心产区，一般是品种改良的中心。如现代月季的原始起源中心是中国，而次生起源中心转移到欧洲，即所谓："中国原料，欧洲制造。"

前苏联学者茹考夫斯基（P. M. Zhukovsky）1970年发表了《育种的世界植物基因资源》，对瓦维洛夫学说做了补充，增加了澳大利亚、亚洲、欧洲——西伯利亚、北美洲4个中心，形成了12个栽培植物起源中心。但每一位研究者，都将中国列为最重要的栽培植物起源中心（表3-2-1），由此可见拥有5 000年文明史的中华民族，对世界农业和农耕文化做出的巨大贡献。起源于中国的观赏植物涉及113科523属，达数千种之多，主要有梅花、桃花、茶梅、牡丹、菊花、百合、荷花等。尤其是既有观赏价值又有经济价值的果树和经济作物许多是原产于我国。

表 3-2-1 栽培植物的起源中心对照表

序　号	德堪道尔	瓦维洛夫	茹考夫斯基	观赏植物起源中心
1	中国	中国	中国	中国
2	西南亚	近东	近东	西亚
3		印度	印度	
4		中亚	中亚	
5		地中海	地中海	
6		埃塞俄比亚	埃塞俄比亚	
7	热带美洲	墨西哥和中美洲	墨西哥和中美洲	中南美洲
8		南美洲	南美洲	
9			澳大利亚	
10			亚洲	
11			欧洲——西伯利亚	
12			北美洲	

泽文（A. C. Zenven）与茹考夫斯基 1975 年合著《栽培植物及其分布中心词典》，论述了 167 科 2 297 种栽培植物的起源问题。另外，Simmonds 等 1976 年编著《栽培植物的演化》一书，介绍了重要作物的起源与演化途径。

3.2.2 观赏植物的起源中心

观赏植物的栽培起源也遵从栽培植物起源的一般规律。但由于观赏植物在生产目标和使用价值等方面具有特殊性，因而也有其自身的栽培起源规律。事实上，前述各个起源中心对纯粹的观赏植物涉及很少。我国南京中山植物园张宇和认为观赏植物有如下 3 个起源中心。

3.2.2.1 中国中心

中国是世界上野生植物种类最丰富的国家之一，又具有 5 000 年以上的文明历史，对观赏植物的引种驯化、繁殖栽培、杂交选育由来已久。起源于中国的观赏植物包括梅花、牡丹、芍药、菊花、兰花、月季、玫瑰、杜鹃花、山茶花、荷花、桂花、腊梅、扶桑、海棠花、紫薇、木兰、丁香、萱草等。中国中心经过唐、宋的发展达到鼎盛。从明、清开始，观赏植物的起源中心逐渐向日本、欧洲和美国转移，形成了日本次生中心。

3.2.2.2 西亚中心

西亚是古代巴比伦文明和世界三大宗教的发祥地，起源于此的观赏植物有郁金香、仙客来、秋水仙、风信子、水仙、鸢尾、金鱼草、金盏菊、瓜叶菊、紫罗兰等。西亚中心经过希腊、罗马的发展，逐渐形成了欧洲次生中心，是欧洲花卉发展的肇始。美国也是欧洲次生中心的一部分。

3.2.2.3 中南美中心

当地古老的玛雅文化，孕育了许多草本花卉，如孤挺花、大丽花、万寿菊、百日草等。与中国中心和西亚中心不同的是，中南美中心至今没有得到足够的发展。

众所周知，从19世纪中叶到20世纪40年代，中国一直是欧洲、美国等发达国家进行植物采集与开发的重要宝库。从20世纪后半叶开始至今，世界花卉资源开发的重点逐步转移到澳大利亚和南非。如原产南非的非洲菊、唐菖蒲、马蹄莲、君子兰等，原产澳大利亚的麦秆菊、红千层、大米花、蜡花等，均成为世界花卉的重要种类。随着人们对新、奇、特花卉种类和品种的不断追求，南非和澳大利亚有可能成为新兴的观赏植物起源中心。

3.2.3 观赏植物的起源途径

探讨观赏植物的起源，必须考虑起源中心（地点）、起源时间和起源途径这3方面的问题。其中的起源中心和起源时间问题是考古发掘、栽培历史、花卉文化研究的内容，而起源途径是本章要讨论的问题。观赏植物的起源途径，与植物类群的发展类似，其特殊之处是受到了人为活动的深刻影响。从观赏植物各种繁殖方式所蕴藏的可遗传的变异来源和原材料的亲缘关系，可以将观赏植物的起源途径归纳为以下几类（表3－2－2），但针对某一种观赏植物而言，往往是以下几种起源途径的综合。

表3－2－2 观赏植物的起源途径

繁殖方式	扦插	嫁接	播种	
变异来源	基因突变	体细胞融合	基因重组	染色体变异
种内	芽变		种内杂种	同源多倍体
种间		嫁接杂种	种间杂种（远缘杂种）	异源多倍体
属间				

3.2.3.1 芽变（sport）

由于观赏植物多为异花授粉和杂种起源，基因的杂合性很强，容易发生芽变，如月季、菊花、香石竹、美人蕉、大丽花等杂种起源的花卉的芽变品种非常丰富。然而，即使在一个种内，也能发生芽变。如中国水仙花，本是法国水仙引入中国后形成的一个变种，现在已形成两个品种，其中单瓣的称为‘金盏银台’，重瓣的称为‘玉玲珑’。因为法国水仙是单瓣的，所以‘金盏银台’应该是原变种，而‘玉玲珑’可能是其芽变品种，这是变种内通过芽变形成的品种。种内的重瓣芽变品种还有榆叶梅与重瓣榆叶梅、重瓣棣棠与单瓣棣棠、缫丝花与重瓣缫丝花、黄刺玫与重瓣黄刺玫、卷丹与重瓣卷丹等。种内的芽变除了重瓣变异之外，还有很多类型，曲枝变异如龙爪柳、龙桑、龙枣等；垂枝变异如龙爪槐、垂枝云杉、垂枝樱花、垂枝梅等；花叶变异如桃叶珊瑚、金边黄杨、金边龙舌兰、金边瑞香等，彩叶变异如金叶女贞、红叶黄栌、紫叶李等。

3.2.3.2 嫁接杂种（grafting hybrid）

嫁接杂种多发生在种间或属间；如果是种内嫁接繁殖，出现嫁接杂种的可能性不大。著名的属间嫁接杂种如亚当雀链花（*Laburnocytisus adami*），即由法国亚当将紫金雀花（*Cytisus purpurens*）嫁接在金链花（*Laburnum anagyroides*）上产生的一种周缘嵌合体。其中LⅠ层属紫金雀花，LⅡ，LⅢ是金链花。嫁接杂种多形成嵌合体，一般很难发生基因融合，只能靠营养繁殖的方式保存。观赏植物中的嫁接杂种较多地发生在仙人掌科等多浆植物中。

3.2.3.3 种内杂种（intraspecific hybrid）

种内杂种是指在同一个种的不同变种或不同品种之间通过有性杂交形成的杂交种。仅仅通过种内杂交而形成新品种的观赏植物并不多，比较重要的例子是日本广泛栽培的花菖蒲（*Iris ensata* var. *hottensis*），目前有300多个品种，均为种内杂交选育而成。广受欢迎的郁金香（*Tulipa gesneriana*）也可能是单种起源的。大多数郁金香属野生植物具有黄色花心，栽培郁金香均具有白色花心，但不能与白色花心的野生种杂交，据此推断栽培郁金香可能是具黄色花心的野生种在栽培条件下的白色花心突变，然后通过种内杂交，形成了如此丰富的品种。另外，自花授粉的香豌豆、凤仙花也以种内杂交为主，形成了比较丰富的品种。

3.2.3.4 远缘杂种（interspecific hybrid）

包括种间杂种、属间远缘杂种（distant hybrid），是观赏植物起源的主要途径。如现代月季是由14~15种蔷薇属原种多次、复合杂交而形成的；菊花可能是毛华菊与野菊的种间杂种，再与紫花野菊、菊花脑等多次杂交、选育而来的；兰科花卉中的属间杂交品种非常普遍，百合是由多个百合属原种杂交形成的杂种系；矮牵牛也是由腋花矮牵牛与整叶矮牵牛种间杂交形成的。观赏树木中的杂种鹅掌楸是由马褂木与北美鹅掌楸杂交而来的。

3.2.3.5 同源多倍体（homologous polyploid）

同源多倍体是指某一种植物染色体加倍而形成的多倍体，这在观赏植物中比较常见。如郁金香（$2n=24$）的三倍体品种‘夏美’（$3n=36$），风信子（$2n=16$）的三倍体品种‘大眉翠’（$3n=24$），藏报春（$2n=24$）的巨型类群（$4n=48$）等，均为同源多倍体起源。

3.2.3.6 异源多倍体（allopolyploid）

一般是先进行种间杂交，再进行染色体加倍，形成可育的异源多倍体。显然，这是观赏植物起源的主要方式。如月季$n=7$，有$2n$，$3n$，$4n$，$5n$，$6n$，$8n$等多倍体系列，菊花$n=9$，有$2n$，$3n$，$4n$，$5n$，$6n$，$7n$，$8n$等多倍体系列，唐菖蒲$n=15$，有$2n$，$3n$，$4n$，$5n$，$6n$等多倍体系列。山茶花$n=15$，有$2n$，$3n$，$4n$，$5n$，$6n$，$7n$，$8n$等多倍体系列。

3.2.4 观赏植物的品种演化

在自然状态下，植物遵循一定的演化规律，由低级向高级进化。目前被子植物是进化最完善的类群，表现在乔灌草具全，多年生、一年生、短命植物均有。已知的被子植物有20多万种，占植物界一半以上，这与其结构的复杂性、广泛的适应性以及特殊的生殖机构有关。观赏植物绝大多数是被子植物，但也有裸子植物和蕨类植物，目前还有向苔藓植物扩展的迹象。可见观赏植物涉及系统演化程度极不相同的植物类群，并且由于人们的猎奇心理以及对于观赏植物的审美与评价标准存在着地域、民族、文化和时代的差异，使得观赏植物的品种演化与植物的自然进化方向并不完全一致。对照被子植物自然演化规律（表3－2－3），可以发现观赏植物的品种演化在诸多方面与植物自然演化方向一致，但是在观赏植物品种选育过程中，人们对植株或枝条形态、叶片的常绿性、叶片颜色、花序类型、开花整齐度、花被类型、花瓣数量、花朵大小、胚珠数量、果实大小、结实性与种子生产能力等性状的选择往往与植物的自然演化方向不一致，甚至在一定程度上人为地保留和创造了一些与植物进化相违背的畸形、反祖、病态甚至致死的劣变类型。另外人们还在不断地利用外来基因，创造种间、属间、科间、乃至生物界（包括动物、植物、微生物3个界）间的杂种，使得观赏植物具有种类繁多、千姿百态、嫣紫姹红、花样翻新的特点，成为植物界中进化或演化最为活跃的领域。

表3－2－3 被子植物形态结构的演化规律

（引自：郑湘如，王丽．植物学．中国农业大学出版社，2001）

	初生的、原始的性状	次生的、较进化的性状
茎	1. 木本	1. 草本
	2. 直立	2. 缠绕
	3. 无导管只有管胞	3. 有导管
	4. 具环纹、螺纹导管	4. 具网纹、孔纹导管
叶	5. 常绿	5. 落叶
	6. 单叶全缘	6. 叶形复杂化
	7. 互生（螺旋状排列）	7. 对生或轮生
花	8. 花单生	8. 花形成花序
	9. 有限花序	9. 无限花序
	10. 两性花	10. 单性花
	11. 雌雄同株	11. 雌雄异株
	12. 花部呈螺旋状排列	12. 花部呈轮状排列
	13. 花托凸起	13. 花托平或下凹
	14. 花的各部多数	14. 花的各部分数目不多，有定数（3，4或5）
	15. 花被同形，不分化为萼片和花被	15. 花被分化为萼片和花瓣，或退化为单被或无花被
	16. 花部离生（离瓣花、离生雄蕊、离生心皮）	16. 花部合生（合瓣花、具各种形式结合的雄蕊、合生心皮）
	17. 整齐花	17. 不整齐花
	18. 子房上位	18. 子房下位
	19. 花粉粒具单沟	19. 花粉粒具3沟或多孔
	20. 胚珠多数	20. 胚珠少数
	21. 边缘胎座、中轴胎座	21. 侧膜胎座
果实	22. 单果、聚合果	22. 聚花果
	23. 真果	23. 假果
种子	24. 种子有发育的胚乳	24. 无胚乳，种子萌发所需的营养物质贮藏在子叶中
	25. 胚小，直伸，子叶2	25. 胚弯曲或蜷曲，子叶1
生活型	26. 多年生	26. 一年生
	27. 绿色自养植物	27. 寄生、腐生植物

经过长期的人工栽培和品种选育，观赏植物已经在形态特征和生态习性等方面表现出非常丰富的多样性，而且各种观赏植物的品种演化的方向也不尽相同。但是如果从株型、枝姿、叶色、花型、花色、花径、花期等方面来考察观赏植物品种的演化过程，可以发现一些品种演化的线索或普遍规律。这些规律表现如下。

3.2.4.1 株型

观赏植物株型的演化主要是主干矮化、树冠圆形或柱形。

3.2.4.2 枝姿

枝条的伸展方向一般是直立或斜上，演化的方向是从斜上到平伸、再从平伸到下垂。枝条的形状一般是直枝的，从直枝演化为曲枝，即龙游形。

3.2.4.3 叶色

从绿色向紫色，从单色向复色演化。

3.2.4.4 花型

从单瓣、复瓣（半重瓣）、重瓣，到高度重瓣，从单花到台阁花。

3.2.4.5 花色

一般是从该种野生种的颜色向其他颜色演化；再从单色向复色、嵌合色演化。

3.2.4.6 花径

从中花向大花或小花两个不同的方向演化。

3.2.4.7 花期

从一季开花，向两季开花、四季开花演化。

3.3 主要观赏植物的起源与演化

观赏植物种类繁多，在此仅以梅花、牡丹、月季、菊花、大丽花、唐菖蒲为例，说明观赏植物起源与演化的基本情况。

3.3.1 梅花

梅花（*Prunus mume*）是我国传统名花，共有300多个品种，分为3系5类16型。我国南方17省、区均有野生梅树（种或变种）的分布，再加上丰富的梅（含花梅与果梅）品种，因而，中国是国际公认的梅（含果梅）起源中心。与梅亲缘关系最近的是杏，梅可能是古代杏南迁的一个分支，随后又渗入了李、桃的种质。梅与杏杂交形成了杏梅系，梅与樱李杂交形成了樱李梅系。梅的起源如图 3－3－1 所示。

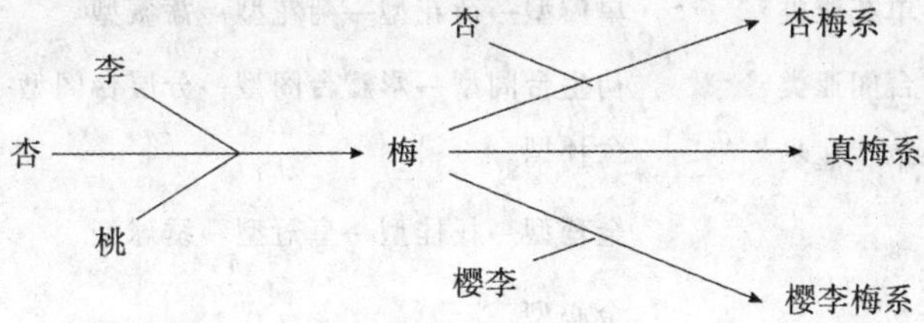

图 3－3－1　梅起源示意图

梅花品种在枝姿、花型、花色、萼色等方面表现了丰富的遗传多样性，也有一定的演化规律。梅花的枝姿以直枝为基础，向垂枝或龙游两个方向演化。梅花的花型从单瓣，经复瓣，到重瓣，再到台阁花。梅花的花色主要是从白色，经粉红、红，到紫红，再到撒金，同时也有从白色到黄色的演化。梅花的萼色可能是从绿色，经绛紫色，到酱紫色演化。

3.3.2　牡丹

牡丹（*Paeonia suffruticosa*）也是我国的传统名花，现有品种 800 多个，分为中原牡丹品种群、西北牡丹品种群、延安牡丹品种群、江南牡丹品种群、保康牡丹品种群、天彭牡丹品种群。我国原产芍药科芍药属牡丹组全部的 9 个种。上述牡丹品种群与野生种的起源关系如图 3－3－2 所示。可见我国牡丹品种主要是从革质花盘亚组的四五个种起源的，肉质花盘亚组的紫牡丹、狭叶牡丹、黄牡丹、大花黄牡丹尚未利用。这就是中国牡丹较少黄色品种的原因，也是我国牡丹育种的方向之一。

牡丹的花型比较丰富，有 16 个花型。根据组成花型的花朵数分为单花类和台阁类，根据重瓣化的途径又分为千层类和楼子类。其中由花瓣自然增加积累起源的重瓣花称为千层类，而由雌雄蕊瓣化形成的重瓣花称为楼子类。这 4 类花型彼此交叉，形成了 4 个亚类（表 3－3－1）。各个花型之间仍然服从从单瓣到重瓣、从简单到复杂的演化规律。

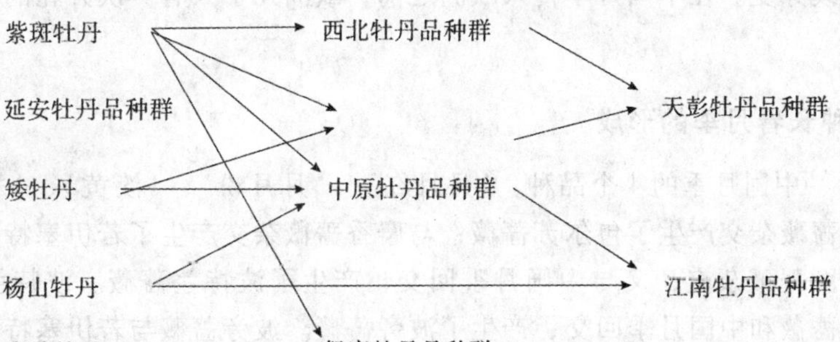

图 3－3－2　牡丹品种群起源示意图

表 3-3-1 牡丹花型演化一览表

类	亚类	型
千层类	千层单花亚类	单瓣型→荷花型→菊花型→蔷薇型
	千层台阁亚类	初生台阁型→彩瓣台阁型→分层台阁型→绣球台阁型
楼子类	楼子单花亚类	金环型↘ 金蕊型→托桂型→皇冠型→绣球型 金心型↗
	楼子台阁亚类	楼子台阁型

3.3.3 月季

月季（*Rosa* cvs.）的栽培历史很悠久，中国、埃及、巴比伦、希腊、罗马等国家在公元前即有栽培，但现代月季是200多年前才起源的。月季是由十四五个蔷薇属原种经多次、复合杂交而成的，其种源组成和杂交过程很复杂，但也比较清楚，可分阶段、分类型简述如下（图3-3-3）。

3.3.3.1 中国月季的演化

中国月季包括月季花和香水月季两类。月季花在我国有悠久的栽培历史，形成了许多古老品种，如‘月月红’、‘月月粉’、‘小月季花’、‘绿月季花’、‘变色月季花’等。中国月季的演化由一季开花的巨花蔷薇和四季开花的月季花杂交产生了四季开花的香水月季，也有许多古老品种，如‘粉红’、‘橙黄’、‘淡黄香’、‘彩晕’等。中国月季四季开花等性状已超过了欧洲蔷薇的演化水平，为现代月季的形成做出了重大贡献。

3.3.3.2 欧洲蔷薇的演化

欧洲的法国蔷薇、狗蔷薇等演化出了突厥蔷薇、百叶蔷薇、白蔷薇等。其中突厥蔷薇产生了秋花突厥蔷薇的芽变，具有不稳定的二次开花习性。百叶蔷薇产生了绿苔蔷薇及其单瓣莫塞蔷薇的连续芽变。在中国月季传入欧洲之前，欧洲几乎只有一次开花的蔷薇，而且花色单调。

3.3.3.3 杂种长春月季的形成

1768年后，中国月季的4个品种：‘月月红’、‘月月粉’、‘淡黄’、‘彩晕’先后传入欧洲，与高山蔷薇杂交产生了包尔苏蔷薇；与麝香蔷薇杂交产生了若伊塞特蔷薇。若伊塞特蔷薇与秋花突厥蔷薇杂交，又与中国月季回交，产生了波特兰蔷薇。波特兰蔷薇与麝香蔷薇、秋花突厥蔷薇和中国月季回交，产生了波旁蔷薇。波旁蔷薇与若伊塞特蔷薇和中国月季杂交，产生了香水蔷薇。约1837年，法国Laffay将中国月季与波特兰蔷薇、波旁蔷薇杂交，最后产生了生长强壮、植株高大、花朵芳香、一年能开两次花的杂种长春月季。单瓣莫塞蔷薇与杂种长春月季、香水蔷薇和中国月季杂交产生杂种莫塞蔷薇。

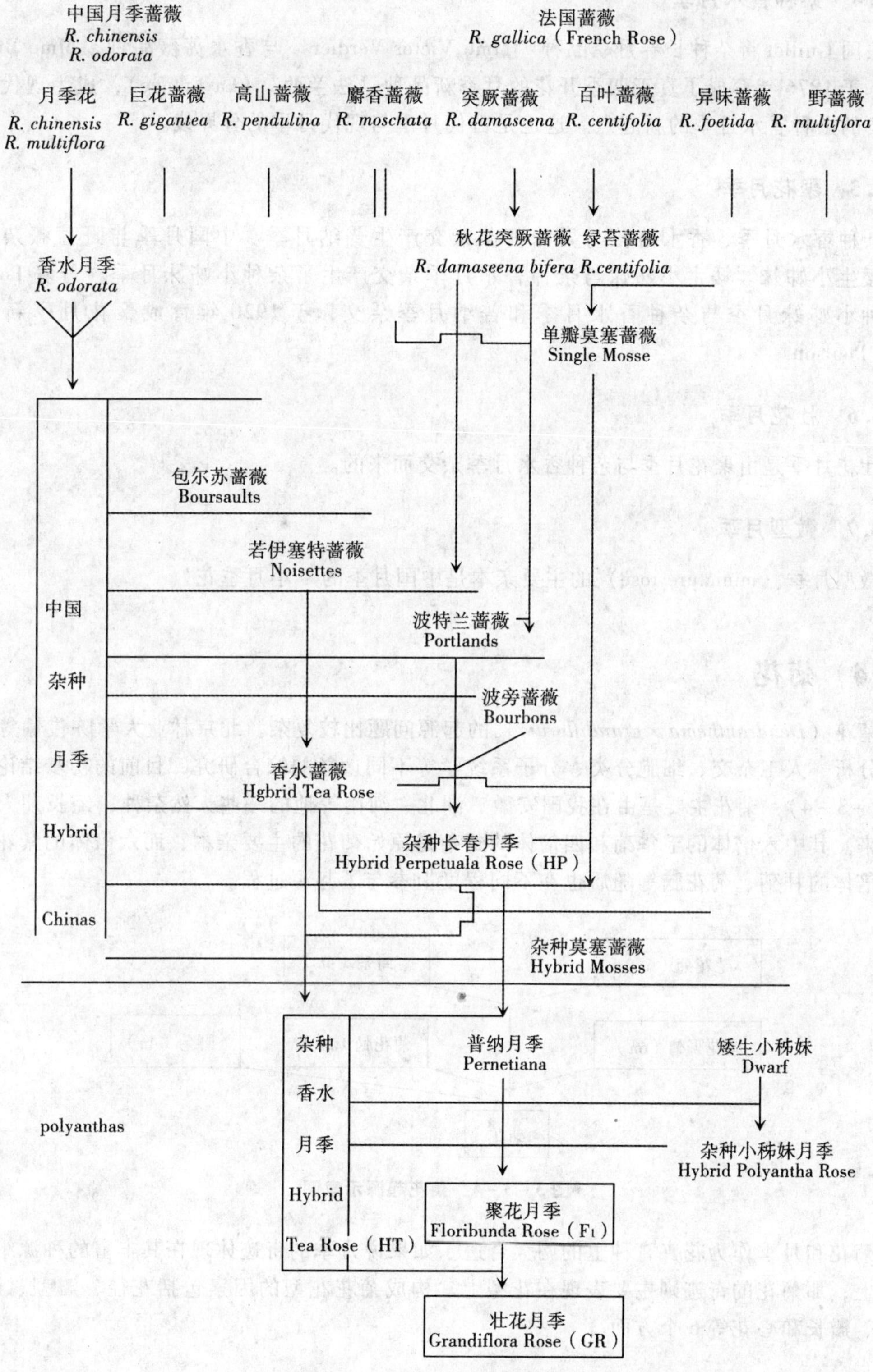

图 3－3－3　现代月季起源示意图

3.3.3.4 杂种香水月季

法国 Guillot 将杂种长春月季品种‘Mme Victor Verdier’与香水蔷薇品种‘Mme Bravy’杂交，于 1876 年育成了真正四季开花的月季新品种‘法兰西’（La France），成为现代月季最重要的杂种香水月季的新起点。这也是古代月季与现代月季的分界线。

3.3.3.5 聚花月季

杂种香水月季、香水蔷薇与异味蔷薇杂交产生普纳月季。中国月季与野蔷薇杂交产生了矮生小姊妹。矮生小姊妹与杂种香水月季杂交产生了杂种小姊妹月季。丹麦 Poulson 用杂种小姊妹月季与杂种香水月季和普纳月季杂交，于 1920 年育成聚花月季新品种‘Else Poulson’。

3.3.3.6 壮花月季

壮花月季是由聚花月季与杂种香水月季杂交而来的。

3.3.3.7 微型月季

微型月季（miniature rose）的主要亲本是中国月季的‘小月季花’。

3.3.4 菊花

菊花（*Dendranthema × grandiflorum*）的起源问题比较复杂。北京林业大学陈俊愉等通过形态分析、人工杂交、细胞分类、分子系统学等不同途径的综合研究，目前的初步结论如下（图 3－3－4）：菊花主要是由在我国安徽、湖北、河南等地的一些天然杂种，经长期人工选育而来。其中六倍体的毛华菊和四倍体的野菊是原始菊花的主要亲本，而六倍体的紫花野菊和二倍体的甘菊、菊花脑等随后也在不同程度上参与了起源过程。

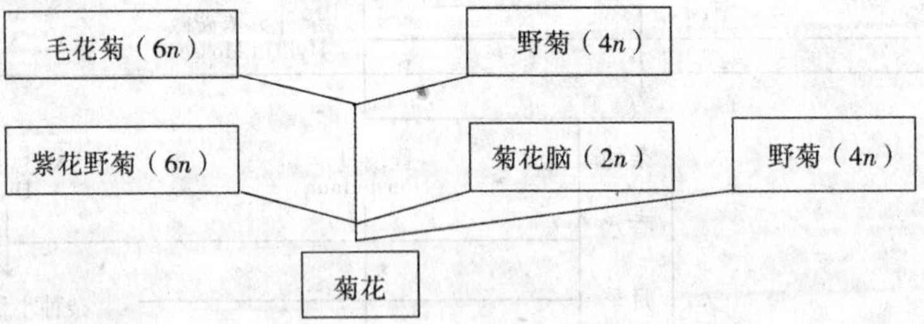

图 3－3－4 菊花起源示意图

菊花和月季作为花卉育种上的两大奇迹。如果说月季的奇迹体现在其丰富的种源组成和花色上，那菊花的奇迹则主要表现在花型上。构成菊花花型的因素包括花径、瓣型、瓣数、瓣姿、瓣长和心花等 6 个方面。

3.3.4.1　花径

菊花中花径小于6 cm的为小菊，花径大于6 cm的为大菊。小菊的染色体多为$4n \sim 5n = 36 \sim 45$，大菊的染色体多为$5n \sim 9n = 45 \sim 81$。花径的演化方向是从小菊到大菊演化。

3.3.4.2　瓣型

菊花的瓣型主要分为平瓣、匙瓣、管瓣，还有心花变化而来的托桂瓣。其中舌状花基部1/5～4/5闭合成管状的称匙瓣，小于1/5为平瓣，大于4/5为管瓣。舌状花的演化途径是平瓣→匙瓣→管瓣；筒状花的演化趋势是筒状花→花筒伸长→花冠开裂、起伏→托桂瓣。

3.3.4.3　瓣数

菊花的瓣数主要是指舌状花的数量。瓣数的演化一般都是单瓣（一两轮）→复瓣（3～5轮）→重瓣（5轮以上）。

3.3.4.4　瓣姿

花瓣的伸展姿态是菊花花型的重要构成因素。主要有平展、辐射、内抱、外翻、扭旋、垂下等姿态。总的演化趋势是从整齐向不整齐演化。

3.3.4.5　瓣长

主要是内轮花瓣与外轮花瓣的相对长度，决定了花朵的侧面形状。一般来说。外轮花瓣的长度比较固定，内轮花瓣是从短向长的方向演化，最后内、外轮花瓣等长，整个花朵呈球形。

3.3.4.6　心花

从花型演化来讲，心花是从发达、露心，向不发达、不露心方向演化的。

3.3.5　大丽花

上述梅花、牡丹、月季、菊花等名花，除月季是中国原料、欧洲制造之外，均为中国原料、中国制造。现在要讲的大丽花（*Dalia pinnata*）是外国原料、外国制造的，但其起源演化研究得比较清楚。大丽花是同源多倍体与异源多倍体的复合物（图3－3－5）。可能是先由原产墨西哥的祖代2倍体（$2n = 16$）杂交，产生了若干杂种二倍体，这些杂种二倍体经染色体加倍和性状分离，形成了两组四倍体：一组开洋红或象牙白色花（可能含花青素），另一组开朱红或橙色花（可能含黄酮和花青素）。两组之间再杂交、加倍，最后形成了万紫千红的异源八倍体大丽花。

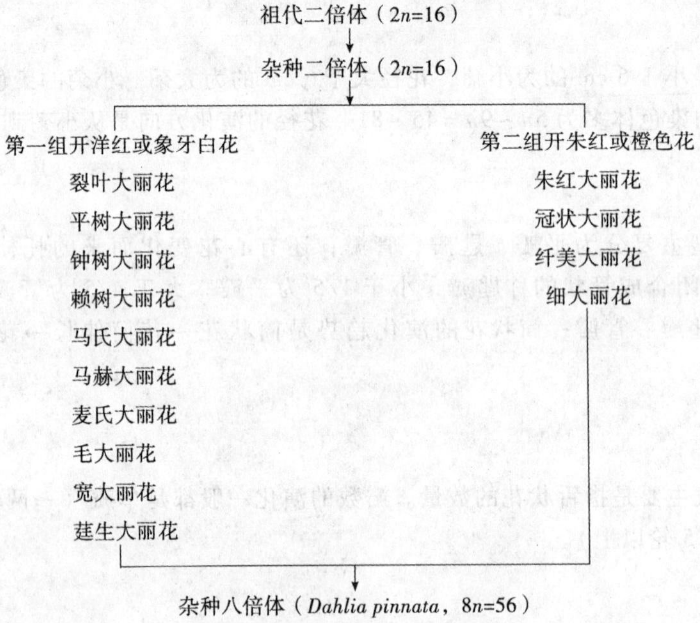

图 3－3－5　大丽花起源过程示意图

3.3.6　唐菖蒲

唐菖蒲是鸢尾科唐菖蒲属（*Gladiolus*）的多年生球茎类植物，是一类重要的商品切花。该属植物有 300 多种，大部分原产非洲的南部、东部及西部，少数原产地中海地区的西亚、欧洲，其中非洲好望角是其多样性分布中心。栽培唐菖蒲主要分为春花型和夏花型两类。其中春花型是由春季开花的一些二倍体原种杂交而成的（图 3－3－6），夏花型是由原产地中海地区的多倍体原种杂交而成的（图 3－3－7）。目前栽培最多的是夏花型的唐菖蒲。

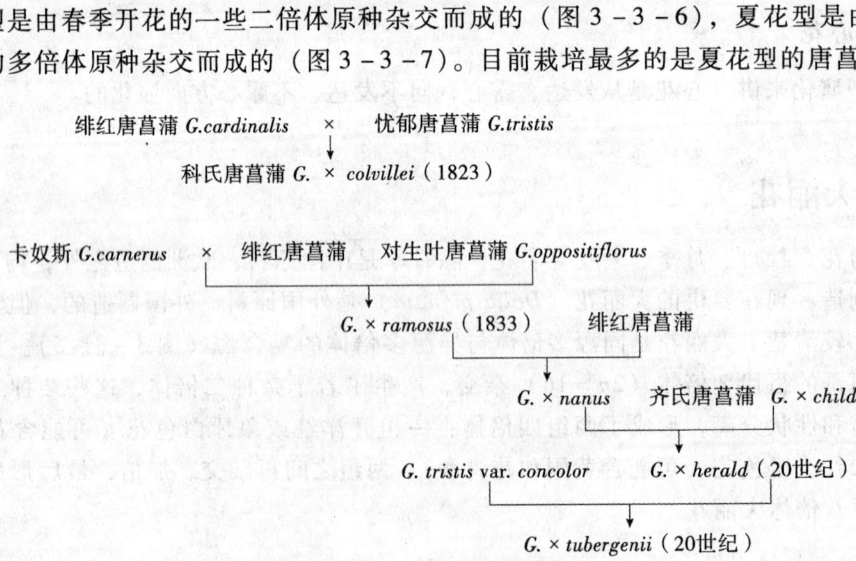

图 3－3－6　春花型唐菖蒲的杂交起源

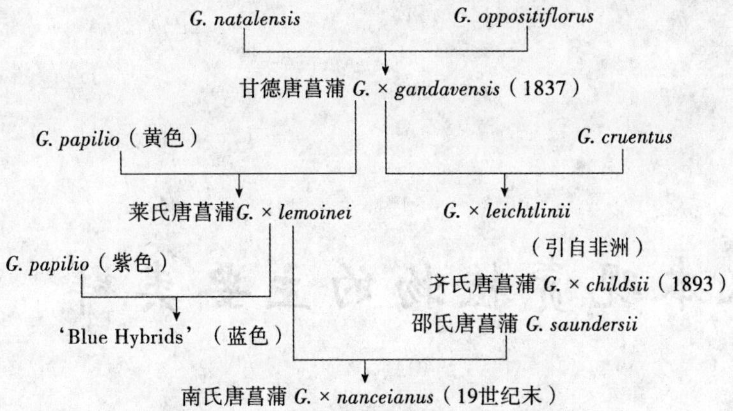

图 3－3－7 夏花型唐菖蒲的杂交起源

思考题

1. 观赏植物的园艺学分类有何特点？
2. 观赏植物的起源中心与其他栽培植物的起源中心有何异同？
3. 举例说明观赏植物起源的主要途径？
4. 现代月季是如何起源的？
5. 菊花的花型演化有何规律？

4 木本观赏植物的主要类群

【内容提要】

本章介绍木本观赏植物的主要类型，包括裸子植物类（银杏、苏铁、松柏）、花木类、藤蔓类、观赏竹类、棕榈类。这种分类即考虑到植物的系统分类地位，又兼顾观赏植物的园林应用及生态特征。有的类群中包括少量的草本，但为了照顾总体平衡章节而归入本章。通过本章学习，基本掌握各类木本观赏植物的起源分布、生物学特性、生长发育规律及其对环境条件的要求，了解主要种类及其园林用途。

4.1 裸子植物类

裸子植物大多具有很好的观赏价值，如苏铁、银杏、松柏等。这类植物多为常绿或半常绿乔木或灌木，少藤本；除银杏目的银杏为扇形，苏铁目的泽弥的叶片较宽，罗汉松目的竹柏为长卵形叶外，其他植物叶大多为针形、鳞形、条形，多具旱生结构；形成球花，具裸露的胚珠，形成种子，不形成果实；配子体退化，寄生于发达的孢子体上；具花粉管，除银杏外受精作用不再受水的限制；具多胚现象。

4.1.1 银杏

银杏（*Ginkgo biloba*），又名白果树、公孙树，属银杏科银杏属，单属单种，为落叶大乔木。银杏树干通直，树冠大。叶扇形有浅或深波状缺刻，在长枝上螺旋排列而在短枝上呈簇状。银杏雌雄异株，为我国独存的珍贵树种，有活化石之称，被列为国家二级保护的稀有植物，具有较高的经济和观赏价值。

银杏木材纹理细密，既刚又柔，硬度适中，白腻光滑，不翘不裂，是建筑、雕刻和制作家具之良材；银杏种仁含有淀粉、蛋白质、蔗糖、脂肪及少量的赤霉素和细胞激动素，还有大量的矿物质、胡萝卜素、核黄素及多种氨基酸等，因此，可炒食或做甜食（因含有白果醇和白果酸，多食者易中毒）。入药有化痰止咳、补肺通经、止渴利尿等功效，为重要的出口干果。银杏叶含有银杏双黄酮及莽草酸等10多种成分，可治疗冠心病、胸闷、痰咳、泻痢及高血压等症。从20世纪60年代起，国内外学者对银杏叶的药用成分的分析获得了成功，以黄酮甙、萜类、苦内脂为主的银杏叶提取物已用于临床，是治疗高血压和脑动脉硬化等疾病的良药，且长期服用无副作用。至今，我国银杏的品种开发、经济栽培和园林应用技术一直处于国际领先地位。

4.1.1.1 形态与分类

银杏是中生代的孑遗植物，已经历了15 000万年。据化石分类研究，银杏原有21个属，曾广泛分布于亚、欧、南美、北美、大洋洲、非洲南部等地区。特别是在银杏类植物最繁盛的时期，除了南极洲和赤道两侧之外，全球皆有分布。但银杏家族中能存活至今的只有现存的这1个种，并且现今仅在我国浙江省西天目山海拔300～1 000 m的山谷中有野生分布，其中最著名的一株称为“五代白果”，生长在海拔1 000 m的悬崖上，老树已经死去烂尽，在它的周围长出的“小苗”也已成为年龄不等的几棵大树，像是儿孙们围绕着亡去的祖先，重建了繁荣的家族，“五代白果”也由此而得名。

凯普费（Kaempfer）是欧洲第一个研究银杏树的植物学家，1690年他观察了栽培在日本的银杏树后对银杏树做了植物学描述，率先提出“*Ginkgo*”这个名称。1771年林奈（Linnaeus）采纳了这个名称，并根据许多标本上叶片具有深裂的特征，用“*biloba*”作为种名，给银杏定名为 *Ginkgo biloba*。19世纪后期发现银杏的种子很像榧和粗榧的种子，所以把它放在松柏目紫杉科。当1896年Hirase发现了银杏花粉萌发时能产生具鞭毛能游动的精子以后，植物分类学家们才把银杏从紫杉科分出，列为独立的目、科、属、种。现今已把银杏看做是银杏目中仅存的代表植物。

1854年，Carriere率先做了银杏种级以下的分类，他根据银杏叶片的形态特征将银杏分为两类，即裂叶银杏（大叶银杏）和斑叶银杏（花叶银杏）。1862年，Van Creert根据银杏树枝条的特征提出了一个新分类单位，即垂枝银杏。1866年，E. J. Nelson根据银杏叶片的色泽提出一个新的分类单位，即黄叶银杏。直到1887年，L. Beissner对前人的分类做了综合，并将各分类单位改为变型，提出4个类型，即裂叶银杏、斑叶银杏、垂枝银杏、黄叶银杏，奠定了银杏分类的基础。1898年，P. Mouillefert将裂叶银杏定为银杏的一个变种；1906年，A. Henry将Beissn的变型全部改为变种，同时根据枝条的形态特征又补充了一个新变种，即尖塔银杏（帚冠银杏）；1927年，日本学者T. Makino根据种子着生在叶片上的特征，在上述5个变种的基础上又补充了一个新变种，即叶籽银杏。

目前根据冠形和叶形将银杏分为裂叶银杏（*Gingo biloba* var. *laciniata*）、斑叶银杏（*Gingo biloba* var. *variegata*）、垂枝银杏（*Gingo biloba* var. *pendula*）、黄叶银杏（*Gingo biloba* var. *aurea*）、尖塔银杏（*Gingo biloba* var. *fastigiata*）、叶籽银杏（*Gingo biloba* var. *epiphylla*）、鸭脚银杏（*Gingo biloba* var. *stenonuxa*）7个变种；又可根据种子的大小与形状分为3个变种，即佛手银杏（*Cringo biloba* var. *huana*）、马玲银杏（*Gingo biloba* var. *apiculata*）、梅核银杏类（*Gingo biloba* var. *typica*）。但直到今天，银杏分类仍存在着混乱，有必要系统化和完整化。

由于银杏的综合价值高，栽培历史长，品种选育备受重视，已选育出许多观赏与食用的栽培类型。观赏价值较高的有尖塔银杏、垂枝银杏、斑叶银杏、黄叶银杏等；食用品种则很多，其中主栽品种有20多个；另外，由于叶片医药价值较高，叶片高产的采叶银杏也将被选育出来，银杏的遗传多样性也将会得到进一步的发掘。

4.1.1.2 生物学特性

银杏为落叶乔木，高可达30～60 m，胸径达4～5.5 m，枝有长枝、短枝之分。叶扇形，叶脉二叉状，多雌雄异株，雌花单性簇生于短枝顶端；雄球花葇荑花序状，花药2；雌球花具长梗，顶端常分二叉，各顶生一个胚珠，风媒传粉，通常仅一叉端的胚珠发育成种子。银杏的种子为核果状，形态似杏，外种皮肉质较厚，外被白粉；中种皮骨质白色；内种皮膜质，内具肉质胚乳。故名“银杏”。

银杏是深根系长寿树种。据考证山东莒县浮来山定林寺的大银杏，高24.7 m，树干腰围达16 m，树龄在3 000年以上；四川青城山有全国冠幅最大的一株汉代银杏，树高36 m；河南济源县王屋山下有1 800多年的汉代古银杏；江西庐山黄龙寺有1 500年以上的晋代银杏；又据文献记载，我国湖南省洞口县有3 500年生的古银杏，甘肃省灰县有胸径6.5 m的古银杏。全国千年以上的古银杏树约500株，是我国长寿植物之最。银杏实生树始种迟而寿命长，人们常说银杏是30年而生，300年而兴，“公植树而孙得食”，故得“公孙树”之名。

银杏的童期很长，实生苗一般要20年才开花结实，但用成年大树上的枝条嫁接到实生苗或根蘖苗上可提前在8～10年开花结实。银杏具有独特的授粉、受精机制，成熟的雌花会从珠孔吐水，俗称“性水”。雄花成熟时花药开裂散出花粉，花粉借风传播，遇柱头的“性水”萌发，具鞭毛能游动的精子经芽管进入胚珠，受精胚珠发育成种子。在生产上常进行人工授粉以提高结实率。授粉方法为，将采集到的花粉每克对水0.5 L，并配制成1%砂糖和0.1%硼砂的水溶液，均匀喷洒雌株上。

银杏可通过播种、嫁接、扦插、压条、分株等方法来繁殖，但在生产上采用的繁殖方法主要是播种与嫁接。成熟的银杏种子采收后需经40 d左右后熟以完成胚发育并度过休眠期，既可在秋季直播，也可在0~4℃下沙藏2~3个月后春播。为保持品种特性提早结果普遍采用嫁接繁殖，嫁接方法主要采用“T”形芽接和枝接。

银杏雌雄株的经济价值、观赏价值以及用途差异很大。在园林上多采用雄株以消除污染，在经济栽培上以雌株为主以收获种子，早期区别雌雄株具有重要意义。一般可根据雌雄株的形态学差异来进行区别（表4-1-1）。另外，也可以根据过氧化物同工酶进行鉴定，雌株的酶谱有5条带但酶活性低，雄株的酶谱有2条带而酶活性高。

银杏对温度适应范围广，年平均温度在8~20℃范围内都能生长，但16℃左右最为适合。银杏需要通过低温休眠才能正常发芽开花，在休眠期可以忍耐-20~-18℃的低温，并能忍受短时间的-32℃低温。因此，银杏可以在我国绝大多数地区正常生长发育。另外，银杏对土壤要求不严，但在pH 6.5~7的深厚肥沃土壤上生长良好。银杏喜光抗旱，但对空气污染比较敏感。

银杏是优良的绿化树种，其树形优美，叶形奇特，春叶嫩绿，秋叶金黄，并且栽培容易，病虫害少，能抵御城市中的黑烟粉尘和有毒气体的污染，宜做景观树和行道树，也可用于盆栽观赏，在我国北起辽宁南到广东，西至陇海东临普陀山普遍应用。过去银杏多栽植于名山古刹，宋代传到日本，大约在18世纪初又从日本传到欧洲，之后由欧洲传往美洲，分布到了世界各地。

表4-1-1 银杏雌雄株的形态差异

性 状	雌 株	雄 株
植株体积	小	大
主干和主枝之间夹角	角度大	角度小
冠形	广卵形或圆头形，形成早	塔形，形成晚
枝条整齐度	较乱，层次不清	层次清晰
叶形态	叶裂刻浅，未达叶的中部	叶裂刻深，达叶的中部
雌花枝长度	较短	较长
花芽形态	瘦而尖，较小	顶部稍平，大而饱满
球花形态	多为单生或两朵呈二叉状生于长柄端	花多朵散生，葇荑花序状
物候期	落叶早，生长期短	落叶晚，生长期长

4.1.2 苏铁类

4.1.2.1 形态与分类

苏铁科（Cycadaceae）植物全为常绿性，茎干粗短，圆柱形或呈块茎状埋于土中，不分枝或很少分枝。叶有两种：一是互生于主干上呈褐色的鳞片状叶，外有粗糙绒毛；二是生于茎端呈羽状的营养叶，绿色，羽片仅具一中脉或具多数二叉分枝的平行脉。雌雄异株，雄球花生茎顶，小孢子叶扁平或盾形，旋生于轴上，腹面生花药。大孢子叶扁平或盾形，扁平者上端羽裂，下端细窄成柄，多个在茎端叠抱成头状，柄两侧生 2～10 个胚珠；盾状者旋生于中轴上形成雌球花。种子核果状，胚乳丰富。茎圆柱形，直立。营养叶羽状全裂，稀叉状二回羽状深裂，羽片革质，仅具一中脉，叶展开前羽片向内拳曲。大孢子叶扁平，多数聚生茎端，叠抱呈头状。

本科共 10 属约 110 种，分布于热带及亚热带地区。中国仅产苏铁属 1 属，引种约 7 属 20 种。国内常用的有 3 个属，种类较多。

（1）苏铁属（*Cycas*） 本属约 20 种，分布亚洲及大洋洲的热带及亚热带地区。中国约 11 种，分布南部至西南部。常用的种有苏铁（*C. revoluta*）、攀枝花苏铁（*C. panzhihuaensis*）、华南苏铁（*C. rumphii*）、云南苏铁（*C. siamensis*）、四川苏铁（*C. szechuanensis*）、篦齿苏铁（*C. pectinata*）、叉叶苏铁（*C. micholitzii*）等。本属植物喜暖热，不耐寒及渍水，较耐旱。生长慢，寿命长。宜孤植、对植或丛植，也可盆栽。北方需在室内越冬。

（2）美洲苏铁属（*Zamia*） 本属约 36 种，原产美洲的热带及亚热带地区。本属多为灌木状，茎短，块茎状，生地表或大部埋土中。叶少数，羽状裂片基部具关节，裂片宽或窄，全缘或有齿，无毛，无中脉，具多数二叉分枝的细脉。雄球花长椭圆状圆柱形，小孢子叶盾形；雌球花形似雄球花，大孢子叶亦盾状，各有 2 枚成对的胚珠。我国已引种数种。常见的有美洲苏铁（*Z. pumila*）、鳞秕大苏铁（*Z. furfuacea*）、佛罗里达苏铁（*Z. floridana*）等。

（3）澳洲苏铁属（*Macrozamia*） 本属约 12 种，主产澳大利亚。灌木或亚灌木，茎直立，有时埋土中。羽状叶有时整片扭曲，裂片无中脉，但具多数明显的纵沟槽，在背面尤显著，有数条等粗的平行脉。大、小孢子叶球均椭圆形或圆柱形；大孢子叶盾状。我国引入约 3 种。常见种有澳洲苏铁（*M. communis*）、双叉澳洲苏铁（*M. diplomera*）、松叶澳洲苏铁（*M. stenomera*）等。

4.1.2.2 生物学特性

苏铁性喜强光、温暖干燥和通风良好的环境。土壤以肥沃，微酸性的沙质壤土为宜。不耐寒，生长较慢。

苏铁树形优美，在热带、亚热带及暖温带园林中应用广泛，在北方用做盆栽观赏，另外可用做切叶。

4.1.3 松柏类

松柏类（conifer）是指像松树一样生长球果（cone）或者树形为圆锥形（conical）的植物。在园林中，特别是指叶色和树形的观赏价值较高的针叶树。而针叶树是松杉纲植物的俗称，因其叶多细窄坚韧而得名。松柏类广泛用于园林中。近年来引种十分活跃，世界上有名的品种几乎均已涉及。值得注意的是，有少数被子植物的外貌酷似针叶树，在园林中可起到与针叶树类似的效果，如柽柳、蓬莱松等常被误认为是针叶树种，应加以区别。松柏类具有极高的观赏价值，其观赏性主要表现在以下几方面：a. 叶色丰富：松柏类的叶色有绿、黄绿、金黄、橙黄、蓝绿、灰绿、银绿、灰白、白斑、黄斑等，其中银绿色和蓝绿色可以给人以北欧的印象。叶色常因植物种类不同而异，许多种类的叶色还具有丰富的季相变化，到冬季多数种类的叶片变为红褐色或茶褐色，也有的呈现出美丽的紫色或紫红色；另外有的夏天为绿色，冬季为金黄色。b. 树形美观：雪松（*Cedrus deodara*）、南洋杉（*Araucaria cunninghamia*）、金松（*Sciadopitys verticillata*）的树形美观，被誉为世界三大美树。另外，树形因种和品种的不同而异，有圆锥形、窄圆锥形、圆柱形、椭圆形、球形、半球形、杯形、垂枝形、匍匐型等。并且树形易维持，耐修剪，管理费用低，便于在园林中广泛应用。c. 生长量差异大：有的种类如巨杉（*Sequoiadendron giganteum*）也称世界爷或北美巨杉，树高可达 100 m，可用做风景树；也有矮生种类 10 年仅长 10 cm，可用做盆栽和盆景观赏。在实际应用中具有很宽广的选择范围。d. 耐阴性强：针叶树本来是阳性树种，但幼苗耐阴，可用于盆栽供室内观赏。e. 香气独特：松柏类可以分泌特殊的芳香物质，对人体具有镇静作用，还可抗疲劳、降低血压、提高肝功能。另外，具有消臭、杀菌、杀螨等作用。从其生态功能的角度上看，特别适用于医院和疗养所的绿化。f. 落叶量少：与阔叶树相比，落叶的绝对量较少，对城市环境造成的生物污染较小，特别是对下水道的堵塞影响较小。

4.1.3.1 形态与分类

松柏类一般为乔木，多数为巨树而少数为灌木，单轴分枝，干直，多有分层排列的分枝；树冠塔形、圆柱形、圆锥形、卵形或圆头形；多常绿极少数为落叶。单叶互生、对生或轮生，条形、针形、刺形、钻形、鳞形或披针形，具有一个明显或不明显的中脉，少数叶较宽，卵状披针形、卵形或椭圆形，无中脉，具有多数近平行细脉；叶两面或一面有气孔线；无柄或有极短柄。花单性，同株或异株，集生成球果或单生；种子坚果状或核果状，有翅或无翅。

松柏类植物全世界共 7 科 57 属约 600 种。我国原产 6 科 30 属 160 余种，并引种 1 科 9 属约 100 种。用于观赏的主要科的特征如下：

（1）松科（Pinaceae）　常绿或落叶乔木，鲜见灌木种类。有长枝，或兼有长枝与生长缓慢之短枝，具树脂。叶条形或针形，基部不下延。条形叶多扁平，螺旋状散生在长枝上或簇生于短枝上；针形叶多 2 ~5 针 1 束，生于极度退化之短枝顶端，基部为叶鞘所包。花多单性同株：雄球花多腋生、单生或集生枝端，雄蕊多数，各有 2 花药，花粉有气囊或无；雌球花由多数螺旋状着生的珠鳞与苞鳞组成，每一珠鳞的腹面各有 2 枚倒生胚珠，背面的苞鳞和珠鳞分离，开花后，珠鳞增大，发育成种鳞。球果直立或下垂，当年或次年成熟；种鳞背腹面扁平，木质或革质，宿存或熟后脱离；苞鳞和种鳞离生；种鳞腹面基部有种子2粒，通常上端具膜质的翅，无翅的很少；胚有子叶2~18枚，发芽时出土或不出土。

本科有3亚科10属230余种，大多分布于北半球，中国有10属117种及近30个变种，其中引种24种及2变种。

(2) 杉科（Taxodiaceae） 常绿或落叶乔木，鲜为灌木。干通直，树皮裂成长条片脱落，大枝轮生或近轮生，树冠尖塔形或圆锥形。叶鳞状、披针形、钻形或条形，多螺旋状排列，极少交叉对生。雌雄同株，单性；雄球花单生、簇生或呈圆锥花序状；雄蕊有花药2~9枚；雌球花单生顶端，其珠鳞与苞鳞合生或无苞鳞，每珠鳞有直立胚珠2~9枚。球果当年成熟，每种鳞有种子2~9，种子有窄翅，子叶2~9枚。

本科共有10属16种，分布于东亚、北美及大洋洲。中国产5属7种，引种4属7种。

(3) 柏科（Cupressaceae） 常绿乔木，或直立或匍匐灌木。叶交叉对生或3叶轮生，苗期叶刺状，成长后为鳞形或刺形，或同树兼有。球花单性，雌雄同株，很少见异株的，单生枝顶或叶腋；雄球花具有3~8对交叉对生的雄蕊，每雄蕊各有花药2~6，花粉无气囊；雌球花具有珠鳞3~16（对生或轮生），其腹面基部有一至数枚直立胚珠；苞鳞与珠鳞合生。雌球果圆球形、卵圆形或圆柱形；种鳞扁平或盾形，木质或近革质，或肉质而合生呈浆果状，发育种鳞具有种子一至多粒。种子周围多具窄翅，或无，或上端具有一长一短的翅。子叶2，罕见五六子叶的。

本科共22属约150种，分布全世界。中国产9属约30种，引种5属约15种。

4.1.3.2 生物学特性

松柏类主要分布于温带和亚寒带，在我国南方则多生于高山，一般具有喜冷凉，抗寒耐旱，不耐热的生物学特征。但在热带也有松柏类植物，这些种类喜湿，在水边或湿地生长良好。另外，有少数种原产于南半球热带或亚热带，南太平洋岛屿原产的南洋杉等和非洲东部原产的东非罗汉松（*Podocarpus gracilior*）则喜温暖湿润，耐热而不耐寒。

依据对温度条件的适应性将松柏类植物分为3类：a. 喜热怕霜冻类，如南洋杉科、水松及鸡毛松等少数热带种类；b. 喜冷凉不耐热类，耐寒力强，但不能在炎热气候下生存，多原产于北方或低纬度高山，如冷杉属、云杉属、铁杉属、落叶松属的全部种及圆柏属、柏木属、红豆杉属的一些种；c. 喜温暖湿润稍耐寒类，如在温暖条件下生长好，但又耐轻微霜冻，针叶树的绝大多数属这一类，但种间的耐寒力有差别。

依据对水分的要求也可将松柏类植物分为3类：a. 耐水湿类，如松属的少数种，水松、水杉、落羽杉属、美国香柏、美国尖叶扁柏等，在水边或水湿土壤中生长良好；b. 耐干旱类，如松属的一些种，柏科的许多种有很强的抗旱力；c. 喜湿润类，如南方的多数种属有一定的抗旱力，但在湿润土壤中生长较好。

(1) 我国常用的松柏类植物及其特性 松柏类植物种类庞杂生物学特性多样。有的同属异种之间尽管形态相似，但生物学特性往往具有很大的差异。中国常用的松柏类植物及其特性见表4-1-2。

表 4-1-2 中国常用的松柏类植物及其特性

科 属	种 数	原产地	主要应用种	国内集中分布区	温度适应性	土壤适应性	园林用途
松科							
雪松属 *Cedrus*	5种	喜马拉雅山，小亚细亚，地中海东部和南部，北非山区	雪松、北美雪松	长江流域各大城市	性喜温凉，有一定耐寒性	酸性和微酸性土	庭院观赏，风景树和行道树
油杉属 *Keteleeria*	12种，1变种	东亚	油杉、铁坚杉	华南、西北地区东南部	喜温暖，不耐寒	酸性土	园景，风景树
落叶松属 *Larix*	18	北半球寒冷区	落叶松、华北落叶松、黄花落叶松	华北、东北	极耐寒	酸性中性土，有一定耐盐性	景观
松属 *Pinus*	80余种	北半球的各气候带	油松、红松、白皮松、华山松、偃松	遍布全国	喜凉，较耐寒	中性或微酸性土	行道树，园景树，盆景
云杉属 *Picea*	约40种	北半球的绝大部分地区	云杉、红皮云杉、白杄、青杄	秦岭、兴安岭、五台山	喜冷凉，耐寒	中性和微酸性土	孤植，风景林
金钱松属 *Pseudolarix*	1	中国	金钱松	华中和华东	喜温凉	中性和酸性沙质壤土	孤植或丛植
黄杉属 *Pseudotsuga*	18	东亚，北美	黄杉、花旗松	华中西部	喜温耐冬	酸性土	风景林
铁杉属 *Tsuga*	16	东亚，北美	铁杉	西北地区东南部	喜凉	酸性土	孤植，风景林
杉科							
杉木属 *Cunninghamia*	2	中国	杉木	淮河以南各省	喜温，不耐寒	酸性土	群植成林或列植路旁
柳杉属 *Cryptomeria*	2	中国，日本	柳杉	长江流域及两广	喜温怕酷热，略耐寒	沙质壤土	孤植，对植，丛植，群植
北美红杉属 *Sequoia*	1	北美西海岸	北美红杉	长江三角洲区引种	喜温怕冷	酸性土	园景树

续表 4－1－2

科属	种数	原产地	主要应用种	国内集中分布区	温度适应性	土壤适应性	园林用途
落羽杉属 *Taxodium*	3	北美、墨西哥	落羽杉	长江流域和华南	喜暖	富含腐殖质土壤	最适水旁配植
水杉属 *Metasequoia*	10	东亚、西欧、北美	水杉	川、鄂大部	性喜温暖	酸性土	丛植，列植或孤植
柏科							
侧柏属 *Platycladus*	1	中国	侧柏	华北、东北	性喜温暖，较耐寒	适应性广，耐盐性强	丛植，混植
崖柏属 *Thuja*	6	东亚、北美北部	香柏、日本香柏、北美乔柏	庐山、北京、南京、青岛有引种	耐寒	适应性广，耐碱性土	适做绿篱
扁柏属 *Chamaecyparis*	5种 1变种	北美、中国台湾省、日本	日本花柏、日本扁柏、美国扁柏	东部、中部及西南区	性喜温凉	对土壤要求因种而异	孤植，丛植，绿篱，行道树
柏木属 *Cupressus*	约20种	美洲、中国	柏木	中南部的广大地区	喜暖，不耐寒	适应性强	群植，列植
圆柏属 *Sabima*	约50种	中国、日本、北美	圆柏、沙地柏、铺地柏	华北、东北南部、西南东部	耐寒	适应性强	绿篱，孤植，盆景
刺柏属 *Juniperus*	约10种	北温带、北寒带区	刺柏、杜松	全国的高山区	喜冷，耐寒性强	适应性强	孤植，配景
红豆杉科							
红豆杉属 *Taxus*	约11种	北半球	东北红豆杉、红豆杉	长白山区、秦岭	喜温凉	喜富含有机质土壤	孤植，群植，绿篱
白豆杉属 *Pseudotaxus*	1	中国	白豆杉	浙、赣、湘、粤	喜暖	酸性土	园景树

（2）国外园林中流行的松柏类植物及其特性　彩叶或树形独特的松柏类植物在塑造具有欧洲风情的园林中应用广泛，在欧美及现代日本园林中备受重视，品种类型丰富，目前流行的种类及其特性见表 4－1－3。

表4-1-3 国外园林中流行的松柏类植物及其特性

科 属	种 名	品种名	株 高	树形与分枝	叶 片	年生长量/cm
1. 松科						
冷杉属 *Abies*	白云杉 *A. concolor*	'Candicans'	5~8 m	圆锥形	针叶常绿，细长，灰白色	30
	朝鲜冷杉 *A. koreana*	'Horstmann's Silberlocke'	4 m	圆锥形，枝条斜向上生长并水平拉伸	常绿的枝叶密生，针叶鲜绿色	10~20
	洛杉矶冷杉 *A. lasiocarpa*	'Arizonica Compacta'	2~3 m	圆锥形，分枝力强，枝条斜向上，枝叶密生	针叶常绿，弯曲，灰青色和银青色	10
	壮丽冷杉 *A. procera*	'Glauca'	5 m	圆锥形，枝条水平拉伸，枝梢斜向上，枝叶密生	针叶常绿，灰青色	10~20
云杉属 *Picea*	挪威云杉 *P. abies*	'Pendula'	匍匐型	主干弯曲不能直立向上，侧枝下垂，枝先端向上翘，用支柱支撑主干直立，侧枝横向匍匐状生长	针叶浓绿色，有光泽，冬季变色	20~30
	北美白云杉 *P. glauca*	'Albertiana Conica'	最终树高 2~3 m	圆锥形，树龄久的株型变散，分枝力强，枝条斜向上，枝叶密生	针叶和新梢鲜绿色，以后变为青色稍带绿色	10~20
	北美白云杉 *P. glauca*	'Jean's Dilly'	最终树高 2~3 m	狭圆锥形，分枝力强，枝条斜向上，枝叶密生	针叶青色梢带绿色，针叶细、短	8~15
	北美白云杉 *P. glauca*	'Sander's Blue'	最终树高 2~3 m	狭圆锥形，分枝力强，枝条斜向上，枝叶密生	针叶白色带灰青色	10~20
	黑云杉 *P. mariana*	'Ericoides'	极矮生 40~60 cm 以下	半球形，匍匐状生长，枝条同心圆状斜向上横向拉伸，树冠直径 1~1.5 m	针叶细，灰绿色，以后变青色	5~10
	塞尔维亚云杉 *P. omorika*	'Nana'	最终树高 3 m	最初半球形，以后树芯变成直立圆锥形，枝条斜向上，枝叶密生	针叶细短，表面绿色，内侧白色，整体上看呈灰绿色	5~10

续表 4－1－3

科属	种名	品种名	株高	树形与分枝	叶片	年生长量/cm
	锐尖北美云杉 *P. pungens*	‘Glauca Globosa’	最终树高 1～1.5 m	最初半球形，以后树芯变为直立圆锥形，分枝力强，短侧枝多数不规则生长植株内部枝叶密生	针叶灰白色带有青色	5～10
	锐尖北美云杉 *P. pungens*	‘Hoopsii’	6～8 m	圆锥形，侧枝上的小枝水平拉伸	针叶灰青色或白青色	20～30
	锐尖北美云杉 *P. pungens*	‘Koster’	6～8 m	圆锥形，枝条轮生，枝先端下垂	针叶灰青色	20～30
铁杉属 *Tsuga*	加拿大铁杉 *T. canadensis*	‘Jeddeloh’	树高 1～1.5 m	球形，植株中心鸟巢状，枝条向外向心生长，枝先端下垂	线形针叶绿色，叶内侧灰白色	15～20
	加拿大铁杉 *T. canadensis*	‘Pendula’	匍匐型	枝条下垂性品种，没有主干，匍匐状生长，侧枝上的小枝分枝后下垂	针叶浓绿色，密生	20～30
雪松属 *Cedrus*	黎巴嫩雪松 *C. libani* var. *atlantica*	‘Glauca’	20～30 m	圆锥形，主干直立，侧枝斜向上	针叶短小，银青色或灰青色	50～70
	黎巴嫩雪松 *C. libani* var. *atlantica*	‘Glauca Pendula’	垂枝型	枝条下垂，没有主干	针叶灰青色	30～40
	雪松 *C. deodara*	‘Aurea’	4～6 m	圆锥形，侧枝水平拉伸，小枝先端下垂	新梢金黄色，新梢下部黄绿色	50～70
	雪松 *C. deodara*	‘Gold Cone’	6～8 m	圆锥形	新梢金黄色，以后为黄绿色	60～70
	雪松 *C. deodara*	‘Golden Horizon’	匍匐型	匍匐性生长，枝条水平拉伸，铺在地面上，株丛直径 3 m 以上	新梢黄色或黄绿色，以后变为青色	30～40

续表 4-1-3

科属	种名	品种名	株高	树形与分枝	叶片	年生长量/cm
松属 *Pinus*	欧洲山松（中欧山松）*P. mugo*		1~2 m	1.5~2 m 半球形，树皮灰黑色	针叶 2 出叶，短小，暗绿色，冬季变色	10~15
	长叶松 *P. palustris*		20 m 以上	圆锥形	针叶是该属中最长的，3 出叶，浓绿色，有光泽	30~50
	意大利松（石松，意大利五针松）*P. pinea*		20 m 以上	下部枝条少，上部枝条展开，呈伞形	针叶两三出叶，幼叶短小，绿青色；成熟叶亮绿色，针叶变长	20~30
2. 杉科						
金松属 *Sciadopitys*	金松 *S. verticillata*	1 属 1 种	20 m 以上	狭圆锥形，自然树形整齐，短枝线形	针叶轮生，浓绿色，有光泽	10~20
落羽杉属 *Taxodium*	落羽杉（落羽松）*T. distichum*		落叶性，高 30 m 以上	圆锥形，小枝羽状；在湿地和沼泽地生长时有呼吸根长出	叶片扁平，线形，绿色；秋季叶片变成赤褐色或红色，落叶	100
北美红杉属 *Sequoia*	北美红杉（红杉，长叶世界爷）*S. sempervirens*	‘Adpressa’	4~6 m	圆锥形或狭圆锥形侧枝水平横向生长，主干容易倾斜，需要立支柱使其直立	新梢黄色，以后变为绿色；冬季新梢先端橙色	30~40
	北美红杉（红杉，长叶世界爷）*S. sempervirens*	‘Glauca’	3~5 m	圆锥形，主干容易倾斜，需要立支柱支撑其直立	新梢灰绿色，以后变为灰青色	20~30
柳杉属 *Crypto-meria*	日本柳杉（孔雀杉）*C. japonica*	‘Albospicata’	2~3 m	椭圆形或圆筒形，分枝力强，枝叶密生	针叶亮绿色，新梢的先端白色或乳白色，冬季变褐色	15~25
	日本柳杉 *C. japonica*	‘Aurea’	20 m 以上	圆锥形	针叶，新梢金黄色，秋季变为黄绿色，冬季变为茶褐色	30~50

续表 4－1－3

科属	种名	品种名	株高	树形与分枝	叶片	年生长量/cm
	日本柳杉 *C. japonica*	‘Bandaisugi’	高 2～3 m	圆锥形或狭圆锥形，主干直立，侧枝斜向上	针叶线形，薄且柔软，青绿色，冬季变为赤紫色	20～30
	日本柳杉 *C. japonica*	‘Elegans’	6～8 m	圆锥形，主干直立，侧枝多数分枝斜向上水平伸展，小枝先端下垂	针叶绿色，细长、扁平且柔软。冬季赤褐色	40～60
	日本柳杉 *C. japonica*	‘Sekkansugi’	4～6 m	圆锥形	新梢白色或乳白色，夏季变为黄绿色，冬季变为茶褐色	50～70
	日本柳杉 *C. japonica*	‘Tenzan’	极矮生高 60 cm 以下	半球形，以后树芯变直立圆锥形	针叶细小，绿色，冬季变为茶褐色	2～3
	日本柳杉 *C. japonica*	‘Vilmor-iniana’	极矮生高 80 cm 以下	最初为半球形，以后树芯变为直立圆锥形	针叶细小，新梢亮绿色，以后变为浓绿色，冬季变为褐色	3～5
水松属 *Glyptostrobus*	水松属 *G. lineatus*	1 属 1 种	半常绿高 8～10 m	圆锥形，具有呼吸根	针状叶，秋季叶变红色，叶和枝的一部分脱落	60～80
杉属 *Cunning-hamia*	杉木（沙木、杉、刺杉） *C. lanceolata*		中国产的 3 种为常绿，高 15 m	圆锥形	针叶硬且尖，叶表浓绿色，内侧淡绿色	30～40
Cupresso-cyparis	*C. Leylandii*	‘Gold Rider’	4～6 m	圆锥形	鳞叶金黄色、黄绿色	30～50
	C. leylandii	‘Robinsons Gold’	10 m	圆锥形，苗木枝条水平伸展，成株多数分枝，斜向上	新梢初期金黄色，以后变为黄绿色和黄色，秋季为黄绿色	70～80
	C. leylandii	‘Silver Dus’	5～7 m	广圆锥形	鲜叶浓绿色带乳白色斑，冬季变色	30～50

续表 4－1－3

科属	种名	品种名	株高	树形与分枝	叶片	年生长量/cm
水杉属 *Metasequoia*	水杉 *M. glyptostropoides*	1属1种	20 m以上	落叶高木，圆锥形，主干直立向上，侧枝斜向上，小枝分枝少，小枝秋季落叶	叶片线形羽状2列对生，绿色，秋季黄褐色	50～70
Microbiota	*M. decussata*	只有1种	匍匐型	常绿匍匐性低木，枝条水平伸展，先端下垂	鳞叶细、柔软，新梢绿色到浓绿色，冬季茶褐色	20～30
Widdringtonia	*W. whytei*		20 m以上	圆锥形，幼树时叶片为针叶，成树时叶片为鳞叶	绿色，冬季为茶褐色	50
3. 柏科						
柏木属 *Cupressus*	绿干柏（美洲柏木） *C. arizonica*	‘Blue Ice’	8 m	广圆锥形，主干直立，侧枝斜向上水平伸长，枝条比其他品种粗	鲜叶白色和银白色，秋冬季观赏性低	30～50
	绿干柏 *C. arizonica*	‘Pyramidalis’	8 m	狭圆锥形，主干直立，侧枝分枝后斜向上生长，枝条比较细	青灰色，表面有白粉，新梢最美观，遮光条件下叶色更灰	30～50
	绿干柏 *C. arizonica*	‘Sulfurea’	4～5 m	圆锥形，枝叶密生，主干直立，枝条斜向上	鲜叶黄色，以后变为灰色且带有黄色，冬季变色	20～30
	克什米尔柏木 *C. cashmeriana*		6～8 m	常绿中木，圆锥形，主干直立，枝条水平伸展，一些只斜向上伸展；小枝两三回羽状分枝，下垂	鳞叶灰绿色，较细，柔软	30～50
	大果柏木 *C. macrocarpa*	‘Aurea’	4～6 m	广圆锥形	鲜叶金黄色，老叶黄绿色	30～50
	大果柏木 *C. macrocarpa*	‘Greenstead Magnificent’	极矮生 60～80 cm	半球形，匍匐状生长，主干水平延伸，枝条下垂	鲜叶短小，灰绿色	15～20

续表 4-1-3

科 属	种 名	品种名	株 高	树形与分枝	叶 片	年生长量/cm
	大果柏木 *C. macrocarpa*	'Wilma'	盆栽品种，高 2 m	狭圆锥形，枝叶柔软紧密	针叶黄绿色带金黄色	20~30
	地中海柏木 *C. sempervirens*	'Elegance Blue'	5~7 m	狭圆锥形，主干直立，枝条向上伸展	针叶灰绿色，遮光条件下叶色观赏效果最佳，冬季叶色变为青灰色	30~50
	地中海柏木 *C. semper-virens*	'Shaining Blue'	3~4 m	狭圆锥形，主干直立，枝条向上伸长，分枝力强，枝叶较细密生	针叶青灰色，遮光条件下青色增强，针叶细小，柔软	20~40
	地中海柏木 *C. semper-virens*	'Swane's Golden'	5~7 m	狭圆锥形，或狭圆柱形，主干直立，枝条向上伸展，野生种枝叶较细且米色且紧密	鳞叶金黄色	40~60
扁柏属 *Chamaecyparis*	美国扁柏 *C. lawsoniana*	'Alumigold'	4 m	狭圆锥形，主干和侧枝直立向上	鳞叶青灰色带黄绿色	
	美国扁柏 *C. lawsoniana*	'Columnaris Glauca'	5~6 m	狭圆锥形，主干侧枝直立向上，分枝力强	鳞叶青色，或绿青色	50
	美国扁柏 *C. lawsoniana*	'Ellwoodii'	2~3 m	狭圆锥形，主干侧枝直立向上	针叶青绿色，柔软	30~40
	美国扁柏 *C. lawsoniana*	'Ellwoodii Gold'	1~2 m	狭圆锥形，主干侧枝	针叶黄绿色，秋季以后变为金黄色	30
	美国扁柏 *C. lawsoniana*	'Ellwood's Empire'	2 m	狭圆锥形	鳞叶针叶混生，灰色和黄绿色	20~25

续表 4－1－3

科 属	种 名	品种名	株 高	树形与分枝	叶 片	年生长量/cm
	日本扁柏（白柏，钝叶扁柏，扁柏）*C. obtusa* var. *breviramea*		4～6 m	狭圆锥形，枝短密生	鳞叶浓绿色	30～40
	日本扁柏（白柏，钝叶扁柏，扁柏）*C. obtusa*	‘Chabohiba’	4～6 m	狭圆锥形，枝叶扇状展开密生，一般为圆筒形	鳞叶浓绿色，冬季变色	20～30
	日本扁柏 *C. obtusa*	‘Crippsii’	6～8 m	圆锥形，主干直立，枝条斜向上伸展	鳞叶金黄色	40～60
	日本扁柏 *C. obtusa*	‘Nana Gracilis’	1.5 m	圆锥形，枝叶密生	鳞叶浓绿色，冬季变色	15～20
	日本扁柏 *C. obtusa*	‘Nana Lutea’	1 m	矮型品种，圆锥形，枝叶密生	金黄色	10
	日本扁柏 *C. obtusa*	‘Opaal’	1 m	圆锥形	黄色或黄绿色，冬季变为金黄色	10～15
	日本花柏（五彩松）*C. pisifera*	‘Boulevard’	5～7 m	圆锥形	针叶青绿色，叶内侧灰白色，冬季变为紫色	30～40
	日本花柏 *C. pisifera*	‘Filifera Aurea’	4～5 m	广圆锥形	丝状针叶金黄色，冬季变为橙色	30～40
	日本花柏 *C. pisifera*	‘Gekkohiba’	2～3 m	最初变为半圆形，以后变为圆锥形	叶片羽毛状，青绿色，新梢先端乳白色	20
	日本花柏 *C. pisifera*	‘Golden Mop’	1～2 m	最初为半球形，以后树芯变为直立圆锥形	叶片金黄色	20
	日本花柏 *C. pisifera*	‘Plumosa Compressa’	50～80 cm	矮型品种，半球形或椭圆形，枝条基生	夏季金黄色，冬季褐色	5～10

续表 4-1-3

科属	种名	品种名	株高	树形与分枝	叶片	年生长量/cm
	日本花柏 *C. pisifera*	'Squarrosa Intermadia'	2~3 m	最初为半球形，以后变为狭圆锥形	针叶密生，青色，鲜叶青绿色	20~30
	日本花柏 *C. pisifera*	'Winter Gold'	5~6 m	圆锥形，主干直立，枝条斜向上伸展	鳞叶春秋季金黄色，其他季节黄绿色	50~70
	美国尖叶扁柏 *C. thyoides*	'Ericoides'	1.5~2 m	矮型品种，最初为球形，以后变为圆锥形	针叶柔软，绿色，冬季变为赤褐色或赤紫色	20
	美国尖叶扁柏 *C. thyoides*	'Purple Heather'	1.5~2 m	小型盆栽品种，狭圆锥形	针叶线形，绿色，冬季变为赤紫色	15~20
	美国尖叶扁柏 *C. thyoides*	'Top Point'	1~1.5 m	矮型品种，狭圆锥形	针叶线形，绿色带有青色，冬季变为赤褐色	15~20
	美国尖叶扁柏 *C. thyoides*	'Variegata'	7 m	生长旺盛的品种，圆锥形	鳞叶绿色带黄白斑，有时枝条上的全部斑点为黄白色	60~80
崖柏属 *Thuja*	北美香柏（香柏，美国侧柏，黄心柏木）*T. occidentalis*	'Danica'	1~1.5 m	球形，老株株型四面展开，枝条直上或者斜向上，枝叶密生	鳞叶绿色，有光泽，冬季变为褐色	15~20
	北美香柏 *T. occidentalis*	'Degroots Spire'	3~5 m	狭圆锥形，主干直立，侧枝向上伸展	春季到秋季叶色浓绿	20~30
	北美香柏 *T. occidgntalis*	'Europe Gold'	4~6 m	狭圆锥形、圆锥形，枝叶粗，一两回枝叶密生	新梢金黄色，夏季黄绿色，冬季橙色	30~40
	北美香柏 *T. occidentalis*	'Globosa'	1~1.5 m	矮型品种，半球形，枝条斜向上，枝叶水平伸展	鳞叶绿色，冬季变为褐色	10

续表 4-1-3

科属	种名	品种名	株高	树形与分枝	叶片	年生长量/cm
	北美香柏 *T. occidentalis*	'Green Cone'	4~5 m	圆锥形，主干直立，侧枝斜向上伸展	鳞叶亮绿色	40~50
	北美香柏 *T. occidentalis*	'Golden Globe'	1~1.5 m	球形	鳞叶金黄色梢带黄绿色，冬季褐色带黄色	10~15
	北美香柏 *T. occidentalis*	'Pendula'	2~3 m	枝条下垂型品种，一般用支柱牵引	鳞叶浓绿色	15~20
	北美香柏 *T. occidentalis*	'Rheingold'	2~3 m	最初为半球形，后变为圆锥形	春季到秋季为金黄色，冬季为铜色带黄色	10~20
	北美香柏 *T. occidentalis*	'Smaragd'	3~5 m	狭圆锥形，主干和侧枝直立向上，枝叶水平密生	鳞叶浓绿色有光泽	20~30
	北美香柏 *T. occidentalis*	'Teddy'	1~2 m	最初为球形，后变为椭圆形，枝条斜向上，枝叶密生	针叶青绿色	15~20
	北美乔柏 *T. plicata*	'Zabrina'	6 m	圆锥形，主干直立，侧枝斜向上水平伸展	鳞叶绿色有光泽，新梢乳黄色	30~50
	北美乔柏 *T. plicata*	'Zebrina Extra Gold'	6 m	圆锥形	鳞叶绿色带有鲜黄色斑点，冬季变为褐色带有黄色斑点	30~50
	T. orientalis	'Collens Gold'	4~5 m	狭圆锥形，主干和侧枝直立向上，枝叶密生水平平行伸展	鳞叶新梢金黄色，后变为黄绿色	30~40
	T. orientalis	'Elegantissima'	5~6 m	圆锥形、狭圆锥形，树干和侧枝直立向上，枝叶密生，枝叶水平平行伸展	鳞叶新梢金黄色，后变为黄绿色，冬季赤茶色或褐色	30~50

续表 4-1-3

科属	种名	品种名	株高	树形与分枝	叶片	年生长量/cm
	T. orientalis	'Elegantissima Stricta'	5~6 m	狭圆锥形，主干和侧枝直立向上，枝叶密生	鳞叶新梢金黄色，后变为黄绿色，冬季褐色	30~50
	T. orientalis	'Filiformis'	2 m	半球形、广圆锥形	鳞叶黄绿色	15~30
	T. orientalis	'Rosedalis'	2 m	卵形、长椭圆形，多分枝，直立向上或斜向上	针叶短小柔软，密生，新梢黄绿色，后变为灰色带绿色，冬季变为赤紫色	20~25
罗汉柏属 *Thujopsis*	罗汉柏（蜈蚣柏）*T. dolabrata*	'Nana'	2 m	最初为半球形，后变为圆锥形	鳞叶野生种比较细，绿色有光泽	10~15
	罗汉柏 *T. dolabrata*	'Nana Variegata'	2 m	最初为半球形，后变为圆锥形	全株都有乳白色斑点，青灰色	10~15
刺柏属 *Juniperus*	中国刺柏 *J. chinensis*	'Blue Point'	4~5 m	广圆锥形，主干直立，侧枝多分枝，枝叶密生；针叶和鳞叶混生，枝条先端为鳞叶，下部为针叶	鳞叶灰青色，针叶青色带绿色，弱光下针叶多	30
	中国刺柏 *J. chinensis*	'Spartan'	4~6 m	狭圆锥形，主干直立，上部侧枝多分枝，小枝细	鳞叶细、密生，鲜绿色，有光泽	30~50
	欧洲刺柏（缨珞柏，普通柏，欧松）*J. communis*	'Compressa'	1 m	矮型品种，圆柱形或狭圆锥形，下部细长的枝条多分枝，直立向上	针叶细、密生，浓绿色，内表面灰白色	3~5
	欧洲刺柏 *J. communis*	'Gold Cone'	2~3 m	圆柱形或狭圆锥形，下部枝条细、多分枝，直立向上	针叶细、密生，新梢金黄色，次级梢绿色增多，夏季黄绿色	15~20

续表 4－1－3

科属	种名	品种名	株高	树形与分枝	叶片	年生长量/cm
	欧洲刺柏 *J. communis*	‘Repanda’	极矮生 30～40 cm	匍匐性矮生品种，枝条同心圆状伸展，植株直径2 m左右，小枝多分枝	新梢亮绿色，后为浓绿色，冬季茶色	10～20
	欧洲刺柏 *J. communis*	‘Suecica’	5～7 m	圆筒形，老株株型变乱。下部枝条多分枝，直立向上，枝条先端向外翘	针叶硬、尖，外表面浓绿色，内表面灰白色，整体为灰绿色	40～50
	岸刺柏 *J. conferta*	‘Aurea’	极矮生 10 cm	枝条在地表放射状伸展，植株直径2～3 m	针叶硬、尖，新梢金黄色，次级梢黄绿色	30～50
	岸刺柏 *J. conferta*	‘Blue Pacific’	极矮生 10 cm	枝条放射状在地表延伸，植株直径3～4 m	针叶外表面青绿色，内表面灰白色	50～70
	平铺圆柏 *J. horizontalis*	‘Bar Harbor’	匍匐型	匍匐型品种，生长旺盛，枝条在地表放射状延伸，直径2～3 m，枝条细	春季到秋季灰绿色，冬季紫色	40～50
	平铺圆柏 *J. horizontalis*	‘Blue Chip’	匍匐型	主枝在地表匍匐延伸，侧枝最初直立向上10～20 cm，以后下垂匍匐生长，分枝力强，枝叶密生	春季到秋季银青色，冬季紫色	20～30
	平铺圆柏 *J. horizontalis*	‘Mother Lode’	匍匐型	枝条放射状延伸，直径1～1.5 m，分枝力强，枝叶密生	春季到秋季金黄色，冬季橙色	15～20
	平铺圆柏 *J. horizontalis*	‘Wiltonii’	匍匐型	枝条放射状延伸，直径3～4 m，分枝强，枝叶密生	春季到秋季灰绿色或青绿色，冬季紫色	

续表 4-1-3

科属	种名	品种名	株高	树形与分枝	叶片	年生长量/cm
	J. pfitzeriana	'Old Gold'	80~100 cm	广口杯形，枝条向外侧水平延伸，主枝放射状斜向上伸展，侧枝水平或斜向上伸展，植株直径 1~1.5 m，分枝力强，植株内部枝叶密生	针叶和鳞叶混生，春季到秋季金黄色，冬季黄绿色	20~30
	J. pfitzeriana	'Pfitzeriana Aurea'	1~2 m	枝条向外侧水平斜伸，杯状，植株直径 3~4 m，主枝放射状斜向上，侧枝斜向上	鳞叶和针叶混生，新梢金黄色，夏季黄绿色	30
	J. pfitzeriana	'Pfitzeriana Glauca'	1~2 m	杯状，主枝放射状斜向上伸展，侧枝部分斜向上，直径 3~4 m	鳞叶和针叶混生，灰青色	30~40
	J. pfitzeriana	'Saybrook Gold'	1.2~1.5 m	杯状，直径 2 m 左右，主枝放射状斜向上，侧枝斜向上或水平伸展，分枝力强，植株内部枝叶密生，小枝先端部分下垂	针叶春季到秋季金黄色，冬季黄色	30~40
	J. procumbens	'Nana'	匍匐型	矮型匍匐性品种，高 10 cm 左右，枝条放射状延伸，覆盖直径 1~2 m	针叶短，青绿色	10~20
	J. scopulorum	'Blue Angel'	5 m	狭圆锥形，主干直立，侧枝向上伸展，枝叶密生	鳞叶灰白色带青绿色	20~30

续表 4－1－3

科 属	种 名	品种名	株 高	树形与分枝	叶 片	年生长量/cm
	落矶山圆柏 *J. scopulorum*	‘Blue Heaven’	4～5 m	狭圆锥形，或圆锥形，幼苗时枝叶粗。主干直立，侧枝斜向上后变为直立向上	鳞叶灰白色，带有青绿色	15～20
	落矶山圆柏 *J. scopulorum*	‘Dewdrop’	2～3 m	狭圆锥形，主干直立，侧枝分枝后直立向上，植株内部枝叶密生	鳞叶灰青色，冬季为灰色带紫色	20
	落矶山圆柏 *J. scopulorum*	‘Moonglow’	3～4 m	狭圆锥形或圆锥形，主干直立，侧枝斜向上，分枝力强，植株内部枝叶密生	鳞叶细、柔软，春季到秋季灰青色，冬季变色	30～40
	落矶山圆柏 *J. scopulorum*	‘Skyrocket’	4～5 m	狭圆锥形，直径 50～60 cm，主干和侧枝直立向上	鳞叶青绿色	30～40
	J. squamata	‘Blue Carpet’	80～100 cm	匍匐性生长，枝条放射状延伸，直径 2～3 m，主枝横向发展，小枝多分枝，水平延伸下垂	针叶春季到秋季灰青色或青绿色，冬季茶褐色	50～60
	J. squamata	‘Blue Star’	极矮生 30～50 cm	矮型品种，直径 1 m 左右，自然半球形，枝条斜向上水平伸展，小枝分枝力强	针叶密生，青绿色，冬季紫色	10
	J. squamata	‘Dream Joy’	极矮生 60～80 cm	枝条放射状延伸直径 2～3m，主枝横向伸展，小枝多分枝，水平延伸，先端下垂	针叶春季到秋季金黄色或黄绿色，冬季橙色	30～40

续表 4-1-3

科属	种名	品种名	株高	树形与分枝	叶片	年生长量/cm
	J. squamata	'Holger'	极矮生 60~80 cm	匍匐性品种，枝条放射状延伸直径 1.5~2 m。主枝水平延伸，小枝多分枝，水平伸展，先端下垂	针叶硬、尖，新梢黄白色、灰色带黄绿色，以后次级梢灰黄绿色	30~40
	J. squamata	'Loderi'	0.8~1.2 m	矮型品种，圆锥形、狭圆锥形，主干直立向上，小枝多分枝，植株内部枝叶密生	针叶细，青绿色，下部部分针叶绿色	15~20
	J. virginiana	'Burldi'	3~4 m	圆锥形、圆筒形，主干直立，侧枝斜向上，分枝力强，树冠内部枝叶密生	鳞叶细、短、柔软，春季到秋季青绿色，降霜时变赤褐色或紫色	30~40
	J. virginiana	'Grey Owl'	1~1.5 m	杯状，直径 3 m 左右，枝条放射状斜向上延伸，侧枝水平或斜向上延伸，分枝力强，枝叶密生	鳞叶灰青色或灰青绿色，冬季变色	40~60
4. 南洋杉科						
南洋杉属 *Araucaria*	智利南洋杉 *A. araucana*		雌 20 m；雄 10 m	广圆锥形，主干直立，枝条 4~8 回轮生	叶革质，浓绿色	20~30
	诺和克南洋杉 *A. heterophylla*		15 m	狭圆锥形，主干直立向上，侧枝 4~7 回轮生，水平伸展，小枝水平、羽状分枝	幼树针叶羽状；成树叶在小枝四周密生，末端的叶为鳞叶，浓绿色	100
5. 罗汉松科						
罗汉松属 *Podocarpus*	东非罗汉松 *P. gracilior*		20 m	狭圆锥形	叶线形，长 5~15 cm，幅 6~12 cm，浓绿色，有光泽	50~70

续表 4-1-3

科 属	种 名	品种名	株 高	树形与分枝	叶 片	年生长量/cm
	竹柏（椰树，罗汉柴，山杉）*P. nagi*		20 m	常绿高木，狭圆锥形	卵形或长椭圆形叶，革质，长 4~8 cm，幅 15~25 mm，浓绿色有光泽	30~40
6. 红豆杉科						
红豆杉属 *Taxus*	欧洲红豆杉 *T. baccata*	‘Fastigiata’	4~7 m	圆筒形，小枝多分枝，直立向上	叶向外侧展开，长 2~3 cm，幅 2~2.5 mm，线形，黑绿色有光泽	30~40
	欧洲红豆杉 *T. baccata*	‘Fastigiata Aurea’	2~3 m	矮型品种，圆筒形或狭圆锥形	新梢金黄色，夏季黄绿色或绿色	10~25
	欧洲红豆杉 *T. baccata*	‘Summerg-old’	1~2 m	杯状，直径 3~4 m，枝条基部分枝，放射状斜向上水平伸展	叶长 2~3 cm，幅 2~3 mm，新梢黄色或黄绿色，夏季绿色	30~50
	东北红豆杉（紫杉）*T. cuspidata*	var. *nana* ‘Rehd’	2 m	半球形	叶扁平，线形，浓绿色，有光泽，冬季部分茶褐色	30~40
	东北红豆杉 *T. cuspidata*	var. *nana* ‘Aurescens’	1 m	矮型种，半球形	新梢金黄色，后变为黄绿色或绿色	10~15

4.2 花木类

花木类是观赏树木的一大类，又称观花树木。包括具有美丽花朵、花序或叶片的乔木、灌木、丛木。观花乔木多具优美的枝叶及雄伟的树姿，在庭院中兼有遮阴降温等生态功能；花灌木也具有一定的体量，花色丰富，花期较长；观叶树木叶片美观，能以叶代花，观赏期长。另外，花木类往往适应性强、寿命较长、栽培管理简便，是园林绿化中重要的植物材料。花木类的树体高低主要受日照长度的影响，花木类非常庞杂，种类繁多，其地理分布、生态习性、形态特征及园林用途有很大差异。可以按照生物学特性、生态特性等进行分类。

4.2.1 分类及营养生长习性

花木类的形态多样性极为丰富，营养生长习性差异很大。表现最为明显的是落叶方式和树体的大小（或高低）的差异。即因植物种类不同表现为落叶性与常绿性，乔木与灌木。

4.2.1.1 常绿花木与落叶花木

根据落叶方式将花木分为常绿花木和落叶花木两大类。由于叶片是植物的脱落性器官（非延存器官），所以当叶片衰老之后均会自然脱落。但根据植物种类的不同，单叶片寿命和叶片的脱落方式不同。一般单叶寿命短，整株叶片一次性全部脱落者称为落叶性花木，这些花木往往有休眠特性并要求一定的低温量才能正常生长发育；而单叶寿命长和叶片多次分散脱落称为常绿性花木。常绿花木类一般兼有美丽的叶片，观赏期长，主要应用于气候温和的地区；而落叶花木则花色艳丽，花期变化较大，抗逆性也较强，多用于我国北方。

4.2.1.2 乔木与灌木

根据成龄植株的高低和体量的大小，可将花木类分成乔木和灌木两大类。乔木与灌木的成因与枝条生长对日照长度的反应有关（Nitseh，1957），花木类的枝条生长对日照长度的反应有 4 种类型：

（1）短日照条件下枝条伸长完全终止，长日照条件下伸长被促进　如枫树（*Acer palmatum*）、合欢（*Albizzia julibrissin*）、加拿大紫荆（*Cercis canadensis*）、太平洋楝木（*Cornus nuttallii*）、欧洲云杉（*Picea abies*）、美国梧桐（*Platanus ocidentalis*）、杨树（*Populus tacamahaca*）、火炬树（*Rhus typhina*）、加拿大铁杉（*Tsuga canadensis*）等接受 2 周的短日照，木槿（*Hibiscus syriacus*）接受 6 ~ 7 周短日照后生长会终止。

（2）短日照条件下枝条伸长完全终止，长日照条件下枝条伸长时快时慢地连续生长　如冬青（*Ilex opaca*）和红栎（*Quercus borealis*）。

（3）短日照条件下枝条继续伸长　如火棘属（*Pyracanta*）。

（4）短日照条件下枝条伸长不完全终止，但生长间断性地进行　如卫矛（*Euonymus alata*）、丁香（*Syringa* spp.）等。

芽生长终止后，开始形成花芽的有木槿等；生长点死亡的有卫矛和丁香等；生长点休眠被鳞片包围的有杨树等。

4.2.2 分类及开花习性

花木类的开花主要受温度支配，而受日照长度的影响较小。多数种类在接受低温之后花芽才能正常发育，进而顺利开花。

4.2.2.1 开花的顺序性

（1）树种间开花早晚不同　不同树种开花早晚不同，但花期早晚与花芽萌动先后相一致。长期生长在温带、亚热带的树木，各种树木的开花期有一定的顺序性。如北京地区的树木，一般按以下顺序开放：银芽柳、毛白杨、榆、山桃、侧柏、桧柏、玉兰、加杨、小叶杨、绦柳、紫丁香、紫荆、核桃、牡丹、白蜡、桑、紫藤、构树、栓皮栎、刺槐、苦楝、合欢、梧桐、木槿、槐等。

(2) 不同品种开花早晚不同　在同一地区，同一种植物中不同品种的开花早晚不同，也有一定的顺序性。如在北京地区碧桃中的‘早花白碧桃’于3月下旬开放，‘亮碧桃’于4月中下旬开放。凡品种较多的花木，按花期都可分为早花、中花、晚花这样三类品种。

(3) 雌雄同株异花树木的开花先后　雌、雄花既有同时开的，也有雌花先开，或雄花先开的。凡是长期采用实生繁殖的树木，如核桃、板栗等，常有这种开花期混杂的现象。

(4) 不同部位枝条花序开放先后　同一树体上不同部位枝条开花早晚不同；一般短花枝先开，长花枝和腋花芽后开。向阳面比背阴面的外围枝先开。同一花序开花早晚也不同。具伞形花序的海棠、苹果等的顶花先开；而具伞房花序的梨，则基部边花先开；葇荑花序的基部花先开。

4.2.2.2 花式

花式即开花与展叶的前后关系，也有的称其为开花类别。花式大致有三类。

(1) 先花后叶类　此类树木在春季萌动前已完成了花器分化，花芽萌动不久即开花，先开花后长叶，如银芽柳、杨树、迎春花、连翘、山桃、梅、杏、桃、榆叶梅、玉兰、紫荆、紫藤等。这些种类大多能够形成一树繁花的景观。

(2) 花叶同放类　此类树木的花器也是在萌芽前完成分化，开花和展叶几乎同时进行，如先花后叶类中的榆叶梅、桃、紫藤中某些开花较晚的品种与类型。一般来说，多数在短枝上能形成混合芽的树种属于此类，如海棠、核桃等。混合花芽虽先抽枝展叶而后开花，但多数短枝抽生时间短，很快见花，因此出现花叶同放的效果。此类树木的开花期往往比先花后叶类稍晚。

(3) 先叶后花类　此类树木中，一少部分树种是在上一年形成的混合芽抽生的新梢上开花，如葡萄、爬山虎、柿子、苹果、山楂、枸子、梨、刺槐等。先叶后花类萌芽要求的气温高，萌芽晚，开花比第二类晚。此类中多数树木的花器是在当年生长的新梢上形成并完成分化，一般在夏秋开花，在树木中属于花最迟的一类。如木槿、紫薇、凌霄、国槐、桂花、珍珠梅、荆条等。另有一些亚热带树种开花极晚，能延迟到初冬，如枇杷、油茶、茶树等。

4.2.2.3 花期延续时间

花期即花朵开放的时期，可分为初开、盛开和凋谢期。花期延续时间因树种或品种而异，同时也受树体营养状况和外界环境影响。

(1) 因树种与品种而异　由于园林树木种类繁多，几乎包括各种花器分化类型的树木，加上同种花木品种多样，在同一地区，树木花期延续时间差异很大。在北京地区开花短的只有7～8 d（如山桃、玉兰、榆叶梅、梅花、樱花等）；开花期长的则可达60～130 d，如紫薇、棣棠、珍珠梅、月季、夹竹桃等，有些甚至能延续到深秋如国槐等。不同开花类别树木的开花还有季节特点，在春季和初夏开花的树木多是在前一年夏季开始花芽分化，于同年秋冬季或开花当年早春完成，到春天温度适合时开花，一般花期相对短而整齐；而在夏、秋季开花者，多是在当年生枝上分化花芽，因分化早晚有别，开花时间亦不一致，加上个体间的差异，使得花期较长。

(2) 因树体营养状况和环境因子而异 一般青壮年树比衰老树的开花期长而整齐；营养状况好的树体开花延续时间长；在温度低光线较弱的小气候条件下（如树荫下、大树、楼房、墙体的北面）开花期延长；遇冷凉潮湿的天气开花期可以延长，而遇到干旱高温天气则开花期缩短；高山地区随地势增高花期延长，这与海拔增高后气温下降及湿度增大有关。

4.2.2.4 年开花次数

年开花次数因树种、品种、树体营养状况和环境条件而异。多数树木每年只开花一次，但也有些树种或栽培品种具有一年内多次开花的习性，如茉莉花、月季、柽柳、四季桂、佛手、柠檬、夹竹桃、观赏石榴等，紫花玉兰、葡萄、毛刺槐（江南槐）中也有多次开花的变异类型。

原产于温带和亚热带地区的绝大多数树种，一年只开一次花，但有时也能发生再次（二度）开花现象。常见的有苹果、桃、连翘、玉兰、紫藤、丁香等。树木再次开花有两种情况：一种是花芽发育不完全或因树体营养不足，部分花芽延迟到春末夏初才开放，这种现象时常发生在梨或苹果等某些品种的老树上。而另一种是秋季发生再次开花现象，这是典型的再度开花，这种现象既可以由不良条件引起，也可以由于条件的改善而引起，还可以由这两种条件的交替变化引起。树木再度开花时，花的质量和繁茂程度不如春天，原因在于花芽分化质量较差和分化的不一致性，有些尚未分化或分化不完善，不能开花或开花不良。

4.2.2.5 花木类最佳观赏期

所谓最佳观赏期是指每种花木一年中观赏价值最高的时期，分为最佳观赏始期、最佳观赏盛期和最佳观赏末期，观赏部位包括花、叶、芽、枝等，最佳观赏期与开花期不同。根据物候学方法，最佳观赏期可划分为如下三个阶段：

(1) 最佳观赏始期 即刚刚进入最佳观赏期。根据树种不同可分为两种情况：有的树种的最佳观赏始期为，花蕾膨大至出现该种花的颜色，如腊梅、毛樱桃、连翘、碧桃、梅花、紫荆、樱花、牡丹等；另有一些树种的最佳观赏始期恰好对应于物候学上的“开花盛期”，即一株上有2/3以上的花朵开放，如紫叶李、海棠、丁香、金银木等。

(2) 最佳观赏盛期 根据树种不同也可分为两种情况：有的树种的最佳观赏盛期为花朵全部开放，如迎春、紫叶李、连翘、碧桃、榆叶梅等；另有一些树种的最佳观赏盛期为2/3以上的花朵开放，即物候学上的观赏盛期，如迎春、紫玉兰、白玉兰、梅花等。

(3) 最佳观赏末期 根据树种不同可分为4种情况：第一种是有1/2的花瓣脱落，如腊梅、迎春、紫叶李等；第二种是有2/3的花瓣脱落，如连翘、碧桃、稠李等；第三种是花瓣开始失水萎蔫，如蔷薇、山毛桃等；第四种是花瓣刚刚开始脱落，如山梅花等。

每种花木最佳观赏期的长短主要由开花时间决定，三四月份开花的，多数为7～10 d；五六月份开花的，一般为15 d。同一地区海拔相同的条件下，阳光充足时比背阴或半阴条件下，花期提早3～4 d。在北方地区，三四月份为开花高峰期，开花的植物种类多，而且色彩鲜艳、丰富，而5月份以后开花的花木则明显较少，且多为色彩淡雅的树木种类。

4.2.3 花形、花相、花香

4.2.3.1 花形

花木类的单花形态丰富，但每一树种又较稳定。只有当花的体量较大时，单花形态才具有观赏上的实际意义。花形的划分在以观花为主的花卉中较为重要，在树木中，一般认为花瓣数多、重瓣性强、花径大、形体奇特的种类观赏价值较高，但根据用途不同，评价标准有所差异。

4.2.3.2 花相

花木类的花均以单生或花序的形式着生在树木的枝干上，花朵在植株上着生的状况被称为花相。人们不仅欣赏花木类单朵花的形态，而且更多的是观赏树木整体植株上全部花朵所表现出来的综合状态。某些树种如桂花，单花较小花型平庸，单花的观赏效果不佳，但若在开花盛期，大量的单花于枝节聚生成团，形体增大，观赏效果倍增。

按照花朵或花序在树冠上的分布特点，可对花相进行分类。比较复杂的分法将花相分为密满花相、覆盖花相、团簇花相、星散花相、线条花相及干生花相等；较简单的将花相分为外生花相、内生花相、均匀花相3大类型。

(1) 外生花相　特点是花或花序着生在枝的顶端，并集中分布于树冠的表层，盛花时，整个树冠几乎被花所覆盖，远距离观看花感强烈，气势壮观，常见的树种有栾树、泡桐、楸树、刺槐、卫矛、紫藤、七叶树、玉兰、木棉、紫薇、丁香、丰花月季、牡丹、珍珠梅、海桐、叶子花、夹竹桃、瑞香、杜鹃等。

(2) 内生花相　特点是花或花序主要分布在树冠内部，着生于大枝或主干上，花常被叶片遮盖，外观花感较弱，常见的树种有桂花、紫荆、白兰花、含笑以及老枝结果的热带树木类型等。

(3) 均匀花相　特点是花以散生或簇生的形式着生于枝的节部或顶部，且在全树冠分布均匀，花感较强。常见的树种有金钟花、郁李、榆叶梅、腊梅、米兰、绣线菊、棣棠、金银花、梅花、樱花、茶花、苹果、梨、山楂等。

每种花相各有其观赏特点。先花后叶植物的各种花相均能充分展示花的风姿，许多花叶同放的树种，花叶相间，同样也能显现花的绚丽。

4.2.3.3 花香

花香即花所分泌散发出的独特香味，包括香味的浓淡、类型、飘香距离等。关于花木类的花香，情况十分复杂，至今尚无评价和归类的统一标准。自然界绝大多数树种的花没有芳香味，有少数种类如臭牡丹、暴马丁香、卫矛等的花或叶甚至还有恶臭味。还有一些树种的花、叶等器官在特定的条件下能产生刺激性的芳香。园林绿化上则尽量选择具有芳香的树种和品种，常用的香花树种有米兰、栀子、茉莉、桂花、白兰花、玉兰、含笑、腊梅、月季、丁香、海桐、柑橘、泡桐、刺槐等。

4.2.4 叶色与枝干形态

4.2.4.1 叶色

许多花木类的色彩类型和格调，主要取决于叶色，因为叶色与花色和果色相比，群体效果显著，在一年中呈色的时间长，能起到良好的突出树形的作用，观赏价值也高，因此叶色被认为是风景园林色彩的创造者。

叶色变化多端，五彩斑斓，其根本原因是叶片内含有的叶绿素、叶黄素、类胡萝卜素、花青素等色素的量、色素的分布、色素的季相变化受外界条件的影响和树种遗传特性的制约，处于动态变化之中。同时，叶色在很大程度上也还受树木叶片对光线的吸收与反射差异的影响，如许多常绿树木的叶片，在阳光下可显现出特有的绿色效果，而一些冬青属植物，则可呈现银色或金属色。一些树种具有特殊叶色，根据叶色的季相变化情况，特殊叶色可分为常色叶类和季节叶色类：

常色叶类有单色与复色两种情况，单色叶片仅表现为某种单一的色彩，以红、紫色（如红枫、红继木、红叶李、紫叶桃、紫叶小檗等）和黄色（如金叶雪松、金叶女贞等）两类色为主；复色是指同一叶片上有两种以上不同的色彩，有些种类的叶片背腹两面颜色显著不同，如胡颓子、红背桂、银白杨等，而有些种类在绿色叶片上有黄色的斑点或条纹，如金心大叶黄杨、变叶木、金心龙血树、洒金东瀛珊瑚等。常色叶类树种所出现的特殊叶色受树种的遗传特性决定，不会因环境条件的影响或时间推移而改变。

季节叶色类树木的叶片在绿色的基础上，随着季节的变化而出现有显著差异的特殊颜色。季节叶色所出现在春、秋两季，在春秋季，温度降低叶片内养分含量少，叶绿素合成慢，类胡萝卜素和花青素较多，致使叶片主要变为红色和黄色或黄褐色。春季新叶为红色的树种有山麻杆、长蕊杜鹃、黄连木、臭椿、香椿等，通常称为春色叶树种，但在南方温暖地区，一些常绿阔叶树的新叶，不限于在春季发生，而是任何季节的新叶均有颜色变化，也归入春色叶类。在秋季落叶前，叶色发生显著变化的树种有银杏、金钱松、悬铃木、黄栌、火炬树、枫香、乌桕等，称为秋色叶类树种，秋色叶类树种以落叶阔叶树居多，颜色以黄褐色较普遍，其次为红色和金黄色。花木类的季节叶色变化除主要为红、黄色外，在红黄之间还存在许多过渡色类。季节叶色开始出现的时间及其持续时间长短，既因树种而异，也与气候条件，尤其是与温度变化有关。

4.2.4.2 枝干形态

花木类枝干的质地有光滑与粗糙之分，幼树的枝干多显得平滑，老年的枝干显得更粗糙。一些树干的开裂与树皮剥落的形态，同样具有较高的观赏价值，如白皮松、悬铃木、榔榆等，树干常块状剥落，颜色深浅相间，显得光坦润滑，斑驳可爱；而刺槐、国槐、板栗等，树皮沟状深裂，刚劲有力，给人以强健的感觉；蓝桉和侧柏的一些品种树干呈扭曲旋转状，恰似粗壮的绳索；龙爪柳、龙爪枣的枝条曲折伸展，龙爪刺槐的枝条呈不规则的螺旋和扭曲富有诗情画意。由此可见，虽然枝干不是树木主要的观赏器官，但其变化也是十分多样的，具有较高的观赏价值。

4.2.5 常见花木的特性

常见的花木类及其特性见表4－2－1（常见庭院花木类）、表4－2－2（常见一般花木类）、表4－2－3（主要乔木类）、表4－2－4（主要灌木类）。

表4－2－1 常见庭院花木类

（参照朝日园艺百科，Vol. 17）

学 名	科 属	分 布	形态特征	生长习性
梧桐 *Firmiana simplex*	梧桐科梧桐属	中国、印度、日本	落叶大乔木，叶子扁圆形，浅裂，叶柄长，花淡黄色，同一圆锥花序中雄、雌两性花混生	阳性树，喜湿润，耐干燥，对海潮、海风和大气污染有抗性
君迁子 *Styrax japonicus*	柿科柿属	中国、日本、朝鲜、菲律宾	落叶小乔木，倒三角形，叶子长卵圆形，五六月份开花，总状花序小花下垂	耐阴，耐海风，抗盐性弱，喜壤土
朴树 *Celtis sinensis*	榆科朴属	中国中南部、日本、朝鲜	落叶大乔木，叶互生，广卵圆形，花叶同放，聚伞花序，两性花，核果红色，花小粉红	喜日照，湿润环境，幼苗喜光，适合湿润、土层深厚的土壤
Sphora japonica		中国	落叶大乔木，奇数羽状复叶，总状花序，碟形花淡黄色	喜光，要求土壤排水、保水性强
Cydonia sinensis	蔷薇科榅桲属	中国	落叶大乔木，叶互生，长倒卵形，花叶同放，淡红色，4月中旬开花，果实大、黄色，有芳香，10月份成熟	喜光，耐寒，喜肥沃土壤
梓树 *Catalpa ovata*	紫葳科梓树属	中国	落叶大乔木，叶对生心形，叶柄长，花淡黄色，有紫褐斑点，圆锥花序，六七月份开花，蒴果长30 cm	喜光，极耐寒，喜湿润，耐干旱，不择土壤
毛泡桐 *Paulownia tomenntosa*	玄参科泡桐属	东洋	落叶大乔木，叶大、广卵圆形，花淡紫色，圆锥花序，花冠筒状，花冠上部五裂，4月份开花	喜光、温暖环境，喜排水良好的肥沃土壤
日本皂荚 *Gleditsia japonica*	苏木科皂荚属	中国，日本，朝鲜	落叶大乔木，叶互生，二回羽状复叶或羽状复叶，花小淡黄色，穗状花序，初夏开花，荚果较大	喜湿润，耐旱，不择土壤
Castanopsis cuspidate var. *sieboldii*	壳斗科栲属	中国、日本南部	常绿大乔木，叶互生，长卵形，雄雌异花同株，五六月份开花，雄花淡黄色，葇荑花序；雌花着生于叶腋，坚果总苞有刺	喜暖湿，幼树耐阴，喜湿润深厚的土壤
Sapium sebiferum		中国	落叶大乔木，叶卵形，叶尖尾状，总状花序，上方雄花，下方雌花，六七月份开花	喜光、湿润和肥沃的土壤

续表 4-2-1

学 名	科 属	分 布	形态特征	生长习性
蓝筛朴 *Sambucus sieboldiana*	忍冬科接骨木属	中国、日本、朝鲜，暖地原产	落叶小乔木，萌芽极早，奇数羽状复叶，花小白色、多数密生于圆锥花序，果实红色或黄色，7月份成熟	喜半阴，不择土壤
合欢 *Albizia julibrissin*	豆科合欢属	中国、日本、朝鲜半岛，南亚等	落叶大乔木，萌芽极晚，二回羽状复叶，小叶叶表深绿，叶背粉白，有睡眠性，小叶昼开夜合，花粉红色、毛茸状、头状花序，荚果	喜光，耐海潮
野漆 *Rhus succedanea*	漆树科盐肤木属	中国南部	落叶乔木，奇数羽状复叶，秋季变红，小花黄绿色，多数极密生于圆锥花序，雌雄异株，五六月份开花，核果浅褐色	喜光、温暖和肥沃土壤
洋槐 *Robinia psedeuacacia*	豆科洋槐属	北美原产，广泛栽培	落叶乔木，奇数羽状复叶互生，总状花序，碟形花白色，多数密生，荚果扁平	喜光，喜湿润肥沃土壤，抗性极强，抗寒、抗旱、抗盐碱，根系浅
Stewartia monadealpha	山茶科紫茎属	美国东部、亚洲东部	落叶乔木，花白色、单生、有两个残存的小苞片，六七月份开花	喜半阴，湿润，喜肥沃土壤
欧洲七叶树 *Aesculus hippocastanum*	七叶树科七叶树属	日本原产	落叶乔木，花白色，多数密生于30 cm长的圆锥花序，5月份开花，也有红花类型	抗寒

表 4-2-2 常见一般花木类

（参照朝日园艺百科，Vol. 16）

学 名	科 属	分 布	形态特征	生长习性
刀状相思树 *Acacia cultrifomis*	豆科金合欢属	澳大利亚、南美，热带原产	常绿小乔木，叶柄扁平，形成三角形假叶，长 1.2 cm，叶身变成刺，头状花序，黄色，有香味	喜温暖暖地、喜光，喜干燥
贝利氏相思树 *Acacia baileyana*	豆科金合欢属	热带原产	常绿小乔木，复总状花序，奇数羽状复叶，螺旋状着生于小枝，叶银灰色，花黄色，有香味	抗寒，广泛栽培
白粉金合欢 *Acacia dealabata*	豆科金合欢属	热带原产	常绿小乔木，二回羽状复叶，似合欢，枝叶银灰色，总状花序，呈球形，花黄色，两三月份开花，荚果红色，多数聚生	喜温暖暖地、喜光，喜干燥

续表 4－2－2

学 名	科 属	分 布	形态特征	生长习性
Deutzia crenata	绣球科溲疏属	中国、日本	落叶灌木，叶片披针形、互生，钟形白色小花多数聚生成圆锥花序，枝干中空，变异类型极多，有重瓣，紫花	喜光和较干燥环境
金雀儿 *Cytisus scoparius*	豆科金雀儿属	欧洲、地中海	常绿或落叶灌木，花金黄色，生于叶腋，五六月份开花，花的翼瓣有红色、紫色和淡紫色变异	喜光、喜干燥，不耐湿，抗寒、抗海风、抗海潮；世界广泛栽培
荚蒾 *Viburnum dilatatum*	忍冬科荚蒾属	中国、朝鲜	集散花序，花白色，花期五六月份，果实红色。近缘种类很多，花形变异很大	喜半阴，较湿，抗寒，喜肥沃土壤
红千层 *Callistemon rigidus*	桃金娘科红千层属	澳大利亚	常绿灌木，小花聚生于花枝上形成圆柱状，花枝直立或下垂，雄蕊发达，着色，萼片、花瓣小，花后脱落，花序先端长新梢，花色有红、褐黄和黄色；叶片长披针形、革质，互生	喜光
金链花（毒豆）*Laburnum anagyroides*	豆科毒豆属		落叶小灌木，三出复叶，互生，花碟形黄色，数十个聚生成穗状花序，花穗长 20 cm	抗寒，不耐热，喜黏质肥沃土壤
香桃木 *Myrtus communis*	桃金娘科香桃木属	地中海沿岸、印度、南美，热带和亚热带原产	常绿小乔木，叶卵形，花 5 瓣，雄蕊多数，花型似梅花，叶和花型变异很多	喜光，喜冷凉干燥，耐阴，不择土壤
西藏大青 *Clerodendrum trichotomum*	马鞭草科大青属	中国原产，热带、亚热带	落叶灌木，叶三角状卵形，有特殊臭味，伞房花序，花萼红色，花粉色，果实球形黑色，同属有 1 000 种	耐阴，耐寒
石榴 *Punica granatum*	石榴科石榴属	伊朗、阿富汗、巴基斯坦	披针形，单叶对生，六七月份开花，花瓣 6 枚，有重瓣品种，花色有白色、粉红色	喜光，不耐寒，不择土壤，耐盐碱
野山楂 *Crataegus cuneata*	蔷薇科山楂属	中国、日本、欧洲原产	花白色，5 瓣，集散花序，有红花和重瓣变异；近缘有 1 000 多种	喜光，喜冷凉，耐热，不耐湿，不择土壤
黄栌（烟木、霞木、白熊木）*Cotinus coggygria*	漆树科黄栌属	中国、欧洲南部	叶片卵形，有臭味，小花直径 3 mm，多数聚生形成圆锥花序，花淡绿色略带紫色，花柄伸长呈丝状，具有观赏价值。远看似云烟笼罩	不抗寒，喜排水良好的肥沃土壤

续表 4-2-2

学 名	科属	分 布	形态特征	生长习性
珙桐（鸽子树）*Davidia envolucrata*	珙桐科珙桐属	中国原产	一科一属一种，称为植物界熊猫的珍稀树种。叶片宽卵形，无花瓣，有两片白色的苞片，雌雄异花	喜光、抗热、抗寒，不择土壤
Loropetalum chinensis	金缕梅科	中国原产	常绿灌木，一属一种，珍稀树种。叶长卵圆形，互生，秋天叶片红色，5月份开花，花长1.5 cm浅绿色	不抗寒
榆叶梅 *Prunus triloba*	蔷薇科李属	中国	落叶灌木或小乔木；叶宽椭圆形至倒卵形，花腋生，先叶开放，粉红色或近白色	温带树种，喜光，耐寒，不耐水涝，耐旱
Banksia	山龙眼科贝科斯属	澳大利亚原产	常绿灌木，叶片硬质，叶长、深裂似锯齿，枝端着生穗状花序，同属有50多种。花色有白、淡黄、褐黄、银灰各种颜色。无花瓣，雄蕊异常发达，是主要的观赏部位	喜光，怕湿，不耐寒
中花金丝桃 *Hypericum chinensis*	金丝桃科金丝桃属	中国原产	常绿或半落叶灌木，叶片长卵圆形，背生，花期六七月份，花单生，5瓣，雄蕊发达多数，花形似桃花，花瓣、雄蕊金黄色	喜半阴，耐旱，抗寒，不择土壤
糯米条 *Fothergilla monticola*	忍冬科六道木属	北美东南部	落叶灌木，叶片广椭圆形，先花后叶，小花多数密生成穗状花序，无花瓣，白色雄蕊异长，花有香味	抗性强，不择土壤
雪柳 *Spiraea thunbergii*	蔷薇科	北半球温带至寒带	落叶灌木，早春花木，叶片长23 cm，披针形，互生，秋季变为红色；花器8 mm，纯白色，腋生，小花密集于很长的花枝上，花枝呈弓状下垂，花器三四月份上旬	喜光，不耐湿，不择土壤，适应性极强
白鹃梅 *Exochorda raceamosa*	蔷薇科白鹃梅属	中国中部	落叶灌木，叶长卵圆形，花白色，无瓣，总状花序，四五月份开花	喜光，不择土壤
迷迭香 *Rosmarinum officinalis*	唇形科迷迭香属	地中海沿岸原产	一属一种。常绿灌木，叶片多数对生，长3cm，线状，背面有绒毛，春至夏开花，唇形花，淡紫色，聚生成总状花序，植物全身有芳香	喜光，不抗寒，不耐高温多湿，不择土壤

表4-2-3 主要乔木类

(参照朝日园艺百科, Vol. 14)

学名	科属	分布	形态特征	生长习性
丁香 *Syringa* spp.	木樨科丁香属	中国华北	落叶灌木或小乔木，单叶对生，椭圆或披针形；圆锥花序	温带及寒带树种，耐寒，喜光，稍耐阴，较耐旱
梅花 *Prunus mume*	蔷薇科李属	中国	落叶小乔木，具枝刺，叶广卵形或卵形；花淡粉红或白色，芳香	喜温暖气候，对温度敏感，较耐寒，花期早。喜阳光充足，通风良好的环境
Acer spp.	槭树科槭树属	北半球	140余种，叶片5~9裂，叶色有绿色、红色、白色（币取山）、黄色，形态各异，观叶；还有绿叶垂枝和红叶垂枝种类	喜光，喜昼夜温差大，不耐湿，耐干燥，喜排水保水良好的土壤，适应性强，广泛栽培
夹竹桃 *Nerium indicum*	夹竹桃科夹竹桃属	印度及伊朗	常绿灌木或小乔木，叶革质，线状披针形，顶生聚伞花序，花冠漏斗状，花色有白、黄、粉、红、紫	喜温暖湿润气候，耐寒力不强，喜光好肥，也略耐阴，对二氧化硫、氯气等有毒气体及烟尘抗性强并具吸收能力，萌枝力强
紫薇 *Lagerstroemia indica*	千屈菜科紫薇属	亚洲南部及澳洲北部	落叶灌木或小乔木，高可达7 m，叶对生或上部互生，椭圆形或倒卵形。顶生圆锥花序，花两性，花瓣边缘皱缩	亚热带阳性树种，喜光也稍耐阴，性喜温暖也有一定抗寒能力，耐旱，怕涝，萌枝力强，寿命长
紫荆 *Cercis chinensis*	豆科紫荆属	我国黄河流域、长江流域、珠江流域	落叶灌木或小乔木，叶互生，近圆形，花先于叶开放，4~10朵簇生或为短总状花序，紫红色	喜光，好生于向阳、肥沃土壤，不耐荫蔽。有一定耐寒力，耐旱，不耐涝，萌枝力强，耐修剪
山茶 *Camellia japonica*	山茶科山茶属	中国	常绿小乔木或灌木，高10 m；叶互生，革质，卵形为主；花两性，腋生	喜半阴，喜温暖，湿润环境，忌强光暴晒
桃花 *Amygdulus persica*	蔷薇科桃属	中国北部及中部地区	落叶小乔木，叶椭圆状披针形，花单生，白色、红色或粉红色，先叶开放或同放	喜光，耐旱，性好温暖，较耐寒，不耐水湿、碱性土及黏重土
木兰 *Magnolia* spp.	木兰科	中国原产	种类很多，有90多种；花色有白色、黄色、紫色	喜酸性土壤，不耐严寒，不耐旱，不耐移栽
迎春 *Jasminum nudiflorum*	木樨科茉莉属	中国	落叶灌木，叶对生，小叶卵圆形；花单生，先叶开放，黄色	温带树种，喜温暖湿润环境，较耐旱耐寒，怕涝
腊梅 *Chimonathus praecox*	腊梅科腊梅属	中国中部	落叶灌木，暖地半常绿；单叶对生，卵状披针形或卵状椭圆形；花两性、单生，浓香，先叶开放	喜光，耐阴，较耐寒，耐旱，怕风，忌水湿，喜疏松、深厚、排水良好的中性或微酸性沙质土壤

表4-2-4 主要灌木类

（参照朝日园艺百科，Vol. 15）

学名	科属	分布	形态特征	生长习性
绣球 *Hydrangea macroiphylla*	绣球科绣球属	亚洲和南北美	同属40余种，花色有淡紫色、粉红、蓝色、绿色、白色，有蝴蝶荚蒾和绣球荚蒾之分，由完全花和不完全花组成头状花序，有单瓣和重瓣花	适应能力强，广泛栽培，用于盆花栽培，栽培条件要求严格
日本马醉木 *Pieris japonica*	杜鹃花科马醉木属	中国、日本、东亚、北美东部	常绿灌木，叶有光泽，宽披针形，花壶形，白色，下垂，聚生成总状花序，3月份开花。同属种类很多，有红花、粉花、细叶、金叶、红叶等，园艺品种甚多	适应性强，但不耐干旱，半阴状态下，叶色良好
Erica arborea var. *alpina*	杜鹃花科欧石楠属	非洲原产	本属有600多种，常绿灌木，叶小、针状；花小、壶形，花色有白色、粉色、黄色、红色	耐寒性强，但不耐热
Calluna vulgaris	杜鹃花科	欧洲和北非原产	一属一种，常绿小灌木，高20~60 cm，小叶鳞状似柽柳；有白、粉、红、紫花品种	喜光，耐干燥，抗性极强，可在荒漠地区生长
Kalumia spp.	杜鹃花科	北美和古巴	常绿或落叶灌木，叶片革质长卵形，互生，花顶生成伞房花序，花色有白、粉、红、复色，初夏开花	喜湿润，春季全光，夏季皆宜
栀子 *Gardenia jasminoides* f. *grandiflora*	茜草科栀子属	中国和日本原产	叶长椭圆形，革质，夏季开花，白花有芳香，有重瓣花品种	耐寒性弱，喜肥沃、酸性、湿润土壤
Rhododendron spp.	杜鹃花科	中国、日本、印度	本属有800多种。形态差异极大，花色丰富，花色、花形和花期变化丰富，因种而异，有常绿、半常绿、落叶型的种，是最重要的园林观赏花木	多数喜温暖湿润及半阴环境，极少数种耐寒，喜酸性土壤，pH 4.5~5.5
Lespedeza	豆科胡枝子属	东亚、北美	叶椭圆，碟形花，聚生成总状花序，花色有白、紫红	适应性较强，喜光，不耐阴，有固氮根瘤菌
芙蓉 *Hibiscus mutabilis*	锦葵科木槿属	中国南部和日本南部	灌木或宿根草本，叶大掌状5裂、互生，花色有白、粉、红	喜温暖湿润，不耐寒，冷地呈宿根型
海棠 *Malus* spp.	蔷薇科苹果属	中国原产	落叶灌木，同属有10种，叶卵圆形、互生，品种甚多，有观叶、观果、食用、观枝等，花色有白、粉	适应性强，耐旱、耐寒，*Malus dzumeo* 极耐盐碱

续表 4-2-4

学 名	科属	分 布	形态特征	生长习性
金缕梅 *Hamamelis* spp.	金缕梅科金缕梅属	北美东部，中国西南部，日本	落叶小乔木，叶圆形，较大，花瓣4，萼片4，花瓣袋状扭曲，花多数聚生于短枝上，有香味，花色有黄色、但也有橙、红园艺品种，早春顶雪开花，先花后叶	耐寒性极强，可以在-30℃下栽培，喜湿润土壤，不抗干旱
木槿 *Hibiscus syriacus*	锦葵科木槿属	中国原产	落叶小乔木，花有白、粉、淡蓝、紫，单瓣、重瓣，品种甚多	喜光，适应性强，抗寒性强，抗旱，喜有机质多的土壤
连翘 *Forsythia suspense*	木樨科连翘属	欧洲、日本、中国	落叶灌木，高 3 m，干丛生直立，单叶对生，卵形，花先叶开放，黄色	喜光，耐阴，耐寒，耐干旱瘠薄，怕涝
月季 *Rosa chinensis*	蔷薇科蔷薇属	中国	常绿或半常绿灌木，高2 m；羽状复叶；花微香，重瓣	喜温暖，日照充足，空气流通，排水良好环境
贴梗海棠 *Chaenomeles speciosa*	樟木科木瓜属	中国	落叶灌木，叶椭圆形、互生，叶柄极短，贴梗；花5瓣，花梗极短，近乎贴生于枝上，花色有白、粉、红，品种甚多，有曲枝（鳞凤、云龙更纱）和跳枝品种，早春花叶同放，也有晚秋开花的品种	喜光，稍耐阴，抗寒、抗旱、抗盐碱，适应性极强，不择土壤，比较喜欢湿润、有机质丰富的土壤

4.3 藤蔓类

藤蔓类观赏植物特指那些自身不能很好地直立生长，需攀依他物上升，或匍匐卧地蔓延，亦或垂吊生长的植物类型，它是一个园艺学概念。这一类植物在园林中多有应用，种类也非常庞杂，涉及77个科，250余属。有攀缘植物（climbing plant）、匍匐植物（creeping plant）和垂吊植物（weeping plant）3类。由于藤蔓类大多数为木本植物，至于一些草本类，则作为特例处理。另外，也为了平衡章节，将其归在木本观赏植物中论述。

4.3.1 分类及特点

藤蔓植物包括攀缘、匍匐、垂吊3大类群，各类群的特点如下。

4.3.1.1 攀缘植物群

共同特点是茎细长，不能直立，但均具有凭借自身的作用或特殊结构攀附他物向上伸展的攀缘习性，在无他物可攀附时则匍匐或垂吊生长。攀缘植物又可依攀缘方式的不同分为缠绕类、卷攀类、吸附类、棘刺类和依附类5种类别。

4.3.1.2 匍匐植物群

共同特点是不具有缠绕能力和或攀缘结构。茎有时虽细长或柔弱，但缺乏攀升能力，通常只匍匐平卧地面或向下垂吊，是地被、坡地绿化及盆栽悬吊应用的优良素材。又依匍匐器官的不同细分为匍匐茎类、纤匐枝类、平卧茎、花枝匍匐类和叶匍匐类5种类别。

4.3.1.3 垂吊植物群

该类群的自然习性，既不攀缘，也不匍匐生长，植株或因附生而向下悬垂，或因枝条生出后而向下倒伸或俯垂。又据垂吊器官及垂吊方式的不同分为附生悬垂型、枝倒伸型、枝俯垂型、叶垂吊型4类。

以上各类群中又有常绿性和落叶性植物两类。常绿类多产于热带和亚热带，在冬季温暖地区可露地栽培；落叶类产于温带和亚寒带，对气候适应性较广。另外，各类群还可以根据形态及生物学特性再加以区别（表4－3－1）。

表4－3－1 藤蔓类植物的分类及其特性

类群	类型		形态特性	常见种
攀缘植物 climbing plant	缠绕类 twining group	左旋	左手螺旋状缠绕他物上展	牵牛、红花菜豆、紫藤、常春油麻藤
		右旋	右手螺旋状缠绕他物上展	忍冬、黄独、多花紫藤
		随机缠绕	缠绕方向不固定	何首乌、文竹
	卷攀类 clasping group	小叶卷须	羽状复叶前端小叶变态为卷须	香豌豆、炮仗花
		托叶卷须	托叶变态为卷须	菝葜、牛尾菜
		叶尖卷须	叶先端钩状卷曲	嘉兰、滇黄精、鞭藤
		叶柄卷须	叶柄或小叶柄卷曲	铁线莲、小木通、绣球藤
		茎卷须	茎变态为卷须	葡萄、西番莲、栝楼
		花序卷攀	花序一部卷曲	珊瑚藤、鹰爪、白蔹
	吸附类 adhering group	茎卷须	茎卷须末端形成吸盘	爬山虎、五叶地锦、崖爬藤
		气生根	借气生根吸附上展	扶芳藤、常春藤、薜荔
	棘刺类 acanthus group	茎刺	小枝变态成刺	叶子花、钩枝藤、钩藤
		皮刺	刺由表皮或皮层形成	叶仙人掌、野蔷薇、云实
		角质刺	刺由表皮的角质层形成	茜草
	依附类 branch climbing group		借本身的分枝穿插依靠他物	千里光、南蛇藤、胡颓子

续表 4-3-1

类 群	类 型	形态特性	常见种
匍匐植物 creeping plant	匍匐茎 stoloniferus group	茎通常匍地延生，多为草本	蔓长春花、地瓜藤、石松、吊金线
	纤匐枝 sarmentose group	均为草本，初莲座状后形成纤匐枝	草莓、肾蕨、虎耳草
	平卧茎 procumbens group	多为柔弱草本，触地节和节间常不生根	马齿苋、龙须海棠、千根草
	花枝匍匐 scapiformis sarmentose group	叶基生，花葶顶端于花后生不定根及芽，触地成株	吊兰、马蝶兰
	叶匍匐 flagellum-leaf group	叶先端具鞭状结构，生不定芽及不定根后成株	铁线蕨、过山蕨、铁角蕨
垂吊植物 weeping plant	附生悬垂型	多生于崖壁或附生于树，枝叶垂吊生长	长松萝、鹿角蕨、仙人指
	枝倒伸型	均为木本，枝自发向地生长	垂枝榆、垂枝槐、垂枝梅
	枝俯垂型	枝长而柔软，因重力弓弯下垂	木香、枸杞、金钟花
	叶垂吊型	叶片长而大，因重力而垂吊	莎草蕨、虎眼万年青、虎头兰

4.3.2 主要类型及其特征

藤蔓类观赏植物具有生长快，体积小，易于造型等优点。是垂直绿化的优良材料，又是室内装饰中不可或缺的植物类型，在园林中普遍应用，有的用做盆栽观赏。藤蔓类观赏植物可用于绿柱、绿廊、棚架、绿亭、绿垣的造型，也可用于林下、坡面、墙面、阳台、屋顶绿化。不同种类的生物学特性及用途差异很大，常见的种类及其特性见表 4-3-2。

表 4-3-2 重要藤蔓植物及其特性一览表

植物名称	科 名	攀缘习性	观赏特性	适用地区
海金沙 *Ligodium japonica*	海金沙科	缠绕	常绿	华东、华中
买麻藤 *Gnetum montanum*	买麻藤科	缠绕	果红、黄色	华南
瓜馥木 *Fissistigma oldhamii*	番木瓜科	缠绕	果红色	长江流域以南
海风藤 *Piper hancei*	胡椒科	气生根	花白色，果黄绿色	东南沿海
马兜铃 *Aristolochia debilis*	马兜铃科	缠绕	花暗紫，果形奇特	华北及以南
木通马兜铃 *A. mandshurica*	马兜铃科	缠绕	花淡黄，果形奇特	中国北部
五味子 *Schisandra chinensis*	五味子科	缠绕	花乳白色，果红色	东北至长江流域
华中五味子 *S. sphenanthern*	五味子科	缠绕	花黄色，果红色	长江流域
南五味子 *Kadsura longepedunculata*	五味子科	叶柄卷曲	花黄，果红，常绿	长江流域及以南
小花青藤 *Illigera parviflora*	莲叶藤科	缠绕	果形奇特	华南
荷包藤 *Adlumia asiatica*	罂粟科	卷须缠绕	花白色	东北

续表 4-3-2

植物名称	科名	攀缘习性	观赏特性	适用地区
大藤铃儿草 *Dactylicapnos torulosa*	罂粟科	缠绕	花黄色	西南、华南
清风藤 *Sabia japonica*	清风藤科	缠绕	花黄绿色	华中、西南
铁线莲 *Clematis florida*	毛茛科	缠绕	花白色	长江流域及以南
大瓣铁线莲 *C. macropetala*	毛茛科	缠绕	花蓝色	东北、华北、西北
两色乌头 *Aconitum albovilaceum*	毛茛科	缠绕	花淡紫色	东北、华北
瓜叶乌头 *A. hemsleyanum*	毛茛科	缠绕	花蓝紫色	华中、华东
木通 *Akebia quinata*	木通科	缠绕	花紫红色，果黄色	华北及以南
野木瓜 *Stauntonia chinensis*	木通科	缠绕	果橙黄色	华东、华南
大血藤 *Sargentodoxa cuneata*	大血藤科	缠绕	花黄色	华北以南
金线吊乌龟 *Sephania cepharantha*	防己科	缠绕	叶奇特，果紫红色	长江流域及以南
吊葫芦 *Sephania tetrandra*	防己科	缠绕	叶奇特，果紫红色	长江流域及以南
蝙蝠葛 *Menispermum dauricum*	防己科	缠绕	叶形奇特	中国北部
崖藤 *Albertisia laurifolia*	防己科	缠绕	常绿、果实	华南
薜荔 *Ficus pumila*	桑科	气生根	叶、果	华东、华中、华南
斑叶葎草 *Humulus japonica* var. *variegates*	桑科	缠绕	叶色	华北及以南
三角花 *Bougainvillea glabra*	紫茉莉科	蔓生	花紫、红色	华南、西南
量天尺 *Hylocereus undatus*	仙人掌科	气生根	茎枝，花黄，果红	华南
落葵 *Basella rubra*	落葵科	缠绕	叶，果紫色	华北及以南
何首乌 *Polygonum multiflorum*	蓼科	缠绕	花白色	华北及以南
珊瑚藤 *Antigonon leptopus*	蓼科	卷须	花淡红色、叶	华南
猕猴桃 *Actinidia chinensis*	猕猴桃科	缠绕	花黄白色，果	华北及以南
软枣猕猴桃 *Actinidia arguta*	猕猴桃科	缠绕	花白色，果	东北、华北
毛花猕猴桃 *Actinidia eriantha*	猕猴桃科	缠绕	花淡红色	华东、华南
西番莲 *Passiflora edulis*	西番莲科	缠绕卷须	花紫白色，果紫色	长江流域及以南
蓝花鸡蛋果 *Passiflora caerulea*	西番莲科	缠绕卷须	花蓝色，果	华南
刺山柑 *Capparis spinosa*	白花菜科	蔓生卷须	花红、白、粉红色	西北、东北
水槟榔 *Capparis masaikai*	白花菜科	蔓生卷须	花白色	华南、华东
冠盖藤 *Pileostegia viburnoides*	八仙花科	气生根	花白色	长江流域及以南
蔓八仙 *Hydrangea anomala*	八仙花科	气生根	花白色	长江流域及以南
钻地枫 *Schizophragma integrifolium*	八仙花科	气生根	花白色	长江流域及以南

续表 4-3-2

植物名称	科名	攀缘习性	观赏特性	适用地区
野蔷薇 *Rosa mulitiflora*	蔷薇科	蔓生钩刺	花白、红、粉红色	华北及以南
木香 *Rosa banksiae*	蔷薇科	蔓生钩刺	花白、黄色	华北南部及以南
金缨子 *Rosa laevigata*	蔷薇科	蔓生钩刺	花白色，果红色	华东、华中及华南
红腺悬钩子 *Rubus sumatranus*	蔷薇科	蔓生钩刺	花白色，果橘红	华南
多腺悬钩子 *Rubus phoenicolasius*	蔷薇科	蔓生钩刺	全株密生红色腺毛	华北、西北及以南
紫藤 *Wisteria sinensis*	豆科	缠绕	花紫色、白色	东北南部以南
鸡血藤 *Millettia reticulata*	豆科	缠绕	花紫红色	长江流域及以南
黎豆 *Mucuna castanea*	豆科	缠绕	老茎生花，果奇特	华南
常春油麻藤 *Mucuna sempervirens*	豆科	缠绕	常绿，花紫色	华东至华南
红花菜豆 *Phaseolus coccineus*	豆科	缠绕	花红色	东北及以南
龙须藤 *Bauhinia championoii*	豆科	卷须	花白色	华东、华中至华南
云南羊蹄甲 *Bauhinia yunnanensis*	豆科	卷须	花淡紫色，叶形	华南、西南
云实 *Caesalpinia sepiaria*	豆科	蔓生有刺	花白色，果橙红	华北南部及以南
飞龙掌血 *Toddalia asiatica*	芸香科	缠绕	果橙红色	长江流域以南
蔓胡颓子 *Elaeagnus glabra*	胡颓子科	蔓生有刺	花白色，果橙红	长江流域及以南
使君子 *Quisqualis indica*	使君子科	缠绕	花粉白，果橄榄状	华南至华中、华东
赤苍藤 *Erythropalum scandens*	铁青树科	卷须	果黄绿色	华南、西南
南蛇藤 *Celastrus orbiculaatus*	卫矛科	缠绕	花黄绿色，果黄色，种子红色	全国
扶芳藤 *Euonymus fortunei*	卫矛科	气生根		华北、西北及以南
常春卫矛 *Euonymus hederaceus*	卫矛科	气生根	果紫红，种子红色	华南
山柚藤 *Cansjera rheedii*	山柚子科	蔓生有刺	果鲜红色	华南
雀梅藤 *Sageretia theezans*	鼠李科	蔓生有刺	果紫黑色	华北南部及以南
甜果藤 *Mappianthus iodoides*	茶茱萸科	卷须	花黄色，果	华南至长江流域
葡萄 *Vitis* spp.	葡萄科	卷须	果紫、黄、绿	全国各地
中国地锦 *Parthenocissus tricuspidata*	葡萄科	吸盘	秋叶红艳	全国各地
五叶地锦 *Parthenocissus quinnquefolia*	葡萄科	吸盘	秋叶红艳	华北及以南
崖爬藤 *Tetrastigma obtectum*	葡萄科	吸盘	常绿	长江流域以南
倒地铃 *Cardiospermum halicacabum*	无患子科	卷须缠绕	果形奇特	长江流域至华北
洋常春藤 *Hedera helix*	五加科	气生根	常绿	华北南部及以南

续表 4-3-2

植物名称	科名	攀缘习性	观赏特性	适用地区
常春藤 *Hedera nepalensis* var. *sinensis*	五加科	气生根	果橙红，常绿	长江流域及以南
当归藤 *Embelia parviflora*	紫金牛科	缠绕	全株被锈毛	华南
网脉叶酸果藤 *Embeli rudis*	紫金牛科	缠绕	果红色变紫黑色	华南、西南、华东
观赏南瓜 *Cucurbita pepo* var. *ovifera*	葫芦科	卷须	果形奇特，各色	全国
观赏葫芦 *Lagenaria siceraria* var. *microcarpa*	葫芦科	卷须	果形奇特	全国
蓬莱葛 *Gardneria multiflora*	马钱科	卷须	花黄色，果红色	长江流域及以南
牛眼马钱 *Strychnos angustiflora*	马钱科	螺旋曲钩	果橙黄色	华南
双蝴蝶 *Tripterospermum affine*	龙胆科	缠绕	花紫色	长江流域及以南
络石 *Trachelospermum jasminoides*	夹竹桃科	气生根	花白色	华北及以南
紫花络石 *Trachelospermum axillare*	夹竹桃科	气生根	花紫色	长江流域及以南
山橙 *Melodinus suaveolens*	夹竹桃科	缠绕	花白色、果橙红色	华南
链珠藤 *Alyxia sinensis*	夹竹桃科	缠绕	果淡红色，奇特	长江流域至华南
软枝黄蝉 *Allemanda cathartica*	夹竹桃科	蔓生	花黄色	华南
球兰 *Hoya carnosa*	萝摩科	气生根	花白色，叶肉质	华南
牵牛 *Pharbitis nil*	旋花科	缠绕	花蓝、紫等各色	华北及以南
茑萝 *Quamoclit* spp.	旋花科	缠绕	花红色	华北及以南
五爪金龙 *Impomoea cairica*	旋花科	缠绕	花淡紫红色	华南、西南
月光花 *Calonyction aculeatum*	旋花科	缠绕	花白色	华北及以南
探春 *Jasminum floridum*	旋花科	缠绕	花黄色	华北南部及以南
北清香藤 *Jasminum lanceolarium*	木樨科	缠绕	花白色，果红褐色	长江流域及以南
红茉莉 *Jasminum beesianum*	木樨科	缠绕	花红色	长江流域及以南
箭头藤 *Thunbergia grandiflora*	爵床科	缠绕	花红色	华南
凌霄 *Campsis grandiflora*	紫薇科	气生根	花橘黄色	华北及以南
炮仗藤 *Pyrostegia ignea*	紫薇科	卷须	花橘黄色	华南、西南
玉叶金花 *Mussaenda pubescens*	茜草科	蔓生	花黄白色	长江流域及以南
钩藤 *Uncaria rhynchophylla*	茜草科	蔓生	花黄色	长江流域及以南
金银花 *Lonicera japonica*	忍冬科	缠绕	花白色变黄色	全国
橙黄忍冬 *Lonicera brownii*	忍冬科	缠绕	花橙黄至鲜红色	华北南部及以南

续表 4-3-2

植物名称	科名	攀缘习性	观赏特性	适用地区
竹叶子 *Streptolirion volabile*	鸭趾草科	缠绕	花白色，叶	东北、华北
鞭藤 *Flagellaria India*	鞭藤科	叶卷须	果红、黄色，叶	华南
天门冬 *Asparagus cochinchinensis*	百合科	蔓生	花淡绿色，果红	长江流域及以南
嘉兰 *Gloriosa superba*	百合科	卷须	花黄、红色，叶	西南、华南
菝葜 *Smilax china*	菝葜科	卷须	果红色，花黄绿	华北南部及以南
粉菝葜 *Smilax glauco-china*	菝葜科	卷须	果紫黑	华东、华中
大果菝葜 *Smilax macrocarpa*	菝葜科	卷须	果红色	华南
蜈蚣藤 *Pothos repens*	天南星科	气生根	果鲜红色	华南
麒麟叶 *Epipremnum pinnatum*	天南星科	气生根	叶，常绿	华南
绿萝 *Scindapsus aurens*	天南星科	气生根	叶，常绿	华南
爬树龙 *Rhaphidophora decursiva*	天南星科	肉质气生根	叶羽状深裂至中肋	华南、西南原产
穿龙薯蓣 *Dioscorea nipponica*	薯蓣科	缠绕	叶，果	华北、东北、华东
栝楼 *Trichosanthes kirilowii*	葫芦科	卷须	黄花，黄、橙红果	全国各地

4.4 观赏竹类

竹属于禾本科竹亚科（Bambusoideae），全世界有 70 余属 1200 余种，主要分布于热带和亚热带，少数在温带与寒带。亚洲竹类资源丰富，约有 50 属 900 多种，我国竹类资源丰富，种类繁多，据记载有 50 余属 700 余种，占世界竹类种质资源的 80% 左右。竹类植物形态特殊、非草非木，绝大多数竹子的茎具节中空，柔中有刚。观赏竹的观赏价值主要表现在其姿态、色彩、风韵与时空节奏等方面。竹子在我国栽培历史非常悠久，不仅是重要的农、林业资源，而且也是最重要的观赏植物类群之一，已有很多不同形态的种或品种被广泛用于观赏与园林绿化。另外，竹子在我国还有其独特的文化内涵，常赋予其常青、刚毅、挺拔、坚贞、清幽的性格，用于园林和庭院栽培以陶冶情操，鼓舞精神。

4.4.1 形态特征

竹子一般呈常绿乔木状或灌木状，也有少量为藤木状。有的植株高达 30 余米，如产于我国滇西南及亚洲东南部的绵竹、大麻竹；有的植株矮小，仅 1 m 左右，如产于我国及日本的赤竹属、倭竹属；还有的主干不能直立，枝干沿地面蔓生或攀缘状，如产于我国海南、云南及亚洲东南部的藤竹。竹子全株分地下茎、根、芽（笋）、枝、叶、竹箨、花与果实。

4.4.1.1 根与地下茎

竹的根为须状，着生于地下茎或竹秆地下部分的茎节上，根的形态几乎无种间差异。地下茎是在土壤中横向生长的茎部，具有节，节上有芽、生根，芽可以萌发为新的地下茎或笋出土成竹，种间差异明显，常作为分类的依据。竹子的地下茎可依据其形态特征和繁殖特性分为以下 3 大类型。

（1）单轴型　形态特点是地下茎细长，横走地下，称为竹鞭。竹鞭有节，节部有退化的叶，称为鞭箨；节上生出须状根，称为鞭根。地下茎是由许多鞭段组成的，每一鞭段是由鞭柄、鞭身和鞭鞘三部分组成。按照地下茎在土壤中分布的深度，可分为深根与浅根两类。深根类如毛竹，其竹鞭在土壤中呈波状起伏前进，蔓延可深达 30 ~ 60 cm。一般老鞭在下，新鞭在上。浅根类如淡竹、紫竹等，其竹鞭长通常不足 30 cm，靠近地表生长，且老鞭在上，新鞭在下。浅根类竹鞭在土壤中虽成波浪形横走，但上下波动幅度小，一般不露出地面。竹鞭的每节着生一芽，交互排列。有的芽长成新竹鞭，在土壤中蔓延生长；有的芽则发育成竹笋，竹笋稀疏散生，长出土面后发育成竹，逐渐发展成为竹林。具有这种特性的竹种称为散生竹，如毛竹、紫竹、斑竹等（图 4 - 4 - 1 A，B）。

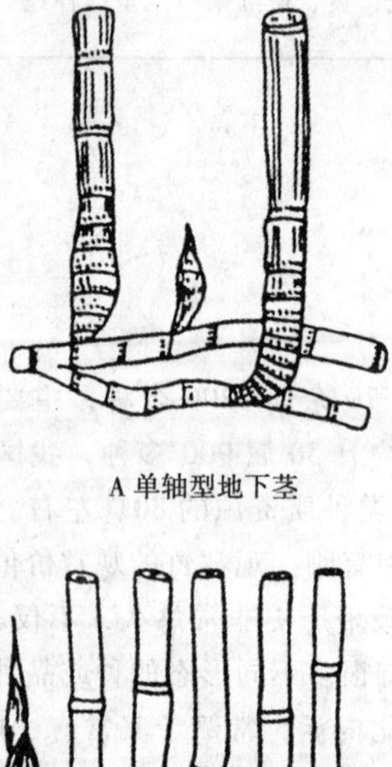

A 单轴型地下茎

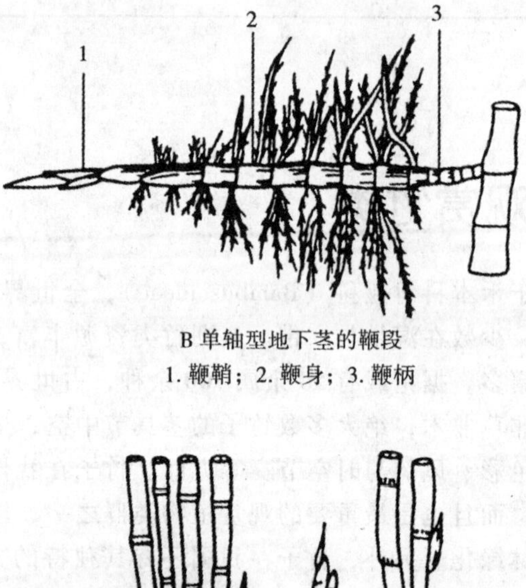

B 单轴型地下茎的鞭段
1. 鞭鞘；2. 鞭身；3. 鞭柄

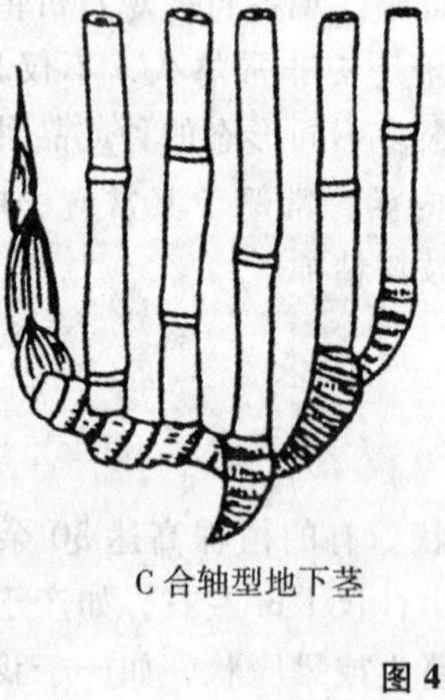

C 合轴型地下茎

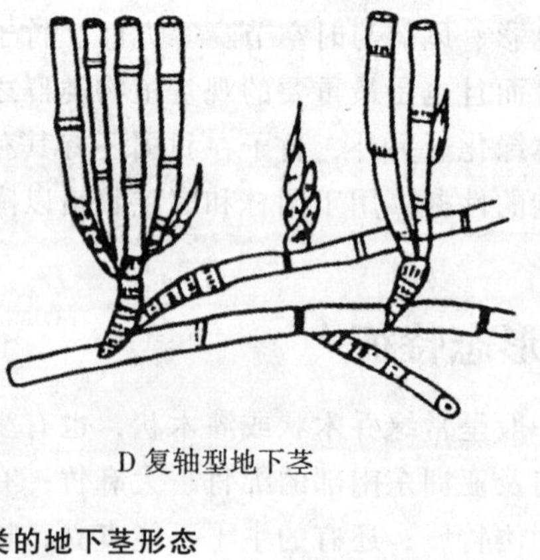

D 复轴型地下茎

图 4 - 4 - 1　竹类的地下茎形态

（引自：刘金．观赏竹．中国农业出版社，1998）

(2) 合轴型　其形态特征是地下茎不横走，粗大而短缩，节密根多成烟斗状，称为秆基。除少数竹种外，其大型芽抽笋长成的新竹一般都靠近老秆，形成密集丛生的竹林，秆基则堆积成群。具有这种特性的竹种，称为丛生竹，如麻竹、绿竹、慈竹等（图 4-4-1 C）。

(3) 复轴型　其形态特征是地下茎兼有单轴型和合轴型的特点。既有在地下做长距离横向生长的竹鞭，并从鞭叶抽笋长竹，竹笋稀疏散生，又可从秆基芽眼萌发成笋，长出成丛的竹秆。具有这种特性的竹种称为混生竹，如茶秆竹、苦竹、箬竹等（图 4-4-1 D）。

4.4.1.2 竹秆

竹秆即竹子的地上茎，一般为圆形且中空有节，由许多节构成。竹秆又分秆柄、秆基与秆茎三部分（图 4-4-2）。

(1) 秆柄　秆柄即竹秆的最下部分，细小、短缩、不生根，由数十节组成，它与竹鞭或母竹的秆基相连，构成竹子地上部和地下部的连接枢纽。

(2) 秆基　秆基即竹秆在土中生根的部分，由数节至数十节组成，节间短缩而粗大。秆基各节密集生根，称为竹根，形成竹株的独立系统。丛生竹与混生竹的秆基具有芽，可以萌笋长竹，而散生竹的秆基一般没有芽或极少数发育出不完全芽，不能萌笋长竹。秆基、秆柄和竹根合称为竹蔸。

(3) 秆茎　秆茎即竹秆的地上部分，端正通直有节，秆茎的下部多无枝，上部有分枝。每节有两环，下环为箨环，是竹箨脱落后留下的痕迹；上环为秆环，是分生组织停止生长后留下的环痕。两环之间称节内，两节之间称节间。相邻二节间有一木质横隔，称节隔，着生于节内。竹秆的节、节间形状和节间长度因竹种而异。

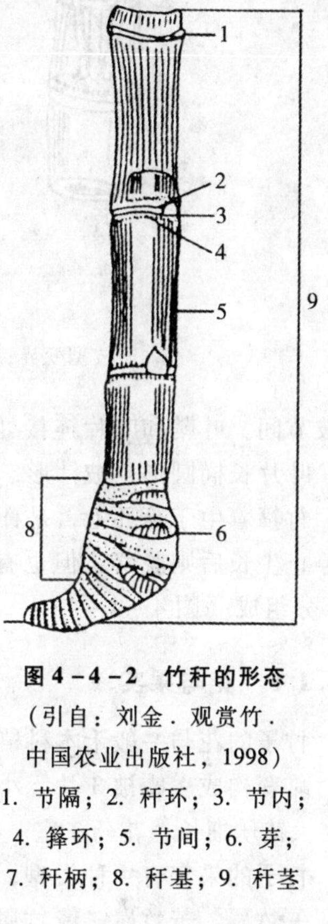

图 4-4-2 竹秆的形态

（引自：刘金．观赏竹．中国农业出版社，1998）

1. 节隔；2. 秆环；3. 节内；4. 箨环；5. 节间；6. 芽；7. 秆柄；8. 秆基；9. 秆茎

4.4.1.3 竹枝

从竹秆的节上生长的芽发育成竹枝。竹枝中空有节，节由箨环与秆环组成。主枝的节可再生枝形成次生枝。竹枝的分枝有一枝型、二枝型、三枝型和多枝型。一枝型的竹秆每节单生出 1 枝，如箬竹；二枝型的竹秆每节生出两个枝，一主一次，长短大小有差异，如毛竹；三枝型的竹秆每节生出三个枝，在一个中心主枝的两侧各生一个次主枝，如唐竹、方竹；多枝型的竹秆每节呈多枝丛生如慈竹，有的主枝很长如麻竹，有的主侧枝区别不明显如青皮竹（图 4-4-3）。

4.4.1.4 竹叶与竹箨

竹叶着生于枝节上，每节长一叶，交错排列成两行。叶分叶鞘、叶柄和叶片，叶鞘包裹

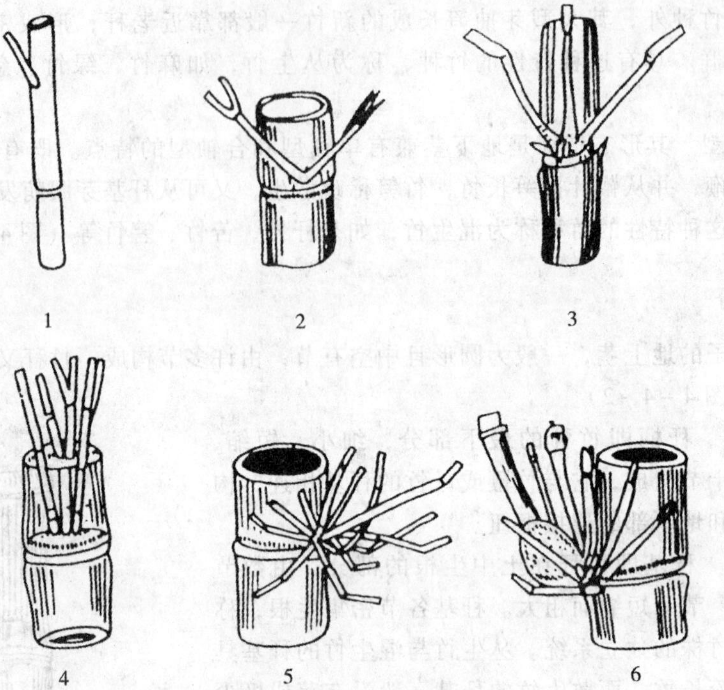

图 4－4－3　竹的分枝类型

1. 一枝型；2. 二枝型；3. 三枝型；

4. 三枝型变异；5. 多枝型（主枝不突出）；6. 多枝型（主枝突出）

小枝节间。叶鞘和叶片连接处的内侧有膜质片或纤毛，称为叶舌。两侧耳状突起，称为叶耳。叶片长椭圆形至披针形，其下方具有短柄，称为叶柄。

竹箨着生于箨环上，是秆茎上的叶片（笋期时叫笋箨），对节间起保护作用，一般当节间停止生长后则脱落，但也有些竹种的竹箨宿存数年。竹箨又由箨叶、箨舌、箨耳、箨鞘 4 部分组成（图 4－4－4）。

4.4.1.5　花与果实

竹子的花与一般禾本科植物的花基本相同，每一小花有内、外稃各一枚。花由鳞被、雄蕊、雌蕊构成。鳞被 3 片，小而透明，位于花的基部，是变形的花被。雄蕊多数是 3 枚或 6 枚，花丝细长，花药 2 室。花柱 1~3 枚，柱头两三裂，子房 1 室，具 1 胚珠。

竹子的果实有 4 种类型，即颖果、坚果、浆果和囊果。绝大多数竹种如刚竹属、勒竹属、矢竹属、苦竹属、箭竹属、赤竹属、唐竹属等的果实为颖果，籽粒较小。但慈竹为囊果；梨竹为浆果；金佛山方竹为坚果，其果皮厚硬，可与种子剥离，大小如花生米，可熟食。各竹种的种子形状、大小和重量差异很大，如赤竹千粒重 25 g，大头典竹 136 g，梨竹 19 000 ~ 78 000 g。

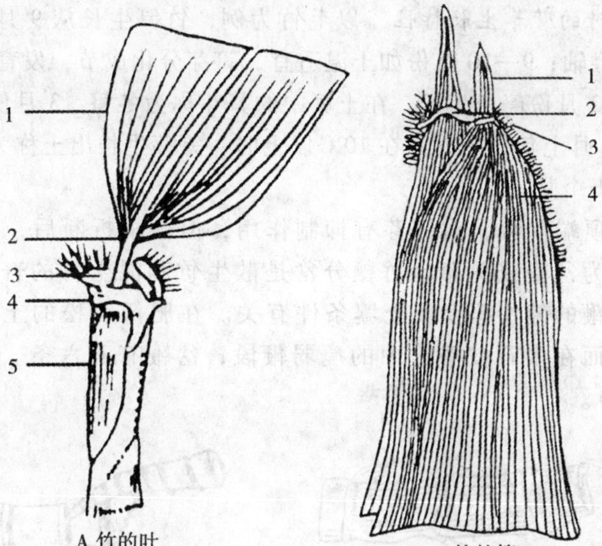

A 竹的叶
1. 叶片；2. 叶柄；
3. 叶耳；4. 叶舌；
5. 叶鞘

B 竹的箨
1. 箨叶；2. 箨舌；
3. 箨耳；4. 箨鞘

图4-4-4 竹叶（A）与竹箨（B）的形态

4.4.2 营养生长特性

竹子的生长发育过程包括从种子萌发到种子成熟的全过程，可分为营养生长和生殖生长两个时期。营养生长期是从种子萌发开始到新植株的花芽分化为止；生殖生长期是从花芽分化到种子成熟。

绝大多数竹种属于多年生一次开花植物，少数为多次开花，营养生长期长，种子不易采到。但由于地下茎具有养分贮藏和繁殖的功能，主要用其繁殖种苗。竹子没有次生生长，秆、鞭在长度增长的同时，进行竹秆粗度和竹鞭厚度的增长。因此，竹子的生长发育规律因地下茎类型的不同而异。

4.4.2.1 散生竹的营养生长特性

（1）竹鞭的生长　以毛竹为例，其地下茎通称竹鞭，由鞭柄、鞭身及鞭鞘3部分组成。鞭鞘又叫鞭笋，由坚硬的鞭箨包被，尖削如楔，具有强大的穿透力。竹鞭在地下蔓延是由鞭梢生长来实现的。鞭节上侧芽萌发，又生长出新鞭，并增长竹鞭的节、侧芽和节间长度与粗度。在抽鞭初期生长缓慢，形成短缩细小、无根无芽的鞭节，叫鞭柄。鞭柄是子鞭和母鞭分岔的连接部分。毛竹的鞭柄较长，有10～15节，而中小型散生竹的鞭柄较短，多为5～10节。鞭鞘有时钻出地表，但在光照的影响下又会钻入土中，故形成弓形，称为跳鞭；也有的鞭鞘出土后继续向上生长形成竹秆，称为鞭竹。鞭段上的芽分为鞭芽和笋芽。鞭芽位于鞭身和鞭梢相邻的部位，笋芽一般位于鞭段的中部，且粗壮。粗壮的鞭段生长的笋大，竹子也粗大，成竹率也高。毛竹鞭分布在0～30 cm的土层中，但经常松土、施肥的笋用竹林，竹鞭分布可达50 cm深。中、小型散生竹的竹鞭分布在5~20 cm范围内，个别可深达40 cm。

(2) 竹笋与新竹的营养生长特性　以毛竹为例，竹笋生长从9月上旬开始，笋芽萌发膨大芽尖逐步离开鞭轴；9—10月份如土温适宜，笋芽分化成节，发育成笋；11月份生长减慢；12月份至翌年2月份停止生长。在土壤中的笋芽称为冬笋。3月份土温回升，笋芽继续生长；3月下旬至4月上旬，当气温在10℃以上时，笋芽生长出土称为春笋。竹笋从开始出土至出笋结束约需1个月。

鞭梢有很强的顶端优势，对侧芽有抑制作用，但鞭梢折断后，附近的侧芽很快就萌发，长出新鞭，称为岔鞭或侧鞭。竹鞭分岔是散生竹和混生竹的普遍现象，分岔的位置和岔鞭的数量与竹鞭的健壮程度及土壤条件有关。在肥沃疏松的土壤中，粗壮竹鞭的岔鞭少，最多两条；而在多石贫瘠土中的瘦弱鞭段，岔鞭有五六条。毛竹的鞭分岔有3种类型（图4-4-5）。

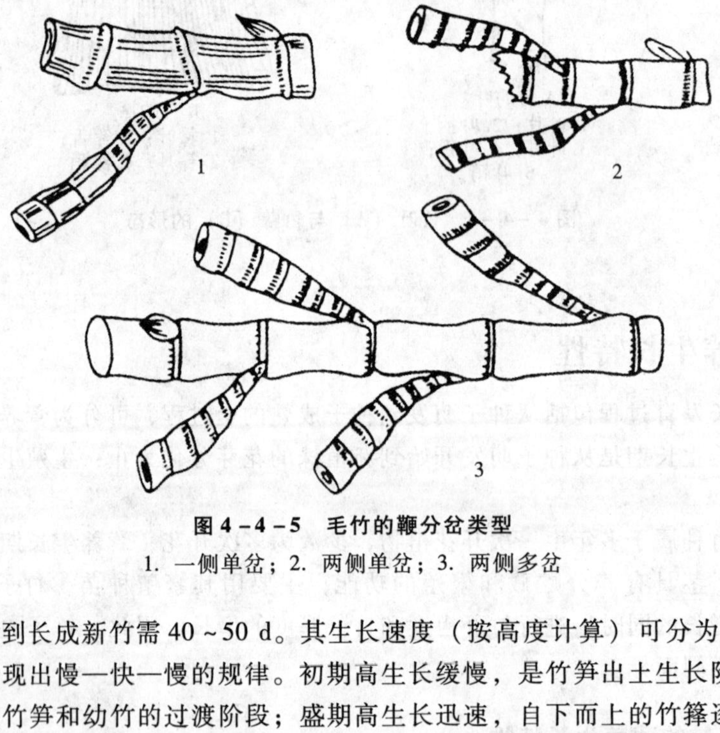

图4-4-5　毛竹的鞭分岔类型

1. 一侧单岔；2. 两侧单岔；3. 两侧多岔

从竹笋出土到长成新竹需40~50 d。其生长速度（按高度计算）可分为初期、上升期、盛期和末期，表现出慢—快—慢的规律。初期高生长缓慢，是竹笋出土生长阶段；上升期生长逐步加快，是竹笋和幼竹的过渡阶段；盛期高生长迅速，自下而上的竹箨逐步脱落，是幼竹阶段；末期高生长逐步缓慢，竹秆上部开始抽枝展叶，形成新竹。

4.4.2.2　从生竹的营养生长特性

从生竹的地下茎称为秆基，肥大多根。秆基上每节着生一芽目（又称芽眼、笋目或大型芽），交互排列成二列，近对生，最下一对的芽目称头目，依次往上称二目、三目……最上一对称尾目。芽目的数量因竹种而异，一般大型竹有6~16个，如麻竹和绿竹。秆基中下部的芽目充实饱满，生活力强，萌发较早，出笋肥大，成竹质量高；秆基上部的芽目，特别是露出地面的芽目较小，生活力弱，萌发迟；一二年生的秆基中下部芽目，生活力最旺，有1~4个芽目能萌发出笋成竹，其余的大部分不能萌发，或萌发后因营养不足而萎缩死亡；4年生以上，秆基的芽目不能萌发。一年中早期出笋成竹的秆基上的芽目，秋季又能萌发竹笋，称为二水笋。

4.4.2.3 混生竹的营养生长特性

混生竹兼有散生竹和丛生竹的生长特性，既有地下横走的竹鞭，又有密集簇生的竹丛。混生竹的竹鞭和散生竹的竹鞭基本相同，但节间细长，鞭根较少，鞭上的芽既可抽出新鞭，又可发笋成竹。竹鞭先端附近的芽，六七月份开始萌发成新的竹鞭，八九月份新鞭生长最快，10 月份生长缓慢，新鞭梢在冬季停止生长后死亡，来年夏季又从附近的芽抽出新鞭。一年生以上的竹鞭，鞭段中部的芽，早春萌发成笋芽，三四月份竹笋出土，经过 30 ~ 40 d，竹笋生长为幼竹。新竹秆基上有 4 ~ 8 个大型芽，在适当的条件下，这些大型芽可萌发成新鞭或竹笋，生长为新竹。

4.4.3 开花结实特性

竹子开花因不同的环境条件和不同的竹种，开花习性不同，大体可分为 3 种类型。

4.4.3.1 一次开花结实

开花结实后竹株枯死，鞭根腐烂，原有竹林破坏。如毛竹林，地下的竹鞭互相连接，是同一竹鞭系统的竹子，一旦有部分竹子开花，其他的竹子都相继开花，最后整片竹林衰败。

4.4.3.2 多次开花结实

竹株开花结实后还能正常生长，如倭竹。有的竹子开花结实后，地上部竹株枯死，而地下的鞭、根不枯死，几年后重新长出新竹，恢复竹林。这种竹子开花周期长短不一，日本的刚竹开花周期为 120 年一次，开花后，在原竹鞭上的侧芽萌发出大小不一的再生竹株，数年后恢复正常竹林；苦竹属和赤竹属的开花周期为 60 年。另外，水竹、早竹、哺鸡竹、雅竹、淡竹、斑竹、麻竹、慈竹、大头典竹等均为多次开花的竹类。

4.4.3.3 不开花结实

只有营养生长，从未见开花结实。如勒竹属中的泰山竹。竹子临近花期时有一定的前兆，表现为竹林或竹丛叶片变黄，硬化变脆，逐渐枯萎脱落，或换生一种短小变形的新叶，竹林或竹丛很少出笋或不出笋。开花时，雄蕊花丝伸长，吐露出花药悬挂于稃外，经过一定时间（一般 3 ~ 4 h）后，花粉囊开裂散出花粉，在花丝伸长的同时柱头也显露于二稃之间，借风媒进行异花或自花授粉，授粉后 20 ~ 30 d 果实成熟。成熟后的果柄与小穗轴连接处产生离层自然脱落。除了毛竹、箬竹、梨竹及印度的勒竹开花后能正常结实外，多数竹子的结实率很低。这是由于雄蕊异长，伸出稃外，雌蕊花柱短，包于稃内，致使十花九不孕，同时也是竹子长期无性繁殖，引起性机能退化所致。

4.4.4 主要观赏竹的品种资源

我国竹的资源丰富，种类繁多，有很多形态不同的类型被广泛用于园林观赏。主要的观赏竹种或品种如下（表4-4-1至表4-4-3）。

表4-4-1 地下茎单轴型散生竹的特性

属名	特征	主要品种
酸竹属 *Acidosasa*	乔木状，地下茎节间圆筒形，在分枝一侧节上有沟槽或扁平，秆中部每节分枝3枚，上部每节分枝5枚。秆箨脱落，箨鞘革质，箨片小披针形。叶片大小变化较大，小横脉明显	黎竹 *A. venusa*
铁竹属 *Ferrocalamus*	灌木状，秆壁较厚，节间长60~80 cm。秆箨早落，箨耳发达，每节分枝1枚，上举，与秆近等粗，枝基具有气生根瘤，叶片大型	铁竹 *F. strictus*
大节竹属 *Indosasa*	乔木或灌木状，节间圆筒形，分枝一侧扁平，部分长达节间的1/2左右，秆内壁髓有屑状或海绵状增厚。秆环隆起，3分枝，秆箨早落，箨片三角状披针形，直立或反转	算盘竹 *I. glabrata* 倭形竹 *I. shibataecoides* 中华大节竹 *I. sinaca* 江华大节竹 *I. spongiosa*
刚竹属 *Phyllostachys*	地下茎散生。秆箨脱落，分枝一侧有明显全长之纵沟槽，两分枝。箨比节间短，箨叶长2~10 cm，三角形或长三角形	黄槽石绿竹 *P. arcane* f. *luteosulcata*、罗汉竹 *P. aurea*、黄槽竹 *P. aureosulcata*、黄皮京竹 *P. aureosulcata* f. *aureocaulis*、金镶玉竹 *P. aureosulcata* f. *spectabilis*、斑竹 *P. bambusoides* f. *lacrima-deae*、淡竹 *P. Glauca*、毛竹 *P. pubescens*、刚竹 *P. viridis*
业平竹属 *Semiarumdinaria*	小乔木状，节间圆筒形，分枝一侧扁平，每节分枝1~5枚，通常分枝3，秆箨不完全性脱落，箨鞘革质，鞘口缝毛近直立，箨片直立或开展，叶片披针形至宽披针形	江南竹 *S. farinose* 陵水紫竹 *S. gracilipes* 四季竹 *S. lubrica* 红花竹 *S. nuspicula*

表4-4-2 地下茎合轴型丛生竹（含合轴散生竹）的特征

属名	特征	主要品种
悬竹属 *Ampelecalamus*	地下茎丛生，秆上部藤状下挂，秆箨迟落，远短于节间，箨耳明显，具有放射状长缝毛，箨叶发达	射毛悬竹 *A. Actinotrichus* 贵州悬竹 *A. Cataaareus*
簕竹属 *Bambusa*	乔木状或灌木状，秆丛生，节间圆筒形，每节分枝多数，主枝1~3枚，小枝有时硬化成刺，秆箨迟落，箨鞘厚，革质至硬纸质，箨片三角形，通常直立，其基部与箨鞘之顶端等宽，箨耳显著	惠方簕竹 *B. Blumeana* cv. Wei-fan Lin、青丝黄竹 *B. eutuldoides* var. *viridi-vittata*、凤尾竹 *B. Multiplex* cv. Fernleaf、青皮竹 *B. textiles*、紫秆竹 *B. textiles* var. *purpuras cens*、佛肚竹 *S. ventricosa*
牡竹属 *Dendrocalamus*	乔木状，秆丛生，节间圆筒形，分枝多数，主枝通常较发达，秆箨脱落，箨鞘厚革质，箨耳常缺，箨舌近截平，先端齿裂，箨片卵状披针形，通常外翻	麻竹 *D. latiflorus* 花吊丝竹 *D. minor* var. *amoenus* 歪脚龙竹 *D. sinacus*

续表 4-4-2

属 名	特 征	主要品种
镰序竹属 *Drepanostachyum*	地下茎丛生，灌木至小乔木状，秆壁薄，节肿大，秆箨纸质，具有纵肋，箨舌极发达，箨叶锥状，叶片细长披针形，每节分枝1至多枚，细长，半轮生状	小蓬竹 *D. luodianense*
慈竹属 *Neosinocalamus*	乔木状，秆丛生，节间圆筒形，分枝多数，秆顶细长而成弧状弯曲或下垂如钓丝状，秆箨脱落，箨鞘革质，箨片通常直立或反折，基部宽度仅及箨舌的1/3~1/2	慈竹 *N. affinis*、大琴丝竹 *N. affinis* f. *flavidorivens*、金丝慈竹 *N. affinis* f. *viridiflavus*、黄毛竹 *N. affinis* f. *chrysotrichus* 绿秆花慈竹 *N. affinis* cv. *striatus*
泰竹属 *Thyrsostachys*	地下茎直立丛生，分枝节位高、多数，主枝不明显，秆箨宿存，箨鞘质薄、狭长，箨耳缺，叶小	泰竹（南洋竹）*T. siamensis*
箭竹属 *Fargesia*	地下茎具有粗短实心的假鞭，灌木状，秆略呈散生，秆圆筒形，顶端劲直或稍弯曲，壁厚，幼秆被白粉，箨迟落或宿存，箨耳缺或极微小，箨叶窄长，顶端钝圆，叶鞘通常紫色，叶片较小，矩状披针形	矮箭竹 *F. demissa*、华西箭竹 *F. nitida*、华橘竹 *F. spathacea*、秀叶箭竹 *F. yuanjiangensis*

表 4-4-3 地下茎复轴型混生竹（含地下茎单轴或复轴型）的特征

属 名	特 征	主要品种
巴山木竹属 *Bashania*	小乔木状，地下茎复轴型，髓薄膜质，每节分枝初为3枚，后可增多，秆箨迟落或宿存，箨鞘革质，鞘口平截，箨耳无或不明显，箨片直立或开展，披针或三角状披针形	巴山木竹 *B. fargesii*
寒竹属 *Chimonobambusa*	灌木状或小乔木状，地下茎复轴或单轴型，下部或中部以下方形或似方形，分枝一侧扁平或具沟槽，中下部数节具有刺瘤状气根，3分枝，有时会多分枝，秆箨宿存或迟落，箨鞘纸质，三角形，箨片极小，叶片通常狭披针形	大叶方竹 *C. grandifolia*、合江方竹 *C. hejiangensis*、寒竹 *C. marmoreal*、龙拐竹 *C. szechuanensis* var. *flexuosa*、方竹 *C. quadrangularis*
井冈寒竹属 *Glidocalamus*	地下茎复轴型，灌木状，节间圆筒形，无沟槽，节下具有白粉或刺毛，秆环平箨环略隆起，小枝短，仅两三节，常具1叶，叶片小，每节分枝数7~12，纤细簇生，秆箨宿存，近革质，箨叶锥状	井冈寒竹 *G. stellatus*
箬竹属 *Indocalamu*	灌木状，地下茎复轴型，节间细长，圆筒形，无沟槽，每节1分枝（秆上部可多分枝），直径与主干接近，秆箨宿存，箨鞘质厚而脆，箨片披针形至狭三角形，直立或开展，叶宽大，一般叶长20 cm以上	美丽箬竹 *I. decorus*、棕巴箬竹 *I. herklotsii*、阔叶箬竹 *I. latifolius*、华东箬竹 *I. migoi*、矮箬竹 *I. pedalis*、胜利箬竹 *I. victorialis*

续表 4-4-3

属　名	特　征	主要品种
少穗竹属 *Oligostachyum*	地下茎单轴或复轴型，乔木状，秆中部每节分枝3枚，上部有时多数，秆箨早落，箨耳及缕毛不发育，叶片条状披针形	秀英竹 *O. shiuyigianum* 少穗竹 *O. sulcatum*
大明竹属 *Pleioblastus*	乔木状至灌木状，地下茎复轴或单轴型，节间圆筒形；秆环隆起，箨环上附有箨鞘基部的木栓质残留物，并具有一圈缕毛，其下有明显粉圈，每节分枝3~7枚；秆箨宿存或迟落，长三角形，通常被脱落性小刺毛和白粉，边缘密生棕红色纤毛，箨耳常微弱或缺，边缘着生缕毛或无，箨舌截形或凹截形，被白粉，箨片披针形，开展而略反转，基部收缩于箨鞘顶部1/2~1/3；末级小枝具有叶3~5枚，笋味苦	杭州苦竹 *P. amarus* var. *hangzhouensis*、垂枝苦竹 *P. amarus* var. *pendulifolius*、辽东白条叶苦竹 *P. chino* f. *angusifolius*、狭叶青苦竹 *P. chino* var. *hisauchii*、绿纹苦竹 *P. chino* f. *kimmei*、球节苦竹 *P. globinodus*、大明竹 *P. gramineus*、螺节竹 *P. gramineus* f. *monstrispiralis*、惠竹 *P. hidsii*
矢竹属 *Pseudosasa*	地下茎复轴型，节间圆筒形，无沟槽，秆环不明显，具有1芽，分枝1~3枚，紧贴主干；秆箨宿存或迟落，箨鞘革质，具有刺毛或绒毛，箨片直立，三角状披针形，叶片长披针形，小横脉明显	茶秆竹 *P. amabilis* 纤细茶秆竹 *P. gracilis* 矢竹 *P. japonica* 曙矢竹 *P. japonica* f. *akebono*
筇竹属 *Qiongzhuea*	地下茎复轴型，混生，灌木状，3分枝，且再次分枝，秆环隆起或极度隆起，呈一圆脊，节内不具有气生根，秆箨早落，厚纸质，箨叶窄小不发育，笋期春季	细秆筇竹 *Q. intermedia* 大叶筇竹 *Q. macrophylla* 筇竹 *Q. rumidinoda*
赤竹属 *Sasa*	灌木状，地下茎复轴型，秆型矮小，节间圆筒形，节通常肿胀或平，每节1分枝，秆箨宿存，通常短于节间，无毛或有；箨鞘厚纸质至革质，箨片披针形至狭三角形，一枝有5~7片叶，叶大型	爬地竹 *S. argenteastriatus* 菲黄竹 *S. auricoma* 菲白竹 *S. fortunei* 翠竹 *S. pygmaea* 赤竹 *S. longiligulata*
倭竹属 *Shibataea*	小灌木状，地下茎复轴型，高通常仅1 m左右，节间于分枝一侧甚扁平，故呈半圆筒形或几乎为棱形，分支6；枝细短，每枝仅2节，通常小枝具有叶一两片，秆箨早落，箨鞘纸质，箨片锥状	江山倭竹 *S. chiangshanensis* 鹅毛竹 *S. chinensis* 倭竹 *S. kumasasa* 黄纹倭竹 *S. kumasasa* f. *aureo-striata* 翡翠倭竹 *S. lanceifolia* f. *amaragdina*
唐竹属 *Sinobambusa*	地下茎复轴型，节间较长，分株一侧扁平或有纵沟，通常分枝3枚，可多至四五枚，开展，粗细近相等；秆箨脱落，箨鞘通常革质并具有刚硬起立的刺毛，箨片披针形，叶片披针形或狭披针形	晾衫竹 *S. intermedia* 白目暗竹 *S. orthotropa* 唐竹 *S. tootsik* 白条唐竹 *S. tootsik* f. *albostriata*

4.5 棕榈类

棕榈类是指棕榈科（Palmae 或 Arecaceae）中具有观赏价值的植物类群。棕榈科属于单子叶植物纲初生目中一个非常特殊的类群，也是热带地区最重要的代表科之一。棕榈科植物全世界有 250 属 3 500 余种，主要分布在热带美洲及亚洲，少数原产于非洲。我国原产的有 18 属 98 种，其中 27 种为我国特有，目前引种栽培的种类已有 94 属 322 种。棕榈科植物中有的具有很高的食用和药用价值，有的具有观赏价值，有的则二者兼得。从园林观赏的角度上看，棕榈科植物是热带景观的象征，大多数种类均具有观赏价值，其婀娜多姿的树型、健壮通直的树干、优雅洒脱的叶片、乃至每一部分所显示出的气质和风韵，都无不给人们以美的感受。因此，棕榈类不仅大量用于适生区的园林绿化，而且通过盆栽更广泛地用于室内装饰与季节性的室外点缀。在美、英、印尼、澳大利亚以及我国南方的重要的植物园均建有棕榈专类园。棕榈科植物中多数是木本，少数为草本，故列入木本中讨论。

4.5.1 分类及分布

棕榈科植物分为 6 个亚科：贝叶棕亚科（Coryphoideae）、槟榔亚科（Arecoideae）、省藤亚科（Calamoideae）、水椰亚科（Nypoideae）、蜡材榈亚科（Ceroxyloideae）及象牙椰亚科（Phytelephantoideae）。贝叶棕亚科以掌状分裂的扇形叶种类为主，少数种类不分裂或羽状全裂。槟榔亚科的叶羽状全裂。以上两个亚科不仅种类较多，而且多数具有较高的经济与观赏价值。省藤亚科的不少种类经济价值较高，也有的具有很高的观赏价值，如酒椰属的象鼻椰子（*Raphia vinifera*）等。

现代棕榈分布于南北纬 40°之间；但大部分分布于热带及暖亚热带，以海岛及滨海热带雨林为主。但有些属、种在内陆、沙漠边缘以至温带有分布，具有耐旱、耐贫瘠及耐寒等不同特性。

4.5.2 生态适应性

棕榈科植物多为常绿乔木或灌木，少数为藤本如钩叶藤（*Plectocomia microstachys*）。热带棕榈在原产地大多为二层乔木或林下灌木，因此大多数具有耐阴性，尤其幼苗期适应较荫蔽的环境。也有不少乔木型树种有强阳性，成龄树适应阳光充足的环境。另外，在滨海地带、海岸、沼泽地、盐碱地、沙土、微酸性土壤及石灰质土壤，都有不同的棕榈植物分布。因此相应属、种各有不同的土壤坏境适应性。

由于棕榈科植物具有多样的适应性，因此为园林应用提供了丰富的选择。但是，亦正是由于该科植物的不同地理气候的分布，形成了对各自立地环境的适应能力，这对区域引种及播种育苗提出了不同的要求。在我国，引种和推广耐寒的棕榈植物很有意义。长穗榈属（*Bruhea*）和智利棕属（*Jubaea*）的个别棕属可耐 -10℃低温，刺葵属（*Phoenix*）一些种属

可耐 -8 ~ -6℃低温，布迪椰子属（*Butia*）和蒲葵属（*Livistona*）的个别种可耐 -5℃低温，肯氏假槟榔（*Archontophoenix cunninghamiana*）、董棕（*Caryota obtusa*）、皇后葵（*Syagrus romanzoffanum*）、箬棕属（*Sahal*）的部分种可耐 -4 ~ -3℃低温，棍棒椰子（*Hyophorbe verschaffeltii*）和大王椰子（*Roystonea regia*）的部分种可耐 -2℃低温，可望在亚热带和暖温带园林中应用。

4.5.3 繁殖生物学

棕榈科植物主要是通过果实和种子繁殖，了解种子的构造及其萌发特性极为重要。种子大小因属种不同其差异甚大，如巨籽棕（海椰子）（*Lodoicea maldivica*）的种子达 9 ~ 12 kg，而较小的如华盛顿葵属（*Washingonia*），每千克种子达 1 万 ~ 1.2 万粒。棕榈科植物的果实分为核果类和浆果类。核果类种子相对较大，如椰子属（*Cocos*）、槟榔属（*Areca*）等，内含胚乳营养物质较多，外果皮薄，中果皮纤维质，内果皮木质坚硬，基部有 3 孔，其中 1 孔与胚相对，萌动时胚根由此穿出，其余 2 孔为假孔；浆果类种子中小型为多，一般外果皮光滑，中果皮肉质，内果皮薄硬。胚较小且着生在种身的不同部位（如基部、种侧或顶上），种孔细小，上覆一层蜡质薄膜以减少胚的水分散失。

棕榈科植物的种子具有典型的热带植物特征，即种子成熟采收后要及时处理，并采用保湿保存及时播种催芽，存放过久或暴晒干燥均使种子发芽率下降，甚至失去发芽能力。但这些不利因素对不同属、种的种子发芽能力影响有很大差异。

棕榈科植物不同属、种的种子播种后发芽时间相差甚大。华盛顿葵属、国王椰子（*Ravenea rivularis*）等种子播后 1 周萌动，2 ~ 4 周出苗。但有些属种的种子要几个月甚至 1 ~ 2 年才陆续发芽，极不整齐。种子成熟与发芽的快慢也密切相关。青熟果的种子已具有发芽能力，但播后发芽时间一般比完全成熟种子推迟。如大王椰子（*Roysionea regia*）的种子在 7—8 月份播种时，成熟种子需 1 个月发芽，而青熟果需 9 个月才发芽。

不同属种其种子发芽率相差较大，如采收处理得当，播种及时，国王椰子、狐尾椰子（*Wodyetia bifurcata*）等的发芽率可达 90% 以上，而有些树种的种子发芽率仅 40% ~ 60%，甚至更低。此外，从采收处理到播种管理等不同环节，若处理不当也可能降低发芽率。

种子萌发时，胚在胚乳或种腔内的一端形成吸器，以吸收种子养分；连接吸器向外伸长的称为叶柄，萌动后伸出种皮外并把胚芽送出。位于子叶柄前端以包裹及保护胚芽的为子叶肢，伸出种皮外后随即发出出生根及第一片鞘状叶。根据子叶柄的伸长程度和子叶肢的不同发芽变化，该科种子的发芽类型可分为三种。一是近距带鞘型，即子叶柄将子叶肢送出种皮之外便停止伸长，然后子叶肢贴近种侧分化出幼根及鞘；二是远距无鞘型或称下锚型，即子叶柄随子叶肢伸出种皮后，继续向下伸长一段距离，然后在子叶肢的基部形成裂缝，向上长出鞘状叶下部长出初生根；三是远距带鞘型或称综合型，即子叶柄伸长较长，同时子叶肢也分化出鞘。

远距无鞘型的棕榈植物以贝叶棕亚科占比例较多，如扇叶糖棕属（*Borassus*）、刺葵属（*Phoenix*）、琼棕属（*Chuniophoenix*）等；槟榔亚科也有这种类型的属种，如桄榔属（*Arenga*）、鱼尾葵属（*Caryota*）、皇后葵属（*Syagrus*）等。一般子叶柄远距伸长的棕榈属、种的根系深，移栽时较长的子叶柄容易损伤。属于此类型的带叶种苗相对较难移栽。

近距带鞘型棕榈植物大多是起源于热带雨林及海岛，很多生长于林木中下层较荫蔽湿润环境。其初生根一般较细较浅。这类型的小苗一般相对较容易移栽成活并较快恢复生长。种子在播种前需要进行处理，浆果类的处理方法宜采用堆沤发酵的方法，核果类中一些大型果实如椰子（*C. nucifera*）、槟榔（*A. catechu*）等，宜放在阴凉湿润处沙藏或催芽育苗。对于子叶柄近距、出生根浅而细的类型可采用苗床撒播，保湿催芽，两三个子叶时分袋栽植；对于珍稀种子、子叶柄远距型种子、较大果型的种子宜采用营养袋播种育苗。

4.5.4 常用棕榈植物及其特性

目前我国常用的棕榈植物有30多种，其形态特征及园林用途见表4-5-1。

表4-5-1 我国常用的棕榈植物及其特性

种类	分布	株型及株高	叶片	习性	应用
沼地棕 *Acoelorrhaphe wrightii*	加勒比海沿岸等	5~8 m	掌状叶扇形或圆形	喜光好湿	景观或园林
假槟榔 *Archontophoenix alexandrae*	澳洲昆士兰	单秆，高达20 m	羽状叶，长2~3 m	耐0℃低温	列植和丛植
三药槟榔 *Areca triandra*	印度和东南亚	丛生灌木状，高达6 m	羽5状叶，长1.5 m	喜半阴、避风环境	园林及盆栽
砂糖椰子 *Areca pinnata*	东南亚	单秆，高达20 m	羽状叶，长5~7 m	喜温暖湿润	与其他棕榈植物混植
俾斯麦榈 *Bismarckia nobilis*	马达加斯加	大型乔木状，高60 m	掌状叶，叶长3 m	冬季温度0℃以上	行道树和园景
长穗榈 *Bruhea armata*	墨西哥北部	高12 m，花序，长5 m	扇形掌状叶	耐旱，能耐-10℃	园林
布迪椰子 *Butia capitata*	巴西	单秆，高7 m	羽状叶，长2 m	耐寒	园林
鱼尾葵 *Caryota ochlandra*	中国南部	高20 m	羽状叶，长3~4 m	耐-5℃低温	庭院和大型盆栽
璎珞椰子 *Chamaedorea cataractarum*	墨西哥	茎短矮，高80 cm	羽状叶顶生	极耐阴	盆栽和庭院
欧洲棕 *Chamaerops humilis*	南欧、地中海沿岸	茎秆短矮丛生，高5 m	掌状叶扇形	喜光，极耐寒	冷地园林
小琼棕 *Chuniophoenix nana*	我国海南及越南	丛生灌木状，高2 m	扇状半圆形	较耐阴	试用于园林
椰子 *Cocos nucifera*	西太平洋诸岛			高温多湿，阳光充足	热带园林
古巴蜡榈 *Copernucia baileyana*	古巴	单秆粗壮，高15 m	掌状叶硬挺	喜光耐旱	园林

续表 4-5-1

种　类	分　布	株型及株高	叶　片	习　性	应　用
三角椰子 *Dypsis decayi*	马达加斯加	高 6 m	羽状叶顶生		庭院和盆栽
散尾葵 *Dypsis lutescens*	马达加斯加			不耐寒	庭院和盆栽
油棕 *Elaeris guineensis*	热带非洲	直立乔木状，高 10 m	羽状叶，长 3~5 m	小苗要求 5℃以上	行道和庭院
金帝葵 *Howea forsteriana*	劳得豪威岛	高 15 m	羽状叶，长 3 m	耐阴、耐寒	园景和室内装饰
棍棒椰子 *Hyophorbe verschaffeltii*	马斯开伦群岛	状如棍棒，高 6 m	羽状叶，长 2 m		园林
酒瓶椰子 *Hyophorbe lagenicaulis*		状似酒瓶，直径 80 cm		冬季 2℃以上	庭院和盆栽
黄棕榈 *Latania verschaffeltii*	毛里求斯	高 12 m	掌状叶，径 1.5 m	不耐寒	盆栽
蒲葵 *Livistona chinensis*	中国南部	乔木状，高 20 m	掌状叶，直径 1 m	耐 -5℃	园林和盆栽
长叶刺葵 *Phoenix canariensis*	加拿利群岛	高 18 m	羽状叶，长 4~5 m	耐寒、耐旱	行道和庭院
青棕 *Ptychosperma macarthurii*	澳大利亚	高 6 m	羽状叶，长 1.5 m		庭院
象鼻棕 *Raphia vinifera*	热带西非几内亚湾	高 12 m	羽状叶，长 8~10 m		园林
国王椰子 *Ravenea rivularis*	马达加斯加	高 12 m	羽状叶纤细	耐阴、耐 0℃低温	室内观赏
棕竹 *Rhapis excelsa*	我国南部至西南部	丛生灌木，高 1~2 m	掌状叶纤细		盆栽
大王椰子 *Roystonea regia*	古巴	高 20 m	羽状叶，长 2~3.5 m		热带行道和园景
菜棕 *Sabai palmetto*	美国东南部	乔木状，高 24 m	掌状叶，直径 2 m	耐 -2℃低温	行道和庭院
皇后葵 *Syagrus romanzoffanum*	南美洲	高 6~8 m	羽状叶，长 3~5 m	耐海风、耐寒、耐旱	风景及行道
棕榈 *Trachycarpus fortunei*	我国江南	高 3~10 m	掌状叶，叶鞘纤维	耐寒性强	可用于黄河中下游园林
丝葵 *Washingtonia filifera*	美国加州南部	高 10~20 m	掌状叶，直径 1.8 m	适应性强	热带亚热带行道和园景
狐尾椰子 *Wodyetia bifurcata*	澳大利亚东北	高 12 m	羽状叶似狐尾，长 2~3 m	耐旱、较耐寒	庭院

4.5.5 我国引种的棕榈植物及其生态习性

棕榈植物引种主要在厦门。近年来，厦门拟建成‘椰风海韵’的热带海滨城市，计划引进900种棕榈植物。目前，厦门植物园已引种125种棕榈植物，绝大多数取得成功（表4－5－2）。

表4－5－2 厦门植物园引种的棕榈科植物

植物名称	原产地	生态习性	引种材料	主要用途
古古棕 *Acrocomia* sp.	热带美洲	喜沙质地	种子	园景树
沼地棕 *Acoelorraphe wrightii*	美国佛罗里达南部	耐水湿	种子	园景树
刺孔雀椰子 *Aiphanes caryotaefolia*	热带美洲	阳性或半阴性，耐寒	种子	园景树，观叶植物
错齿叶椰子 *A. erosa*	西印度群岛	阳性或半阴性，不耐寒	种子	园景树
肯氏假槟榔 *Archontophoenix cunninghamiana*	澳洲东部	较耐寒	种子	行道树，园景树
槟榔 *Areca catechu*	东南亚	半阴性，阳性	种子	果实药用
三药槟榔 *A. triadrra*	马来西亚，印度	半阴性	种子	园景树，盆栽观赏
双籽棕 *Arenga caudata*	泰国，中国海南		苗木	园景树
香棕 *A. engleri*	台湾，福建	阳性或半阴性	种子	园景树
小果桄榔 *A. microcarpa*			种子	
钝叶桄 *A. obtusofolia*	爪哇，马来西亚	阳性或半阴性	种子	园景树
砂糖椰子 *A. pinnata*	东南亚	阳性	种子	行道树，园景树
矮桄榔 *A. tremula*	东南亚	阳性或半阴性	种子	园景树
波叶桄榔 *A. unduiatifolia*	婆罗洲苏门答腊	阳性或半阴性	种子	园景树
亚达利亚棕 *Attaea cohune*	热带美洲	阳性	种子	经济果树，园果树
加锡美人棕 *Bactri gasipaes*	巴西	阳性，不耐寒	种子	园景树，果实可食
尼古巴椰子 *Bentinckia nicobarica*	印度洋尼古巴群岛	阳性	种子	行道树，园景树
卑斯麦榈 *Bisarckia nobills*	马达加斯加	阳性	种子	行道树，园景树
糖椰 *Borassus acthiopium*	非洲乌干达，苏丹等地	阳性	苗木	园景树，经济树

续表 4－5－2

植物名称	原产地	生态习性	引种材料	主要用途
糖棕 *B. flabellifer*	印度，马来西亚	阳性	苗木	园景树，经济树
石棕 *Brahea armata*	墨西哥	喜石灰质土壤	种子	园景树
岩榈 *B. edulis*	墨西哥	喜石灰质土壤	种子	
果冻棕 *Butia capitata*	巴西，乌拉圭	阳性，耐寒	种子	园景树
毛果冻棕 *B. eriospatha*	巴西南部	阳性	种子	园景树
波蒂亚棕 *Calamus capitata* var. *Eiegantissima*	巴西，乌拉圭	阳性，耐寒	种子	园景树
短叶省藤 *C. egregius*			种子	
省藤 *C. latifolius*			种子	
单叶省藤 *C. simplicifolius*			种子	
东澳棕 *Carpentaria acuminata*	澳洲昆士兰	阳性	种子	园景树
肯氏鱼尾葵 *Caryota cumingii*	菲律宾	阳性，小苗半阴	种子	园景树
单穗鱼尾葵 *C. monostachya*	广西，广东，云南等省区	阳性或半阴性	小苗	园景树
董棕 *C. obtusa*	印度北部，中国	阳性	种子	园景树，行道树
袖珍椰子 *Chamaedorea erumpens*	墨西哥	半阴性	成苗	盆栽观赏
竹茎玲珑椰子 *Chamaedorea erumpens*	墨西哥	半阴性	小苗	盆栽观赏
镰叶坎棕 *Ch. falcifera*			小苗	盆栽观赏
雪佛里椰子 *Ch. seifrizii*	墨西哥	半阴性	中苗	盆栽观赏
合叶茶马椰子 *Ch. tenecla*	墨西哥	半阴性	中苗	盆栽观赏
Ch. Tepejilote	墨西哥，危地马拉	半阴性	种子	盆栽观赏
意大利棕榈 *Chamaerops humilis*	地中海沿岸	耐寒	种子	园景树，大型盆栽观赏
鹿古布椰子 *Chryalidocarpus lucubensis*	马达加斯加	喜散射光	小苗	园景树
Ch. rivularis	马达加斯加		种子	园景树
琼棕 *Chuniophoenix hainanensis*	海南	阳性或半阴性	种子	园景树
小琼棕 *Ch. nana*	海南		种子	盆栽观赏

续表 4-5-2

植物名称	原产地	生态习性	引种材料	主要用途
椰子 *Cocos nucifera*		阳性，喜湿	种子	行道树，园景树，经济果树
蜡榈 *Copernjcia prunifera*	南美洲		小苗	行道树，园景树
贝叶棕 *Corypha umbraculifera*	锡兰，印度	阳性	种子	行道树，园景树
红槟榔 *Cyotostachys jakka*	马来西亚，沙劳越	阳性，很不耐寒	种子	园景树
长嘴红藤 *Daemonorops jenkinsianus*	马来西亚		种子	
网实椰子 *Dictyosperma album*	马达加斯加	喜温暖湿润环境	种子	园景树，行道树
油棕 *Elaeis guineensis*			种子	行道树，园景树，经济作物
Euterpe comtroversa			种子	
纤叶棕 *E. edulis*			种子	
拱叶棕 *Howea belmoreana*	劳得豪威岛	幼龄苗耐阴	种子	园景树，盆栽观赏
金帝葵 *H. lagenicaulis*	劳得豪威岛	幼龄苗耐阴	小苗	园景树，盆栽观赏
棍棒椰子 *H. yophorbe verschaffeltii*	莫里西斯	阳性	种子	园景树
酒瓶椰子 *H. lagenicaulis*	莫里西斯	阳性，不耐寒	种子	园景树
秦氏榈 *Johannestei jsmannia altifrons*	马来西亚	半阴性		园景树
智利棕 *Jubaea chilensis*	智利	阳性	种子	行道树，园景树
澳洲隐萼椰子 *Lacospadi australasica*	新几内亚，北澳洲		小苗	园景树
金脉葵 *Latania jontaroides*	毛里求斯	阳性	种子	行道树，园景树
银边拉他尼亚棕 *L. loddigesii*	毛利求斯，马达加斯加	阳性	种子	行道树，园景树
毛花轴榈 *Licuala dasuantha*	广西，云南	耐阴	小苗	
轴榈 *L. fordiana*	海南及广东东南部	耐阴	种子	园景树，盆栽观赏
圆叶轴榈 *L. grandis*	新几内亚北部	阳性	种子	园景树，大型盆栽观赏
L. ramsayi			小苗	

续表 4-5-2

植物名称	原产地	生态习性	引种材料	主要用途
刺轴榈 *L. spinosa*	海南	耐阴	种子	园景树，盆栽观赏
南方蒲葵 *Livistona australis*	澳洲	阳性	种子	园景树，大型盆栽观赏
越南蒲葵 *L. cochinchinensis*		阳性	苗木	行道树，园景树
裂叶蒲葵 *L. decipiens*	澳洲	阳性	种子	园景树
矮生蒲葵 *L. muellri*	澳洲	阳性	种子	园景树
圆叶蒲葵 *L. rotundifolia*	爪哇，马来西亚	阳性小苗半阴	种子	行道树，盆栽观赏
大叶蒲葵 *L. saribus*	广东，海南及云南南部	阳性	种子	园景树
小穴棕 *Lutocaryum weddelliahum*	巴西		种子	
三角椰子 *Neodypsis decaryi*	马达加斯加	阳性	苗木	园景树，盆栽观赏
N. leptochilos	马达加斯加	阳性	小苗	
可亨椰子 *Orbignya cohune*	墨西哥	阳性，喜肥	种子	
无茎刺葵 *Phoenix acaulis*	印度，缅甸	阳性	种子	园景树
长叶刺葵 *Ph. canariensis*	加拿利岛	阳性	种子	行道树，园景树
伊拉克枣 *Ph. dactylifera*	北非	阳性	种子	行道树，园景树
刺葵 *Ph*，*hanceana*	广东，海南	阳性	种子	园景树
台湾海枣 *Ph. hanceana* var. *formosana*	台湾	阳性		园景树
大刺葵 *Ph. paludosa*				园景树
槟榔竹 *Ph. pusilla*			种子	园景树，盆栽观赏
非洲刺葵 *Ph. reciinata*	热带非洲，南非	阳性	种子	园景树
江边刺葵 *Ph. roebelenii*	云南	阳性或半阴性	种子	园景树，盆栽
岩海枣 *Ph. rupicola*	喜马拉雅，锡金	喜石灰质土壤	种子	园景树
银海枣 *Ph. sylvestris*	印度北部	阳性	种子	园景树，行道树
雷州刺葵 *Ph.* sp			种子	
山槟榔 *Pinanga bacensis*	广东，海南	较耐寒	成苗	园景树
亚山槟榔 *P. coronata*			种子	
异色山槟榔 *P. discoion*	广东，广西，福建	喜散射光	成苗	园景树

续表 4-5-2

植物名称	原产地	生态习性	引种材料	主要用途
库里氏山槟榔 *P. kuhlii*	爪哇		种子	园景树
斐济榈 *Pritchardia pacifica*	斐济	阳性	种子	行道树，园景树
Pr. tuurtonii		阳性	小苗	
樱桃椰子 *Pseudophoenix sargentii*	佛罗里达州，古巴	阳性	种子	园景树
独棕 *Ptychosperma ambiguum*			种子	园景树
奇异绉子棕 *Pt. hospitum*		阳性或半阴性	种子	园景树
青棕 *Pt. macarthurii*	澳大利亚东北部	喜散射光	种子	园景树
拉非亚酒椰子 *Raphia vinifera*	西非	阳性，喜肥	种子	行道树
国王椰子 *Ravenea rivularis*	马达加斯加	阳性或半阴性	成苗	园景树，大型盆栽观赏
窗孔椰子 *Reinhardtia grailis*	中美洲森林	耐阴	成苗	盆栽观赏
山棕竹 *Rhapis excelsa* var. *augustifolius*			小苗	盆栽观赏
斑叶棕竹 *Rh. excelsa* var. *aufustifolius*			小苗	盆栽观赏
大叶棕竹 *Rh. excelsa* var. *vastifolius*			小苗	盆栽观赏
细棕竹 *Rh. gracilis*	海地	耐阴	种子	盆栽观赏
薄叶棕竹 *Rh. subtilis*			小苗	盆栽观赏
多裂棕竹 *Rh. multifida*	广西，云南	耐阴	小苗	盆栽观赏
拟槟榔 *Rhopaloblaste ceramica*	新几内亚		种子	园景树
尼卡槟榔 *Rhopalostylis sappida*	新西兰		小苗	行道树，园景树
王棕 *Roystonea elata*	佛罗里达州	阳性	种子	行道树，园景树
甘蓝椰子 *R. oleracea*	西印度群岛	阳性	种子	行道树，园景树
大王椰子 *R. regia*	古巴	阳性	种子	行道树，园景树
百慕达榈 *Sabai blackburniana*	西印度百慕达岛	阳性	种子	行道树，园景树

续表 4-5-2

植物名称	原产地	生态习性	引种材料	主要用途
波多黎各箬棕 *S. causiarun*	波多黎各	阳性	小苗	行道树，园景树
西印度箬棕 *S. mauritiaeformis*	中美洲	阳性	种子	
小箬棕 *S. minor*	德克萨斯州，佛罗里达	阳性	种子	园景树
白菜棕 *S. riverside*	佛罗里达、北卡罗来纳	阳性		行道树，园景树
S. riverside			种子	
锯箬棕 *Serenoa repens*	美国南部	阳性	苗木	园景树
巴西扇棡 *Trithrinax acanthocoma*	巴西		种子	园景树
马尼拉椰子 *Veitchia merrillii*	菲律宾	喜湿润肥沃土壤	种子	园景树，大型盆栽观赏
V. winin			种子	
大丝葵 *Washingtonia filifera*	美国加州南部	耐阴性，耐瘠薄	种子	行道树，园景树
华盛顿棕 *W. robusta*	加州南部，墨西哥北部	阳性，耐瘠薄	种子	良好行道树
蛇皮果 *Zalacca edulis*	马来西亚	喜沼泽湿地	种子	热带果树

思考题

1. 松柏类观赏植物的生物学特点有哪些？主要观赏用的松柏类有哪几个科？
2. 花木类观赏植物的花式有哪几类？花相分哪几类？举例说明。
3. 藤蔓类观赏植物包括哪几大类群？各有何特点？
4. 竹类观赏植物的地下茎形态有哪些类型？与地上部形态有何关联？
5. 棕榈类观赏植物的种子有何特点？如何保持其发芽力？

5 草本观赏植物的主要类群

【内容提要】

本章介绍草本观赏植物的主要类型，包括 9 个类群即一二年生类、宿根类、球根类、水生类、多浆类、兰花类、观赏蕨类、草坪地被和高山观赏植物类。这种分类既考虑到植物的系统分类地位，又兼顾观赏植物的园林应用及植物本身的生态特征。有的类群中包括少量的木本如草坪地被和高山观赏植物类。为了木本与草本的总体平衡和章节合理安排而归入本章。通过本章学习，基本掌握各类草本观赏植物的起源分布、生物学特性、生长发育规律及其对环境条件的要求，尤其是球根类观赏植物的球根发育规律和休眠特性，同时了解主要种类及其园林用途。

5.1 一二年生观赏植物

一二年生观赏植物是指那些花茎木质部不发达、木质化细胞较少的观赏植物，主要是一些能在一个或两个的生长季节内能完成其整个生命周期的草本观赏植物。其中，春季播种，当年开花结果，入冬前完成生命周期的观赏植物，称为一年生观赏植物，又称为春播观赏植物，如万寿菊、百日草、鸡冠花、凤仙花等。一年生观赏植物多数喜阳光、排水良好而肥沃的土壤。花期可以通过调节播种期、光照处理或加施生长调节剂进行促控。秋季播种，以幼苗越冬，翌年春夏季开花结果，其生命周期需在两个年头内完成的观赏植物，称为二年生观赏植物，又称秋播观赏植物，如中国石竹、金鱼草、三色堇、风铃草、毛蕊花、毛地黄、美国石竹、紫罗兰、桂竹香、雏菊、绿绒蒿等。典型的二年生观赏植物是第一年进行大量的营养生长，并形成贮藏器官。它与冬性一年生观赏植物的区别是冬性一年生观赏植物为苗期越冬，来春生长。二年生观赏植物中有些本为多年生，但作为二年生栽培的，如蜀葵、三色堇、四季报春等。二年生观赏植物耐寒力强，有的耐 -10℃以下的低温，但不耐高温。苗期要求短日照，在 0 ~ 10℃低温下通过春化阶段；成长过程则要求长日照，并随即在长日照下开花。

另外，还有一些多年生的草本观赏植物，在第一年的生长季内生长开花都很正常，冬季结实后也不会死去，但在多年栽培养护过程中长势衰退，或者由于当地气候因子所限，通常也作为一二年生草本观赏植物的范畴内，如雏菊、一串红、紫茉莉等在暖地生长时即为多年生。还有一些观赏植物需要进行夏播，如二月兰等。

一二年生草本观赏植物具有以下主要特性：a. 生长迅速，发育期短，在几个月时间内即可完成整个生命周期；b. 以种子繁殖为主，繁殖较快；c. 种类繁多，品种丰富，育种较易；d. 花朵繁茂，开花期长；e. 植株健壮，株型较为矮小；f. 病虫害较少，或易于防治；g. 对环境条件要求不严，栽培技术简单；h. 植株根系较浅，茎叶草质柔嫩，蒸腾耗水量大；i. 园林应用广泛，适用于花坛、花境布置，或做盆花、切花观赏，具有色彩鲜明和季相变化明显的特点，是园林中最重要的植物材料。

一二年生草本观赏植物与其他植物一样，其生长发育不仅受遗传因子控制，也受环境条件影响，在各类观赏植物的系统发育过程中，由于长期适应原产地的气候、土壤等环境条件，形成了各自不同的、相当稳定的对环境条件的要求，也就是所谓的生长发育习性。环境因子的改变对它们的生长发育则会产生直接或间接的影响。

5.1.1 开花诱导与结实特点

一年生观赏植物为春性植物，这一类植物在通过春化阶段时，要求低温值（5 ~ 12℃）比冬性植物高，也就是说，需要较高的温度诱导才能开花，同时完成春化阶段所需要的时间也比较短，为 5 ~ 15 d。此外，秋季开花的多年生草花，通过春化阶段时也要求较高的温度。一年生观赏植物的花芽分化时期较长，只要在营养生长达到一定大小时，即可分化花芽而开花，并且在整个夏秋季节气温较高的时期，不断形成花蕾而开花。

二年生观赏植物为冬性植物，这一类植物在通过春化阶段时要求低温在0～10℃的温度下，能够在30～70 d的时间内完成春化阶段。在近于0℃的温度下进行得最快。此类植物又称为春化要求性植物。二年生观赏植物在秋季播种后，以幼苗状态度过严寒的冬季，满足其对地温的要求而通过春化阶段。如果在春季气温已暖时播种，便不能正常开花；如果春季播种前经过人工春化处理，可使其当年开花，但植株矮小，花梗短，不利于做切花。此外，在早春开花的多年生观赏植物种类，通过春化阶段也要求低温，如鸢尾等。

一二年生观赏植物主要用种子繁殖，留种采种是一项繁杂的工作，如遇雨季或高温季节，许多草花不易结实或种子发育不良。一般留种应选阳光充足、气温凉爽的季节，这时结实多且饱满。另外，在开花授粉与采种期应尽量避免风雨。对于花期长、能连续开花的一二年生观赏植物，采种应分次进行，如凤仙花、半枝莲在果实黄熟时；三色堇和紫花地丁当蒴果向上仰起时；罂粟、虞美人、金鱼草也是当果实现黄时即刚成熟时可采收，此外像一串红、银边翠、美女樱、醉碟花、茑萝、紫茉莉、福禄考、飞燕草等需随时留意采收；翠菊、百日草等菊科头状花序花谢现黄后采取。

容易天然杂交的草花，如矮牵牛、雏菊、矢车菊、飞燕草、鸡冠花、三色堇、半枝莲、福禄考、百日草等不同品种植株必须隔离种植方可留种采种。还有不同种需要进行隔离留种的，如石竹类、羽衣甘蓝等。

在少雨、空气湿度低的季节，最好采用阴干的方式，如需暴晒时应在种子上盖一层报纸，切忌夏季直接日晒。如三色堇种子一经日晒则常丧失发芽力，但早春或秋季成熟的种子可以晒干。贮藏种子应处在低温干燥条件下，尤忌高温、高湿，以密闭、冷凉、黑暗环境为宜。

5.1.2 生态习性

5.1.2.1 温度

温度是影响草本观赏植物生长发育最重要的环境因子。从种子发芽，幼苗生长，到开花、结果，产生新种子的整个过程均与温度有密切关系。各种观赏植物的生长发育，都有它的最适温度、最高温度和最低温度。根据一二年生观赏植物对温度的要求，可以将它们大致分为不耐寒、半耐寒和耐寒3大类。

耐寒观赏植物一般能耐0℃以下的低温，多原产于寒带或温带，适合在我国北方露地栽培。有部分二年生观赏植物，或多年生的可做一二年生栽培的观赏植物，如矢车菊、雏菊、矮牵牛、三色堇等，它们大多数不耐高温，在炎夏到来之前就完成了结实阶段，在冬季严寒时地上部枯死，到翌年春季再重新发芽、开花结实，被当成宿根草花栽培的也归此类。

半耐寒观赏植物多原产于温带较温暖地区，耐寒性较强，冬季适当防寒即可越冬。二年生露地栽培的观赏植物，如金盏菊、紫罗兰等属此类。它们在秋播或秋植后，进入冬季呈半休眠状态越冬，可采取覆土、覆草或移于冷床等措施帮助其度过寒冷的冬季。

不耐寒性观赏植物多原产于热带及亚热带，它们的生长发育需要较高的温度，不能忍受0℃以下的气温或5℃以下的土温。温室一二年生观赏植物及露地栽培的一年生观赏植物均属此类。一年生露地栽培的观赏植物，春播后在较高的气温下生长发育，于霜降节前开花结实，以种子状态越冬。温室一二年生观赏植物有的需要在低温温室中越冬，生长期要求气温在7~16℃，最适温度为14℃，如瓜叶菊、蒲包花、小樱草等；有的要求在中温温室中越冬，生长期要求气温在12~20℃，最适温度为18℃，如报春花、旱金莲、彩叶草等。

5.1.2.2 光照

一般来说，光照对一二年生观赏植物生长发育的影响主要反映在光强、光质和光周期三个方面。

根据植物对光度要求的不同，可以分为阳性、中性、稍耐阴、阴性、强阴性5类。阳性观赏植物在生长期中喜欢强光，不耐遮阴；中性观赏植物在生长期不喜欢强光，稍耐阴，在阳光充足或稍阴的环境下生长良好；阴性观赏植物适于光照不足或散射光条件下生长，要求遮阴度保持在50%；强阴性观赏植物类型要求其生长环境的遮阴度达80%左右。

一二年生观赏植物可分为长日性、短日性、日中性3类。长日照观赏植物一般原产于温带地区，多半在春夏季开花，如金盏菊、雏菊、报春花、矢车菊、桂竹香等；二年生观赏植物秋播后，在冷凉的气候条件下进行营养生长，在春天长日照下迅速开花。另外，早春开花的多年生观赏植物，如锥花福禄考（*Phlox paniculata*）在冬季低温条件下满足其春化要求，也在春季长日照下开花。短日照的多属于在春季开花或秋季开花的植物种类，如一串红、波斯菊、牵牛、茑萝、银边翠等。它们中的多数原产于热带或亚热带地区。一年生观赏植物在自然条件下，春天播种发芽后，在长日照下生长茎、叶，在秋季短日照下开花繁茂。若春天播种较迟，当进入秋天后，虽植株矮小，但由于在短日照条件下，仍如期开花，如波斯菊（*Cosmos bipinnatus*）通常4月份播种，9月中旬开始开花，株高可达2 m，如迟至六七月份播种，至9月份仍可开花，但株高仅1 m。日中性观赏植物每日所需日照时间在10~16 h，如石竹类、矮牵牛、万寿菊等。

5.1.2.3 水分

根据观赏植物对水分的要求不同分为旱生、湿生、中生、水生4类。旱生观赏植物原产在水分稀少的干旱地区，能忍受较长时间的干旱，水分过多反而易引起根部腐烂，如多浆、多肉观赏植物等；湿生观赏植物需要生长在很潮湿的地方，在干旱的环境下生长发育不良，如蕨类观赏植物等；中生观赏植物介于旱生观赏植物和湿生观赏植物之间，生长期需要适度的供水量和空气湿度，露地栽培的观赏植物绝大多数属于此类；水生观赏植物生长在水环境中，它的根或地下茎可以在氧气供应少的条件下正常生长。

5.1.2.4 土壤

一二年生观赏植物在排水良好的沙质壤土、壤土及黏质壤土上均可生长良好重黏土及过度轻松的土壤上生长不良；适宜的土壤是表土深厚、地下水位较高、干湿适中、富含有机质的土壤。夏季开花的种类最忌干燥的土壤。秋播观赏植物以表土深厚的黏质壤土为宜。温室一二年生观赏植物如瓜叶菊（*Senecio cruentus*）、蒲包花（*Calceolaria*）、报春（*Primula*）、蝴蝶草（*Schizanthus*）等，所用培养土腐殖质含量宜较多。

5.1.3 常见的一二年生观赏植物

常见的一二年生观赏植物及其特性如下（表5-1-1和表5-1-2）。

表5-1-1 露地一二年生观赏植物

学 名	科	原产地	形态特征	生活习性
鸡冠花 *Celosia cristata*	苋科青葙属	亚洲热带	高30~90 cm，肉质穗状花序顶生，花色深红、黄、白及复色。花期8—10月份	喜干燥和炎热的气候条件，不耐寒。喜肥沃沙质土壤和充足的阳光
一串红 *Salvia splendens*	唇形科鼠尾草属	南美巴西	株高30~80 cm，总状花序顶生，花期7—10月份	不耐寒，喜向阳肥沃土壤。最适生长温度为20~25℃
百日草 *Zinnia elegans*	菊科百日草属	墨西哥	株高40~120 cm，头状花序顶生，直径5~15 cm，花期6—10月份	耐干旱，喜阳光、肥沃深厚的壤土，忌酷暑
万寿菊 *Tagetes erecta*	菊科万寿菊属	墨西哥	株高60~100 cm。头状花序单生，径6~10 cm，花期6—10月份	不耐寒，喜温暖和阳光充足的环境条件，不耐酷暑。对土壤要求不严
孔雀草 *Tagetes patula*	菊科万寿菊属	墨西哥	丛生状，株高30~40 cm。头状花序单生，径3~3.5 cm，花期6月份至降霜	不耐寒，喜温暖和阳光充足的环境条件，不耐酷暑。对土壤要求不严
麦秆菊 *Helichrysum bracteatum*	菊科腊菊属	澳大利亚	株高50~120 cm，头状花序单生枝顶，径3~6 cm，花期7—9月份	不耐寒，忌酷暑，喜阳光、湿润、排水良好的疏松肥沃土壤
凤仙花 *Impatiens balsamina*	凤仙花科凤仙花属	中国南部和东南亚	株高20~80 cm，花大，单生或数朵集生于叶腋，似总状花序。花期6—8月份	喜阳光充足、温暖而湿润的环境条件，不耐寒，怕霜冻。忌干旱
矮牵牛 *Petunia hybrida*	茄科矮牵牛属	南美	株高40~60 cm，花单生于枝顶或叶腋间，花期从4月份至降霜	喜温暖、向阳和通风良好的环境。不耐寒耐暑热。喜排水良好的沙壤土
半枝莲 *Portulaca grandiflora*	马齿苋科马齿苋属	巴西	株高10~15 cm，花单生或簇生于枝顶，花径2.5~4 cm，花期6—10月份	喜温暖和充足的阳光，不耐寒，忌酷热。喜干燥沙质土壤，耐瘠薄和干旱
千日红 *Gomphrena globosa*	苋科千日红属	亚洲热带	株高30~60 cm，花序球形至长圆形，直径约2 cm。花期8—10月份	不耐寒，喜温热，要求充足的阳光和湿润的气候条件，喜肥沃疏松的沙质土壤
地肤 *Kochia scoparia*	藜科地肤属	欧、亚两洲	株高50~100 cm，花小单生或两朵生于叶腋，花期8—9月份	不耐寒，耐盐碱，抗干旱，对土壤要求不严

续表 5-1-1

学　名	科	原产地	形态特征	生活习性
向日葵 *Helianthus annus*	菊科向日葵属	北美	株高 90～300 cm，头状花序单生茎顶，直径 10～35 cm，花期 7—9 月份	不耐寒，喜温热。宜向阳，不耐阴。喜肥，需深厚而含丰富腐殖质的黏质壤土
美女樱 *Verbena hybrida*	马鞭草科马鞭草属	南美	株高 40 cm 左右，穗状花序顶生，小花具较长花梗，呈伞房状。花期 4—10 月份	喜阳光，不耐旱，喜排水良好的肥沃土壤
五色苋 *Alternanthera bettzickiana*	苋科虾钳菜属	巴西	高 10～15 cm，分枝多，密生，叶小，狭披针形，绿色，秋季变为黄色	喜温暖、湿润和充足的阳光环境。不耐寒，怕高温和高湿，不耐旱。喜肥沃黏质壤土
福禄考 *Phlox drummondii*	花忍科福禄考属	北美南部	株高 15～45 cm，聚伞花序顶生，花冠高脚碟状，花径约 2.5 cm。花期 5—6 月份	喜温和气候，怕暑热。喜阳光充足的环境，要求排水良好和疏松肥沃土壤，忌盐碱和水涝
金鱼草 *Antirrhinum majus*	玄参科金鱼草属	地中海沿岸	株高 30～90 cm，总状花序顶生，长 20～25 cm。花期 7—8 月份	较耐寒，不耐酷热，耐半阴。喜排水良好的疏松肥沃土壤
雏菊 *Bellis perennis*	菊科雏菊属	西欧	株高 15～20 cm。头状花序单生，直径 3～5 cm。花期 4—6 月份	耐寒，不耐酷热，能耐半阴和瘠薄土壤，但以排水良好的肥沃壤土最为适宜
金盏菊 *Calendula officinalis*	菊科金盏菊属	欧洲南部	株高 30～60 cm，头状花序单生，花期 4—9 月份	耐寒，不耐酷热，喜气候温和的夏季。耐瘠薄也较耐旱，肥沃疏松土壤最为适宜
三色堇 *Viola tricolor*	堇菜科堇菜属	欧洲西南部	株高 15～30 cm，多分枝。单花生于花梗顶端，两侧对称，花径 4～6 cm。花期 4—6 月份	喜凉爽气候，较耐寒，耐半阴，不耐酷热，喜肥沃湿润的沙质土壤
石竹 *Dianthus chinensis*	石竹科石竹属	中国	株高 20～40 cm，花顶生，单生或数朵组成圆锥状聚伞花序，直径 2～3 cm，花期 4—9 月份	耐寒而不耐酷暑，喜排水良好、疏松肥沃土壤，怕涝，耐盐碱
虞美人 *Papaver rhoeas*	罂粟科罂粟属	欧、亚大陆温带	株高 40～60 cm，花单生，花期 5—6 月份	耐寒，怕暑热，喜阳光充足的环境，喜排水良好、肥沃的沙壤土
翠菊 *Callistephus chinensis*	菊科翠菊属	中国东北、华北及西南地区	株高 25～90 cm，头状花序单生枝顶，花期 7—10 月份	耐寒，不喜酷热，喜肥沃、排水良好的沙壤土或壤土

表 5-1-2　温室一二年生观赏植物

种	科	原产地	形态特征	生活习性
瓜叶菊 *Cineraria cruenta*	菊科瓜叶菊属	地中海堪那利群岛	株高 20 ~ 50 cm，头状花序多数，簇生成伞房状，花期 12 月份至翌年 4 月份	喜温暖湿润和通风凉爽的环境，不耐高温，亦不耐寒，喜肥沃和排水良好的土壤
蒲包花 *Calceolaria crenatiflora*	玄参科蒲包花属	墨西哥、秘鲁、智利	株高 25 ~ 40 cm，花着生小花梗顶端，呈聚伞状，花期 2—5 月份	不耐寒，怕暑热，喜温暖、湿润而又通风的环境，对土壤要求严，富含腐殖质的沙质土壤为好
四季报春 *Primula obconica*	报春花科报春花属	中国西南部	株高约 20 cm，地下具根状茎。伞形花序顶生，花期 1—5 月份	不耐寒，喜温暖，较耐湿，喜排水良好、多腐殖质的土壤
彩叶草 *Coleus blumei*	唇形科彩叶草属	印度尼西亚	株高 30 ~ 50 cm，花型小，穗状轮伞花序自枝顶抽生而出，长 15 ~ 30 cm。花期为夏、秋季	喜温暖而湿润的气候条件，不耐寒，对土壤要求不严，能耐轻碱土
紫罗兰 *Matthiola incana*	十字花科紫罗兰属	南欧	茎基部半木质化，株高 30 ~ 50 cm，总状花序顶生或腋生，花期 4—5 月份	较耐寒，喜冬季温和，夏季凉爽气候，怕暑热，喜肥沃、深厚而湿润的土壤
长春花 *Catharanthus roseus*	夹竹桃科长春花属	热带非洲东部	高约 50 cm，聚伞花序顶生或腋生，花期 6—9 月份	不耐寒，喜温暖和阳光充足的环境，在排水良好又肥沃的沙质壤土上生长良好
香豌豆 *Lathyrus odoratus*	豆科香豌豆属	北温带、非洲热带和南美高山	蔓性攀缘草本。总状花序腋生，花梗长 15 ~ 20 cm。花期 12 月份翌年 7 月份	喜阳光、短日照生长不良，宜冬季温暖夏季凉爽气候。耐轻霜，忌炎热干风。要求土层深厚肥沃、湿润、pH 6.5 ~ 7.5 的土壤。忌积水和连作
蛾蝶花 *Schizanthus pinnatus*	茄科	智利	株高 45 ~ 120 cm，总状圆锥花序，径 1.8 ~ 4.0 cm	喜凉爽温和和通风良好的环境，不耐寒，冬季要求阳光充足，宜肥沃而排水良好的土壤

5.2　宿根类

在植物学上将植株地下部分宿存越冬，次年仍能萌蘖开花并延续多年的开花植物，称作宿根植物，这些植物并不形成肥大的球状或块状根、球茎。在观赏植物园艺学上，有的从实际栽培应用的角度分类，将地下部形成肥大球状或块状根的球茎观赏植物（包括植物学上称之为各种变态的茎或根）即鳞茎、球茎、块茎、根茎和块根等包括在内，形成更广义的宿根类观赏植物概念。但是，大多数学者倾向于按植物学上的定义划分，所以本教材中划定的宿根类观赏植物为多年生草本，其中有地下器官形态未经变态呈球状或块状的常绿草本，也有地上部在花后枯萎，以地下部着生的芽或萌蘖越冬、越夏后再度开花的落叶性草本。本教材还将多年生草本植物中地下部特化为球状、块状的称为球根观赏植物；将适于水生的如睡莲等归为水生观赏植物；将龟背竹、绿萝等列入藤蔓植物；将香雪球、长春花、美女樱等通常做一二年生栽培的多年生宿根，列为一二年生草本观赏植物；将兰花和蕨类也另列为类。实际上，本教材所指的宿根观赏植物，主要是原产温带的耐寒或半耐寒，可以露地栽培，以地下茎或根越冬的露地宿根观赏植物如芍药、鸢尾等和原产于热带、亚热带，不耐寒且以观花为主的温室观赏植物如鹤望兰、花烛、君子兰等。

根据植物形态特征，通常将多年生草本观赏植物分为宿根与球根两大类。前者与后者的主要区别在于后者的根部或根茎膨大形成球状或块状。根据植物的生长习性，特别是对温度的敏感或耐受程度，又将这两类观赏植物进行栽培学上的分类。

5.2.1 原产地与适应性

宿根观赏植物的原产地与该种习性有密切关系。植株自种子发芽（或分株、扦插、压条等方法形成独立个体）开始就与其周围环境存在着密切的关系。绝大多数种类生长发育所需要的环境条件与其原产地的环境相近似。了解宿根观赏植物的原产地，可初步了解其生长发育所需要的基本环境条件。

植物种的原产地，并不一定就是该种的最适宜分布区，若该种在原产地系优势种，则可能是该种的适宜分布区，这样原产地的环境条件就能最适宜该种生长发育。分布区广的宿根观赏植物，通常对环境条件具有较广的适应性。栽培历史长的许多宿根观赏植物，由于经长期人工杂交选育使亲本种源复杂，种和品种间的适应性也存在着很大的差异，对栽培环境条件要求也就会有所不同。如大花萱草的不同品种间抗盐性差异较大，金黄色‘大金盘’抗土壤盐碱的能力明显优于其他品种。另外，同属植物许多相近的生物学适应性，这在许多宿根观赏植物分布较集中的属内表现得更为明显。如报春花属、剑叶兰属、葡萄风信子属等。但属内种间适应性的差异也是普遍存在的。

5.2.2 分类

宿根观赏植物除了依照植物分类系统进行分类外，为了栽培和应用的方便，通常把宿根观赏植物分为露地宿根观赏植物和温室宿根观赏植物两大类。露地宿根观赏植物是指植株地上部分开花、结实、萎蔫后，地下部分形成的发达的根部（不含形成肥大的球根）可在露地越冬，翌年再次萌发、生长、开花、结实的观赏植物；温室宿根观赏植物是指其地下宿存的发达的根部不能在露地越冬，通常需在温室或能保持一定温度的地方才能越冬的观赏植物。

按宿根观赏植物对光照需要的不同分为喜阳观赏植物和耐阴观赏植物。喜阳观赏植物如芍药、早小菊、金光菊、天人菊、松果菊、百合、芝麻花、一枝黄花、蛇鞭菊等；又如玉簪、铃兰、玉竹等；耐阴观赏植物如紫露草、石竹、萱草、王百合等。依其对日长的需要量的不同，分为长日照（如芍药、鸢尾、飞蓬）、短日照（如球菊花）和日中性宿根观赏植物（如天人菊、金鸡菊、石竹）3 种。依其对水分的适应情况，分为旱生（如萱草、玉簪、石竹、早小菊）和湿生（如水生鸢尾、花菖蒲）2 种。

按照观赏部位不同可分为观叶类、观花类、观果类、观株型等。观叶类的叶片具有特殊的颜色或形状，如石刁柏、麦冬、萱草、鸢尾、景天、八宝、费菜等；观花类的花色、花形或花期特殊；观果类的果实颜色、形状具有观赏效果如松果菊、天人菊、石刁柏、紫露草等；观株型的植株具有一定的高度，又具有独特的形状，具有观赏价值如蜀葵等。

按宿根观赏植物的开花时间可分为春花类即 3—5 月份开花的如鸢尾、石竹、飞蓬、牛舌草等；夏花类即 6—8 月份开花的如黑心菊、金鸡菊、萱草等；秋花类即 9—10 月份开花的如早小菊、荷兰菊等。

按宿根观赏植物的花色可分为白色系即以白色为主的，如百合、玉竹、铃兰、玉簪、桔梗等；黄色系即以黄色为主的，如小菊、萱草、耆草、黑心菊、庭荠、八宝景天等；蓝色系即花色以蓝色为主的，如紫露草、飞蓬、飞燕草、桔梗、牛舌草、蓝亚麻、荷兰菊；紫色系即花色以紫色为主的，如萱草、松果菊等；红色系如石竹、火炬花等。

按宿根观赏植物的用途还可分为花坛材料、花境材料和切花材料。在花坛材料中，可作为花坛中心的有萱草、鸢尾、黑心菊、金鸡菊；可作为花坛边缘的有景天、石竹、肥皂花、耆草、荷兰菊、芝麻花、八宝等；可作为花境材料的有石刁柏、一枝黄花、蜀葵、牛舌草、紫露草、天人菊、金光菊、金鸡菊、百合、鸢尾等；可作为切花材料的有 3—5 月份开花的石刁柏、鸢尾、飞蓬、石竹、牛舌草、八宝、水生鸢尾、天人菊、蓝亚麻等；6—8 月份开花的紫露草、一枝黄花、黑心菊、金鸡菊、金光菊等；9—11 月份开花的早小菊、萱草、芝麻花、耆草等。

依据宿根观赏植物对环境温度的要求，可分为喜温宿根观赏植物、不耐寒宿根观赏植物、耐寒宿根观赏植物三类。喜温宿根观赏植物的植株越冬温度在 5 ~ 10℃，否则就容易遭受冻害。这类观赏植物在华南可做露地宿根观赏植物栽培，如秋海棠、网纹草、彩叶草、艳山姜、蔓性紫鹅绒等及许多原产美洲热带的多年生草本观赏植物，在我国长江流域以北地方常作为温室观赏植物栽培；不耐寒宿根观赏植物植株越冬能忍受 -5℃ 以上短暂低温，如天冬草、香石竹、长寿花等；耐寒宿根观赏植物，通常植株越冬能耐受 -30 ~ -10℃ 的冬季低温，如玉簪、荷包牡丹、铃兰、荷兰菊、大花桔梗等，许多北方原产的多年生草本。

另外，由于在种以下已培育出许多栽培品种，有的种园艺化程度很高，品种繁多色彩丰富，因而从园艺和园林的实际出发，还可进行更加详细的品种分类。

5.2.3 生物学特性

宿根观赏植物具有多年存活的地下部（较发达的根系）。多数种类具有不同粗壮程度的主根、侧根和须根。主根、侧根可存活多年，由根颈的芽每年萌发形成新的地上部开花、结实，如芍药、火炬花、东方罂粟、玉簪、飞燕草等。也有不少种类其地下部能继续横向延伸形成根状茎，根状茎上着生须根和芽，每年由新芽形成地上部开花结实，如鸢尾、荷包牡丹、玉竹、费菜、肥皂草等。但其生长点每年移动，在新的生长季节开始后，生长点萌发形成新个体并开花结实。在其生活周期中遇到不利环境如低温、高温、干燥或湿热等条件后，植株地上部干枯，地下部分以休眠状态越冬、越夏，或越过干热、湿热等时期，至次年春或秋凉或雨季有利于重新生长的环境后，又开始萌芽、生长和开花。

原产温带的耐寒、半耐寒的宿根观赏植物具有休眠特性，通常受秋季的冷凉气温与短日条件诱导休眠器官（芽或莲座枝）形成，其休眠器官需要冬季低温解除休眠，在翌年春季萌芽生长，在春季至秋季开花。春季开花的种类越冬后在长日条件下开花如地丁、毛地黄、蒲公英、三色堇、红花酢浆草、中国石竹、荷包牡丹、白头翁、君子兰、鸢尾、芍药等；夏季开花的种类常受温度控制如风铃草、夏菊、萱草、补血草、漏斗菜、少女石竹、羽扇豆、金莲花、玉簪、蜀葵等；秋季开花的种类需短日条件下开花或由短日条件促进开花如秋菊、长寿花、紫菀等。有的宿根类一年开花两次，如剑麻在春季和晚秋开花。

5.2.4 栽培学特点

5.2.4.1 种类繁多

目前广泛栽培的有196种。在这些宿根观赏植物中，有观花的、观叶的、观果的；植株有高大的（如早小菊）、有匍匐的（如半边莲）、有攀缘的（如串子莲、啤酒花）；在色彩上更是多种多样，可以满足多种要求。

5.2.4.2 适应性强

在宿根观赏植物中，有许多具有耐旱、耐寒、耐水湿、耐瘠薄、耐盐碱和石灰质土壤等较强的适应能力。许多种在北京地区露地都能越冬，如中国萱草根挖出后，日晒1周，一般还能发根成活。但要使宿根观赏植物生长优良，还必须按不同种的生物学特性，进行科学的种植和管理。如桔梗是喜阳的，应在阳光充足的地方；玉簪喜阴，可栽在建筑物的北侧或阳光较少的环境下；景天具有较强的耐干旱能力，而水生鸢尾则很喜水，需种在水边等。

5.2.4.3 养护简单

宿根观赏植物的病虫害较少，只要依季节和天气的变化，对其进行必要的肥水管理即可正常生长和开花结实。但若要其定期开花或二次开花，提高其观赏效果，延长其观赏时间，则必须进行科学的修剪和精细管理。

5.2.4.4 栽培容易

宿根观赏植物的繁殖、栽培大多没有特殊的要求，一般采用播种繁殖，也可用扦插、分根繁殖法。只要栽培季节和方法正确均能成活。

5.2.4.5 成本较低

宿根观赏植物一次种植，管理得当，可以连续多次开花。而且一般说来，种植宿根观赏植物成本较低。一般春季播种，夏秋季即可开花。如用做背景材料或作为花坛、花境、花径的组成部分，一般种植后两三个月即可收效。

5.2.4.6 群体功能强

宿根观赏植物作为单株种植，一般观赏效果较差，但作为群体，成丛、成片或与其他植物材料进行合理搭配种植，则可收到极好的效果。因为科学的种植和设计，考虑了各种不同植物材料的生物学特性，植株的外形，花期和花色的合理搭配，从而收到非群体所能收到的效果。

5.2.4.7 环境效益大

由于宿根观赏植物具有较强的适应性，有的可以生长在土层浅薄或贫瘠土壤上，有的可以生长在干旱的山坡上，有的可以生长在水边、潮湿地上。大量种植宿根观赏植物，可以扩大绿化面积，提高园林绿化的覆盖率，改善环境。

5.2.5 环境要求

5.2.5.1 温度

温度对宿根观赏植物的生存和园林应用起着决定性的作用。宿根观赏植物在其原产地与适宜的自然分布区内，适合的生长季节中，不会存在温度问题。但我国幅员辽阔，必须考虑作为休眠期所需要的最适宜温度持续时间长短，能耐受的最高、最低临界温度，以便于在不同地区园林中选择应用，以下几方面的问题：

露地栽培中应考虑无霜期的长短，早霜来临的日期与晚霜结束期。 最低温度及其持续时间长短；温度与湿度的相互关系；无霜期温度变化的幅度；夏季最高气温持续时间。

不同种类（品种）宿根观赏植物在萌芽生长期、孕蕾开花期、落叶休眠期对温度的要求各不相同。 如郁金香花芽发育最适温度为20℃，而茎叶萌芽生长在4℃以上，以13℃为最佳；开花适温为15～20℃。菊花在－5℃以上就能有营养生长；花芽分化温度为10～13℃（15℃）。因品种不同，各个阶段的最适温度又可略有差异。

大多数宿根观赏植物喜欢白天气温较高，有利于进行光合作用和制造有机物质。 夜间气温较低可减少呼吸作用消耗的能量。我国东北、西北及华北大部分地区均属大陆气候型，日温差较大，较有利于大多数宿（球）根观赏植物的生长发育开花。但是，不同种类生长的适温中，日温差的最高上限和最低下限是各不相同的。不适宜的高温会对植株灼伤。一些种类生长期温度超过能耐受的上限，就会使植株强制休眠枯萎（死亡），如夏季休眠的葡萄风信子及东方罂粟、多年生报春花等。若多年遭受不适宜的高温，植株的生长势会逐年衰退，最终导致死亡。

宿根观赏植物受低温影响主要是冻害和寒害。 在生长期中温度急剧下降到0℃或低于0℃，会使植株细胞间隙水结冰；在气温回升快的情况下，细胞来不及吸收蒸发掉的水分，会造成植株脱水干枯或死亡，这就造成冻害。若喜温宿根观赏植物在生长发育阶段，气温意外的下降到3～5℃，就会造成嫩枝与叶片冻害萎蔫；若气温降温时间短，温度回升快，再加强养护管理，可以免遭寒害。

保护地栽培宿根观赏植物。 首先要考虑到保护设施增温与保温的能力，其次要研究夏季降温与高温条件下，通风降温的效率，特别是在夏季种植的宿根观赏植物正值产花期阶段，这对宿根观赏植物切花生产，极为重要。

5.2.5.2 光照

根据观赏植物对光周期反应的特性，可以分为长日、短日、日中性3类。长日的有春末夏初的鸢尾、火炬花、大花萱草、月见草、唐菖蒲等；短日有秋末、冬季开花的秋菊、寒菊等；日中性的有香石竹、四季海棠、非洲菊等。

光照强度指单位面积上所接受可见光的能量，简称照度。不同种类的宿根观赏植物随光照强度要求不同，根据宿根观赏植物对光照强度要求的不同，大致可将其分为喜阳性、耐阴性、中性3类。喜阳性观赏植物需在强阳光下才能生长健壮，叶色浓绿，花大色鲜艳。否则茎节细长软弱，叶色淡，不开花或少开花，花小色暗淡，如郁金香、唐菖蒲、菊花、彩叶草等。耐阴性观赏植物在荫蔽度50%以上的弱光下，才能正常生长发育，如玉簪、秋海棠、铃兰、玉竹、蕨类等。中性观赏植物生长发育与光线的强弱无明显的相关性。

5.2.5.3 水分

水是植物的重要组成部分，占宿根草本植物体重的70%～90%。影响植株生长发育的是土壤湿度和空气湿度。观赏植物生长需要的水分，主要从土壤中吸收，土壤湿度一般以田间持水量的60%～70%为宜。一般宿根观赏植物所需要的空气湿度在50%～60%。原产于干旱及沙漠气候地区的种类远低于此，蕨类及喜阴湿植物则更喜较大的空气湿度。当空气湿度达到饱和时对扦插繁殖成活有利。但空气湿度过大，草本植物，特别是幼苗易感染病害。

5.2.6 常见宿根花卉

常见宿根花卉见表5－2－1。

表5－2－1 常见的宿根花卉简介

学名	科属	分布	形态特征	生活习性
菊花 *Dendranthema morifolium*	菊科菊属	中国原产	亚灌木状，茎粗壮，多分枝，基部略木质化，株高30～200 cm。叶互生，具较大锯齿或缺刻，托叶有或无，叶形大，卵形至广披针形。头状花序单生或数朵聚生枝顶，由舌状花和管状花组成，花型和花色极为丰富，花序直径2～30 cm。花期4—12月份	较耐寒，忌积涝，忌连作，喜阳光充足、秋季凉爽的气候条件，喜深厚肥沃、排水良好的沙质壤土，耐旱也耐弱碱

续表 5-2-1

学 名	科 属	分 布	形态特征	生活习性
芍药 *Paeonia lactiflora*	毛茛科芍药属	中国原产，广泛分布于北温带	具肉质根，初生茎叶褐红色，株高 60~120 cm。叶为二回三出羽状复叶，枝梢部分成单叶状，小叶三深裂。花单生于枝顶，单瓣或重瓣，萼片 5 枚，宿存，离生心皮 5 至数个，雄蕊多数。花期 4—5 月份	耐寒，喜夏季冷凉，阳光充足气候，要求土层深厚、肥沃而又排水良好的沙壤土，忌盐碱和低湿洼地
非洲菊 *Gerbera jamesonii*	菊科	南非	头状花序，花色丰富，品种极多	喜光，喜冬暖夏凉气候，喜酸性富含有机质的沙质壤土
紫菀 *Astar* spp.	菊科紫菀属	美洲、欧洲、非洲	有 250~500 种。头状花序，花色有深紫、蓝紫、桃红、粉红	耐寒，喜凉爽的环境和湿润、深厚、肥沃的土壤
萱草 *Hemerocallis*	百合科萱草属	东亚温带	全属 10 种。花色有黄、红、浅橙，花色、花容、花期丰富，有单瓣和重瓣，萼片瓣化，与花瓣同色，种类极多	不择土壤，适应性极强，耐寒、耐热，广泛栽培
圣诞玫瑰 *Crismus helleborus*	毛茛科铁筷子属	欧洲阿尔卑斯山东麓	掌状叶深裂，7~9 裂，花瓣小，不明显，萼片发达，主要观萼片，花色有白、绿、粉、深紫色、黑紫色	极耐寒，喜半阴，喜湿润腐殖质土壤，不耐夏季干热
荷包牡丹 *Dicentra spectabilis*	罂粟科荷包牡丹属	东亚和北美原产	总状花序顶生呈拱形下垂，形似荷包，花瓣 2，萼片 2，玫瑰红色，有红萼白花和黄萼白花两种	喜半阴，喜腐殖质丰富的沙质壤土
小向日葵 *Helliantus multiflorus*	菊科向日葵属	北美中部原产	同属有 150 种。本种是 *H. decapetalus*（野向日葵）*H. annus*（向日葵）的杂交种。叶片卵形、粗糙，簇生，花重瓣黄色，夏季连续开花	耐寒性强，不择水土，不太耐干旱，极喜光，用于花坛和切花
药鼠尾草 *Salvia officinalis*	唇形科鼠尾草属	地中海沿岸原产	同属有750种。总状花序，叶长卵圆形、对生，叶色有白（var. *tenuior*）、黄（var. *aurea*）、三色（var. *tricolor*）、紫色（var. *purpurea*），花紫色	容易栽培，但不耐高温、高湿，喜干燥
一枝黄花 *Solidaga gigantean* var. *leiophylla*	菊科一枝黄花属	北美	同属 130 种。叶披针形，圆锥花序，小花偏侧生，花黄色	抗性极强，喜强光，耐寒、耐旱，可以做切花

续表 5-2-1

学　名	科　属	分　布	形态特征	生活习性
飞燕草 *Delphynum*	毛茛科飞燕草属	北半球温带	同属 200 种。总状花序，萼片 5，瓣状，有白、黄、浅粉、浅紫、紫、兰，有距，花瓣不明显，品种数千，花期 6 月份	喜冷凉、干燥，忌炎热，耐旱、耐寒、耐半阴，不耐酸性土壤
金莲花 *Trollius*	毛茛科金莲花属		掌状叶，花金黄色，瓣化萼片 5～15 枚，观萼，花瓣不明显，4 雄蕊，雄蕊瓣化，有重瓣品种，有紫红花的园艺品种	喜冷凉气候，湿润黏质土壤
Sisyrinchium atlanticun	鸢尾科庭菖蒲属	北美东部	同属有 75 种。叶长披针形，花白色，6 月份开花	耐寒性极强，不耐高温、高湿
奥西紫露草 *Tradescantia ohiensis*	鸭趾草科紫露草属	北美东部	花蓝紫色到粉红色，也有白色，花期 6—10 月份	喜光，栽培容易
Iris spp.	鸢尾科鸢尾属	北半球	同属有 230 种，中国有 60 种。是最重要的宿根花卉之一。叶片线形或剑形，有根茎、球茎、走茎；花 3 瓣直立，3 瓣下垂，花色有白、黄、紫、粉，萼片瓣化。种类繁多	耐寒，耐旱，耐干燥，耐盐碱，栽培容易，广泛用于园林
香石竹 *Dianthus caryophyllus*	石竹科	原产欧洲南部、地中海沿岸至印度地区	常绿宿根草本。现在生产栽培中应用的品种是按花色分类的，有黄色系、红色系、白色系。花期是 5—10 月份	适于比较干燥和阳光充足的环境。不同品种对温度的要求有一些差异，理想的栽培地是夏季凉爽、湿度低、冬季温暖的地区
宿根霞草 *Gypsophila poniculata* var. *florepleno*	石竹科丝石竹属		花小繁茂，景观如霞	喜好含石灰质的稍微干燥的土壤，也相当耐热，但高温、高湿则易受害。耐寒性很强
鹤望兰 *Strelitzia reginae*	旅人蕉科鹤望兰属	南非原产	同属有 5 种。常绿，根粗壮肉质，茎不明显，叶对生，两侧排列，革质，长椭圆形或长椭圆状卵形，花梗与叶近等长，花形奇特，色彩夺目，宛如仙鹤翘首远望	喜光，喜温暖湿润，较耐寒，耐旱，不耐水湿，喜肥沃、排水良好的稍黏质土壤
虎尾兰属 *Sansevieria* spp.	百合科	非洲热带和印度	同属有 60 种。常绿，根茎横展，叶基生、直立，硬纤维质或多肉质，扁平或圆柱状，有横纹或色缘；花单生，总状或穗状花序，白色，花被管状	抗逆性强，喜温暖，夏忌强光，较耐干燥，喜通气、排水良好的土壤

续表 5-2-1

学 名	科属	分 布	形态特征	生活习性
花烛属 *Anthurium* spp.	天南星科	美洲热带	常绿，有茎或无茎，直立，稍蔓性，叶革质，全缘或分裂，佛焰苞卵圆形、椭圆形或披针形，革质，开展或弯曲；肉穗花序圆柱形或球形	喜高温、高湿，喜排水良好，喜阴
四季秋海棠 *Begonia semperflorens*	秋海棠科	南美	茎肉质，光滑，叶互生，有光泽，卵圆形或广椭圆形，边缘有锯齿，叶基部偏斜；聚伞花序腋生，花单性，雌雄同株，花色有白、粉、红等，雄花较大，花瓣 2 片，萼片 2 片，雌花较小	喜温暖，不耐寒，喜空气湿度较大、土壤湿润的环境，不耐干燥，忌积水，喜半阴
温室凤仙类 *Impatiens* spp.	凤仙花科	东半球热带和温带	同属 500 种。草本或半灌木，茎平滑多汁，节部膨大，叶无托叶，互生和对生，上部叶轮生，叶柄有腺体，花两性，左右对称，单生于叶腋或稍簇生，萼片 3、花瓣状，呈囊状；花瓣 5，花色有红、黄、粉、白等	喜温暖湿润，日照充足，夏季要求冷凉，并需稍遮阴，不耐寒，喜疏松肥沃、排水良好的沙质壤土
蜘蛛抱蛋 *Aspidistra elatior*	百合科蜘蛛抱蛋属	亚洲热带和亚热带	同属有 13 种。常绿，根状茎粗壮横生，叶单生，有长柄，坚硬，挺直，长椭圆状披针形，基部楔形，边缘波状，深绿色有光泽，花葶从根茎抽出，紧贴地面	喜温暖、阴湿环境，忌干燥和直射光，要求疏松、排水良好的土壤，适应性很强
吊兰属 *Chlorophytum* spp.	百合科	热带、亚热带	同属有 215 种。叶基生，条形，花葶细长，有时变成匍匐枝，花小，白色，成簇排成顶生的总状花序	喜温暖湿润、半阴的环境，喜疏松肥沃的沙质壤土
百子莲 *Agapanthus africanus*	百合科百子莲属	南非	短缩根状茎或绳索状肉质根，叶二列状基生，线状披针形至舌状带形，光滑，浓绿色，花葶自叶丛中抽出，粗壮直立。伞形花序，外被两片大型苞片，花被 6 片联合成钟状漏斗形，鲜蓝色，花期 7—8 月份	喜温暖湿润，不择土壤，在腐殖质肥沃、排水良好、肥沃的土壤上生长良好，抗寒

续表 5－2－1

学名	科属	分布	形态特征	生活习性
豆瓣绿属 *Peperomia* spp.	胡椒科豆瓣绿属	热带和亚热带	同属有 1 000 种。常绿，叶互生、对生或轮生，全缘，多肉，叶面有斑纹或斑点；花小，两性，密生于细长的穗状花序上	喜高温、半阴环境，喜腐殖质丰富、排水良好的疏松土壤
花叶万年青属 *Dieffenbachia* spp.	天南星科	美洲热带	同属 30 种。常绿亚灌木状，叶长椭圆形或卵形，全缘，主脉粗，叶片有斑点或波纹，叶柄粗，有长鞘，花序柄由叶柄鞘内抽出，短于叶柄，佛焰苞长椭圆形，花无观赏价值	喜高温、高湿、稍遮阴的环境，喜疏松土壤
非洲紫苣苔 *Saintpaulia ionantha*	苦苣苔科	热带非洲	常绿，叶基生，多肉质，卵圆形或长圆形，缘具浅锯齿，密布短毛，表面暗绿色，背面有红晕，总状花序，堇色，花期夏秋	喜半阴，温暖湿润环境，夏季忌强光和高温，喜疏松、肥沃、排水良好的腐殖质土壤
土麦冬属 *Liriope* spp.	百合科	中国、越南、菲律宾、日本	同属 8 种。常绿，无地上茎，根茎短而肥厚，具匍匐枝，根端或中部形成肥厚肉质的纺锤形块根，叶线形，丛生。花葶自叶腋伸出，直立，总状花序顶生，花小，花色淡紫色、白色、蓝色，花被片 6，花丝与花药等长	喜阴湿，阳光直射叶易变黄，不择土壤，喜湿润肥沃的沙质壤土，较耐寒
沿阶草属 *Ophiopogon* spp.	百合科	亚洲东部和南部	同属有 50 种。常绿，无地上茎，地下茎短而大，须根上着生小块根，叶窄，线形或狭带形或长披针形，花蓝色或白色，总状花序或穗状花序，花被片 6，雄蕊 6	喜温暖湿润，半阴，通风良好的环境，喜腐殖质丰富、肥沃、排水良好的沙质土壤
吉祥草 *Reinec jiacarnea*	百合科吉祥草属	中国、日本	同属 1 种。常绿，具匍匐茎，地下部具根茎，叶丛生，阔线形或线状披针形，有叶鞘，花葶自叶丛中抽出，低于叶丛，顶生疏松穗状花序，苞片卵形，无花柄，淡紫色，有芳香	喜温暖湿润，适应性强，不择土壤，不耐涝，耐寒性强，喜排水良好的沙质壤土
海芋属 *Alocasia* spp.	天南星科	亚洲热带和美洲热带	同属 70 种。地下有肉质根茎，茎粗短，叶质状或箭状心形，肉穗花序，粗而直立	要求高温，在半阴而闷湿处生长最好，不喜空气流通

续表 5-2-1

学 名	科 属	分 布	形态特征	生活习性
伞莎草属 *Cyperus* spp.	莎草科	热带、亚热带和温带	同属700种。茎秆单一，多呈三棱形，叶生于茎秆基部，形似禾本科叶片，有时退化呈鞘状，总苞片叶状，披针形小花序穗状，多数聚成复伞形花序，花期6—7月份	喜温暖、阴湿、通风良好的环境，不择土壤，不耐寒
万年青 *Rogdea japonica*	百合科万年青属	中国原产	同属一种。常绿，地下根茎短粗，具多数纤维根，叶基生，带状或倒披针形，有光泽，全缘，波状，花葶自叶丛中抽出，顶生穗状花序，花小，无柄，淡绿色，密集着生，花期6—7月份	喜温暖湿润及半阴的环境，不耐积水，稍耐寒，喜微酸性、排水良好的沙质壤土
水塔花属 *Billbergia* spp.	凤梨科	美洲热带	同属60种。常绿，叶旋叠状或簇生，背面被粉状鳞片，边有小刺或细锯齿，花葶侧垂或直立，顶生穗状花序或圆锥花序，花被片粉粒达基部，花色为蓝色，有苞片	喜温暖湿润，需要空气湿度大，夏季遮去强光，土壤要求疏松、排水良好的酸性土
羞凤梨属 *Aregelia* spp.	凤梨科	巴西、圭亚那	同属34种。附生观叶植物，叶莲座状基生，硬革质，带状外曲，叶色有深绿色的横纹、褐色具绿色的水花纹样，绿叶具深绿色斑点，花色为蓝色、淡紫色，花期夏季	喜温暖湿润，需湿度遮阴，宜疏松、排水良好的强酸性土壤
月桃 *Alpinia speciosa*	姜科	印度	观叶，叶长圆状披针形或椭圆状披针形，光滑无毛，二列状，具平行叶脉，穗状花序，顶端下垂，主花轴有毛，花白色有紫晕，花形似兰花，花极香	喜阴湿，要求土壤肥沃、排水良好
扭果花属 *Streptocarpus* spp.	苦苣苔科	南非	植株矮小，有毛，叶根生，对生或互生，花腋生，聚伞花序，花冠有长筒，直或弯，裂片5，不等大，花色有淡紫、淡红、蓝色和白色	喜冷凉，宜半阴的肥沃多湿环境

续表 5-2-1

学名	科属	分布	形态特征	生活习性
吊竹梅 *Zebrina pendula*	鸭趾草科	墨西哥	常绿，茎分枝，匍匐枝，节处生根，茎有粗毛，茎与叶鞘肉质，叶互生，基部鞘状，卵圆形或长椭圆形，全缘，叶面银白色，其中部及边缘紫色，叶背紫色，花小，紫红色	喜温暖湿润，不耐寒，生长强健，忌强光，耐阴
广东万年青 *Aglaonema nodestum*	天南星科广东万年青属	印度至马来西亚	同属 50 种。常绿，茎直立，叶椭圆状卵形，端渐尖至尾状渐尖，中部以下鞘状，有佛焰苞，肉穗花序，雄花在上，雌花在下	喜高温多湿，耐阴，忌强光直射，喜排水良好、肥沃的微酸性土壤，抗性强
竹芋属 *Maranta* spp.	竹芋科	美洲热带	同属 23 种。常绿，有块状根茎，叶基生或茎生，叶柄基部鞘状，花少、对生，总状花序或二歧圆锥花序，花冠管状圆柱状，裂片 3，近相等，有 2 枚退化雄蕊，花瓣状	喜半阴，高温、高湿环境，冬季宜阳光充足，夏季需半阴环境
大叶仙茅 *Curcu; ligo capitulata*	仙茅科	中国	常绿，有块状根茎，叶基生，有折扇状脉，长披针形，先端长尖，有中空的长叶柄，花梗腋生，有褐色毛，先端下弯，花色黄色，聚生呈头状花序，花期夏季	喜温暖湿润，强健，栽培容易
肖竹芋属 *Calathea* spp.	竹芋科	美洲热带和非洲	同属 150 种。常绿，叶基生或茎生，雄蕊花瓣状退化 1 枚，短总状花序或球花状，不分枝	喜高温高湿、半阴的环境，宜疏松多孔质的栽植材料

5.3 球根类

球根类观赏植物大多数属于单子叶植物，广泛分布于世界各地，主要分布在北纬 23°~45°和南纬 23°~45°。南非和欧洲南部、地中海地区是球根的两大起源中心，其中起源于南非的有 98 属。原产中国的有 27 属，重要的有百合属（*Lilium*）、鸢尾属（*Iris*）、秋海棠属（*Begonia*）、郁金香属（*Tulipa*）、葱属（*Allium*）、文殊兰属（*Crinum*）等。

5.3.1 分类

观赏植物的球根是球根花卉地下膨大的贮藏器官的总称，通常分为鳞茎、球茎、块茎、根茎和块根5类。

5.3.1.1　鳞茎

鳞茎（bulbs）是变态的枝叶，地下茎短缩为圆盘状的茎盘，其上着生多数肉质膨大的鳞片，整体球状。鳞片由叶基或叶鞘基肥大而成，鳞茎盘下端产生根原基，形成须根，茎盘的顶端为生长点（顶芽）。依鳞茎的寿命分为一年生和多年生两类，一年生鳞茎每年更新，母鳞茎的鳞片生育期间由于贮藏营养耗尽而自行解体，由顶芽或腋芽形成的子鳞茎代替，如郁金香（*Tulipa gesneriana*）、球根鸢尾类（*Iris* spp.）等。多年生鳞茎的鳞片可以连续存活多年，生长点每年形成新的鳞茎，使球体逐年增大，早年形成的鳞片被推挤到鳞茎外围，并依次先后衰亡，如水仙（*Narcissus* spp.）、风信子（*Hyacinthus orientalis*）、石蒜（*Lycoris radiata*）、百合类（*Lilium* spp.）等。根据鳞片的排列形状通常将鳞茎分为层状鳞茎与鳞状鳞茎两类。层状鳞茎（laminate bulbs）也称有皮鳞茎，鳞片呈同心圆层状排列，肉质鳞片为闭合状，生长期中，其外层鳞片木化或栓化为鳞茎的外皮称鳞茎皮。如郁金香、水仙、风信子等。鳞状鳞茎（scaly bulbs）是以茎的短轴为中心，呈覆瓦状叠合着生彼此分离的鳞片，鳞茎球体外围无皮膜包被，故又称无皮鳞茎，如百合、贝母属（*Fritillaria* spp.）。

5.3.1.2　球茎

球茎（corms）是地下茎膨大成球状或扁圆状的实心球体，上有明显的节，节上着生叶鞘和叶的变态体，呈膜质包于球体上。顶端有顶芽，节上有侧芽，侧芽的着生位置与叶序相一致。顶芽和侧芽萌发生长形成新生花茎和叶，茎基肥大形成下一代新球。母球由于营养耗尽而萎缩，被一个或多个新球茎代替。母球基部发生的不定根吸收营养和水分，在新球茎底部会发生一种粗壮的根，它牵引新球茎不露出地面，与母体紧密相连，故称牵引根。主要的球茎类有唐菖蒲（*Gladiolus hybridus*）、小苍兰（*Frieesia refracta*）、番红花（*Crous sativus*）等。

5.3.1.3　块茎

茎（tubers）也是一种地下变态茎，根据膨大变态的部位不同，可以分为两类。一种由地下根状茎顶端膨大而成，上具螺旋状排列的芽眼，节不明显，在它的上面不能直接产生根。如菊芋（*Helianthus tuberosus*）和花叶芋（*Caladium bicolor*）等。另一种是由种子的下胚轴，或包括少部分上胚轴和主根基部膨大而成，直立生长，顶芽发达，基部或中部产生不定根。如仙客来（*Cycalamen persicum*）、马蹄莲（*Zantedeschia aethiopica*）、大岩桐（*Sinningia speciosa*）等。

5.3.1.4　根茎

根茎（rhizomes）又称根状茎类，地下茎肥大，主轴沿水平方向伸展，根茎上有明显的节与节间，节上有芽可发生不定根，通常以顶芽形成花芽开花。如美人蕉（*Cannaindica*）、铃兰（*Convallaria majalis*）、姜花（*Hedchium coronarium*）等。

5.3.1.5 块根

块根（tuberous root）是一种地下变态根，由侧根和不定根经异常的次生生长，增生大量薄壁组织而形成，其中贮藏大量养分，只有须根，无节、无芽，发芽点存在于根茎部节上。如大丽花（*Dahalia hybrida*）、花毛茛（*Ranunculus asiaticus*）等。

不同的球根类型如图5-3-1所示。

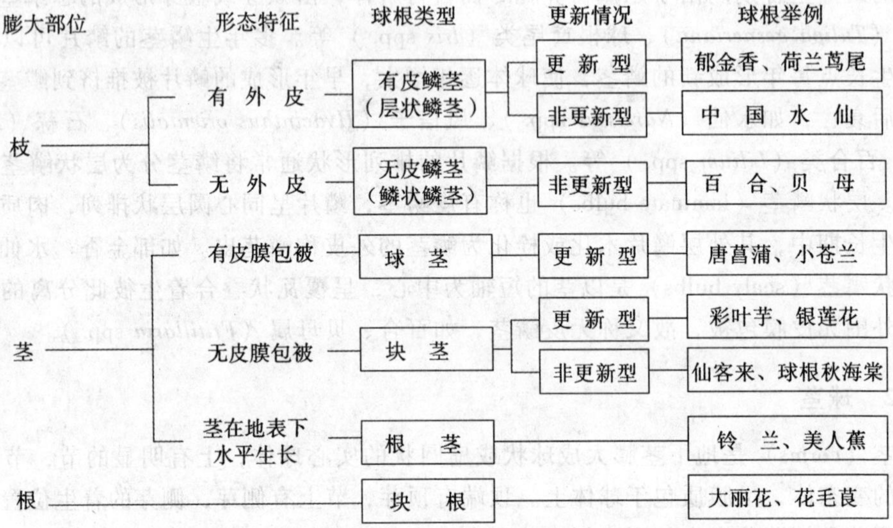

图5-3-1 球根分类检索图

5.3.2 球根的功能

观赏植物的球根是地下茎和根的变态，已经失去了常态茎和根的主要生理功能，而主要是作为贮藏器官，为植株提供前期生长发育的营养和水分，同时大部分球根具有繁殖功能，球根上保存着芽体和生长点，使植物度过不良环境条件后生命得以延续。

观赏植物的球根具有贮藏功能，富含大量糖类、蛋白质、矿质营养和水分，大部分球根的干物质含量在30%左右，主要为淀粉，大丽花的贮藏物质主要是菊糖。植株初期的生长基本靠球根内贮藏的养分，在生出吸收根以后，才能吸收土壤中的养分和水分。所以初期的生长发育程度与球根的大小成正比。

球根是重要的营养繁殖器官，主要利用方式有分球、切割、人工创伤、鳞片扦插4种。

分球是将新球或子球与母球分离，另行栽植的方法。鳞茎类和球茎类球根常采用此法繁殖。有的球根子球产量很大，如唐菖蒲，繁殖系数高的品种，一株可形成数百个子球。但是有的球根不易产生子球，也有的球根不产生子球。

切割是将球根切割为几个部分，分别栽种，每一部分都带有芽眼和茎盘。大部分块茎、根茎都采用切割法繁殖。大丽花块根是由茎基部不定根膨大而成，切割时每株必须带有根颈部的一两个芽眼。仙客来块茎切割的方法是：花后五六月份，将块茎上部切去1/3，并在横切面上交划出 1 ~ 1.5 cm 的方形切痕，在适宜的温度和湿度下，切割处可发生不定芽形成小块茎。唐菖蒲球茎的切割繁殖应根据球茎大小和芽的多少，将球茎切成若干块，每块必须带有一个以上芽眼和茎盘。球根切段也可做外植体进行组织培养繁殖。

人工创伤是对不易发生子球的鳞茎、球茎、块茎等可采用人工创伤法促进子球的发生，如风信子一般采用人工刻伤法或挖空法（刳底法）促进子球形成。刻伤法是在鳞茎底部做十字形或米字形切割，伤口处产生愈伤组织形成不定芽而产生小鳞茎；挖空法是风信子鳞茎最常用的繁殖方法，初夏将鳞茎挖出晾晒 1 ~ 2 d，并在 25.5℃贮藏 2 周后，用特制的匙形刀将鳞茎底盘挖一个洞，既要保留少许茎盘又要去除中心芽，消毒后贮藏在 21℃且低空气湿度条件下，当受伤表面形成愈伤组织时，将温度升至 30℃，空气湿度保持在 85%，到 10 月份茎盘周围可以产生许多子球。

鳞片扦插用于鳞茎类球根的繁殖。鳞片贮藏大量养分和水分，在湿润的基质中，鳞片基部维管束表面形成愈伤组织，并由此形成不定根、不定芽和小鳞茎。百合经常采用鳞片扦插繁殖，扦插时一般选用外层鳞片。在鳞片较大的情况下，可将鳞片横向切成 2 ~ 4 段，也能分别形成子球。水仙以中层鳞片扦插形成的小鳞茎的数量和质量最为理想，常采用双鳞片扦插法繁殖，在球根休眠期将鳞茎纵切成 8 ~ 10 等份，再将以茎盘相连的每 2 片鳞片分割成一个繁殖体，消毒后混于湿润的蛭石中，装入塑料袋中置于 25℃条件下 12 ~ 16 周后，在鳞片基部可以形成小鳞茎。

5.3.3 球根的形态多样性

5.3.3.1 外部形态

（1）大小　观赏植物的球根不仅种类各异，球根大小也相差很多，文殊兰的鳞茎是球根中较大的，直径在 10 ~ 15 cm，朱顶红的鳞茎也很大，直径可达 12 cm；而小苍兰和花叶芋的球根较小，直径有 1 ~ 1.5 cm；大部分成年球根的直径在 2 ~ 6 cm，表 5 - 3 - 1 列出了部分球根一级球的大小。同一品种的不同发育阶段的球根大小相差更甚，仿佛几代同堂，例如唐菖蒲的球茎，子球直径在 0.1 ~ 0.6 cm，而新球茎直径可达 5 ~ 6 cm。

表 5 - 3 - 1　不同种类球根的一级球大小

种　　类	科属	周径/cm
唐菖蒲（*Gladiolus hybridus*）	鸢尾科，唐菖蒲属	14
中国水仙（*Narcissus tazetta* var. *chinensis*）	石蒜科，水仙属	28
喇叭水仙（*Narcissus pseudo-narcissus*）	石蒜科，水仙属	14
亚洲型百合（*Lilium* spp.）Asiatic Hybrids	百合科，百合属	16
东方型百合（*Lilium* spp.）Oriental Hybrids	百合科，百合属	20
麝香百合（*Lilium longiflorum.*）	百合科，百合属	16
L-A 百合（麝香百合和亚洲型百合的杂交种）（*Lilium* spp.）	百合科，百合属	18
郁金香（*Tulipa* spp.）	百合科，郁金香属	12

续表 5-3-1

种 类	科属	周径/cm
鸢尾（*Iris* spp.）	鸢尾科，鸢尾属	10
朱顶红（*Amaryllis vittata*）	石蒜科，孤挺花属	36
马蹄莲（*Zantedeschia aethiopica*）	天南星科，马蹄莲属	18
小苍兰（*Freesia refracta*）	鸢尾科，香雪兰属	5
花叶芋（*Caladium bicolor*）	天南星科，花叶芋属	5
风信子（*Hyacinthus orientalis*）	百合科，风信子属	19
番红花（*Crous sativus*）	鸢尾科，番红花属	10
银莲花（*Anemone cathayensis*）	毛茛科，银莲花属	8
虎眼万年青（*Qrnithogalum caudatum*）	百合科，虎眼万年青属	6
立金花（*Lachenalia aloides*）	百合科，立金花属	8
蛇鞭菊（*Liatris spicata*）	菊科，蛇鞭菊属	10
观音兰（*Tritonia crocata*）	鸢尾科，观音兰属	8
细茎葱（*Allium aflatuemse*）	百合科，葱属	10
花毛茛（*Ranunculus asiaticus*）	毛茛科，毛茛属	10
夏雪滴花（*Leucojum aestivum*）	石蒜科，雪滴花属	16
全能花（*Pancratiam biflorum*）	石蒜科，全能花属	16

注：引自 GB/T 18247.6 主要花卉产品等级第 6 部分：花卉种球。

（2）*形状* 虽然球根的器官起源比较单一，但其外形却是变化多样。唐菖蒲、番红花的球茎分别为球形和扁球形；郁金香的鳞茎呈卵球形，侧面扁平；仙客来块茎初期为球形，随着年龄的增长呈扁球形；大丽花的块根纺锤形，花毛茛具有簇生的纺锤形块根；独尾草（*Eremurus chinensis*）的块根呈绳索状。总之，观赏植物的球根千姿百态，从图 5-3-2 可略见一斑。

晚香玉（*Pilianthes tuberosa*）的球根属于块茎类，但其真正应为一种过渡类型，其地下膨大部分既有鳞茎部分，又有块茎部分。

（3）*颜色* 球根的颜色往往与花色相关，如唐菖蒲、风信子、朱顶红等，花色深的品种球根的颜色也较深。球根的颜色与发育状态也有关系，未发育充实的球根，其颜色不能代表品种特性。

5.3.3.2 皮膜和根

（1）*皮膜* 球茎和有皮鳞茎的外部都有皮膜（tunic）包被，鳞茎的皮膜是由外层鳞片木化或栓化而成，球茎的皮膜也是叶和叶鞘的变态体。皮膜上有气孔，去除皮膜能增强球根的呼吸作用。皮膜可以起到保护球根免受外界伤害的作用，同时保护根原基的完整。但并不是所有球根的的根原基都有皮膜包被，如水仙、朱顶红、风信子等球根的皮膜没有包到根原基。

(2) 根　球根类观赏植物的根大部分属于不定根，在球根的生长发育过程中构成须根系的主体。根据根发生部位的不同可以将其分为3类。

①基生根（basal root）：球根生长初期，由茎盘基部形成的根。唐菖蒲的基生根又称初生根，是一种母球茎底部发生的须根，其主要功能为吸收营养与水分；百合鳞茎的基生根也称下部根，生长健壮，有分枝，分布深，主要功能为吸收营养供茎、叶生长及开花，可以连续生存2年。

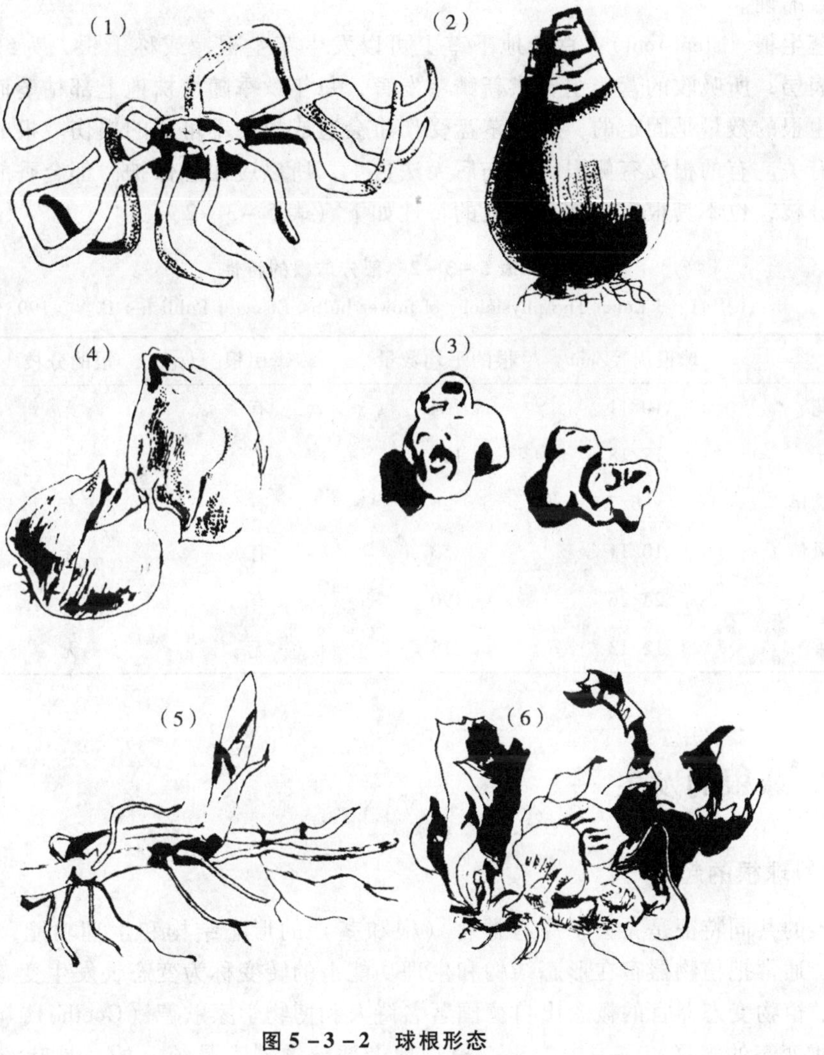

图5-3-2　球根形态

（引自：James Underwood Crockett，Bulbs，TIME-LIFE BOOK. 1971）

（1）独尾草；（2）水仙；（3）银莲花；（4）菖蒲鸢尾；（5）铃兰；（6）美人蕉

②牵引根（contractile root）：又称收缩根或次生根，其功能为牵引新球不远离母体和不露出地面，同时在植株生长后期为地上部分生长提供养分和水分。解剖学观察表明番红花的牵引根的维管束组织与新、老球茎的维管组织紧密相连接，可使牵引根便于从老球茎和新球

茎中得到养分供应。老球茎基部大量基生根吸收的水分供给正在发育的牵引根、新球茎及地上的绿叶，但是基生根根系入土浅，加之新球茎常发生于老球茎顶端或亚顶端，更接近地面，牵引根的存在可以将正在发育的新球茎拉向土壤深层。唐菖蒲牵引根一般在种植7~9周后形成，肉质状，上部粗大，有环状条纹，直径3~4 mm，可长达50~80 cm。牵引根的数量与种植深度呈负相关，而且在一定深度以下将不产生牵引根。种植深度对牵引根形成的影响在于两个方面：一是牵引根形成区的温度，再者为叶鞘接受的光辐射量。黑暗条件下，生长素类物质能促进基生根形成，但对牵引根的诱导不起作用。多花水仙（*Narcissus tazetta*）牵引根的形成也只受叶基部受光量的影响，当基部遮光时，鳞茎只产生细弱的基生根，无收缩性。

③茎生根（stem-root）：百合地下茎上可以发生茎生根，或称上根，为纤维性根，分布于土壤表层，所吸收的营养主要供新鳞茎发育，每年秋季随植株地上部枯萎而死亡。

基生根的数量是固定的，因此茎盘受伤将会造成根的不可逆的损伤。根的数量与球根的大小也有关。有的根没有侧根，损伤后无法再生，所以应注意保护。郁金香的根很特殊，不仅没有分枝，也不具根毛。部分球根的特性如下（表5-3-2）。

表5-3-2　部分球根的特性

（引自：J Cohat The physiology of flower bulbs. Elsevier Publisher B. V，1993）

种　类	球根周径/cm	根的平均数量	牵引根	根的分枝	根毛
番红花	10/11	204	有	无	无
风信子	17/18	111	有	无	有
球根鸢尾	6/7	26	有	有	有
葡萄风信子	10/11	53	有	无	无
水仙	24/26	190	有	无	有
郁金香	12/13	215	无	无	无

5.3.4　球根的发生

5.3.4.1　球根的起源

球根的共同特征是失去了原有器官（根和茎）的形态结构和生理功能，转化为营养贮藏器官。通常把植物器官在形态结构和生理功能上的转变称为变态，发生变态的器官称为变态器官。植物变态器官的概念出自德国著名诗人和博物学家歌德（Goethe），早在1790年他在《植物变态的解释》一书中指出，植物地上部分的器官是统一的，是叶子无穷无尽的变形。因此，子叶、茎生叶、鳞片、花瓣、雄蕊和心皮都是叶片的不同表现。这种统一器官的变化过程和它表现的不同性状，歌德称之为变态。许多文献相继描述过植物的多种变态器官。

在系统发育过程中，植物器官的变态是植物对环境的适应性变异和人类长期定向选择的结果；在个体发育过程中，植物器官的变态是指变态器官和根、茎、叶3种基本器官在形态结构和生理功能上的差异。

5.3.4.2　球根的形成和演替

球根的形成包括形态发生和球根膨大两个过程，膨大又包含细胞分裂和体积增大，同时发生同化物的累积。通常可见的是外部形态和结构的变化。

（1）中国水仙　中国水仙鳞茎的形成，首先是原始顶端分生组织在生长期内形成叶鞘与叶片，其基部逐渐肥大，在生长末期地上部位逐渐枯萎，肥大部分存留成为一组鳞片，也称“鳞茎单位”。其次是越夏休眠后其顶芽与侧芽萌发形成第二世代叶鞘与叶片，生长末期其叶鞘与叶片基部肥大形成第二世代的顶生鳞茎单位和侧生鳞茎单位。每一鳞茎单位的寿命约为4年。因此，一个成年大鳞茎是不同世代鳞茎单位组成的复合结构。每年形成新一代鳞茎单位时，外层老鳞片变成棕褐色，膜质化死亡而脱落。有的2~3年生老鳞茎单位常被挤压而与复合体脱落。水仙鳞茎的结构模式如图5－3－3所示。

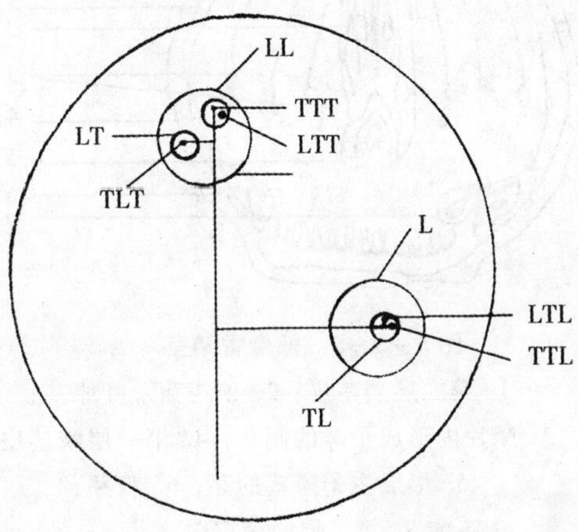

图5－3－3　中国水仙鳞茎结构示意图

L. 侧鳞茎　T. 主鳞茎　每个圆代表一个鳞茎单位。实心的黑点是当年生鳞茎，用3个字母表示；两个和一个字母分别表示二年生和三年生鳞茎

（2）唐菖蒲　唐菖蒲球茎一年生，植株两三叶时，母球基部的短缩茎开始膨大，花期迅速膨大，新球形成，此时新球基部不定芽萌发形成匍匐茎，匍匐茎伸长，顶端分枝，最后由匍匐茎顶端分生组织膨大形成子球。新球和子球种植后同样重复以上过程。唐菖蒲球茎演替过程如图5－3－4所示。

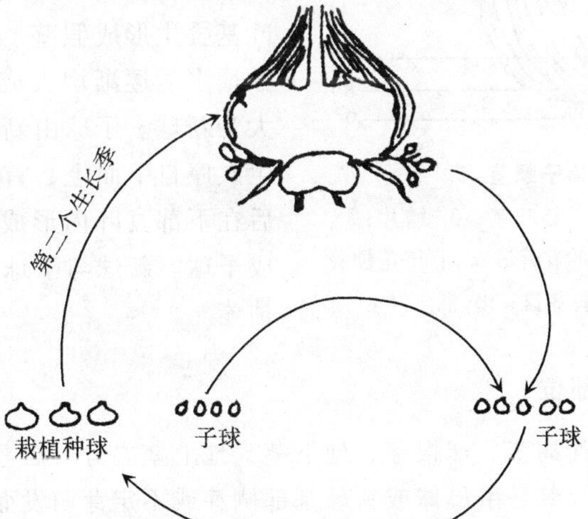

图5－3－4　唐菖蒲球茎演替示意图

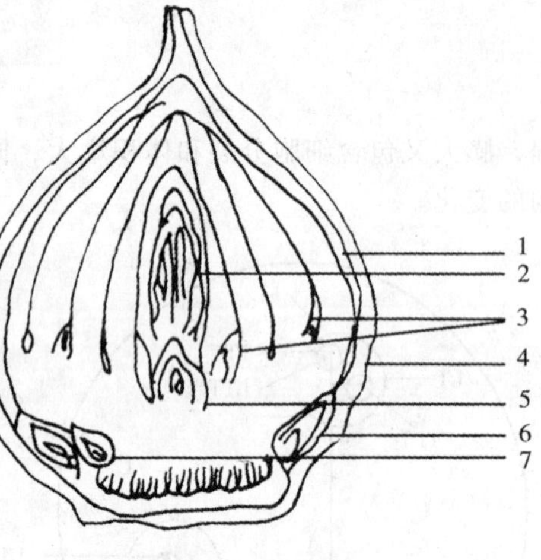

图 5-3-5 郁金香鳞茎

1. 第二层鳞茎皮；2. 顶花芽及叶原基；3. 鳞片内形成子球的侧芽；4. 第一层鳞茎皮；5. 形成主子鳞茎的芽；6. 腋芽；7. 第二层鳞茎皮内侧芽

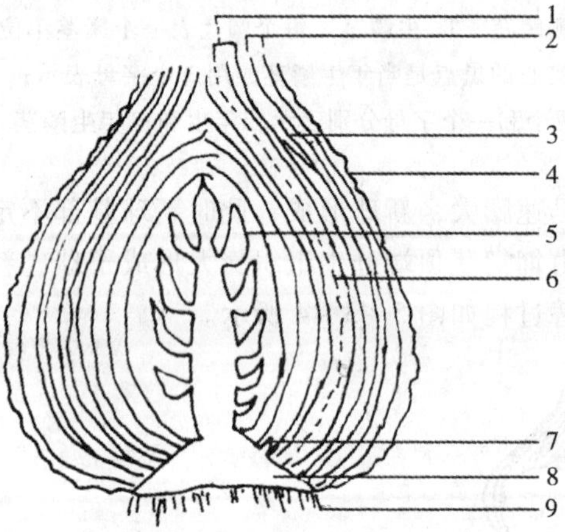

图 5-3-6 风信子鳞茎

1. 上年叶基；2. 第一年叶基；3. 鳞片；4. 鳞茎皮；5. 未伸出的花序；6. 上年花梗；7. 侧芽；8. 鳞茎盘；9. 根

(3) 郁金香 成年郁金香鳞茎由鳞茎盘、顶端分生组织和肉质鳞片组成。一年生鳞茎仅 1 枚鳞片，成年的有五六枚，最外层特化为纸质棕色称鳞茎皮。成年鳞茎的顶芽分化为叶和花，肉质鳞片腋内形成腋芽（图 5-3-5），随后发育成子鳞茎。子鳞茎分化是由外层鳞片开始，近中心的子鳞茎形成最晚，通常一个鳞片内只形成一个子鳞茎。子鳞茎分化后在冬季缓慢生长，经低温后与春季迅速扩大。越近中心的子鳞茎增长的越早且快。上部生长最大的子鳞茎称主子鳞茎，成熟后即为新的母鳞茎。

(4) 风信子 风信子的层状鳞茎生存期可达 3～4 年，大的鳞茎可含 3 个世代的鳞片。鳞片由鞘叶和叶片基部膨大而成。未成年鳞茎由顶端生长点形成的叶鞘与叶基膨大而成。成年鳞茎顶端生长点分化花芽，由花芽近旁形成的新生长点分化叶鞘与叶片膨大成鳞片（图 5-3-6）。在叶与花的生长期内消耗鳞片的贮藏营养，最外层鳞片耗尽营养而枯萎，从而形成鳞片的逐年更新。鳞茎内一般不形成侧芽，因而也不形成子球。

(5) 小苍兰 小苍兰球茎顶芽或侧芽萌发后，通常近顶端健壮的芽先抽生 2～4 片鞘叶，随后发生 10 片左右真叶。鞘叶和真叶的叶基叠生形成假茎。假茎初为盘状，当叶片数增多后逐渐增大成锥形的新球茎，以后膨大为新球。子球由新球叶腋内腋芽形成，发生次序自下而上，首先在叶鞘叶内形成，以后在下部真叶内形成。有时基生叶腋内也形成子球。新球与子球成熟时，母球耗尽营养枯萎。

5.3.4.3 球根的发生部位

球根的发生部位有匍匐茎、球根芽、地下茎、地上茎之分。唐菖蒲的子球由匍匐茎顶端分生组织膨大形成，匍匐茎是由母球或新球基部侧芽或不定芽萌发而成的地下茎。

通过球根芽发生的植物种类很多，通常母球或新球的顶芽或侧芽可以直接膨大成球。如百合、郁金香等鳞茎类球根鳞片腋内生长点分化的鳞片群形成子鳞茎；唐菖蒲新球的侧芽也膨大形成子球；小苍兰子球是由新球叶腋内腋芽形成，其发生次序自下而上，首先在叶鞘腋内形成，以后在下部真叶腋内形成。

通过地下茎发生的植物种类不多，百合地下茎的节上可以形成茎生的小鳞茎，称为木子（bulblet）。小苍兰的茎生叶腋有时也可以形成子球。百合地上茎的节上也能着生小鳞茎，特称为珠芽（bulbil）。

5.3.4.4　影响球根发生的主要因素

器官变态是一种遗传特性，在植物个体发育进程中，变态是根、茎或叶发育到一定阶段后器官发育方向的改变，但是它的发生在很大程度上受环境、激素和营养条件的调节。

（1）*温度和光周期*　温度是影响球根形成的最重要的环境因子之一，球根鸢尾和郁金香等秋季种植的球根，子球形成在春季，一般低温条件诱导球根形成。春季种植夏季开花的唐菖蒲球茎形成则不需要低温，而秋季种植春季开花的唐菖蒲种类则需要低温条件诱导球茎形成。高温是促进石蒜（*Lycoris* spp.）、水仙小鳞茎形成的重要因素。

不同种类球根的形成和诱导对光周期的需求不同。大丽花的块根、球根海棠的块茎、唐菖蒲的子球形成受短日照条件诱导，而长日条件促进麝香百合和彩色马蹄莲球根的形成。球根的形成可能和开花一样，也由叶片感受日照长短刺激，只是这种刺激作用是向茎基方向移动。

（2）*激素和生长调节物质*　GA_3 抑制马铃薯块茎的发生，在马铃薯块茎形成期含量明显减少。GA_3 与马铃薯块茎发生的作用为多数学者所认同，至于细胞分裂素、脱落酸、乙烯、生长素和 JA（茉莉酸类物质）等与块茎形成的关系，则有不同甚至各执一端的报道。一般认为细胞分裂素和茉莉酸类物质促进球根的形成。研究结果表明：NAA，BA 促进离体条件下头巾百合（*Lilium duchatrei*）小鳞茎的形成。种植前 KT 浸泡唐菖蒲球茎，能提高子球的产量，组织培养的结果也显示 KT 能诱导唐菖蒲子球的形成。水仙叶片外植体形成的小鳞茎对激素敏感，NAA，IAA，IBA 均可促进小鳞茎的形成和膨大。

（3）*营养条件*　高氮不利于球根的形成，磷、钾有促进球根形成的作用。栽植密度、母球大小和花枝的去留对子球的形成也有影响，稀植、大球、去除花枝促进球根形成，但是在唐菖蒲上的研究表明中等大小的球茎子球形成数量最多。离体条件下，培养基中蔗糖浓度影响球根发生，马铃薯的离体块茎诱导需要浓度高的蔗糖，高浓度蔗糖也促进唐菖蒲子球的发生。

5.3.4.5　球根发生分子机理的探讨

马铃薯块茎是研究球根发育机理的模式植物，其形态发生所涉及的分子机制可代表其他变态器官的调节机制。从本质上讲，块茎形成是相关基因在个体发育过程中程序性表达的结果。诱导块茎形成的短日照、低温、高糖浓度以及外源激素等因素的调节作用，其根本在于诱导某些基因关闭或启动表达进而实现了块茎发生。这种关系如图 5－3－7 所示。这种被关闭或表达的信号或基因到底是什么，上百年的研究仍然没有得出确定的结论。与块茎发生相关的基因有：AGP（ADP－葡萄糖焦磷酸化酶基因）、patatin（块茎特异蛋白基因）、光敏素 B 基因、PoTMl－1（MADS－box 基因）等。

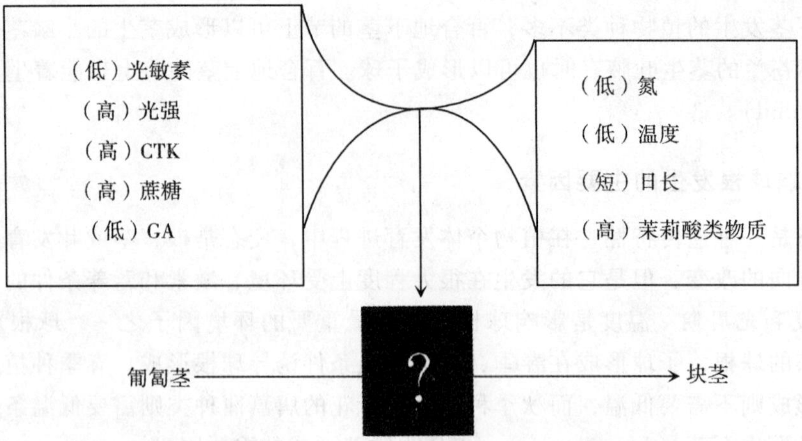

图 5-3-7 环境因素和内在生物信号对马铃薯块茎形成的作用

AGP 曾一度是马铃薯块茎发育研究的热点，但是无淀粉块茎的诞生证明块茎的形态发生和物质积累是两个独立的过程。块茎特异蛋白一直被作为块茎发生的生化指标，patatin 基因的表达与马铃薯块茎的分化有着十分密切的关系，但马铃薯块茎的分化和发育是否直接受 patatin 基因的调控，其表达水平是否与块茎形成有关等还需要进一步研究。块茎形成的光照反应与开花诱导的光反应相似，它是受光敏色素 B 所控制的。PoTM1-1 可能作为一个转录因子调节块茎发生的某个或几个关键基因的表达，从而控制块茎的发育。但是所有这些相关基因都有待于更深入的研究。

5.3.5 球根的生长发育

5.3.5.1 生长发育的环境条件

球根作为观赏植物的地下部分，生长发育很大程度上受整个植物体生长发育的环境条件的影响，因此了解球根类观赏植物的生境很重要。影响球根类观赏植物生长发育的环境条件主要有温度、光照、水分、土壤等。

（1）温度 球根类观赏植物主要有两个原产区，一是以地中海为代表的冬雨地区，原产这一地区的球根花卉较耐寒，喜冷凉气候而不耐炎热，秋季至第二年春季为生长季节，夏季休眠，要求暖—冷—暖的温度周期性变化来完成它们的生长发育周期。二是以南非（好望角除外）为代表的夏雨地区，夏季雨量充沛，冬季干旱或寒冷，原产这一地区的球根花卉生长季由春季至秋季，冬季休眠。生长期要求较高温度，不耐寒，要求冷—暖—冷的温度周期性变化来完成它们的生长发育周期。这一现象正好为促成栽培中花期控制技术的研制提供了基础，即可通过人工缩短温周期来提早开花，或人工延长温周期来推迟开花。

（2）光照 光照对球根生长发育的影响体现在光照强度和光周期两个方面。大多数球根生长要求充足的光照，但也有相当数量的球根要求适当遮阴，每天需避开直射光或很强的散射光数小时，如葡萄风信子属、圆盘花属、球根秋海棠属、铃兰、石蒜、百合等。光周期影响球根的形成和膨大。

(3) 土壤　绝大多数球根自然野生于排水良好的坡地或山地，因此球根花卉最适宜生长的土壤为沙壤土，要求深厚肥沃，排水良好。土壤的 pH 一般为 6~7。

(4) 水分　球根生长发育期间都要求充足的水分供应。即春植球根在春、夏季要求水分充足，入冬后由于干冷进入休眠；而秋植球根在冬、春季要求水分充足，入夏后由于干热进入休眠。但是需水量又因品种和生长发育阶段而异。

5.3.5.2　球根的膨大

(1) 膨大机理　球根的膨大是一个复杂的生理过程。双子叶植物球根膨大是由于地下茎或根的形成层分生组织的旺盛活动而实现的。大丽花的不定根属于多元型，在其初生木质部和韧皮部之间的形成层非常发达，相互之间构成形成层环，可以向其内侧分化出导管和薄壁组织，这样由木质部细胞数的增加和细胞体积的增大，使根膨大为块根。仙客来的块茎是由于中柱鞘周围形成层异常发达，形成二次维管束，维管束分化出薄壁细胞促使块茎膨大。球根秋海棠的块茎是由于形成层周围细胞体积增大并促使胚轴部位膨大。

单子叶植物球根膨大的原因不是通过分生组织的活动，而是一次组织的薄壁细胞在长时间内保持分裂能力，或者恢复能力，在生长过程中伴随着分散的细胞增殖而实现球根膨大。此时即使是含有淀粉粒的细胞也具有分裂活性，如小苍兰的中心柱细胞在催芽后 30 周以上还在继续增加，一直到球茎成熟为止。唐菖蒲也具有同样的特点，属于分散膨大生长型。百合等鳞茎类球根的膨大，主要是由于鳞片细胞膨大，属于贮藏型膨大。

(2) 球根膨大的外界条件

①温度：球根形成和膨大对温度的需求不同，一般春季、夏季间形成的球根种类，低温诱导球根发生，球根的膨大则需要相对较高的温度。但是温度过高反而不利于球根的膨大。高海拔冷凉地区的球根质量优于平原地区，其中主要原因之一是球根膨大期的低温。荷兰鸢尾（*Iris hollandica*）的球根用 8℃低温处理后，可以促进鳞茎快速膨大。药百合（*Lilium speciosum*）的鳞茎在 0~5℃下处理 4~8 周，再取鳞片扦插，可以促进子球的膨大。球根膨大期的温度需求与植物原产地的温度条件密切相关。昼夜温差大有利于球根的膨大。

②光照：一般春季、夏季间形成的球根种类，球根的膨大需要长日照。光照对球根膨大的作用在于充足的光照增加光合产物，运送到地下部的营养物质增多，球根的形成层活动也旺盛，利于球根的膨大。

③营养：球根膨大期一般在花期或花后，从营养竞争的角度考虑，摘除花枝有利于促进球根的膨大。合理的氮肥施用量对球根的形成和膨大很重要，球根开始形成期对氮肥的需求量较大，在球根膨大期对氮肥的利用逐渐减少。花期充足的氮肥有利于球根的膨大，花后适宜的氮肥利于防止叶片叶绿体老化，促进植株的营养成分向球根集中。钾肥对球根的膨大很重要，适当的钾肥可以促进球根的膨大，钾肥的施用量控制在球根干重的 0.4%~1.0% 比较适宜。磷作为植株生长发育主要营养元素，对球根根系的生长有明显的促进作用，同时促进氮肥的吸收，因此磷肥也可间接促进球根的膨大。球根干物质的 90%~95% 来自地上部分的光合作用，因此影响地上部分生长发育的营养元素都会间接地影响球根的膨大和发育。

④栽植深度：栽植深度不同，相应的光照、温度、土壤通透性以及养分吸收等各种因素发生变化，会直接或间接地影响球根的膨大。

除以上影响因素外，土壤结构、水分、栽培管理技术等因素也会影响到球根的膨大。

（3）球根膨大与地上部生长的关系　一些贮藏型球根会伴随着地上部的旺盛生长，地下部开始膨大，即边生长边膨大。但是，也有一些球根的膨大要与地上部生长不同步，即当地上部茎叶停止生长或衰老时，球根开始膨大。还有一些球根的形成与开花有密切关系，即如果不形成花蕾也不形成球根。如郁金香、百合、水仙等球根，开花时地上部分停止生长，鳞茎才开始形成，并且也伴随着叶片的衰老而快速膨大。此时茎叶的养分开始向鳞茎转移，并且贮藏在鳞片中。唐菖蒲、小苍兰、球根秋海棠和大丽花也一样，只有在地上部的生长处于抑制状态时地下部的球根才开始膨大。虽然从实际发育过程可以了解到地上部分生长和地下部球根膨大的关系，但是这种关系的原因仍不清楚。

（4）球根内营养物质的积累　球根的膨大也是营养物质积累的过程，最重要的因素是碳水化合物的积累。碳水化合物是地上部的绿色叶片通过光合作用而合成，因此首先要构成高大的植物体，其次是提高光合机能，合成更多的碳水化合物，最后是将合成的碳水化合物有效地运输到球根中。

郁金香鳞茎膨大过程中可溶性糖含量迅速增加，鳞茎中皮层细胞明显横向伸长，胞内淀粉粒增大。球根膨大的不同时期，营养物质在植株体内的流向不同。荷兰鸢尾的球根在膨大的初始阶段，细胞的分裂旺盛，碳水化合物临时积累在叶鞘部位。经过一段时间以后，细胞的分裂速度逐渐减缓，其营养物质的流向是将前期临时积累在叶鞘中的碳水化合物向球根运输。而到了开花期，细胞几乎不再分裂，此时球根的膨大完全取决于细胞体积的增大，从外观上可以看到球根的膨大速度很快，明显地进入膨大期，其体内的物质流向主要集中在球根，植物体各个部位的有机或无机养分基本向球根移动。

5.3.6 球根的休眠及调控

球根类观赏植物在地球上分布广泛，其生态习性明显地受到气候变化如温度、降雨、日照、光周期等因素的影响。原产在季节性气候变化明显地区的球根，为了能够在不良条件如低温、高温或干旱下生存，形成了一种适应机制，即休眠。球根具有的休眠习性，不仅能使植物在恶劣的条件下生存下来，也给园艺生产带来方便。

休眠期间，不同类型球根内部的变化或生理活动存在很大差异，如风信子、朱顶红、郁金香等进行器官的发生（花芽、叶芽、根的分化），而唐菖蒲、百合等器官的发生被减弱或暂时被抑制。因此球根休眠是一个动态的、复杂的生理过程，在这一阶段球根没有外部形态上的变化，但是其内部却发生着形态和生理上的变化。

5.3.6.1 休眠的原因

（1）光周期和温度　光周期和温度是诱发和控制球根休眠最重要的环境因素。不同类型的球根诱导休眠的光周期和温度条件不同。对于春季种植、夏季到秋季形成的球根，通常长日照促进生长，短日照诱导休眠。大丽花的休眠是在夏季高温和秋季短日照下诱导的。球根秋海棠夏季高温诱导球根的休眠。高温也是诱导麝香百合鳞茎休眠的主要原因。

（2）球根内源抑制物　球根休眠是其内源抑制物和促进物之间平衡的结果，普遍认为是由于脱落酸的抑制效应与赤霉素和（或）细胞分裂素促进效应互相协调的作用。在唐菖蒲的休眠球茎中已经检测到的有脱落酸、脂肪酸（亚油酸、亚麻酸、硬脂酸、棕榈酸）和酚类物质。抑制物质含量的多少与休眠程度有关。

5.3.6.2 休眠期和解除休眠过程中球根的内源物质的变化

（1）内源激素的变化 一般认为在球根休眠导入过程中，抑制生长的激素增加；休眠解除过程中促进生长的激素增加。但是球根休眠和打破休眠的动态变化中，激素的变化是非常复杂的。

刚刚采收的唐菖蒲球茎中，脱落酸、脂肪酸、酚类物质等生长抑制物质的含量很高，随着休眠被打破，细胞分裂素含量明显增加。深休眠的球茎中脱落酸含量是打破休眠球茎中脱落酸含量的5~10倍。但是在其他球根上则有不同的结果，小苍兰和百合球根打破休眠过程中脱落酸的含量没有显著的变化。郁金香的低温贮藏中，脱落酸含量呈明显的上升趋势。脱落酸可能是引起休眠最重要的激素，但其含量的动态变化又不一定与休眠状态一致，因此可能是脱落酸与其他激素的平衡作用更为重要。

GA_3 在大蒜鳞茎休眠的早期阶段达到最高水平，随着贮藏时间的持续而逐渐下降，到休眠解除后期又上升。但是，在唐菖蒲上发现球茎成熟后期赤霉素的含量并不处于最低水平。对花魔芋的研究中发现，当脱落酸含量升高或保持较高水平、GA_3 含量下降或保持较低水平时，花魔芋块茎趋向休眠或保持休眠状态；当脱落酸下降、GA_3 上升时休眠向结束的方向发展，当二者的比值（ABA/GA_3）降到3左右时休眠结束，顶芽具有萌发力。

细胞分裂素是一种生长促进物质，在休眠种子的胚中含量很低，打破休眠萌发过程中逐渐增加，对休眠芽或种子的萌发具有重要的作用，而当球茎解除休眠后很快就能检测到细胞分裂素的活性，因此认为细胞分裂素是低温下诱导的、高温下合成的。休眠可能与细胞分裂素含量水平有关，并且在不同的品种中变化趋势有差别。对打破休眠种子萌发的研究中发现GA促进萌发的作用受脱落酸的拮抗，而细胞分裂素可以清除脱落酸的抑制作用。

球根休眠不仅与球根内源激素的绝对含量有关，更重要的是与各类激素间的平衡作用有关，特别是生长促进激素与生长抑制激素间的比例及平衡作用。

（2）糖类物质的变化 休眠导入期，糖类物质主要以淀粉的形式存在，休眠解除过程，淀粉逐渐转化为可溶性糖，在休眠解除过程中，碳水化合物转化为可利用态。蔗糖是可溶性糖的主要成分，还原糖的含量与解除休眠有密切的关系，贝母鳞茎解除休眠过程中，还原糖含量升高，还原糖升高到一定值，鳞茎打破休眠。低温也有利于非可溶性糖向可溶性糖的转化。

5.3.6.3 休眠的调控

休眠调控的主要意义在于通过处理打破或延长球根的休眠状态，改变种植期，从而人为地改变花期，实现生产上的周年供应。

（1）打破休眠 打破休眠常用的方法可以分为物理方法和化学方法两大类。物理方法包括温度、热水、温汤、流水浸泡、去除皮膜和切割球根等；化学方法包括激素和生长调节剂、乙醇、硫化物处理等。常用的主要是温度和激素处理。

①温度处理：秋植球根通常可通过高温处理解除休眠，如小苍兰30℃高温处理可以促进球茎快速打破休眠。郁金香鳞茎解除休眠也是通过高温处理，但由于我国华北和长江以南地区，郁金香鳞茎成熟期的地温较高，收获后的运输和贮藏期的温度也较高，因此采取高温

处理的效果不明显。对在冷凉地区栽培的球根进行高温处理，打破休眠的效果比较显著。多花水仙提前起球，待叶片枯落后用3℃高温处理，可以促进鳞茎打破休眠。

高温有利于春花型唐菖蒲球茎打破休眠，低温有利于夏花型唐菖蒲球茎打破休眠。夏花型唐菖蒲球茎打破休眠的温度处理方式比较多样，自然低温可以打破球茎休眠，温度的有效范围是0~10℃，处理时间因品种、起球时间、生长条件等不同而不同，一般要求60~120 d。变温处理可以明显缩短球茎的休眠期。a. 高温到低温的变温处理：将干燥的新球茎置于35℃处理20 d，然后2~3℃低温20 d即可打破休眠。但要注意，高温不超过40℃，低温不低于0℃为宜。b. 低温到高温处理：将新球在0℃下处理20 d，再38℃处理10 d，栽种后20 d可发芽。

百合类球根由于类群多，品种丰富，因此鳞茎打破休眠的温度需求也不尽相同。东方百合和亚洲百合，可以利用低温处理提前打破休眠，低温处理的适宜温度为5~8℃，0~3℃低温可以促进植株伸长。有些品种的反应低温为8~10℃。而麝香百合鳞茎于17~18℃条件下处理可打破休眠。

球根的休眠程度与生长期的温度有关，唐菖蒲在温暖地区冬季栽培时，由于其生育期温度较低，所形成的球茎的休眠较浅。因此，打破休眠的温度也较高。

温汤和热水处理与高温处理打破休眠的效果相同，温汤处理法常是辅助打破休眠的方法，在鳞茎类球根的休眠解除中经常用到。麝香百合鳞茎一般使用47.5℃的温水浸泡30~60 min，或者用50℃温水浸泡15~30 min。浸泡时要注意恒温，若球根大小不等，要根据大小决定处理的时间和温度。

②激素处理：BA处理可以打破唐菖蒲和小苍兰球茎的休眠。蛇鞭菊（*Liatris spicata*）在夏末秋初用GA_3处理可以打破休眠并促进开花。麝香百合一般在低温处理之前采用500~1 000 mg/kg的GA_3处理1~3 s就可以有效地解除休眠，如果采用GA_4或GA_4+GA_7，效果更好。

虽然乙烯对球根有许多的生理伤害，但乙烯处理可以促进多种球根休眠的打破。郁金香早期的乙烯处理能促进花芽分化，且对鳞茎打破休眠有促进利用。麝香百合低温处理前，在密闭容器中使用5%~10%的乙烯处理3 d，可打破休眠。乙烯处理也可以打破唐菖蒲、小苍兰、水仙等球根的休眠。熏烟处理可以打破小苍兰、荷兰鸢尾、水仙等球根的休眠，烟中含有乙烯等不饱和碳水化合物和二氧化碳等物质，其机理可能是乙烯的作用。多花水仙用乙烯或熏烟处理与高温处理效果基本相同，每日熏烟1~3 h或乙烯气浴0.75 mg/L。

植物激素和生长调节物质是打破球根休眠的快速有效的方法，但是激素调节休眠的效果并不稳定，而且处理后对植物的生长发育有影响。到目前为止，激素打破球根休眠的机理仍不清楚。

（2）延迟休眠的打破　延迟球根休眠的打破常采用低温处理，已经在百合上普遍应用。生产上百合采用冻藏，抑制鳞茎的生活力，延长休眠期。亚洲百合和麝香百合最佳冻藏温度为-2℃，东方百合最佳冻藏温度为-1℃。所有的百合品种都可通过延长休眠的方法，进行抑制栽培。冷冻保存首先要进行预备冷藏。一般在1~2℃下预备冷藏4~8周，在预备冷藏过程中，提高细胞渗透压，增强鳞茎耐冻性。预冷处理的时间最迟在12月份以前，预冷处理以后，就可以进行冻结贮藏了，贮藏时间可长达14~15个月。预冷时间不能过长，过长则球根休眠被打破，容易发芽。东方百合杂种群的某些品种对于冷冻贮藏的温度要求稍有不同，亚洲百合对冷冻的温度几乎没有特殊要求，安全贮藏期可达 9 个月，出库时要先在 10～15℃温度下解冻。

多花水仙起球后，贮藏在 10℃低温下，可保持休眠到次年的 2—3 月份。喇叭水仙（*Narcissus pseudo-narcissus*）和大杯水仙（*Large-cupped narcissi*）在 28℃条件下花芽发育受阻，可以利用这一特性延长休眠期。

5.3.7 常见球根类观赏植物

球根花卉涉及种属丰富，品种更是不计其数。常见的球根类观赏植物如表 5－3－3 至表 5－3－5 所示。

表 5－3－3 主要的春植球根类观赏植物

名 称	科属	原产地	生物学特性	园林用途
唐菖蒲 *Gladiolus hybridus*	鸢尾科，唐菖蒲属	非洲南部，地中海、小亚细亚	球茎球形至扁球形，蝎尾状聚伞花序顶生，着花 12～24 朵，花色丰富。球茎一年生，母球茎基部膨大形成新球，新球基部生长的匍匐茎顶端膨大为子球。喜光，忌旱、忌涝	切花，花坛，盆栽
大丽花 *Dahlia hybrida*	菊科，大丽花属	墨西哥、危地马拉、哥伦比亚	块根由茎基部原基发生的不定根肥大而成，无芽，在根颈部发生新芽，生长发育为新的个体。头状花序顶生，具长梗，花色、花形富于变化。短日照促进花芽分化和开花，不耐寒，忌酷热，喜光，不耐旱，忌水湿	花坛、花境，盆栽，切花等
大花美人蕉 *Canna generalia*	美人蕉科，美人蕉属	美洲热带	根状茎，总状花序有长梗，花大，有深红、橙红、黄、乳白等色。不耐霜冻，喜温暖湿润气候和充足阳光	自然栽植或花坛、花境的基础配植花卉
晚香玉 *Polianthes tuberosa*	石蒜科，晚香玉属	热带、亚热带	块茎上部鳞片状。穗状花序顶生，着花 12～32 朵，对生。花白色，漏斗状，具浓香，夜晚香气更浓。喜光，耐半阴，忌涝，耐盐碱	切花或庭院丛植
石蒜 *Lycoris radiata*	石蒜科，石蒜属	亚洲东部	鳞茎球形或卵形，花、叶不同现，伞形花序，花色有白、粉、红、橙等色。喜温和湿润半阴环境，耐旱，耐强光，半耐寒	林下地被植物，花坛、花境，盆栽水养
玉帘属 *Zephyranthes* spp.	石蒜科	墨西哥、古巴等地	具小鳞茎，花单生，漏斗形，下部具佛焰苞状的苞片，花白色。喜阳光充足，耐半阴及低湿环境，喜温暖，但具一定的耐寒性	林下坡地栽植或做花坛、花境材料或盆栽观赏

续表 5-3-3

名称	科属	原产地	生物学特性	园林用途
花叶芋 *Caladium bicoler*	天南星科，花叶芋属	南美洲亚热带地区	块茎球状或扁球形。花葶顶生一较大的佛焰苞，内生肉穗状花序，上部是雄花，下部是雌花。生长适温 21～27℃，不耐寒冷低温，夏季防止阳光直晒，其余季节要求阳光充足，喜温暖、半阴和湿润的环境	切花，盆栽
蛇鞭菊 *Liatris spicata*	菊科，蛇鞭菊属	非洲北部	头状花序排列成密穗状，总苞紫色，管状花倒圆锥状钟形，两性，紫色或玫瑰紫色，上部花先开放。较耐寒，喜阳光，要求疏松、肥沃、湿润的土壤	花坛、花境的配植材料或自然丛植
虎皮花 *Tigridia pavvania*	鸢尾科，虎皮花属	墨西哥、秘鲁、智利等地	具圆锥形球茎，花酒杯状，有佛焰苞，花被片6枚，黄色，有紫红色斑纹。喜温暖湿润的环境，要求阳光充足不耐寒	花坛、花境的配植材料或盆栽

表 5-3-4 主要的秋植球根类观赏植物

名称	科属	原产地	生物学特性	园林用途
百合 *Lilium* spp.	百合科，百合属	北半球温带	无皮鳞茎由肥厚肉质鳞片抱合而成，多年生，鳞片寿命约3年，鳞茎中央的芽伸出地面形成直立的地上茎后，又在其旁发生1至数个新芽，自每芽周围向外渐次形成鳞片，并逐渐扩大增厚，几年后便分生为新的小鳞茎。花单生、簇生或呈总状花序，花大型，漏斗状、喇叭状或杯状。适应性强	切花，花坛、花境，盆栽，自然丛植
水仙 *Narcissus* spp.	石蒜科，水仙属	中欧、北非、地中海	层状有皮鳞茎，花单生或多朵呈伞形花序着生于花葶端部，下具膜质总苞，花多为白、黄、晕红等色。喜冷凉、湿润、冬无严寒、夏无酷暑，阳光充足但无强光直射的环境	盆栽水养，花坛、花境，切花，地被
风信子 *Hyacinthus orientalis*	百合科，风信子属	地中海东岸至小亚细亚	具鳞茎。花葶中空，总状花序密生其上，小花十数朵，花色多为蓝紫色，有白、粉、红、黄、蓝、堇等色	盆栽
球根鸢尾 *Iris* spp.	鸢尾科，鸢尾属	地中海沿岸、西亚	鳞茎一年生。喜阳光充足而凉爽的环境，花芽分化常在栽植后生长初期	常作切花，也可做花坛、环境、丛植材料
花毛茛 *Ranunculus asiaticus*	毛茛科，毛茛属	欧洲东南部、亚洲西南部	块根纺锤形。喜凉爽，耐寒，喜光，耐半阴	切花或盆栽，花坛或林缘

续表 5-3-4

名　称	科　属	原产地	生物学特性	园林用途
番红花 *Crocus sativus*	鸢尾科，番红花属	地中海沿岸	球茎扁圆形。性喜温和凉爽、阳光充足的环境，不宜多施肥，忌连作。夏季休眠，秋季种植前完成花芽分化	可混植与草坪或做林下地被花卉，可盆栽或做花境、岩石园点缀花材
郁金香 *Tulipa gesneriana*	百合科，郁金香属	地中海沿岸及中亚细亚	鳞茎扁圆锥形，具有褐色或棕色皮膜。花单生茎顶，直立、杯状，花色丰富。喜冬季温暖湿润，夏季凉爽稍干燥、向阳或半阴的环境，耐寒性较强，适应性较广	切花，花坛、花茎或自然丛植，盆栽
葡萄风信子 *Muscari botryoides*	百合科，篮壶花属	欧洲南部	鳞茎卵状球形，总状花序顶生，小花密生而下垂，碧蓝色，花被片联合呈壶状或坛状。性耐寒，喜深厚肥沃排水良好的沙质壤土，耐半阴环境	地被花卉，花境、草坪及岩石园丛植，盆栽、切花
铃兰 *Convallaria majalis*	百合科，铃兰属	北半球温带	具根茎，总状花序顶端微弯曲而偏向一侧，着花6~10朵，花钟状，白色，具芳香。喜凉爽和半阴环境，忌炎热，耐严寒，要求微酸性土壤	林下或林缘地被或切花、盆栽，也可做草坪、坡地、岩石园的点缀
观音兰 *Tritonia crocata*		南非好望角	具球茎，单歧聚伞花序，花茎高30~45 cm，花冠筒部短于花被裂片之半，花鲜黄褐色。适应性强，较耐寒，除要求阳光充足、排水良好的沙质壤土外，无其他特殊要求	丛植于花境、草坪、灌木丛间或作为切花
贝母属 *Fritillaria* spp.	百合科	阿拉斯加、西伯利亚东部及堪察斯卡半岛	花单生或伞形花序，具叶状苞。花钟形或漏斗形，俯垂，花色褐、紫以及黄绿等色。并多具斑点。怕炎热，具较强的耐寒性。土壤以酸性至中性为宜，喜阳光充足，夏季宜半阴凉爽	宜做林下地被花卉，有些种类可做岩石园点缀或切花
葱属 *Allium* spp.	百合科	巴勒斯坦	多具鳞茎，伞形花序花小而多，球形或扁球形，着生花葶顶部，花色有白、粉、红、紫以及黄色。耐寒，喜阳光充足，适应性强，不择土壤，但也喜肥，宜黏质土壤	地被花卉，可做花坛、花境或盆栽观赏，切花或岩石园
绵枣属 *Scilla* spp.	百合科	欧洲、非洲和亚洲温带	具卵圆形鳞茎，花葶直立，总状花序顶生，花小而密生，花色白、粉或蓝。适应性强，耐寒、耐旱并耐半阴，对土壤要求不严，以富含腐殖质和排水良好以及向阳条件下生长最好	宜做疏林下或草坪上的地被植物，也可做岩石园和花坛材料或盆栽

续表 5-3-4

名　称	科　属	原产地	生物学特性	园林用途
银莲花属 *Anemone* spp.	毛茛科	北半球	具根茎，总苞不与花萼紧贴，呈3出裂或掌状裂，花生茎顶，萼片大而具色彩，呈花瓣状，花瓣缺。喜凉爽，忌炎热，具一定耐寒性，要求日光充足和富含腐殖质的稍带黏性的土壤	花坛、切花和盆栽，也可丛植于花境、林缘、草坪等
秋水仙 *Colchicum Autumnale*	百合科，秋水仙属	欧洲和北非	球茎卵形，外被黑褐色皮膜，叶于花后抽出，花被片边缘淡紫色或淡紫红色，筒部细长。较耐寒，喜阳光充足，不宜黏质土壤	盆栽或做花境花材，林下或岩石园点缀材料
白头翁 *Pulsatilla chinensis*	毛茛科，白头翁属	中国	具肥厚的块茎。全株密被柔毛，花单生，萼片6枚，呈花瓣状，蓝紫色。喜凉爽，忌酷热，耐寒性较强，喜排水良好、肥沃的沙质壤土，忌积水，不耐盐碱	林间或灌木丛的培植材料，也可用做花坛或盆栽

表 5-3-5　主要的温室球根类观赏植物

名　称	科　属	原产地	生物学特性	园林用途
仙客来 *Cyclamen persicum*	报春花科，仙客来属	地中海东部沿海、土耳其南部等地	块茎初期球形，后为扁球形。喜光，不耐烈日强光，夏季强迫休眠	主要做盆栽，也可做切花
马蹄莲 *Zantedeschia aethiopica*	天南星科，马蹄莲属	非洲南部、埃及	肉质茎肥大。喜温暖湿润，无烈日强光的环境，不耐寒、旱，生长适温20℃左右，不能低于10℃	切花，盆栽
朱顶红 *Hippeastrum vittatum*	石蒜科，朱顶红属	美洲热带和亚热带	鳞茎球形，个体大。喜温暖湿润，不耐烈日强光，半耐寒，冬季温度不可低于5℃	切花，盆栽，温暖地区可做花坛和林缘材料
小苍兰 *Freesia hybrida*	鸢尾科，小苍兰属	非洲南部	球茎长圆形至卵圆形。喜凉爽湿润环境，要求阳光充足，生长适温15～20℃，冬季14～16℃，耐寒力弱	切花，盆栽，温暖地区可用做花坛和自然片植
六出花 *Alstromeria* spp.	石蒜科，六出花属	南美洲高山地带	具块根，伞形花序，花茎高80～100 cm，有多个花序轴，小花10～30朵，花漏斗形，内轮被片具深色条斑，花色有白、黄、粉红、粉等。生长适温15～20℃，夏季超过30℃植株休眠。花芽分化需低温	切花，盆栽
大岩桐 *Sinningia speciosa*	苦苣苔科，大岩桐属	巴西	块茎扁球形，生长期要求高温、潮湿及半阴环境，通风不宜过分，休眠期保持干燥	室内盆栽

续表 5-3-5

名　称	科　属	原产地	生物学特性	园林用途
文殊兰 *Crinum* spp.	石蒜科，文殊兰属	亚洲热带	鳞茎个体大。喜温暖湿润，耐盐碱土壤，生长适温 15～20℃，夏季忌烈日暴晒，冬季休眠温度约 10℃	盆栽，建筑物和路旁丛植
球根秋海棠 *Begonia tuberhybrida*	秋海棠科，玻璃秋海棠属	南非	具不规则扁球形的块茎。喜温暖湿润、日光不强的环境，生长适温 15～20℃，长日照促进开花，短日照促进块茎生长	盆栽
红花酢浆草 *Oxalis rubra*	酢浆草科，酢浆草属	南美巴西	块茎纺锤形。喜温暖湿润、荫蔽环境，耐阴性强，忌阳光直射	宜做地被花材，也可做花境配植材料
虎眼万年青 *Ornithogalum caudatum*	百合科，虎眼万年青属	地中海沿岸及非洲南部	鳞茎卵球状，绿色，栽植时需全部露于地面之上，花葶长 30～80 cm，密集总状花序，边开花边延长，一花序可着花 50 余朵。不耐寒，夏季需半阴，冬季喜日照充足，适应性强	良好的温室盆花，主要观赏其绿色硕大的鳞茎
网球花属 *Haemanthus* spp.	石蒜科	南非和非洲热带	鳞茎卵形，花葶稍扁平，花多数，组成密集的伞形花序，常成 10～30 cm 直径的花球。生长适温为 16～21℃，夜间温度 10～12℃。夏季宜半阴环境，喜欢疏松肥沃而排水良好的微酸性环境	室内盆栽
蜘蛛兰 *Hymenocallis*	石蒜科	南美、墨西哥及西非等热带地区	鳞茎大型，卵状。花葶灰绿色，压扁，伞形花序，着花 10～15 朵，花长达 23 cm，雪白色，有香子兰的香气。喜温暖湿润阳光充足	布置花坛或盆栽观赏
欧洲菟葵 *Eranthis stellata*	毛茛科，菟葵属	东半球温带地区	具球状块茎，总苞羽状裂，花黄色，花被片由漏斗形变为鳞片状。喜温暖湿润、半阴的环境，耐寒	适做地被或阴生花卉栽培
嘉兰 *Gloriosa superba*	百合科，嘉兰属	中国云南南部和亚洲及非洲热带地区	具根茎，伞房花序，花被片 6 枚，上部红色，下部黄色，条状披针形，边缘具有波皱。喜温暖湿润、阳光充足的环境，生长适温为 22～24℃，耐寒性较差	盆栽，切花

5.4 水生观赏植物

在园艺学上，水生观赏植物是一类能生长在水中或沼泽中的具有观赏价值的植物，这些植物对水分的要求和依赖程度很大，具有其独特的形态结构和生物学习性。水生观赏植物种类繁多，有的花朵艳丽，有的茎叶形态奇特或色彩斑斓，是塑造园林和水景园的重要材料。园艺上所涉及的水生植物，是植物界沿着由沉水植物—浮水植物—挺水植物—陆生植物的进化路线中连续演变的结果。

5.4.1 分类

根据水生观赏植物的生活方式与形态的不同，可将其划分为4大类。

5.4.1.1 挺水观赏植物

挺水观赏植物包括湿生和沼生，种类很多，常见的有28个种，涉及16科24属，其中最主要的是天南星科植物。一般植株高大，绝大多数有明显的茎叶之分，茎直立挺拔，仅下部或基部沉于水中，根扎于泥中生长，上面大部分植株挺出水面，有些种类具有根状茎，或根有发达的通气组织。生长于靠近岸边的浅水处，如荷花、黄花鸢尾、欧慈姑等，常用于水景园水池边浅水处布置。这一类植物根扎于泥中，茎叶挺出水面，花开时离开水面，甚为美丽。是最主要的观赏类型之一。对水的深度要求因种类不同而不同，多则深达1~2 m，少则至沼泽地。属于这一类的主要有荷花、千屈菜、香蒲、菖蒲、石菖蒲、水葱、水生鸢尾等。

5.4.1.2 浮水型观赏植物

常见的有10个种，涉及6科10属，主要是睡莲科植物。此类植物茎细弱不能直立，有的无明显的地上茎，根状茎发达，花大美丽，植物体内通常贮藏有大量的气体，使叶片或植株能平稳地漂浮于水面上，根茎常具有发达的通气组织，如王莲、睡莲、芡实等，位于水体较深的地方，多用于水面景观的布置。这一类植物根生泥中，叶片漂浮在水面或略高出水面，花开时近水面。是主要的观赏类型。对水的深度要求也因种类而异，有的深达2~3 m。主要有睡莲、萍蓬、王莲、菱、荇菜、芡实等。

5.4.1.3 漂浮型观赏植物

种类较少，常见的有3个种，涉及3科3属。此类植物根不生于泥土中，植株漂浮于水面，随着水流和风浪漂泊，多数以观叶为主，如凤眼莲等，用于水面景观的布置，但这一类植物在水面的位置不易控制。其中观赏价值较高的有玻璃藻、黑藻、莼菜、苦草、眼子菜等。

5.4.1.4 沉水型观赏植物

也称水草，几乎全部为单子叶植物。常见的有73个种，涉及16科20属，最主要的是天南星科、泽泻科和睡莲科。此类植物种类较多，花较小，花期短，以观叶为主。生长于水体较中心的地带，整个植物体沉没于水中。形态结构表现为：叶多为狭长或丝状，植株各部分均能吸收水体中的养分，在水下弱光条件下也能生长，但对水质有一定要求；无根或根系不发达，常缺少根毛，根系只起到固定植株的作用；由气腔与气道组成的通气组织特别发达，有的还具有隔膜，利于在空气极为缺乏的环境中进行呼吸；排水器官发达，将体内的水排出，使水和其他营养物质进入体内；机械组织脆弱，植株整体软弱；具有特殊的有性生殖器官，适应水媒传粉；营养繁殖普遍较强，通过很小的枝节片段能繁殖出新的个体。

5.4.2 生态习性

绝大多数水生观赏植物喜欢光照充足、通风良好的环境。但也有能耐半阴条件的类型，如菖蒲、石菖蒲等。水生观赏植物对水温和气温的要求因其原产地不同而异。其中较耐寒者可在我国北方地区自然生长，一般不需要特殊保护，对休眠期水位没有特别要求，如荷花、千屈菜、慈姑等；而原产热带地区的种类抗寒性较差，在我国大多数地区需行温室栽培，如王莲等；其他一些不耐寒者，一般盆栽之后置池中布置，天冷时移入贮藏处，也可直接栽植，秋季掘起贮藏；半耐寒性水生观赏植物可行缸植，放入水池特定位置观赏，秋冬取出，放置于不结冰处即可，也可直接栽于池中，冰冻之前提高水位，使植株周围，尤其是根部附近不能结冰，少量栽植时可人工挖掘贮存。另外，水生观赏植物要求基质中含有丰富的有机质，否则生长较弱。已栽植过的水生观赏植物的池塘一般已有腐殖质的沉积，施肥可根据情况而定，新开挖的池塘必须在栽植前加入塘泥并施入大量的有机肥料。

有地下根茎的水生观赏植物一旦在池塘中栽植时间过长，便会四处扩散，以致与原来的设计图相悖。因此一般在池塘内需要建种植池，以保证其不四处蔓延。漂浮类水生观赏植物常随风而动，应根据当地的情况，考虑种植之后是否要固定位置，如需固定，可加栏网。

5.4.3 代表性种及其特性

水生观赏植物的种类繁多，生物学特性因种而异。常见的类型及其特性详见表5-4-1。

表5-4-1 水生观赏植物的代表性种及其特性

（引自：邹秀文等．水生花卉．金盾出版社，1999）

科名	属名	种名	原产地	观赏部位	园艺分类
天南星科	菖蒲属	菖蒲 *Acorus calamus*	温带、亚热带	叶、花	挺水
		石菖蒲 *Acorus gramineus*	中国、日本	植株	挺水
	亮丝草属	广东万年青 *Aglaonema modestum*	广东、广西、云南	叶	挺水
	海芋属	海芋 *Alocasia macrorhiza*	中国南部、印度	叶	挺水
	花叶万年青	花叶万年青 *Dieffenbachia maculata*	美洲	叶	挺水
	马蹄莲属	马蹄莲 *Zantedeschia aethiopica*	埃塞俄比亚、埃及	叶、花	挺水
	大藻属	大藻 *Pistia stratiotes*	长江流域	叶	漂浮

续表 5-4-1

科 名	属 名	种 名	原产地	观赏部位	园艺分类
	辣椒草属	紫罗兰 *Cryptocoryne affinis*	斯里兰卡	叶	沉水
		橘红椒草 *Cryptocoryne backetii*	斯里兰卡	叶	沉水
		气泡椒草 *Cryptocoryne balansae*	泰国、越南等	叶、花	沉水
		大椒草 *Cryptocoryne blassii*	泰国、印度西部	叶	沉水
		绿椒草 *Cryptocoryne ciliata*	泰国、马来西亚	叶	沉水
		辣椒草 *Cryptocoryne cordata*	印度尼西亚	叶、花	沉水
		红圆椒草 *Cryptocoryne griffithii*	马来半岛	叶、花	沉水
		矮椒草 *Cryptocoryne nevillii*	斯里兰卡	叶、花	沉水
		茄子草 *Cryptocoryne nurii*	马来西亚	叶	沉水
		青椒草 *Cryptocoryne perchii*	斯里兰卡	叶	沉水
		咖啡椒 *Cryptocoryne walkeri*	斯里兰卡	叶	沉水
		黄绿椒草 *Cryptocoryne willisii*	斯里兰卡	叶	沉水
	榕叶属	大叶水榕 *Anubias auriculata*	西非	叶	沉水
		圆叶水榕 *Anubias barteri*	西非	叶、花	沉水
		厚叶水榕 *Anubias barteri*	西非	叶	沉水
		小叶水榕 *Anubias barteri*	西非	叶	沉水
		三角水榕 *Anubias gracilis*	西非	叶	沉水
		燕尾水榕 *Anubias hastifolia*	西非	叶	沉水
		长叶水榕 *Anubias lanceolata*	西非	叶	沉水
泽泻科	泽泻属	泽泻 *Alisma orientale*	温带、热带	叶、花	挺水
	慈姑属	欧慈姑 *Sagittaria sagittifolia*	美洲、东半球温带	叶	挺水
	皇冠草属	皇冠草 *Echinodorus amazonicus*	南美巴西	叶	沉水
		变叶皇冠 *Echinodorus berteroi*	北美南部、西印度群岛	叶	沉水
		亚马孙剑草 *Echinodorus bleneri*	亚马孙平原	叶	沉水
		宽叶皇冠 *Echinodorus brevipedicellatus*	南美洲	叶	沉水
		象耳草 *Echinodorus cordifolius*	北美亚热带	叶、花	沉水
		皱边狭叶皇冠 *Echinodorus horemanii*	巴拿马	叶	沉水
		尖象耳草 *Echinodorus horizontalis*	亚马孙平原	叶、花	沉水
		狭叶皇冠草 *Echinodorus latifolius*	亚马孙河流域	叶	沉水

续表 5－4－1

科 名	属 名	种 名	原产地	观赏部位	园艺分类
泽泻科	皇冠草属	卷边皇冠 *Echinodorus major*	南美巴西	叶	沉水
		圆皇冠 *Echinodorus opacus*	南美巴西	叶	沉水
		巴莫皇冠 *Echinodorus parviflorus*	南美巴西	叶	沉水
		迷你皇冠 *Echinodorus quadricostatus*	中南美洲	叶	沉水
		小波浪草 *Aponogeton rigidfolius*	南美巴西	叶	沉水
睡莲科	莲属	荷花 *Nelumbo nucifera*	亚洲、大洋洲	叶、花	挺水
	莲连属	亚马孙王莲 *Victoria amazonica*	南美热带	叶、花	浮水
	芡属	芡实 *Euryale ferox*	南北各地	叶、花	浮水
	莼属	莼菜 *Brasenia schreberi*	亚热带，温带	叶	浮水
	睡莲属	睡莲 *Nymphaea tetragona*	寒温带	叶、花	浮水
		紫色芋 *Numphaea lotus*	西非	叶	沉水
		红三角芋 *Numphaea nouchali*	印度、斯里兰卡	叶	沉水
		红心芋 *Numphaea stellata*	斯里兰卡	叶	沉水
		紫斑荷根 *Numphaea zenkeri*	西非	叶	沉水
	萍蓬草属	萍蓬草 *Nuphar pumilum*	热带、温带	叶、花	浮水
		荷根 *Nuphar japoncum*	日本、朝鲜半岛	叶	沉水
		红荷根 *Nuphar jiponcum*	日本、朝鲜半岛	叶	沉水
		青荷根 *Nuphar luteum*	欧洲、西伯利亚	叶	沉水
		长叶荷根 *Nuphar subintegerrimum*	日本	叶	沉水
苋科	莲子草属	红莲子草 *Alternanthera paronychioides*	热带	叶	挺水
	红绿草属	宽叶血心兰 *Alternanthera reineckii*	热带	叶	沉水
		红叶血心兰 *Alternanthera rosefolia*	热带	叶	沉水
	Ammania	红叶水苋 *Ammania gracilis*	非洲西、北部	叶	沉水
		细叶水苋 *Ammania senegalensis*	非洲	叶	沉水
水鳖科	水鳖属	水鳖 *Hydrocharis dubia*	中国南北	叶、	浮水
	苦草属	扭兰 *Vallisneria asiatica*	日本	叶	沉水
		大水兰 *Vallisneria gigantea*	菲律宾	叶	沉水
		小水兰 *Vallisneria spiralis*	南欧、西非	叶	沉水
	黑藻属	黑藻 *Hydrilla vertieillata*	世界各地	叶	沉水

续表 5-4-1

科名	属名	种名	原产地	观赏部位	园艺分类
爵床科	水蓑衣属	水柳 *Hygrophila angustifolia*	东南亚、中国南部	茎、叶	沉水
		大柳叶 *Hygrophila corymbosa*	东南亚	茎、叶	沉水
		柳叶草 *Hygrophila polysperma*	印度	叶	沉水
		中柳叶 *Hygrophila stricta*	东南亚	叶	沉水
玄参科	假马齿苋属	水瓜子菜 *Bacopa caroliniana*	美洲	叶	沉水
		瓜子草 *Bacopa monnieria*	美洲	叶	沉水
	菊藻属	大宝塔 *Limnophila aquatica*	印度、斯里兰卡	叶	沉水
		宝塔草 *Limnophila heterophylla*	印度、巴基斯坦	叶	沉水
雨久花科	雨久花属	雨久花 *Monochoria korsakowii*	中国东、北部等	叶、花	挺水
		箭叶雨久花 *Monochoria hastata*	东南亚热带	叶、花	挺水
	梭鱼草属	梭鱼草 *Pontederia cordata*	北美暖温带	叶、花	挺水
	凤眼莲属	凤眼莲 *Eichhornia crassipes*	南美洲	叶、花	漂浮
千屈菜科	千屈菜属	千屈菜 *Lythrum salicaria*	温带、热带	花、株	挺水
	节节草属	红蝴蝶 *Rotala macrandra*	印度、印度尼西亚	叶	沉水
		小圆叶 *Rotala rotudifolia*	东南亚	叶	沉水
伞形科	泽芹属	泽芹 *Sium suave*	温带、热带	叶、花	挺水
	天胡妥属	大香菇草 *Hydrocotyle leucocephala*	南美洲	叶	沉水
		香菇草 *Hydrocotyle vulgaris*	欧洲	叶	沉水
狸藻科	狸藻属	黄花狸藻 *Utricularia aurea*	澳洲、越南等	叶、花	沉水
		小叶狸藻 *Utricularia gibba*	沼泽地	叶、花	沉水
		细叶狸藻 *Utricularia minor*	中国南北	叶、花	沉水
水蕹科	水蕹属	大波浪草 *Aponogeton natans*	斯里兰卡、印度	叶	沉水
		皱叶波浪草 *Aponogeton cripus*	印度、斯里兰卡	叶	沉水
		网草 *Aponogeton madagascaliensis*	斯里兰卡	叶	沉水
香蒲科	香蒲属	小香蒲 *Typha minima*	中国西南、三北	叶、花	挺水
		花叶香蒲 *Typha latifolia*	美国	叶、株	挺水
鸢尾科	鸢尾属	花菖蒲 *Iris keampferi*	中国、朝鲜半岛	叶、花	挺水
		黄花鸢尾 *Iris pseudacorus*	南欧、西亚、北非	叶、花	挺水
花蔺科	黄花蔺属	黄花蔺 *Limnocharis flava*	热带	株	挺水
	花蔺属	花蔺 *Butomus umbellatus*	长江以北	叶、花	挺水

续表 5－4－1

科 名	属 名	种 名	原产地	观赏部位	园艺分类
莎草科	莎草属	旱伞草 *Cyperus alternifoliua*	非洲	叶	挺水
	藨草属	水葱 *Scirpus tabernaemontani*	中国、朝鲜等	株	挺水
龙胆科	荇菜属	荇菜 *Nymphoides peltata*	热带、温带	叶、花	浮水
		香蕉草 *Nymphoides aquatica*	美国东部	叶	沉水
柳叶菜科	丁香蓼属	叶底红 *Ludwigia palustris*	北美	叶	沉水
		沼生丁香蓼 *Ludwigia palustris*	美洲	叶	沉水
小二仙草科	狐尾藻属	凤凰草 *Myriophyllum aquaticum*	巴西、智利	叶	沉水
		红凤尾 *Myriophyllum mattogrossense*	欧洲、中南美洲	叶	沉水
水韭科	水韭属	中华水韭 *Isoetes sinensis*	长江下游	叶	挺水
水蕨科	水蕨属	水蕨 *Ceratopteris thalictroides*	暖温带、热带	叶	挺水
三白草科	蕺菜属	花叶鱼腥草 *Houttuynia cordata*	日本	叶	挺水
禾本科	芦竹属	花叶芦竹 *Arundo donax*	热带、亚热带	叶	挺水
美人蕉科	美人蕉属	水生美人蕉 *Canna glauca*	美洲	叶、花	挺水
蘋科	蘋属	田字萍 *Marsilea quadrifolia*	温带、热带	叶	浮水
菱科	菱属	菱 *Trapa* spp.	中国南方	叶、花	浮水
眼子菜科	眼子菜属	浮水眼子菜 *Potamogeton natans*	温带	叶	浮水
槐叶蘋科	槐叶蘋属	槐叶蘋 *Salvinia natans*	中国南北	叶	漂浮
金鱼藻科	金鱼藻属	金鱼藻 *Ceratophyllum demersum*	欧、亚、非	茎、叶	沉水
石蒜科	文殊兰属	泰国文殊兰 *Crinum thaianum*	东南亚	叶、花	沉水

5.5 多浆植物类

多浆植物（succulents）是一个园艺学上的概念，常指具有粗大肥厚的茎叶根，含水量高，并在干旱环境下可长期生存的一些植物。多数原产于炎热、干旱、强光的条件下，不耐寒与水湿。多数为常绿多年生，一部分为夏绿的多年生草本、一年生草本或二年生草本，也有的仅用根部越冬，如景天属（*Sedum*）。多浆植物总数超过 1 万种，分布在 55 个科中。常见的类型多属于仙人掌科、番杏科、景天科、大戟科、萝藦科、菊科、百合科、凤梨科、龙舌兰科、马齿苋科、葡萄科。鸭跖草科、牻牛儿苗科、酢浆草科、葫芦科的一些种。

5.5.1 原产地

仙人掌类原产于南北美热带或亚热带大陆及附近的岛屿，一部分生长于森林中；其他多浆植物多数原产于南非，少数分布于其他洲的热带和亚热带地区，分布于温带的种类很少，并且多为景天科植物。根据产地及生态环境，可把多浆植物类分为3类。

有些原产于热带、亚热带干旱地区或沙漠地带，土壤与空气极为干燥，依靠茎叶的贮水组织生存，如龙爪球（*Copiapoa* sp.）及金琥（*Echinocactus grusonii*）等；原产于热带、亚热带高山干旱地区的种类，一般植株矮小，叶片莲座状或密被蜡质或绒毛；原产于热带森林中。该类植物不生产在壤中，而是附生于树干及岩石上。如昙花（*Epiphyllum oxypetalum*）、蟹爪兰（*Zygocactus truncactus*）、量天尺（*Hylocereus undatus*）铁兰属（*Tillandsia*）等。

5.5.2 形态特征

多浆植物具有极为丰富的形态，这是植物在逆境下长期演化的结果。多浆植物的器官形态主要表现为肥大、退化、拟态、畸形的变化特征，这些形态特征可以产生独特的观赏效果。

5.5.2.1 肥大

器官肥大形成贮水组织，肥大的程度常与植物原产地的水分缺乏程度相一致，越是缺水的地方，植物的表面积与其体积之比就越小。例如，仙人掌的抗旱性表现为球型＞柱型＞扇型＞叶型。肥大的器官部分包括叶、茎、茎的近地面部分或地下部分。

5.5.2.2 退化

主要表现为叶片趋向于针状变态，以减少水分的消耗。

5.5.2.3 拟态

有些植物器官变化与所在地的基质形态相类似，如番杏科的生石花（石头草）（*Lithops pseudotruncatella*）等在其生境中呈现出与沙石同样的形态与色泽，混杂于沙石中生存。

5.5.2.4 畸形

畸形是仙人掌科中特有的现象。相当于一般植物的生长点在仙人掌中变化为生长线或生长点分裂为多数。前者导致植物扁化，而后者导致植物石化。

5.5.3 分类

多浆植物各有其植物学分类地位，但在园艺学上可根据构成肉质化贮水组织的器官类型及其在植物体上的部位可将多浆植物分为4类。

5.5.3.1 肉质叶型

叶片膨大，高度肉质化，多呈莲座状，有的呈球状或元宝状，但茎极短肉质化程度较低，部分种类的茎发生一定程度的木质化。肉质叶具有贮水与光合作用的机能，如景天科的驴尾景天和拟石莲、龙舌兰科的龙舌兰属、百合科的芦荟属与十二卷属等。

5.5.3.2 肉质茎型

茎膨大，高度肉质化，部分种类的茎具有分节。这些植物叶片退化或少数种类带有早期脱落的叶片，以茎进行光合作用。以仙人掌科的球形、扁形、扇形、柱形茎最为典型（叶仙人掌除外），另外还有大戟科大戟属，萝藦科的豹皮花属、玉牛掌属（*Duvalia*）、水牛掌属（*Caralluma*）等。

5.5.3.3 肉质茎叶型

具有肉质茎与肉质叶片，主要以叶片进行光合作用。如景天科青锁龙属的燕子掌（*Crassula portulacea*）和玉树（*C. Arborescens*）、马齿苋科的树马齿苋（*Portulacaria afra*）、菊科的仙人掌（*Kleinia articulata*）、木棉科的猴面包树（*Adansonia digitata*）、大戟科的佛肚树（*Jatropha podagrica*）等。

5.5.3.4 肉质茎基型

这类植物的茎基部即茎的近地面处异常膨大，形成贮藏组织，内部贮藏水分和养分。膨大的茎基形状因植物种类而异，但以球型为主，无节、无棱、无疣突，而马齿苋科和牻牛儿苗科的一些种类的茎干如苍老的树桩。肉质化的茎基上抽生细长的藤蔓，攀缘或匍匐生长，有叶片或叶片早期脱落，少数叶常绿。有的种类的细长枝条也早落，有的枝条呈扁平状，如大戟科的飞龙。这类植物又称壶状植物（bottle plants）或尾状植物（caudiciform plants），常见于葫芦科如笑布袋（*Ibervillea sonorae*）、西番莲科如酒瓮蒴莲（*Adenia glauca*）、萝藦科如吊金钱（*Ceropegia woodii*）、葡萄科如四棱白粉藤（*Cissus quadrangularia*）、夹竹桃科如粗根属的 *Pachypodium succlentum*；百合科如博威花（*Bowiea volubilis*）、薯蓣科的龙甲属（*Testudinaria*）以及龙舌兰科的酒瓶兰（*Beaucarnea recurvata*）等。

另外，在园艺学上还可以根据多浆植物的植株型态分为10类：树形、扇形、柱形、球形、虾形、莲座形、树桩形、薯芋形、垂枝形、地被形。根据植物的颜色可分为暗绿色、浅绿色、黄绿色、红色或红紫色、紫色、浅红色或粉色、黄色或金黄色、淡青色、白色或银灰色、黑色或黑紫色。

5.5.4 对环境条件的要求

由于多浆植物适应其原产地的气候条件，因此一般喜温、喜光、抗旱，另外一年中具有一度明显的休眠期，休眠的季节与持续的时间因植物种类而异。在生长期与休眠期所需环境条件也截然不同。

5.5.4.1 光照

多浆植物总体上对光照要求高，但种间存在很大的差异。仙人掌科的仙人掌属、天轮柱属、毛柱类，龙舌兰科的大型种，大戟科的大部分种，景天科的仙女杯属、石莲花属、风车草属等对光强要求高；草原地区原产的仙人掌类、青锁龙属、十二卷属等喜欢充足但不太强烈的阳光；附生型多浆植物要求半阴的环境条件。一般起源于沙漠的多浆植物，在生长季节要求适宜的光照，而冬季宜在低光下越冬；而附生型多浆植物不适宜强光照射，终年应给予适宜的光照。另外，一般幼苗比成年植株要求光照较低，有些种类的生殖生长对光照时间有特殊的要求，如伽蓝菜、蟹爪兰等是短日植物，需经过一定时间的短日照才能诱导开花。

5.5.4.2 温度

大多数多浆植物需要较高的温度，生长适温为25～35℃，并需要较大的昼夜温差。在生长期，多浆植物可以忍受50℃的高温，在干旱休眠情况下一般可忍受6～10℃低温，喜热的种类可忍受12～18℃低温。原产于北美高海拔地区的仙人掌在完全干燥条件下可忍受轻微的霜冻。而德国的研究证明，有些仙人掌可以忍耐-15℃的低温，这些种类包括矮生仙人掌、多花仙人掌、断节仙人掌、棉花掌等。大戟科与萝藦科的大多数种类应维持在5℃以上，而原产于亚洲山地的景天科植物景天属（*Sedum*）植物较耐低温。另外，在生长季节，大多数多浆植物需要较大的昼夜温差。

5.5.4.3 水分

多浆植物具有节水的生理特性，表现为：a. 低蒸腾速率；b. 具有贮水机能；c. 具有CAM光合途径；d. 具有迅速的吸水能力等一系列适应干燥的机制。另外，还具有特殊的解剖构造，如多浆植物气孔数量少且形态特殊，表皮及皮下组织硬化，气孔昼闭夜合，水分利用效率极高。例如，C_3植物同化CO_2需水600～1 000倍，C_4植物需要300倍，而CAM植物仅需要10～150倍。

多浆植物内部的贮水组织可以使植株在无供水情况下长期生存。有的种类在含量达到永久萎蔫点（permanent wilting point）100 d后仍能生存。有实验证明，仙人掌可以在连续不浇水情况下存活6年，有的种类可以在室外不吸水的条件下存活数年，葫芦科的笑布袋（*Ibervillea sonorae*）可以干置于室内存活8年。

多浆植物对水分的敏感性因植物的肉质化部位、年龄、生育时期不同而异，肉质叶类型对缺水比较敏感，需水量比较大；而肉质茎与肉质茎基类的多浆植物因有庞大的贮水组织比较耐旱；幼苗需水多而成型植株需水少；休眠期需水少而生长季节需水多。但多浆植物对水质要求较高，不宜用硬水及碱性水浇灌。

5.5.4.4 基质

对于地生型多浆类而言，多数种类要求基质为沙或石砾组成，氮及有机质含量宜低，但也有的类型要求土壤腐殖质和肥力较高。pH为5.5～6.9，不能超过7。但有的种类可耐盐碱与pH 4的酸性环境。对于附生型多浆植物，要求基质通气良好，并且基质中应有丰富的有机质和水分。一般情况下，多浆植物要求土质疏松、肥力适中、富含有机钙质、中性偏酸的土壤，在盆栽条件下，基质的各种性能应高于地栽时的自然土壤。

5.5.4.5 空气

空气湿度对多浆植物影响很大。附生型要求适温和高湿的环境条件；对于地生型而言，南美草原原产的类型如仙人球、丽花球等在生长期要求较高的空气湿度；原产于降雨少但多雾的智利海边、非洲的纳米布沙漠以及美国加利福尼亚的类型如龙爪球属、萝藦科与番杏科的一些种类对土壤湿度要求不高而对空气湿度要求高；普通的多浆植物对空气湿度要求不高，但湿度过低会对植株生长带来不良影响。另外，多浆植物喜空气流通的环境，高温、多湿、空气流通差的条件会导致腐烂。多数对空气污染虽具有一定的抗性，但酸雨有害。

总之，多浆植物大多数不耐低温，适合于盆栽与室内观赏。但有些种类尤其是景天属（*Sedum*）原产于北温带和热带高山地区，具有抗旱、抗寒的特点。另外，其根系生长对基质（土壤）的厚度要求较低，因此这类多浆植物可在基质少且浇水不充分的环境条件下使用。目前在德国、日本等国开始广泛应用于斜面及屋顶绿化。常用的景天属植物有 *S. acre*，*S. album*，*S. dasyphyllum*，*S. ewersii*，*S. hispanicum*，*S. lydium*，*S. reflexum*，*S. sexangulare*，*S. spurium* 等。

5.5.5 主要种类

多浆植物主要种类的植物学分类地位、分布及其形态特征见表 5－5－1。

表 5－5－1 主要多浆观赏植物的分类、分布和肉质化部位

科 名	属 名	种 数	分 布	肉质化部位
仙人掌科	鼠尾仙人掌 *Aporoporocatus flagelliformis*	1	墨西哥，中南美洲的高山荒漠地区	茎
	岩仙人掌属 *Ariocarpus*	数种	墨西哥及美国干旱沙砾地带	茎
	星球属 *Astrophytum*	数种	墨西哥	茎
	天轮柱属 *Cereus*	数种	西印度群岛至阿根廷一带	茎
	葫芦掌 *Chamaecereus silvestris*	数种	阿根廷	茎
	金琥属 *Echinocactus*	数种	墨西哥至美国西南部沙漠地区	茎
	仙人球属 *Echinopsis*	数种	南美洲	茎
	昙花 *Epiphyllum oxypetalum*	1	墨西哥至巴西的热带森林中	茎
	裸萼球属 *Cymnocalycium*	数种	南美洲	茎
	量天尺 *Hylocereus undatus*	1	美洲热带丛林中	茎
	乳突球属 *Mammillaria*	数种	墨西哥至西南美洲	茎
	令箭荷花 *Nopalxochia ackermanni*	数种	墨西哥	茎
	仙人掌属 *Opuntia*	300	美洲	茎
	蟹爪兰属 *Schlumbergera*	数种	巴西雨林中	茎

续表 5-5-1

科 名	属 名	种 数	分 布	肉质化部位
龙舌兰科	龙舌兰属 *Agave*	300	美洲	叶
	酒瓶兰属 *Beaucarnea*	数种	墨西哥、美国南部	茎基
	虎尾兰属 *Sansevieria*	60	非洲、亚洲	叶
	丝兰属 *Yucca*	40	美洲	叶
番杏科	露草属 *Aptenia*		南非	叶
	银叶花属 *Argyroderma*	50	南非	叶
	鹿角海棠属 *Astridia*	2	西南非	叶
	虾钳花属 *Cheiridopsis*	95	南非	叶
	肉锥花属 *Conophytum*	400	南非	叶
	露子花属 *Delosperma*	120	南非	叶
	肉黄菊属 *Faucaria*	30	南非	叶
	棒叶花属 *Fenestraria*	2	南非	叶
	光玉属 *Frithia*	1	南非	叶
	驼峰花属 *Gibbaeum*	23	南非	叶
	舌叶花属 *Glottiphyllum*	55	南非	叶
	龙骨角属 *Hereroa*	33	南非	叶
	日中花属 *Lampranthus*	100	南非	叶
	生石花属 *Lithops*	75	南非	叶
	快刀乱麻属 *Rhombophyllum*	3	南非	叶
	天女属 *Titanopsis*	10	南非	叶
	仙宝属 *Trichodiadema*	35	南非	叶
萝藦科	水牛掌属 *Caralluma*	130	北非到印度	茎
	吊灯花属 *Ceropegia*	50	南非、加纳利群岛	茎基
	玉牛角属 *Duvalia*	19	南非、纳米比亚	茎
	苦瓜掌属 *Echidnopsis*	30	南非、地中海沿岸	茎
	丽杯角属 *Hoodia*	20	西南非、安哥拉	茎
	剑龙角属 *Huernia*	60	南非、东非、阿拉伯	茎
	国章属 *Stapelia*	100	南非、西南非、印度	茎
	丽钟角属 *Tavaresia*	5	西南非	茎
	佛头玉属 *Trichocaulon*	35	西南非	茎
菊科	千里光属 *Senecio*	100	东非和南非	茎

续表 5-5-1

科 名	属 名	种 数	分 布	肉质化部位
	黄花新月属 *Othonna*	30	非洲西南部	茎和根
景天科	天锦章属 *Adromischus*	50	南非、纳米比亚	叶
	莲花掌属 *Aeonium*	40	北非、加纳利群岛	叶
	银波锦属 *Cotyledon*	65	南非	叶
	青锁龙属 *Crassula*	200	南非	叶
	仙女杯属 *Dudleya*	90	墨西哥	叶
	石莲花属 *Echeveria*	100	墨西哥、中美、南美	叶
	伽蓝菜属 *Kalanchoe*	200	热带地区	叶
	厚叶草属 *Pachyphytum*	10	墨西哥	叶
	风车草属 *Graptopetalum*	10	北美洲	叶
	景天属 *Sedum*	600	北温带和热带高山地区；非洲、美洲	叶
大戟科	大戟属 *Euphorbia*	350	非洲、阿拉伯、印度	茎
	麻风树属 *Jatropha*	10	美洲	茎
	翡翠柱属 *Monadenium*	50	非洲	茎
	白雀珊瑚属 *Pedilanthus*	30	美洲热带地区	叶
百合科	芦荟属 *Aloe*	270	东半球	叶
	松塔掌属 *Astroloba*	20	南非	叶
	苍角殿属 *Bowiea*	数种	非洲南部	鳞茎
	沙鱼掌属 *Gasteria*	100	西南非	叶
	十二卷属 *Haworthia*	150	南非	叶
马齿苋科	回欢草属 *Anacampseros*	60	纳米比亚	叶
	长寿城属 *Ceraria*	6	纳米比亚	茎枝
	马齿苋树属 *Portulacaria*	1	南非	茎
夹竹桃科	棒槌树 *Pachypodium*	4	西南非与南美	茎
西番莲科	蒴莲属 *Adenia*	10	非洲热带地区	茎基
葫芦科	布睡袋 *Gerardanthus macrorhizus*	1	肯尼亚、坦桑尼亚	茎基
	笑布袋 *Ibervillea sonorae*	1	墨西哥	茎基
	碧雷鼓 *Xerosicyos*	4	马达加斯加	茎基
葡萄科	青紫葛属 *Cissus*	10	东非、南非	茎基
	葡萄翁属 *Cyphostemma*	4	西南非洲、纳米比亚	茎基
薯蓣科	龙甲属 *Testudinaria*	数种	南非、墨西哥	地下半地下茎

注：根据饭岛健太郎等著．多肉植物．东京：Soft Science 社，1999 年的资料整理。

5.6 兰花类

兰花是温室植物的一大类，但因其种类复杂并在生物学上具有特殊性而被单列。广义的兰花是兰科（Orchidaceae）所有植物的总称。狭义的兰花，则因时、因地或因民族不同而有它特指的范围。在印度，人们认为万带兰（*Vanda*）才是兰花；印第安人却以香子兰（*Vanilla*）为真正的兰花；欧洲人一向称为兰花的却是红门兰（*Orchis*）；马来西亚的土族以蜘蛛兰（*Arachnis*）为兰花的代表；印度尼西亚则指蝴蝶兰（*Phalaenopsis*）；在中国古代所指的兰是一种菊科的泽兰、佩兰，而不是兰科植物。中国传统兰花是属于兰科兰属（*Cymbidium*）中的一些地生兰；其中以春兰、蕙兰、建兰、墨兰栽培最多，它们具有四季常青、柔中有刚的叶片，洁雅淡素、幽香清远的花朵，被称誉为“香祖”、“国香”、“天下第一香”，长期以来，深受人们喜爱。

5.6.1 起源与分布

对于兰科植物的演化进程，目前还不太清楚。兰科的化石很少发现，它和鸢尾科中的某些植物具相似性，可能有亲缘关系。在系统分类上，兰科是单子叶植物纲中的一个科，是有花植物中最大的科，估计有800个属，3万~3.5万个原生种。中国原产和分布的兰科植物，据载有166属1 019种，分布于全国各地，而以华南和西南最多。

兰花的分布非常广泛，自72°N到52°S均有分布，80%~90%的种分布在以赤道为中心的热带和亚热带。其中园艺上重要的栽培种类多分布于30°N到30°S降水丰富的森林之中，中国兰的分布则向北偏移1°~2°。在兰科植物中应用最广的是卡特丽亚兰、虎头兰、石斛兰、米尔顿兰、蝴蝶兰、万带兰、兜兰、文心兰、蕾丽兰。常用于观赏的兰花，只是兰科植物中极少部分有观赏价值的种或杂种。目前，在英国《国际散氏兰花杂种登记目录》中正式登记的人工杂交种有4万种以上，而且每年以1 000种以上的速度增加。另外，世界各地还分布有大量的野生兰科植物需要开发。主要栽培兰花原种起源于三大原产地。

5.6.1.1 中南美地区

原产的有安古兰属（*Anguloa*）、双柄兰属（*Bifrenaria*）、长萼兰属（*Brassia*）、柏拉兰属（*Brassavola*）、石豆兰属（*Bulbophyllum*）、龙须兰属（*Catasetum*）、卡特兰属（*Cattleya*）、树兰属（*Epidendrum*）、爪唇兰属（*Gongora*）、蕾丽兰属（*Laelia*）、筒叶兰属（*Leptotes*）、薄叶兰属（*Lycaste*）、尾萼兰属（*Masdevallia*）、米尔顿兰属（*Miltonia*）、齿舌兰属（*Odontoglossum*）、文心兰属（*Oncidium*）、贞兰属（*Sophronitis*）、马车兰属（*Stanhopea*）、接瓣兰属（*Zygopetalum*）等。

5.6.1.2 东南亚、大洋洲地区

原产的有指甲兰属（*Aerides*）、石豆兰属（*Bulbophyllum*）、石斛兰属（*Dendrobium*）、兰

属（*Cymbidium*）、兜兰属（*Paphiopedium*）、蝴蝶兰属（*Phalaenopsis*）、钻喙兰属（*Rhynchostylis*）、万带兰属（*Vanda*）等。

5.6.1.3 非洲南部及东部地区

原产的有蓖叶兰属（*Dichaea*）、武夷兰属（*Angraecum*）、安舌兰属（*Ansellia*）、石豆兰属（*Bulbophyllum*）、美冠兰属（*Eulophia*）、斑唇兰属（*Crammangis*）、*Elanges* 等。

5.6.2 形态特征

兰科植物均为多年生草本，根据其根系生态特征分为地生兰（terretial orchid）、附生及石生兰类（epiphytic and lithophytic orchid）、附生兰（epihyytic orchid）和腐生兰（saprophytic orchid）。地生兰多分布在温带，而85%的兰花为附生兰或腐生兰，主要分布于热带和亚热带。兰科植物与常见的高等植物一样，均有根、茎、叶、花、果等器官，但具有特殊性。

5.6.2.1 根

大多数兰花的根是圆柱状的，分枝或不分枝。肉质根粗壮肥大，大都呈灰白色。绝大多数的地生种类及杓兰亚族（Cypripedilinae）中的大多数种的根上生有大量根毛。附生兰的气生根由中心的维管束和周围疏松的海绵组织（称为根被）构成，皮层的受光部分可以变成绿色进行光合作用；空气干燥时根被细胞中充满空气，以减少水分散失；空气湿润时能极快地吸收水分，变成半透明状，并能保持相当长的时期；根多下垂，有少数种类如西藏虎头兰（*Cymbidium trancyanum*）的根或根的分枝是向上生长的，形成篮状或鸟巢状根群，其上可积存落叶或其他物质以供给养分。兰花的根组织内和根际周围，通常生有根菌，根菌对兰花的正常生长发育及种子的萌发生长具有重要意义。

5.6.2.2 茎

兰花的茎是生长叶、花、根的重要器官，并具有贮藏水分和养分的功能。茎的形态变化较大，通常分为直立茎、根状茎和假鳞茎3类。

（1）直立茎类　兰花的茎干直立或稍倾斜向上生长，顶端抽生新叶，下部着生气生根，如万带兰、指甲兰、兜兰、凤兰等，通常称为单轴类。

（2）根状茎　可能是兰花真正最原始的茎，其形态因属的不同而异。根状茎的节上有根，并能抽生新芽，新芽经过一个生长季长成假鳞茎。

（3）假鳞茎　是兰花在生长季节开始时从根状茎上生出的新芽在生长季节结束前形成的。假鳞茎的顶端或各节上生有叶片，也是花芽着生处。假鳞茎形态变化大，有的呈卵圆形至棒状，如卡特兰、虎头兰；有的呈细长条形，如石斛；小的似米粒，大的可高达数米，假鳞茎既是水分和养分的贮藏器官，也是兰花的重要繁殖材料。

兰花茎的分枝方式有3类：单轴型（monopodium）、合轴型（sympodial）、横轴型（diapodial）。

5.6.2.3 叶

兰花叶片的形状因种而异。有的呈棒状，如棒叶万带兰；有的肥厚硬革质，如卡特兰；有的呈细长线形，如中国兰中的春兰；也有的大而薄软，如鹤顶兰。通常原生在强光下的种类，叶片肥厚革质或细长状，并有较厚的角质层；原生在阴暗少光地方的种类，叶片薄而软，叶色浓绿，叶面积也较大。故而可依据叶片的形态、叶色，粗略判断兰花的需光性。兰花的光合途径多为 CAM 途径。

中国兰叶片形态和色泽的变化十分重要，叶形和叶色的变异常具有很高的观赏价值。如矮生种是指一些叶片短而厚、叶尖较圆的变异植株；叶色类变异品种的叶片上则具有白色或黄色的条纹或斑点。

5.6.2.4 花

兰科植物被认为是进化的最高级阶段的有花植物，但其花的结构却很简单，均由 7 个主要部分组成，包括萼片 3 枚、花瓣 3 枚及蕊柱 1 枚。萼片瓣化，中间的花瓣特化为唇瓣，其形态类型极为丰富，是花中最为引人注目的部分。

通常在讨论兰花的结构时，常把唇瓣和花瓣区别开来。兰科植物的某些属中萼片也发生了较大变化，如兜兰属兰花的两片侧萼结合形成腹萼。

兰花的唇瓣有的呈筒状，如卡特兰、蕾丽兰、折叶兰和鹤顶兰等属的某些种；有的扩展成片状，上面生有复杂的突起和菸状物，如金蝶兰等属中的一些种；而兜兰、杓兰的唇瓣变成各种形态的口袋状。本来唇瓣应当是兰花最上面的花瓣，但由于花梗、子房发生了极其复杂的旋转，使花扭转了 180°，唇瓣成了兰花花朵最下面的一个花瓣。

蕊柱是区别兰科植物和其他科植物的主要标志。兰花的蕊柱上有雌雄两种性器官。雌性部分是蕊柱上部一有黏性的凹陷部位（有时是凸起的），即柱头区。绝大多数兰花属单蕊亚科，其蕊柱顶端或靠近顶端处仅有一个雄蕊生有花粉块，花粉块上面罩有花粉囊盖，数目也因属而异，可以是 2，4，6，8 块。双蕊亚科通常被认为是最古老的兰科植物，有 4 个属，我国常见的有兜兰、杓兰，它们有两个可育的雄蕊，分别生在蕊柱的两侧。第三个雄蕊退化，不可育，称为“退化雄蕊”，通常呈盾状。退化雄蕊位于蕊柱的顶端，形态多变，常是区分相近种的一个重要特征。

5.6.2.5 果

兰花的果实为蒴果。果实的大小和形状因种和品种的不同而异。果实大小范围从几毫米到 20 cm，形状有圆形、椭圆形、条形。蒴果成熟时开裂，散出种子。每个蒴果中所含种子数因属而异，从几千粒到几百万粒，一般地生兰比附生兰种子多。如红门兰约 6 200 粒、卡特兰 50 万 ~75 万粒、安顿兰 393 万粒。兰花种子极小呈粉末状，从开花授粉到种子成熟所需时间长。如石斛兰几个月，春兰一年，贝母兰属的一些种需要两年。兰花种子无种皮，胚发育不完全，无贮藏物质，寿命极短，常有多胚现象。

5.6.3 生态特性

5.6.3.1 温度

兰花性喜温暖气候，忌闷热与湿冷。

5.6.3.2 光照

兰花对光照要求较严格。光照不足常引发生长缓慢，茎细长而不挺立，新苗或假鳞茎细弱及不开花现象；过强又则使叶片黄化或造成灼伤，直至全株死亡。兰花对光的需求存在属间差异。原产东南亚的兰花的喜光性为：棒叶万带兰 > 石斛兰 > 贝母兰 > 蝴蝶兰 > 兜兰；原产中南美洲的兰花对光强的需求为：金蝶兰 > 卡特兰 > 蕾丽兰 > 捧心兰 > 齿瓣兰。

5.6.3.3 水分

兰花喜湿不耐涝。温度较高时，对湿度的要求也高，温度较低时要求的湿度也低，在北方温室栽培中如供暖不正常，切忌不能喷雾和浇水。

5.6.3.4 空气

兰花所在自然环境大都是四面通风的，温室内的兰花要注意通风，对于气生兰类通风更为重要。

5.6.3.5 营养

兰花的根部一般与真菌共生，真菌穿过兰花根部，最后自身组织被兰花根部吸收做养料。但真菌供给的养分是不充分的，仍需从基质中补充养分。

5.6.4 分类

在栽培学上，常依据生态习性对兰花进行分类。在我国，由于兰属的特殊性，其分类也更详细。

5.6.4.1 依生态习性分类

依据生态习性可把兰花分为地生兰、附生兰及腐生兰。

(1) 地生兰类 (terrestrial)　亦可称为陆生兰。多产于温带或亚热带及热带高山，喜生长在排水良好、较荫蔽和湿润的土壤中，常具块茎或根茎，部分有假鳞茎。对气温和空气湿度的要求不高。花序直立，苞片大，假鳞茎小或不显著。属、种数多，兜兰属的大部分及春兰、蕙兰、建兰、墨兰，以及鹤顶兰 (*Phaius*) 等均属此类。

(2) 附生及石生兰类 (epiphytic and lithophytic)　主产于热带，少数产亚热带。多附着在热带雨林的树干、树枝、枯木或岩石表面等有少量腐殖质的地方生长，亦称为“气生兰”。常具假鳞茎贮藏水分和养分以适应短期干旱，吸收根可从湿润空气中吸收水分维持生活。要求较高的温湿度，故称为“热带兰”。花序倾斜弯曲或下垂，苞片较小，假鳞茎较大。中国常见有石斛、万带兰、蝴蝶兰、贝母兰（*Coelogyrte*）以及兰属的虎头兰、黄蝉兰、硬叶兰、西藏虎头兰等。

（3）腐生兰类（saprophytic） 生长在地表以下，自身没有绿色叶片靠从腐烂的植物体或菌类中汲取营养，营腐生生活。常具块茎或粗短的根茎，叶退化为鳞片状。仅在繁殖期有花朵伸出地面并开花结实。如大根兰（*Cymbidium macrorhizum*）和天麻（*Gastrodia elata*）等。一般不做观赏栽培。

5.6.4.2 按对温度需要分类

按兰花生长所需的最低温度将兰花分为三类。

（1）喜凉兰类 多原产于高海拔山区的冷凉环境下，如喜马拉雅地区、安第斯山高海拔地带及北婆罗湖的最高峰基纳巴洛山。不抗热，需一定的低温，生长适温为冬季最冷月夜温4.5℃，日温10℃；夏季夜温14℃，日温18℃。如堇花兰属（产于哥伦比亚）、齿瓣兰属、杓兰属、兜兰属的某些种（如 *P. insigne*，*P. venustrum*，*P. villosum*）、毛唇贝母兰（*Coelogyne cristata*）、福比文心兰（*Oncidium forbosii*）等。

（2）喜温兰类 亦称中温性兰类，原产于温带地区，种类繁多，栽培常用属多为此类。生长适温：冬季夜温10℃，日温13℃；夏季夜温16℃，日温22℃。如兰属、石斛属、燕子兰属、多数卡特兰、兜兰属某些种及杂种（如 *P. parisii*，*P. philippinensis*，*P. spiceramum*）、万带兰属某些种（如 *V. amesiana*，*V. coerula*，*V. cristata*）等。

（3）喜热兰类 或称热带兰，多原产于热带雨林中。不耐低温，生长适温：冬季夜温14℃，日温16~18℃；夏季夜温22℃，日温27℃。这一类有许多花朵美丽的杂交种，目前栽培广泛。如蝶兰属、万带兰属的许多种及其杂种、兜兰属的某些种（如 *P. bellatulum*，*P. callosum*，*P. hirsutissimum*，*P. hookerae*）、兰属某些种（如 *C. finlaysonianum*，*C. madidum* 及其杂种）、卡特兰的少数种（如 *C. aclandiae*，*C. rex*）等以及许多属间杂种。

5.6.4.3 依分枝方式分类

依据兰花茎的分枝方式把兰花分为3类。

（1）单轴型（monopodium） 以单轴方式生长和产生分枝。不具根茎、块茎或假鳞茎，茎直立地上亦有少数攀缘种类，顶芽不断分生新叶与节，少分枝或从基部产生分蘖，花腋生。我国常见的有指甲兰属、蜘蛛兰属、鸟舌兰属、火焰兰属、钻喙兰属、盆距兰属、万带兰属和假万带兰属及许多属间杂交属（如 *Aranda*，*Holttumara*，*Renantanda*）等。

（2）合轴型（sympodium） 大部分兰花的分枝为此类。具根茎或假鳞茎，根茎的长短不一，有一至多节，顶端弯向地面形成一至多节、粗短不一的假鳞茎。假鳞茎生一至多片叶。假鳞茎形成后便不再向前生长，某些种顶端成花，由基部的1个或少数几个侧芽萌发出新的根茎，以同样的方式产生新的假鳞茎形成合轴分枝。常绿类型的叶可存活几年，叶落后的假鳞茎称为后鳞茎（back bulb）。后鳞茎尚可生活几年，为继续向前方新生的假鳞茎提供养料与水分，最后皱缩干枯。

合轴分枝型又以花序着生位置不同分为顶花合轴分枝型（acranthous sympodial）及侧花合轴分枝型（pleuranthous sympodial）两类。前者花序顶生，如卡特兰属、白芨属、石豆兰属、虾脊兰属等；后者如兰属、石斛属、鹤顶兰属、堇花兰属、齿瓣兰属等。

(3) 横轴型 (diapodial) 长短不等的根茎以合轴方式分枝，不具假鳞茎。根茎先端出土成苗，花顶生。如杓兰属、兜兰属。

5.6.4.4 根据品种起源地分类

根据兰花园艺品种起源地又分为洋兰和中国兰两大类。热带兰（附生兰）的园艺品种主要在欧美育成，故称洋兰，地生兰主要品种是在中国和日本育成，故称中国兰或东洋兰。目前也有东西结合的品种，如大花惠兰即杂种虎头兰。中国兰绝大多数属于兰属植物，其绝大多数具带状叶，有下陷的气孔，角质层和皮下纤维厚；有相同数目的染色体 ($2n=40$)；花的构造又相当一致。兰属在我国的栽培历史悠久，极富文化内涵，当今仍占有非常重要的地位，其分类更为详细，常依形态特征分为6组：

(1) 长苞组 (sect. maxillarianthe sachltr.) 春兰、蕙兰、线叶春兰、春剑、建兰、寒兰、墨兰、丘北冬蕙兰、套叶兰。

(2) 短苞组 (sect. cymbidium) 有硬叶兰、纹瓣兰、多花兰、台兰、冬凤兰。

(3) 长柱组 (sect. iridorchis hunt) 有虎头兰、黄蝉兰、独占春、大雪兰、短叶虎头兰、西藏虎头兰、美花兰、长叶兰。

(4) 垂花组 (sect. cyperorchis hunt) 有莎草兰。

(5) 宽叶组 (sect. geocymbidium schltr.) 有兔耳兰、无齿兔耳兰。

(6) 腐生组 (sect. macrorhizon schltr.) 有大根兰。

5.6.5 主要种属及其特征

5.6.5.1 常见兰属植物的分布

在我国，兰科花卉主要分布于秦岭淮河以南地区，兰科的一些常见属在我国的分布概况（表5-6-1）。

表5-6-1 常见兰科观赏植物在我国的分布

属 名	种 数	习 性	分 布
兰属 *Cymbidium*	30~40种	地生	中国南部
石豆兰属 *Bulbophyllum*	70余种	附生	中国南部
虾脊兰属 *Calanthe*	45种	地生	长江流域及以南地区
卷瓣兰属 *Cirrhopetalum*	30种	附生	中国南部
杓兰属 *Cypripedium*	约25种	地生	除南部外全国均有分布
石斛属 *Dendrobium*	60余种	附生	秦岭以南各地以西南及台湾分布最多
毛兰属 *Eria*	40余种	附生	南部及西南
斑叶兰属 *Goodyera*	25种	地生	南部最多

续表 5-6-1

属名	种数	习性	分布
玉凤花属 *Habenaria*	70 余种	地生	西南
角盘兰属 *Herminium*	35 种	地生	全国皆产
羊耳蒜属 *Liparis*	45 种	附生或地生	台湾及西南最多
对叶兰属 *Listera*	30 种	地生	除南部外全国均有
鸢尾兰属 *Oberonia*	20 余种	附生	西南、南部及台湾均有
舌唇兰属 *Platanthera*	40 种	地生	西南部为多
兜兰属 *Paphiopedilum*	10 余种	地生或附生	
蝴蝶兰属 *Phalaenopsis*	中国 4 种	附生	台湾、海南、云南

5.6.5.2 常见兰属植物的特性

兰属（*Cymbidium*）植物全世界有 40~50 种。以喜马拉雅山区为分布中心，大洋洲亦有少数分布。在我国，兰属的分布广泛，栽培历史源远流长，仅中国分布的兰属植物就有 20~30 种，以西南诸省区为最多，长江流域及以南地区是中国兰花的栽培中心，栽培最多的是云南、四川、浙江和广东等省。兰属在我国栽培历史悠久，当前仍很受重视，其常见种的分布和特性见表 5-6-2。

表 5-6-2 兰属常见种的特性及分布

种名	叶	花及花色	唇瓣	假鳞茎	分布
兔耳兰 *C. lancifolium*	椭圆形或椭圆状披针形	花序直立，着花 3~8 朵；苞片短于花梗及子房；花白色带紫	不明显 3 裂，白色，基部绿色	长圆形，生叶 2~4 片	台，粤，桂，川，藏
春兰 *C. goeringii*	叶脉明显，叶缘有细微齿	花单生，偶 2 朵并生；花下方苞片长于花梗+子房；花淡黄绿带红色	因品种而异	球形，较小；生叶 4~6 片	长江流域及西南区
惠兰 *C. faberi*	线形，直立性强，中下部横切面 V 形，叶脉色浅，叶缘有锋利细齿	7~15 朵，顶花的苞片短于子房，花淡黄绿色有紫色斑点	白色，不明显 3 裂，中裂片长椭圆形，具多数乳突状毛	不明显，生叶 5~7 片	秦岭以南
建兰 *C. ensifolium*	广线形，叶缘无齿或近顶部有极细齿	2~13 朵，上部苞片短于子房，苞片长三角形基部有蜜腺，花淡黄绿色	宽圆形，不明显 3 裂	椭圆形，较小，生叶 2~6 片	华南及西南地区
寒兰 *C. kanran*	长 35~100 cm，直立性强，叶缘无齿或有极细齿，略带光泽	花序高出叶丛，着花 6~16 朵，萼片窄长，中苞片几乎与子房等长，花黄绿色或淡红褐色	3 裂不明显，黄绿色带紫色斑点	大，生叶 3~7 片	中国东部及华南，日本，朝鲜

续表 5－6－2

种　名	叶	花及花色	唇　瓣	假鳞茎	分　布
墨兰 *C. sinense*	叶缘平滑，叶色深绿，有光泽	花序高出叶丛，着花 7～20 朵，花序轴在苞片下有蜜腺，花色浅黄褐至深褐	不明显 3 裂，先端下垂反卷	大而显著，生叶四五片	粤，闽及越南，缅甸
虎头兰 *C. hookerianum*	长 70～90 cm，宽 2～2.5 cm	花序近直立或下弯，着花 10～20 朵，花大，绿色或带紫色条纹	淡黄色，受精后红色	大而显著，生叶 7～11 片	中国西南部及东南亚
独占春 *C. eburpeum*	先端 2 尖裂或扭转	花序长 20 cm，着花 1～2 朵，偶 3～6 朵，花白色或微牙黄色	折片黄色，蕊柱长于 2 cm	长，常多苗丛生	东南亚
美花兰 *C. insigne*	宽 1.5～2cm	具花 10～15 朵，花大，淡玫瑰红或深红色		粗大，生叶 6～9 片	中国海南及越南
多花兰 *C. floribundum*	直立性强，叶缘无齿，先端 2 细尖裂	花序直立或稍弯斜，着花 30～50 朵，花被红褐色			中国东南部各省

现在大量栽培的兰花多集中在卡特兰属、兜兰属、石斛属、蝴蝶兰属、文心兰属、万带兰属及独蒜兰属等少数几个属中，这几个属的特性简要概括如下（表 5－6－3）。

表 5－6－3　常见栽培兰花的属间比较

属　名 （原生种数）	原产地	习　性	花	唇　瓣	叶	假鳞茎	应　用
卡特兰属 *Cattleya* （约 65）	热带美洲	常绿，不耐寒，附生	大，纯白至深紫红色，花瓣离生	大而显著，边缘多皱曲，色彩多	淡绿色，角质层较厚	纺锤形，顶端生叶一两片	盆花及高档切花
兜兰属 *Paphiopedilum* （约 50）	中国、印度、印度尼西亚、马来西亚	常绿，不耐旱，地生	背萼极发达，扁圆形或倒心形	囊状（兜状）	革质，表面有沟	无	室内陈设及切花
石斛属 *Dendrobium* （约 1 600）	热带亚洲	常绿或落叶，耐寒性较差，附生	花径 6 cm，淡玫瑰红或白色，先端紫红	宽卵状短圆形，有明显紫斑	近革质，矩圆形，顶端 2 圆裂	丛生，直立，节间膨大，基部窄	高档切花，盆花
蝴蝶兰属 *Phalaenopsis* （约 20）	亚洲南部的热带森林	常绿，单轴分枝，附生，需温 >15℃	总状花序腋生下垂，着花 10 朵，蝶形；白，紫，粉红色，常具斑点	明显 3 裂，侧裂片宽卵形，中裂片倒三角形	短而肥厚，多肉，宽 5～8 cm	无	切花及高档盆花

续表 5-6-3

属名（原生种数）	原产地	习性	花	唇瓣	叶	假鳞茎	应用
文心兰属 *Oncidium*（约750）	巴西，秘鲁，哥伦比亚，厄瓜多尔	常绿，耐阴，不耐寒，多数附生	花数因种而异，黄色，棕色为主	通常3裂，提琴状	1~3枚，有薄叶，厚叶，剑叶种之分	扁卵圆形，较肥大，少数种无	切花及高档盆花
万带兰属 *Vanda*（约60）	东半球的热带和亚热带	单轴分枝，需温>20℃，附生	花较大，花期长而色艳，萼片发达，花瓣及花萼具爪	很小	角质层较厚		切花和盆栽
独蒜兰属 *Pleione*（约16）	中，缅，泰及老挝和尼泊尔	落叶，附生，少数地生，半耐寒	白，黄，桃红，紫红色；形似卡特兰	色彩多样	春生种类具1叶；秋生种类2叶	形似独蒜	盆花

5.7 观赏蕨类

蕨类植物（pteridophyta）又称羊齿植物（fern），是地球上现存的最早的维管植物，在植物进化系统中蕨类植物是介于苔藓植物和种子植物之间的一大类群。全世界蕨类植物有12 000种，我国有2 600种，其中云南省有1 000多种，约占全国总种数的一半。

5.7.1 形态与生殖

许多蕨类植物形姿优美，是著名的观叶植物类，如铁线蕨、巢蕨属、鹿角蕨属、桫椤、荚果蕨等。这类植物的主要特征是：现存种除桫椤属为木本外，其他多为多年生草本，少为一年生；单叶或复叶，具各种分裂；配子体微小，孢子体发达，开始有维管组织的分化，在形态上具有了真正的根、茎、叶，但不产生种子；孢子囊群形态各异，具有独特的观赏价值；陆生、石生或附生，少水生或沼生（图5-7-1）。

蕨类植物有明显的世代交替现象，通过有性生殖与无性生殖来繁衍后代。有性生殖均为卵式生殖，从孢子体（常见的绿色蕨类植物体）上产生孢子（n），孢子萌发以后形成能够独立生活的配子体（n），在配子体上形成精子器和颈卵器并产生精子与卵子，受精之后形成胚接着发育成新的孢子体（$2n$），受精过程必须在有水条件下完成，完成有性生殖过程。不同于苔藓植物的是蕨类植物的孢子体和配子体可以独立生活。无性生殖是通过无配子生殖和无孢子生殖来实现的。无配子生殖是孢子母细胞只进行有丝分裂形成双价的孢子（$2n$），然后形成2倍的配子体（$2n$），再直接衍生成2倍的孢子体（$2n$）；而无孢子生殖是指孢子

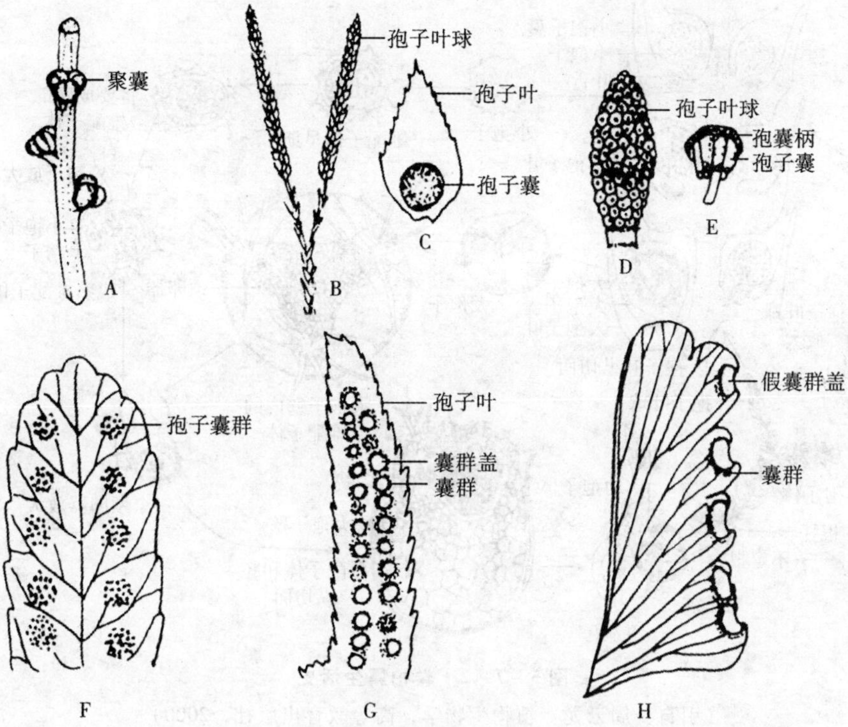

图 5-7-1 蕨类植物的孢子囊

（引自：周云龙．植物生物学．高等教育出版社，2000）

A. 3 个孢子囊形成聚囊（松叶蕨属 *Psilotum*）；B，C. 孢子叶聚集成孢子叶球，孢子囊单生孢子叶近轴面基部（石松属 *Lycopodium*）；D，E. 孢囊柄聚集成孢子叶球，孢子囊长筒形，生于孢囊柄六角形盘状体下面（木贼属 *Equisetum*）；F～H. 孢子囊在孢子叶背面聚集成孢子囊群：F. 无囊群盖（水龙骨属 *Polypodium*）；G. 具囊群盖（鳞毛蕨属 *Dryopteris*）；H. 具假囊群盖（铁线蕨属 *Adiantum*）.

体直接形成配子体（$2n$），经配子配合而形成多倍体（polyploid）的新的孢子体。无性繁殖是在不良环境才发生的生殖捷径（图 5-7-2）。

5.7.2 生物学特性

蕨类植物虽然没有鲜艳的花朵与果实，但其独特的叶型和叶背面的形态多样、色泽丰富的孢子囊群具有独特的观赏价值。另外，蕨类植物大多为常绿草本植物，多变的叶形可分为单叶、复叶、细裂、深裂或羽状等。叶质的差异也很大，有草质、纸质或革质。叶色翠绿或墨绿，少数种的叶片上具有白色、黄色或者红色花纹。蕨类植物与其他观叶植物相比，另有独特之处，如金毛狗、莲座蕨、荚果蕨及线鳞耳蕨等，其初生幼叶在伸展之前呈拳头状，且大都覆盖着厚密的褐色鳞片或金片、棕色长毛，形成蕨类植物所特有的“拳芽”，具有极佳的观赏价值；有的蕨类虽然在休眠期叶片脱落，但奇特的根状茎却有良好的观赏价值。由于

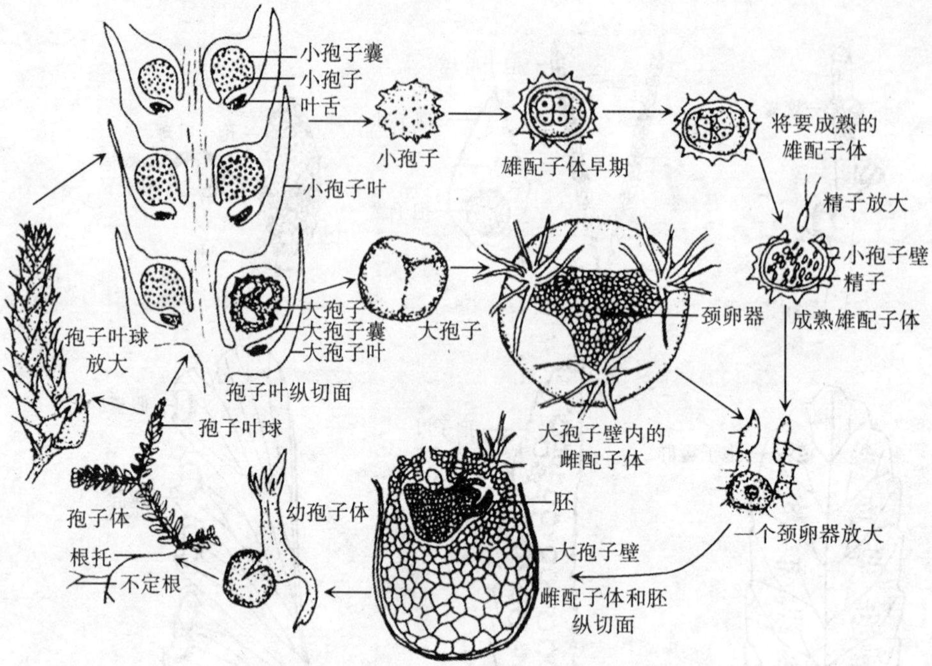

图 5－7－2 卷柏属生活史

（引自：周云龙．植物生物学，高等教育出版社，2000）

蕨类植物分布很广，除了沙漠外，从高山到海滨，从寒带到热带都有生长，大都适合于温暖湿润的环境，在热带与亚热带地区种群极为丰富。蕨类植物有陆生、附生和石生，少数为水生或沼生。对环境的适应能力很强，有的种类可以忍受酷热、干旱或严寒等恶劣的环境，在雨季或气候适应时迅速恢复生长。蕨类植物种类繁多，可用于地栽、盆栽，也可用做切叶与干花材料。

5.7.3 生长发育与环境条件

蕨类植物的生长发育与环境条件有密切的关系。只有充分了解不同的蕨类在生长发育过程中对环境条件（如光照、温度、湿度、水分、通风和土壤肥料等）的要求，才能创造出有利于生长繁茂的条件。

5.7.3.1 光照

不同的蕨类植物对光的要求不同，但大多数蕨类植物为喜阴植物，有较强的耐阴能力，在半阴的散射光下生长良好，而忌强光直射。适宜的光照强度为 2 000 ~ 6 000 lx，但不同的种类差异很大。一般地说，蕨类植物在较为明亮的散射光下生长健壮。不同的苗龄的蕨类需光也不相同，成株需要较强的光照，而幼苗对光强要求不高，孢子萌发苗及新移植的小苗都需弱光。大多数蕨类如果生长在过度遮阴条件下植株会细弱，直至死亡。如环境条件适宜，在散射光下植物生长茂盛；在较强光线下将诱导产生大量孢子，光线过强则植株矮小，叶片边缘逐渐枯黄萎缩，因此大多数观赏蕨类适宜做室内观叶植物。

透过树冠斑驳陆离的光线对蕨类植物生长较为理想，除了一些特别娇嫩的种类，大多数能适应这种光线。北京地区可将荚果蕨、绵毛鳞毛蕨、东北蹄盖蕨、峨眉蕨等植于阔叶树下，生长极佳，可做地被植物。但蕨类与树木争夺水分和营养，因此在养护上要适当增加水分与营养，并添加枯草落叶等覆盖物以减少水分蒸发。

早晨和傍晚的光线对大部分蕨类是很适合的，冬天的柔和光线也能给蕨类创造良好的生活环境，但在北方地区由于春、夏、秋三季，中午的阳光很强，易使叶片灼伤，要进行人工遮阴，可在温室大棚上加盖竹帘或遮阴网。一般在4月下旬至5月初应开始遮阴，9月底至10月初去掉遮阴。

5.7.3.2　温度

温度是蕨类生长的重要环境条件，蕨类喜欢温暖的生长条件，除热带、亚热带的种类外，包括那些适于生长在寒冷条件下特别耐寒的种类也是这样，大多数蕨类在18~24℃条件下生长良好。不同种蕨类的耐寒性差异很大，根据原产地不同可分为耐寒、半耐寒和不耐寒3种类型。原产我国东北和华北等地的蕨类以及高山蕨类都为耐寒蕨，能忍受0℃以下的低温，我国北方地区可露地栽培。半耐寒蕨要求机动温度不能低于5℃，我国中部及半高山的大部分蕨属于此类，在长江以南大多可露地越冬，北方则要在温室里越冬。不耐寒蕨类为原产于热带和亚热带的蕨类，在北方必须在温室内越冬。

大部分蕨类有休眠期，当冬季来临气温下降，日照时数减少时，叶子开始枯萎或完全脱落。到春季温度适合时又会长出新叶。也有一些蕨类如长生铁角蕨等能保持叶片完全越冬，但生长缓慢。

过分的低温能引起冻害。对耐寒的种类只是生长受到抑制，而不耐寒的种类就会枯萎或死亡。冻害通常引起萎蔫，使叶片变黑、变硬，叶片上出现黑斑。

高温也容易使蕨类发生损伤，短时的高温就会使蕨叶萎蔫或灼焦，应结合浇水、喷雾以及遮阴减少盛夏高温对蕨类的影响。

5.7.3.3　水分和空气湿度

水分占蕨类植物鲜重的70%~90%，植物需要的水分绝大多数是从土壤中得到的，而空气湿度特别对蕨类植物生长发育有很大的影响。不同的蕨类对水分的需求不同，大致分为：水生蕨类，如中华水韭、满江红等。它们生长在水中，有特殊的通气组织，能适应水中氧气的不足；湿生蕨类，大部分蕨类植物属于此类，适宜生长在非常潮湿的环境中，整个生长期需要大量水分；旱生蕨类如卷柏、耳羽金毛裸蕨等能耐很强的干旱条件，条件不适宜时叶片卷缩，以减少水分蒸腾，一旦雨水来临又恢复生长。

由于蕨类生长的自然条件不同，形成了对水需求不同的特点。从形态上看，叶片小、革质或叶表和叶背密生绒毛的种类抗干旱能力强，需水少。有肥大的根状茎或具有其他贮水器官的种类，也有较强的抗旱能力。叶片大，细裂的种类，水分蒸发量大，需要较高的空气湿度。另外，不同的生长时期对水分的要求也不相同，旺盛生长期气温高，蒸腾快，需要充足的水分，而在休眠期则需水少。

大多数蕨类喜欢较高的空气湿度，相对湿度60%~80%对蕨类生长有利。空气干燥能使很多蕨类的叶片变黄，出现皱缩，甚至很快死亡。一些抗干燥的种类如卷柏、银粉背蕨、耳羽金毛裸蕨、石韦等，在干旱时，叶片会卷缩枯萎，水分充足时又会伸展并长出新叶。

5.7.3.4 土壤

土壤是栽培蕨类植物的重要基质。大部分蕨类的根系是生长在土壤中的，土壤的质地、物理性能以及酸碱度和肥力，都不同程度地影响蕨类的生长发育。适于栽培蕨类的土壤应有良好的团粒结构，疏松而又肥沃，保水和排水性能良好，并含有丰富的腐殖质和适宜的土壤酸碱度。疏松透气，有利于根系正常生长发育；保水而富含腐殖质，能使蕨类有充足的水肥供应；排水良好，可避免积水引起的根系腐烂；适宜的酸碱度，能影响土壤的理化性质并保证蕨类的正常发育。

5.7.3.5 营养与肥料

蕨类植物从土壤中吸收的营养元素只有达到平衡状态才能健康生长，这些元素各有其生理功能，不可相互替代。

氮是蕨类用于组成蛋白质结构中的氨基酸的成分，也是叶绿素的重要组成部分，空气中含氮量达78%，但不能被植物直接吸收利用，蕨类只能从土壤有机物中吸收铵态氮或硝酸盐等。充足的氮使植物生长旺盛，但过量的氮会促使徒长并降低抗性，氮不足则叶色呈灰绿色或变黄且叶片细小。氮主要来源于动物肥料、有机物和化肥，通常补充氮肥可通过浇灌液肥磷酸铵（10 g/L）或硝酸钙（12 g/L）以及叶面追施硝酸钙（2 g/L）或尿素（1.5 g/L）。盆栽可用硝酸铵（1 g/L）。

磷是植物生长进程中不可缺少的元素，在光合和呼吸过程中贮存和提供能量，对根系的生长和繁殖很重要。大部分土壤中都缺磷，缺磷会使蕨类植株长得矮小、叶子深绿且根系不发达。可通过土壤浇灌或根外喷施过磷酸钙、磷酸盐（磷酸铵、磷酸钾、磷酸钙）等补充磷。

钾能提高光合强度，促进叶绿素的形成并增强抗逆性，对根系发育和提高抗病虫能力很重要。蕨类缺钾时老叶边缘出现斑点并枯黄。在沙壤土和重茬地中钾缺乏严重，可施用硫酸钾、硝酸钾和磷酸二氢钾以及草木灰等来改良。

钙是细胞壁构造、细胞分裂和蛋白质构成的重要元素，对植物根系的发展很重要，对喜石灰性蕨类尤为重要。缺钙会抑制生长，叶片扭曲，从叶尖开始向下死亡，并使根系减少。可施用石灰石、石膏。盆栽可用粉碎的蛋壳或贝壳等来补充。

镁是光合作用的重要元素。缺镁时表现老叶变色而主脉保持深绿，可施用10～15 g/L的硫酸镁。

硫是某些氨基酸和叶绿素的重要组成部分，也是根系的必要元素。铁是叶绿体功能活动和酶系所必需的。微量元素虽然需要量少，但是其功能是其他元素不可替代的。

5.7.4 常见蕨类观赏植物类型

观赏蕨类可根据其立地条件分为地生、石生、附生、水生4类：地生蕨类的种类较多，有常绿与落叶种之分，常用于地栽与盆栽；石生蕨类多原生于空气湿度较大的溪边或石缝中，如卷柏、石韦等，多为常绿性，用于盆栽或盆景的山石装点；附生蕨类多自然生长在大树上，如鹿角蕨、鸟巢蕨等，其性喜温暖多湿和富含有机质的基质，用于盆栽和垂吊；水生蕨类自生于水面，如满江红等，可用于水面绿化美化。在园艺学上，根据观赏蕨类的用途，可将其分为庭院绿化类、盆栽观叶类、垂吊观赏类、山石盆景类。各类的代表种及其特性如下（表5-7-1至表5-7-4）。

表5-7-1　庭院绿化蕨类植物的代表种

种　名	科属名	形态特征	分　布	生长习性
翠云草 *Selaginella uncinata*	卷柏科 卷柏属	中型伏地蔓生蕨。主茎伏地蔓生，长1 m以上，分枝处常生不定根。叶卵形，短尖头，二列疏生。侧枝疏生，多回分叉，基部有不定根，营养叶二型，孢子囊穗四棱形，孢子叶卵状三角形	产于我国中部、西南和南部各省（区）。多生于海拔40～1 000 m处的林下、阴湿岩石上、山坡或溪谷丛林中	喜温暖湿润的半阴环境，土壤要求疏松、透水性好、富含腐殖质的腐叶土或腐殖土。空气湿度要求60%～80%，冬季不能低于5℃
问荆 *Equisetum arvense*	木贼科 问荆属	陆生蕨。植株直立，叶二型。营养茎在孢子茎枯萎后生出，高15～60 cm，有棱脊6～15条。叶退化，其下部联合成鞘，鞘齿披针形，黑色膜质。分枝轮生，有棱脊三四条。孢子茎在早春时先长出，紫褐色、肉质，孢子囊穗长2～3.5 cm，顶生，孢子叶三角形，盾状着生	主要分布在东北、华北、山东、湖北、四川、贵州、新疆和西藏等地。常生于山坡潮湿地、疏林下、小溪边及田边沟旁	喜潮湿而光线充足的环境，土壤偏中性。能耐较阴环境。温度以夜温7～13℃，昼温18～24℃为好
华中瘤足蕨 *Plagiogyria euphlebia*	瘤足蕨科 瘤足蕨属	中型陆生蕨。高40～60 cm。根状茎粗壮，直立或斜生。叶二型，不育叶较短，叶柄长约30 cm，基部三棱形，两侧有一两对瘤状气囊体，叶片矩圆形，单数羽状，羽片披针形。叶脉二叉，直达叶边。孢子囊生于小脉顶部，成熟时布满羽片下面	广泛分布于长江以南各省（区）。生于海拔500～1 200 m的山地林下	喜凉爽湿润环境。土壤要求疏松透水而富含腐殖质，空气湿度要求60%～80%

续表 5-7-1

种　名	科属名	形态特征	分　布	生长习性
中华里白 *Diplopterygium chinensis*	里白科 里白属	大型陆生蕨。高达 3 m。根状茎长而横走，连同叶柄和叶轴密被鳞片。厚纸质叶，表面绿色，下面灰绿色或灰白色，沿叶脉和叶边有密星状毛，后脱落。有多对二回羽状深裂羽片。叶片矩圆形，长 1 m，宽 20 cm。孢子囊群生于分叉侧脉的上侧一小脉	分布于福建、广东、广西、贵州、云南和台湾等地，是亚热带和热带气候条件下的酸性土指示植物多成片栖生于山谷、山沟或其他阴湿环境中	喜阴好湿，土壤以排水良好、富含腐殖质的酸性土为好。喜温暖，不耐寒。土壤要疏松
芒萁 *Dicranopteris pedata*	里白科 芒萁属	中型或大型陆生蕨。高达 30～80 cm。根状茎细长横走且坚硬，多分枝而密被红棕色长毛。叶纸质，远生，表面黄绿色，背面灰白色或灰蓝色。叶柄长达 24～56 cm，叶轴二至多回分叉，各分叉腋间有一个密被绒毛的休眠芽。孢子囊群生于每组侧脉的上侧小脉中部，在主脉两侧各排一行	广泛分布于长江以南各省（区），多生于强酸性土的红壤或黄壤丘陵荒坡或马尾松林下，是亚热带酸性土指示植物	喜强酸性土壤，pH 4.5～5.0。极耐干旱，管理较粗放
桫椤 *Alsophila spinulosa*	桫椤科 木桫椤属	大型乔木状陆生蕨。主干高达 1～3 m。叶顶生，叶柄和叶轴粗壮，深棕色，被有密刺，叶片长达 3 m，纸质，正面绿色，背面灰白色。三回羽状深裂。孢子囊群圆球形，生于小脉分叉点上的囊托上	分布于贵州、四川、广东和台湾等地，海拔 2 600～3 000 m 地带。桫椤的数量非常稀少，被列为国家一级保护植物	喜高湿、荫蔽、气流恒定的环境。喜温暖，不耐寒，空气湿度要求 70%～90%。土壤要求疏松透水
边缘鳞盖蕨 *Microlepia marginata*	碗蕨科 鳞盖蕨属	中型陆生蕨。高达 1 m。根状茎长而横走。叶远生，叶片矩圆形、三角形，有短硬毛，一至二回羽裂，羽片披针形，基部上侧梢呈耳形凸起，边缘较少羽裂，羽状侧脉清晰。圆形孢子囊群生于一条小脉顶端，囊群盖半杯形	广泛分布于长江以南各省（区）。生于海拔 300～1 500 m的溪边或阴湿的灌木丛中	喜温湿环境。生长适温为夜温 10～15℃，昼温 21～26℃。夏季宜遮阴，土壤宜疏松透水

续表 5－7－1

种　名	科属名	形态特征	分　布	生长习性
姬蕨 *Hypolepis punctata*	姬蕨科 姬蕨属	中型陆生蕨。高达 1 m。匍匐性根状茎粗壮，长而横走，有管状中柱，被棕色长毛，叶疏生直立，叶片长卵状三角形，两三回羽状分裂。羽片卵状披针形，二回羽状分裂。孢子囊群在近裂片基部边缘着生，为叶边锯齿反卷覆盖	分布于云南、贵州、四川、广东、福建、台湾、江西、浙江和安徽等地。生于海拔 500～2 00 m 处的潮湿草地或灌木丛中	喜温暖多湿的半阴环境，忌强光直射，生长适温为夜温 10～15℃，昼温 21～26℃。土壤以湿润但不积水为好
蕨 *Pteridium aquilinum* var. *latiusculum*	蕨科 蕨属	大型陆生蕨。高达 1 m 以上。根状茎粗大，长而横走，密被锈黄色柔毛。叶远生，近草质，叶片阔三角形或长圆三角形，长 30～60 cm，宽 20～45 cm，三回羽裂。叶脉稠密，仅下面明显	广泛分布于全国各地，但主产于长江流域及以北地区。常生长于海拔 200～830 m 处的山地阳坡及森林边缘阳光充足的地方	喜阳、耐旱，耐寒，对土壤要求不严格，栽培管理非常粗放，几乎任何环境都能生长，不耐阴湿
西南凤尾蕨 *Pteris wallichiana*	凤尾蕨科 凤尾蕨属	大型陆生蕨。高达 1.5 m。根状茎粗短直立，木质，先端被覆褐色鳞片。叶簇生，纸质，叶柄坚硬，栗红色，表面粗糙，有阔纵沟，叶片五角状阔卵形，三回深羽裂，自叶柄顶端分 3 大枝，中央一枝最大，长 50～70 cm，宽 20～25 cm，两侧生枝小于中央一枝。孢子囊群沿裂片顶部以下 3/5 的叶缘连续分布，囊群盖膜质，条形	分布于台湾、广东、海南、广西、贵州、四川、云南、西藏等地。生于海拔 800～2 600 cm 处的疏林下、沟谷中	喜凉爽湿润的环境，耐半阴，喜明亮的散射光。土壤保持湿润，但要疏松透气
荚果蕨 *Matteuccia struthiopteris*	球子蕨科 荚果蕨属	大中型陆生蕨。高达 1 m 左右，根状茎直立，连同叶柄基部密被针形鳞片。叶簇生，典型的二型叶，不育叶矩圆倒披针形，二回深羽裂，新生叶直立向上生长，全部展开后则成鸟巢状；孢子叶从叶丛中间长出，有粗硬而较长柄，挺立，长度为不育叶的一半，羽状荚果状	分布于东北、华北、陕西、四川、西藏等地。多成片生于海拔 900～3 200 m的高山林下	喜凉爽湿润的环境。喜半阴，如湿度能保证也能耐受一定的强光照

续表 5-7-1

种 名	科属名	形态特征	分 布	生长习性
满江红 *Azolla imbricata*	满江红科 满江红属	小型水生漂浮蕨类。植株体长 3~4 cm，有时更长。当植株密集于水面时，呈半直立状。蓝绿色，在日光中现红色。根状茎横走于水面，羽状分枝，向水下生出须根。叶小型，羽叶互生，覆瓦状排列	本属植物遍布于全球。我国仅此1种。广泛分布于长江以南各省（区）。是蕨类唯一能与固氮的蓝藻共生的种类	温带水面粗放管理即可生长良好。要求光照充足。水的 pH 6.5~7.0，21~24℃水温对其生长最理想

表 5-7-2 盆栽观叶蕨类植物的代表种

种 名	科属名	形态特征	分 布	生长习性
松叶蕨 *Psilotum nudum*	松叶蕨科 松叶蕨属	附生蕨。地下茎匍匐生长，仅有毛状吸收构造和假根。地上茎直立或下垂，高 15~80 cm，呈绿色，下部粗 2~3 mm，向上多回二叉分枝，小枝三棱形，有白色三角形或针形，尖头，疏生于枝条的棱角上，紧靠小枝。孢子囊球形，生于叶腋	共有两种，我国仅此一种，产于西南、华南及华东地区。为古代孑遗种	喜温暖湿润环境，疏松肥沃排水良好的沙壤土，有一定的耐干燥能力
皱边石杉 *Huperzia crispate*	石杉科 石杉属	小型土生蕨。植株多丛生，高约 30 cm。茎直立或下部平卧，多回二叉分枝。叶纸质，螺旋状排列，叶平伸，大小不等，披针形，基部楔形，边缘有不规则的尖锯齿，边缘皱曲。孢子囊肾形，横生于叶腋，呈淡黄色	分布于云南东北部，四川、贵州、湖北西部。在海拔 1 800~2 400 m 的常绿阔叶林下或沟谷阴湿处常见	要求土壤肥沃和湿润。极耐阴，喜冷凉气候土壤一直要保持湿润
玉柏石松 *Lycopodium obscurum*	石松科 石松属	陆生蕨。植株高 25~35 cm。地下茎细弱，蔓生。地上茎直立，上部分枝繁茂，多回扇状分叉呈树冠状。叶钻状披针形，全缘，革质，叶脉不明显。圆柱形孢子囊穗长 2~5 cm，单生于末回分枝的顶端，黄褐色	分布于东北和长江中上游的高山上。常生于森林下，是冷湿气候酸性土的指示植物	生于阴湿处。生长缓慢，喜冷凉湿润的气候，喜半阴，忌强光直射，栽培不易。宜生于疏松、肥沃的酸性土壤中

续表 5-7-2

种　名	科属名	形态特征	分　布	生长习性
福建观音座莲 *Angiopteris fokiensis*	莲座蕨科 莲座蕨属	大型陆生蕨。植株高1~2 m。根状茎为肥大、肉质、直立的莲座状。叶大，阔卵形，螺旋状排列，长宽各约60 cm以上，二回羽状复叶。叶柄粗壮、多汁、肉质，长约50 cm，上面有纵沟。孢子囊群呈两列，生于距叶缘0.5~1 mm的叶脉上	分布于福建、广东、广西、贵州、湖南、湖北等地。多生于阴湿凉爽的林边、溪边、沟谷或酸性岩石上	喜阴湿，较耐寒性。生长适温为白天20~22℃，夜温10~15℃。宜疏松透水，富含有机质的微酸性土壤。空气湿度60%~80%为好
华南紫萁 *Osmunda vachellii*	紫萁科 紫萁属	大中型陆生蕨。植株高达1 m。根状茎粗壮，呈圆柱形高出地面，上有叶簇生，极似苏铁。叶一型，但羽状二型。叶片矩圆形，厚纸质，光滑，深绿色，无毛略有光泽，一回羽状，羽片有距柄，线状披针形，长15~20 cm，宽1.5 cm。下部羽片通常能育，狭缩成形。孢子囊群沿下至中脉密生，形成圆形小穗	分布于福建、广东、广西、浙江、湖南、四川、云南和贵州南部。是我国南方的酸性土指示植物。生于草坡和溪边，只分布于局部热带、亚热带环境下	喜温暖湿润环境，忌阳光直射，但充足的散射光对其生长有利。厚纸质叶有一定的抗干燥能力。土壤选用酸性壤土
紫萁 *Osmunda japonica*	紫萁科 紫萁属	中型陆生蕨。植株高达50~80 cm，根状茎粗壮，短而斜伸。叶簇生，典型二型叶，不育叶三角状阔卵形，顶部以下二回羽状。孢子叶深棕色，卷缩	我国暖温带和亚热带最常见的一种蕨，向北分布至秦岭南坡，生于山地林缘、坡地的草丛中，在高山区气候冷湿地带分布茂密，是酸性土指示植物	喜阴湿且凉爽环境，夏季要遮阴，以防阳光直射，冬季要保持一定光照。喜酸性沙质壤土
金毛狗 *Cibotium barometz*	蚌蕨壳科 金毛狗属	大型树状陆生蕨。植株高达3 m。根状茎粗大直立，密被金黄色长茸毛，顶端有叶丛生。叶柄粗长，叶片阔卵状三角形，长宽几乎相等，三回羽裂，末回裂片镰状披针形，尖头，边缘有浅锯齿。孢子囊群生于小脉顶端，囊群盖两瓣，形如蚌壳	我国南方和西南亚热带和热带气候区的酸性土指示植物。产于我国西南、华南及华东南部，多生于山麓阴湿的山沟边及林阴处的酸性土壤上	喜明亮的散射光线。适宜的生长温度为夜温10~15℃，昼温21~26℃。空气湿度宜保持在60%~80%，空气干燥会使叶片枯焦。土壤宜疏松透水

续表 5-7-2

种　名	科属名	形态特征	分　布	生长习性
乌蕨 *Sphenomeris chinensis*	鳞始蕨科 乌蕨属	陆生蕨。植株高 30~70 cm。根状茎短而横行，密生深褐色钻形鳞片。厚革质叶近生，叶柄禾秆色，有光泽，腹面扁平有浅纵沟。叶片卵形或狭卵形，四回羽状深裂。孢子囊群生于裂片顶端，顶生于小脉上，囊群盖杯形或卵形，向叶缘开口	广泛分布于我国长江以南各省（区），北达陕西、河南、河北南部。生于海拔 200~1 900 m 的山坡、田边、林下或路旁	对环境的适应能力非常强，管理粗放。喜温暖半阴环境，适生于疏松透水而富含腐殖质的酸性或微酸性土壤上。空气湿度 60%~70%
蜈蚣草 *Pteris vitara*	凤尾蕨科 凤尾蕨属	中型陆生蕨。植株高 30~150 cm。直立根状茎短而粗壮，密被蓬松的黄褐色鳞片。叶簇生，深禾秆色，叶柄坚硬，叶片倒披针状长圆形，长 20~90 cm，一回羽状复叶。羽片无柄，条状披针形。条形孢子囊群靠近羽片两侧边缘着生	广泛分布于我国热带和亚热带地区，常生于石缝或墙壁上。生长在碱性土壤上，但在酸性土区域局部的石灰性土壤上也有分布	耐旱、耐贫瘠，耐盐碱，在温暖、湿润、土壤肥沃，且疏松透水的条件下生长茂盛。喜散射光，土壤 pH 7.0~8.0
铁线蕨 *Adiantum capillus-veneris*	铁线蕨科 铁线蕨属	中小型陆生蕨。植株高 15~40 cm。根状茎横走，密生棕色鳞毛。叶近生，薄草质，叶柄紫黑色，油亮，细而坚硬如铁丝，叶片卵状三角形，二至四回羽状复叶、细裂，裂片斜扇形，深绿色。叶脉扇状分叉。圆肾形孢子囊群盖包被的孢子囊群生于叶缘	分布于我国长江以南各省（区），是我国暖温带、亚热带和热带气候区的钙质土和石灰岩的指示植物。生于阴湿的沟边、溪旁和岩壁上	喜温暖湿润和半阴的环境。生长适宜温度为 13~18℃，昼温 21~26℃，夜温 10~15℃。夏季要遮阴，喜散射光。土壤要求疏松肥沃透水的石灰质沙壤土

表 5-7-3　垂吊蕨类植物的代表种

种　名	科属名	形态特征	分　布	生长习性
海金沙 *Lygodium japonicum*	海金沙科 海金沙属	攀缘藤本陆生蕨。长达 3 m，根茎横伸。二型叶纸质，二回羽状，不育叶尖三角形，能育叶卵状三角形，小羽片边缘密生孢子囊穗，流苏状棕黄色，孢子成熟时散发暗褐色的孢子，如细沙状，故名海金沙	广泛分布于我国暖温带及亚热带，北至陕西及河南南部，西达四川、云南和贵州。多见于山区路边、溪沟边或山坡疏灌木丛中，是酸性指示植物	喜湿润而排水良好的沙质酸性壤土。喜阳光充足，忌阳光直射，生长适温为夜温 10~15℃，昼温 21~26℃，空气湿度保持 60% 以上

续表 5－7－3

种　名	科属名	形态特征	分　布	生长习性
美叶车前蕨 *Antrophyum callifolium*	车前蕨科 车前蕨属	中型附生蕨。株高 15～40 cm，根状茎短而横卧，包藏于密生的小须根内，须根上有许多微细的根毛，须根缠结形成海绵体状，在雨季能吸收及贮藏大量水分。外被披针形鳞片。叶厚肉质，矩圆状倒披针形，内有贮水细胞，叶片暗绿色，干后褐色。叶脉网状，两面稍隆起，叶脉清晰可见。条形孢子囊群沿下陷的网脉着生，部分连接成网状，无盖而有隔丝	共有 30 种，我国约有 9 种。主要分布于海南的五指山、吊罗山等地及广西南部、云南东南部。多附生于靠近地面的树干上或阴暗处的岩石上	极耐阴，抗旱。温度不能低于 15℃。选用疏松透水且富含营养的泥炭土块与素沙混合的土壤为基质
书带蕨 *Vittaria flexuosa*	书带蕨科 书带蕨属	附生蕨。植株高 20～40 cm。根状茎密集，密生的须根具有吸水和固着作用，并连同叶柄基部的密生鳞片。鳞片钻状披针形，黑褐色有虹色光彩。叶簇生，条形，长 30～40 cm，宽 4～8 mm。中脉明显，上面略下凹，下面稍隆起。孢子囊群生于远离主脉的边脉上	分布于福建、台湾、广东、广西、贵州、云南、四川、湖南和江西等地。多附生于树干或密林下岩石上	喜阴湿环境，要求土壤疏松透水。在野外多附生于树干或其他大型附生植物的大团须根上
肾蕨 *Nephrolepis auriculata*	肾蕨科 肾蕨属	中型陆生或附生蕨。植株高 30～80 cm。根状茎短而直立，向上有簇生叶丛，向下有铁丝状匍匐枝，匍匐枝从叶柄基部下侧向四面横走，并生有许多须状小根和侧枝及圆形块茎，能发育成新植株。草质叶片光滑，披针形，长 30～70 cm，宽 3～5 cm，一回羽状。孢子囊群生于每组侧脉的上侧小脉顶端，囊群盖肾形	分布于福建、台湾、广东、广西、云南、四川、湖南南部和浙江等地。土生于溪边林下或岩石缝隙中，或附生于树干下，野外多成片分布	喜明亮的散射光，耐较低的光照，喜温暖气候，生长适温为夜温 15～21℃，昼温 24～26℃，室内湿度 50%～60%。喜疏松透气的中性或微酸性土壤

表 5－7－4　山石盆景蕨类植物代表种

种　名	科属名	形态特征	分　布	生长习性
卷柏 *Selaginella tamariscina*	卷柏科 卷柏属	小型石生蕨，多年生直立草本。植株高 5～15 cm，主茎直立，顶端丛生小枝，小枝扇状分叉，辐射开展，干时内卷如掌状。孢子囊穗四棱形，生于小枝顶端	广泛分布于全国各地，生于海拔 200～1 000 m 处的干旱岩石缝中	管理粗放，抗旱强，较耐寒，以疏松透水的沙质壤土栽培为好
团扇蕨 *Gonocormus minutus*	膜蕨科 团扇蕨屑	小型附生蕨类植物。高只有 1.2～2 cm。根状茎纤细，丝状，交织成毡状，横走，密被黑褐色短毛。叶远生，薄膜质，半透明，叶片团扇形至圆肾形，基部心形。根状茎、叶柄和叶轴不易区别，三者都能生出叶片。叶柄细弱，只有叶片的 1/2。孢子囊群生于中部裂片顶端，杯状囊苞，孢子呈四面体或近圆形	分布广，从东北、华北、华中、华东至华南及西南地区均有，其余 4 种仅见于华南及西南地区。团扇蕨多成片层地附生于林下阴湿石上或树上	喜温暖而凉爽的阴湿环境，常与苔藓类伴生而被误为苔藓
银粉背蕨 *Aleuritopteris argentea*	中国蕨科 粉背蕨属	中小型石生蕨。高 14～20 cm。根状茎直立或斜生，生有红棕色边的亮黑色披针形鳞片。厚纸质叶簇生，表面暗绿色，背面有银白色或乳黄色粉粒。叶柄栗棕色，有光泽。叶片五角形。孢子囊群生于小脉顶端，成熟时汇合成条形	分布于全国各地，从低海拔到 3 000 m 处都有分布，多生于石灰岩缝中，是石灰岩或钙质岩石的指示植物	喜阳光，耐半阴，耐寒，极耐旱，喜光，但忌盛夏烈日直射。喜疏松透水的钙质土，但中性和微酸性土也能适应
荷叶铁线蕨 *Adiantum reniforme* var. *sinense*	铁线蕨科 铁线蕨属	小型石生蕨，植株高 5～20 cm。根状茎短而直立，先端密被棕色披针形鳞片和多细胞的细长柔毛。叶簇生，单叶，叶柄深栗色，叶片圆形或圆肾形，直径 2～6 cm，叶片上围绕着叶柄着生处形成 1～3 个同心圆圈，叶脉明显。孢子囊群圆形沿叶边分布	产于我国长江三峡一带的万县、涪陵和石柱县。多成片或成丛生于海拔 350 m 处覆有薄土的岩石或石缝中	较耐干旱，要求土壤中性或微碱性，肥沃。喜温暖湿润环境，不耐阴

续表 5-7-4

种 名	科属名	形态特征	分 布	生长习性
金鸡角 *Phymatopteris hastate*	水龙骨科 假瘤蕨属	附生或石生小型蕨类。植株高 8~35 cm。根状茎细长横走，密被红棕色鳞片。叶疏生，厚纸质，通常三裂，偶有单叶、二叉或五裂，叶披针形，边缘软骨质。孢子囊群圆形赤褐色，在主脉两侧各成一行，稍近主脉，略凹入叶表面	主产于西南、华南地区，广泛分布于长江以南各省（区），向北达陕西、河南等地。多生于海拔 200~2 300 m 处的山坡林下湿地、溪边或岩石上。是酸性土指示植物	喜温暖和充足的阳光，要求中等空气湿度，要求排水良好的酸性腐殖土

5.8 草坪地被类

草坪植物主要是一些适应性较强的矮性禾本科植物（简称禾草），是草坪的主体。多数为多年生，少数为一二年生。草坪植物除禾草外，也包括其他科属的矮性草类。地被在园林上指密集覆盖于地面上的低矮植物，包括草本地被植物和木本地被植物，而草本地被植物又包括草坪和一般草地。草坪与地被是重要园林植物景观，既可改善局部环境，又能提供游、憩、娱场所，具有很好的生态效益和社会效益。

5.8.1 草坪植物的生物学特性及分类

5.8.1.1 一般特性

植株低矮，为丛生型或匍匐型；叶片细小，多数，密生；地上部植株生长点低；单位面积内的枝条数量多，形成密实的草层。

5.8.1.2 抗寒性

草坪植物的抗寒性直接影响着其功用，依草坪草的耐寒性将其分为以下类型：

耐寒性最强的草坪植物：如普通早熟禾、匍匐剪股颖。

耐寒性强的草坪植物：如槽底早熟禾、细弱剪股颖、小糠草。

耐寒性中等的草坪植物：如早熟禾、紫羊茅、高羊茅、牛尾草、结缕草、黑麦草。

耐寒性弱的草坪植物：如狗牙根。

耐寒性最弱的草坪植物：如假俭草、地毯草、钝叶草。

5.8.1.3 抗旱性

草坪草多栽植于较干燥的环境中，抗旱性是评价某种草坪草品质的重要指标之一。根据草坪草对干旱环境的耐受能力，可将其分为以下类型：

抗旱性最强的草坪植物：如野牛草、结缕草、狗牙根。

抗旱性强的草坪植物：如硬羊茅、羊茅、高羊茅、紫羊茅。

抗旱性中等的草坪植物：如草地早熟禾、小糠草、加拿大早熟禾。

抗旱性弱的草坪植物：如黑麦草、牛尾草、钝叶草、翦股颖。

抗旱性最弱的草坪植物：如假俭草、地毯草、匍匐翦股颖。

5.8.1.4 抗热性

我国栽培的30多种草坪草中有2/5具有一定的耐热性。依草坪草耐热性的强弱可分为如下类型：

耐热性最强的草坪植物：如结缕草、狗牙根、野牛草、地毯草、假俭草、钝叶草。

耐热性强的草坪植物：如高羊茅、牛尾草、羊茅、紫羊茅、细叶结缕草。

耐热性中等的草坪植物：如细弱翦股颖、匍匐翦股颖、草地早熟禾。

耐热性差的草坪植物：如加拿大早熟禾、早熟禾、黑麦草。

耐热性最差的草坪植物：如普通早熟禾、萨比纳早熟禾（匍匐早熟禾）。

5.8.1.5 耐踏性

耐踏性是检测草坪草品质的特有标准，草坪植物的耐踏性与植物本身的生长型及环境有关。一般矮生、密集丛生、宿根性的草坪植物较耐践踏。草坪土壤疏松、肥沃、排水良好，可促进植物生长，茎叶也厚实，有利于增强耐踏性。按草坪植物耐践踏的能力，可分为如下类型：

耐踏性最强的草坪植物：如结缕草、狗牙根。

耐踏性强的草坪植物：如细叶结缕草、半细叶结缕草、高羊茅。

耐踏性中等的草坪植物：如黑麦草、草地早熟禾、牛尾草、加拿大早熟禾、紫羊茅、羊茅。

耐踏性差的草坪植物：如地毯草、匍匐翦股颖、小糠草、细弱翦股颖、假俭草等。

耐踏性最差的草坪植物：如普通早熟禾。

5.8.1.6 抗裂性

抗裂性指草坪单位面积内的茎、枝密度及草坪层（包括草坪植物地上部、根系及根系分布的土层）抗裂断的强度。抗裂性以单位面积草坪上承受的重量（$kg \cdot cm^{-2}$）表示。抗裂性与土壤、草层密度以及草坪植物的根系分布和数量有关。过于黏重和沙质的土壤抗裂性差，因为这种情况下外界负荷大部分由植被承担，整个草坪层的抗裂性就弱；植株密度大，根系数量多则有利于抗裂性的增强。

5.8.2 草坪植物的生态习性

草坪草按照其适应环境条件的不同可分为以下两种类型：

5.8.2.1 冷季型草坪草

冷季型草坪草指最适生长温度为16～24℃的草坪禾草。此类禾草原产于北欧和亚洲，除了匍匐翦股颖等少数品种外，其余种类都宜用种子建立草坪。这些禾草广布于凉爽润湿、凉爽半湿润、凉爽半干旱及过渡带地区。目前世界上所用冷季型草坪草超过20种，其中大多数都引自欧亚大陆森林地边缘地区，极少数来自大面积的天然草地。

栽培中常见的有早熟禾属、翦股颖属、羊茅属、黑麦草属等。

5.8.2.2 暖季型草坪草

暖季型草坪草指最适生长温度为26～32℃的草坪禾草。广泛分布于湿润、半湿润及半干旱气候地带的温暖区，有时也生于过渡地带。冬季气温对暖季型草坪草的分布与应用有重要影响。全世界大约有14个种的植物被用做暖季型草坪草。

暖季型草坪草原产中心为非洲、南美洲及亚洲。其刈剪性能优于冷季型草坪草；根系深，抗旱、耐热及耐践踏性也好于冷季型草坪草，只是耐冷性差，在低温下植物常失去色彩。大多数暖季型草坪草宜用营养繁殖。

常见应用的有：狗牙根属、结缕草属、地毯草属、假俭草属、雀稗属等。

5.8.3 地被植物的分类

地被在园林上指密集覆盖于地面上的低矮植物，包括草本地被植物和木本地被植物，而草本地被植物又包括草坪和一般草地。

5.8.3.1 灌木地被植物

灌木地被植物低矮、枝繁叶茂，枝条开展，匍匐性强，覆盖效果好，花叶并茂，花果兼赏，生活力很强，寿命也长。建植后只要管理适当，修剪控制好，可十余年以至数十年不衰。移植、调整和扩大种植均较容易；并可以根据绿化需要的不同，人为控制高度和造型。

5.8.3.2 草本地被植物

草本地被植物是一个很大的植物类群，种源广，适应各种气候型的种类均有。此类植物的个体间差异大，叶型变化复杂，花色也丰富，品种繁多。繁殖力强，易管理，可用于组成各种自然图案和景观。

5.8.3.3 藤本及攀缘地被植物

许多藤本及攀缘植物在无依附时可沿地面横向生长，以覆盖地面。与其他地被植物相比，此类植物有枝蔓长、覆盖面积大的优势，而且其吸附、缠绕和攀缘特性有利于造型。草本藤蔓类枝条纤细柔软，组成的地被细腻美观；木本藤蔓类枝条粗壮，匍匐性又强，枝蔓交叉生长可形成厚厚的地被层。

5.8.3.4 矮生竹类地被植物

竹类是常绿性植物，枝叶潇洒，观赏价值极高。矮型竹类适应性强，凡排水良好、含腐殖质较丰富的肥沃微酸性土壤，均可以栽种矮竹。常见种类有：凤尾竹、阔叶箬竹、鹅毛竹、金佛山赤竹等。

5.8.3.5 蕨类地被植物

蕨类植物种类多，分布也广，其中许多种可做地被植物。很多蕨类植物株型、叶形奇特，多为常绿，又有不少耐阴湿种类，适合在阴湿环境中建植地被。常用的地被蕨类植物有凤尾蕨、石中珠、水龙骨、贯众、石岩姜等。

5.8.4 适应特殊环境的地被植物

5.8.4.1 水边耐湿地被植物

园林绿化中，有些地段如水池、溪流边，需要选用耐湿性较强的覆盖植物，以美化环境和点缀景观，防止和控制杂草危害水体，并净化水域。常用的有：慈姑、泽泻、菖蒲、疏叶泽芹等。

5.8.4.2 岩石假山地被植物

在园林和庭院绿化中，常有假山需要绿化，可根据构景及造型的需要选择适宜的地被植物。常用的有：山茴香、藁本等。

5.8.4.3 耐盐碱地被植物

这类地被植物我国各地均有分布，种质资源也很丰富。常见的有：蔓荆、珊瑚菜、恶实、田箐等。

5.8.5 常见草坪植物和新型的草坪及地被植物

在城市、道路、机场等的绿化建设中，对草坪及地被植物的需求量非常大，也有许多不同适应性的草坪及地被植物种类和品种供选择，一些常见草坪植物和新型的草坪及地被植物见表 5 - 8 - 1 和表 5 - 8 - 2。

表 5 - 8 - 1 常见草坪植物的特性

种　名	科属名	基本特性	园林应用	原产地（分布）
草地早熟禾 *Poa pratensis*	禾本科 早熟禾属	多年生，具匍匐根茎，极耐寒，耐旱性较差，不耐酷热，较耐践踏	最好的草坪草之一，广泛应用于城市绿地草坪和运动场草坪	欧洲、亚洲北部、非洲北部

续表 5-8-1

种　名	科属名	基本特性	园林应用	原产地（分布）
高羊茅 *Festuca arundinacea*	禾本科 羊茅属	多年生，耐旱，耐潮湿，耐酸，耐盐碱，耐半阴，较耐炎热，耐践踏	绿化草坪，庭院草坪，足球场草坪	欧洲、中国新疆及东北中部有野生
匍匐翦股颖 *Agrostis stolonifera*	禾本科 翦股颖属	多年生，较耐寒冷潮湿，不耐冷旱，不耐酷热，较耐盐，耐践踏性较差	绿地草坪，需精细养护	欧亚大陆及北美温带区；甘、冀、陕、赣、浙有野生
多年生黑麦草 *Lolium perenne*	禾本科 黑麦草属	多年生，根状茎细弱，不耐炎热，不耐旱，较耐湿，不耐阴，耐践踏，不耐严冬	绿地草坪，运动场草坪，护坡草坪	南欧、北非、亚洲西南部；中国近年开始引进
白三叶 *Trifolium repens*	豆科 三叶草属	多年生，具匍匐茎，较抗寒，不甚耐热，不耐旱，耐盐性差，耐半阴	观赏草坪，护坡草坪	欧洲；中国新疆及长江流域有野生
结缕草 *Zoysia japonoca*	禾本科 结缕草属	多年生，具地下根茎及匍匐茎，耐高温，较耐寒，耐旱，耐瘠薄，不耐阴	广泛用于公园，庭院，运动场草坪	亚洲东南部
狗牙根 *Cynodon dactylon*	禾本科 狗牙根属	多年生，具根状茎及细长匍匐茎，很耐热，耐旱，耐湿，耐轻度盐碱	游憩草坪，运动场草坪，机场草坪	欧洲；中国华北以南均有分布
野牛草 *Buchlos dactyloides*	禾本科 野牛草属	多年生，具根状茎及细长匍匐茎，极耐热，耐寒，耐旱，耐瘠薄，耐盐碱，不耐湿，不耐阴	绿地草坪，护坡草坪，机场草坪	北美；早年引入中国，在北方广泛应用
马蹄金 *Dichondra repens*	旋花科 马蹄金属	多年生，具较多匍匐茎，耐热，耐旱，能耐一定低温，不耐湿，较耐阴	观赏草坪，小型休憩草坪，路旁及小区绿化	美国南部、欧洲、新西兰；中国20世纪80年代引入
地毯草 *Aronopus compressus*	禾本科 地毯草属	多年生，具匍匐茎，耐寒性较差，不耐旱，耐半阴，耐践踏	景观草坪，休憩草坪，湖泊草坪	西印度及南美中南部；中国在粤、桂、滇、湘、川有分布

表 5-8-2　新型草坪及地被植物品种

草　种	类型	产地	生长环境	生态习性
蓝宝石	冷季型	美国	温带，寒温带，干旱荒漠带，青藏高原，云贵高原	极抗寒，较耐热，综合抗病能力强，耐瘠薄
午夜草地早熟禾	冷季型	美国	温带，寒温带，干旱荒漠带，青藏高原，云贵高原	绿期长，极抗寒、抗旱、耐阴、耐热，耐践踏，高抗病

续表 5－8－2

草 种	类型	产地	生长环境	生态习性
新哥来德	冷季型	美国	温带，寒温带，干旱荒漠带，青藏高原，云贵高原	侵入性中等，在过渡带的夏季胁迫表现良好；耐超低修剪；极抗寒、耐热、抗旱、耐阴、高抗病性
纳苏	冷季型	美国	温带，寒温带，干旱荒漠带，青藏高原，云贵高原	抗旱性强，极耐寒，耐瘠薄，耐热，抗病性强
抢手股	冷季型	美国	温带，寒温带，干旱荒漠带，青藏高原，云贵高原	绿期长，耐寒性强，耐热，耐低修剪（1.9 cm），较强的扩散生长习性，再生力强，抗病
优异	冷季型	美国	温带，寒温带，干旱荒漠带，青藏高原，云贵高原	较强的抗杂草侵入能力，极耐寒，较抗旱，较耐热
公园	冷季型	美国	温带，寒温带，干旱荒漠带，青藏高原，云贵高原	耐旱，抗寒性强，耐瘠薄
兰肯	冷季型	美国	温带，寒温带，干旱荒漠带，青藏高原，云贵高原	抗寒、耐旱、耐瘠、耐粗放管理
肯塔基	冷季型	美国	温带，寒温带，干旱荒漠带，青藏高原，云贵高原	根系发达，耐旱性好，极抗寒，耐瘠，耐低养护管理
巴林	冷季型	丹麦	温带，寒温带，干旱荒漠带，青藏高原，云贵高原	较强的抗杂草侵入能力，抗旱，极耐寒，耐践踏，耐粗放管理
印第安酋长	冷季型	美国	温带，寒温带，干旱荒漠带，青藏高原，云贵高原	生活力强，抗杂草入侵和水土保持能力强
康尼	冷季型	丹麦	温带，寒温带，干旱荒漠带，青藏高原，云贵高原	适应性强，抗寒、耐践踏、抗病
太阳城	暖季型	美国	云贵高原，温带，北亚热带，南亚热带，热带	极耐践踏，侵占力和覆盖力强
普通狗牙根	暖季型	美国	云贵高原，温带，北亚热带，南亚热带，热带	抗逆性强，适应性广，耐热，耐践踏，耐旱，耐贫瘠，固土能力强
挑战者	暖季型	中国	热带，南亚热带，北亚热带，温带，云贵高原	喜光，不耐阴，根深，抗旱力极强，耐热，抗寒耐盐碱，耐磨、耐践踏，耐低修剪，抗病虫，耐瘠薄
假俭草	暖季型	中国	热带，南亚热带，北亚热带	耐热，耐旱，耐水湿，抗寒，较耐阴，耐践踏、耐磨，耐重修剪，对酸性土壤适应性很强

续表 5-8-2

草　种	类型	产地	生长环境	生态习性
地毯草	暖季型	中国	热带，南亚热带，北亚热带	喜光、耐热、耐湿，较耐阴，光滑性好；抗寒性、抗旱性稍差
骄阳	暖季型	南非	北亚热带，南亚热带	耐瘠、耐旱、耐湿热，适应性强，耐瘠薄，在肥沃的沙壤土上生长最好
钝叶草	暖季型	中国	热带，南亚热带，北亚热带	喜湿润，好肥；耐旱，耐热；耐践踏，耐盐碱，耐阴
海法	草坪型地被植物	澳大利亚	南亚热带，北亚热带，温带，云贵高原	喜温凉湿润的气候，耐热，耐寒，耐阴，耐瘠薄耐酸，不耐盐碱
瑞文德	草坪型地被植物	丹麦	南亚热带，北亚热带，温带，云贵高原	耐牧，对土壤要求不严，耐瘠薄，耐酸
胡依阿	草坪型地被植物	新西兰	南亚热带，北亚热带，温带，云贵高原	耐热，耐阴，耐瘠薄，耐酸，不耐盐碱
红三叶	草坪型地被植物	加拿大	干旱荒漠带，云贵高原，青藏高原，温带	喜生于排水良好、土质肥沃，并富有钙质的黏土，适宜 pH 6~7.5，耐盐性差
草莓三叶	草坪型地被植物	澳大利亚	北亚热带，温带，云贵高原	喜温凉湿润气候，耐寒，耐旱，耐盐，耐水淹，耐阴

5.9 高山观赏植物

高山观赏植物是地球生物圈中重要的组成部分之一，它参与了生态系统大循环，养育了牦牛等几十种高原野生动物，对高原生物多样性起着重要的作用。高山观赏植物也是花卉产业发展的特殊植物资源，可以花药兼用，在 11 146 种中草药中，绝大多数为显花植物。如甘遂（*Stellera chamaejasme*），具有抗多种癌的作用。近几十年来，高山观赏植物资源日益受到重视，尤其是对木兰科、杜鹃花科、茶花等进行了引种利用，产于西藏海拔 3 500 m 的高原上的大黄花牡丹，尤为珍贵，是牡丹育种的重要遗传资源。我国是一个多山脉国家，山地占国土总面积的 70%，其中高原占国土面积的 26%。高原上地形地貌多样，常常山岭、宽谷并列，湖泊星罗棋布，草地空阔。高原气候类型丰富，从冷温带的蒙古高原至亚热带高原连成一片，孕育了丰富的高山观赏植物。

5.9.1 形态特征

高山观赏植物多数是一些草本观赏植物，形态差异较大，但生态上有共性。一般植物矮小，生长缓慢，贴近地面生长或以细密的分枝紧抱成垫状。花朵较大、艳丽；有的有叶无茎，如藏波罗花（*Incarbillea youmghusbandii*）；有的茎粗叶厚，根系发达，在根组织中富含糖、蛋白质，甚至高达干重的25%；有的茎叶可以贮藏空气，如千里香杜鹃（*Rhododendron thymifolium*）；有的种类中贮藏有大量的花青素与类胡萝卜素，以抵抗紫外线对 DNA 的破坏。

5.9.2 种质资源

在我国原产的高山观赏植物中，可用于园林观赏的不下 5 000 种，原产于海拔 3 000 m 以上的，也有 1 000 种以上可用于观赏。其中有世界著名的三大高山花，即杜鹃花（*Rhododendron*）、报春（*Primula*）、龙胆花（*Gentiana*）。杜鹃花被称为“木本花卉之王”，全球共 900 多种，我国原产 650 多种。杜鹃花种类丰富，有的高达 25 m，如大树杜鹃（*R. protistum* var. *giganteum*），有的不足 10 cm，如紫背杜鹃（*R. forrestii*），还有多趣杜鹃（*R. stewartinum*），花开时有六七种颜色。

报春花为矮生草本。全球有 500 余种，中国原产 300 种左右，是世界报春花的分布中心。高山报春有 19 种之多，其中白心球花报春（*P. atrodentata*）和高穗花报春（*P. vialii*）花形花色奇特，甚受青睐。

龙胆花全属 500 种，中国原产 230 多种，大部分生长于海拔 2 000 ~ 5 000 m 的高原。花色以蓝、紫、白居多，少数为粉、淡绿。中国产的大花龙胆（*G. szechenyii*），花冠长 4.5 ~ 7 cm，花朵集生于茎端似彩球。有的植株极小，却能开出大于植株 3 倍的花。

另外还有绿绒蒿属（*Meconpsis*），它与罂粟（*Papaver semniferum*）同科，是两种重要的高山观赏植物，多生长于海拔 3 000 m 以上的高山草甸与灌丛、流石滩中，花开六七月份，似虞美人。有红、粉、黄、白、蓝多种颜色。其中总状绿绒蒿（*M. racemosa*）和秀丽绿绒蒿（*M. venusta*）更是美丽出众。

5.9.3 主要高山观赏植物的分布特点

关于我国主要高山观赏植物较完整的论述，见于郎楷永（1997）主编的《中国高山花卉》一书中，书中列举了 152 种，属于 32 科，其中 74 种为中国特产。多种为国家第二批珍稀保护植物，极具特色，是我国重要的观赏植物资源，其中绝大多数分布在青藏与云贵高原（表 5 - 9 - 1）。

表 5-9-1 我国主要高山观赏植物及其分布特征

（引自：郎楷永．中国高山花卉．中国世界语出版社，1997）

科名	种名	分布	海拔/m	形态及其他
天南星科 Araceae	翼檐南星 *Arisaema griffithii*	藏南	3 000～6 000	佛焰苞褐紫色，檐部两侧象耳状
	网檐南星 *Arisaema utile*	藏南、滇西北至西部	2 800～4 400	佛焰苞紫褐色、具白色条纹
小檗科 Berberidaceae	西藏八角莲 *Dysosma tsayuensis*	藏东至东南	2 500～3 500	珍稀保护植物，根茎及果实药用
紫葳科 Bignoiaceae	密生波萝花 *Incarvillea compacta*	藏东南、滇西北、川西、陇、青	3 300～4 900	花、种子和根可药用
	红波罗花 *Incarvillea delavayi*	滇西北和川南	2 400～3 900	花红色，根药用
	麒麟参 *Incarvillea racemosa*	滇西北和川西南	2 500～3 250	根茎可药用
	藏波罗花 *Incarvillea younghusbandii*	西藏及青海	3 600～5 400	根、种子可药用
紫草科 Boraginaceae	长花滇紫草 *Onosma hookeri* var. *longiflorum*	西藏	3 020～4 700	根皮药用，藏药之一
桔梗科 Campanulaceae	辐冠党参 *Codonopsis convolvulacea vinciflora*	西藏、滇西北及川西	3 000～4 600	块根药用
	大萼蓝钟花 *Cyananthus macrocalyx*	藏东南、滇、川、青海和陇	2 500～4 600	
忍冬科 Caprifolaceae	理塘忍冬 *Lonicera litangensis*	藏、滇和川西	2 700～4 200	
石竹科 Caryophyllaceae	藓状雪灵芝 *Arenaria bryophylla*	西藏与青海	4 200～5 400	
	红花无心菜 *Arenaria rhodantha*	藏东和川西	4 000～5 000	
菊科 Compositae	怒江紫菀 *Aster salwinensis*	藏东至东南，滇西北和川西	3 300～4 570	
	灰蓟 *Cirsium gresium*	云南、四川和贵州	1 300～3 700	
	多舌飞蓬 *Erigeron multiradiatus*			花紫红色，花序形态别致
	酸模叶橐吾 *Ligularia lapathifolia*	滇西北至北部、川西南	1 800～3 800	
	昆仑雪兔子 *Saussurea depsangensis*	西藏和青海	4 800～5 400	
	黑毛雪兔子 *Saussurea hypsipeta*	西藏、滇西北、川西和青海	4 700～5 260	
	绵头雪兔子 *Saussurea laniceps*	藏东南、滇西北和川西	3 900～5 100	全草药用
	狮牙状凤毛菊 *Saussurea ieontodentoides*	西藏、滇西北、川西	3 280～4 300	

续表 5-9-1

科　名	种　名	分　布	海拔/m	形态及其他
	水母雪兔子 *Saussurea medusa*	西藏、滇西北、川西、陇、青海	3 900～4 800	全草药用
	苞叶雪莲 *Saussurea obvallata*	西藏、滇西北和川西	3 500～4 500	植株大，苞片大而色黄，药用
	槲叶雪兔子 *Saussurea puercifolia*	滇西北和川西	3 500～4 500	全草药用
	星状雪兔子 *Saussurea stella*	西藏、滇西北、川西、青海和甘肃	3 450～4 500	全草药用
	纤花千里光 *Senecio graciliflorus*	藏南、滇西北、川、贵	2 000～4 000	花黄色
	绢毛菊 *Soroseris gillii*	西藏、川西	3 900～5 500	全草药用
景天科 Crassulaceae	长鞭红景天 *Rhodiola fastigiata*	西藏、川西、青海及甘肃	2 500～4 200	根茎入药
	喜马拉雅红景天 *Rhodiola himalensis*	西藏、云南和四川	3 000～4 800	藏医入药
	四裂红景天 *Rhodiola pqadrifida*	藏、川、甘、青海和疆	3 000～5 700	根、茎入药
十字花科 Cruciferae	红紫桂丁香 *Cheiranthus rodeum*	西藏、川西北、青海及陇	4 700～5 300	全草药用
	矮葶苈 *Draba handelii*	西藏	4 500～5 300	
	无茎荠 *Pegaeophyton scapiflorum*	藏南至西南	4 900～5 500	全草药用
	西藏遏蓝菜 *Thlaspi andersonii*	藏东至南	2 800～4 400	全草入药
川续断科 Dipsacaceae	刺参 *Morina nepalensis*	藏南、滇西北、川南	3 200～4 500	幼苗全草入药
杜鹃花科 Ericaceae	扫帚岩须 *Cassiope fastigiata*	藏东至南、滇西北	3 800～4 500	全株药用
	鼠尾岩须 *Cassiope myosuroides*	滇西北和川西		
	散鳞杜鹃 *Thododendron bulu*	藏东	3 000～3 600	
	钟花杜鹃 *Thododendron campanulatum*	藏南	3 150～4 200	花大，钟状，淡蔷薇色
	马缨花 *Thododendron delavayi*	滇和黔西	1 800～3 000	花序球状，花大深红
	树生杜鹃 *Thododendron dendrocharis*	川西、滇西北	2 200～3 000	中国第二批珍稀保护植物
	鲁浪杜鹃 *Thododendron lulangensis*	藏东	3 000～3 300	珍稀保护植物花粉色花冠钟状

续表 5-9-1

科名	种名	分布	海拔/m	形态及其他
	黄花杜鹃 *Thododendron lutescens*	滇东北、川和鄂西	1 800 ~ 3 000	花冠漏斗状、淡黄色
	栎叶杜鹃 *Thododendron phaeochrysum*	藏东南、滇西北和川南	3 300 ~ 4 260	花冠白色
	紫斑杜鹃 *Thododendron principis*	西藏	3 300 ~ 4 500	花序球状
	金黄杜鹃 *T. rupicola* var. *chryseum*	藏东南、滇西北和川西南	3 500 ~ 4 300	花冠宽漏斗状，金黄色
	红棕杜鹃 *T. rubiginosum* var. *rubiginosum*	藏东南、滇西北和川西南	2 800 ~ 3 900	
	芒刺杜鹃 *Thododendron strigillosum*	滇东北和川西南	1 700 ~ 3 300	花冠管状钟形
	亮叶杜鹃 *Thododendron vernicosum*	藏南、滇西北和川西	3 200 ~ 4 080	花大、蔷薇色
	皱皮杜鹃 *Thododendron wiltonii*	川西至西南	2 200 ~ 3 100	花冠漏斗钟形
大戟科 Euphorbiaceae	喜马拉雅大戟 *Euphorbia himalayensis*	藏西南	3 100 ~ 4 200	
	大果大戟 *Euphorbia wallichii*	藏南	3 000 ~ 4 600	全草药用
龙胆科 Gentianaceae	七叶龙胆 *Gentiana arethusae* var. *delicatula*	藏东南、滇西北、川西和陕西	2 700 ~ 4 800	
	微籽龙胆 *Gentiana delavayi*	滇西北及中部、川西南	1 450 ~ 3 850	
	无尾尖龙胆 *Gentiana ecaudata*	藏东南和滇西北	3 000 ~ 4 500	花冠淡蓝色，内面具6条黄色带纹
	云雾龙胆 *Gentiana nubigera*	藏、川西、青海和甘肃	3 000 ~ 5 300	
	祁连龙胆 *Gentiana prxeqalskii*	川西、甘肃和青海南部	4 000 ~ 4 600	全草药用
	滇龙胆草 *Gentiana rigescens*	滇、黔、川、桂和湘	1 100 ~ 3 000	花紫红色
	粗壮秦艽 *Gentiana robusta*	藏南	3 500 ~ 4 800	
	大花龙胆 *Gentiana sxechenyii*	藏东南、滇西和青海南部	3 000 ~ 4 800	花冠 17 cm，药用
	蓝玉簪龙胆 *Gentiana veitchorum*	藏、滇西北、川西、青海和甘肃	2 500 ~ 4 800	带根全草药用
水鳖科 Hydrocharitaceae	波叶海菜花 *Ottelia acuminata* var. *crispa*	滇和川	2 800	花白色，生于湖水中

续表 5－9－1

科 名	种 名	分 布	海拔/m	形态及其他
鸢尾科 Iridaceae	西南鸢尾 *Iris bulleyana*	藏东至南部、滇和川	2 300～4 800	
	锐果鸢尾 *Iris goniocarpa*	藏、滇、川、陕、陇和青海	3 000～4 300	
	库门鸢尾 *Iris kemaonensis*	藏、滇、川	3 600～4 800	
	天山鸢尾 *Iris loczyi*	藏、川、陇、青海、宁夏、疆	1 900～4 700	
	卷鞘鸢尾 *I. potaninii* var. *potaninii*	藏、青海和陇	3 200～5 300	
	蓝花卷鞘鸢尾 *I. potaninii* var. *ionantha*	藏、青海和陇	3 200～5 300	
唇形科 Labiatae	美花圆叶莱园骨草 *A. ovalifolia* var. *calantha*	川、陇	3 000～4 300	
豆科 Leguminosae	劲直黄芪 *Astragalus strictus*	藏	2 900～4 600	
	云南黄芪 *Astragalus yummanensis*	藏、滇西北、川西至西南	4 000～4 800	全草药用
	印度锦鸡儿 *Caragana gerardiana*	藏	3 700～4 200	
	变色锦鸡儿 *Caragana versicolor*	藏南、川西和青海	4 200～4 900	
	云雾雀儿豆 *Chesneya nubigena*	藏南和滇西北	3 500～4 500	
	紫花雀儿豆 *Chesneya purpurea*	藏南	4 400～5 300	
	亚东米口袋 *Gueldenstaedtia yadongensis*	藏南	2 900～4 200	
	锦荚棘豆 *Oxytropis falcate*	藏、川西、陇、青海和疆	2 900～5 200	全草药用
	砂生槐 *Sophora moocroftiana*	藏南	2 800～4 400	种子药用
	紫花黄华 *Thermopsis barbata*		3 000～4 600	全草药用

续表 5-9-1

科　名	种　名	分　布	海拔/m	形态及其他
百合科 Lileaceae	宝兴百合 *Lilium duchartrei*	藏东南、滇西北、川西和陇南	2 300 ~ 3 500	花粉红色，盛开时向后反曲
	小百合 *Lilium nanum*	藏南、滇西北和川西	3 800 ~ 4 800	
	假百合 *Notholirion bulbuliferum*	藏东、滇西北、川西、陇和陕西	3 270 ~ 4 300	鳞茎药用
	钟花假百合 *Notholirion campanulatum*	藏、滇西北和川西	3 000 ~ 4 100	鳞茎药用
	腋花扭柄花 *Streptopus simplex*	藏东南至南、滇西北	2 500 ~ 4 150	根药用
木兰科 Magnolicceae	滇藏木兰 *Magnolia campbellii*	藏东南至南部、滇西北	2 300 ~ 3 000	花大
兰科 Orchidaceae	川滇杓兰 *Cypripedium corrugatum*	藏东、滇西北和川西	2 500 ~ 4 200	
	黄花杓兰 *Cypripedium flavum*	藏东南、滇西北、川、陇南、青海、宁夏和鄂西	1 800 ~ 3 700	
	狭萼杓兰 *Cypripedium hymalaicum*	藏南	3 000 ~ 4 500	
	西藏杓兰 *Cypripedium tibeticum*	藏东至南、滇西北、川西、陇南	1 700 ~ 4 200	根茎及根药用
罂粟科 Papaveraceae	大花绿绒蒿 *Meconopsis grandis*	藏南	3 000 ~ 5 100	花大
	多刺绿绒蒿 *Meconopsis horridula*	藏、滇西北、川西和青海	4 100 ~ 5 400	全草药用
	滇西绿绒蒿 *Meconopsis impedita*	藏东南、滇北、川西	3 400 ~ 4 500	花大，深紫色
	全缘叶绿绒蒿 *Meconopsis integrifolia*	藏、滇北、川西、陇南和青海东部	3 500 ~ 5 000	全草入药
	红花绿绒蒿 *Meconopsis punicea*	藏东北、川西北、陇南和青海东南	2 800 ~ 4 300	花红色下垂，全草入药
	总状绿绒蒿 *Meconopsis racemosa*	藏、滇西北、川西至北部、陇东南和青海	3 300 ~ 5 500	全草药用
蓝雪科 Plumbaginaceae	架棚 *Ceratostigma minus*	藏东至南部、滇西北至南部、川西、陇南	2 600 ~ 4 000	药用

续表 5－9－1

科 名	种 名	分 布	海拔/m	形态及其他
蓼科 Polygonaceae	长梗蓼 *Polygonum griffithii*	滇、藏	3 500～4 500	
	圆穗蓼 *Polygonum macrophyllum*	藏、滇、川、黔、青海、陇、湘	2 500～4 700	根状茎药用
	苞叶大黄 *Rheum alexandrae*	藏、滇、川西	3 400～4 600	苞片卵形、黄色、下垂
	塔黄 *Rheum nobile*	藏南、滇、川西	3 900～4 900	根及根状茎药用
	菱叶大黄 *Rheum rhomvoideum*	藏南	4 700～5 400	根及根状茎药用
报春花科 Primulaceae	垫状点地梅 *Androsace tapete*	藏、滇、川、青海、疆	4 000～5 300	
	粗毛点地梅 *Androsace wardii*	藏东南、滇西北和川西南	3 500～4 100	
	白心球花报春 *Primula atrodentata*	藏南	2 400～4 700	花序球状、花冠粉红，中心白色
	暗紫脆蒴报春 *Primula calderiana*	藏东至南部	3 600～4 700	花冠暗紫色
	中甸灯台报春 *Primula chungensis*	滇西北、藏东至东南、川西南	2 200～4 300	花序如灯台，花黄色
	球花报春 *Primula denticulata*	藏南	2 500～4 500	花序圆球状，淡紫色
	石岩报春 *Primula dryadifolia*	藏东南、滇西北和川西	4 000～5 500	花冠深红色
	翅柄石岩报春 *Primula dryadifolia*	藏南	4 000～5 300	花冠淡红色
	灰岩皱叶报春 *Primula forrestii*	滇西北	3 000～3 200	
	雅江报春 *Primula involucrata*	藏东、滇西北和川西	3 500～4 300	
	山南脆蒴报春 *Primula jucunda*	藏东南和南部	3 700～3 900	
	宽裂叶报春 *Primula latisecta*	藏东部	3 100～3 500	花冠紫红色
	粗齿紫晶报春 *Primula odontica*	藏东南	4 300～5 000	花冠深紫色
	网叶钟报春 *Primula reticulata*	藏南	3 000～3 800	
	偏花报春 *Primula secundiflira*	藏南、滇西北、川西和青海东部	3 200～4 800	花药用
	钟花报春 *Primula sikkimensis*	藏、滇西北和川西	3 200～4 100	花药用

续表 5-9-1

科名	种名	分布	海拔/m	形态及其他
	苣叶报春 *Primula sonchifolia*	藏东南、滇西北和川西	3 000～4 600	花冠蓝色，喉部褐黄，外沿白色
	狭萼报春 *Primula stenocalyx*	藏东、滇西北、川西、青海东部、陇南	2 700～4 300	
	西藏粉报春 *Primula tibetica*	藏	3 200～4 800	
	察日脆蒴报春 *Primula tsariensis*	藏东南	3 500～5 000	花冠紫红色
	高穗花报春 *Primula vialii*	滇西北和川西	2 800～4 000	
毛茛科 Ranunculaceae	多枝乌头 *Aconitum ramulosum*	滇中	3 500	
	密毛银莲花 *Anemone demissa*	藏南、滇西北、川西和陇东南	2 900～4 400	
	红萼银莲花 *Anemone smithiana*	藏南	3 800～4 300	
	红花细茎驴蹄草 *Caltha sinogracilis*	藏东南	3 900～4 500	
	甘青铁线莲 *Clematis tangutica*	藏、川西、陕西、陇、疆	2 700～4 000	
	米林翠雀花 *Delphinium sherriffii*	藏	3 000～3 400	
	鸦跖花 *Oxygraphis glacialis*	藏、滇北、川西、陕南、陇、青海和疆	4 300～5 300	全草药用
	拟耧斗菜 *Paraquilegia mic*	藏、滇、川西、陇西南、青海和疆	3 700～5 300	
蔷薇科 Rosaceae	裂叶毛果委陵菜 *Potentilla ericarpa*	藏、滇西北和川西	3 500～4 300	
	高山委陵菜 *Potentilla polyschista*	藏、青海和疆	4 400～5 300	
	狭叶委陵菜 *Potentilla stenophylla*	藏东南、滇西北、川西和西南	3 100～4 700	
虎耳草科 Saxifragaceae	贡山金腰 *Chrysosplenium forrestii*	藏东南、滇西北	2 400～4 000	
	丽江虎耳草 *Saxifraga likiangensis*	藏东至南部、滇西北和川西	3 200～4 600	
	黑蕊虎耳草 *Saxifraga melanodentra*	藏、滇西北、川西、青海、陇和陕南	3 600～4 700	
	金星虎耳草 *Saxifraga stella-aurea*	藏、滇西北、川西和青海	3 900～5 500	
	西藏虎耳草 *Saxifraga tibetica*	藏、青海	4 400～5 600	

续表 5-9-1

科 名	种 名	分 布	海拔/m	形态及其他
玄参科 Scrophulariaceae	短穗兔耳草 *Lagotis brachystachya*	藏、川西、青海和陇	3 000 ~ 4 500	全草药用
	矮兔耳草 *Lagotis humilis*	西藏	4 700 ~ 5 300	全草药用
	藏玄参 *Oreosolen wattii*	藏和青海南部	4 500 ~ 5 300	
	伞房马先蒿 *Pedecularis corymbifera*	藏东	3 400 ~ 4 150	
	斑唇马先蒿 *P. longiflira* var. *tubiformis*	藏、滇西北、川西	2 700 ~ 5 300	藏药之一
	红唇马先蒿 *Pedecularis megolochila*	藏东	3 800 ~ 4 600	花紫红色
	小唇马先蒿 *Pedecularis microchila*	滇西北、川西	2 500 ~ 4 000	花淡紫色，喙高出
	马齿管花马先蒿 *P. siphonantha* var. *delavayi*	滇西北、川西	3 100 ~ 4 600	花紫红，具细长喙
	团花马先蒿 *Pedecularis sphaerantha*	藏东及东南	3 900 ~ 4 800	花紫色，喙细长，扭曲
茄科 Solanaceae	青海茄参 *Mandragora chinghaiensis*	藏、青海	3 800 ~ 4 000	全草药用，珍稀保护植物
	马尿泡 *Prxewalskia tangutica*	藏、川西、陇、青海	3 200 ~ 5 200	藏药之一，国家第二批珍稀保护植物
瑞香科 Thybelaeaceae	甘遂 *Stellera chamaejasme*	西藏	3 500 ~ 4 600	根药用
伞形科 Umbellierae	垫状棱子芹 *Pleurospermum hedinii*	西藏及滇西北	3 500 ~ 5 000	

5.10 芳香植物

5.10.1 芳香植物的概念

芳香植物（aromatic）常被理解为“含有挥发性芳香油，具有芳香气味的一类植物”，也有人将芳香植物等同于香料植物。《辞海》对芳香植物的定义是：可供提取芳香油的栽培植物（芳香油料作物）和野生植物的总称。目前没有统一的定义。芳香植物的范围很广，它包括全部香料植物、一部分药用植物、一部分园艺植物（包括芳香蔬菜、果树和一部分观赏植物）和一些尚没有被开发利用的野生植物。因此，芳香植物是集观赏、食用、药用、深加工为一体的利用价值极高的一类植物，具有广泛的开发利用前景。

芳香植物资源的开发与利用，在世界范围内呈现出蓬勃发展的势头。芳香植物的香气成分不仅能给人们带来愉悦的感受，更重要的是还具有重要的医学价值和保健功能，在食品添加剂、医药保健、美容用品、蔬菜调味料、空气消毒、观赏绿化、休闲旅游等各个方面得到广泛应用。近几十年来，随着科技的进步、经济的增长，人们对生活的品质、品味和医疗保健日益重视，一种新的绿色植物产业——芳香植物及其衍生产品的研发和利用，已深受种植者、科研机构、大专院校、行政部门、商界与消费者的重视和青睐，芳香植物产业顺应潮流而迅速、蓬勃地发展起来，生产出一系列具有保健、养生、美容等功用的芳香产品，带动了日益兴旺的芳香服务产业，尤以芳香休闲旅游、芳香疗法和芳香食品最为突出。芳香植物不仅营造了丰富多彩的芬芳生活，同时也创造了无限的商机，如新疆正建成亚洲最大的芳香生态观光园，在这里游客可以闻香、踏香、赏香、吃香，真正集芳香性、观赏性、娱乐性为一体。

5.10.2 芳香植物的主要成分及功效

芳香植物体内含有丰富的化学成分，大致可以分为芳香成分、药用成分、营养成分、色素成分四大类。其中芳香成分是芳香植物特有的一类成分，是香料工业的原料，也是芳香植物特有用途的基础。药用成分包括芳香植物特有的挥发性精油成分和不挥发的生物碱、单宁、类黄酮等成分，这些成分具有特有的药用功效，作为中药用于治疗各种疾病或作为原料提取有效的药用成分。营养成分包括人体必需的各种矿物质和维生素，色素成分可作为天然染料来利用，特别是作为天然食品添加剂具有安全、可靠的优点。此外，大部分芳香植物还有抗氧化物质、抗菌成分和丰富的微量元素。

精油是芳香植物最具代表性的成分。芳香植物的精油通常是由数十种以上的有机化合物组成的混合物。芳香植物的精油在常温下为透明液体，易挥发，在纸片上不遗留永久的油迹；有的在冷却时其主要成分可能有结晶析出（俗称“脑”）。精油在常温下大多为无色或淡黄色，也有少数具有其他颜色，如洋甘菊油为蓝色，麝香草油显红色。不同科、属的芳香植物，甚至同一种芳香植物不同器官的精油都有其不同的特征。但是，所有芳香植物的精油都具有挥发性，多数精油中都含有不稳定化合物，对空气、日光及温度较敏感，易分解变质。所有精油都具有芳香性，但各种精油具有各自的香气特征，是品质优劣的重要标志。精油香气主要是含氧、氮、硫杂原子的化合物，挥发性、不稳定性、芳香性等是芳香植物精油具有的共同性质。

精油类化合物在自然界中分布广泛，种类繁多，到1990年就已发现22 000种。精油的分子结构异常复杂，按化学成分可分为萜烯类化合物、芳香族化合物、脂肪族化合物、含氮、硫化合物以及其他化学成分（如酚类物质、生物碱、酸、蒽醌、维生素、矿物质等）4大类。

5.10.3 芳香植物的种类与分布

全世界发现的芳香植物大约有3 600种，但被有效开发利用的仅400多种，年产量在1 t以上的香料植物近400种，经常使用的芳香植物仅200~300种，绝大部分芳香植物有待开发利用。

芳香植物特别是草本芳香植物主要分布在以地中海沿岸为中心的欧洲诸国，在中亚、中国、印度、南美等地区也多有分布。在世界各地，尤其在热带和亚热带地区，均有各种芳香植物的栽培，有的地区形成了举世闻名的芳香植物产地，如印度、巴勒斯坦的辣椒和姜黄，保加利亚的玫瑰，中国的肉桂和八角茴香，南亚和东南亚的黑、白胡椒，牙买加的生姜，斯里兰卡的肉桂，法国的薰衣草等。

自古中国就被誉为“黄金遍地，香料遍地”的国度，芳香植物从南到北都有分布，其中南方的种类多于北方。目前我国有开发利用价值的芳香植物种类有60多科400多种。芳香植物的分类系统比较复杂，主要有以下几种。

5.10.3.1 根据所属植物的科属进行分类

芳香植物分布在不同的植物科中，我国现有的芳香植物分属于大约100多个科，比较集中的科有：

(1) 菊科　我国大约有100余种芳香植物在菊科，是我国芳香植物分布最多的科。如川木香、云木香、泽兰等。菊科芳香植物种类虽多，但已开发利用的种类很少。

(2) 樟科　可利用的樟科芳香植物近百种。许多重要的香料植物分布在樟科，如山苍子、肉桂、黄樟等。

(3) 唇形科　包括引进和原产的唇形科芳香植物约近70种。许多著名的芳香植物属唇形科，如薄荷、迷迭香、薰衣草、广藿香等。

(4) 木兰科　木兰科芳香植物约60种，如八角、含笑、玉兰、木莲等，其中利用最广泛的是八角，既是重要的辛香料，也是精油的提取原料。

(5) 芸香科　芸香科芳香植物近60种。其中，柑橘属芳香植物多作为水果被广泛利用，也有提取精油的，如玳玳、酸橙等；花椒是重要的辛香料。

(6) 伞形科　伞形科的芳香植物50余种，作为香料利用较为广泛的有小茴香籽、阿魏、芹菜籽等。伞形科还有许多芳香植物作为中药被广泛利用，如当归等。

(7) 蔷薇科　蔷薇科的芳香植物约50种，有些作为水果被普遍利用，如草莓、杏、木瓜等；蔷薇科最著名的芳香植物当属玫瑰，既作为观赏植物被普遍栽培，也可用于提取精油。

(8) 松科　松科芳香植物约50种，松科芳香植物作为观赏绿化植物被普遍栽培，如油松、雪松、乔松等；也用于提取松节油，如马尾松、湿地松等。

(9) 姜科　姜科芳香植物40余种，姜既可作为调味品被广泛利用，也是提取姜油的原料；一些姜科的芳香植物是重要的中草药，如益智、砂仁等。

(10) 百合科　百合科芳香植物近40种，葱蒜类作为蔬菜在南北各地被普遍栽培，也可用于提取精油。

5.10.3.2 根据生长习性和利用器官进行分类

结合芳香植物的特征和利用部位把芳草植物分为5类：

（1）香草植物 指全株或地上部均可利用的草本类芳香植物，如香蜂花、鼠尾草、薰衣草、广藿香等。

（2）香花植物 指利用鲜花的芳香植物，如桂花、梅花、水仙花、文殊兰、玫瑰等。

（3）香树植物 指利用某一或某几个部位的木本类芳香植物，如肉桂、檀香树、阴香、欧洲香杨等。

（4）香果植物 指利用果实的木本类或草本类芳香植物，如香荚兰、佛手、青花椒、胡椒等。

（5）芳香蔬菜 指作为蔬菜可以利用的芳香植物，如罗勒、葱、芝麻菜等。

5.10.3.3 根据用途进行分类

（1）香料用芳香植物 作为辛香料直接使用，或用于提取精油等制品的芳香植物，如樟树、山苍子、八角茴香、肉桂、薰衣草、薄荷等。

（2）药用芳香植物 作为中草药利用的芳香植物，如广藿香、紫苏、瑞香、五味子等。

（3）菜用芳香植物 作为蔬菜利用的芳香植物，如茴香、罗勒、菊花脑、茼蒿、芹菜等。

（4）果用芳香植物 作为水果直接利用，或加工成各种制品或饮料后利用的芳香植物，如杨梅、甜瓜、猕猴桃、柑橘等。我国从野生果树种寻找新的保健饮料原料并加以开发的有刺李、沙棘、野蔷薇、野生蓝莓、野山楂、酸枣、山葡萄、越橘等。

（5）观赏绿化用芳香植物 许多芳香植物或树形优美、造型独特，或花色艳丽、芳香迷人，或可以吸附灰尘、防止污染、净化空气、保护环境。作为观赏与绿化的芳香植物有很多，如菊花、含笑、腊梅、玫瑰、桂花、白兰花等，花具有强烈芳香味，可广泛栽培于公园、庭院；常春藤、紫藤、忍冬等芳香植物具有独特的形态，观赏价值高，常被用作绿篱、绿墙等；广玉兰、珊瑚树、银杏、雪松等对SO_2有抗性；刺槐、女贞等对氟有吸收功能；松科、柏科、樟科等芳香植物有滞尘及灭菌功能。此外，魅力永驻的玫瑰、风格不一的薰衣草、香艳兼具的天竺葵、风度翩翩的松果菊等都是观赏与绿化芳香植物的首选。

我国许多名园利用芳香植物创造了美好的景致，如杭州西湖的“曲院风荷”，苏州留园的“闻木犀香轩”，网师园的“小山丛桂轩”，拙政园的“远香堂”、“荷风四面亭”、“玉兰堂”，承德避暑山庄的“香远益清”、“冷香厅”、“观莲所”等，借用桂花、荷花、玉兰的香味来营造意境，抒发感情，达到了“景有尽而意无穷”的园林意境和精神境界。

5.10.4 芳香植物的应用

5.10.4.1 芳香植物专类园

主要选择姿态优美、地上部分具有芳香气味的植物，例如，木兰科、蔷薇科、腊梅科、木樨科等科属的大部分植物取其花香；木瓜、枇杷、柑橘、佛手等取其果香；香樟、松柏类、茶属等取其枝叶清香。这些植物配置于植物园、公园等公共绿地，利于游客进行游览观赏和科普教育。

5.10.4.2 健康休闲园

健康的园林应从姿、色、香、声、韵等各方面满足人们的需求，植物散发出的芳香成分具有杀菌和抗氧化作用，有益人们的心理和生理保健。芳香生理学研究发现，紫罗兰和玫瑰的香味给人以爽朗和愉快的感觉；天竺葵花香有镇定神经、消除疲劳、促进睡眠的作用；兰花的幽香能解除人的烦闷和忧郁，使人心情爽朗；迷迭香、薄荷的香气能激发人的想象力；水仙花的香味可提高神经细胞的兴奋性，使情绪得到改善、消除疲劳和压力。另外，芳香植物应用于园林景观中，可营造较大的芳香环境，还可释放出挥发性物质直接或间接地影响其他植物、昆虫和微生物，维系园林环境中生物多样性与生态平衡。

5.10.4.3 低碳自然园

城市的钢筋混凝土森林使得居民更向往朴素的田园风光，一方油菜地、一片薰衣草，可培养人们热爱自然的情怀，简单的园林劳动，可实现人与自然的互动，加强邻里间的联系，促进社会和谐，既能创造经济效益，还能锻炼身体。因此，结合农业生产，运用芳香植物建设低碳保健园林或发展景观农业具有重要的现实意义。

5.10.4.4 疗养保健绿地

利用芳香植物设计出针对高血压、呼吸道疾病等具有针对性的医疗保健专类绿地，或将芳香植物布置于庭院或小区中心绿地，可为亚健康人群提供舒适的活动空间。在实践中，可营造以桉树、刺柏、樟树、乳香、柠檬、玫瑰、留兰香、茉莉、甜罗勒等乔、灌、草本芳香植物为主的振作精神、抗抑郁的幸福散步道；构建以桉树、侧柏、雪松、锦葵、柠檬草、香蜂花、百里香、香叶天竺葵等乔木和草本芳香植物为主的辅助治疗呼吸道疾病的抗菌闻香保健绿地等。

5.10.4.5 情趣花卉园

在花园中种植迷迭香、薄荷、玫瑰、柑橙花、柠檬等芳香植物，可丰富花园功能；采用自配香水或芳香植物的花叶作画，既达到人与自然的互动，又增添生活的乐趣。同时，许多芳香植物也是美味蔬菜和佳果，可以直接食用。现代环境设计非常重视参与性，尽量能使游人在参观过程中采摘果实、收割蔬菜，感受劳动的艰辛与快乐。芳香植物中可做蔬菜的有薄荷、罗勒、迷迭香、茴香、紫苏、鼠尾草、藿香、薰衣草等；芳香植物中果实可食用的有杨梅、金樱子、猕猴桃等。

在法国、日本等国家，采用“花境”形式经营芳香植物农场吸引游客，为游人提供观赏、食用、饮茶、美容、沐浴、按摩等服务，体现多元化功能，并且把芳香植物加工成干燥花、香囊、香枕等旅游纪念品，开发出“芳香主体旅游”。

配置芳香植物时要注意因地制宜，合理搭配：在气氛轻松活泼的中心场地或游乐区配置芳香植物，应选择茉莉、百合等使人兴奋的种类；在安静休息区应选择薰衣草、紫罗兰等使人镇静的种类；在儿童活动区域配置芳香植物时不宜选择带刺或有毒的种类，如玫瑰、黄花夹竹桃等。同时，还要考虑芳香植物与优美的乔、灌木配合，点缀色彩绚丽的花卉树木，形成四季常绿、三季有花、处处飘香的效果。

我国在园林建设上提出了“美化、绿化、香化”的口号，目前，在绿化和美化方面发展较快，而在香化方面比较滞后，芳香植物尤其是草本类芳香植物在园林中应用很少。因此，要充分利用香草所释放的多种挥发性物质，实现环境生态美、视觉美、嗅觉美的统一。

思考题

1. 一年生观赏植物与二年生观赏植物的生长发育特性有何区别？
2. 宿根类观赏植物的主要特点有哪些？了解宿根类观赏植物原产地的意义何在？
3. 球根类观赏植物分几类？各类的膨大部位与更新特点是什么？
4. 水生观赏植物有几类？各类有何特点？
5. 根据肉质化器官，可将多浆观赏植物分为哪几类？各有何特点？
6. 兰科观赏植物的生态习性可分为哪几类？各有何特点？

6 观赏植物的繁殖

【内容提要】

观赏植物繁殖是指采用各种方法，增加观赏植物个体的数量，以扩大其群体并延续其种族的过程与方法。主要方法有：有性繁殖、无性繁殖、孢子繁殖和组织培养繁殖，各种繁殖方法的原理和技术路线不同。观赏植物种类繁多，其繁殖方法因种而异。每种观赏植物又可采用几种不同的方法进行繁殖。有性繁殖主要用于一二年生草本与部分木本观赏植物；无性繁殖多用于球根、宿根和大多数木本观赏植物；组织培养繁殖广泛用于球根、宿根和大多数木本观赏植物新品种的培育、脱毒复壮与苗木快速繁殖。观赏植物的工厂化育苗技术正在普及之中，种苗生产时需要对观赏植物的繁殖方法进行选择。

扩增观赏植物的个体数量目的是满足园林绿化需求，延续其种族则是保持其种质所必需的。观赏植物的繁殖在观赏植物的栽培、育种及应用方面具有重要的意义，从某种意义上讲，观赏植物繁殖是园林花卉产业得以维系和发展的基础。

6.1 观赏植物繁殖的途径及特点

6.1.1 有性繁殖

有性繁殖（sexual propagation）指利用观赏植物通过有性生殖产生的种子，培育出新个体的过程，又称种子繁殖（seed propagation）。通常把通过有性繁殖所获得的苗木称为实生苗。

有性繁殖具有简便易行、繁殖系数大、苗木根系强大、生长健壮、适应性强、寿命长等优点。种子比较容易保存与交换，也便于流通。有性繁殖后代常发生变异，为培育新品种提供了材料，是观赏植物育种的主要手段之一。当前生产上应用的 F_1 代种子，也是由有性繁殖获得的。有性繁殖的缺点表现在：从播种到实生苗开花结实或长成一定规格的商品苗所需的时间较长。如玉簪 2~3 年，君子兰 4~5 年，郁金香 8~9 年，桂花达 10 年。另外，有性繁殖后代的变异，使其不能完全保持母株原有的优良性状。

有性繁殖应用广泛，在理论上几乎所有的观赏植物均可用有性繁殖，但在实际生产中主要用于一二年生草本花卉和部分木本观赏植物。采用有性繁殖的观赏植物应具备如下特点：种子易获得，量大，易萌发，种苗生长迅速，实生苗群体能基本保持母本群体的优良特性。

6.1.2 无性繁殖

无性繁殖（asexual propagation）指利用观赏植物营养器官（根、茎和叶）或营养器官的一部分培育出新个体的过程，又称营养繁殖。无性繁殖所获得的苗木称为营养繁殖苗、无性苗，有的也称克隆苗。

无性繁殖后代的基因型与母株较为一致，因而它们的性状与母株高度一致，能较好地保持母株的优良特性，在保存育种者新培育的类型或自然突变上有重要的作用。无性繁殖后代姊妹株（sister plant）间的基因型也一致，群体性状整齐。另外，无性繁殖的速度较快，从繁殖到开花或长成商品株的时间较短。其缺点表现在：繁殖系数较小，苗木根系发育较差（嫁接苗除外），适应力弱，寿命短。

无性繁殖广泛用于一些不能结实或难以结实的观赏植物的保存与扩繁，并用于某些具特殊观赏价值的植物及新品种的保存。有时，还用于实现某些特殊的栽培和观赏目的，如植物造型等。

6.1.3 孢子繁殖

孢子繁殖（spore propagation）指对某些观赏植物（主要是蕨类植物）所产生的特有器官——孢子进行培育，获得新植株的繁殖方法。

孢子繁殖具有繁殖系数大、苗木生长健壮、寿命长和能保持母本优良特性等优点。但孢子繁殖从播种到获得商品株需时间通常较长。孢子繁殖主要用于蕨类植物的繁殖上。

6.1.4 胎生繁殖

胎生（viviparity）指种子在果实中发芽生长，然后再离开母体，形成一个新植株的繁殖方式。红树植物不少具有胎生现象，这种特征有利于它们在海滩上繁殖和远距离传播。一般情况是红树植物的果实成熟时仍留在树上，种子在母树上的果实内发芽，形成幼苗，掉进泥土中，即可扎根成苗；若掉入涨潮水中，可远漂传播，遇到潮落时再在泥土中扎根生长。

6.1.5 组织培养繁殖

组织培养繁殖（tissue culture propagation）指把植物体的器官、组织或细胞的一部分，在无菌的条件下接种到人工配制的培养基上，于玻璃容器内培养，从而获得新植株的方法，又称微体繁殖（micropropagation）。组织培养繁殖获得的苗木称为组培苗或微型苗（miniplant）。

组织培养繁殖的优点是需繁殖材料少，繁殖速度快，后代数量大，能保持亲本的优良性状，且可获得脱毒苗木（free-virus plant）。另外，组织培养所需的空间较小，环境条件易于控制，可以周年生产。但组织培养需要专门的设施设备，要求较高的技术水平，难以被一般园艺工作者使用。组织培养繁殖主要用于经济价值较高的观赏植物的繁殖，或者用于培育无毒的观赏植物苗木。

胚培养（embryo culture）指用组织培养方法，培养受精卵和不同发育时期的胚获取后代的方法。因为培养材料为有性过程所得的胚，它的后代其实为实生苗，有的将其归为有性繁殖的范畴，但它主要借助于组织培养的技术来实现，故某种意义上也可认为是组织培养繁殖。胚培养主要用在园林植物的育种上，生产上主要用于只能形成胚而胚乳发育不全的观赏植物再生或用于打破胚的休眠，促其提前萌发。

在上述的几种方法中，有性繁殖与无性繁殖为观赏植物繁殖最常用的两种方法。具体采用哪种方法，需依据观赏植物的特性、繁殖目的、种子发芽的难易程度、种苗需求量、保持母本性状的重要性等来决定。观赏植物主要的繁殖方法如表 6-1-1 所示。另外，同种观赏植物常有几种不同的繁殖方法、不同方法获得的苗木特点不同，如采用不同繁殖方法所获月季苗木的特性与用途不同（表 6-1-2）。

表 6-1-1 观赏植物的主要繁殖方法

观赏植物类别	主要繁殖方法
观赏树木	种子繁殖、无性繁殖（扦插、分株、嫁接）、组织培养繁殖
藤本植物	无性繁殖（扦插、分株、嫁接）、组织培养繁殖
室内观叶植物	无性繁殖（扦插）、组织培养繁殖
一二年生草本	种子繁殖
宿根及球根类	无性繁殖（分根、分球）、组织培养繁殖
草坪草	种子繁殖、无性繁殖（分株）
地被植物	无性繁殖（分株、扦插）、组织培养繁殖

表6-1-2 用不同繁殖方法所获月季苗木的特性与用途比较

繁殖方法	苗木特点	苗木主要用途
实生砧嫁接苗	根和地上部的遗传基础不同，砧木个体间的遗传基础基本相同，根系较发达	月季切花生产
扦插嫁接苗	根和地上部的遗传基础不同，根系强健，抗性强，产量高，寿命长	月季切花生产、庭院绿化
扦插苗	根和地上部的遗传基础相同，根系较强健，抗性弱，产量低，寿命短	庭院绿化、部分品种可用做切花生产
实生苗	根和地上部的遗传基础相同，根系较强健，植株个体差异大	用做月季嫁接的砧木、用于杂交育种

6.2 观赏植物繁殖的生物学基础及技术

6.2.1 有性繁殖

6.2.1.1 种子生产的技术

观赏植物有性繁殖的基础是种子生产，种子生产包括一系列的技术。

(1) 种子的采收　多数观赏植物的采种是在种子完熟时进行的。种子成熟通常从形态上来判断，采收种子成熟的标志是当种子表现出本品种所具有的种子形态、大小、色泽。种子的成熟通常分为形态成熟与生理成熟，但有些种子具生理后熟期，在采收后尚需一段时间才能完全成熟。为了保证种子的质量，在理论上，采收的种子越成熟越好。但在实际中，尚需考虑种子特性和脱落等其他因素来决定采收时期。对于大粒种实，通常在果实开裂时，立即自植株上收集或脱落后由地面上收集；小粒、易于开裂的干果类和球果类种子，一经脱落则不易采集，且易遭鸟虫啄食，或因不能及时干燥而易在植株上萌发，从而导致品质下降，生产上一般在果实将开裂时，于清晨空气湿度较大时采收；对于开花结实期长，种子陆续成熟脱落的，宜分批采收（如一串红）；对于成熟后挂在植株上长期不开裂也不散落者，可在整株全部成熟后，一次性采收。

(2) 种子的调制　种子调制是指从采收的种实中，获取成熟种子的过程。大致包括种子的脱粒、干燥、去杂和分级等几个环节。

种子脱粒干燥方法依植物果实和种子的特性来决定，球果、干果类种子，通常采用在阳光下晒干后，待果实开裂后，收集种子；部分含水量高的应采用阴干的办法较好；肉果类的果实含水量高，不宜暴晒，一般用清水浸泡数日，或经短期发酵后直接揉搓，取出种子。

种子的去杂是指将种子中夹杂的杂物，如种皮、果皮、枝叶、土块等杂质去除的过程，也称净种。常依种子或杂质的特性选用风选、水选和筛选的办法。当种子去杂后，还需按一定的标准对种子进行分级，以保证生产中出苗、成株整齐，便于统一的管理。

（3）种子的贮藏　种子贮藏的目的为保存种子的生活力，延长种子的寿命，以满足生产及经营的需要。对于短命种子尤为重要。

贮藏的基本原理是在低温、干燥的条件下，尽量降低种子的呼吸强度，减少营养消耗，从而保持种子的生命力。贮藏的适宜条件因不同的植物种类而异。但对于多数草本花卉种子而言，通过要求的条件为低温（2～5℃）、干燥、密闭。

常用的贮藏方法有干藏、湿藏和气调贮藏，依种子的不同特性，主要是种子的安全含水量的高低来选择。

①干藏法：干藏适合于种子的安全含水量低的种子。常用的干藏方法有普通干藏法、密封干藏法、低温干藏法、超干贮藏法。

普通干藏法是不控温、不控湿的贮藏方法，也是最简便易行、最经济的贮藏方法。通常将自然风干的种子装入纸袋、布袋或纸箱中，置普通室内通风处贮藏的方法。大多数观赏植物，尤其不需长期保存的生产性种子及硬实种子均可采用此法贮藏。采用这种方法不适宜长期贮藏，在低温、低湿地区效果较为适宜。

密封干藏法是将充分干燥的种子放在密封、绝对不透湿的容器中，并加入适量的吸水剂，如硅胶、氯化钙、生石灰、木炭等，保持容器的干燥，进行贮藏的方法。这种方法由于能长时间保持种子的低含水量，可延长种子的寿命，是近年来普遍采用的方法。

低温干藏法是将充分干燥的种子置于0～5℃的低温条件下贮藏的方法。干燥的种子在低温下容易保持种子的生活力，这种方法正是利用这一特性来延长种子的贮藏时间。

超干贮藏法是在将种子的含水量降低到传统的5%安全含水量下限以下，但不造成种子损伤的前提下，在常温下的临界值进行贮藏的方法。降低含水量可以降低呼吸消耗，延长种子寿命。这种方法对油脂型种子较为适宜。

②湿藏法：湿藏法适用于种子的安全含水量较高，不适宜进行干藏的种子。常用的方法有：层积湿藏法、水藏法。

层积湿藏法是将种子与湿沙（含水15%），按重量1:3的比例交互做层状堆积，同时给予适当低温（秋冬季进行或0～10℃以下）的贮藏方法。除适于安全含水量高的种子贮藏外，这种方法贮藏还可打破种子休眠。

水藏法是将某些水生花卉的种子，如睡莲、王莲的种子直接贮藏于水中进行贮藏的方法。这些花卉种子只有在水中才可保持其发芽力。

③气调贮藏法：气调贮藏法是将种子置于低氧或完全为氢、氮或一氧化碳气体的环境中贮藏的方法，主要是利用种子在低氧的环境中寿命延长的原理来进行贮藏，不过也有发现，某些种子在氧中贮藏效果更佳。当然即使在理想的贮藏条件下，贮藏时间越长，则种子的发芽能力越低，苗越弱。

6.2.1.2　种子的萌发过程及条件

种子的萌发是一个极其复杂的过程。首先，干燥的种子需吸足水分，这个过程称为吸胀。种子吸胀后，坚硬的种皮软化，种子内酶的活性增加，呼吸加强，子叶或胚乳中的营养物质分解成简单物质运往胚，胚细胞吸收这些营养物质后，细胞分裂并开始生长，胚根和胚芽相继突破种皮，称为萌发。其次，胚根继续生长形成主根，继而形成种子，胚芽向上生长形成茎叶。

种子萌发需要适宜的温度、湿度、空气和光照条件（表6－2－1）。种子发芽需温度因植物种类而异，耐寒性宿根花卉及露地二年生花卉种子宜在较低温度下发芽，发芽最适温度21～27℃，一些不耐寒的花种发芽需较高温度，最低温度为20℃，最适为27～32℃，有些还要求变温；种子萌发的第一步即吸水膨胀，故而环境中应有充足的水分；充足氧气也是种子发芽必需的，播种苗床不宜灌水太多，播种土壤不宜黏重，播种覆土不宜过深；光线不是种子发芽所必需的，多数不需日光照射。嫌光性种子，如黑种草的种子萌发不能见光，而好光性种子，如蚊母草、瓶子草的种子发芽必须有日光照射。

表6－2－1 一些观赏植物种子的发芽条件

（王茂良整理，2002）

（根据 Jim Nau. Ball Culture Guide. Ball Publishing，1999 年的部分资料）

植物名称	应用类型	千粒重/g	发芽适温/℃	需光性	发芽时间/d	生长适温/℃
黄葵 *Abelmoschus moschatus*	A	14.19	22～24	*	10～14	15～18
苘麻 *Abutilon × hybridum*	A，P	85.13	20～22	C	3～6	18～21
熊耳草 *Ageratum houstonianum*	A，C	0.22	24～25	L	8～10	15～18
苋 *Amaranthus tricolor*	A	0.89	21～24	C. Lt.	6～10	16～18
琉璃繁缕 *Anagalls arvensis*	A	0.44	21～22	C. Lt	6～10	13～14
金鱼草 *Antirrhinum majus*	A，C	0.22	21～24	L	7～14	7～10
马利筋 *Asclepias curassavica*	A	3.55	21	C. Lt.	5～10	15～18
非洲天门冬 *Asparagus denflorus* cv. Myers	F	85.13	N24/D29	C	21～42	18～21
秋海棠属 *Begonia*	A	1.77	21～22	L	14～25	16
短毛菊属 *Rachycome iberidifolia*	A	0.44	21～22	L	4～8	13～15
甘蓝 *Brassica oleracea*	A，C	7.09	20	C	7～14	13～14
曼陀罗木 *Brugmansia arborea*	A	14.19～56.75	20～22	C	12～22	14～16
荷包花属 *Calceolaria*	P	0.06	21	L	10～16	10～13
金盏花 *Calendula officinalis*	A	14.19	21	C	5～10	10～13
翠菊 *Callisteohus chinensis*	A，P	3.55	21	—	8～10	14～16
月光花属 *Calonyction*	A	N/A	21	C	5～7	16～18
风铃草属 *Campanula*	A	*	15～18	L	21～28	15
大花美人蕉 *Canna × generalis*	A	425.63	21～24	C	8～12	18
辣椒 *Capsium annuum*	A，Pe	7.09	22	C	7～12	15
决明属 *Cassia*	F	56.75	D29/N21	C	5～8	15～17
长春花 *Catharanthus roseus*	A	1.77～3.55	24～26	C. Lt.	7～15	18～20
青葙 *Elosia argentea* var. *cristata*	A，C	1.77	24	Ct.	8～10	16～18

续表 6-2-1

植物名称	应用类型	千粒重/g	发芽适温/℃	需光性	发芽时间/d	生长适温/℃
矢车菊 *Centaurea cuanus*	A	7.09	18~21	C. Lt.	3~8	10~13
袖珍椰子 *Chamaedorea elegans*	F	340.5	24	C	—	18
茼蒿属 *Chrysanthemum*	A, C	0.22	22~24	L	10~15	18
大蓟 *Cirsium japonicum*	A	1.77	20~22	L/C	7~14	13~14
醉蝶花 *Cleome hasslerana*	A, C	3.55	D26/N21	L	8~12	21~24
碟豆 *Clitoria ternatea*	A	113.5	21~22	C	3~6	16~18
电灯花 *Cobaea scandens*	A	141.88	21	L/C	4~8	10~13
小果咖啡 *Coffea arabica*	F	312.13	24	C	28~35	18~24
飞燕草属 *Consolida ambiguea*	A	7.09	13~18	C	10~20	10~13
朱蕉属 *Cordyline indivise*	F, A	7.09	D30/N20	L	30~40	18~20
大波斯菊 *Cosmos bipinnatus*	A	14.19	21	C	5~7	18
山芫荽属 *Cotula barbara*	A	0.22	21	—	3~8	14~16
红还阳参 *Crepis rubra*	A	*	21~22	L/C	5~10	14~16
十字爵床 *Crossandra infundibuliformis*	F	14.19	D2/N21	C	21~28	18~20
萼距花属 *Cuphea hyssopifolia*	A	0.89	21~24	C. Lt.	7~14	15
仙客来 *Cyclamen persicum*	P	14.19	18	C	28~35	16~18
大丽花 *Dahlia × hybrida*	A	14.19	15~18	C	5~10	13~15
曼陀罗 *Datura metel*	A	14.19	22	C. Lt.	18~25	14~15
麝香石竹 *Dianthus caryophyllus*	A	3.55	18~21	C. Lt.	5~13	10~13
马蹄金 *Dichondra repens*	A	3.55~7.09	21~22	C. Lt.	5~10	14~16
蓝蓟 *Echium vulgare*	A	7.09	20~21	C. Lt.	3~7	13~14
墨西哥飞蓬 *Erigeron karvinskianus*	A	0.11	21~22	L	5~10	16
八角金盘 *Fatsia japonica*	F	7.09	D29/N20	L	28~40	21~24

注：应用类型：A-Annual，P-Pot Plant，F-Foliage，C-Cut Flower，Pe-Perennial；
需光性：L-Light，C-Cover，L/C-Light or Cover，C. Lt. -Cover Lightly；
发芽适温：D-Day，N-Night。

6.2.1.3 实生苗的生产

（1）*播期的确定* 播期的选择对观赏植物的繁殖非常重要，特别是室外育苗时，春季播种太早，因为温度较低，常发芽太慢或不能发芽；播种太晚，则可能在生育期内不能完成其发育。确定播种期应考虑以下几个因素。

①种子本身的特性：首先要考虑种子本身的特性。许多观赏植物的种子，特别是一些多年生花卉植物的种子多为短命种子，采后随放保存时间延长，发芽率很快下降，需要随采随播。有的种子成熟后需后熟，则需贮藏后一段时间后再播种。很多二年生草本花卉，在开花前需要完成春化，则通常采用秋季播种。北方地区露地播种，一年生花卉通常在春季3—5月份，二年生花卉在秋季9—10月份。

②种子发芽和幼苗生长所需的环境条件：不耐寒的花卉，如一年生花卉、原产热带、亚热带的多年生观赏植物，通常只能采取春播，而耐寒性花卉则较为灵活。通常在幼苗移入大田的前6~8周播种。温室内进行保护地育苗时，则不用考虑这个方面。

③花期调节或市场的需求：人们常调节花卉的花期以适应绿化或市场的需要。对于一二年生草花，分期播种为调节其花期的主要手段。生产也常通过调节播期来进行反季节栽培。常见一二年生草花露地播种的适宜期见表6-2-2。

表6-2-2 常见一二年生草花露地播种的适宜期

花卉名称	播种期	花卉名称	播种期	花卉名称	播种期
半枝莲	4—5月份	凤仙花	3月下旬至5月下旬	千日红	4—5月份
长春花	4月份	矮牵牛	4—5月份	鸡冠花	4—5月份
三色堇	9月份	福禄考	3月份或9月份	牵牛花	4—5月份
万寿菊	3月下旬至4月上旬	雏菊	9—10月份	一串红	3—4月份
金鱼草	9月份	中国石竹	9月份	紫茉莉	4—5月份
金盏菊	9月份	紫罗兰	9月份	美女樱	4月份或9月份
虞美人	9月中旬至10月中旬	波斯菊	9—10月份	羽衣甘蓝	8月份

（2）种子播前处理　播前处理的目的是保证种子出苗快、全、齐、壮。针对不同的种子类型，常采用不同的处理方法。

①普通种子：大多数观赏植物的种子，在播前无需做特殊处理。但为促进吸水，促进萌发，通常对其进行浸种催芽。浸种的目的是使种子吸水膨胀。多数种子用常温水浸种即可，时间为24~48 h。对于难萌发的种子可以采用温水浸种，水温40~50℃，时间24~48 h。膨胀后的种子通常晾干后再播。有时也可先进行催芽，方法为把种子包在纱布中，放于适宜的温度下，使其萌芽，一般在刚萌芽后就要进行播种，不可太晚，以免芽长不利播种。

②种皮特殊的种子：种皮有蜡质或胶质的种子。蜡质和胶质会影响种子对水分的吸收，从而抑制其萌发。处理方法有机械处理、用草木灰滤液浸种、热水浸种等。

种皮坚硬的种子。其坚硬的种皮会阻碍种子吸水和胚芽突破种皮。处理方法有机械处理、热水浸种、化学药剂处理（用硫酸、盐酸、氢氧化钠等腐蚀性化学药剂炭化种皮）、生物处理（用纤维素酶、果胶酶浸种，使种皮破损或降解）等。

③生理后熟的种子：生理后熟的种子是指形态上完全成熟，但生理上未完全成熟，致使在适宜的条件下也不能萌发，而处于休眠状态的种子。生理后熟种子常因为种子的胚尚未发育完全或种子内存在生长抑制之故。在生产上一般可采取如下方法进行处理：a. 层积处理（stratification）：具体操作与前述种子层积湿藏法完全相同，温度控制在1~10℃，一般需

1~3个月或更长时间。b. 去皮与淋洗：由于抑制发芽的物质大多在种皮中，采用去皮或流水冲洗的方法可促进一些生理后熟的种子的萌发。c. 激素处理：采用赤霉素、细胞分裂素、6-苄基嘌呤等外源激素处理，直接提高内源促进生长的激素含量，也可促进种子萌发。d. 光处理：有些喜光种子在光下可解除休眠。e. 干贮后熟：某些一二年生草本花卉的种子，刚成熟时发芽力差，常有1~6个月的休眠期。把它们含水量为5%~15%的干种子干贮一段时间，便能打破休眠。

（3）播种方法　常见的播种方法为：床播、盆播、直播3种方式。

①床播：床播（bed seeding）是指用专用的苗床进行播种的方法。通常为育苗使用，待苗长到特定大小后再上盆或定植。用于观赏植物种苗的大量商品化生产。大致程序如下：

苗床准备：选择光照充足、地势高燥、土质疏松、排水良好的地方设置苗床。土壤翻耕后，去除残根、杂草、砖砾等杂物，施入适量腐熟的有机肥，再耙细、混匀，整平、做畦。

播种：根据种子的大小、植物的种类，可采取点播（穴播）、条播和撒播3种方式。这3种播种方式的特点及应用见表6-2-3。

表6-2-3　3种播种方式的比较

播种方式	播种方法	特　点	应　用
点播	挖栽植穴，每穴中播种子2~4粒	易操作，易管理，可以不间苗或少间苗，苗木通风透光，生长好，用种量少	多用于大粒种子和种子量小的情况
条播	按不定距离挖栽植沟，在沟中按一定距离播种	需要间苗或分苗，用种量中等	常用于中、小粒种子和种子量多的情况
撒播	在一定宽度的苗床上均匀地把种子撒开	不易操作，需间苗或分苗，苗木间距小且分布不均，生长不整齐，管理不方便，需种量大	适于小粒种子或种子量很多的情况

对于种子粒很小的种子或带毛的种子，在撒播时常不易播匀，可事先与细沙掺和，再播种。另外，小粒种子在播时应宁可稀些，不可太密。小粒种子出苗后，应尽早分苗，通常在两片子叶完全展开或有一片真叶时进行。

播种量需根据种子的质量、幼苗生长的速度、栽培条件、管理技术及种苗需要量等因素来决定。种子发芽率高，幼苗生长迅速，环境条件适宜且管理水平较高则播种宜稀，否则易密。

覆土：用于覆盖的土壤应细、匀，没有小土块及其他杂质。覆土的厚度一般为种子直径的两三倍，小粒种子以不见种子为度。保持苗床湿润。

覆盖：为减少水分损失，覆土后要进行覆盖保湿。常用的覆盖材料有稻草、麦秆、草帘、薄膜及废旧遮阳网等。好光性种子只能采用薄膜覆盖。

②盆播：盆播是指一些专门的容器，如花盆（pot）、苗钵（plug）、育苗盘（tray）进行播种的方法。主要用于细小种子、名贵种子及温室花卉种子的精细播种。育苗盆也用于花卉种苗的商品化生产。

育苗容器准备：育苗容器灵活多样，可繁可简。关键是底部要有排水孔，以排出多余的水分。花盆宜浅，一般高10 cm、直径30 cm为宜。

育苗基质准备：育苗基质（growing medium）要求疏松、通气、透水。纯的园田土不适合做育苗基质。可选用富含有机质的沙质壤土，也可用蛭石（vermiculite）、珍珠岩（perlite）、草炭（moss peat）等无土栽培基质或它们的混合物。配制好的育苗基质事先消毒（sterilization）。消毒方法可用加热消毒。把基质放在密闭的容器中，加热至80℃，约1 h。也可采用化学药剂熏蒸来消毒。方法为：将育苗基质堆放在光照充足的水泥铺装上，以每立方米土壤用0.075%的福尔马林2 L灌注、搅拌、压实，再用薄膜封闭熏蒸2 d，然后去除薄膜，暴晒至福尔马林完全挥发（约需2周）为止。

播种：基质消毒后立即上盆，随即播种。一般采用点播或撒播。大粒、名贵的种子用点播；小粒、量多的种子用撒播。播种量、播种深度、覆土、覆盖等同床播。盆播的浇水可以采用浸盆法。

③直播：直播（direct seeding）是指将花卉种子直接播种于应用处，不再移栽的方法。对于直播来说，选址很重要。要求光照充足、土壤疏松、通气、透水，至少30 cm的土层要适合观赏植物根系生长的需要。一般采用点播或条播，以便于管理。参考成株的大小来确定种子的间隔。通常在出苗后间去弱苗，故播时可适当密一些。播种深度的确定参照上述的方法。

直播主要用于生长较快、管理简单或直根性、不适移栽的观赏植物种类。宜采用直播而不宜移栽的观赏植物种类有：矮牵牛、孔雀草、二月兰、虞美人、花菱草、牵牛、茑萝、霞草、矢车菊、银边翠、紫茉莉、桔梗等。

(4) *播后管理*　播种后给予合适的温度条件，通常为21~27℃。保持适当的土壤湿度。通常在播前浇水。播后覆盖可减少水分散失，一般无需浇水。确实需要时，可用喷雾的办法来补充水分。防止浇水后土壤表面板结，水分或空气不能透入，使种子不能发芽或幼苗不能出土。可连续喷雾防止板结或轻轻地打破板结层，但不能损失幼苗。需注意用薄膜覆盖时有时常使床内温度升高，对种子萌发不利或致其死亡。湿度过高时，需掀开透气。好光性种子需放于能见光的地方。种子出苗后要及时去除覆盖，使之见光照，防止幼苗徒长。真叶出现后，可施一次低浓度的液体完全肥。

苗木叶片互相重叠时，及时间苗。除直播苗外，长出4~6个真叶的幼苗即可移栽。幼苗移栽时，应抓取幼苗的叶片而不要抓茎，因为茎的损伤能致幼苗死亡。间苗和移栽后要立即灌水，以保证苗木根系与土壤的紧密结合。移栽后的头2~3 d应放在背阴的地方，促其缓苗。

真叶（true leaf）的出现，为幼苗形成的标志。它表明，根系已开始从土壤中吸收水分和养分，植株生存不再依靠贮藏在种子中的碳水化合物。

苗期常出现的问题为猝倒病的发生。这是由真菌感染引发的病害，防止的根本措施为栽培时进行基质消毒。在室内培育的幼苗通常肉质多汁，在移入室外前，进行炼苗是提高移栽成活率的重要措施。

6.2.2　无性繁殖

无性繁殖是观赏植物生产上应用非常广泛的一种方法，具体又可分为：分生繁殖、扦插繁殖、嫁接繁殖、压条繁殖等。

6.2.2.1 分生繁殖

(1) 分生繁殖的生物学基础　分生繁殖（division propagation）指利用观赏植物自然产生的特殊的变态器官进行繁殖的方式，通常称做分株。分生繁殖方法简便，容易成活且成苗很快，可能是最简单、最可靠的繁殖方式，在观赏植物的繁殖上被广泛采用。分生繁殖所得苗木称为分生苗。

分生繁殖的生物学原理是依靠植物体自然形成的带根的小植株或植物上产生的一些无性的特殊器官进行繁殖的。小植株已是一个完整的小个体，特殊器官则往往是植株的一种变态形式，具有在一定情况下，长成一个正常植株的能力。

分生繁殖常用的器官有根蘖、茎蘖、吸芽、珠芽、走茎、匍匐茎、鳞茎、球茎、根茎、块茎、块根等，鳞茎、球茎、根茎、块茎、块根在生产上又常为球根或种球。园艺生产上依用于繁殖的器官不同，将分生繁殖分为分株、分吸芽、分走茎等几种类型。各种方法所用的器官、特点及应用列表 6-2-4。

(2) 分生繁殖的时间和方法　不同观赏植物分生繁殖的适宜时间不同。通常在生长季的任何时候进行。在冬季寒冷的地区，宜在早春植株尚在休眠、未萌动时进行。一般夏秋开花的观赏植物，可在早春萌芽前（3—4 月）结合换盆分株，春季开花的宜秋季落叶后（10—11 月）进行。灌木类通常在休眠期进行分株。分球繁殖的时间主要是春季或秋季。通常夏季休眠、春夏季开花的种类于夏季花后起球时分球，如：郁金香、水仙、风信子等；冬季休眠、夏秋季开花的种类于秋季花后起球时分球，如：唐菖蒲、小苍兰、番红花等。

表 6-2-4　主要分生繁殖方式采用的器官、特点及应用

分生方法	器官名称	特　点	应用范围
分株法	根蘖或茎蘖	根部或茎部产生的带根萌蘖，它们常带有自己的根	主要用于二年生或多年生宿根花卉，还有一些蕨类植物。如能产生茎蘖的文竹、万年青、芍药等，产生根蘖的丁香、福禄考等
分吸芽	吸芽	植物在根际或地上茎的叶腋间自然萌生的出短缩肥厚、呈莲座状的短枝	主要用于一些灌木类和室内观赏植物。如凤梨类、花叶万年青、景天、芦荟、苏铁、鱼尾葵等
分珠芽	珠芽	某些植物所具有的特殊形式的芽，球根状，体积较小	主要用于可产生珠芽的百合属植物，如卷丹、沙紫百合
分走茎	走茎	某些植物的叶丛中抽生的节间较长的花茎，具顶芽	主要用于吊兰、翠鸟兰（燕尾）、趣叠莲等观赏植物
分匍匐茎	匍匐茎	某些观赏植物的基部长出的一种变态茎，上具多个节和节间	主要用于产生匍匐茎的观赏植物，如虎耳草、香堇、吊竹梅、鸢尾、竹子及禾本科草坪草
分球根	鳞茎	观赏植物产生由鳞片状叶组成的球状变态茎	水仙、郁金香、风信子、球根鸢尾、水仙、朱顶红、石蒜、葱兰等

续表 6-2-4

分生方法	器官名称	特 点	应用范围
	球茎	观赏植物产生球状的变态茎	唐菖蒲、小苍兰、番红花、狒狒花、三色裂缘莲、秋水仙等
	根茎	观赏植物产生的根状变态茎	美人蕉、铃兰、圆盘花、鸢尾、大花姜、蜘蛛抱蛋、香蒲、紫菀、萱草、铁线蕨等
	块茎	观赏植物产生的块状变态茎	仙客来、大岩桐、马蹄莲、球根秋海棠等
	块根	观赏植物产生的块状变态根	大丽花、银莲花、花毛茛等
分零余子	零余子	植物生于花序中的特殊形式的芽	观赏葱类（鳞茎状）、薯蓣类（块茎）

在分株时，一个完整的植株被分成几部分，但每部分均需带有一部分根、茎和两三个芽。二年生草本花卉在分株时，通常把整株取出，再分成几个小植株，另行栽植。用于分株的灌木必须是多茎的，也就是说，有多条茎从地面以下长出，而不是在一个短缩的茎上有几个分枝。分株时，先用铲子把植株分成几部分，每部分要尽可能多带根，分好后取出来另行栽植。幼株栽植的深度与原来保持一致，切忌将根颈部埋入土中。为了提高成活率，特别在生长季分株时，可以剪去一部分枝叶，以减少水分散失，并在头几日适当遮阴。

吸芽、珠芽、走茎等器官生根后常把它们与母体分离直接栽植即可。未生根的可先扦插，待生根后栽植。球根花卉栽植时，把种球直接栽植即可。不同球根花卉的栽植深度不一样。常见球根花卉种球的栽植深度如表 6-2-5 所示。

表 6-2-5 常见球根花卉的栽植深度

花卉名称	栽植深度	花卉名称	栽植深度
球根秋海棠	球顶部与土面齐平或略露出土面	美人蕉	球中心位于土层 10 cm 处
马蹄莲	球顶部与土面齐平或略露出土面	Hardy Amaryllis	球中心位于土层 15 cm 处
大丽花	球顶部与土面齐平	唐菖蒲	球顶部离土面 10 cm
朱顶红	球顶部与土面齐平	百合	球位于土层 10 ~ 15 cm 间
球根鸢尾	球顶部离土面 5 cm	水仙	球底部位于土层 12 ~ 13 cm 处
Grade Hyacinth	球中心位于土层 5 cm 处		
番红花	球中心位于土层 5 cm 处	风信子	球中心位于土层 10 cm 处
Glory of the Show	球中心位于土层 5 cm 处	郁金香	球底部位于土层 15 cm 处

球根花卉的栽植深度还因栽植目的而异。通常以收获种球为目的时，栽植要深一些，而以观花或收获鲜花为目的时，栽植应浅一些。

分生繁殖获得的后代能保持母体的优良性状，但从繁殖至开花需一定的时间，如用吸芽繁殖时，从分吸芽到植株开花常需 2 ~ 3 年的时间。小的种球从种到开花需 2 ~ 3 年。

(3) *促进分生器官发生的方法* 自然情况下，植株产生的萌蘖、吸芽等器官的数量是有限的，为了提高繁殖系数，加速繁育，常采用人工在根部造伤的办法，促其产生更多的分生器官。用种球繁殖时，园艺生产上常采用一些办法，如深播、去花等来促其产生更多的种球，另外还可采取一些措施对现有的种球进行分割，来加速繁殖，称为人工分球。方法是以一定的方式对母球进行分割，使其产生更多的小球。母球分割后一般需晾干，或在切口涂抹草木灰或硫磺粉，以防细菌感染，然后进行栽植。小球在植株基部形成，把它们与母株分开，另行栽植即可，如仙客来、唐菖蒲均可采用分球法繁殖。

6.2.2.2 扦插繁殖

扦插繁殖（cutting propagation）是指切取植物营养体（根、茎、叶）的一部分，利用其再生能力培育成完整植株的方法。通常称为扦插或插条。用于再生的一部分营养称为插条或插穗（cutting），用于采取插条的植株通常称为母株（stock）。

与分生繁殖法相比，扦插繁殖不易成活，但繁殖系数大得多。扦插繁殖为观赏植物最常用的繁殖方法。采用扦插繁殖的观赏植物有灌木、藤本、草本地被植物与少量的一二年生草本花卉。一些彩叶或有斑纹的观赏植物，扦插繁殖时这些性状常会失去，故最好采用分株或嫁接的方法来繁殖。如金边虎尾兰扦插时，新株上的金边消失，故为了保持其特性，改用分株繁殖。

(1) *扦插繁殖的生物学基础* 扦插繁殖时插条需生出不定根或不定芽，主要利用了植物的再生能力。不定根产生的方式是多样的。可以从愈伤组织内生成，由皮层薄壁细胞分化形成，也可从腋芽直接分化而成。王涛（1989）依插条不定根形成的部位，将插条生根分为 4 种类型：愈伤组织生根型、侧芽基部分生组织生根型、潜伏不定根原基生根型及皮孔生根型。

对于愈伤组织生根型的植物来讲，形成愈伤组织为其生根的第一步，愈伤组织形成后，再在其内部或附近分化出根原始体。因此，愈伤组织的形成与否，决定了插条生根及扦插育苗的成败。如山楂、银杏等。对于非愈伤组织生根型的植物，愈伤组织的形成对生根不起决定性作用，如杨树、樱花等。

不定芽的形成对扦插也有一定的意义，特别是叶插与根插，均需诱导发生不定芽。不定芽的产生部位也不是固定的。在年幼的根上，不定芽是在中柱鞘靠近维管形成层的地方产生的；在老年根上，不定芽则是从木栓层形成层或射线增生的类似愈伤组织里发生的；在受伤的根上，主要在伤口面或切断的根伤口处形成的愈伤组织里形成不定芽。

(2) *影响插条成活的环境因素* 影响插条能否成活的因素主要有：温度、湿度、光照、土壤及通气条件。

温度对插条生根影响很大，一般插条生根温度较生长适温高 2 ~ 3℃。温度的急剧变化易引起插条腐烂。扦插所需要温度因不同种类而异。喜温植物需温度较高。如温室植物往往在 25 ~ 30℃ 时生根良好，一般植物在 15 ~ 20℃ 时较容易生根。土温较气温略高 3 ~ 5℃ 时对插条生根最有利。因为土温高于气温，可促进插条先发根而后发芽，或使生长较迅速，吸收大于蒸发而容易成活。生产上常采用增加地温的方法以促进生根。

湿度的保持是扦插成活的保证，尤其是在绿枝扦插时更为重要。插条割离母株后在发根前仍不断蒸发，故必须保持适量的水分，否则蒸发过度会失去平衡而凋萎。同时插条为了长成愈伤组织，在伤口周围需要较大的湿度，所以扦插基质应保持湿润，但不宜过湿，尤其是多浆类植物扦插时。除了保证一定的土壤湿度外，空气湿度同样重要，因为四周空气湿度大，可以减少蒸发。适宜扦插的空气相对湿度最好能保持在80%以上，甚至接近饱和才好，而且要避免急剧变化。

光照强度和时数，对扦插生根能力影响很大，带叶插条更是如此，带叶扦插上保留的叶仍不断进行光合作用制造养分供生根发芽。插条在晴天较阴天更易生根，但在强光下，温度过高，蒸发量过大，往往导致凋萎，故以散射光较好。夏季进行扦插时应设有荫棚、荫帘、板条，或用石灰水喷洒在温室、温床玻璃面上进行适当遮阴。

通气是为了保证插条的呼吸代谢和有关物质的合成。插条生根时细胞分裂旺盛，呼吸作用增强，需要充足的氧气，所以扦插应采用通气良好的疏松沙质土壤或其他基质。插条不宜入土过深。扦插初期为了保证空气中的湿度，要避免空气过分流通，但在插条已长成愈伤组织开始发根时，则应注意通风换气，促迅速发根生长。

(3) 扦插繁殖的方式　根据插条所取部位的不同，扦插可分为叶插、芽叶插、茎插和根插等类型（图6-2-1）。

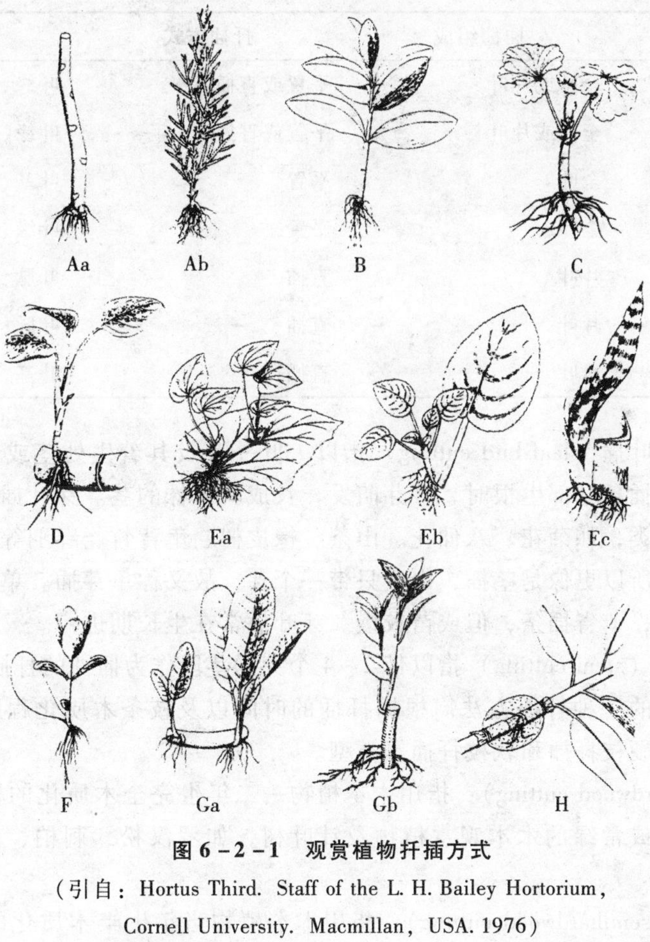

图6-2-1　观赏植物扦插方式

（引自：Hortus Third. Staff of the L. H. Bailey Hortorium, Cornell University. Macmillan, USA. 1976）

A. 硬枝扦插；Aa. 落叶植物硬枝扦插；Ab. 常绿植物硬枝扦插；B. 绿枝扦插；C. 嫩枝扦插（天竺葵）；D. 单芽茎扦（花叶万年青）；E. 叶插；Ea. 平置插法（秋海棠叶片）；Eb. 直插法（非洲紫罗兰，带叶片与叶柄）；Ec. 虎尾兰叶插；F. 叶芽插（青锁龙）；G. 根插；Ga. 根段平置插法（*Armoracia*）；Gb. 根段直插法（海棠）；H. 空中压条（榕树，图示捆缚与生根）

①叶插：叶插（leaf cutting）指以成熟的叶作为插条的扦插方法。叶插主要常用于叶片肥大，叶柄粗壮，自叶上易产生不定根、不定芽的草本花卉，如虎尾兰属、秋海棠属、景天科、苦苣苔科、胡椒科的许多观赏植物种类。常见的可用叶插繁殖的有：燕子掌、虎耳秋海棠、绒毛掌、豆瓣绿、落地生根、非洲紫罗兰等。

叶插通常在生长期进行。依据插条组成，又可分为全叶插与片叶插。全叶插是指以完全叶，包括叶片、叶柄为插穗进行扦插的方法。全叶插通常采用平置法进行，即将叶片平放于扦插基质上使其生根，生根的部位主要是叶脉、叶缘和叶柄基部等部位。采用全叶插的观赏植物主要有：蟆叶秋海棠、落地生根、非洲紫罗兰、豆瓣绿、虎尾兰等。

片叶插是指用不完整的叶作插穗的扦插方法。扦插时可以平置，也可直插，即将插穗直立地插入扦插基质中。生根的部位主要在被截断的叶脉处、叶片基部或叶缘处。也可用片叶插的观赏植物有：蟆叶秋海棠、大岩桐、虎尾兰等（表6-2-6）。

表6-2-6 可用叶插的花卉的扦插方法

名　称	插穗组成	扦插方式	生根部位
蟆叶秋海棠	全叶或片叶	平置或直插	叶缘、叶柄、叶脉等
落地生根	全叶或片叶	平置或直插	叶缘、叶柄、叶脉等
豆瓣绿	全叶	平置	叶基、叶柄、叶脉
非洲紫罗兰	全叶	平置	叶缘、叶柄
大岩桐	片叶	直插	叶脉、叶柄
虎耳兰	片叶	直插	叶脉、叶柄
景天	全叶	直插	叶基

②芽叶插：芽叶插（leaf-bud cutting）指以一叶一芽及其着生处茎或茎的一部分作为插条的扦插方法。在插条基部生根时，腋芽萌发，长成新植株的茎。芽叶插主要用于叶插易生根，不易长芽的种类，如菊花、八仙花、山茶、橡皮树、龟背竹、春羽等。芽叶插由于使用的是茎的一部分，所以更像是茎插，由于只带一个芽，故又称单芽插。单芽插比下面将讲到的普通茎插更经济，节省插条，但成苗较慢。芽叶插常在生长期进行。

③枝插：枝插（stem cutting）指以带2~4个芽的茎段作为插穗的扦插方法，也称枝插。茎插是应用最广泛的一种扦插方法。根据扦插的时间以及枝条木质化程度的不同，又可分为：硬枝扦插、半硬枝扦插和软枝扦插等类型。

硬枝扦插（hardwood cutting）：指用木本植物一二年生完全木质化的枝条做插穗的扦插方法。多用于落叶或常绿的木本观赏植物及针叶树，如罗汉松、刺柏、花柏、玉兰、叶子花等。

半硬枝扦插（semihardwood cutting）：指用木本植物当年生半木质化的枝条作为插穗的扦插方法。多用于常绿、半常绿的木本观赏植物，如米兰、茉莉、栀子、山茶、杜鹃、月季等。

软枝扦插（softwood cutting）：指利用当年生的发育充实的嫩枝扦插的方法。软枝扦插可用于半木本观赏植物，如月季、夹竹桃等。在草本花卉上也广泛应用，有的书上称为草枝扦插（herbaceous cutting），草本花卉的枝条永不会变成木质，插条很易生根。常用软枝扦插的草本花卉有一串红、彩叶草、冷水花、大丽菊、凤仙、鸡冠等。

植株的幼年部分通常比成年部分更易生根，故对许多观赏植物来说，软枝扦插为较好的扦插方式。

④根插：根插（root cutting）指以根作插条的扦插方法。可用于根插的植物较少，仅限于易从根部发生新梢的种类，如福禄考、垂盆草、芍药、紫菀、凌霄、紫藤、海棠、丁香、泡桐等。这类花卉大多具有粗壮的根，在根的顶端可生出不定芽（advenrise bud）。

另外还有果插（fruit cutting）。特指以果实作插条的扦插方法，如仙人掌类的嫩果在花刚刚凋谢时，果皮仍在鲜绿阶段，切取插于沙中，可成活形成新的植株。

（4）扦插苗的生产　扦插苗的生产技术关键是对基质、插条、扦插时间、扦插程序等进行正确的选择。

①扦插基质（medium）：大多数的扦插用的插穗均取自植株地上部分，需要在扦插过程中生出根系。扦插基质的好坏决定了根系能否形成及形成根系的数量及质量。对生根基质最基本的要求为：疏松、通气、透水，有一定的湿度。

没有一种基质是完全理想的，常把几种材料混合来用。常用的扦插基质有以下几种类型：沙（sand）：草炭（peat moss）（体积比）=2:1；珍珠岩（perlite）：蛭石（vermiculite）=1:1；纯蛭石、纯珍珠岩和纯的沙子。基质消毒前也需事先消毒，消毒方法参考前边所述。

②扦插方式与时间的选择：依据观赏植物的不同特点和生产目的，选择适宜的扦插方法与时间非常关键。不同扦插材料要配合与之相适应的时间和方法（表6-2-7）。

表6-2-7　常用扦插方式的比较

枝插类型	插　穗	扦插时间	扦插深度	生根（芽）速度	举例
叶插	叶片	生长期	平置与直插	快	虎尾兰等
芽叶插	单芽茎段	生长期	直插	快	菊花、山茶等
硬枝插	木质化枝条	休眠期	枝条的2/3	慢	刺柏、玉兰等
半硬扦插	半木质化枝条	生长期	枝条的1/3~2/3	中等	月季、杜鹃等
软枝插	非木质化枝条	生长期	枝条的1/3~1/2	快	凤仙、菊花等
根插	根	休眠期	略露出顶部	较快	芍药、紫菀等

有些观赏植物可以在水中扦插生根。主要是一些灌木类及热带起源的室内观赏植物，如柳、万年青、部分秋海棠、彩叶草、石柑、凤仙、常春藤、龙血树、橡皮树等。水插时通常取茎做插穗。扦插前把下部的叶片去掉。插条通过基部吸水，直到生根。生根期间要注意遮阴，以减少水分损失。

③扦插程序：一般扦插苗的生产程序通常为：准备扦插床—插穗采集—插穗贮藏—扦插处理与扦插。

准备扦插床：首先要进行扦插床的准备。扦插一般在专用的苗床上进行。做扦插床的地方需平坦、高燥、不积水。把扦插基质均匀地在上面铺开，浇足水，并进行床面消毒。

插穗采集：插条的采集时间多在生长季进行，通常在扦插前随采随插。为了采到优质的插条，通常事先选具有代表性，生长势强、无病虫害的植株为采穗母株，在采种母株上采集插条。插条采集还依扦插方法而异，有些观赏树木做硬枝扦插时，常在秋季落叶后采集插条，冬季进行低温贮藏，第二年春季进行扦插。

插穗贮藏：除硬枝插条外，一般插条多随采随插，必要时在低温保湿的条件下贮藏。插穗贮藏的目的主要是：第一，有效地利用母株，将不同时期采取的插条于同一时期插下，在适期成苗出售；第二，用于落叶树，可使插条度过寒冬，以供翌年春扦插用；第三，通过低温贮藏，可以使插条的生长活性提高。如菊花的插条经冷藏后，生长旺盛，并且可防止莲座化的发生。还能使植株在较低的温度下开花。香石竹插条经冷藏后，发根开花提早。常用的贮藏方法有两种：一种是低温贮藏，也称冷藏（cold storage），其原理为用低温来抑制呼吸消耗。温度一般控制在不冻结的范围之内，因观赏植物种类而异。一般为1～2℃。在低温贮藏过程中应防止乙烯引发的插穗老化。香石竹插条在相对湿度80%～90%、0～2℃下可贮藏6个月。菊花插条在1～3℃下可贮藏30～40 d。另一种是低压贮藏（low pressure storage），其原理为通过降低氧分压来抑制呼吸，并去除乙烯，插穗可长期贮藏。若能有效防止插穗失水，冷藏的贮藏期更长。这种方法可以用于对低温敏感的植物材料。

扦插处理与扦插：插条采下后，一般剪成5～15 cm长，去除下部的叶片（指带叶插条，但需保留上部的叶片）。插条剪削用的刀具应锋利，剪切要迅速，以保证剪口平滑，易于愈合。

扦插时，一般事先在扦插床上按一定的距离开沟或小穴，把插条按预定的距离，摆到苗床上，深度依不同的插条而定，可参照表6－2－7，插好后，用喷壶喷一遍水，使基质与插穗紧密接触，中间不要留有孔隙。

为了提高扦插的成活率，扦插时需注意以下几个问题。第一，从没有开过花或无花芽的枝条上采集插穗或者把要采集掐穗的枝条的花蕾去除。因为开花枝会把枝用于开花，使枝条难以生根或生根放慢。第二，注意插条的剪切位置。根系通常从节位上生出，因此在剪取时，剪口要靠近插条的节部。第三，叶插时插穗极易萎蔫，且一旦萎蔫则不能生根。因此，插条在剪下至扦插前，要尽可能地保持湿润，减少水分散失，插后需要覆盖或遮阴。第四，插条基部叶片要去除，否则会腐烂影响插条成活。

插条处理是为了促进插穗生根，不同的观赏植物的插条在生根时有较大的差异，促进生根的方法也不同。常用的有物理处理方法和化学处理方法，根据具体情况还可以细分。

A. 物理处理　物理处理包括机械处理、软化处理、干燥处理、热水处理、增加底温、高温静电处理、超声波处理、低温处理等。

机械处理。有环状剥皮、刻伤或缢伤等方法，用于较难生根的木本植物的硬枝扦插。即在生长后期采插条之前，先环割、刻伤或用麻绳捆扎枝条基部，以阻止枝条上部养分向下的转移运输，从而使养分集中于受伤的部位。到休眠期，再由此处剪取插穗进行扦插，由于养分充足，不仅易生根，而且苗木生长势强，成活率也高。

软化处理。又称黄化处理、白化处理。在采取插条之前，用黑布或不透水的黑纸或泥土等封裹枝条，经过约3周时间的生长，遮光的枝条就会变白软化，将其剪下扦插，较易生根。这是因为黑暗使枝条内所含的营养物质发生了变化，如抑制愈合组织形成和根发生的色素、油脂、樟脑、松脂等的含量降低，而促进生长的生长素含量增高了；同时，黑暗还可以延迟芽组织的发育，促进根组织的生长。需要注意的是，软化处理只对部分种类有效；软化处理只对正在生长的枝条有效。

干燥处理。针对枝条含水分、乳汁较多的种类，采下插条后宜先于阴处晾干，或在切口蘸上草木灰或木炭粉、干灰、干土或插入其中待浆汁收干后再扦插。否则插条基部易腐烂或因导管被堵塞而不能吸引水分、矿质，因而不易生根。处理后的插条在扦插过程中不浇水，只在叶面喷雾保湿即可。大戟科的许多花卉，如银边翠、一品红、虎刺梅、黄栌、山麻秆及桑科的橡皮树、仙人掌类、多肉植物等均采用此方法处理。这类插条也可采用清水浸泡至不再有乳汁流出为止，稍稍晾干后再扦插。

热水处理。又称温水浸烫法或简称温汤法。是指将插条下部在温水中浸泡后再行扦插，可以促进生根。此法适用于枝条中含有抑制生根的物质的种类。如松科植物枝条中含有妨碍伤口愈合和抑制生根的松脂，将插条用温水浸泡 2 h 后可取得显著成效。

增加地温。扦插时，通常要求插床的温度高出气温 3～5℃，这样可以抑制芽的萌发，减少养分消耗，从而促进根系的发育。在早春进行硬枝扦插时，气温回升比地温快，插穗不易成活，可采用电热丝加温和热水管加温等方法，增加地温，促其生根。

物理处理的方法还有用超声波处理等，主要用于木本观赏植物。

B. 化学处理方法　化学处理过程中可用的药剂很多，主要包括植物生长调节剂、普通化学试剂和营养物质 3 大类。

植物生长调节剂：促进插条生根的植物生长调节剂为生长素类，常用的有吲哚乙酸（IAA）、吲哚丁酸（IBA）、萘乙酸（NAA）及 2，4－D 等。有粉剂处理、水剂处理、脂剂处理插条基部，对采条母株的喷射或注射及对扦插基质的处理等方式。生产中以粉剂和水剂处理蘸根较多。

采用粉剂处理的先将生长素溶于 95% 的酒精，再加入石炭或滑石粉作基质拌匀、晾干、研细即可使用。处理时将插条下端蘸上粉剂，再插入温床。其浓度根据插条生根的难易，质量分数为 5～20 g/L。

采用水剂处理的亦先用少量酒精溶解生长素，再加水至所需浓度，在 0.05～2 g/L 之间，处理时将插条底部对齐，捆扎成束，将其基部浸入溶液，时间常为 24 h，也可用酒精制成浓度较高的浓缩液（质量分数可达 40～100 g/L），将插条基部浸入 1～2 s 即可扦插。

生长素促进不定根的产生，但对不定芽有抑制作用。故其对茎插效果显著，而用于叶插和根插时则不太理想。能促进不定芽产生的激素主要是细胞分裂素，调节好它同生长素间的平衡是叶插、根插成活的保障。常用的细胞分裂素有 6－苄基腺嘌呤和激动素等。

普通化学试剂：一些可用于消毒灭菌的化学试剂处理插条后，可起到促进生根的作用。如 0.1% ～1.0% 的高锰酸钾处理大多数木本植物，效果均好。丁香、石竹、菊花 0.1%～0.3% 的高锰酸钾处理，可显著提高生根率。因为高锰酸钾溶液浸泡过的枝条，其基部被氧化，呼吸作用加强，为切口的愈伤组织形成及不定根的发生提供了条件。浸泡时间因种类而异，从数小时至 24 h 不等。另外，用 0.1% 的醋酸浸泡丁香、卫矛等亦有良好的促进生根效果。同类药剂还有硫酸锰、硫酸镁、硝酸银、磷酸、碘等。

营养物质：营养物质可直接提供生根所需能量，故能有效促进生根。一般用 4%～5% 或 10% 的蔗糖、葡萄糖或蜂蜜浸渍 24 h，然后用清水洗涤后用于扦插。主要是补充营养物质。如 4% ～5% 的蔗糖溶液浸泡松柏类插条 24 h，其生根效果良好。蔗糖对各类植物插条生根均有良好的促进作用，但处理时间不能过长，处理之后需用清水冲洗后再插，因糖液会导致微生物的滋生。除糖外，尿素亦有应用。另外，营养物质与生长素配合使用的效果更好。

④扦插后的管理与出圃：扦插后要定期喷水保湿，并及时去除发生萎蔫的插条。插条生根与否的检验：每周一次轻轻地往上提插条，如果可容易地抽出，则根系尚未形成。如果插条尚健康，可再插回去。插条基部已经发生霉烂的要及时去除，并对土壤进行消毒。如果插条不能抽出，表明已经生根。插条生根后要渐渐揭开覆盖物，通风，使植物逐渐适应自然的温、湿度环境。1 周后即可出圃或移栽。

扦插繁殖广泛用于菊花、一品红和许多观叶植物种苗的商业化生产。因为，这些植物扦插容易且迅速，通常用软枝扦插。商品化种苗的生产常在温室中进行。需专用的苗床用于扦插，最好备有用于加湿的间歇弥雾系统（intermittent mist system）。有时还需要土壤加温系统，以升高插条基部周围土壤的温度，但又不增加插条的蒸腾，加速生根。

6.2.2.3 嫁接繁殖

嫁接繁殖（grafting propogation）是指将需要繁殖的植物营养器官的一部分，移接到另一植物体上，使之愈合形成一个新个体的方法。在新个体上发育成枝、叶、花、果等器官的部分称为接穗（scion），发育成根系的部分称为砧木（rootstock）。采用嫁接繁殖所得的苗木称为嫁接苗。嫁接苗由于借助了另一种植物的根，称为“它根苗”，可以改良接穗根系，提高其适应性，同时又保持了自身的优良性状，且成株快。不过嫁接繁殖程序较为复杂，对技术水平要求较高，有时会在接口处形成瘤状，影响了其在生产上的应用。

在观赏植物生产上，嫁接繁殖主要用于不能或不易用播种、分生、扦插等方法繁殖的观赏植物，如月季、桂花、山茶等的苗木生产；仙人掌类一些必须依赖绿色砧木生存的不含叶绿素的紫、红、粉、黄色品种；适应性差、生长势弱但观赏价值较高的品种的保存或扩繁；需要进行特殊造型的植物，如以黄蒿作砧木进行塔菊的培养；在直立砧木上嫁接垂枝柳、垂枝桃、龙爪槐、蟹爪兰、仙人掌等创造下垂造型；在同一砧木上嫁接不同花型或花色的花，实现特殊的观赏需求；嫁接还用于园林树种进行品种更换或对古树名木的树形、树势进行恢复补救等。

(1) 嫁接繁殖的生物学基础 嫁接的愈合主要是依靠砧木、接穗结合部位形成层的再生能力。嫁接后，砧木与接穗接触面的破碎细胞与空气接触，产生凝聚，形成隔离层，这是伤口部分表面上的一层褐色坏死组织。隔离层形成后，伤口周围的细胞与形成层细胞不断分裂，形成愈伤组织。愈伤组织逐渐充满砧穗间的空隙，使砧穗紧密相连，并通过胞间连丝使养分与水分互通。新形成的愈伤组织边缘与砧穗二者形成层相接触的薄壁细胞分化成新的形成层细胞。这些形成层细胞离开原来的砧穗形成层不断向两侧分化，穿过愈伤组织，直到砧穗形成层相接。在愈伤组织内，新形成的形成层鞘开始正常的形成层活动，沿砧木与接穗的原始维管形成层和新的木质部与韧皮部，将接穗与砧木的木质部导管及韧皮部导管沟通起来。这样输导组织才真正连通。愈伤组织外部的细胞分化成新的栓皮细胞，与两者的栓皮细胞相连，这时两者真正合成一个植株。

①影响嫁接成活的因素：影响嫁接成活的因素很多，主要有植物的内在因素、嫁接技术和外部环境条件等三个方面。

A. 植物内在因素 主要是砧木与接穗之间的亲和力。所谓亲和力是指嫁接后砧木与接穗二者共同地生长发育成一个正常的健壮植物的潜在能力。砧木与接穗的亲和力越强，嫁接越易成活且成活后也能更好地生长。影响砧穗亲和力大小的因素又包括砧穗间的遗传相似性、砧穗间的亲缘关系、砧穗间细胞组织结构的差异及砧穗间生理生化特性的差异及砧木与接穗的营养状况等几个方面。

砧穗间的遗传相似性。二者在遗传上越相似，则亲和力越强，嫁接越易成活。砧穗间的亲缘关系。主要是指砧木与接穗在植物分类上的位置而言。二者亲缘关系越近，亲和力越强，嫁接越易成活。一般来讲，同种内不同品种或品系间亲和力最强，嫁接最易成功。同属异种间因属种而异，多数亲和力较好，易成功，如蔷薇属、李属、苹果属、木兰属、柑橘属、杜鹃花属等；同科异属间亲和力一般较小，多不易成活，即便成活也会出现“大小脚”等接口愈合和不良的现象，但也有成活的组合，如仙人掌科的许多属间，柑橘亚科的各属间，桂花与女贞间，菊花与黄蒿、青蒿及白蒿间等；不同科间则由于亲缘关系太远，很难成功，在生产上尚无应用。

砧穗间细胞组织结构的差异。主要是从砧木与接穗在植物形态解剖学上的相似程度而言。二者在组织与解剖学上结构上越相似，嫁接越易成活。比如：砧穗间形成层薄壁细胞的大小及结构的相似程度直接影响愈伤组织能否形成及砧穗愈合的过程。如果差异大，有可能出现完全的不亲和；差异小则可能形成“大脚”或“小脚”现象；差异最小时才能很好地亲和。除砧穗间细胞组织结构差异外，砧穗生长速度上的差异也可能造成“大、小脚”现象的产生。

砧穗间生理生化特性的差异。主要是从砧木与接穗在植物生理上的相似程度而言的。当二者的生活型接近时，即它们同化吸收及整个代谢过程都很相似，则易于愈合。砧穗间影响亲和的生理生化因子很多，具体主要表现在砧木根系吸收水分和无机养料的数量与产生枝叶的接穗消耗所需要的数量间的差异及接穗制造有机养分与砧木所需要的数量间的差异；砧穗细胞的渗透压、原生质的酸碱度和蛋白质种类等的差异。此外，砧穗在代谢过程中若产生不利愈合的松脂、单宁或其他有害物质，也会影响嫁接的成活。

砧穗的营养生长状况。砧木与接穗具有较强的生活力、生长健壮、无病虫害是嫁接后细胞再生，愈伤组织形成及发展，新的输导组织形成的物质基础。营养良好、生长健壮、无病虫害的砧木与发育充实、富含营养物质和激素的接穗，其细胞分裂旺盛，嫁接成活率高。因此，在生产中应特别注意接穗的选取和保存，以保证接穗旺盛的生活力，提高嫁接的成活率。

B. 嫁接技术因素　首先是选择正确的嫁接时间。通常枝接多在早春萌芽开始萌动时进行；芽接则多选在夏季，当年生枝已半木质化，腋芽已分化形成时进行，通常在 8 月份前后。要使砧穗快速愈合，应该使砧穗形成层的接触面尽可能大，且接合良好。要做到这些，熟练的嫁接技术非常重要，嫁接工具刀、剪要锋利；嫁接动作要快，使伤口在空气中暴露的时间尽可能短；切口要光滑、平整，使砧木与接穗形成层密接；捆缚要松紧适宜。

C. 环境因子　环境因子对砧穗愈伤组织的形成也有很大影响。主要包括温度、湿度、氧气、光照。嫁接要在植物最适生长的温度下进行，通常为 20～30℃，在适宜的温度下，植物生长势强，愈伤组织容易形成，愈合速度快，抗病虫害的能力强，嫁接容易成活；湿度是影响嫁接成活的环境因子中的主导因子。因为除靠接外，接穗在切离母体至与砧木愈合前，其水分平衡只有靠足够的环境湿度来维持，其次愈伤组织生长本身需要较高的环境湿度；愈伤组织的生长需要充足的氧气，而较高的湿度就意味着氧气的不足。在嫁接时需注意协调保湿与通气的矛盾；光照对愈伤组织的生长有明显抑制作用，黑暗条件下愈伤组织形成多而嫩、砧穗容易愈合；而光照条件下，愈伤组织形成少而硬，砧穗不易愈合。

（2）嫁接繁殖的方式　依据嫁接的接穗的不同，把嫁接分为枝接、芽接与根接3种类型。

①枝接：以枝条为接穗的嫁接方法。依具体的嫁接方法又分为切接、劈接、腹接、舌接、皮下接、靠接、桥接、根接、楔接和锯缝接等方式（图6－2－2和表6－2－8）。枝接常用于木本和半木本观赏植物，砧木与接穗较粗壮且差异较小的情况。

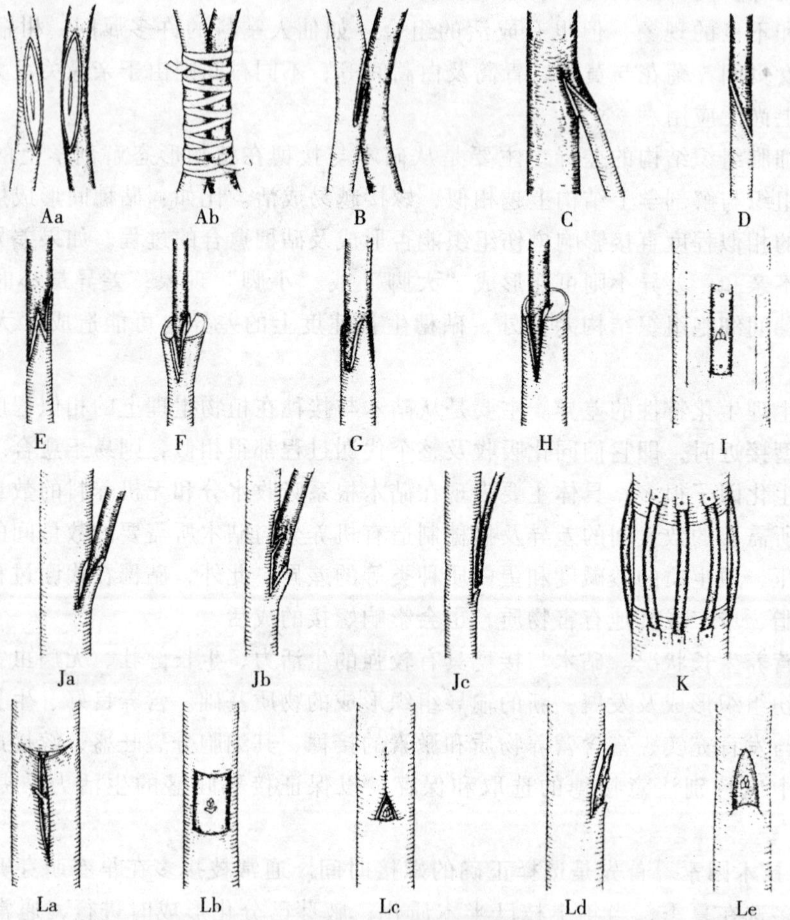

图6－2－2　嫁接方法

（引自：Hortus Third. Staff of the L. H. Bailey Hortorium, Cornell University. Macmillan, USA, 1976）

A. 靠接；Aa. 砧穗切面；Ab. 砧穗切面对齐，绑缚；B. 舌接；C. 根接；D. 对接；E. 嵌入式舌接；F. 劈接；G. 鞍接；H. 插皮接；I. 贴皮接；J. 腹接；Ja. 腹部劈接；Jb. 腹部舌接；Jc. 腹部贴皮接；K. 桥接；L. 芽接；La. 盾形芽；Lb. 取芽；Lc. 微型芽；Ld. 芽片侧面；Le. 芽片正面

表 6-2-8 几种枝接方式的比较

枝接方式	应用
切接	普遍用于各类植物，适于砧木较接穗为粗的情况
劈接	适用于大部分落叶树种，砧木粗度为接穗的 2~5 倍
腹接	适用于针叶树及砧木较细的种类，其特点是砧木不去头，在其腹部进行枝接，待成活后再剪砧去顶
皮下接	又称插皮接，用于砧木粗大、直径在 15 cm 以上的种类
靠接	用于亲和力较差，嫁接不易成活的树种，砧穗粗度宜相近

②芽接：以芽作接穗的嫁接方法。通常是将接穗上一块带芽的皮放到砧木相应部位的愈伤组织上。芽接用于砧木或接穗差异较大或接穗较少的情况。按芽是否带木质部分为盾形芽接和贴皮芽接两类。盾形芽接是将芽作接穗削成带有少量木质部的盾形芽片，再接于砧木的各种形状的切口上的方法，采用当年生新鲜枝条后去叶留柄。贴皮芽接时接穗为不带木质部的芽，贴在砧木皮被剥去的部位。依砧木切口形状分为：方块芽接、I 形芽接、环形芽接等。依砧木切口的形式不同又可分为：T 形芽接、倒 T 形芽接、嵌芽接等。

③根接：根接是指以根作接穗的嫁接方法。主要用在一些根系较粗的观赏植物上，如牡丹，以芍药为砧木，嫁接时将芍药根从土中挖出，将牡丹接穗接到其上面，采用劈接法。

(3) 嫁接苗的生产

①嫁接时间和方法的选择：嫁接成活依赖于形成层细胞（cambium cell）的活性，故必须在这些细胞活跃分裂时进行。确定愈伤组织活跃期的方法是看树皮是否容易剥离（常称为离皮或离骨），如果容易，则表明此时形成层细胞是活跃的。枝接通常在早春萌芽前的一段时期，此时嫁接，水分损失少易成活。芽接则多在生长季进行。嫁接方式常因观赏植物种类、栽培目的、植物生育时期等有所不同。相对来讲，芽接比枝接更优越。

②嫁接的一般程序：

砧木的选择与培育：适宜的砧木应与接穗具有较强的亲和力，对栽培地区的环境条件适应能力强，来源丰富，对接穗性状的表现无不良影响，易于大量繁殖且具有抵抗特定根系病虫害的能力等。

砧木多选用实生苗，因实生苗根系强壮，抗性强且寿命长。对于种子来源少、不易种子繁殖的植物也可用扦插、分株、压条等营养繁殖的苗木作为砧木。通常选用 1~2 年生，茎秆粗度达 1~3 cm 的实生苗。对于小灌木及生长慢的种类，砧木可稍细，也可用三年生以上的苗木为砧木，或采用摘心、激素处理的方法促进其增粗生长。在进行芽接或插皮接时，可采用基部培土，加强肥水等措施促进形成层的活动，以便于操作并利于嫁接成活。靠接用的砧木需单独盆栽，以方便操作。

接穗的采集和贮藏：采穗母树要求品种正确，生长势强，无病虫害。接穗采取的部位：接穗应选取母树树冠外围，尤其是向阳面的生长旺盛、发育充实、无病虫害、粗细均匀、节间短的一年生枝条或当年生枝条。以中上部枝条为佳，二年生以上枝条成活率低，但常绿针叶树接穗应带有一段二年生发育健壮的枝条，以提高成活率并促进生长。芽接多用芽充实饱满的当年生新梢，而枝接时多选饱满、节间长度适中的一年生的枝条。

接穗采集的时间依嫁接时期和方法不同而异。芽接在生长季树液流动旺盛的夏秋进行，此时接穗腋芽发育充实饱满，且砧穗易离皮，嫁接易成活。枝接一般在休眠期进行，以春季芽尚未萌动、树液已开始流动、细胞分裂活跃时最适宜。

芽接的插穗需随采随插。远距离采集时连枝条一块采下，摘除叶片保留叶柄，保湿冷藏。枝接的接穗常在秋季结合修剪采集，贮藏越冬，用于第二年春季嫁接。贮藏的方法与插条类似，通常埋在沙中沟藏，保持低温和适宜的湿度，并防止萌芽。也可采用蜡封冷藏（0～5℃），可有效保持其嫁接成活率，并延长嫁接时间。

至少在接穗萌芽2～3周前嫁接。

嫁接：嫁接的具体操作方法很多。一般的原则为：砧木的直径要等同于或略大于接穗的直径，枝接时接穗要有一定的粗度，一般为5 mm左右；砧木与接穗的形成层必须紧密接触在一起，结合面积要尽可能的大；在砧穗愈合期间接合部位必须保持湿润。

采用“T”字形芽接时，选择发育充实的腋芽，切取长2～3 cm，宽1 cm左右的盾形芽片，芽在芽片的正中略偏横切口处。在砧木上选光滑部位作一“T”字形切口，将芽片插入切口，使其上部与砧木的横切口对齐，然后用塑料条将切口包严，将柄留在外边，以便检查成活情况。嫁接后要检查成活率（芽接后7～14 d，枝接后20～30 d），及时解除绑扎物或松土，并注意剪砧去蘖，保证成活接穗的正常生长。

6.2.2.4 压条繁殖

压条繁殖（layering propagation）是指将植物枝条的部分埋入土中，待其节部生根后，长成一个完整植物的过程。通常称为压条，由压条繁殖的苗木称为压条苗。压条是许多藤本与灌木类的观赏植物常用的一种繁殖方法。压条与扦插相似，但与扦插法相比，压条更宜生根，因为枝条在生根前还与母株相连，可以得到源源不断的养分供应，更易生根。压条繁殖的机理与扦插法类似，也利用了枝条上能长出不定芽与不定根的特性。

（1）压条繁殖的方式　压条有普通压条（layering）和空中压条（air layering）两种。普通压条主要用于植株低矮，基部枝条较低，枝条柔嫩，易于弯曲式观赏植物种类，如夹竹桃、茉莉等。空中压条主要用大型的、具木质茎、枝条不易弯曲的观赏植物，如橡皮树等。空中压条时从植物位于空中的茎上长出根系，用于这些植物的再生、植株矮化、紧凑，使其更具观赏性。通过空中压条还可直接生产一定规格的植株，如可繁殖1 m高的橡皮树，广泛用于金橘等观赏植物的商品苗生产。

（2）压条苗的生产　压条通常在植物活跃生长期进行。普通压条的程序是：先将植株易弯曲的下部枝条弯向地面并使其固定。从茎顶端向下的短距离处，用土覆盖。也可直接将枝条弯入土中。为提高繁殖率，还可将较长的枝条进行多段压埋。几个月后，在茎上被覆盖的部位就可生根。后与母株分开，另行栽植即可。

空中压条的程序如下：选择植物用于生根的茎段部位，对其进行环剥，去除2 cm的树皮。环剥去掉了茎的韧皮部和形成层，留下了木质部，仍然可以把水分运至植株的顶部。接下来把一些生根基质（如泥炭、苔藓）包在环剥区，然后用塑料膜包住，上下两头用细绳扎紧，防止水分散失。此后及时补充水分。一般2～3个月即可生根。当有几条较长的根时，即可与母株分离。

6.2.3 孢子繁殖

蕨类植物可进行孢子繁殖，但其植株是通过精卵细胞结合而产生的。孢子的形成本身并未经历有性过程，但孢子萌发后，新的个体的形成是精卵结合的结果。因而严格地讲，孢子繁殖属于无性繁殖的范畴。

6.2.3.1 蕨类植物的繁殖特性

除了高度皱缩（ruffle）的类型为高度不育的（sterile）外，大多数成熟的健康的蕨类植物在其蕨叶（frond）背面产生成千上万的器官，称为孢子囊（spore case），孢子囊排列形成小的棕色斑点或线状，成熟时释放出孢子（spore）。孢子是在孢子囊中经减数分裂形成的特殊细胞，含有单数染色体。孢子为颜色很深的棕色粉末状，在适宜的环境条件下萌发长成扁平的配子体（gametophyte）。然后由配子体上形成颈卵器与精子器，分别产生卵细胞与精细胞。在颈卵器中二者结合形成受精卵，受精卵进一步发育成胚。胚逐渐长出根、茎、叶而发育成新的植株体，即孢子体，也就是平时看到的蕨类植物体。

孢子萌发适宜的温度为 21 ~ 27℃，低于 10℃ 就会受伤害甚至死亡。大多数孢子宜在 2 000 ~ 5 000 lx 下生长良好，但通常在刚播后的 10 d 左右保持黑暗。孢子的萌发需湿润的环境，特别是精、卵细胞结合时，必须在水中进行。生长基质要求均匀、疏松、透气。

孢子的寿命因种而异。一般有绿色孢子的蕨类如紫萁蕨属、木贼属等，其孢子寿命很短，仅 2 ~ 3 d，少数可达 3 ~ 6 个月。非绿色孢子的蕨类其孢子寿命很长，一般可保存 3 ~ 5 年，个别达几十年，一些树蕨的孢子可保存 10 ~ 15 年。孢子的贮藏要求冷凉、干燥的环境。通常把孢子装入纸带或塑料袋中，于 4℃ 下贮藏。

6.2.3.2 孢子繁殖苗的生产

在所有的观赏植物中，只有蕨类植物（ferns）产生孢子。孢子繁殖是蕨类植物特有的繁殖方法，为蕨类商品苗生产的主要方法之一。另外，因为孢子繁殖获得成苗慢，生产上常与分株等方法同时应用。

（1）孢子的采集　多数蕨类植物是季节性地产生孢子，多在夏秋两季，少数蕨类可全年产生孢子。当孢子囊由绿色变为浅棕色直至棕色时，即已成熟。采收的最佳时期为孢子囊刚成熟而孢子尚未散落时。太晚孢子散落出来，不易采收。可用囊群盖的色泽来判断其成熟与否，当其颜色由绿色变成褐色时，即可采收。也可以把一张白纸垫在下面，用手轻轻地掸蕨叶，当在纸上看到黄色斑点时表明孢子成熟。当孢子成熟时，把有孢子囊的蕨叶剪下来，放到信封或折好的报纸中，放于干燥处 1 ~ 2 d，待孢子囊开裂，孢子即可释放出来。在信封的基部就可收集到少量的孢子。收集好的孢子可以直接用于播种或贮藏备用。

（2）孢子的去杂与灭菌　通常刚收集到的粉末状物并非全是孢子，很多为孢子囊、蕨叶的碎片等杂物，真正的孢子为棕色或黑色近圆形的小颗粒。另外，还可能混有苔藓、藻类和菌类的污染。苔藓、藻类和菌类的孢子比蕨类的孢子生长快，影响其生长。去除杂质的方法较简单，可以将刚收集到的孢子放在对折的报纸中，把纸轻轻倾斜，大的碎片比孢子移动快，就可把二者分开。播前最好对孢子进行灭菌消毒，免除苔藓、藻类和菌类的污染。将孢子放入 5% 的次氯酸钠或次氯酸钙的溶液中，浸泡 5 ~ 10 min，然后用无菌水冲洗一两次即可。

(3) 播种基质的准备　对播种基质无严格要求。关键是要能保水透气。园田土、细沙、蛭石等基质均可用。播种基质要求细而均匀。最好在用前先过筛。栽植前要对基质消毒，杀死其中的杂草种子及其他菌类。方法与前边提到的方法相同。播前使基质湿润。

(4) 孢子的播种　寿命短的孢子通常在采后立即播种，贮藏的孢子通常在春秋两季播种。孢子的播种较为简单，主要是使孢子均匀地撒在基质的表面。可以与细沙混合后再播，也可制成悬浮液在基质表面喷洒。注意播种不能太密。由于孢子很小，播后通常无需覆土，需用玻璃、塑料薄膜等覆盖保湿。

(5) 播后管理　播后置于合适的温度（21 ~ 27℃）下，背阴，保持基质潮湿，2 ~ 3 周，孢子就可萌发。孢子萌发后要给以去除覆盖物，给予适当光照，定期补充水分。大约 50 d 可长成扁平的绿色的配子体。过密的配子体可以分栽。在此期间，需每天喷雾，因为配子体形成的精细胞与卵细胞只有在水中才能结合。此后，蕨叶从配子体中心长出，此后配子体逐渐死亡。当蕨叶足够大时，幼蕨就可移栽。

6.2.4 组织培养繁殖

组织培养繁殖习惯上称为组培快繁或微繁（micro-propagation）。用组培繁殖的苗木称为组培苗，也称试管苗。因组织培养繁殖速度快，所需空间小、环境条件易于控制、可获无病毒苗木等优点，在观赏植物生产中已经得到了广泛的应用。

6.2.4.1 组培繁殖的生物学基础

(1) 植物细胞的全能性　细胞学说认为，细胞为植物结构与功能的基础单位。在此基础上，德国植物学家 Haberlandt 于 1902 年提出了植物细胞全能性假说，认为：组成植物体的每个细胞都是由细胞分裂产生的，任何一个具有完整细胞核的植物细胞，都拥有形成一个完整植株所必需的全部遗传信息。在适宜的条件下，单个细胞可像合子一样发育成完整的生物个体。植物体不同部位的细胞受到完整植株对它们的调控，使其只有部分基因得到表达，而另一些基因的表达受到抑制，因此可以表现一定的形态及生理功能。当把植物的器官或组织与完整植株分离后，就失去了原来植株对它的控制，只要给予合适的环境条件，就可进行细胞的分裂与增殖，产生愈伤组织，分化出器官，直至形成完整的植株。

(2) 植物细胞全能性表达的过程和条件　植物细胞全能性的表达大致过程如下所示：

外植体→脱分化→愈伤→再分化→根→茎→植株

一般成熟细胞要表达其细胞全能性，都需经历脱分化和再分化两个过程。脱分化是指已分化的组织（细胞分裂已停止）在适当的培养条件下恢复分裂活性，从已分化的成熟状态转变为分生状态的过程。再分化是指由脱分化的组织或细胞在一定条件下转变为具特定功能细胞的过程。外植体是组织培养时用于培养的离体器官或组织，愈伤组织是由外植体产生的形态和结构相似，大小相近的无性细胞团。

植物细胞全能性表达的条件大致为3个：第一，外植体必须处于离体状态，摆脱母株对其的控制；第二，需供给外植体充足的营养与激素；第三，需要有适宜的培养环境条件包括温度、光照、无菌等。

6.2.4.2 组织培养繁殖的途径与方法

（1）组织培养的途径 由植物的器官、组织、细胞等外植体经组培获得完整植株大致可归纳为5种途径：即微型扦插型（mini-cutting）、丛生芽增殖型、不定芽发生型、胚状体发生型、原球茎发生型。

微型扦插型：又称节培法。用茎尖或单芽茎段培养时，接种后可直接成苗，后用于继代增殖或直接移栽培育。这种方法能较迅速地取得植株，很适合快速繁殖。此法可一次成苗，遗传性状稳定，培养过程简单，苗易移栽成活，适用于很多观赏植物，在生产上广为应用。

丛生芽增殖型：初代培养的芽，在适宜的培养基上不断诱导腋芽，形成丛生芽，然后转入生根培养基上，诱导生根成苗。这种方法是从芽到芽，遗传性状稳定，繁殖速度快，但过程较为复杂，品种间差异大。

不定芽发生型：利用植物的叶片、子房、花药、胚珠、叶柄等器官培养时，先诱导愈伤组织，从愈伤组织上发生不定芽（adventitious bud），不定芽展叶后，切下来在生根培养基上诱导生根，并形成完整植株。还有一种情况是，当对一些变态的器官如鳞茎、块茎、球茎等进行培养时，不形成愈伤组织，直接从外植体的表面细胞上受损伤的部位分化变态的器官，用于培养成完整植株。这种途径在成熟组织上重新诱导出分生组织，再发生单芽或丛生芽用于扩繁。这种方法可能产生突变，不利于保持品种特性。

胚状体发生型：胚状体（embryoid）是由体细胞或愈伤组织形成的类似胚的器官。它的整个发育过程与合子胚的形成过程类似，又称体细胞胚。利用植物的叶片、子房、花药、未成熟的胚等外植体培养时，可诱导形成胚状体，再对其进一步培育可形成完整植株。能形成胚状体的体细胞包括外植体表皮细胞、内部组织细胞和胚性复合体的表皮细胞。另外，胚状体也可由器官直接产生，如石龙芮的下胚轴也可产生胚状体。

胚状体具有数量多、结构完整、易成苗、繁殖速度快等优点，是植物离体快速繁殖最有效的方法。另外，将胚状体用营养物或保护性物质包裹起来，可形成人工种子。经胚状体产生完整植株也是细胞工程常用的途径。

类原球茎发生型：类原球茎（protocorn like body，PLB）是一种短缩的，呈球粒状的，由胚性细胞组成的类似嫩茎的器官，常在兰花种子萌发时产生。在对兰花的组织或器官进行组培时，常会产生原球茎，再由原球茎形成完整的植株。

在组培繁殖中应用较多的是前3种。原球茎的发育多用于兰科花卉，能诱导胚状体的植物种类及品种相对还较少，其发生机理也不很清楚，还存在一些变异，故应用较少（表6-2-9）。

表 6-2-9 常见观赏植物组培过程中的主要再生途径

植物名称	学名	外植体	再生途径
月季	*Rosa hybrida*	茎段	丛生式增殖型
腊梅	*Chimonanthus praecox*	单芽茎段	微型扦插型
樱花	*Prunus serrulata*	单芽茎段	微型扦插型
康乃馨	*Dianthus caryophyllus*	茎尖	丛生芽增殖型
仙客来	*Cyclamen persicum*	叶片	不定芽发生型
郁金香	*Tulipa gesneriana*	鳞片、鳞茎块	不定芽发生型
		茎尖	丛生芽发生型
球根秋海棠	*Begonia tuberous*	叶片	不定芽发生型
菊花	*Dendranthema morifolium*	茎尖、茎段	丛生芽发生型
兰花	*Cymbidium* spp.	茎尖	原球茎发生型
杨属	*Populus*	茎尖、茎段	不定芽发生型
刺槐	*Robinia pseudoacacia*	顶芽、茎段	不定胚发生型
杜鹃属	*Rhododendron*	茎尖	丛生芽增殖型
		种子	胚状体发生型
山茶属	*Camellia*	茎尖	丛生芽增殖型
		胚、下胚轴	胚状体发生型
君子兰	*Clivia miniata*	茎尖、幼叶	不定芽发育
牡丹	*Paeonia suffruticosa*	茎尖、嫩叶	不定芽发生型
一品红	*Euphorbia pulcherrima*	种子	胚状体发生型
花烛	*Anthurium andraeanum*	茎尖	不定芽发生型

（2）组织培养的一般程序　组织培养一般要经过无菌培养物的建立、外植体生长与分化的诱导、中间繁殖体的继代培养与增殖、生根培养与壮苗、试管苗的驯化与移栽几个步骤：

无菌培养物的建立：包括培养基的准备、外植体的准备与接种 3 个环节。

A. 培养基的准备：

培养基的选择：培养所用的培养基依植物种类、外植体、培养途径等不同而异。现在最常用的培养基为 MS 固体培养基或改良 MS 固体培养基。

培养基的灭菌：培养基的灭菌主要采用高压蒸汽灭菌。一般压力为 0.105 ~ 0.12 MPa，时间为 15 ~ 20 min。

B. 外植体的准备：

外植体的选择：外植体的选择对组培成功与否及效果有很大影响。不同种类外植体的培养效果不同。外植体的选择通常要考虑植物种类、器官的生理状态与年龄、再生途径、取材季节、外植体的大小等因素。通常再生能力较弱的木本植物及较大的草本植物选茎段较为合适，而较小的、缺乏明显茎的草本植物则以叶片、叶柄等为外植体较适宜。顶芽与腋芽发育途径所用的外植体主要是茎尖、侧芽及带芽茎段，不定芽发育再生途径则选叶、花茎或球茎、鳞茎等做外植体较为适宜。胚状体发育途径的外植体主要为发育的胚。

外植体的采集：外植体要从有代表性的、生长健壮、无病虫害的植株上采取。另外，幼嫩组织上取的外植体通常比老组织上的外植体更易生根成活。外植体的大小对组织成活也有较大影响。太大易被污染，太小则难以成活。一般选取外植体的大小为 0.5 ~ 1.0 cm。外植体的选取时间通常在植物生长最适宜的季节。春夏季取材容易成活，秋季取材则难以成活。雨季湿热季节取材不易成活。

外植体的灭菌：采回的外植体去除不用的部分，在接种前需事先灭菌。灭菌的方法依材料的类型、带菌程度、幼嫩程度不同而异，通常为：首先，用软毛刷或毛笔等在流水下刷洗干净，必要时再加少量洗衣粉，后用自来水冲洗 30 min 以上。然后，切成适当大小，转到接种箱中，用 70% 的酒精浸泡消毒，时间为 30 s 左右，也可用 2% ~ 10% 次氯酸钠水溶液或 0.1% ~ 0.2% 的升汞溶液浸泡，时间为 3 ~ 15 min。取出后，用无菌水冲洗四五次，即可接种。

C. 接种：接种是指将灭过菌的外植体接到准备好的培养基上的过程。需在无菌的环境中进行，要求快，尽量减少污染。接种后就可放在适宜的环境下培养。

外植体生长与分化的诱导：也称初代培养。即在无菌的条件下，诱导外植体的生长与分化，使其按一定的途径增殖。主要需调整好培养基的激素配比和控制好培养环境。

培养基的激素配比依植物种类、外植体和再生途径等的不同而异。通过顶芽与腋芽的发育进行再生的，为促进侧芽的分化与生长，常在培养基中加 0.1 ~ 10 mg/L 的细胞分裂素及少量生长素 0.01 ~ 0.5 mg/L 或 0.05 ~ 1 mg/L 的赤霉素。而诱导外植体产生不定芽时，生长素的浓度应低于细胞分裂素。而诱导胚状体发生的激素浓度不同生物差异较大，无一致规律。原球茎诱导时，一般用 MS 培养基，适当提高 NAA 的质量分数 0.1 ~ 0.2 mg/L 即可。

诱导培养的环境条件依培养对象的种类而有所不同。一般要求在 (26 ± 2)℃ 的恒温，光照每天 12 ~ 16 h，光照强度 1 000 ~ 3 000 lx。

中间繁殖体的继代培养与增殖：中间繁殖体是指在上一阶段的培养中诱导出的芽、胚状体、原球茎等组织或器官。它们的数量有限，有时难以直接种植到栽培介质中，需进一步使其增殖，扩大其数量，称为继代培养。只有如此，才能充分发挥组织培养快速育苗的优势。影响增殖速度的因素有：培养基的营养供应、激素的配比与环境条件。使中间体迅速扩增需选择合适的培养基类型、调节其营养成分及激素配比，在适当的条件下培养，还需及时地转接防止其老化。

生根培养与壮苗：中间繁殖体通过大量增殖后，多数情况下形成的为无根的芽苗，需诱导其生根，才能形成可以移栽的完整植株。诱导中间繁殖体生根通常需专用的生根培养基。生根培养基常需较低的矿物元素浓度、细胞分裂素含量及较多的生长素。故此时一般采用 1/2 或 1/4 的 MS 培养基，不加或加很少量的细胞分裂素，加入适量萘乙酸等生长素，14 ~ 28 h 即可生根。

有时一些易生根的植物种类，也可直接将中间繁殖体取出在苗床或花盆中扦插，可省去生根的过程。

在进行生根培养时，提高环境中的光的强度，减少培养基中的糖含量，达到壮苗的目的。

试管苗的驯化与移栽：试管苗是在培养室中无菌、弱光恒温高湿且异养的条件下培育形成的，因而通常它含水量较多，非常娇嫩，在移栽时极易失水死亡。为提高其成活率，需在移栽时对其驯化（或称炼苗）。通常先在培养室中去掉瓶盖，继续培养锻炼 1～2 d；后在温室中培养 1 周左右，再移至苗床中，栽培基质疏松透气，事先消毒，给予适宜的温、湿度，并适当遮阴。最后移入大田中栽培。

6.2.4.3 组织培养在观赏植物生产上的应用

（1）苗木的快速繁殖　苗木快速繁殖是组织培养的主要用途之一。试管苗的生产性能和主要经济指标与采用其他无性繁殖方法的幼苗差异不大，并且具有繁殖速度快、成本低、易于批量生产、苗木一致、管理方便等优点，故广泛用于观赏植物商品化苗木的生产，如兰花、香石竹、凤梨、安祖花等。南亚许多国家和地区用组织培养方法大量繁殖生产兰花，成为闻名于世的“兰花工业”（orchid industry）。

当前的发展趋势为组培苗的大规模工厂化生产。所谓工厂化生产，主要是指利用组织培养技术，在一定的设施，主要是温室中进行苗木大规模生产的技术。它是在组织培养技术不断完善的基础上，同时结合了苗木的无土栽培技术和设施栽培技术而提出和发展起来的。

组培苗的工厂化生产需要现代化的温室、无土栽培和组织培养设备，并对技术人员有较高的要求。组培苗的工厂化生产是组织培养繁殖技术发展的一个新的阶段。从 20 世纪 80 年代开始，首先在欧美等发达国家开始出现。我国于“六五”、“七五”时将其纳入了重点攻关项目进行研究。从此以后，在全国也出现了不少专门从事花卉苗木工厂化快繁的企业和单位。如非洲菊、菊花、香石竹、兰花等都有专门的生产单位对其进行大规模的工厂化生产。但也存在一些问题。如许多花卉的组织培养技术还并不完善，一些花卉的生产成本还需进一步降低。但组培苗的工厂化生产仍有着广阔的应用前景。我国的园艺工作者应进一步挖掘我国的观赏植物资源，筛选和培育名、特、优品种，进一步探索适合我国国情的组培苗工厂化生产的配套技术，并不断降低组培苗的生产成本，推动组培苗工厂化生产的发展。

（2）组织培养脱毒

组织培养脱毒原理：在染病毒植株体内，病毒分布是不均匀的。在生长点处病毒含量最低，而在较老的组织中，病毒则较多。可能因为病毒是通过维管束移动的，在分生区内无维管束，所以病毒扩散慢，再加上植物细胞不断分裂增生，病毒在新生的细胞中还没来得及复制或因为其中高的生长素含量抑制了病毒的复制，所以病毒含量少，在茎尖生长点几乎检测不到病毒。因此，可以在无菌的条件下，对其培养形成脱毒苗，有的也称无毒苗（free-virus seedling）。

脱毒苗的生产：脱毒苗的生产通常采用茎尖培养。切取的茎尖越小越好，但太小则不易成活，过大则不能去毒。通常切取 0.1～0.3 mm 的茎尖（或根尖）进行培养。在生产上为了能更好地获得无毒苗，还可以采用热处理的办法使寄主的病毒钝化。采用这种方法生产的苗木并非一定是无毒的，还需用一定的方法检测才行。无毒的苗木可直接用于生产或进一步扩大繁殖。脱毒苗的生产要求较高的技术水平，并需做大量培养，用以从中筛选无毒苗木。

盆花热处理
↓
茎尖脱毒 ←┐
↓　　　　　│
病毒检测→有毒苗
↓
脱毒苗
↓
诱导丛生芽→继代培养→生根培养→温室移栽

图 6-2-3　康乃馨脱毒生产的工艺流程

（引自：李云．林果花卉组织培养快速苗技术．中国林业出版社，2001）

无毒苗的应用：许多观赏植物均受到 1 种或几种病毒（virus）或类病毒（viroid）的侵染危害，使其生长变慢，花朵变小，品质下降，甚至死亡。无毒苗已在许多观赏植物，如兰花、香石竹、大丽花、芋、花叶芋、水仙、菊花、风信子的生产上应用。

(3) 人工种子生产　人工种子（artificial seed）是以人工手段，将植物离体细胞产生的胚状体或其他组织、器官等包裹在一层高分子物质组成的胶囊中所形成的种子。也称合成种子、无性种子和人造种子。

人工种子具有与自然种子类似的结构，也可直接播种于大田，所不同的是，它不是由胚珠发育而成的，也不具自然种子的胚乳和种皮。一般是由体细胞诱导形成的胚状体外加上人工的胶囊状的包被构成的。

人工种子的胶囊状包被使它不仅具有自然种子的胚乳贮藏和提供营养的功能和种皮的保护功能。另外，通过有目的地在其中加入植物生长调节剂、有用微生物和抗病虫药剂，可控制植物的生长发育，增强植物体的生机和活力，提高抗旱、抗寒、抗病虫能力，还可利用基因转移的方式，使其具备某些性状，这是自然种子不可能达到的；人工种子的胚状体是由无性繁殖系产生的，因而能保持品种优良特性，可以固定杂种优势；人工种子的生产不受自然环境影响，可以工厂化大批量周年生产。人工种子增殖快，生产周期短，提高育种效率，缩短育种年限，加速良种的繁育过程；种子外形均匀一致，播种时下种均匀，出苗整齐；人工种子制作成本低，贮存运输都很方便。可以预测，在不远的将来，传统种子生产方式将会发生重大改革。

人工种子的制作有两个关键技术：一是胚状体的诱导与形成；二是人工种皮的制作与装配。高质量的体细胞胚应当是形态上类似于天然的合子胚，萌发出的幼苗既有根又有叶；产生的健壮植株在表型上应形似于亲本；人工种子应耐干燥并能长期保存。配制的人工种皮应对胚无损伤，具有一定硬度，能保持分生组织生存所必需的水分和发芽及早期发育所需要的养分；不影响胚突破种皮和胚的生长。目前用的主要材料是水凝胶类物质，最理想的凝胶是藻朊酸钙。

人工种子是种子行业的一次革命，是育种技术体系中的一次大突破，现已成为许多国家研究和开发的热点。目前能成功地大量产生胚状体的植物有 90 多个属，100 多个种。我国从 1987 年开始“人工种子”的研制工作，并纳入国家高新技术发展计划。通过 10 年的研究和探索，已在胡萝卜、苜蓿、芹菜、黄连、西洋参、云杉、水稻等植物上获得成功。当前人工种子的研究也存在一些问题，主要是进一步探索获取体细胞胚的途径，寻求理想的包装材料，防止或减少微生物的污染和提高其发芽及成苗率。

到目前为止已有许多花卉的不定胚被诱导成功（表6－2－10），但形成人工种子的种类还很有限，其中有工艺和技术方面的问题，也有成本的问题。

表6－2－10　部分花卉不定胚的发生及所采用的外植体

花卉种类	学　名	外植体
观叶类		
桂竹香	*Cheiranthus cheiri*	实生苗愈伤
	Croton bonplandianium	胚乳
洋常春藤	*Hedera helix*	茎段
	Peperomia longifolia	茎段
胡椒	*Piper nigrum*	茎段
丝兰属	*Yucca* spp.	侧芽，顶芽
全缘大苏铁	*Zamia integrifolia*	雌配子体
观叶观花类		
金鱼草	*Antirrhinum majus*	叶原生质体
	Calostoma purpureum	珠心
一品红	*Euphorbia pulcherrima*	种子
龙胆	*Gentiana foetidus*	胚
铁筷子属	*Helleborus foetidus*	花粉囊
鸢尾	*Iris* spp.	顶芽愈伤组织
	Kalanchoe pinnata	叶
百合属	*Lilium* spp.	胚
	Mesembryanthemum floxibundum	胚轴，叶，根，顶芽
	Narcissus biflorus	花粉囊
芍药	*Paeonia hybrid*	花粉囊
紫斑牡丹	*Paeonia lutea*	花粉囊
矮牵牛	*Petunia hybrida*	叶，茎，节间
膨大矮牵牛	*Petunia inflata*	叶，茎，节间
披针叶白鹤芋	*Spathiphyllum patinii*	珠心
郁金香	*Tulipa gesneriana*	珠心
大花天竺葵	*Pelargonium domesticum*	叶柄
天竺葵	*Pelargonium hortorum*	叶柄，子叶
唐菖蒲	*Gladiolus hybridus*	叶，球茎

续表 6-2-10

花卉种类	学名	外植体
兰花类		
	Aranda spp.	胚
卡特兰	*Cattleya* spp.	胚
兰属	*Cymbidium* spp.	胚
杓兰	*Cypripedium* spp.	胚
石斛兰	*Dendrobium* spp.	胚
文心兰	*Oncidium* spp.	胚
蝴蝶兰	*Phalaenopsis* spp.	胚
万带兰	*Vanda* spp.	胚
香果兰	*Vanilla* spp.	胚

(4) 种子或孢子的无菌培养　种子的无菌培养常用于兰花与蕨类植物。

兰花的果实为蒴果，形状大小不一。每个果实中含种子几千个至几百万个。种子非常小，在显微镜下才能看清。将兰花种子接种到培养基中，在适宜的温度和光照下培养，可以大量繁殖。因为播种密，通常在长出第一枚叶片时分瓶，分瓶后以每瓶有幼苗 20 株左右为宜。小苗长到 3~5 cm 高、有两三条根时，可将幼苗移出瓶，栽到盆中。而后放在适宜温度、湿度和光照条件下，每周施一次液体肥料，并喷抗菌剂，1 个月后移植到光线较强的地方，随着植株长大及时换盆，经过几个月至几年可以开花。

蕨类植物孢子的无菌培养是指在无菌的条件下，用人工合成的培养基，给予适当的温度、湿度和光照，使孢子萌发生长并产生精子和卵子，结合后成为合子，最后发育成孢子体的过程。

无菌培养可以使蕨类植物的孢子获得比播种、培养更高的成活率和更快的繁殖速度。使用的培养基有营养液培养基与固体培养基。固体培养基主要用于繁殖孢子数量少或极其难得到的蕨类。具体播种与幼苗的培养方法与兰花的无菌播种类似。

蕨类的种类多种多样，孢子萌发生长所需的条件及难易程度不同。据报道，现主要对属于铁线蕨科、铁角蕨科、鳞毛蕨科和风尾蕨科等 82 个种进行了培养，有 54 个种得到了孢子体。

思考题

1. 观赏植物繁殖常用的方法有哪几类，各有何特点？
2. 种子贮藏的原理是什么，影响种子贮藏寿命的因素有哪些？
3. 外部环境条件如何影响种子的萌发？
4. 分生繁殖常用的器官有哪些？各有何特点？
5. 嫁接成活的原理是什么？影响嫁接成活力的因素有哪些？如何影响？
6. 蕨类植物孢子生育要求什么样的环境条件？
7. 植物组织培养繁殖，常见的再生途径有哪些？

7 观赏植物生长发育对环境的要求

【内容提要】

本章讲述影响观赏植物生长发育及其观赏品质的生物学环境因子。生物学环境是指生物体周围的生存空间，由气候因子、土壤因子、地形因子及生物因子的共同构成，包括温度、光照、水分、土壤结构、矿质营养、根际 pH、气体成分、其他生物等。在生物学意义上，观赏植物与其他栽培植物一样，其形态特性除受其遗传影响外，还必须有一定的光、热、水、肥、气条件才能良好生长。另外，各种环境因子共同影响观赏植物的整个生长发育过程，但在某一特定的情况下，可能是某种或某几种因子起主导作用，而另一种情况下又可能是另一种或另几种因子起主要作用。观赏植物有其特殊性。在实践中是否能按照植物的要求进行合理布局和栽培管理，是决定生产成败的最关键因素。因此，了解各种环境因子对观赏植物生长发育的影响，可以用最适合的方法合理地调控其生长发育。

7.1 温度

温度是影响观赏植物生长发育和品质的最重要环境因子之一，它在很大程度上决定着产品的产量和品质。

7.1.1 温度对观赏植物生长发育的影响

观赏植物只能在一定的温度范围内生长。温度三基点及温度的各种节律性变化如季节变化、昼夜变化、随纬度的变化、随海拔的变化等对观赏植物的生长发育均有重要影响。

7.1.1.1 观赏植物的温度三基点

观赏植物的温度三基点是指其开始生长的最低下限温度、生长最快时的温度以及停止生长的最高上限温度。在生物学最适温度条件下，植物生长最快但组织不充实。为了协调产量与质量的关系，在栽培中一般要求环境温度略低于生物学最适温度，称为协调最适温度。

(1) *观赏植物的温度三基点与其原产地气候型的关系* 一般情况下，原产热带、亚热带及温带的观赏植物依次约在18℃，15~16℃及10℃即开始生长，但也有例外，如热带水生花卉王莲种子的发芽生长至少需要在30~35℃的水温中才能进行。

通常原产热带、亚热带观赏植物的最适生长温度为25~30℃，原产温带的为10~15℃，高山观赏植物的最适生长温度则为10℃左右。

(2) *观赏植物的温度三基点与植物种类的关系* 观赏植物种类繁多，生长的适宜温度范围较宽，一般为4~36℃。但不同植物对温度三基点的要求也有差异。通常在最低温至最适温的范围内，随温度升高，植物的呼吸及光合速率提高，温度系数（temperature coefficient，以 $Q10$ 表示，即温度每增加10℃，反应速率增加的倍数）通常为1~2。而超过最高温度时，同化和异化的平衡被破坏，植物体内干物质积累减少，观赏植物的生长发育就受到抑制甚至死亡。环境温度也是导致植物生长昼夜节律发生的重要因子，不同观赏植物的昼夜最适温度不尽相同（表7-1-1）；不同气候带植物的适宜昼夜温差也不相同，如热带植物为3~6℃，温带植物为5~7℃，仙人掌类为10℃或10℃以下。常见水生观赏植物的生长适温为15~28℃（表7-1-2）；大多数蕨类观赏植物也喜温暖的生境，一般要求18~24℃的昼温和10~15℃的夜温（表7-1-3）。

表7-1-1 几种主要观赏植物生长的最适昼夜温度 ℃

植物名称	最适昼温	最适夜温	植物名称	最适昼温	最适夜温
杜鹃	17~27	13~18	百日草	16~23	13~18
凤仙花	18~23	13~18	花叶芋	19~22	10~12
香石竹	19~22	10~12	铁炮百合	18~21	16~18

续表 7-1-1

植物名称	最适昼温	最适夜温	植物名称	最适昼温	最适夜温
长寿花	21	16	矮牵牛	15~21	10~16
荷包花	12~15	9~10	八仙花	18~20	13~16
菊花	18~20	16~17	月季	21~24	16~17
金鱼草	16~18	10	倒挂金钟	18~24	13
一串红	16~23	13~18	一品红	24~25	16~17
仙客来	16~20	10~16	三色堇	8~13	5~10
香豌豆	17~19	9~12	彩叶草	23~24	16~18
翠菊	20~23	14~17	非洲紫罗兰	19~21	23.5~25.5

表 7-1-2 常见水生观赏植物的生长适温 ℃

植物名称	生长适温	植物名称	生长适温
中华水韭	20~30	水蕨	20~25
花叶鱼腥草	20~30	红莲子草	20~32
荷花	22~30	泽芹	20~25
小香蒲	15~30	花叶香蒲	20~30
泽泻	15~30	花蔺	15~30
花叶芦竹	20~30	旱伞草	15~25
水葱	15~30	菖蒲	18~23
石菖蒲	18~23	广东万年青	26~28
海芋	20~30	花叶万年青	15~25
马蹄莲	15~25	雨久花	15~30
梭鱼草	15~30	花菖蒲	15~30
黄花鸢尾	15~30	水生美人蕉	15~28
亚马孙王莲	24~32	芡实	20~30
莼菜	20~30	萍蓬草	15~32
睡莲	15~32	菱	20~30
荇菜	15~30	浮叶眼子菜	15~30
水鳖	15~30	槐叶苹	20~30
大藻	20~35	凤眼莲	20~30
宽叶血心兰	24~30	红叶血心兰	20~28
红叶水苋	22~28	细叶水苋	22~28
紫色芋	18~25	红三角芋	18~25

续表 7-1-2

植物名称	生长适温	植物名称	生长适温
红心芋	18~25	紫斑荷根	18~25
荷根	18~25	红荷根	18~25
青荷根	18~25	长叶荷根	18~25
金鱼藻	18~28	红蝴蝶	24~30
小圆叶	22~30	叶底红	20~30
沼生丁香蓼	18~30	凤凰草	20~28
红凤尾	22~28	大香菇草	22~28
香菇草	20~30	香蕉草	20~28

表 7-1-3 几种常见观赏蕨类生长的适宜昼夜温度 ℃

观赏类型	植物名称	适宜昼温	适宜夜温
庭院绿化蕨类	翠云草	21~26	10~15
	间荆	18~24	7~13
	桫椤	21~26	10~15
	边缘鳞盖蕨	21~26	10~15
	姬蕨	21~26	10~15
	蘋	18~24	7~13
盆栽观叶蕨类	福建观音座莲	20~22	10~15
	金毛狗	21~26	10~15
	井栏边草	21~26	10~15
	野雉尾金粉蕨	15	7~10
	铁线蕨	21~26	10~15
	对马耳蕨	18~24	7~13
	下延三叉蕨	21~26	10~15
垂吊蕨类植物	海金沙	21~26	10~15
	肾蕨	24~26	15~21
	大叶骨碎补	24~26	15~21
	二叉鹿角蕨	24~26	15~21
山石盆景蕨类	过山蕨	18~24	4~15

(3) *植物生长发育阶段与温度三基点的关系* 同一观赏植物的不同生长发育阶段甚至不同的器官对温度的要求也不尽相同。如一二年生草花种子萌发都需要较低温度，而苗期则需要相对较高的温度；先花后叶的梅花，花芽生长的温度就低于叶芽萌动生长的温度、同一

球根花卉生长与休眠的温度要求也明显不同。蝴蝶兰适宜温度随生长期而异，在北京地区，第一阶段的组培瓶苗和小苗、第二阶段的中苗、第三阶段的大苗、第四阶段的催花、抽葶和花蕾发育均需要昼温 25～29℃和夜温 22～24℃。而在开花之后的观赏期内可适当降低温度，以利于观赏期的延长。

另外，土壤温度对观赏植物的生长发育也有明显影响，特别对许多于温室中栽培的花木来说，当通过种子及扦插进行繁殖时，如温室气温高而土温很低，则一些种子难以萌发，插穗只萌芽而不发根，结果造成水分、养分耗竭而使种子或插穗枯萎死亡，此时提高土温是促进种子萌发及插穗生根的有效方法。

7.1.1.2 观赏植物对温度反应的类型

根据观赏植物对不同气候带的不同温度特点的适应性和忍耐性，将其分为三类。

(1) 耐寒性观赏植物 耐寒性观赏植物（cold tolerance ornamentals）多原产寒带或温带，主要包括露地二年生草本花卉及一些多年生木本观赏植物。一般可以忍耐 -10～-5℃的低温（原产寒带的甚至更低），在我国北方大部分地区可以露地越冬。

二年生草本花卉中的三色堇、诸葛菜、雏菊、矢车菊、金鱼草、蛇目菊等；多年生花卉如菊花、滨菊、荷兰菊、蜀葵、玉簪、耧斗菜、一枝黄花等；球根类的郁金香、风信子、葡萄风信子、雪滴花等；木本观赏植物如连翘、榆叶梅、丁香、金银花、紫藤、凌霄、桃花、白蜡、白桦、毛白杨、红松、油松、白皮松、云杉、龙柏等均属此类。

(2) 半耐寒性观赏植物 半耐寒性观赏植物（cold semi-tolerance ornamentals）多原产于南温带或亚热带北缘，耐寒性介于耐寒和不耐寒的观赏植物之间，通常只能忍受轻微霜冻，在不低于 -5℃的条件下大多能露地越冬。但也因种或品种而异，部分种类在长江或淮河以北即不能安全越冬，有些种类在华北地区通过简单保护就可以越冬。

常见种类有金盏菊、紫罗兰、桂竹香、鸢尾、石蒜、水仙、酢浆草、葱兰等；木本花卉如夹竹桃、木槿、栀子、桂花、梅花、广玉兰、结香、南天竹、冬青、构骨、香樟等。此类观赏植物在往北方引种时要注意选择较抗寒的品种。在栽培时须进行品种比较试验，并选择适宜的小气候，特别是在冬季，要加强保护。另外，在引种夹竹桃、广玉兰、香樟等时更须慎重考虑。

(3) 不耐寒性观赏植物 不耐寒性观赏植物（cold non-tolerance ornamentals）多原产于热带及亚热带，生长期间要求较高的温度，不能忍受 0℃甚至 5℃或更高的低温，低于这一温度则停止生长，或受冷害直至死亡。这类观赏植物中的一年生种类，通常在一年中的无霜期内完成生活史，即春季晚霜后播种、秋末早霜到来时死亡。部分草本球根和宿根花卉不能露地越冬，入冬前须挖出地下部分，置于室内贮藏。

许多观赏植物需要在温室中越冬，称为温室观赏植物。根据这类观赏植物对越冬温度的不同要求，通常又分为低温温室观赏植物、中温温室观赏植物和高温温室观赏植物 3 类。

①低温温室观赏植物：大部分原产于南温带、少数原产于亚热带北缘，耐寒性中等，生长期温度宜保持在 5℃以上，0℃以上即不至于发生冷害。这些花卉在淮河以北（包括华北地区）基本不能露地过冬。在长江以南有些种类如春兰、一叶兰、八角金盘、桃叶珊瑚、山茶、杜鹃、含笑、柑橘等可以露地越冬；有些则需在大棚或不加温温室内越冬，如香石竹、马蹄莲、倒挂金钟、瓜叶菊、报春、小苍兰、五色草、文竹、苏铁等。加温与否视地区

气候而异，需要注意的是，如冬季温度过高，这类花卉生长反而不良。通常低温温室温度范围在 1～10℃之间。

②中温温室观赏植物：大多原产于亚热带，生长期温度以 8～15℃（夜间温度在 8～10℃）为宜，冬季温度保持在 5℃以上通常不易受到冷害。如香石竹、秋海棠、天竺葵、仙客来、一品红、五色梅、冷水花、扶桑、白兰花、橡皮树、龟背竹、棕竹等。这些种类在华东南部大多可以露地越冬，在华南地区可露地栽培。中温温室温度范围在 12～26℃。

③高温温室观赏植物：大多原产热带，冬季生长期间要求 10～15℃以上高温，温度高达 30℃左右时仍可正常生长。不能忍受摄氏零下低温，一些种类甚至在 5～10℃时即会受冷害死亡，通常温度低于 10～15℃即生长不良，落叶甚至受害而亡。常见种类有变叶木、凤梨类、热带兰、安祖花、王莲、龙血树、朱蕉等。此类观赏植物在我国广东南部、云南南部、台湾及海南岛可露地栽培。高温温室温度范围在 18～32℃。

7.1.1.3　温度与观赏植物的生长发育

同其他植物一样，适宜的环境温度（地温和气温）及温差可促进观赏植物的正常生长发育，有利于塑造健壮而优美的株型。多数观赏植物的种子在变温条件下发芽良好，在恒温条件下发芽反而稍差；大多数植株在昼夜变温条件下生长好而健壮；在变温和较大的温差下开花多且较大，果实也更充实，观赏价值高。

（1）温度与花芽分化、发育及开花　温度是影响花芽分化发育的重要因子。秋播二年生花卉以及许多需冬季休眠的多年生观赏植物均需一定的低温才能顺利通过春化，实现开花结果。

（2）温度与品质　温度对观赏植物的株型、花色及花香等观赏品质均有明显影响。首先，根据观赏植物生长发育过程中对温度的生长反应可通过人工调控环境温度实现对观赏植物株型的建造与改造。适宜的环境温度可促使观赏植物的株型紧凑，适当的高温则刺激节间的伸长有利于创造层次分明的株型。同时，温度也影响花色与花香，因为温度对决定花色的黄酮类、花青素类、单宁等物质及花香的萜类挥发油和芳香性挥发物质的代谢均有重要影响。

7.2　光照

光照通过光质、光强及光周期影响着观赏植物的生长发育，光照也是观赏植物栽培技术中重要的环境调控因子之一。

7.2.1　光强与观赏植物生长发育

光照强度及其规律性变化（季节变化、日变化等）对观赏植物的形态建成、器官发育具有极其重要的影响，尤其对生长于温室环境条件下的非阴性观赏植物来说，光是首位重要的环境因子。对高大的观赏树木来说，冠层中下部的光强要明显弱于上部的光强，这同样对植株的生长发育产生重要的影响。

7.2.1.1 光强与观赏植物分类

根据不同花卉对光照的不同要求（即光生态习性的不同），可以分为阳性、阴性和中性3类。

阳性观赏植物（sun ornamentals）喜强光或必须在强光下才能良好生长。原产于热带、暖温带平原、高原南坡及高山阳坡岩石的许多花卉均属此类。通常具有较高的光补偿点（相当于全光照的3%~5%）和光饱和点（相当于全光照的100%），不耐荫蔽。光照不足，则生长减慢，发育受阻，造成花茎细弱、徒长，分蘖减少，叶片小而薄，叶色变淡黄化，花朵小而稀，香味不浓，花色变淡，根/冠比变小，出现严重的生长不良，失去了观赏价值。阳性观赏植物中包括有：多数一二年生及宿根花卉，如半枝莲、一串红、百日草、鸡冠花、凤仙花、菊花、紫菀、萱草等；多浆植物，如仙人掌科、景天科和番杏科等；大部分观花、观果木本花卉，如丁香、紫薇、月季、蔷薇、扶桑、夹竹桃、石榴等；观叶植物，如苏铁、棕榈、芭蕉、橡皮树等；以及落叶松属、松属（华山松、红松除外）、水杉、桦木属、桉属、杨属、柳属、栎属的多种树木、臭椿、乌桕、泡桐等观赏树木。

中性观赏植物（sun-neutral ornamentals）在光照充足的情况下生长最好，但在微阴下也生长良好，有一定的耐阴力。生长期间，特别是夏季光照过强时，适当遮阴有利于生长。多产于热带、亚热带。常见种类有：草本花卉中的紫罗兰、三色堇、毛地黄、花毛茛、萱草、桔梗、耧斗菜、香雪球、紫茉莉、翠菊等；木本观赏植物中的榆属、朴属、榉属、珍珠梅属、冷杉属、云杉属、建柏属、铁杉属、粗榧属、红豆杉属、椴属、荚蒾属及樱花、枫杨、槐、木荷、圆柏、腊梅、女贞、云南素馨、七叶树、三角枫、五角枫、鸡爪槭、香樟、山茶、构骨、海桐、杜鹃、忍冬、紫楠等。

阴性观赏植物（shade ornamentals）需光量少，在较弱的光照条件下生长良好，不能忍受强光照射，具有较高的耐阴能力，在气候干旱或夏季生长季内，通常要求50%~80%的蔽荫条件。多生长于热带雨林下，或林下、阴坡。植株机械组织不发达，木质化程度低，叶片薄而栅栏组织不发达。常见的阴性观赏植物包括：蕨类、兰科、苦苣苔科（大岩桐、非洲紫罗兰等）、凤梨科、姜科、天南星科（万年青、花叶芋等）、秋海棠科（四季秋海棠等）、山茱萸科（桃叶珊瑚）、杜鹃花科（杜鹃）等。

7.2.1.2 光强对生长发育的影响

首先，光强影响组织器官的形态建成。光可促进植株的正常形态建成。在适宜光强下，植株机械组织发达，叶绿体完整，叶片、花瓣发育良好、外观大而厚。强光制约植株茎的生长，即光抑制。光照可直接抑制植物的生长，且在一定范围内随光照强度的增加而增强。强光抑制伸长，但会促使植株生长健壮，充足的光照使节间变短，花茎变粗，木质化程度提高，植株根/冠比增大。光照不足时，会引起植株的个体变化及形态上的重新建造。比如叶片变大而薄，叶色变淡，角度平展，节间伸长，枝条徒长，直至植株出现黄化现象。与此相适应，植株在解剖结构上也发生相应变化。如叶片的栅栏组织与海绵组织变薄（但二者的厚度比增加）。

光照强度影响光合作用。光强可直接影响光合强度及光合效率，但不同碳同化途径

(C_3，C_4，CAM 途径) 对光强的反应不同。大多数观赏植物为 C_3 途径，但也有不少高光率的 C_4 类型（主要分散于禾本科、藜科、苋科、灯台草和菊科）及 CAM 类型如仙人掌科植物、大戟科和萝藦科的大多数植物、凤梨科和兰科 50%~60% 的种、百合科和景天科的一部分种类。另外，还有极少数的 C_3—C_4 中间类型如锦绣苋（*Alternanthera ficoides*）、银胶菊（*Parthenium hysterophorus*）、苦草（*Vallisneria spiralis*）等。一般观赏植物的最适需光量为全日照的 50%~70%。在一定范围内，光合速率随光强增加而增加。低光强下，植物的光合速率与呼吸速率相等时的光强度为光补偿点（light compensation point）；光强度增加到某一特定值后，光合速率不再增加时的光强度称为光饱和点（light saturation point）。不同观赏植物的光补偿点与光饱和点不同，这决定于其生态习性和生理特性，是对原产地生态环境长期适应的结果（表 7-2-1）。

表 7-2-1 一些观赏植物的光合强度、光饱和点和光补偿点

中文名	学　名	光合强度/（$mgCO_2 \cdot dm^{-2} \cdot h^{-1}$）	光饱和点/klx	光补偿点/klx
铁线蕨属	*Adiantum cuneatum*	3.8	8.0~8.5	0.2~0.3
文竹	*Asparagus plumosusnanus*	3.5	12.0~12.5	0.1~0.2
秋海棠属	*Begonia curallina*	3.8	9.1~11.0	0.2~0.3
四季秋海棠	*B. semperflorens*	4.3	19.0~30.0	0.2~0.3
蟆叶海棠	*B. rex-cultorum*	2.3	9.5~12.5	0.2~0.3
菊花	*Chrysanthemum morifolium*	8.2	28.0~29.0	0.3~0.4
吊兰属	*Chlorophytum elatum*	1.6	4.1~5.0	0.1 以下
朱蕉	*Cordyline terminalis*	2.5	14.0~14.5	0.3~0.4
仙客来	*Cyclamen persicum*	7.7	10.5~15.0	0.2~0.3
建兰	*Cymbidium ensifolium*	7.3	11.0~11.5	0.2~0.3
倒挂金钟	*Fuchsia hybrida*	2.9	17.5~18.0	0.4~0.5
欧洲常春藤	*Hedera helix*	2.4	8.5~9.0	0.1~0.2
肾蕨属	*Nephrolepis exaltata*	3.9	17.0~17.5	0.5~0.6
灰白椒草	*Peperomia incana*	1.3	5.5~6.0	0.1 以下
天竺葵	*Pelargonium domesticum*	13.9	28.0~29.0	0.2~0.3
马蹄纹天竺葵	*P. zonale*	4.3	17.0~18.0	0.2~0.3
美丽兜兰	*Paphiopedilum insigne*	2.7	18.0~18.5	0.1 以下
四季报春	*Primula obconica*	4.8	12.0~13.0	0.2~0.3
报春花	*P. malacoides*	7.9	11.0~12.0	0.2~0.3
映山红	*Rhododendron simsii*	3.0	7.0~8.0	0.1~0.2
非洲紫罗兰	*Saintpaulia ionantha*	3.0	6.0~8.0	0.1~0.2
藤芋	*Scindapsus aureus*	1.9	27.0~29.0	0.6~0.7
软叶刺葵	*Phoenix robelenii*	3.2	19.0~20.0	0.2~0.3

光强对开花的影响明显。光强可影响花蕾开放时间，如酢浆草强光下开放，日落后闭合；牵牛花凌晨开放，午前闭合；紫茉莉傍晚（光强 290 ~ 960 lx 时）开放，日出（光强 1 000 lx）时闭合；昙花近午夜开放，午夜后闭合。调控光强已广泛应用于观赏植物栽培中的花期促控。

光强影响叶色和花色。光照充足可促进叶绿素的合成，使叶色浓绿；反之叶色变淡及黄化。许多观叶植物，因叶绿体在强光下可以合成较多的胡萝卜素（橙或橙红色）及叶黄素（黄色），在不同光强下叶片呈现不同的颜色。如红桑、红叶朱蕉、彩叶草、南天竹、红枫等，呈现出黄、橙、红等不同颜色。而金边瑞香、金心黄杨、金边吊兰、金边龙舌兰、变叶木等叶片则在不同部位分布不同色素。彩叶芋叶片呈现大小不同的白色斑块，与该部位栅栏组织内的白色体不能转化成叶绿体有关。

观赏植物对光照的需求受其他因子的影响。花卉对光强的需求通常还受年龄、发育阶段及土壤、温度等其他因子的影响。如幼苗期和营养生长期较为耐阴，成熟期及花期对光强需求相对有所增加。干旱、瘠薄、冷凉下也相对更需要光照。

7.2.2 光周期与观赏植物的生长发育

日照长度与花芽分化及发育密切相关，不同植物的花芽分化对日照长度的需求不同，通常称为光周期现象（photoperiod）。

7.2.2.1 长日性观赏植物（long-day ornamentals）

通常要求 14 ~ 16 h 或更长的日照，即光照时间大于临界日长（或夜长小于临界夜长）才能正常开花的观赏植物，即为长日观赏植物（或短夜观赏植物）。属于长日植物的观赏植物大多分布于温带地区，自然花期多为春末和夏季，如唐菖蒲、满天星，及许多春花类二年生草花，如金盏菊、雏菊、紫罗兰等。

7.2.2.2 短日性观赏植物（short-day ornamentals）

通常要求 8 ~ 12 h 或更短的日照，即光照时间小于临界日长（或夜长大于临界夜长）才能正常开花的观赏植物。常分布于热带、亚热带，自然花期多在秋、冬季。菊花、一品红、长寿花及多数一年生草花均是典型的短日植物，它们在超过其临界日长的夏季只进行营养生长，随秋季来临，日照缩短至小于其临界日长后，才开始花芽分化。生产上多采用暗间断来调控短日性观赏植物的开花期。

7.2.2.3 日中性观赏植物（day-neutral ornamentals）

对日照长短不敏感，只要温度适合，一年四季中在任何日照长度下均能正常开花。常见种类有凤仙、月季、非洲菊、天竺葵、美人蕉、栀子、扶桑、窄叶冬青等。

除诱导开花外，光周期还影响根、茎的营养生长与休眠。如落叶生根属一些种类叶缘芽的滋生、虎耳草匍匐茎的发育均需在长日照下进行。大丽花一些品种块根的形成及秋海棠块茎的发育等在短日照下被促进。许多原产温带的二年生或宿根花卉，以及许多木本花卉多表现为长日照促进营养生长，而短日照诱导休眠。

7.2.3　光质与观赏植物的生长发育

太阳辐射到地球上的光包括紫外光、可见光和红外光。在可见光范围内，光合作用及植物生长的最有效光为红光的（640～660 nm）部分，其在直射光中只占37%，而在散射光中占50%～60%，可满足半阴性观赏植物的生长需要；蓝紫光（430～450 nm）的光合有效率仅为红光的14%。紫外光可抑制茎的伸长，因在直射光下紫外光比例大于散射光下，故直射光对防止花卉的徒长及促进矮化有利，并促使花色艳丽；青、蓝、紫光对观赏植物的加长生长有抑制作用，并影响幼芽的形成和细胞的分化，还能抑制植物体内某些激素的形成，促进花青素的形成使花朵艳丽：红光和红外线能促进茎的加长生长和种子及孢子的萌发。

此外，光质还影响与光周期现象、种子需光性密切相关的光敏素的光转化，因此直接影响到观赏植物中需光性种子的萌发。如红光（>660 nm）有利于报春花种子、秋海棠种子等需光种子的萌发，故播种时只需轻度覆土即可；而仙客来种子、喜林草属（*Nemophila*）花卉的种子等忌光种子则必须较多覆土。

7.2.4　光照与观赏植物的品质

光照强度直接影响到观赏植物的产量和质量。不同植物、同一植物在不同的生长发育阶段对光照强度的要求不同。如针叶树的幼苗期喜阴，而大树喜阳。蝴蝶兰的适宜光照强度随生长期而异，第一阶段的组培瓶苗和小苗需光10 000～12 000 lx，第二阶段的中苗需光18 000～20 000 lx，第三阶段的大苗需光25 000～30 000 lx，第四阶段的催花、抽葶与花蕾发育也需要较强的光照（25 000～30 000 lx），而在开花之后可适当降低光照强度。观赏植物的不同种或品种对光强度要求不同，在不同荧光灯照度下，观赏品质变化有明显的差异(表7-2-2)。

表7-2-2　不同照度荧光灯下观叶植物的观赏品质

名　称	学　名	光强/（μmol·m^{-2}·s^{-1}）						
		0.36	0.9	1.8	4.5	9.0	18	54
马蹄纹天竺葵	*Pelargonium zonale*	XX	XX	XX	X	X	△	○
四季秋海棠	*Begonia semperflorens*（绿叶）	XX	XX	XX	XX	△	○	◎
四季秋海棠	*B. semperflorens*（红叶）	X	X	X	△	△	△	○
秋海棠属	*B. xargenteo-guttata*	X	X	△	△	○	◎	◎
皱叶椒草	*Peperomia caperata*	X	X	△	△	△	○	○
银叶椒草	*P. hederifolia*	△	△	△	△	○	○	◎
冷水花	*Pilea cadierei*	X	X	△	○	◎	◎	◎
斑叶竹芋	*Calathea zebrina*	X	△	△	○	○	◎	◎
丽穗凤梨属	*Viriesia carinata*	X	△	○	◎	◎	◎	◎

续表 7-2-2

名称	学名	光强/（μmol·m^{-2}·s^{-1}）						
		0.36	0.9	1.8	4.5	9.0	18	54
朱蕉	*Cordylineo terminalis*	○	○	○	◎	◎	◎	◎
龙血树属	*Dracgena wvarneckii*	○	○	◎	◎	◎	◎	◎
天门冬	*Asparagus sprengeri**	XX	XX	X	X	X	△	○
萼距花	*Cuphea platycentra**	XX	XX	X	X	△	○	○
红桑	*Acalyphe wilkesiana**	XX	XX	X	△	△	△	○

注：XX 为萎蔫；X 为初萎；△为弱；○为徒长；◎为健壮。

7.3 水分

水是植物体的重要组成部分，也是所有生命活动的基础物质。在观赏植物中除了极少数的蕨类植物（如药蕨属和卷柏属）和极少数维管植物（如苦苣苔科、玄参科、唇形科、莎草科、早熟禾科、百合科、包叶木科的一些植物）是变水植物，在几近无水的条件下能维持生命外，绝大多数为恒水植物，必须在一定的水分状况下才能生存，其体内水分含量降低到一定程度之后便会造成永久萎蔫或死亡。事实上，生境中水分的质、量及盈亏动态是决定观赏植物演化与分布的重要生态因子。

观赏植物体内的水分状况是维持其一定的形与姿的重要因子。水能使植物保持固有的姿态，植物细胞含大量水分，可产生静水压，以维持细胞的紧张度，使枝叶挺立，花朵开放，根系得以伸展，从而有利于植物捕获光能、交换气体、传粉受精以及对水肥的吸收利用。水分充足而合理时株型挺拔，叶片舒展，给人以美的享受；相反，水分不足时则枝叶下垂，缺乏生气。多数草本花卉缺水会加速木质化，色泽鲜绿的叶面变得粗糙，观赏品质下降。切花缺水会加速萎蔫和衰老。

7.3.1 水与观赏植物的生态型

由于不同生境下植物可利用水的匮乏程度不同，所以观赏植物对其原产地生境长期适应的结果就形成了不同的生态型，不同生态型的植物形态各异，体内含水量有也很大的差异。如：水生观赏植物（水浮莲、金鱼藻等）含水量可达鲜重的90%以上；草本观赏植物达70%~85%；木本观赏植物也达50%；而在干旱环境下生存的低等植物（地衣、苔藓类）的含水量仅为6%左右。依照植物与水分的关系可将观赏植物分为4种生态类型：

7.3.1.1 耐旱性观赏植物

耐旱性观赏植物（drought tolerance ornamentals）喜干旱或耐旱性很强，能忍受土壤或空气的长期干旱而继续存活。通常在形态、解剖及生理上具有适应干旱的典型特征。如叶片表现为面积小，表面有蜡质或多绒毛、革质，叶形呈针刺状；茎叶多肉质，气孔下陷，保卫细胞大而灵敏，干旱时能迅速关闭（如冬青较杜鹃气孔反应灵敏）；叶片水势极低；根系发达，根/冠比大等。这些特征均有利于降低蒸腾，降低组织内的水势，增强吸水力，以适应干旱。耐旱性观赏植物又常分为旱生观赏植物和耐旱观赏植物。

习惯上将耐旱性极强或最强的一类观赏植物称旱生观赏植物（xeric ornamentals），多原产于沙漠及半荒漠地带，如仙人掌科、景天科、番杏科、萝藦科、大戟科等多肉、多浆植物，以及无脉相似树、壳斗、栎类、柽柳、旱桃、夹竹桃等。在养护此类观赏植物时要注意控水，遵循宁干勿湿的灌水原则。

将一些耐旱性较强的观赏植物称为半耐旱观赏植物（drought semi-toleranceornamentals）。其叶片多革质或蜡质、背面有大量绒毛，包括冬青、山茶、杜鹃、橡皮树、白兰、天竺葵、龙吐珠等，以及一些具针状或片状枝叶的观赏植物如天门冬、文竹以及松、柏、杉科植物。

7.3.1.2 中生观赏植物

大部分观赏植物属于中生观赏植物（mesophytes ornamentals），其对水分的需求大于半耐旱观赏植物，以干湿适中的环境为宜，过干过湿均不利于其正常生长。需水特性因种类与品种不同而有所差异，如有的喜中性偏干环境；还有的喜欢偏湿性环境。如兰花就喜土壤湿度较低而空气湿度较高的环境。这部分观赏植物包括大多数木本观赏植物如月季、扶桑、茉莉、石榴、棕榈、苏铁等，以及多数一二年生和多年生宿根花卉及球根花卉。要求土壤含水量在60%左右。

7.3.1.3 湿生观赏植物

湿生观赏植物（hygrophytes ornamentals）也称耐湿性观赏植物（moist - tolerant omamentals）。是指耐旱性较差或极差的植物，其原产地多为湖泊、溪流边或热带雨林下等具有很高的土壤湿度和大气湿度的环境。多数具有较发达的通气组织，系统渗透势较高，叶片薄软，根系不发达，此类观赏植物在干燥及中等湿度条件下即常发育不良甚至枯萎死亡。常见的种类有热带兰、蕨类、秋海棠类、湿生鸢尾类、凤梨类及天南星科的许多种类如龟背竹、马蹄莲、海芋、竹节万年青等。

7.3.1.4 水生观赏植物

水生观赏植物（aquatic ornamentals）要求饱和的水分供应，通气组织非常发达，植株部分或整体浸没在水中时才可正常生长。此类观赏植物包括可在沼泽和积水低洼地上生长的石菖蒲、千屈菜、水葱等；以及必须在浅水中生长的荷花、睡莲、凤眼莲、王莲、香蒲、荇蓬草、金鱼藻等。又可细分为挺水类、浮水类、漂浮类和沉水类4类。

7.3.2 水与观赏植物生长发育

不同生态型的观赏植物对水分的需求相差甚大（表7-3-1），不同观赏植物及同一观赏植物生长发育的不同阶段，对水分的要求也不同。事实上，同一种观赏植物生长发育的不同阶段对生境中水分要求常表现出很大的差异，生产中常采用控制水分的方法来调节植物生长发育。如种子萌发需要较充足的水分，以利于胚根和胚芽的萌动伸长和幼根的生长；开花后适当控水可延长观花花木的花期；观果花木开花后则需供给充足水分，以满足果实生长发育的需要。植物的蒸腾强度同其需水特性密切相关，了解植物的最大蒸腾强度对合理进行水分管理就非常重要。

表 7-3-1 在常见生境条件下，形态和生态上不同植物类型的叶和无叶肉质植物的茎枝表面的最大蒸腾强度

气候类型	植物类型	最大蒸腾强度/（$\mu mol\ H_2O \cdot m^{-2} \cdot s^{-1}$）
湿热带地区	雨林树木	直到 1 800
	云林树木	400（2 000 ~ 3 000）
	藤本植物	直到 2 000
半干旱热带地区	棕榈	1 200 ~ 1 800（2 800）
	干旱木本群落	800 ~ 1 400（2 000）
	红树林	600 ~ 1 800
亚热带荒漠地区	灌木和半灌木	2 800 ~ 7 000（10 000）
地中海区	硬叶植物	（600）1 500 ~ 3 000（4 000）
温带地区	落叶树木（适阳种）	（1 500）2 500 ~ 3 700
	落叶树木（适阴种）	（780）1 200 ~ 2 200
常绿针叶林		1 400 ~ 1 700
矮生灌木	冻原	150 ~ 450
	高山欧石楠	1 800 ~ 3 000
草本双子叶植物	高秆阔叶草本	9 000 ~ 11 000（16 000）
	阳地植物	5 200 ~ 7 500
	阴地植物	1 500 ~ 3 000
	山地植物	（1 500）3 000 ~ 6 000
牧草、苔草和灯心草类	冻原的	200 ~ 350
	草甸的	3 000 ~ 4 500
	芦苇的	5 000 ~ 10 000
	干旱生境的	（1 800）4 500（9 300）
	滨海沙丘的	2 000 ~ 4 000
荒漠植物		1 000 ~ 5 000（8 000）
盐生植物		1 200 ~ 2 500（4 500）
肉质植物	肉叶植物	800 ~ 1 800
	仙人掌类	600 ~ 1 800
浮生植物		5 000 ~ 12 000

注：括号内为极限值。

观赏植物的水分管理，尤其在设施条件下，是决定生长、产量与品质是最关键的因素之一。香石竹的群体蒸腾作用与日照量、光合速度高度相关，$r=0.9873$. 在1%水平上差异极显著。因此，蒸腾速度是受日照量来支配的，另外受叶片面积总量的影响，在盛花期每株每天蒸腾80 g水分，换算之后，每667 m^2 的蒸腾量1 200 L·d^{-1}，再加上土壤蒸发共有1 600~2 000 L·d^{-1}，换算成降雨量，大约为5 mm·d^{-1}，因此，晴天每隔1 d应浇水10 mm。在设施中，香石竹用高水分管理，获得高产、优质，而土壤栽培、非设施条件下，*PF* 3.0以上也不会受到影响。这主要是考虑到设施条件下施肥引起渗透势下降，应通过多水来提高渗透势，减少盐分。因此，浇水与施肥有着密切的关系。合理施肥必须有合理灌水作为保证和前提才能成立。

盆花仙客来的遮光率与水分蒸发成反比，夏季遮光可以减少水分消耗，但因其光饱和点低，遮光率太高时影响光合。遮光与叶肉水分不足度（WSD：water saturation deficit）也有密切关系，土壤水分张力（*PF*）也与WSD有关，遮光率增大，叶温降低，WSD仅8%左右；但遮光率降低到30%~50%，WSD可以达到18%~20%。土壤中*PF*与WSD的关系为：*PF* 1.2~2.0时，WSD约稳定在3.5%；*PF* 2.0~2.6时，WSD呈指数形式上升。因此，仙客来在6—9月份的基质水分张力应该低于*PF* 2.0，10月份以后到开花为止，*PF* 2.5比较合适。实际上，9月份之前*PF* 2.0以下，9月份以后*PF* 2.5前后的管理可以得到最高的产量和质量水平，开花也早。

另外，抑制叶片蒸腾的土壤水分张力为*PF* 2.4左右。基质水分张力变化直接影响蒸腾速度和叶片温度，当基质*PF*为1.5~2.0时，叶片最高温度34℃，当基质*PF*为2.2~2.7时，叶片最高温度40℃以上。从仙客来栽培看，盆花的合理灌水是关键：从时间上看，12月份至翌年1月份中，2—5月份低，*PF* 2.5以上，6—9月份高，*PF* 2.0，10—11月份低，*PF* 2.5，生育期中WSD=8%。

多数观赏植物缺水后再浇水，根系吸水能力恢复慢，受伤根系再生困难。另外，萎蔫恢复后蒸腾恢复需要滞后几小时，因此，确保均匀适度的水分供应很重要。水分供应状况又是决定观赏植物花芽能否分化和分化迟早的重要因子，如过于干旱，或长期阴雨，即使在适宜的温度及光周期下，花芽也难以分化。因此，通过适当控水，可调控观赏植物的花芽分化，如梅花的“扣水”，盆栽金橘的控水。球根类花卉含水量小，花芽分化就早。球根鸢尾、百合、水仙、风信子、郁金香等的球根采收后用30~35℃的高温处理使球根脱水可促进花芽分化。对已完成分化的花芽，水分也影响其发育及开放。通常水分缺乏时，花芽发育即受阻并会造成花蕾或花朵脱落，或绽开度变小，花色变浓（如蔷薇和菊花），花期缩短，降低种或品种的固有观赏品质。

7.3.3 水质对观赏植物的影响

在商品化栽培中，要求使用较好的水质进行灌溉。这是生产出高品质花的首要条件，尤其是在盆花上，平均每株用水量比地栽多得多，因此水质对生育影响很大，引起产量、品质和生理障碍。优良水质的要求是：pH适当，盐类浓度低，不含有有害物质和病原菌。

兰花的叶尖在水中钠离子质量分数20 mg/L以上时发生焦枯．随着浓度增加焦枯扩大。钠离子质量分数在80 mg/L以上时，焦枯急剧增加。但在文心兰上反应比较迟缓。因此，在兰花采用钠离子质量分数 20 mg·L^{-1}以下，一般 *EC* 0.4 mS·cm^{-1}以下为安全用水，钠离子质量分数高于 20 mg·L^{-1}是限制兰花栽培的关键因素。推而广之，对于盆栽期长的花卉来说，用水中的离子浓缩和富集特别值得注意。氯离子对叶片生长影响很大，氯离子质量分数大于 100 mg·L^{-1}时，叶尖枯死，随着浓度增加而加重。*EC* 值高时，观叶植物的品质难以提高。另外，镁离子质量分数在 20 mg·L^{-1}以下，钙离子、氯离子质量分数在 40 mg·L^{-1}以下才可以生产高品质的观叶植物。由于水质和 *EC* 高度相关，所以，*EC* 值可以作为水质的简单判断标准（表 7－3－2）。在水质不良地区，最简单而经济的改良方法是用自然降水来稀释（表7－3－3），因此收集雨水很重要。

表 7－3－2　日本爱知县农试的水质标准（1993）

水的 *EC* 值/（mS·cm^{-1}）	水的 pH	判断结果
<200	—	良好，用于灌溉
200～400	<8.0	可以用于灌溉
200～400	>8.0	钠离子浓度要检验
400～1 000	—	要进行水质检查
>1 000	—	不可用于灌溉

表 7－3－3　用降水来改变灌溉用水质量实例　mg·L^{-1}

水组成	pH	*EC*	NO_3-N	P	K	Ca	Mg	Na	Cl
地下水 a	8.0	0.52	4.5	0.59	7.3	7.1	2.1	117	10
地下水 a＋雨水	6.9	0.12	1.2	0.38	2.2	3.9	0.7	22	5
地下水 b	7.5	0.50	1.1	0.71	5.4	52.5	8.3	47	26
地下水 b＋雨水	7.7	0.05	0.2	0.19	0.8	6.5	0.6	4	4

7.4 土壤或基质

植物生长发育所需的养分和水分绝大部分由根系自土壤或基质中吸收，因而土壤肥力、土壤结构和土壤质地等土壤理化性状对观赏植物的生长发育及观赏品质均有重要影响。观赏植物除了极少数用水培之外，大多数情况下，根系都生长在固体环境中，根据栽培情况的不同，一般将直接栽培在地上的根系分支与生长系统称为土壤，而将与地面隔离时的根系生长与支持物称为基质。无论是土壤还是基质，它们最终直接作用于植物的是根系，直接影响植物的根系环境，一般来说，越是脱离土壤，植物的根际环境越容易控制。但是，当植物与土壤隔离时又会产生新的问题如盐类富集、抑菌作用下降、毛管吸水运动停滞、温度变化等。从物理特性来看，植物根际环境中最主要的因素是土壤或基质中的固相、液相、气相的比例。

固相的作用在于支持根系、保持养分和水分，对土壤微生物生存起到缓冲作用。单纯从其支持功能来看，土壤基质的固相率只要有10%就足够了，并且应该将固相尽可能地减少。这种考虑问题的结果导致纯粹水培的产生，因为只要将植物支持住就可以了，但是这种栽培方法要求有严格的管理技术与配套设施才能够实现，因为它失去了土壤的缓冲作用。

液相主要是指水分，土壤中的水具有不同的形式和不同量级的能量。自然界中的能量可分为动能与势能，水在土壤中的流动速度很慢，因此动能忽略不计，只考虑势能。势能是由物体的相对位置及内部状态所决定的，它是制约土壤水分状态及运动的主要能量。土壤水的势能简称为土水势。土水势及其分势的关系为：土水势＝重力势＋压力势＋溶质势。土壤中的水，根据它在基质粒子上的吸附情况，对植物根系产生的作用不同，植物根系能利用的水分是重力水和未达到植物蒸腾系数（*PF* 4.2）的毛管水。在土壤中生长的植物，根系究竟利用哪种水还与地下水位有关，当地下水位低时，根系主要吸收毛管水（因为重力水很快流失）但是在地下水位高的情况下，根系还可以利用毛管支持水，这种水分的张力较低，*PF* 1.8～0之间。毛管支持水能上升的界限高度因基质粒子的大小不同而异。当粒子直径为0.5～1 mm时，毛管支持水可以上升到13.1 cm高度，这种水分与隔离床和盆栽条件的植物无关。

气相中主要是CO_2和O_2，其余是少量SO_2、乙烯、乙醇等。气相往往不被人们所重视，但是非常重要。各种植物的根系对O_2和CO_2的反应不同，试验证明，基质通气性较差时可以抑制植物根系的机能；当CO_2浓度较低时，可以促进植物根系的机能；O_2质量分数在10%前后就会产生抑制作用。在一般情况下，大田土壤中气体浓度不会达到抑制根系生长的水平（CO_2大约0.5%），即使是盆栽植物的条件下，基质中CO_2质量分数也不超过1.5%，但是在实际栽培过程中，根的附近还会出现低O_2与高CO_2微区，使得根系的呼吸和机能受到影响。根际O_2状态受到多种因素的影响：如基质的特性、基质中水分状态等。

水与空气在基质中是相互拮抗，动态变化的。永远处于此长彼消的动态平衡中。同一基质中，随着水分增加，空气减少，而随着水分减少空气增加。但是两个因素不是处于同等地位，水是主动的，是决定性的，是矛盾的主要方面。如果土壤中水分含量过高，会引起缺氧。这主要是由于基质中气体与大气交换受到阻碍。根系和根际微生物的呼吸使得CO_2上升与O_2浓度下降。在基质中，气体交换依靠流动与扩散两种方式来进行，而扩散是主要的，通过扩散而进行的气体交换与土壤中空气孔隙的平方成正比。这种孔隙度被水分占据之后，就无法进行气体交换。在栽培过程中，为了确保土壤通气良好，首先要在土壤结构上下功夫，其次要合理灌水，注意排水。在盆栽条件下，基质材料及各种材料的构成比例十分重要，因为盆栽条件下基质的气体交换困难，在使用塑料容器或进行底面灌水时尤其是这样。不同植物对缺氧的反应不同。仙客来的根系对缺氧反应敏感，缺氧持续72 h会受到明显伤害。一般气相变化在0～10%范围内会受到伤害，20%～30%孔隙度生长最好。菊花也不耐水淹与根系缺氧，但比仙客来较耐缺氧，淹水72 h以内不受伤害，但周期性的反复淹水会使根系受到一定程度的伤害，表现为根系不伸长。一般植物要求基质具有20%的孔隙度，尤其要使盆栽基质的下层通气性保持良好。

7.4.1 土壤理化性状与观赏植物生长发育

土壤理化性状主要指土壤质地及土壤结构所决定的土壤通水透气性及土壤的保水保肥

性。土壤质地（沙土、壤土和黏土3类）和土壤结构（有团粒状、块状、核状、柱状、片状等）的不同影响到土壤三相（即固相、液相及气相）间的平衡，从而影响植物根系的生理活动，影响对水分和养分的吸收，进而影响植物的生长发育。

7.4.1.1 土壤质地与观赏植物生长发育

观赏植物因种类及生长发育阶段的不同，对土壤质地的要求也有所区别。露地栽培的观赏植物中，一二年生夏季开花种类忌干燥及地下水位低的沙土；秋播草花以黏壤土为宜；宿根花卉幼苗期喜腐殖质丰富的沙壤土，第二年后则以黏壤土为佳；球根花卉对土壤的要求更为严格，一般以下层沙砾土、表土沙壤土最理想，但其中的水仙、风信子、郁金香、百合、石蒜等，则以黏壤土为宜。

观赏植物的种类很多，各种植物对基质和土壤环境的要求也很不一样。在土壤栽培条件下，一般是采取适地、适栽的原则来满足植物对根际环境的需要。但是对于小面积的土壤，也可以进行改良，人为地使之满足各种植物的生长需要。在土壤改良中多使用有机质，其中农作物的秸秆用量最大，虽然应用秸秆会引起土壤微生物群落的紊乱以及氮源竞争性亏缺，但是形成的腐殖质对土壤结构及植物根际环境的改善作用是不可低估的。在多雨地区，有机质分解较快，增加土壤中秸秆施用尤其重要。农作物秸秆含纤维素、半纤维素容易分解，不适合在观赏植物应用。目前在观赏植物上应用更广泛的是难以分解的木质素含量较高的有机质材料，使用木质素多的材料可以在很长时间内维持土壤的物理结构。利用这种原理，来进行月季的土壤改良，收到明显的效果。一般使用树皮、木屑、刨花、木片等，这些材料分解后，与纤维素一样，也会形成腐殖质。但过于粗大的材料会隔断土壤中的毛管，在灌水时需要考虑到这一点。

目前利用有机质出现的几个问题是：a. 未分解粗大有机质施用后引起土壤毛管切断，而不均匀地混合会引起各层土壤的收缩变化不同，影响根系生长；b. 厩肥的大量施用引起土壤盐类浓度上升，鸡粪、牛粪引起土壤盐碱化，并改变土壤中的气体成分；c. 木质材料的施用，会引起缓慢的氮素吸收，也会导致植物竞争性缺氮；d. 施用有机质的量，目前还没有统一的标准，需要根据情况进行详细探讨；e. 木质材料中，会含有一些有害物质，这些物质如何在施用前快速分解，或者选用什么样的木质材料对栽培植物不产生毒害也需要研究。现在合理使用有机质的一个倾向是将木质材料与畜产废弃物一起进行共发酵处理，其腐熟材料广泛用于花卉生产。这是因为木质材料中氮/碳很低，而且分解慢，在土壤微生物的缓慢作用下分解，引起氮饥饿。而施用化肥或有机肥后由于其分解、流失、吸收快，不易解决长期氮饥饿问题。共发酵中氮/碳较高的畜产废弃物为木质材料提供了一定的氮源供微生物利用，加速分解进程。现已开发出新型土壤改良剂，欧洲使用发泡塑料颗粒，另外，尿素的高分子化合物（尿醛树脂）也有效果，并且在缓慢分解过程中释放出氮素供植物吸收，兼有缓释性肥料的作用。最近，还在研究一些吸水后会变成凝胶的有机合成材料，其吸水性极强，可以促进土壤的团粒化过程，称为 soil conditioner，也开始使用。

7.4.1.2 土壤水气状况与观赏植物的生长发育

土壤水分与通气状况组成了具有辩证关系的土壤液相与气相关系。土壤水分过多则通气不良，时间一长就会造成缺氧、CO_2 聚集，引发对植物的伤害，使根系溃烂，叶片失绿，直至植株萎蔫死亡。尤其土壤黏重时，如遇夏季暴雨，通气不良加之雨后阳光暴晒，会因根系吸水不利而产生生理干旱。另外，适度缺水时，良好的通气可促使根系发达。

观赏植物栽培中，土壤水分不足时，叶片及叶柄常皱缩下垂。特别是叶片较薄的花木，正午易出现暂时萎蔫，如不及时灌水，下层老叶会先萎蔫而后脱落。水分过多时，根系因土壤通气不良而受伤，对水分及养分的吸收能力下降，造成叶片黄化或植株徒长，抗倒伏及抗病力下降。特别是秋季灌水过多造成的徒长秋梢，因不能及时停止生长进入休眠而易发生冷害及冻害。

7.4.2　基质与观赏植物生长发育

随着园艺产业的发展，基质栽培在观赏植物栽培中所占的比例越来越大，基质的优越性和基质对观赏植物生长发育及观赏品质的影响日益受到重视。在盆花、盆景、种苗生产上，基质是不可或缺的重要园艺资材，基质的品种数量和质量水平的高低，已成为一个国家园艺水平的重要标志。

7.4.2.1　基质材料

基质材料的选择不仅要考虑植物栽培生理特性的需要，还要考虑到经营方面的因素，因此根据经营特色与地域性不同有着多样化的特点。从园艺发展历史的角度上看，培养土发展过程经历了4个阶段：第一阶段是将基质作为大田土的延伸，没有将大田土壤与基质从观念或意识上区分开来，当然在实际操作上，是将大田土壤经过适当的选择装入容器栽培植物；第二阶段是将基质材料从土壤中脱离，从原来的土壤开始向其他更适合的材料上扩展，基质与土壤相脱离的意识开始产生，评价基质的标准也往往从优质植物产品生产性以及能够大量生产两个方面来进行考虑，产生了以大田土为主的团粒构造基质和以其他材料混合物为主的单粒构造基质；第三阶段是从天然材料向人工合成材料方面扩展，开始使用蛭石、珍珠岩、炉渣、陶粒、岩棉、花泥等，基质形态由非标准化向标准化过度；第四阶段是从不可降解的向可降解的环保型材料发展。

目前，人们正在寻求可以降解的、对环境不造成污染的、可以循环利用的资材。在选择基质时，应考虑到材料的大量存在，价格便宜，质地均一且变异小，不含对植物有害的物质和盐类或在允许范围之内，不含有害生物包括微生物、杂草、昆虫，颗粒构造相对稳定，容易操作和运输。另外，在盆花生产中，基质本身是商品的一部分，必须安全、卫生、美观，并便于养护管理。现在生产上常用的材料有火山灰土、冲积土、蛭石、珍珠岩、河沙、草炭、腐叶土、苔藓、椰糠、木质废材、稻壳等。各种基质材料的理化性状的不同，具有不同的适用范围（表7－4－1）。

表 7-4-1 几种常用基质的理化性质

材料	容重	持水量	孔隙	代换量	碳氮比
甘蔗渣	低	高	低	中	高
树皮	低	中	中	中	中
木屑	低	高	中	高	高
刨花	低	中	高	中	中
谷壳	低	低	高	中	中
泥炭	低	高	高	高	中
珍珠岩	低	中	高	低	低
蛭石	低	高	中	高	低
陶粒	中	中	高	中	低
沙	高	低	中	低	低
煤渣	中	低	中	低	低
炭化稻壳	低	中	高	低	低
低	<0.25	<20%	<5%	$<10\ mmol \cdot 100\ cm^{-3}$	<1:500
中	0.25~0.75	20%~60%	5%~30%	10~100	1:200~1:500
高	>0.75	>60%	>30%	>100	>1:200

7.4.2.2 标准化基质

标准化基质是以某一地区为对象的最适合组成的培养土，这种基质必须考虑给水方法、容器等配套设备与技术，这是根际管理综合技术中最基本的环节之一。从历史上看，在二战以前英国的研究所开创了标准基质的先河，适合于当时的给水技术与土壤消毒而被推广普及；之后出现草炭、田土与沙的混合基质，西欧草炭被开发利用；1973 年前后 Cappaert 开始利用树皮与草炭，之后美国开发了许多树皮、木屑的混合基质，20 世纪 70 年代树皮开始在美国、日本利用，首先在仙客来之后在石斛兰上应用成功。在实际生产中，各国均有自己的习惯，如欧洲主要用草炭，日本用大田土+腐叶+河沙。我国地域广阔，基质标准不好确定，目前尚未制定统一的标准，基质带病已成为中国盆花与盆景出口的大障碍。很有必要进行深入研究与开发廉价、质轻、无臭、无病、无毒、无污染的基质。

通常情况下，多将几种基质材料混合使用，以最大限度地发挥基质的效用。目前常用的标准化基质有 3 大类，即无机基质、有机基质、混合基质。常用基质的配方与特性（表 7-4-2和表 7-4-3）和国外一些标准基质的组成（表 7-4-4）列举如下，可供参考。

表 7-4-2 常用基质的配方与物理特性

（引自：Bik，1972）

组成		容重/	全孔隙	气相率/%			
沙	草炭	(g · 100 mL^{-1})	(V · V^{-1})	*PF* 1.0	*PF* 1.5	*PF* 1.7	*PF* 2.0
1	7	36.9	80.2	13.2	31.5	33.5	37.8
2	6	55.4	73.4	10.5	31.6	33.6	37.4
3	5	71.9	68.8	11.7	31.8	33.7	37.2
4	4	89.6	64.4	16.6	36.5	38.0	40.6
蛭石	草炭						
1	7	16.0	90.7	17.2	34.9	37.1	41.7
2	6	17.8	90.4	15.3	31.8	34.2	39.2
3	5	18.1	91.0	15.1	33.9	36.3	40.8
4	4	20.5	90.4	14.0	34.9	37.3	41.4
珍珠岩	草炭						
1	7	14.7	90.3	19.6	35.3	37.7	42.8
2	6	15.6	88.8	17.4	34.7	37.1	42.4
3	5	15.5	87.9	19.5	36.7	38.9	44.4
4	4	15.2	87.0	22.6	39.0	41.6	47.0

表 7-4-3 各种基质材料和组分的物理特性

（引自：David，1996）

介质	总孔隙度/%	总孔隙度/(max · min^{-1})	空气空隙度/%	空气空隙度/(max · min^{-1})	容重/(g · mL^{-1})	含水量/%
椰皮纤维	92~94	95.89	9~12	14.4	0.07~0.08	70~80
泥炭	85~88	92.84	9~10	13.9	0.14	70
泥炭:蛭石（1:1，体积分数）	88	90.82	9~10	13.6	0.14	65~75
泥炭:珍珠岩（1:1）	78	82.76	15~18	27.14	0.12	60~70
泥炭:岩棉	88	92.74	13~17	28.9	0.16	60~70
松树皮（<0.5″）	75~80	83.73	19~24	41.6	0.2	60
泥炭（加拿大泥炭藓）	89~94	97.87	12~20	27.6	0.06~0.10	75~80
珍珠岩	68	82.65	28~32	46.14	0.15~0.17	50
岩棉（中等级别）	90	94.87	20	25.19	0.2	50~60
沙	38	38.36	3	4.2	1.4	10
蛭石（Hort. Grade，#2US）	78~80	85.74	6~10	26.4	0.16~0.18	60~65

表 7-4-4 国外标准基质的组成举例

培养土	配合比例
荷兰培养土	草炭 10: 黑草炭 10: 河沙 1
英国温室研究所	草炭 75: 细沙 25（盆栽）
	草炭 50: 细沙 50（播种）
爱尔兰农业研究所	草炭 100
德国土壤研究所	草炭 100
丹麦共月园艺供应公司	草炭 50: 堆肥化秸秆 25: 草质纤维 25
美国 U. C. Mix	草炭 100 或树皮 75: 锯末 50: 河沙 25
美国康奈尔 Mix	草炭 50: 蛭石 25: 珍珠岩 25
康奈尔木本用 Mix	草炭 50:（NO. 2） 25: 珍珠岩 25
康奈尔附生植物用 Mix	草炭 1: 树皮 1: 珍珠岩 1
美国宾夕法尼亚大学培养土	草炭 100
英国 John Innes 培养土	壤土 7: 草炭 3: 沙 1（盆栽）
	壤土 2: 草炭 1: 沙 1（播种）

7.4.2.3 盆栽条件下对基质的要求

盆栽的特点在于对植物根系空间的限定，使之在限定的基质中生长，开花和出售后长期观赏。基质的理化性质对于生育产生极其深刻的影响。物理性质是指土壤的保水性和通气性，化学性质指养分供应特性。在大田（旱地）情况下，地面的水会因为重力作用而下降，在 *PF* 1.5 达到平衡，100 μm 以上的大孔隙不能持水，通常被空气充满。但是在盆栽情况下，一般是 300 μm 以上的孔隙才能成为空气孔隙。其理由是灌水后基质中的水会被盆壁与基质滞留，基质接近于滞水状态。因此，在盆栽情况下，使得基质保持 300 μm 以上的大孔隙才能保证具有良好的排水性和通气性。但这种孔隙度应该达到多少才合适，这要根据植物种类和盆地性质而定。瓦盆可以少一些，塑料盆应多一些。

基质的通气性与 300 μm 以上的大孔隙有关，通过用冲击灰色土、冲击褐色土、黑色火山灰土与腐叶土的混合试验证明，300 μm（即 *PF* 0～1.0 水分张力）的孔隙会随着腐叶土比例的增加而增加，同时大孔隙增加以后，基质的透水系数也增大。因此，基质排水性的好坏，决定于大孔隙的多少，而大孔隙是由于腐叶土或粗大有机质形成的。但大孔隙的维持需要基质中耐水性团粒的稳定存在，否则很快减少。

基质的滞水性则与 300 μm 以下的小孔隙有关。将基质装入塑料盆中，从底部浸水使之达到饱和状态，长时间用栓塞住孔，将盆取出，打开栓从孔中浇水，定时测定流出水量。试验证明，腐叶土越多，流出水量也越多，另外，开栓以后 10 min 流出量最多，以后很少，30 min 以后基本上达到平衡状态，这时留在土壤中的水分张力在 *PF* 0.8～1.0 范围之内。增加小空隙含量多的基质材料有利于滞水性的提高。

基质的化学特性也很重要。在实践中，盆栽基质的 pH 为 5.3～6.9，分布很宽，差异较大。另外，基质中养分差异也很大。在理论上，良好基质的 pH 应该是 5.5～6.5，硝态氮、氨态氮适宜质量分数 10 ~ 20 mg · 100 g^{-1}干土。通常维持一定的浓度。基质中水溶性硝态氮上升，会引起水溶性钾、钙、镁离子浓度上升，随之而来的是 *EC* 和渗透压上升，最终导致养分容易被淋洗。基质中的磷肥效果不仅受施肥的影响，而且受基质吸附磷肥特性的影响。堆肥及腐叶土吸附较少，磷肥的有效性提高。由于基质中有机质一般高，因此有效磷含量往往过剩，但是草花基质中有效磷超过 100 mg · 100 g^{-1}干土是无用的。

钾、钙、镁在吸收上有拮抗作用，过分使用会导致 pH 和土壤溶液浓度上升，因此 3 种盐基平衡，多数植物的平衡点已经很清楚，如仙客来，3 种盐基平衡为（mg 含量比）K: Ca: Mg = 15: 65: 20，盐基饱和度的适当值为 80% 。因此，提高基质的盐基置换量是保证大量施肥而不产生盐害，并保持离子平衡的根本保证。

盐基置换量与基质中腐殖质含量多少成正相关，但由于有机质的假比重小。所以每盆中（单位容积）的盐基置换量并不增大，因此，将田土与有机质长期堆积，使之腐殖质化是最重要的。一般好的生产者往往用土堆制 1 ~ 2 年才使用。

盆的特性也对基质的性质产生影响。瓦盆具有多孔性，有毛管引力，灌水的一部分被盆体吸收，研究表明，盆体最大含水量为 20% ，这种含水量可以维持到基质 *PF* 3.5 ~ 5.0 的状态不变。亦即盆壁可以维持很高的水分张力。瓦盆体的孔隙多为 3 μm 以下的小孔隙。由于基质中多为 300 μm 以上的大孔隙，与盆壁 3 μm 的小孔隙相连，300 μm 中水被 3 μm 的大引力吸引进入盆壁，最后被蒸发。从水势上看，基质 300 μm 孔隙≫盆壁 3 μm 孔隙≫空气中饱和蒸汽压。从水分移动的动力学原理可以得知：只要空气中水分不饱和，即盆壁与空气中水势不达到平衡，基质中水分就会向盆壁移动。瓦盆体依靠其强大的毛管引力吸附基质中的水，并将其排除到空气中，促使盆中基质迅速干燥。因此可以接触滞留水，防止盆中基质受过多水分的伤害。另外，盆壁蒸发的水分可以带走汽化热，使得基质温度降低，促进高温夏季植物的生长，是非常好的材料。但是在冬季，这种效果不太明显。因此，夏季用瓦盆，冬季采用塑料盆。

7.4.3 根际 pH

植物根际 pH 主要受土壤（基质）酸碱度、灌溉用水的酸碱度及营养液的酸碱度的影响。

7.4.3.1 观赏植物的酸碱适应性

根据观赏植物生长发育对酸碱度的要求，可分为 3 类。

酸性观赏植物（oxylophyte ornamentals）在 pH 6.5 以下生长发育良好，但因种及品种不同而有较大差异。其中少数强酸性花卉要求根际 pH 在 5 以下，如凤梨科植物（pH 4.0）、蕨类植物、兰科、八仙花、紫鸭跖草、山茶、杜鹃、栀子等；弱酸性花卉（适宜 pH 5 ~ 6.8 的环境），包括几乎所有温室花卉，如棕榈科、仙人掌科、天竺葵属、大岩桐、朱顶红、秋海棠、仙客来、倒挂金钟等。

中性观赏植物（neutral ornamentals）要求 pH 6.5 ~ 7.5 之间，绝大多数观赏植物属于这一类。如金盏花、勿忘草、紫菀、风信子、水仙、郁金香、四季报春等。

碱性观赏植物（alkaline ornamentals）要求 pH 在 7 以上，如石竹、香豌豆、非洲菊、天竺葵、紫穗槐、柽柳、侧柏、刺槐、沙枣等。

7.4.3.2 根际 pH 与观赏植物的生长发育

根际 pH 影响植物根系的多种生理和生化活性，并影响环境中各营养元素的有效性，而影响着观赏植物的生长发育。

由于不同观赏植物对 pH 要求不同（表 7－4－5）。栽培时根据种及品种的不同，应对 pH 不适宜的土壤（基质）进行改良。如在碱性或微碱性土壤栽培喜酸性花卉时，一般露地花卉可施用硫磺粉或硫酸亚铁，每 10 m^2 用量分别为 250 g 和 1.5 kg，施用后 pH 可相应降低 0.5～1.0。黏性重的碱性土，用量需适当增加；对盆栽花卉如杜鹃，常浇灌含硫酸亚铁等的水溶液（每千克水加 2 g 硫酸铵和 1.2～1.5 g 硫酸亚铁的混合溶液，也可用矾肥水浇灌）。而当土壤酸性过高时，根据土壤情况可用生石灰中和，以提高 pH（表 7－4－5）。

表 7－4－5 一些观赏植物的适宜根际 pH

植物类别	名称（学名）	适宜 pH
观叶植物	铁线蕨 *Adiantum capillus-veneris*	4.0～6.0
	凤梨 *Bromeliaceae*	4.0～4.5
	花烛 *Anthurium andraeanum*	5.5～6.5
	印度榕 *Ficus elastica*	5.5～7.0
	喜林芋 *Philodendron selloum*	5.5～6.5
	毛叶秋海棠 *Begonia scharffiana*	6.0～7.0
	蓬莱蕉 *Monstera deliciosa*	5.5～6.5
	椰子 *Cocos nucifera*	5.0～6.5
木本观赏植物	西府海棠 *Malus micromalus*	5.0～6.6
	山月桂 *Kalmia latifolia*	5.0～6.0
	栒子木 *Cotoneaster multiflorus*	6.0～8.0
	欧石楠 *Erica*	4.0～4.5
	樱花 *Prunus yedoensis*	5.5～6.5
	山茶 *Camellia japonica*	4.5～6.5
	花柏类	6.0～7.0
	广玉兰 *Magnolia grandiflora*	5.0～6.0
	杜鹃 *Rhododendron simisii*	4.5～5.5
	火棘 *Pyracantha fortuneane*	6.0～8.0
	栀子 *Gardenia jasminoides*	5.0～6.0
	紫藤 *Wisteria sinensis*	6.0～8.0
	贴梗海棠 *Chaenomeles spcisa*	5.5～7.5
	一品红 *Euphorbia pulcherrima*	6.0～7.0

续表 7-4-5

植物类别	名称（学名）	适宜 pH
一二年生草花	紫菀 *Aster*	6.0~8.0
	藿香蓟 *Ageratumo cinyzoides*	5.0~7.0
	庭荠 *Alyssum destertorum*	6.0~8.0
	蒲包花 *Calceolaria herbeohybrida*	5.5~6.5
	金鱼草 *Antirrhinum majus*	6.0~7.5
	大波斯菊 *Cosmos bipinnatus*	5.5~6.5
	彩叶草 *Coleus blumei*	4.5~5.5
	瓜叶菊 *Seneio cruentus*	6.0~7.5
	百日草 *Zinnia elegans*	6.0~8.0
	三色堇 *Viola tricolor*	6.0~7.5
	报春花 *Primula malacoides*	6.5~7.0
	欧报春 *Primula vulgaris*	7.0~8.0
	牵牛花 *Pharbitis choisy*	6.0~7.5
	万寿菊 *Tagetes erecta*	5.5~6.5
多年生花卉	灯心草 *Juncus dffusus*	6.0~7.0
	菊花 *Dendranthema morifolium*	5.5~6.5
	铁线莲 *Clematis florida*	5.0~6.0
	芍药 *Paeonia lactiflora*	6.0~8.0
	仙人掌类	7.0~8.0
	天竺葵 *Pelargonium hortorum*	5.0~7.0
	非洲紫苣苔 *Saintpaulia ionantha*	6.0~7.5
	秋海棠 *Begonia*	6.0~7.0
球根类	朱顶红 *Hippeastrum vittatum*	5.5~7.0
	美人蕉 *Canna indica*	6.0~7.5
	唐菖蒲 *Gladiolus hybridus*	6.0~8.0
	大岩桐 *Sinningia speciosa*	5.0~6.5
	番红花 *Crocus vernus*	6.0~8.0
	水仙 *Narcissus* spp.	6.0~7.5
	仙客来 *Cyclamen persicum*	5.5~6.5
	大丽花 *Dahlia hybrida*	6.0~8.0
	风信子 *Hyacinthus orientalis*	6.0~7.5
	洋水仙 *Narcissus pseudo-narcissus*	6.5~7.0
	郁金香 *Tulipa gesneriana*	6.0~7.5
	花毛茛 *Ranunculus asiaticus*	6.0~8.0

环境酸碱度还影响某些花卉的花色变化。如八仙花的蓝色花与不同生境 pH 下铝和铁的有效吸收有关，pH 为 4.6 ~ 5.1 时，花瓣中铝和铁含量很高，使花瓣呈深蓝至蓝色；pH 为 5.5 ~ 6.5 时，铝含量较低，呈紫色至红紫色；pH 为 6.8 ~ 7.4 时，铝含量极低，呈粉红色。

7.5 矿质营养

观赏植物正常生长发育所必需的 9 种大量营养元素（碳、氢、氧、氮、磷、钾、钙、镁、硫）占其生物干重的 93% 以上；7 种微量元素（铁、锰、硼、铜、锌、钼、氯）虽含量很少，仅占百万分之几到十万分之几，但却是不可或缺的。其中除氢、氧来自于水，碳来自大气外，其他元素主要来自于土壤（基质或营养水）。分析植物体内各养分的含量，有利于了解其对不同养分的吸收、利用及分配情况，为合理施肥提供参考和标准。根据 1982 年美国 Ohio 农业研究中心（OARDC）的分析资料，常见观赏植物体内营养元素含量范围如表 7 - 5 - 1 所示。

表 7 - 5 - 1 常见观赏植物体内营养元素的浓度范围（干重）

（引自：David Wm. Reed，Water，Media，and Nutrition for Greenhouse Crops. Ball Pubulishing，1996）

植物种类	营养元素评价	主要元素种类及含量										
		N/%	P/%	K/%	Ca/%	Mg/%	Mn/(mg·kg^{-1})	Fe/(mg·kg^{-1})	B/(mg·kg^{-1})	Cu/(mg·kg^{-1})	Zn/(mg·kg^{-1})	Mo/(mg·kg^{-1})
温室杜鹃	不足	<1.8	<0.15	<0.75	<0.20	<0.17	<30	<50	<20	<5	<15	—
	低	1.81 ~ 1.99	0.16 ~ 0.19	0.76 ~ 0.99	0.21 ~ 0.44	0.18 ~ 0.19	31 ~ 45	51 ~ 59	21 ~ 30	6	16 ~ 25	—
	充足	2.00 ~ 3.00	0.20 ~ 0.50	1.00 ~ 1.60	0.45 ~ 1.60	0.20 ~ 0.50	50 ~ 300	60 ~ 150	31 ~ 100	7 ~ 15	26 ~ 60	—
	高	3.01 ~ 3.20	0.51 ~ 0.64	1.61 ~ 1.70	1.61 ~ 1.75	0.51 ~ 0.55	301 ~ 400	151 ~ 175	101 ~ 200	16 ~ 20	61 ~ 69	—
	过量	>3.21	>0.65	>1.71	>1.76	>0.56	>401	>176	>201	>21	>70	—
石竹属	不足	<3.0	<0.50	<2.00	<0.60	<0.15	<30	<30	<25	<5	<15	—
	低	3.01 ~ 3.19	0.06 ~ 0.19	2.01 ~ 2.49	0.61 ~ 0.99	0.16 ~ 0.24	31 ~ 99	31 ~ 49	26 ~ 29	6 ~ 9	16 ~ 24	—
	充足	3.20 ~ 5.20	0.20 ~ 0.30	2.50 ~ 6.00	1.00 ~ 2.00	0.25 ~ 0.50	100 ~ 300	50 ~ 150	30 ~ 100	10 ~ 30	25 ~ 75	—
	高	5.21 ~ 5.25	0.31 ~ 0.35	6.01 ~ 6.10	2.01 ~ 2.10	0.51 ~ 0.55	301 ~ 799	151 ~ 155	101 ~ 699	31 ~ 35	76 ~ 80	—
	过量	>5.26	>0.36	>6.11	>2.11	>0.56	>800	>156	>700	>36	>81	—

续表 7-5-1

植物种类	营养元素评价	主要元素种类及含量										
		N/%	P/%	K/%	Ca/%	Mg/%	Mn/(mg·kg^{-1})	Fe/(mg·kg^{-1})	B/(mg·kg^{-1})	Cu/(mg·kg^{-1})	Zn/(mg·kg^{-1})	Mo/(mg·kg^{-1})
菊属	不足	<3.50	<0.20	<3.50	<0.50	<0.14	<20	<50	20	5	15	—
	低	3.51~3.99	0.21~0.29	3.51~4.49	0.51~0.99	0.15~0.34	21~29	51~59	21~49	6~24		—
	充足	4.00~6.50	0.30~1.00	4.50~6.50	1.00~2.00	0.35~0.65	30~350	60~500	50~100	25~75	15~50	—
	高	6.51~6.75	1.01~1.20	6.51~6.60	2.01~2.10	0.66~0.70	351~800	501~525	101~124	76~80	51~55	—
	过量	>6.76	>1.21	>6.61	>2.11	>0.71	>801	>526	>125	>81	>56	—
牻牛儿苗属	不足	<2.40	<0.24	<0.70	<0.77	<0.14	<9	<60	<18	<5	<6	—
	低	2.41~3.29	0.25~0.39	0.71~2.49	0.78~0.80	0.15~0.19	10~41	61~69	19~29	6	7	—
	充足	3.30~4.80	0.40~0.67	2.50~4.50	0.81~1.20	0.20~0.52	42~174	70~268	30~280	7~16	8~40	—
	高	4.81~4.85	0.68~0.70	4.51~4.60	1.21~1.25	0.53~0.55	175~800	269~280	281~290	17~700	41~45	—
	过量	>4.86	>0.71	>4.61	>1.26	>0.56	>801	>281	>291	>701	>46	—
观叶植物	不足											—
	低	1.49	0.19	0.99	0.49	0.29	30	49	25	5	15	—
	充足	1.50~3.50	0.20~0.40	1.00~4.00	0.50~2.00	0.30~0.80	31~300	50~150	26~100	6~20	16~50	—
	高	3.51	0.41	4.01	2.01	0.81	301	151	101	21	51	—
	过量											—
蔷薇属	不足	<3.00	<0.10	<1.80	<0.90	<0.25	<30	<50	<30	<5	<15	—
	低	3.01~3.49	0.11~0.19	1.81~1.99	0.91~0.99	0.26~0.27	31~69	51~79	31~39	6~7	16~19	—
	充足	3.50~4.50	0.20~0.30	2.00~2.50	1.00~1.50	0.28~0.32	70~120	80~120	44~60	7~15	20~40	—
	高	4.51~5.00	0.31~0.34	2.51~3.00	1.51~1.60	0.33~0.35	121~250	121~150	61~400	15~17	41~50	—
	过量	>5.01	>0.35	>3.01	>1.61	>0.36	>251	>151	>401	>18	><51	—

续表 7-5-1

植物种类	营养元素评价	主要元素种类及含量									
		N/%	P/%	K/%	Ca/%	Mg/%	Mn/(mg·kg^{-1})	Fe/(mg·kg^{-1})	B/(mg·kg^{-1})	Cu/(mg·kg^{-1})	Zn/(mg·kg^{-1})	Mo/(mg·kg^{-1})
一品红属	不足	<3.00	<0.20	<1.00	<0.50	<0.20	<40	<50	<20	<2	<15	<0.50
	低	3.01~3.99	0.21~0.29	1.01~1.49	0.51~0.69	0.21~0.39	41~79	51~99	21~29	3~5	16~24	0.51~1.00
	充足	4.00~6.00	0.30~0.65	1.50~3.50	0.70~2.00	0.40~1.00	80~300	100~300	30~100	6~10	25~60	1.01~5.00
	高	6.01~7.30	0.66~0.70	3.51~4.00	2.01~2.20	1.01~1.25	301~650	301~500	101~200	11~15	61~70	5.01~9.00
	过量	>7.31	>0.71	>4.01	>2.21	>1.26	>651	>501	>201	>16	>71	>9.01

7.5.1 主要矿质营养元素与观赏植物

7.5.1.1 氮（N）

氮被称为生命元素，是构成蛋白质、核酸、磷脂及叶绿素的重要成分，其中蛋白质中含氮量为16%~18%。氮可促进蛋白质及叶绿素的合成，增进光合作用，延长叶片功能期。氮肥适中时叶大而鲜绿，植株生长健壮，枝繁叶茂，花多，产量高。

缺氮时叶片黄化，特别是下部老叶枯萎，生长不良（如万寿菊、一串红、紫罗兰、香石竹和许多球根花卉）；氮过多时则造成徒长、木质化程度低、抗病虫能力下降及开花数量减少、花期延迟等问题。

一些花卉如杜鹃开花所需的氮水平较高，高氮下花蕾总数较多，一品红高氮下花芽分化及花的发育均提早。月季的一些品种通常基质氮水平为10 mg·L^{-1}时即会产生缺素症，25~100 mg·L^{-1}时生长发育良好，达300 mg·L^{-1}时则嫌过多。香石竹基质氮水平在10~140 mg·L^{-1}范围内产量随氮水平提高而增加。

7.5.1.2 磷（P_2O_5）

磷主要存在于磷脂、核酸、核蛋白中，是原生质和细胞膜的主要组成部分。适宜的磷可以促进花芽分化，提早开花结实，使茎坚挺，促进根系发育，提高植株抗性。

缺磷时叶小，叶色暗绿，提早脱落，茎出现花青素，生长发育推迟。

施磷效果显著的露地栽培花卉有一串红、万寿菊、矮牵牛、紫菀、三色堇等，因磷在土壤中易受雨水冲刷，故一般在栽培前施入。盆栽花卉则通常混入培养土中，通常生育前期吸收较多。磷在pH 6以上多以磷酸钙形式存在，酸性土壤中易与钙、铁、铝、锰形成难溶性盐，不易被植株吸收。

7.5.1.3 钾（K_2O）

在植物体内以离子形式存在，主要作为多种酶的辅因子或活化剂参与各种生理过程。钾适宜时植株茎秆坚韧、抗倒伏、并有利于块茎、块根及球根的发育。缺钾时老叶叶缘焦枯直至脱落，植株抗逆性下降、易倒伏且生长缓慢。钾过量植株低矮，节间缩短，叶片发黄，皱缩。钾与其他肥料存在拮抗作用，如钾与氮拮抗。

7.5.1.4 钙（Ca）

是植物体内的第二信使，主要存在于叶片及老熟的器官和组织中，是构成细胞壁中胶层果胶酸钙的主要成分。钙与有机酸（主要为草酸）结合，可避免植物酸中毒。

缺钙时，细胞壁形成受阻，分生组织最易受害。严重时根尖、茎尖溃烂坏死。

Ca^{2+}过多时，抑制对磷的吸收。通常有效的Ca^{2+}是以交换方式被吸收，故降雨、灌水易造成土壤中钙的淋溶而使土壤变酸。尤在施用含SO_4^{2-}，NO_3^-的肥料后，会加速Ca^{2+}的淋溶损失。故酸性土壤及设施栽培所用的混合基质中，尤在化肥施用较多的情况下，补充施用钙肥是非常重要的。

7.5.1.5 镁（Mg）

镁不但参与叶绿素的形成及酶的活化，而且对磷的可利用性有很大影响。镁主要集中在生长旺盛部位。

轻度缺镁时，老叶叶脉间黄化，严重时由黄白色变为白色。

镁可因与其他元素发生拮抗而难以被吸收，特别在大量施用钾肥使土壤 pH 达 7 以上的情况下，镁的吸收已非常困难。因此，在新的泥炭土加石灰中和时需特别注意。

7.5.1.6 铁（Fe）

是许多酶（细胞色素氧化酶、过氧化物酶、过氧化氢酶等）辅基的重要组成成分，为合成叶绿素所必需，并对叶绿体结构有重大影响。铁在植物体内难以移动。

缺铁时幼叶叶脉间黄化。通常在栽培温度低、土壤 pH 高以及石灰、磷及硝态氮施用较多时易产生缺铁病；常发生于杜鹃属、山茶属、八仙花属、报春花属及矮牵牛、扶郎等。

7.5.1.7 硼（B）

与生殖关系密切，花粉的形成、花粉管的萌发、受精作用均同硼有关。缺硼时易发生“蕾而无花”或“花而不实”等现象。

7.5.1.8 锰（Mn）

以离子形式被植物吸收，是光合放氧复合体的主要构成元素，同时又是磷酸转移酶和三羧酸循环中各脱氢酶的活化剂。锰的存在还有利于硝酸的正常还原。

缺锰时硝酸不能被还原成氨，表现为叶脉间失绿症。

7.5.1.9 锌（zn）

锌是碳酸酐酶、谷氨酸脱氢酶、羧肽酶的组成部分，故在光合作用、氮代谢及蛋白质合成中有重要作用。

缺锌时植株节间变短，老叶先受害，表现为脉间失绿，严重缺锌时新生成的叶片细小(“小叶病”)。

7.5.1.10 氯（Cl）

氯为光合作用所必需，催化光合中水解放氧。缺氯时，植株叶子变小；根系生长受阻。

其他必需营养元素及一些非必需营养元素的作用也是不容忽视的，各营养元素的平衡共同影响和左右着观赏植物的正常生长发育。

7.5.2 观赏植物对矿质营养的吸收特性

为了达到合理施肥，必须弄清各类花卉对大量元素的吸收特性，根据其吸收特性曲线进行施肥，进而开发和使用缓释性肥料、液态肥料、有机无机混合肥料等，尤其是开发包膜肥料和计算机指导下的合理施肥技术迫在眉睫。由于包膜肥料与其他有机、无机肥料不同，肥料的有效成分释放量不受其他土壤因素的影响，而仅仅只受土壤温度的影响，土壤温度高植物生长量大时释放量大；反之释放量小。正由于使用包膜肥料可以相当准确地控制成分释放，增加肥效，减少环境污染，备受生产者和消费者的青睐。

7.5.2.1 观赏植物对矿质营养的吸收量

不同植物种类的吸收肥料特性差异很大。目前认为这主要是由于植物原产地的不同所致。从植物原产地与其在生产实践中的氮肥施用量之间的关系来看，有一定的规律性。表现为：原产于亚洲寒带的高山、亚洲、非洲、美洲热带雨林的观赏植物施用氮肥很少，如紫菀、报春、瓜叶菊、卡特丽亚兰、春兰、石斛兰等；原产于地中海气候型的观赏植物施用氮肥中等，如满天星、香石竹、非洲菊、香豌豆、紫罗兰、三色堇、仙客来等；原产于沙漠干燥地带的观赏植物施用氮肥量高，如情人草、土耳其（洋）桔梗、矮牵牛、万寿菊等。因此，在考虑花卉的施肥量时，可以将其原产地作为一个重要参考。另外，由于栽培目的不同，观赏植物的养分吸收量也有差异。

(1) 切花养分吸收量　切花的养分吸收与植物种类有关，但平均施肥水平为：N 2.04，P_2O_5 0.67，K_2O 3.28，CaO 1.51，MgO 0.47 $kg \cdot 100\ m^{-2}$。

观赏植物吸肥量的种间差异多来自于植株的生育量及采花量的不同，植物的养分吸收量总是与生长量成正比，如香石竹、月季那样的花卉体重大，采花期长、采花量多，吸肥量也大，当然温室中栽培比露地栽培吸收量更多（表7-5-2）；即便是同一种植物，促成栽培与抑制延迟栽培时的施肥量也不同，如百合（表7-5-3）。

表 7-5-2　切花的养分吸收量比较

（引自：细谷，1995）

种　类	产量	养分吸收量/（kg·100 m^{-2}）					其他元素与 N 之比/%			
	（100 m^2）	N	P_2O_5	K_2O	CaO	MgO	P_2O_5	K_2O	CaO	MgO
六出花	13 000（a）	1.84	0.66	4.91	0.82	0.26	36	267	45	14
石竹	25 730（a）	7.92	3.30	13.46	4.93	1.66	42	144	62	21
菊花	5 960（a）	1.63	0.42	2.79	0.70	0.28	26	171	43	17
金鱼草	3 400（b）	1.80	0.50	3.55	1.50	0.60	28	197	83	33
宿根霞草	590（d）	0.81	0.33	1.73	1.04	0.58	41	214	128	72
香豌豆	2 000（b）	1.67	0.45	1.23	1.21	0.34	27	74	72	20
情人草	440（b）	1.44	0.66	2.04	0.38	0.75	46	142	26	52
紫罗兰	5 990（b）	2.04	0.56	3.22	1.60	0.25	27	158	78	12
飞燕草	490（b）	1.22	0.35	2.72	0.68	0.54	29	223	56	44
洋桔梗	3 100（b）	1.24	0.22	1.46	0.16	0.28	18	118	13	23
月季	12 120（a）	2.37	0.62	2.30	0.86	0.37	26	97	36	16
小苍兰	15 000（c）	1.29	0.33	2.09	0.42	0.25	26	162	33	19
百合	2 880（c）	0.67	0.08	1.69	0.61	0.17	12	252	91	25
龙胆	715（b）（e）	2.57	0.90	2.72	1.21	0.18	35	106	47	7

注：1. 100 m^2 的产量，（a）切花支数；（b）定植株数；（c）定植球数；（d）一年生植株；（e）开花第四年。

2. 养分吸收量因栽培方法不同差异很大，表中数字仅供参考。

表 7-5-3　百合促成栽培与抑制（延迟）栽培时的施肥量比较

肥料种类	促成栽培用量/（kg·100 m^{-2}）	延迟栽培用量/（kg·100 m^{-2}）	促成/延迟
氮（N）	1.30	1.09	1.19
磷（P_2O_5）	4.48	0.24	18.66**
钾（K_2O）	4.48	2.65	1.69
钙（CaO）	1.38	0.94	1.47
镁（MgO）	0.33	0.27	1.22

（2）盆花的养分吸收量　盆花的吸肥量以每盆的吸收量计算，平均水平为：N 0.97，P_2O_5 0.32，K_2O 1.13，CaO 0.79，MgO 0.27 kg·100 m^{-2}。盆花吸肥因植物的种类不同而异，这主要是由于开花时的生育量不同，另外与植株大小有关。如君子兰、大花蕙兰等大型植物吸收量大，而小型盆花吸肥量则少。另外，品种之间的吸肥量也有明显差异，这种差异是由于不同品种间吸肥特性及生长量的差异造成的（表 7-5-4 和表 7-5-5）；养分吸收量与花盆大小成正比，如仙客来的吸肥量因品种及盆大小而异，7 号大盆吸肥量为 5 号小盆

的4倍；5号盆吸肥量为微型仙客来的4倍。

表7-5-4 盆花的养分吸收量

（引自：细谷，1995）

种类	地上部鲜重/（g·盆$^{-1}$）	盆号	养分吸收量/（kg·100 m^{-2}）					其他元素与N之比/%			
			N	P_2O_5	K_2O	CaO	MgO	P_2O_5	K_2O	CaO	MgO
牵牛花	227	5	0.76	0.19	1.28	0.59	0.20	25	168	78	26
凤仙花	183	5	0.35	0.21	0.73	0.33	0.24	60	209	94	69
非洲菊	—	5	0.82	0.17	0.89	0.24	0.11	21	109	29	13
蒲包花	98	4.5	0.23	0.10	0.48	0.17	0.05	43	209	74	22
大岩桐	100	5	0.28	0.07	0.51	0.34	0.05	25	182	121	18
君子兰	481	5	1.55	0.45	1.67	1.29	0.25	29	108	83	16
仙客来	379	5	0.55	0.18	1.07	0.60	0.28	33	195	109	51
瓜叶菊	178	5	0.67	0.20	1.27	0.47	0.16	30	190	70	24
大花蕙兰	1 343	—	4.26	1.50	2.79	3.65	1.43	35	65	86	34
天竺葵	152	4.5	0.36	0.22	0.52	0.87	0.15	61	144	242	42
一品红	—	5	0.59	0.13	0.41	0.31	0.09	22	69	53	15
盆菊	323	5	1.27	0.36	1.92	0.56	0.17	28	151	44	13

注：养分吸收量因栽培方式和盆的大小不同差异很大，表中数据仅供参考。

表7-5-5 盆菊品种间吸肥量的差异

（引自：细谷，1995）

元素种类	吸收量/（g·株$^{-1}$）	差异系数
N	0.24~0.48	2
P_2O_5	0.05~0.10	2
K_2O	0.23~0.51	>2
CaO	0.09~0.13	<2
MgO	0.02~0.05	>2

除了吸收量之外，植物对各种矿质元素的吸收比例具有一定的规律性。不论是盆花还是切花，钾的吸收量总是最多。各元素的吸收量依次为钾>氮>钙>磷>镁，各元素吸收比因植物种类而异，其平均值大致为氮:磷:钾:钙:镁=100:32:159:73:8，这与禾本科大田作物相比，钾、钙、镁吸收量要大得多，而与蔬菜类的平均值相近。

7.5.2.2 观赏植物对矿质营养的吸收进程

（1）*养分吸收进程* 关于观赏树木的养分吸收研究得较少，对于盆花与切花研究得较多。对于观花的植物而言，一般在开花时采收，除了采种栽培之外生育周期不可能完全实现，即没有种子成熟阶段。因此，相对于大田作物而言，养分吸收与生长发育有着特殊性。特别是花卉种类繁多，种植期以及采花次数不同，营养过程表现出复杂多样的特点。若根据花卉的生育及栽培过程与花卉的养分吸收特点，可以分为以下几种模式。

①盆花类的氮吸收曲线可分为5种类型（表7－5－6）：

A. 长期开花型，如四季桂、火鹤；

B. 生育期转换型，如一品红；

C. 花芽分化后休眠型，如八仙花、虎耳草科、绣球属；

D. 营养生长型，如观叶植物；

E. 蓄积营养再利用型，如蟹爪兰。

表7－5－6　盆花种类及氮吸收曲线

（引自：细谷，1983）

营养类型	A 长期开花型	B 生育期转换型	C 花芽分化后休眠型	D 营养生产型	E 蓄积营养再利用型
植物种类	仙客来等	一品红等	八仙花等	观叶植物	蟹爪兰等
生长量	逐渐上升	上升后变缓	中期停长	不断上升	上升后停长
N 吸收量	连续吸收	连续吸收，花后减少	花芽分化后中断	连续吸收	花芽形成时中断

引自：细谷毅等编．花卉营养和施肥．1995。

②切花类的氮吸收曲线可分为4种类型（表7－5－7）。

表7－5－7　不同切花种类及其氮吸收曲线

（引自：加藤，1993）

营养类型	A 连续采花型	B 多次采花周期型	C 短期上升型	D 后期上升型
植物种类	月季（冬切）	月季（一次切）	夏秋菊、秋菊	霞草
	非洲菊	菊花（两次切）	紫罗兰	土耳其桔梗
	香豌豆	菊花（三次切）	紫菀属	补血草
		香石竹	多次菊	夏菊
			金鱼草	
吸收曲线	连续吸收	双峰吸收	单峰吸收	中后期吸收

引自：细谷毅．花卉营养和施肥．1995。

A. 连续采花型，如月季（冬切）、非洲菊、香豌豆等；

B. 多次采花周期型，如月季（一次切）、菊花（两次切）、菊花（三次切）、香石竹等；

C. 短期上升型，如夏秋菊、秋菊、紫罗兰、紫菀属、多次菊、金鱼草等；

D. 后期上升型，如霞草、土耳其桔梗、补血草、夏菊等。

总之，虽然切花与盆花的吸收特点不同，但是生长与需肥是相关的，这是植物吸收养分的最一般规律。在休眠期不施肥。

（2）养分吸收曲线的推测　虽然养分的吸收进程曲线因观赏植物的种类和品种的不同

而异，但是植物在发育过程中所形成的生物产量与其养分吸肥量总是呈现出正相关。因此，只要得知某种观赏植物组织中的养分含量及预定产量，从某种程度上就可以推测出植物生长过程中的养分吸收量。

植物的养分吸收曲线与植物鲜重的增长基本一致，从生育过程可以推断其吸收曲线。因此，根据生长发育的详细调查和分析，可以决定花卉的施肥方法及施肥量。在实际栽培中，除了从理论上推断之外，还要考虑到品种之间的差异以及栽培方法的不同，才能制定出正确的施肥方案，收到良好的效果。

研究表明，在同属或同一物种中具有不同的营养效率类型的变异，如在苹果属（*Malus*）中，有铁高效型；在烟草中有钾高效型；在蔷薇属（*Rosa*）同种的不同品种之间也有生长量与肥料吸收效率的差异；仙客来微型种的根系发达，吸肥力强，肥料利用效率高。

7.5.3 观赏植物对营养元素的反应

对观赏植物生长发育开花影响最大的是氮肥。氮肥不足会引起叶色变浅，生长变慢，开花延迟，品质变差。由于氮是比较容易移动的养分，衰老部分向体内生长旺盛部分转移，因此氮缺乏首先会在下部叶片中表现出来，之后从下向上波及。

一般来说，氮过多之后，叶色会变浓绿，生长发育会旺盛，但是枝叶软弱、徒长，开花期推迟，失去花叶的平衡，品质会下降。另外，切花的瓶插寿命会缩短，因此生产高品质的花必须有适当的氮肥施用。

7.5.3.1 氮素形态

常用肥料的氮素形态主要有硝态氮、铵态氮、酰胺态氮 3 种。植物种类不同，对硝态氮和铵态氮的吸收利用效率各异。若以植物生长最好时的施肥情况作为评价标准，则表现出水稻喜铵态氮；蔬菜喜硝态氮混入少量铵态氮；花卉种类繁多难以概论，但大致可以分为 5 种类型：

（1）纯硝态氮型　铵态氮使其生长不良，如牵牛、波斯菊、百日草、一品红、彩叶草、天竺葵等。

（2）纯铵态氮型　硝态氮过多则生长不良，如皋月杜鹃等。

（3）硝态氮主导型　适合的硝态氮/铵态氮的比例为 1:(0.2 ~ 0.4)，铵态氮增加后则生长不良，如卡特丽亚兰、香石竹、非洲菊、菊花、一串红、仙客来、香豌豆、紫罗兰、月季、三色堇、秋海棠、百合等。

（4）铵态氮主导型　适合的铵态氮/硝态氮的比例为 1:(0.2 ~ 0.4)，硝态氮过多对杜鹃、大岩桐等不良。

（5）氮素形态任意型　硝态氮/铵态氮的比例对植物的影响不大，只要施用量和施用时期正确，植物均能很好地生长，如唐菖蒲等。

虽然植物对于氮素形态反应不同，但大多数观赏植物喜硝态氮，表现为在硝态氮为主、硝态氮与铵态氮少量混合施用的条件下生长良好的种类较多。另外，不同形态的氮素会影响不同器官的发育，一般花卉上所指的高品质主要以花为主体来判断的，但是如果以叶为主则情况不同，品种不同，情况也会不一样。

对一串红来说，硝态氮增加叶重，铵态氮增加花重。花重最大时的硝态氮/铵态氮为4:6，茎叶最大时的硝态氮/铵态氮为10:0，硫酸铵对生长有利。在香石竹上表现为，'Skenia'以8:2较好，而'Nona'以6:4生长最好。菊花仅施用硝态氮时叶色淡，有铵态氮共存时叶色绿。对一般品种，硝态氮/铵态氮的比例在9:1~3:7的范围内没有差异；而在1:9时，叶色浓绿；0:10时，叶色灰绿，后期叶尖枯黄。仅用硝态氮时菊花的根重最大，增加铵态氮则根重减少，仅施用铵态氮根系变得很小，细根褐变。

氮素形态对各种花卉开花和生长的影响不同，是由于观赏植物对不同形态氮素嗜好不同，另外是对铵态氮的耐性不同造成的，有其深刻的生理生化及遗传基础。在进行有土栽培时，施用氮肥都会受到微生物作用，由铵态氮向硝态氮转变，最后被植物吸收，氮素形态往往不会成为栽培上的问题。但在无土栽培（或人工基质栽培）时，因为基质消毒引起土壤硝化作用被抑制，氮肥形态显得非常重要。

7.5.3.2 施用时期及浓度

不同生育时期施用氮肥的效果不同。例如，在菊花和一品红上的研究表明，植物在不同生长发育阶段的氮肥施用效果不同，并且不能替代，氮肥对于生长发育初期影响最大，初期氮肥不足引起植物停止生长，叶片变小，这种负面影响不能通过后期补充氮肥而得以恢复和补偿。但也有与此相反的植物，如菊花在生育后期，尤其是在花蕾出现之后，吸肥量大，但氮素缺乏对生长发育影响不大。这主要是因为在后期菊花体内贮存养分较多，氮素可以通过再利用，达到体内调剂的结果。若在花蕾期大量施用氮肥，反而引起菊花花瓣褐变。因此，在菊花的生育初期保持氮素充分供应尤为重要。

在生育初期植物对施肥量及施肥浓度均敏感，多施氮肥在生育初期极易产生盐害。必须采用适当的浓度，并保证足够的量。另外，在生育初期通过施肥量的增减还可以调节植物的生长势、株高、株型，控制生育进程，有时甚至决定植株的最终品质或观赏效果，这在育苗时十分重要。如羽衣甘蓝、万寿菊、仙客来的胚轴或叶柄的伸长对种苗会产生不利影响，而在月季的实生砧木培养中则相反。

菊花的氮肥不足引起开花延迟，但影响程度因品种而异；蕙兰的氮肥施用期停止早晚会影响花期，还会影响地上芽发生；蟹爪兰的氮肥施用减少会促进花芽分化，而高浓度氮肥会促进花蕾发育。因此，在实践上常用低水平的氮素来诱导花芽分化与形成，以增加产花量，而在花芽形成后提高氮肥浓度促进花蕾发育，提高开花质量。

总之，一般低氮诱导成花（N/C比），而高氮素水平会促进花芽发育，提早开花。虽然不同植物对氮素反应不同，但由于氮素对开花迟早有很大影响，进而会影响设施的利用效率及花卉上市日期。由于花卉是一种时效性很强的商品，上市日期对生产者来说是至关重要的。因而很有必要对主要花卉的氮素营养与施用方法进行深入细致的研究，编成氮肥施用程序及量化指标，这对于花卉的规模化、标准化栽培极为有用。

7.5.3.3 矿质营养与品质

矿质营养与品质的关系十分密切。根据植物种类及生育期提供合理的营养水平可提升观赏植物的观赏品质，各种必需营养元素的盈缺与平衡均对观赏植物的观赏品质具有重要影响，缺素伤害在很大程度上降低了其观赏价值。

在百合上，试验证明0～8 kg·1 000 m^{-2}的不同施肥情况下，随着施用氮素增加，茎长、切花重量增加，而生育期推迟。从品质上看，5 kg·1 000 m^{-2}施氮量处理表现最好。由此可知，适于花卉最大生长量与最高品质的施肥量是不同的，花卉的价值在于观赏，栽培者应该把对应于最高品质、最适产量、最高经济效益的施肥量作为最适施肥量。在香石竹上，因为对氮素不敏感，从经济与环境保护的角度上看，应该尽量减少氮肥施用，以免引起土壤环境恶化、对大环境造成污染，同时降低生产过程中的肥料成本。

7.5.4 观赏植物的营养元素供应

随着经济的发展，国际间观赏植物的市场竞争日趋激烈。国际市场和广大消费者要求观赏植物生产必须朝着省力化、低成本、高品质、四季均衡供应的方向发展；在城市园林绿化中，古树名木的复壮与保护需要特殊的肥料，由于城市硬化面积的增加而引起园林植物获得天然营养元素的机会减少，必须进行人工施肥。在实践中是否能按照植物营养学特性进行合理的栽培管理，尤其是在无土栽培条件下的营养管理，是决定生产成败的最关键因素。

7.5.4.1 观赏植物所需营养元素的来源

从生态学的角度上看，目前园林植物的营养来源有以下3种类型：

(1) *不进行人为地供应* 无机营养元素从土壤和降水中获得，无机元素保持在原生地循环状态。如大规模的生态林地、森林公园、风景林区中植物的营养来源如此。这种系统一般可以在不施肥的条件下得以很好的维系。

(2) *不通过人为供应* 植物所需的无机营养元素从土壤和降雨中掠夺性地获取。这种情况发生在片林、防护林、行道树、粗放的草坪地被等。如果没有人为地对生态系统中的生物产品进行收获，整个系统可以在不施肥地条件下维系，但是在一般情况下很难做到不收获生物产品，植物根际土壤中的无机营养元素一般是逐渐亏缺。

(3) *矿质营养元素主要依靠人为供给* 即主要靠人工施肥。营养元素随着产品的收获将不断地带走。如切花、盆花、观叶植物、种子种苗的商品化生产等。

在单纯的观赏栽培中，一般施肥较少，由于营养不足引起园林植物的植株衰弱、观赏形状降低、植株寿命缩短的现象极其普遍。而在花卉商品化生产中，尤其是在先进的设施栽培中，由于追求高产优质，普遍使用大肥大水，往往产生养分过剩，盐基平衡破坏，引起发育不良和生理病害的发生。

由于观赏植物种类繁多，营养特性差异甚大，产品形态（切花、盆花、花坛苗、球根等）多样性，栽培方式又有露地与设施、有土与无土的差异，使得花卉的营养生理与施肥方法显得非常复杂，需要进行详细的研究才能确立各种园林植物在不同生境和不同栽培目的时的营养诊断标准和成套的施肥技术。另外，园林植物的营养与水分管理密切相关，二者构成观赏植物商品化生产的技术核心。在盆花的大规模生产中，生产技术的省力化、标准化、系统化是生产发展的总体要求，但关键性的突出性的技术问题就表现为对浇水与施肥的相互关系的深入了解与合理的调节。尤其是在商品性花卉生产方面显得更为重要，因此面向商品性花卉生产的营养和肥料的研究开发十分活跃，而针对园林树木和生态林的营养与施肥的研究相对较少。

目前，在商品性观赏植物的施肥方面存在的问题最大，其中尤其是氮肥。因为氮肥对于花卉的产量与品质影响最大。一般表现为多氮肥促进生长，提高产量。但是过量会使叶片软弱、品质下降。因此，获得最大产量的施肥量与获得最好品质的施肥量往往表现出不一致。这就要求在生产上必须确立适合于最佳产量与最高品质共同要求的施肥量及施肥技术，同时，能使花卉生产者收到最佳效益，并兼顾到对环境的保护。

根据国外的研究报道，目前花卉设施栽培的土壤突出表现为 *EC* 值与盐基饱和度高（*EC* 0.84 $mS \cdot cm^{-1}$，有效磷 195 $mg \cdot 100\ g^{-1}$），盐基富集的倾向明显。根据日本学者小松的报道，土壤盐基饱和度、*EC* 值、有效磷过高都会引起月季花根系生长不良，尤其表现在土壤上层 30 cm 之内的根系生长变差。目前日本的花卉施肥量为：N 2.19 $kg \cdot 100\ m^{-2}$，P_2O_5 2.38 $kg \cdot 100\ m^{-2}$，K_2O 2.20 $kg \cdot 100\ m^{-2}$。这与蔬菜相比，氮钾用量稍少，磷较多，并且磷用量的差异最大。从观赏植物种类来看，目前施肥最少的是波斯菊，3 种大量元素肥料每年用量为 0.6 kg；施肥量最多的是香石竹（N 8.6 $kg \cdot 100\ m^{-2}$，P_2O_5 8.5 $kg \cdot 100\ m^{-2}$，K_2O 8.4 $kg \cdot 100\ m^{-2}$）和切花月季（N 8.2 $kg \cdot 100\ m^{-2}$，P_2O_5 10.0 $kg \cdot 100\ m^{-2}$，K_2O 7.2 $kg \cdot 100\ m^{-2}$）。

7.5.4.2 观赏植物所需营养元素比例

一般来讲，草本观赏植物施肥时常采用 N∶P∶K 等量施用，植物对氮肥反应最敏感。根据施氮肥量的不同，可以将草本观赏植物分成以下几类：

（1）1.0 $kg \cdot 100\ m^{-2}$以下　波斯菊、茴香、败酱属、鸡冠花、铁炮百合等。

（2）1.1 ~ 1.2 $kg \cdot 100\ m^{-2}$　紫菀属、多头菊、芍药、宿根满天星、香豌豆、情人草、洋桔梗、郁金香、鸢尾、水仙等。

（3）2.1 ~ 3.0 $kg \cdot 100\ m^{-2}$　桔梗、菊花、金鱼草、大丽花等。

（4）3.1 ~ 4.0 $kg \cdot 100\ m^{-2}$　金盏花、紫罗兰、花菖蒲等。

（5）4.1 ~ 5.0 $kg \cdot 100\ m^{-2}$　非洲菊。

（6）5.1 ~ 8.6 $kg \cdot 100\ m^{-2}$　六出花属、香石竹、多头香石竹、月季等。

但是在常见的草本观赏植物中，施肥量少的种类较多，处于 2.0 $kg \cdot 1\ 000\ m^{-2}$以下的占 67%。其中，施肥量处于 1.1 ~ 2.0 的种类最多，有 41 种，约占 56%；处于 1.0 以下仅 8 种约占 11%。另外，与露地栽培相比，设施栽培情况下用肥量要多出 60% ~ 70%，并且在设施中施肥量变动也大，这主要是因为在设施中植物生育期长、生长量与采花量大。在露地，钙、钾、硝态氮、镁容易因为下雨而淋失，因此在多雨地区土壤 pH 降低，而在少雨地区土壤水分蒸发量大，引起盐类富集，pH 上升；在设施中，由于避免了降水的影响，在多雨地区会引起土壤中盐类富集，使土壤中 *EC* 值升高，而在少雨地区，设施内外差异不大。

在实际生产中，应注意不同观赏植物有不同的营养需求规律，生产高质量的产品需要精确的营养供应方案。例如，在蝴蝶兰的商品化生产中，需要在不同生长期对营养元素比例及浓度进行精细的调节，在北京地区，第 1 阶段的组培瓶苗不需要肥料，小苗需要营养元素的水平较低（氮∶磷∶钾 = 20∶10∶10，*EC* 值 0.9 ~ 1.1）；第 2 阶段的中苗需要营养元素的水平更高一些（氮∶磷∶钾 = 20∶20∶20，*EC* 值 1.2 ~ 1.5）；第 3 阶段的大苗需要营养元素的水平较高（氮∶磷∶钾 = 20∶20∶20，*EC* 值 1.6 ~ 2.0）；第 4 阶段的催花和抽葶需要较多的磷元素，催花期磷元素的水平最高（氮∶磷∶钾 = 19∶45∶19，*EC* 值 1.6 ~ 2.0）、抽葶期磷元素的水平较高而 N 水平较低（氮∶磷∶钾 = 10∶30∶20，*EC* 值 1.6 ~ 2.0）、花蕾发育与开花期需要氮、磷、钾等比例供给，营养元素的水平也较高（氮:磷:钾 =20:20:20，*EC* 值 1.6 ~2.0）；而在开花之后的观赏期内可适当降低营养元素的水平。因此，不同植物应有各自的施肥方案。

7.6 气体成分

大气中的气体成分很复杂，按体积计算，氮气约 78%，氧气约 21%，二氧化碳 0.03% 左右，其他为氢、臭氧及各种惰性气体等。但随社会发展，许多有害气体被释放到大气中。另外，土壤或基质的性质以及不同栽培管理措施，会影响植物根际的气体环境。空气和根际的气体成分和量的变化均会影响植物的生长发育。

（1）氧气（O_2） 一般情况下，大气中的氧含量足以满足植物呼吸作用的需要。但在观赏植物栽培中，土壤（基质）通气不良时，二氧化碳就大量聚集而造成根际缺氧，使根系有氧呼吸困难，老根生长受阻、新根也不能形成，同时，嫌气有害细菌及其产生的乙醇等发酵产物易使根系受害，甚至腐烂死亡。因此，必须保持土壤（基质）疏松，以利于观赏植物的正常生长发育。

氧气是观赏植物种子萌发的重要条件，只是因种与品种的不同而稍有差异。需较高氧气含量的如翠菊、波斯菊等，积水下不能萌发，而石竹、含羞草等可部分萌发。水生花卉则只需少量氧气即可发芽，如睡莲、荷花、王莲等。

（2）二氧化碳（CO_2） 二氧化碳是光合作用的主要原料之一。空气中二氧化碳的含量为 0.03%（即 0.65 $mg \cdot L^{-1}$，标准状况下）能基本满足多数观赏植物光合作用的需要，当然在一定范围内（不超过 0.3%）增施 CO_2 可提高光合强度（特别在光强最高的正午前后），进而促进植株的生长发育并提高观赏品质。尤其在温室或大棚内，二氧化碳浓度会成为光合作用的限制因子（在很少施用有机肥的情况下），此时增施二氧化碳更会取得很好的效果。但二氧化碳浓度过高时会严重抑制光合作用的正常进行，并对植株造成伤害。如在施用新鲜厩肥或堆肥过多的情况下，空气中二氧化碳含量可高达 10% 以上，这将会对植物产生严重危害；温室或温床中施过量厩肥时，土壤气体的二氧化碳含量也可增至 1% ~2%，如持续时间较长，也会产生危害。

（3）有害气体 受人类活动的影响，大气中的污染物（有害气体）非常多。其中直接危害观赏植物生长发育和观赏品质的主要有二氧化硫（SO_2）、氟化氢（HF）、氯气（Cl_2）、氨（NH_3）、乙烯（C_2H_4）、一氧化氮（NO）、二氧化氮（NO_2）等。而大气中的一氧化氮及烯烃类碳氢化合物在紫外线作用下发生光化学反应所形成的二氧化氮、过氧乙酰硝酸酯（PAN）、臭氧（O_3）、醛类（RCHO）等二次污染物［因主要通过光化学作用形成，故称光化学烟雾（photochmlical smog）］的危害则更大（详见第 8 章）。

7.7 观赏植物与环境中其他生物间的互作

观赏植物的生存环境有两种，一种是常见于商品生产中简单的人为环境，植物种类比较少，其他生物也少；另一种是园林环境，植物种类较多，其他生物也多。多种生物之间具有相互作用。存在有观赏植物间的相生与相克，以及植物与其他生物的相互作用。

(1) 植物之间的相生与相克 观赏植物中，种间和种内存在较为普遍的相生（表7－7－1）与相克现象（表7－7－2），在园林规划和建设中了解观赏植物的这些特性，就可充分利用生物体间的这类相互作用而创造和谐的植物群落或景观。

表7－7－1 常见观赏植物间相生事例

植物名称	被促生植物	备 注	植物名称	被促生植物	备 注
黑接骨木	云杉	单相促进	紫罗兰	葡萄	单相促进
七里香	皂荚、白蜡槭	促进种间结合	杉树	檫树	相互促进
黄栌	鞑靼槭	相互促进	芍药	牡丹	单相促进
黑果红瑞木	白蜡槭	相互促进	赤松	桔梗、苍术、荻、结缕草	单相促进

表7－7－2 常见观赏植物中相克事例

植物名称	被抑制植物	备 注
黑胡桃	松树、紫花苜蓿、草本植物	单相抑制
蓝桉、赤桉	草本和木本植物	单相抑制
榆树	栎树、白桦	相互抑制
松树	云杉	相互抑制
竹类	芝麻	相互抑制
丁香	铃兰、紫罗兰	相互抑制
水仙	铃兰	相互抑制
刺槐、丁香、薄荷、月桂	与其临近的所有植物	单相抑制
桃树	茶树	单相抑制
柑橘	桉树	单相抑制
松树	桦树	单相抑制
接骨木	大叶钻天杨	单相抑制
冰草	枥	单相抑制
匍枝冰草	加杨、柽柳幼苗	单相抑制
百屈菜	松树	单相抑制
赤松	牛膝、灰藜、野苋菜	单相抑制

(2) 观赏植物对环境中害虫与病菌的驱避与抑制 观赏植物经常会受到病虫害的侵袭。但多数观赏植物由于其体内含有多种有毒或较强挥发性物质，对生境中的害虫有驱避或防治作用，还可改善生境中的生物群落分布（表7－7－3）。

表 7-7-3 几种观赏植物对害虫的作用

植物名称	作用的害虫	作用方式	植物名称	作用的害虫	作用方式
天竺葵	多种常见害虫	驱除	苦参	多种害虫	杀死
枯楝	多种害虫	杀死	青桐	金龟子、蝼蛄等地下害虫	驱避
马醉木	壁虱等软体害虫	杀死	石竹	蝼蛄	驱除

观赏植物对生境中各种菌类有抑制作用。刺槐、黑赤杨等固氮植物在同牛毛草、野胡萝卜及一枝黄花等草本植物栽种在一起时，由于固氮菌受到这几种植物分泌物的危害而丧失固氮作用。欧洲山杨叶部含有的苯酸及皂酸对菌根有抑制作用。菊科、茄科等植物会产生抗生素，能抵抗多种菌类的侵害。桧柏、柏木、侧柏、雪松、柳杉、香樟、肉桂等分泌的香精油等挥发性物质有杀菌素的作用，并能杀死空气中的白喉、肺结核、伤寒、痢疾等的病原菌。

思考题

1. 温度如何影响观赏植物的生长发育？
2. 光强和光周期的适应性对观赏植物的栽培及引种驯化有何影响？
3. 观赏植物的光合途径有哪些？举例说明。
4. 观赏植物的水分生态型有几种？水分管理应遵循什么样的原则？
5. 熟知几种常用基质的特性，适宜的培养基质应具备哪些条件？
6. 熟知各种必需元素的主要作用以及观赏植物的矿质营养特点。
7. 根际 pH 如何影响观赏植物的生长及花色发育？
8. 了解观赏植物中常见的相生与相克事例。

8 观赏植物与环境

【内容提要】

观赏植物从外界环境中获取物质、能量和信息用于其生长发育的同时，也会受到各种不良环境因子的影响。任何一种对植物有害的环境因子均可对植物造成环境胁迫。植物生活的环境是由生物环境因子和非生物环境因子构成。本章重点讨论非生物环境因子对观赏植物的影响。非生物环境因子有光辐射、温度、水分、空气、风等，各因子间又相互制约与相互补偿，综合性地作用于植物。

植物只有在适宜的环境条件下才能正常地生长发育，但各种环境因子很少能完全具备并达到最适水平。尤其是在园林应用中，植物经常会遇到某种环境因子的剧烈变化，观赏植物必须经受不良环境的影响，抵抗各种逆境胁迫而生存。但当环境因子的变化幅度超过一定范围时，植物将会受到伤害甚至死亡。

8.1 观赏植物对环境胁迫的适应能力

在环境胁迫中，有一些植物被伤害致死，而另一些植物生理活动虽受到不同程度的影响，但可以存活下来。长期生活在胁迫环境中的植物，通过自然选择，有利性状被保留下来并不断加强，而不利性状不断被淘汰，这样植物便产生一定的适应性，即植物能采取不同的方式去抵抗各种胁迫因子。因此，在自然状态下，不同的环境中生长着不同的植物类群。在商品性花卉生产中应创造优良环境，以免对植物造成胁迫；而在园林植物配植中，考虑到美观的同时，应根据观赏植物的不同生境以及对胁迫因子的适应性选择适宜的栽培种类，发挥其美化和改善环境的双重作用。

8.1.1 温度胁迫与观赏植物

昼夜变温和季节变温是属于有规律的温度变化，称之为节律性变温。但有时自然界的温度突然降低（低温），或者突然升高（高温）属于非季节性的突然变温，称之为非节律性变温。这种突然性变化常给植物造成伤害，尤其对外来的植物种和幼小的苗木影响很大。由于温度的变化对植物造成的压力称为温度胁迫，非节律性变温对植物的危害可分为低温胁迫和高温胁迫。

8.1.1.1 温度胁迫对观赏植物的伤害机理

(1) 低温胁迫对观赏植物的伤害机理　低温胁迫对观赏植物的伤害分为寒害、冻害、霜害、冻拔、冻裂和冻旱6种形式。

A. 寒害　寒害又称为冷害，是指0℃以上低温对植物的伤害作用。寒害造成植物生理活动如光合、呼吸、蒸腾、吸收等活性的降低和生理平衡的破坏，是由于在低温条件下ATP减少，酶的活性减弱。植物发生“寒害”的原因主要有以下几个方面：

水分平衡失调：以巴西橡胶树为材料进行过试验，认为在低温、昼夜温差大及土壤干燥的情况下，根系吸收力减低，蒸腾也减低，吸收力降低幅度大于蒸腾，水分平衡便不能保持。

蛋白质合成受阻：植物受寒害后蛋白质分解酶的活性增强，蛋白质的分解大于合成，游离氨基酸的种类和量都增多。认为氨基酸转化为蛋白质的过程受阻是引起寒害的一个主要原因。

膜透性增加：在低温寒害下，膜的选择透性减弱，膜内大量的物质外渗。在低温下，细胞内电解质外渗与否是鉴定植物耐冷性的一项重要指标。

代谢紊乱：生物膜结构的破坏引起植物体内新陈代谢的紊乱。植物遇到零上低温时，呼吸作用会在短时间显著加强，但由于低温使线粒体结构受到破坏，呼吸释放的能量未能贮藏于ATP中，氧化磷酸化解偶联而引起“空转”，植物缺乏可利用的能量而发生代谢紊乱。

受冷害的多为喜温植物，例如，蒲桃属的热带植物丁香（*Syzygium aromaticum*）在气温

6.1℃时，叶片呈水渍状，3.4℃时顶梢干枯；三叶橡胶树、椰子等在气温降至0℃以前，叶片变黄脱落。寒害多发生在我国南部地区，引入北方的许多热带、亚热带观赏植物仅作温室栽培。

B. 冻害　冻害是指冰点以下低温对植物的危害。一般剧烈的降温和升温，以及连续的冰冻，对植物的危害较大，缓慢的降温与升温，植物受害较弱。冻害有以下几个方面的原因：

原生质失水：当温度降至冰点以下时，在细胞间隙形成冰晶，相同温度条件下，冰的化学势比液态水的小，因此水从细胞内向外移到冰晶上，造成原生质因失水而受害。如冷却速率快或细胞透性低，细胞失水太慢，冰晶也会出现在细胞内，细胞内结冰使植物受到更大的危害。

冰融速度：植物体内结冰且未受到伤害，随后冰融化速度的快慢成为决定植物是否受伤的一个重要因素。冰融化的越慢，植物越不易受害，因其能及时把细胞间隙中的水分吸到细胞内，避免原生质体脱水。例如，结冰后，东向斜坡比西向斜坡的植物容易死亡，是由于它们受到阳光的照射早，温度上升快，冰融化的速度快。

蛋白质沉淀：细胞间隙结冰后，细胞内的水分释放到细胞间隙，造成细胞中盐离子浓度和氢离子浓度相应地增加，引起原生质中蛋白质失水、变性产生沉淀。

膜的伤害：膜对结冰最敏感，如柑橘的细胞在 -6.7 ~ -4.4℃时，所有的膜（质膜、液泡膜、叶绿体和线粒体）都被破坏。

不同植物和同一植物在不同的生长期抵抗冻害的能力不同。例如，针叶树比阔叶树耐冻能力强，如红松比樟树耐冷冻力强；阔叶树北方种比南方种耐冻，如毛白杨比广玉兰耐冻。同一树种在休眠期最耐冻，而生殖期耐冻性最弱。

C. 霜害　霜冻对植物造成的伤害称为霜害，其原理与冻害一样。霜害有早霜害和晚霜害之分，早霜害在秋末植物尚未停止生长或未进入休眠状态时发生，常使从南方引入的植物受害，如无花果。晚霜害发生在早春，受害的多为从北向南引种的植物，在园林上应将这些植物种植在阴凉处抑制早春萌芽。霜害发生时间越短，霜后气温回升越慢，受害植物越易恢复，相反则不易恢复。

D. 冻拔　冻拔又称冻举。气温在0℃以下时，会使土壤冻结体积膨大升起，使植物根系受到机械伤害。冻拔多发生在寒温带土壤含水量较大、质地较细的土地条件上，一般对草本和苗木造成伤害，小苗比大苗受害重，如针叶松、落叶松等易冻拔。

E. 冻裂　冻裂多发生在树皮上。在寒冷地区昼夜温差较大，白天树干向阳面温度较高，当夜间气温迅速下降时，热胀冷缩的结果使树皮纵向干裂，而造成伤害。在高纬度地区，许多薄皮树种如乌柏、七叶树、悬铃木、核桃、橡树类、槭树、榆树等树干向阳面，越冬时常发生冻裂。

F. 冻旱　冻旱又称生理干旱。土壤结冰时，树干根系吸不到水分，而地上部分不断蒸腾失水，引起枝条甚至整棵树木干枯死亡。多发生在多风的早春，气温逐渐升高，生理活性逐渐加快，再加上多风，使植物蒸腾较快，但由于土壤还未完全解冻，根系的吸水小于蒸腾，地上植株就会失水干枯。如雪松在冬春搭防风墙等措施以防冻旱。

(2) 高温胁迫对观赏植物的伤害机理　高温胁迫对观赏植物造成的伤害可分为间接伤害和直接伤害两种。

A. 间接伤害　间接伤害是指高温导致代谢的异常，渐渐使植物受害的现象，其过程是缓慢的。间接伤害主要有以下原因：

蛋白质合成下降：高温一方面使细胞产生了自溶的水解酶类，另一方面破坏了氧化磷酸化的偶联，因此蛋白质的生物合成缺乏足够的能量，同时高温还破坏核糖体和核酸的生物活性，从根本上降低了蛋白质的合成能力。

毒性：高温能使植物体内含氮化合物的合成受到阻碍，因而体内积累氨及其他含氮的有害中间代谢产物，造成植物中毒。

饥饿：呼吸速率和光合速率相等时的温度，称温度补偿点。当植物处在补偿点以上的温度中，即呼吸作用强度大于光合作用强度，植物不仅不能贮藏物质，而且还要开始消耗原来贮藏的物质，时间越久，植物将越感到饥饿。植物的温度补偿点因光照减弱而降低，所以生长在庇荫处的植物易于遭受高温伤害，因为它们在温度还不太高的情况下，就可能由于呼吸加强而造成饥饿。

水分亏缺：植物的蒸腾作用受温度的影响很大，温度升高使蒸腾速率增加，叶面温度高于大气温度时，蒸腾速率会显著增加，故高温条件下即使土壤不缺水，植物也有遭受干旱和体内水分亏缺的危险。

B. 直接伤害　直接伤害是指高温直接使植物细胞膜和蛋白质结构，在短期内出现症状，并可从受热部位向非受热部位传递蔓延。

蛋白质变性：高温使蛋白质分子的空间结构破坏，失去其原有的生物学特性，最初的变性是可逆的，持续高温可使蛋白质变成不可逆的凝聚状。

生物膜脂溶：高温使膜中的脂类物质游离出来，破坏了膜的结构，使膜失去半透性和主动吸收的特性。高温引起线粒体和叶绿体的正常结构破坏的主要原因也是由于膜内蛋白质和拟脂物质的变化。

高温对观赏植物造成的可见伤害常发生在树皮与根颈。强烈的太阳辐射使植物的局部温度过高（一般50℃左右）时，树皮和形成层就会死亡，产生日灼，又称为皮烧。日灼多发生在树皮较光滑的成年树木，如水青岗、冷杉等。受害树木的树皮呈现斑点状的死亡或片状剥落，极易发生病菌侵入，更严重时危害整棵树木。根颈灼伤一般发生在幼树上，炎热的夏季中午，当土壤表面温度增高到一定程度时，造成根茎处灼伤死亡。

8.1.1.2　观赏植物对温度胁迫的适应性

非节律性变温对植物的伤害程度主要决定于极端最高、最低温度，持续时间，温度变化的幅度和速度，降温越快，低温持续时间越长，植物受害越重。另一方面决定于植物的抵抗能力。抗寒能力与植物体内含物的性质和含量有关，其中可溶性碳水化合物、自由氨基酸以及核酸的含量和抗寒能力呈正相关。同一种植物不同发育阶段对温度胁迫的抵抗能力不同，一般休眠阶段抗性强，生殖生长阶段抗性最弱，营养生长阶段居中。

（1）观赏植物对低温胁迫的适应机理　观赏植物对低温胁迫的适应表现在形态适应和生理适应两个方面。

A. 形态适应　形态适应表现为植物的芽和叶片常有油脂类物质保护，芽具鳞片，植物器官表面盖有蜡粉和密毛，树皮有较发达的木栓组织，植株矮小，常成匍匐、垫状或莲座状等。此外，北方一年生草本植物多以种子过冬，而多年生草本植物则以块茎、鳞茎、根状茎越冬，木本植物以落叶来适应环境。

B. 生理适应　观赏植物对低温胁迫的适应主要依赖于其生理特性的改变。表现为以下几个方面：

植株含水量下降：随着温度的下降，植株总含水量逐渐减少，同时自由水与束缚水的相对比值减少，即束缚水的含量相对增加，这都有利于植物抗寒性的加强。

呼吸减弱：植物的呼吸强度随着温度的下降而逐渐减弱，很多植物在冬季的呼吸速率仅为生长期中正常呼吸的 0.5%。细胞呼吸减弱有利于糖分积累，增强对不良环境的抵抗能力。

生长停止：在低温季节来临时，植物生长变得很缓慢，甚至停止生长，转入休眠，大部分抗寒性强的植物都有明显的深休眠。

保护物质增多：当温度下降时，淀粉水解加剧，可溶性糖含量增加，同时细胞内大量积累蛋白质、核酸等，细胞液的浓度增高，使冰点降低，减轻细胞的过度脱水，保护原生质胶体不致遇冷凝固。因此，在低温来临前，植物应有充分的时间来蓄积这些物质，而对于突然来临的低温植物则难以适应。

(2) 观赏植物对高温胁迫的适应机理　观赏植物对高温胁迫的适应也有形态适应和生理适应两个方面。

A. 形态适应　有些植物体上密生绒毛或鳞片，可以滤过一部分阳光，降低植物体的温度。有些植物体是白色的或是灰白色的，绒毛也是白色或灰色的，可以反射大部分的阳光，体温不会增加得很高，如银白杨、新疆杨、沙枣、胡颓子等。有些植物的木栓组织特别厚，抗热性很强，因为木栓组织不透热，如栓皮栎、黄菠萝等。有些植物的叶片直立，可以减少阳光的直射，不至于使体温过分增高，如各种桉树。

B. 生理适应　植物对高温胁迫的适应主要有以下 3 个方面：

含水量降低：细胞内糖式盐的浓度增加，降低了含水量。细胞内原生质浓度的增加，增强了抗凝结能力，同时含水量降低使植物代谢减慢，促进某些植物进入休眠状态，如干燥的孢子和种子能抵抗高温。这些都有助于提高植物的抗高温能力。

蒸腾量增加：高温强光下的植物大多具有旺盛的蒸腾作用，但当气温升到 40℃ 以上时，气孔会关闭，植物因失去蒸腾散热的能力而受害。

反射和放射红外线：红外线照射到植物体上能使植物体增热，但据报道，植物在夏季反射的红外线比冬季多，因植物本身能放射红外线。因此，在夏季高温环境下植物不会因过热而受害。

(3) 观赏植物抵御温度胁迫的能力及其在园林中的应用　以 71 种北京市绿地绿化中最常见的乡土园林植物树种及近年来推广的园林植物树种为测试对象，将其抗寒性分为 4 类 (表 8-1-1)；若按植物对热量 (≥10℃) 的要求来划分，可将园林树种划分为 7 类，分别适合于寒温带、中温带、暖温带、亚热带、南亚热带、北温带和热带 (表 8-1-2)。在园林绿化时，应依据绿化地区的温度情况选择观赏植物。

表8-1-1 常见观赏植物的抗寒性

抗寒性	常绿植物	落叶乔木	落叶灌木
强	油松、桧柏、侧柏、云杉、华山松、矮紫杉、小叶黄杨	榆树、刺槐、馒头柳、毛白杨、加杨、银杏、绦柳、臭椿、元宝枫、柿树、槐树、栾树	紫丁香、珍珠梅、中国地锦
较强	白皮松	西府海棠	金银木、榆叶梅、美国地锦、红王子锦带、碧桃、红帽子丰花月季、迎春、连翘、木槿
中等	铺地柏、雪松、大叶黄杨		猬实、锦带花、紫叶矮樱、四季丁香、紫叶小檗、紫薇、梅花、金叶女贞、曼海姆宫殿丰花月季、杏花村丰花月季、黄刺玫、扶芳藤、紫藤
较弱	京8号常春藤、大叶女贞、粗榧	合欢、玉兰、杂交马褂木	紫荆、木瓜、腊梅、牡丹、月季

表8-1-2 不同园林树种所适应的热量带

温度适应性	树 种	热量带	<10℃的积温/℃	最冷月平均温度/℃
最耐寒	落叶松、樟子松、西伯利亚红松、雪岭云杉、白桦、山杨	寒温带	<1 700	< -30
耐 寒	红松、胡桃楸、黄檗、花曲柳、蒙古栎、鱼鳞云杉、臭冷杉	中温带	1 700~3 500	-30~10
次耐寒	槲栎、辽东栎、核桃、枣树、毛白杨、苹果、白梨、赤松、油松、侧柏、白榆	暖温带	3 500~4 500	-10~0
较喜温	杉木、毛竹、马尾松、白栎、苦槠、石栎、油桐、棕榈、茶树、油茶、木荷、樟树、楠木、柑橘、木莲、杜英	亚热带	4 500~6 500	0~10
喜 温	榕树、火力楠、蒲葵、橄榄、翻白叶、苹婆、烟斗石栎、红椎（*Castanopsishystrix*）、木棉、肉桂、八角、龙眼、荔枝	南亚热带	6 500~8 200	10~15
喜热（忌霜树种）	芒果、菩提树、印度榕、巴西橡胶树、团花、石梓、番龙眼、铁刀木、八宝树、四数木、咖啡、母生、子京、海南黄檀、油棕、鱼尾葵、青皮、龙脑香、红树	北温带	8 200~8 700	15~20
最喜热	酸豆、轻木、可可、腰果、胡椒、槟榔、水椰	热带	8 700~9 200 或更多	>20℃

8.1.2 光胁迫与观赏植物

对植物生长发育造成不良影响或伤害的光辐射环境称为光胁迫。光胁迫包括光辐射的过量与不足两种情况。

8.1.2.1 强光和弱光对观赏植物的伤害机理

(1) 强光对观赏植物的伤害 当光合机构接受的光能超过它所能利用的量时，光合效率降低，这个现象称为光合作用的光抑制。植物的光合器官能有效地吸收和利用可见光，然而过强的光给叶片提供超过光合作用所能转化的光化学能，可导致光合过程的超负荷，引起更低的光量子效率和更低的光合产量，即产生光抑制。极高的辐射则破坏光合色素和类囊体结构，发生光损伤现象。在栅栏薄壁组织的最上层，单个叶绿体的光损伤经常发生，使叶片光合能力下降。此外，含有叶绿体的组织也常因为强光照射而遭受严重损伤产生退色斑点。

当强光与高温、低温、干旱等其他环境同时存在时，光抑制现象尤为严重。许多隐花植物（藻类、阴地植物的地衣和苔藓、一些蕨类植物）、水生茎叶植物和显花植物中的所有阴地植物，无论是遗传的还是适应性的对光敏感或光不稳定，即使暂时暴露在中等强度光照下也都可发生损伤。生长在宽阔地带的植物，如高山、荒漠、海岸、休闲地，适应强光，并能忍耐高强度的辐射。

(2) 弱光对观赏植物的伤害 在低光照条件下，植物的光合作用较弱，当植物处在光补偿点时，不能积累干物质；当低于光补偿点时，呼吸消耗的物质大于光合产物，长时间处于这种环境，植物会因饥饿而死亡。因此，可根据光补偿点的高低测定植物耐阴程度。弱光还影响植物形态，植物在较弱的光照条件下生长，表现为叶片薄而大；在极端弱光或暗处生长则会产生黄化，表现为叶子不发达，侧枝不发育，机械组织分化很差等特征。

8.1.2.2 观赏植物对强光和弱光的适应性

有些植物只能在强光环境中才能生长发育良好，而另一些植物却在较弱光照条件下生长发育良好，表明各种植物需光程度是不同的。这是由于植物长期适应于不同的光生境条件，形成了不同的形态和生理适应特征（表8-1-3）。

表8-1-3 阳生植物和阴生植物的特性比较

（引自：崔继林. 光合作用与生产力. 资料整理）

性状		阳生	阴生
生理指标	光合作用的光反应	高	低
	光饱和光合速度	高	低
	饱和光强	高	低
	Chl a/Chl b 比值	高	低
生化指标	单位重量为基础的 Rubisco 和可溶性蛋白质含量	高	稍低
解剖构造	叶绿体大小	小	大

续表 8-1-3

	性　状	阳生	阴生
形态指标	类囊体/基粒比值	低	高
	叶脉数/叶面积比值	高	低
	叶片厚度	高	低
	气孔大小	小	大
	栅状细胞/海绵细胞比值	高	低
	叶片着生方位	直立	水平
	闪光镜形表皮细胞	无	罕见
	叶背（下表面）呈紫色	罕见	不常见
植株水平	叶片所占比例	低	高
	根部所占比例	高	低
	生殖效应	高	低
群体水平	叶面积指数	高→低	低
	叶片排列方式	螺旋状	互生
	枝着生方位	直立式	近似水平式
	叶片基部不对称	非常罕见	不常见

分析观赏植物的光适应类型，可为选择适用不同类型绿地的园林植物，也是合理建立复层种植结构、提高单位面积绿地生态效益的关键措施。对北京市81种常用园林植物的耐阴性进行试验测定，其结果见表8-1-4。

表8-1-4　园林植物的耐阴性比较

（引自：陈自新，1998）

植物类型	光补偿点低 光饱和点低	光补偿点低 光饱和点高	光补偿点高 光饱和点低	光补偿点高 光饱和点高
常绿乔木	粗榧	桧柏、白皮松		侧柏
落叶乔木		臭椿、馒头柳、槐树	柿树、银杏、杜仲、流苏、龙桑、榆树、山楂、黄栌、西府海棠、紫叶李	毛白杨、枣树、白腊、火炬树、山桃、日本晚樱
常绿灌木	大叶黄杨	小叶黄杨、沙地柏	矮紫杉	
落叶灌木	鸡麻、紫薇、连翘、小花溲疏、天目琼花、金银木、棣棠、红瑞木、蓝荆子、柳叶绣线菊、四照花	碧桃、紫荆、郁香忍冬、猬实、太平花、珍珠梅、紫叶小檗	紫丁香、丰花月季、牡丹、榆叶梅、秋胡颓子、锦带花、木槿	

续表 8-1-4

植物类型	光补偿点低 光饱和点低	光补偿点低 光饱和点高	光补偿点高 光饱和点低	光补偿点高 光饱和点高
藤本	美国地锦、金银花、扶芳藤	山荞麦	紫藤	美国凌霄
草本花卉及地被植物	紫花地丁、鸢尾、宽叶麦冬、大花萱草、丹麦草、涝峪苔草、荚果蕨		地被菊、白三叶、芍药、玉簪、二月兰	马蔺

在表 8-1-4 中，第一类植物的光补偿点和光饱和点均较低，是典型的耐阴植物，能充分地利用弱光进行光合作用。适于在复层人工群落中作下层地被或中层栽植，也适于种植在建筑物背阴面等光照强度较弱的环境中，还可作为室内观赏植物。第二类植物的光补偿点较低而光饱和点较高，这类植物即能充分利用弱光又能在光照强度较高的环境中生长良好，即对光照有很宽的适应范围，在园林绿化中具有最广阔的应用前景。可以种植在人工植物群落的内部作下层地被或中层地被、可做群落的上层植物、可种植于群落的外源、也可种植于建筑物的背阴面等光照强度较弱的环境。第三类植物的光补偿点较高而光饱和点较低，表现为既不很耐阴又需要一定的侧方庇荫环境，对光照的适应范围较窄。第四类植物的光补偿点和光饱和点都较高，是典型的阳性植物，必须处于无庇荫处。

8.1.2.3 光周期对观赏植物的影响

植物生长发育不仅受光照强度的影响，还受每日光照长短的控制。根据植物开花对光周期反应的不同，可将植物分为长日植物、短日植物、中日性植物、长-短日植物、短-长日植物、中日照植物、两极光周期植物 7 种类型。

草本植物的光周期特性比较明确，但木本植物的光周期特性还不太清楚，不能将其清楚地区分为长日照开花型和短日照开花型，但光周期很大程度上控制许多木本植物的休眠。这对于生长在北方或高山地区的树木适应秋季早霜和冬季严寒影响很大。因为只有在寒冷或干旱等特定环境因子的临界点到达之前进入休眠，才能减少不良环境对植物的伤害。树木从原产地移到日照较长的地区后，可使植物生长活跃期延长容易受早霜的危害；如果植物由北向南移秋季日照较短，生长活跃期也缩短，植株比原产的矮小。

Nitsds 等（1967）根据对光周期反应将树木分为 A，B，C，D 4 型（表 8-1-5）。其中 A 型树木在长日照下持续生长，短日照下休眠；B 型树木在长日照下呈周期性生长，短日照下休眠；C 型树木在短日照下不休眠；D 型长日照不妨碍休眠。而长日照妨碍 A，B，C 3 种类型植物的休眠。

表 8－1－5 按光周期特性对树种初步分类

（引自：Nitsds 等，1967）

树 种	类型	树 种	类型	树 种	类型
假桐槭	D?	欧洲赤松	B	美国白蜡树	D
红花槭	A	短叶松	B	爬地桧	C
糖槭	B?	美国梧桐	A	欧洲落叶松	A
欧洲七叶树	D	银白杨	A	美国鹅掌楸	A
灰桤木	A	黑杨	A	桑	A?
毛桦	A	欧洲山杨	A	毛泡桐	D
黄桦	A	欧洲甜樱桃	D	黄檗	A?
纸皮桦	A	花旗松	B	挪威云杉	B
锦熟黄杨	D	巨美红栎	B	北美香柏	C
黄金树	A	星毛栎	B	北美乔柏	C
美国四照花	A	栓皮槠	B	加拿大铁杉	A
澳洲桉	C	北美山杜鹃	B	美国榆	A
罗加林水青冈	A?	火炬树	A	欧洲荚蒾	A
欧洲水青冈	A + B	刺槐	A	樱花荚蒾	D
菩提树	A	洋丁香	D	热带树种和柑橘类	C

在城市园林绿化中，由于夜间照明延长观赏植物的光照时间，使植物延迟休眠或入冬前休眠准备不足，不能适应秋季早霜和冬季低温。因此，在夜间有光照的区域可选用 D 型即长日照不妨碍休眠的观赏树木。

8.1.2.4 观赏植物对紫外线的适应性

太阳辐射中对人类和动植物有害的紫外线，绝大部分被大气臭氧层所吸收。按计算机模型得出的不确定预测，因臭氧层不断受到侵蚀，今后 40 年内到达人口稠密地区的紫外辐射可能会增加 5%～20%，因此绝大多数城市将受到过量紫外线的威胁。植物对紫外线的反应因种而异，一般情况下，接受紫外线后植物的叶片会变小，从而减弱光合作用；多接受紫外线还可能影响植物的水分利用率，种子质量也会受到影响；浮游植物漂浮在水面上进行光合作用，若不能逃脱入射的紫外线将不能继续旺盛生长。

植物长时间生活在紫外线较强的环境中，会产生适应性的变化。如高山上紫外线强，极易破坏花瓣细胞的染色体，阻碍核苷酸的合成，因而高山植物的花瓣内多会产生大量的类胡萝卜素和花青素以便吸收紫外线保护染色体。海拔越高，紫外线越强烈，花瓣内所产生的两种物质越多。由于类胡萝卜素可使花瓣呈现黄色，花青素则使花瓣显露红、蓝、紫色，因此同种植物生长在高山上比生长在城市公园的花色更艳丽，高山上原生的观赏植物的花色更丰富，例如，我国高山的三大名花——杜鹃花、报春花和龙胆花就是如此。因此，在园林绿化中可适当引种高山花卉。

8.1.3 水胁迫与观赏植物

环境中水分过多或不足会对植物造成伤害，不适合植物生长的水分环境称为水分胁迫。水分胁迫包括干旱胁迫和水涝胁迫两种。干旱胁迫是指土壤水分缺乏或大气相对湿度过低对植物的危害；在低洼、沼泽或洪水积聚的情况下，由于土壤积水或土壤过湿对植物的伤害称为水涝胁迫。

8.1.3.1 水胁迫对观赏植物的伤害机理

（1）干旱胁迫对观赏植物的伤害机理　干旱可分为大气干旱、土壤干旱和生理干旱3种类型。大气干旱的特征是温度高而空气的相对湿度低（10%~20%），它能使植物的蒸腾大于吸水，破坏植物的水分平衡；土壤干旱是指土壤中缺乏植物能吸收的水分，土壤干旱时植物生长困难甚至停止，受害程度比大气干旱严重；生理干旱是指土壤水分虽不缺乏，但由于土温过低或土壤溶液浓度过高等原因妨碍根系吸水，造成植物体内水分失衡使植物受到伤害。干旱胁迫会引起叶片和幼茎的萎蔫，更主要的是会对植物造成生理伤害。这种生理伤害主要表现在以下两个方面。

A. 改变膜的结构及透性　干旱使得细胞脱水，原生质膜的透性增加，大量的无机离子和氨基酸、可溶性糖等小分子被动向组织外渗漏。

B. 破坏正常的代谢过程　植物在外观上尚未表现出萎蔫的轻度缺水，就会引起光合作用降低，严重缺水时光合作用下降更明显，直至趋于停止；干旱会使水解酶的活性加强而合成酶的活性降低或失活，即合成代谢减弱而分解代谢加强；干旱导致植物体内的蛋白质合成减少，分解加速，蛋白质分解加速叶片衰老和死亡；干旱引起植物体内水分的重新分配，使植物组织间按水势大小竞争水分，影响植物产量与品质。一般情况下，幼叶从老叶夺取水分促使老叶死亡，减少光合作用的有效叶面积。若在花芽分化或幼果期发生干旱，则会引起花芽和幼果脱落。

（2）水涝胁迫对观赏植物的伤害机理　水涝胁迫一般包括湿害和涝害。湿害是指土壤过湿、水分处于饱和状态，土壤含水量超过了田间最大持水量，根系生长在沼泽化的泥浆中，湿害不是典型的涝害，但本质与涝害大体相同。涝害是指地面积水，淹没了植物的全部或一部分。在低洼、沼泽地带、河边以及在发生洪水或暴雨之后，常有涝害发生。涝害会使植物生长发育不良，甚至死亡。水涝胁迫的本质在于土壤缺氧给植物带来不良影响。表现为以下几种现象。

A. 代谢紊乱　水涝缺氧限制了有氧呼吸，促进了无氧呼吸，会产生乙醇、乳酸等无氧呼吸产物，使代谢紊乱，受到毒害。无氧呼吸还使根系缺乏能量，阻碍矿质的正常吸收。

B. 营养失调　水涝缺氧使土壤好气性细菌的正常生长活动受抑，影响矿质供应，而使土壤厌气性细菌活跃，增加土壤溶液的酸度，降低其氧化还原势，使土壤内形成大量有害的还原性物质，一些元素如锰、锌、铁也易被还原流失，引起植株营养缺乏。

C. 乙烯增加或激素变化　在淹水条件下，植物体内乙烯含量增加。高浓度的乙烯引起叶片卷曲、偏上生长、脱落、茎膨大加粗，根系生长缓慢，花瓣退色等。

D. 生长受抑　受涝的植物生长量小，叶黄化，根系变黑，叶柄偏上生长。淹水对种子萌发的抑制作用尤为明显。

8.1.3.2 观赏植物对水分胁迫的适应性

(1) 观赏植物对干旱胁迫的适应性　由于干旱对植物的危害是多方面的，因此植物对干旱的适应和抵抗能力也是多种多样的。有些植物趁有水季节迅速地完成其短暂的生活周期，以避免干旱的影响，这些植物不是真正的旱生植物，而是逃避干旱的中生和中旱生植物。大多数植物对干旱的生态适应有其特殊的形态结构与生理机制。

A. 形态结构的适应　长期适应干旱的植物，具有明显的旱生结构：如缩小植物体的表面，降低冠/根比，减少细胞的体积，气孔小而凹陷，角质层发达，叶片肉质化保水力强等。旱生结构使植物在干旱条件下能保持高的吸水、保水能力，减少水分的散失，从而调节了植物体内的水分平衡，这是在特殊生态条件下，植物对干旱的适应。中生植物的生态适应也有类似的变化，如少数肉质植物具有大型蓄水器官，起到水分贮藏的作用。

B. 生理机能的适应　植物在生理上对干旱的适应，表现在当水分供应不足时体内半纤维素和纤维素的增加，导致旱生结构的形成；淀粉转化为糖以提高细胞的渗透压；在缺水时蛋白质水解脯氨酸含量大大增加；有些抗旱植物干旱时核酸代谢较稳定，能保持较高水平的蛋白质合成；在干旱时内源激素脱落酸可引起气孔关闭，当水分供应充足时激素降到正常水平。

植物适应干旱能力的大小和方式有很大的差异，植物抗旱性在种间和品种间的差异也很大，由接近完全脱水到只能浸没水中；由很短时间到延续百年以上（某些特殊条件下保存的种子）。在观赏植物中也存在抗旱性的差异。1959 年夏秋，武汉市经历 80 余天的大旱。当地对 3 ~ 10 年生的 266 种树进行了耐旱力调查，并根据耐旱性强弱将观赏植物分为以下 5 类（表 8 – 1 – 6）。

表 8 – 1 – 6　主要观赏树种的耐旱性

耐旱性	植物名称
最强	雪松、黑松、菝葜、响叶杨、加杨、垂柳、威氏柳、杞柳、化香树、小叶栎、白栎、栓皮栎、石栎、苦槠、榔榆、构树、柘树、小檗、山胡椒、狭叶山胡椒、枫香、继木、桃、枇杷、石楠、光叶石楠、火棘、山槐、合欢、葛藤、胡枝子类、黄檀、紫穗槐、紫藤、鸡眼草、臭椿、楝树、乌桕、野桐、算盘子、黄连木、盐肤木、飞蛾槭、野葡萄、木芙蓉、芫花、君迁子、秤锤树、夹竹桃、栀子花、水杨梅
较强	马尾松、油松、赤松、湿刚松、侧柏、千头柏、圆柏、柏木、龙柏、偃柏、毛竹、水竹、棕榈、毛白杨、滇杨、龙爪柳、青钱柳、麻栎、青冈栎、板栗、锥栗、铁壳楮、白榆、朴树、小叶朴、榉树、糙叶树、桑树、崖桑、无花果、薜荔、南天竹、广玉兰、樟树、溲疏、豆梨、杜梨、沙梨、杏树、李树、皂荚、云实、肥皂荚、槐树、杭子梢、波氏槐蓝、枸橘、香椿、油桐、千年桐、山麻杆、重阳木、黄杨、爪子黄杨、野漆、枸骨、冬青、丝绵木、无患子、栾树、马甲子、扁担杆子、木槿、梧桐、杜英、厚皮香、柽柳、柞木、胡颓子、紫薇、银薇、石榴、八角枫、常春藤、羊踯躅、柿、粉叶柿、光叶柿、白檀、桂花、丁香、雪柳、水曲柳、常绿白蜡、迎春、毛叶探春、醉鱼草、粗糠树、枸杞、凌霄、六月雪、黄栀子、金银花、六道木、香忍冬、红花忍冬、短柄忍冬、胯把树、木绣球

续表 8-1-6

耐旱性	植物名称
中等	罗汉松、日本五针松、自皮松、落羽杉、刺柏、香柏、银白杨、小叶杨、钻天杨、杨梅、胡桃、核桃楸、山核桃、长山核桃、桦木、桤木、大叶朴、木兰、厚朴、桢楠、八仙花、山梅花、腊梅花、海桐、杜仲、悬铃木、木瓜、樱桃、樱花、海棠、郁李、梅、绣线菊属4种、紫荆、刺槐、龙爪槐、柑橘、柚、橙、朝鲜黄杨、锦熟黄杨、大木漆、三角枫、鸡爪槭、五叶槭、枣树、枳椇、葡萄、椴树、茶、山茶、金绿桃、喜树、紫树、灯台树、楤木、刺楸、杜鹃、野茉莉、白腊树、女贞、小蜡、水蜡树、连翘、金钟花、黄荆、大青、泡桐、梓树、黄金树、钩藤、水冬瓜、接骨木、绣球花、荚蒾、锦带花
较弱	粗榧、三尖杉、香榧、金钱松、华山松、柳杉、鹅掌楸、玉兰、八角茴香、腊梅、雅楠、大叶黄杨、青榨槭、糖槭、油茶、斗霜红、结香、珙桐、四照花、白辛
最弱	银杏、杉木、水杉、水松、日本花柏、日本扁柏、白兰花、檫木、珊瑚树

①耐旱力最强的观赏植物：经受2个月以上的干旱和高温，期间不需采取任何抗旱措施，即可正常生长或生长稍微减缓的树种。

②耐旱力较强的观赏植物：经受2个月以上的干旱和高温，不采取任何抗旱措施，树木生长缓慢，并有叶片黄落及枯梢现象。

③耐旱力中等的观赏植物：经受2个月以上的干旱和高温虽不致死亡，但有较重的落叶和枯梢现象。

④耐旱力较弱的贯众植物：干旱高温期在1个月以内不致死亡，但有严重落叶枯梢现象，生长几乎停止，如果再延长而不采取抗旱措施就会逐渐枯萎死亡。

⑤耐旱力最弱的观赏植物：旱期1个月左右即死亡，在相对湿度降低，气温高达40℃以上时死亡更为严重。

西北地处我国干旱地区，自然降水量少，外来观赏植物难以在短时间内适应，城市绿化美化难度较大，选择引种本地野生植物显得十分重要。西北干旱区荒漠植物中可供观赏和绿化美化的有111种，名录见表8-1-7。但引种野生观赏植物，应注意其原生境与栽种环境的差异。我国西北地区的野生植物多生长在干旱的荒漠环境，引种时要注意控制水肥，否则会因水肥条件太好而使植物营养过剩，开花延迟或不开花。

表8-1-7 西北荒漠观赏植物种类及分布

（引自：潘晓玲．西北干旱荒漠区植物区系地理与资源利用）

植物名称	生活型	观赏部位	用途	地理分布
祁连圆柏	木本	植株	庭植	柴达木、河西走廊、阿拉善（龙首山）
瞿麦	一年生草本	花	花坛、饰边	伊塔谷地
中亚石竹	一年生草本	花	花坛、插花	准噶尔盆地
荒漠石头花	一年生草本	花	花坛、插花	准噶尔、内蒙古
圆锥石头花	一年生草本	花	花坛、插花	准噶尔
紫萼石头花	一年生草本	花萼、花	花坛、插花	准噶尔
补血草（6种）	多年生草本	花、植株	盆景、干花、插花	准噶尔盆地多种、其他区1种
兔唇花（6种）	半灌木	花	花坛	准噶尔

续表 8－1－7

植物名称	生活型	观赏部位	用途	地理分布
神香草	半灌木	花、香味	盆栽、花坛	荒漠区各地
艾叶黄芩	半灌木	花	花坛	塔里木盆地
黄花毛蕊花	一年生草本	花	花坛、盆景	准噶尔
慢黄罂粟	一年生草本	花	花坛	塔里木、准噶尔
黑环罂粟	一年生草本	花	花坛	伊犁谷地
白滨藜	一年生草本	植株	饰边	荒漠区各地
紫翅猪毛菜	多年生草本	花苞	盆景、花坛	准噶尔、吐鲁番
东方猪毛菜	一年生草本	花苞	盆景、花坛	准噶尔
多花柽柳	灌木	花、植株	庭植、绿篱	准噶尔、塔里木、柴达木、河西
紫花瓦松	一年生草本	植株	盆景	准噶尔、塔里木
锦鸡儿	灌木	花、植株	花坛、绿篱	塔里木盆地、柴达木盆地
中国沙棘	木本	花香、植株	盆景、刺篱	荒漠区各地
沙枣	木本	花、植株	庭院栽植	阿拉善额济纳、河西、塔里木
乳花点地梅	一年生草本	花、植株	花坛、盆景、边饰	准噶尔、帕米尔、吐鲁番
枸杞（3种）	灌木	花、植株	攀缘山石	荒漠区各地
蒙古扁桃	木本	花	庭院栽植、刺篱	内蒙古、宁夏贺兰山、河西
小檗叶蔷薇	灌木	花	庭院栽植、刺篱	准噶尔、塔城谷地
疏花蔷薇	灌木	花	庭院栽植、刺篱	准噶尔、塔里木
金丝桃叶绣线菊	灌木	花	庭院栽植	准噶尔、伊犁谷地
千屈菜	多年生草本	植株	花坛、盆栽	内蒙古、新疆
荇菜	多年生草本	植株	水植	内蒙古、新疆布尔津、焉耆
紫花柳穿鱼	一年生草本	花	花坛、盆栽	伊犁谷地、河西走廊安西
鼻花	一年生草本	花	花坛、盆栽	伊犁谷地
红叶婆婆纳	一年生草本	叶	花坛、盆栽	塔城
砂蓝刺头	一年生草本	花	花坛、干花	荒漠区各地
美丽风毛菊	多年生草本	花	花坛、干花	河西走廊
蒲公英（6种）	一年生草本	花	花坛	荒漠区各地
罗布麻	多年生草本	花	盆栽、花坛	荒漠区各地
肾叶打碗花	多年生草本	花、植株	庭院栽植	广泛分布
香蒲（6种）	多年生水生草本	植株	庭院水栽	荒漠区沼泽、湿地
花蔺	多年生草本	植株	盆栽	准噶尔、塔城谷地、内蒙古
芨芨草	多年生草本	叶、花序	干花	荒漠区各地
寸苔草	多年生草本	植株	草坪	荒漠区各地
猪牙花	多年生草本	花	盆栽、花坛	准噶尔
郁金香（4种）	一年生草本	花	盆栽、花坛	准噶尔
鸢尾（6种）	多年生草本	花、植株	盆栽、花坛	荒漠区各地
小花火烧兰	多年生草本	花	盆栽、花坛	准噶尔
宽叶红门兰	多年生草本	花	盆栽、花坛	新疆哈巴河
狗牙根	多年生草本	植株	草坪	天山南麓和北麓荒漠

续表 8－1－7

植物名称	生活型	观赏部位	用途	地理分布
铁线莲（7 种）	藤本	植株	花坛、盆景	阿拉善、河西走廊、准噶尔
铃铛刺	灌木	花、植株	绿篱	阿拉善、河西走廊、准噶尔、塔里木
山百里香	多年生草本	花、香味	花坛	准噶尔
白榆	乔木	植株	庭院栽培	荒漠区各地河谷
胡杨	乔木	植株	行道树	荒漠区各地河谷、干河道
沙拐枣（23 种）	灌木、半灌木	果、植株	庭院树	荒漠区各地有不同种、新疆多种，其他地区一两种
假木贼（7 种）	灌木	植株	绿篱	荒漠区各地

（2）观赏植物对水涝胁迫的适应性　水涝胁迫对植物的伤害是一种次生胁迫，主要通过缺氧、过多的 CO_2 和乙烯、离子胁迫来实现。植物的抗涝性因植物种类、发育阶段和植物器官不同而异，植物抗涝性的强弱主要取决于对缺氧的适应能力，集中表现在两个方面。

A. 发达的通气系统　这类植物体内具有很大的细胞间隙（可达到地上部分体积的 70%），氧气可以从水面或水面以上的叶片运输到植株的下部，其发达的通气系统可增强植物对土壤缺氧的耐力。

B. 提高抗缺氧能力　缺氧所引起的无氧呼吸使体内积累有毒物质，而耐缺氧的生化机理是消除有毒物质，或对有毒物质具忍耐力。

一些观赏植物对水涝胁迫有一定的抗性。根据武汉 1931 年及 1954 年两次大水后（持续时间平均为 2 个月，最久处达 5 个月以上，水深 1～2 m，最深处达 38.3 m）对 116 种树种的耐涝性调查，将观赏植物的耐涝性，分为 5 个等级（表 8－1－8）。

表 8－1－8　主要观赏树种的耐淹性

耐淹力	树木名称
最强	垂柳、旱柳、龙爪柳、榔榆、桑、柘、豆梨、杜梨、柽柳、紫穗槐、落羽杉
强	水松、棕榈、栀子、麻栎、枫杨、榉树、山胡桃、狭叶山胡桃、沙梨、枫香、悬铃木属 3 种、紫藤、楝树、乌桕、重阳木、柿、葡萄、雪柳、白蜡、凌霄
中等	侧柏、千头柏、圆柏、龙柏、水杉、水竹、紫竹、竹、广玉兰、酸橙、夹竹桃、杨类 3 种、木香、李树、苹果、槐树、臭椿、香椿、卫茅、紫薇、丝绵木、石榴、喜树、黄荆、迎春、枸杞、黄金树
较弱	罗汉松、黑松、刺柏、樟树、枸橘、花椒、冬青、小蜡、黄杨、胡桃、板栗、白榆、朴树、梅、杏、合欢、皂荚、紫荆、南天竹、溲疏、无患子、刺楸、三角枫、梓树、连翘、金钟花
最弱	马尾松、杉木、柳杉、柏木、海桐、枇杷、百楠、桂花、大叶黄杨、女贞、构树、无花果、玉兰、木兰、腊梅、杜仲、桃、刺槐、盐肤木、栾树、木芙蓉、木槿、梧桐、泡桐、楸树、绣球花

①耐淹力最强的观赏植物：能耐长达 3 个月以上的深水浸淹，当退水后生长正常或略见

衰弱，树叶有黄落现象，有时枝梢枯萎；又有洪水虽没顶但生长如旧或长势减弱而不致死亡。

②耐淹力较强的观赏植物：能耐较长达2个月以上的深水浸淹，水退后生长衰弱，树叶常见黄落，新枝、幼茎也常枯萎，但有萌芽力，以后仍能萌发恢复生长。

③耐淹力中等的观赏植物：能耐较短时期（1~2个月）的水淹，水退后必呈衰弱，时期一久即趋枯萎，即使有一定萌芽力也难恢复声势。

④耐淹力较弱的观赏植物：仅能耐2~3周的短期水淹，时间稍长即趋向枯萎，一般经短期水淹后生长也显然衰弱。

⑤耐淹力最弱的观赏植物：最不耐淹，水仅浸淹地表或根系一部至大部时，经过不到1周的短暂时间即趋向永久性枯萎。

8.1.4 土壤质地胁迫与观赏植物

土壤是大地风景的基础要素，其本身的颜色及其所支撑的植物群系以及植物的季相变化构成自然景观的多样性变化。土壤的物理性质对植物的影响很大，尤其在城市，土壤胁迫经常发生，往往成为园林建设的限制因素。

8.1.4.1 土壤质地类型

土壤质地是指土壤中各种大小矿质颗粒（砾、沙、粉）的相对含量。根据土粒直径的大小，可将土粒分为3级，直径为2.0~0.2 mm的为粗沙，0.2~0.02 mm的为细沙，0.02~0.002 mm的为粉沙，0.002 mm以下的为黏粒。根据土壤质地，一般可把土壤分为3类9级（表8-1-9）。

表8-1-9 土壤质地分类

土壤类别		不同土粒的重量百分比/%	
		粉沙和黏粒（细粒 <0.02 mm）	细沙和粗沙（细粒 >0.02 mm）
沙土类	粗沙土	0~5	95~100
	细沙土	5~10	90~95
壤土类	沙壤土	10~20	80~90
	轻壤土	20~30	70~80
	中壤土	30~45	55~70
	重壤土	45~60	40~55
黏土类	轻黏土	60~75	25~40
	中黏土	75~85	15~25
	重黏土	>85	<15

（1）沙土类　土壤质地较粗，含沙粒多，黏粒少，土壤疏松，黏结性小，大空隙较多，

通气透水性好，但蓄水性能较差，易于干旱。此外，有机质分解快，养料易流失，保肥性能差，适生树种有油松、樟子松、马尾松、云南松。

(2) 壤土类　土壤质地较均匀，沙粒、黏粒和粉沙大致等量，物理性质良好，通气透水，有较好的保水、保肥能力，这种土壤适于大部分植物生长良好。

(3) 黏土类　土壤质地较细，以黏粒和粉沙居多，结构致密，干时硬。由于含黏粒多，颗粒表面积大，保水、保肥能力强，但因土粒细小，空隙小，通气透水性差。适生树种有枫杨。

8.1.4.2 土壤结构胁迫对观赏植物的危害

土壤结构是指土壤颗粒排列状况，如团粒状、柱状、块状等。团粒结构土壤最适宜植物生长，因为团粒结构是由土壤中的腐殖质把矿质颗粒互相黏结成直径为0.25～10 mm的小团块而形成的，具团粒结构的土壤能较好协调土壤中水、肥、气、热之间的矛盾，保水、保肥能力强。一般土壤中团粒结构越多，肥力越高。在各种类型的绿地土壤中，块状、板结、片状、核状、散沙、飞灰等不良结构都经常出现，这些不良性状将严重影响植物生长。

(1) 块状结构　含块状结构较多的土壤，增大土壤的空洞，漏风，跑墒；并且压苗，使其不能顺利出土；或形成吊根，妨碍根系交叉。一般大于4 cm的坷垃危害就较明显，大于10 cm的危害严重。坷垃多出现在质地偏黏又缺乏有机质的耕层（或表层）土壤中，过湿或过干皆易形成大坷垃。坷垃对苗木生长不利，对城市园林绿化也有影响。

(2) 板结　黏土板结，可在土表形成厚达5 cm以上的坚实板结层，干后使表土龟裂成厚重的板结土块，板结降低土壤与大气间气体和热量交换，加速土壤水分蒸发，这对花草、苗木及树木等各种绿地植物生长十分不利。常出现在质地黏重又缺乏有机质的土壤上，冲积平原地区以粉粒占优势的粉沙质土壤也极易板结，一般多在大雨或灌水后形成。

(3) 片状结构　常与表土压实相联系，透气性差，易于滞水，扎根阻力大，对植物生长极为不利。

(4) 散沙或飞灰　属于团聚性极差的土壤结构。漏水漏肥，贫瘠易旱，且易遭流水侵蚀，大部分沙土是松散的散沙结构。在长期干态下，经反复的行人或车辆碾压使质地较细的土壤形成飞灰土（也有天然的飞灰土），其水、气、养分状况难以协调，易遭水蚀，且易被风吹扬，影响城市环境清洁。

(5) 核状结构　又称为棱柱状结构，是心土的不良结构。结构体异常坚固，泡水不散，且结构体表面有胶膜封闭，其中的水分和养分很难释放，因此根系难以穿插，当其分布深度过于接近根区时将严重影响植物生长。即使人为翻出土后的疏松状态下也不能满足植物对水分、养分的需求，使植物生长极差。

8.1.5 土壤盐胁迫与观赏植物

一般在气候干燥、地下水位高、地势低洼的地区，水分蒸发会把地下易溶解的盐类带到土壤表层，结果形成盐浸土壤。海滨崩塌和海水倒流，也会形成一些盐浸土壤。一些海盐以烟雾形式靠风被运送到100 km或更远的内陆地区也能使土壤盐渍化。在湿润地区、潮汐区的浪花冲溅地带、沙丘和沼泽地带的土壤变为盐化也是可能的。在寒冷地区，冬季使用的防冰盐（NaCl，$MgCl_2$，$CaCl_2$）常渗入土壤中，引起植物的根系伤害。盐的种类决定土壤的性质，当土壤中 NaCl 和 Na_2SO_4 较多时，此土壤称为盐土；Na_2CO_3 与 $NaHCO_3$ 较多时，此土壤称为碱土。在自然界，这两种情况常同时出现，这种土壤称为盐碱土。

8.1.5.1 盐胁迫对观赏植物的伤害机理

因土壤中可溶性盐过多对植物的危害叫做盐胁迫。表 8－1－10 列出不同盐渍化的土壤对植物的生长发育的影响。

表 8－1－10 不同程度的盐渍化土壤对植物生长与产量的影响

级 别	$EC/$（$mS \cdot m^{-1}$）	植物反应
非盐渍化	0～200	对大多数作物的影响极小可忽略
	200～400	盐敏感植物生长受到影响
轻度盐渍化	400～800	大多数植物产量受到限制
中度盐渍化	800～1 500	只有耐盐植物可获得较高产量
严重盐渍化	1 500	只有强耐盐植物可获得较高产量

注：电导度 *EC* 常用毫西门子·厘米$^{-1}$或米表示，即：$mS \cdot cm^{-1}$或 $mS \cdot m^{-1}$。

盐胁迫对植物的危害主要表现为以下 4 个方面。

（1）渗透胁迫 高浓度的盐分降低了土壤水势，这是盐分造成的次生胁迫即渗透胁迫。土壤溶液渗透压较高，根系从中吸收水分比较困难，更为严重的是，外界溶液渗透压高于根细胞的渗透压时，将会发生根细胞内的水分外渗。因此，受盐害的植物同时受到“生理干旱”的影响。这一点与干旱或冻害对植物的影响是一致的。

（2）膜透性改变 盐分过多首先影响原生质膜，改变质膜的透性。质膜是外界盐分进入细胞的第一道屏障，植物有机体的活性部分最先接触到盐胁迫的就是质膜。质膜受到盐胁迫影响后，将发生一系列的胁变，它的组分、透性、运输、离子流等都会受到影响而发生变化，使膜的正常生理功能受到伤害。质膜产生胁变以后，即进一步影响细胞的代谢，在代谢上发生胁变，从而不同程度地破坏细胞的生理功能。

（3）离子失调与单盐毒害 盐碱土常见的阴离子有 Cl^-，CO_3^{2-} 和 SO_4^{2-}，阳离子主要是 Na^+，有时也有 Ca^{2+}，Mg^{2+}。Na^+ 浓度过高时，植物对 K^+ 的吸收减少，同时也易发生 PO_4^{3-} 和 Ca^{2+} 的缺乏症。植物对离子的不平衡吸收，不仅使植物发生营养失调，而且还会产生单盐毒害。

（4）生理代谢紊乱 盐胁迫引起甜土植物一系列的代谢失调。光合作用受到抑制；低盐时植物呼吸受到促进，而高盐时则受到抑制，氧化磷酸化解偶联；盐分过多会降低植物蛋白质的合成，促进蛋白质的分解；盐胁迫使植物体内积累有毒的代谢产物，如盐胁迫下产生的游离 NH_4^+ 对细胞的毒害作用。

8.1.5.2 观赏植物对盐胁迫的适应性

盐分胁迫能使一些植物生长发育受到抑制甚至导致死亡，而另一些植物受到盐分胁迫的影响很小，甚至没有影响。一般将植物对盐分胁迫的适应性视为植物的抗盐性。根据抗盐能力的大小，将植物分成非盐生植物（甜土植物）和盐生植物两大类。Greenway 等（1983）认为，盐生植物是盐浸生境中的天然植物区系，盐浸生境是仅有至少 33×10^4 Pa（相当于 70 mmol · L^{-1} 单价盐）渗透压盐水的生境，在此生境中能生长的自然植物区系就是盐生植物。盐生植物在形态和生理上都有其特殊的适应特点。植物抗盐性的大小随植物种类、植物的发育阶段、植物不同器官以及外界条件（温度、辐射、湿度）不同而变化。盐生植物虽然有一定的抗盐性，但这种抗盐性是有限的。凡在上述生境中不能正常生长和完成其生活史的植物就是非盐生植物。植物的抗盐性包括避盐性和耐盐性。

（1）避盐性　是指在盐胁迫和被胁迫植物之间设置某种障碍，防御或部分防御胁迫的作用。植物对盐胁迫的避性，主要通过拒盐、泌盐和稀释盐分 3 种方式。

A. 拒盐　即不让外界盐分进入植物体内，从而避免盐分的胁迫作用。这类对盐离子透性小的植物即属于拒盐植物，主要依靠其对盐的不透性来适宜盐浸环境，例如长冰草（*Agropyron elongatum*）。

B. 泌盐　即指一些植物允许盐分进入植物体，但进入植物体后又以不同方式将它们排到体外，使植物细胞内的盐分水平不致过高，从而避免盐害，如柽柳（*Tamarix* spp.），这类植物通常称为泌盐植物。

C. 稀盐　是指一些盐生植物，将吸收到体内的大量盐分，采取不同方式稀释到不发生毒害的水平；例如，滨藜（*Atriplex* spp.）、落叶生根（*Bryophyllum* spp.）等通过增加细胞的含水量，提高肉质化程度以保持细胞液中的盐分的浓度并不显著提高。

（2）耐盐性　是指植物体承受全部或部分盐胁迫作用而不引起或很少引起伤害的能力。一些非盐生植物主要依靠避盐机理抗盐，高度抗盐植物则主要依靠耐盐机理抗盐。植物的耐盐机理主要有以下 4 点：

A. 耐渗透胁迫　抗盐植物主要以渗透调节的方式避免细胞脱水。渗透调节即指许多盐生植物，在严重盐分胁迫下，主要依靠从外界介质中吸收和积累大量无机盐离子，把大部分盐离子积累到液泡中，提高液泡液浓度，降低细胞水势，以适应外界盐胁迫所造成的低水势，使植物可以在较高渗透条件下吸水，保持膨压，正常生长，同时盐分在液泡中积累可降低其对功能细胞器的伤害。例如，碱蓬（*Suaeda* spp.）、海蓬子（*Salicornia* spp.）、滨藜（*Atriplex* spp.）等。非盐生植物积累在液泡中的盐离子数量有一定限度，远较盐生植物少，所以它们的避脱水能力有限。植物在抗盐过程中，除了吸收和积累大量无机盐离子进行渗透调节以适应盐浸环境外，还可以在细胞中合成大量不同的有机物质，例如，脯氨酸、甜菜碱、蔗糖等，这些有机物质主要存在于细胞质中，起到平衡液泡液和细胞质水势的作用，同时保护细胞质中的酶和一些大分子物质免受盐离子的伤害。

B. 营养元素平衡　有些植物在盐浸时能增加对其他元素的吸收，如有的蓝绿藻能随供应的增加而加大对氮的吸收，所以在盐胁迫下能较好地保持营养元素的平衡。

C. 代谢稳定性　在较高盐浓度中，某些植物仍能保持酶活性的稳定，维持正常代谢。

D. 与盐结合　通过代谢产物与盐类结合，减少游离离子对原生质的破坏作用。细胞中的清蛋白可提高亲水胶体对盐类凝固作用的抵抗力。

8.1.5.3 适宜盐碱地绿化的观赏植物

根据生境的特点可将盐生植物分为4类：即旱生盐生植物，主要是盐土荒漠植物，具有旱生特点，如盐爪爪属（*Kalidium*）；中生盐生植物，是盐生草甸灌丛中半干旱生境植物，如补血草属（*Limonium*），特别是二色补血草；湿生盐生植物，盐沼泽与海滩涂生境的植物，如红树林，水麦冬属（*Triglochin*）；沉水盐生植物，生于海水与盐湖中的植物，如大叶藻属（*Zostera*）和喜盐草属（*Halophila*）。

有些盐生植物的花很美丽，例如，补血草的花不但美丽，而且花萼、花瓣宿存不脱落，花色也不消退，是很好的干花材料。我国补血草有数种，花色有白、黄、蓝、紫等，现已作为花卉广泛栽培；柽柳叶很像一些裸子植物细小而美丽，花也很美，而且一年多次开花，可做成盆景或行道树。表8-1-11中列出一些常用的盐生观赏植物。

表8-1-11 主要盐生观赏植物及其特性

科名	属名	种名	特性
杨柳科	杨属 *Populus*	胡杨（*P. euphratica*）	落叶乔木
		灰胡杨（*P. pruinosa*）	灌叶乔木
桦木科	桦木属 *Betula*	盐桦（*B. halophila*）	落叶灌木
蓼科	蓼属 *Polygonum*	盐生蓼（*P. corrigioloides*）	一年生草本
		普通蓼（*P. humifusum*）	一年生草本
		新疆蓼（*P. patulum*）	一年生草本
		灯心草蓼（*P. junceum*）	一年生草本
	酸模属 *Rumex*	盐生酸模（*R. marschallianus*）	一年生草本
		长刺酸模（*R. maritimus*）	一年生草本
藜科	盐角草属 *Saliconia*	盐角草（*S. europaea*）	一年生草本
	盐爪爪属 *Kalidium*	盐爪爪（*K. foliatum*）	小灌木
	盐节木属 *Halocnemum*	盐节木（*H. strobilaceum*）	半灌木
	滨藜属 *Atriplex*	海滨藜（*A. maximowicziana*）	多年生草本
	地肤属 *Kochia*	碱地肤（*K. scoparia*）	一年生草本
	猪毛菜属 *Salsola*	柽柳叶猪毛菜（*S. tamariscina*）	一年生草本
蔷薇科	委陵菜属 *Potentilla*	覆瓦委陵菜（*P. imbricata*）	多年生草本
	山莓草属 *Sibbaldia*	伏毛山莓草（*S. adpressa*）	多年生草本
	苹果属 *Malus*	珠美海棠（*M. dzumei*）	落叶乔木

续表 8 - 1 - 11

科 名	属 名	种 名	特 性
豆科	槐属 *Sophora*	苦豆子（*S. alopecuroides*）	草本或基部木质化成灌木状
	驼刺属 *Alhagi*	骆驼刺（*A. sparsifolia*）	半灌木
	大豆属 *Glycine*	野大豆（*G. soja*）	一年生缠绕草本
	草木樨属 *Melilotus*	细齿草木樨（*M. dentatus*）	草本
	铃铛刺 *Halimodendron*	铃铛刺（*H. halodendron*）	灌木
	甘草属 *Glycyrrhiza*	甘草（*G. uralensis*）	多年生草本
楝科	木果楝属 *Xylocarpus*	木果楝（*X. granatum*）	乔木
锦葵科	蜀葵属 *Althaea*	药蜀葵（*A. officinalis*）	多年生草本
		蜀葵（*A. rosea*）	多年生草本
	木槿属 *Hibiscus*	黄槿（*H. tiliaceus*）	常绿灌木或乔木
梧桐科	银叶树属 *Heritiera*	银叶树（*H. littoralis*）	常绿乔木
柽柳科	柽柳属 *Tamarix*		落叶灌木或小乔木
胡颓子科	胡颓子属 *Elaeagnus*	沙枣（*E. angustifolia*）	乔木
玉蕊科	玉蕊属 *Barringtonia*	玉蕊（*B. racemosa*）	常绿小乔木
红树科	红树属 *Rhizophora*	红树（*R. apiculata*）	小乔木
		红茄苳（*R. mucronata*）	乔木或灌木
		红海兰（*R. stylosa*）	乔木或灌木
	秋茄树属 *Kandelia*	秋茄树（*K. candel*）	灌木或小乔木
	木榄属 *Bruguiera*	木榄（*B. gymnorrhiza*）	乔木或灌木
紫金牛科	蜡烛果属 *Aegiceras*	蜡烛果（*A. corniculatum*）	灌木或小乔木
白花丹科	补血草属 *Limonium*	补血草（*L. sinense*）	多年生草本
		二色补血草（*L. bicolor*）	多年生草本
		烟台补血草（*L. franchetii*）	多年生草本
		细枝补血草（*L. tenellum*）	多年生草本
		黄花补血草（*L. aureum*）	多年生草本
夹竹桃科	罗布麻属（*Apocynum*）	罗布麻（*A. venetum*）	半灌木
萝摩科	娃儿藤属 *Tylophora*	老虎须（*T. arenicola*）	藤本
旋花科	打碗花属 *Calystegia*	肾叶打碗花（*C. soldanella*）	蔓生藤本
马鞭草科	大青属 *Clerodendrum*	苦郎树（*C. inerme*）	灌木
唇形科	黄芩属 *Scutellaria*	沙滩黄芩（*S. strigillosa*）	草本

续表 8－1－11

科 名	属 名	种 名	特 性
茄科	枸杞属 *Lycium*	枸杞（*L. chinense*）	灌木
		黑果枸杞（*L. ruthenicum*）	灌木
车前科	车前属 *Plantago*	线叶车前（*P. aristata*）	一年生草本
		盐生车前（*P. maritima*）	多年生草本
		巨车前（*P. maxima*）	多年生草本
菊科	花花柴属 *Karelinia*	花花柴（*K. caspia*）	多年生草本
露兜树科	露兜树属 *Pandanus*	露兜树（*P. tectorius*）	多年生草本
眼子菜科	大叶藻属 *Zostera*	大叶藻（*Z. marina*）	多年生海草
水鳖科	喜盐草属 *Halophila*	喜盐草（*H. ovalis*）	多年生海草
禾本科	芦苇属 *Phragmites*	芦苇（*P. australis*）	多年生草本
	结缕草属 *Zoysia*	大穗结缕草（*Z. macrostachya*）	多年生草本
		结缕草（*Z. japonica*）	多年生草本
		沟叶结缕草（*Z. matrella*）	多年生草本
	大米草属 *Spartina*	大米草（*S. anglica*）	多年生草本
	碱茅属 *Puccinellia*	星星草（*P. tenuiflora*）	多年生草本
		碱茅（*P. distans*）	多年生草本
	芨芨草属 *Achnatherum*	芨芨草（*A. splendens*）	多年生草本
棕榈科	水椰属 *Nypa*	水椰（*N. fruticans*）	灌木
百合科	天门冬属 *Asparagus*	西北天门冬（*A. persicus*）	灌木
鸢尾科	鸢尾属 *Iris*	喜盐鸢尾（*lris halophila*）	多年生草本
		马蔺（*I. lacteal* var. *chinensis*）	多年生草本
蒺藜科	白刺属 *Nitraria*	白刺（*N. sibirica*）	灌木

多数盐生植物的观赏性不强，而盐碱地的园林绿化需要更多的非盐生园林植物。目前，在城市的盐碱地园林绿化中，往往采用工程措施与生物措施相结合的方法。一方面，采取一定的排盐改碱工程措施；另一方面，非盐生植物不一定对盐完全敏感，积极地从中生植物中选择耐盐的生态型、从外地引种或培育耐盐品种。表 8－1－12 列举了不同的非盐生乔、灌木对盐的相对敏感性。通过测定初夏叶中干物质含氯量，发现植物的盐毒性阈值有很大差异。盐敏感的阔叶树和灌木为 0.3% ～0.5%，敏感的针叶树为 0.2% ～0.4%；抗盐的针叶树约为 0.6%、抗盐的阔叶树和灌木为 0.8% ～1.6%。证明非盐生植物具有不同程度的抗盐性，筛选并提高非盐生植物的抗盐性有利于解决盐碱土地的园林绿化。

表 8－1－12　常见观赏植物对盐的相对敏感性

（根据 Sucoff 1975；Meyer 1978；Carter 1982；Dässler 1991 的资料整理）

植　物	盐敏感植物	相对抗盐植物
落叶乔灌木	挪威槭（*Acer platanoides*）	复叶槭（*Acer negundo*）
	七叶树属（*Aesculus*）	臭椿属（*Ailantus*）
	鹅耳枥属（*Carpinus*）	胡颓子属（*Elaeagnus*）
	卫矛属（*Euonymus*）	白蜡树属（*Fraxinus*）
	山毛榉属（*Fagus*）	皂荚属（*Gleditsia*）
	胡桃属（*Juglans*）	沙棘属（*Hippophae*）
	欧洲女贞（*Ligustrum vulgare*）	枸杞属（*Lycium*）
	悬铃木属（*Platanus*）	金老梅属（*Potentilla fruticosa*）
	野黑樱属（*Prunus serotina*）	栎属（*Ouercus*）的一些种
	玫瑰（*Rosa rugosa*）的一些类型	玫瑰（*Rosa rugosa*）的一些类型
	丁香属（*Syringa*）	洋槐属（*Robinia*）
	椴属（*Tilia*）	槐属（*Sophora*）
常绿阔叶木本植物	冬青属（*Ilex*）	海葡萄属（*Coccoloba*）
	女贞（*Ligustrum lucidum*）	榕属（*Ficus*）的一些种
	十大功能属（*Mahonia*）	广玉兰（*Magnolia grandiflora*）
	络石属（*Trachelospermum*）	夹竹桃属（*Nerium*）
针叶树	冷杉属（*Abies*）的许多种	桧（*Juniperus chinensis*）
	云杉属（*Picea*）的许多种	黑云杉（*Picea mariana*）
	北美乔松（*Pinus strobus*）	帕尔利安云杉（*Picea parryana*）
	欧洲赤松（*Pinus sylvestris*）	阿勒颇松（*Pinus halepensis*）
	黄杉属（*Pseudotsuga*）	南欧黑松（*Pinus ngra*）
	紫杉属（*Taxus*）	美国黑松（*Pinus onderosa*）

不同盐碱地所含盐的种类不同，要求栽植不同的植物。我国关于盐碱地绿化方面的研究在天津市、上海市，以及山东的德州、东营、青岛市开展得较多，已筛选出适合当地条件的耐盐观赏植物。例如，德州市从 106 种植物中筛选出 37 种耐盐观赏植物，编写了德州市耐盐观赏植物名录（表 8－1－13），并且在不同地带采用不同的绿化方式。

表 8-1-13 德州市耐盐观赏植物名录

土壤性质	植物类别	植物名称
盐土	乔木	桧柏、侧柏、国槐、刺槐、白蜡、苦楝、榆树、毛白杨、加扬、柳树、臭椿、构树、火炬树、君迁子、沙枣、桑树、栾树、杜仲、枣树、杏树、梨树
	灌木	龙柏、木槿、柽柳、石榴、紫穗槐、枸杞、女贞、紫荆、丰花月季、剑麻（凤尾兰）
	藤本	地锦、凌霄、葡萄
	地被草坪植物	荷兰菊、地被菊、马蔺、狗牙根、结缕草、翦股颖、高羊茅
苏打盐碱土	乔木	旱柳、糖槭
	灌木	接骨木、榆叶梅、玫瑰

天津市结合工程措施，成功地在开发区土壤含盐量0.15% ~0.4%，pH 8.0 ~8.5 的改良盐渍土上栽培了451种植物，分属于98科261属。其中常绿乔木10种，落叶乔木66种，常绿灌木32种，落叶灌木98种，露地花卉74种，藤本植物9种，温室盆栽植物180种，草坪草14种（表8-1-14）。另外，青岛选出了治理盐碱的结缕草新品种，临沂市选出沂州木瓜；上海市筛选出湿地松、伞房决明、棕榈、木芙蓉等，能够适应沿海土壤气候条件的植物。

表 8-1-14 观赏植物在天津新技术开发区盐滩改良土上的耐盐表现

（根据天津市盐碱地绿化资料整理）

植物名称	耐盐程度/%	植物名称	耐盐程度/%
银杏 *Ginkgo biloba*	0.15	毛叶槐 *Robinia hispida*	0.3
白扦 *Picea meyeri*	0.2	金雀花 *Caragana frutex*	0.2
青扦 *Picea wilsonii*	0.2	白三叶 *Trifolium repens*	0.3
雪松 *Csdrus deodara*	0.25	田菁 *Sesbania cannabina*	0.4
华山松 *Pinus armandi*	0.15	花椒 *Zanthoxylum bungeanum*	0.2
白皮松 *Pinus bungeana*	0.2	臭椿 *Ailanthus altissima*	0.4
油松 *Pinus tabulaeformis*	0.15	蓖麻 *Ricinus communis*	0.3
日本黑松 *Pinus thunbergii*	0.4	黄杨 *Buxus sinica*	0.35
水杉 *Metasequoia glyptostroboides*	0.12	火炬树 *Rhus typhina*	0.5
侧柏 *Platycladus orientalis*	0.25	黄栌 *Cotinus coggygria*	0.15
千头柏 *Platycladus orientalis* var. *sieboldii*	0.25	冬青卫矛 *Euonymus japonicus*	0.35
圆柏 *Sabina chinensis*	0.3	白杜 *Euonymus bungeanus*	0.2
龙柏 *Sabina chinensis* var. *kaizuca*	0.25	元宝枫 *Acer truncatum*	0.2
偃柏 *Sabina chinensis* var. *sargentii*	0.2	栾树 *Koelreuteria paniculata*	0.35

续表 8－1－14

植物名称	耐盐程度/%	植物名称	耐盐程度/%
毛白杨 *Populus tomemtosa*	0.3	凤仙花 *Impatiens balsamina*	0.3
加拿大杨 *Populus × Canadensis*	0.3	枣 *Ziziphus jujuba*	0.4
龙爪柳 *Salix matsudana* var. *tortuosa*	0.2	龙爪枣 *Ziziphus jujuba* cv. *tortuosa*	0.3
绦柳 *Salix matsudana* var. *pendula*	0.2	葡萄 *Vitis vinifera*	0.4
核桃 *Juglans regia*	0.2	五叶地锦 *Parthenocissus quinguefolia*	0.4
白榆 *Ulmus pumila*	0.3	芙蓉葵 *Hibiscus moscheutos*	0.2
白桑 *Morus alba*	0.25	木槿 *Hibiscus syriacus*	0.35
龙爪桑 *Morus alba* cv. *tortusa*	0.2	蜀葵 *Althaea rosea*	0.6
无花果 *Ficus carica*	0.3	柽柳 *Tamarix chinensis*	2.5
构树 *Broussonetia papyrifera*	0.3	三色堇 *Viola tricolor*	0.25
苋 *Amaranthus tricolor*	0.4	沙枣 *Elaeagnus angustifolia*	0.8
鸡冠花 *Celosia cristata*	0.4	紫薇 *Lagerstroemia indica*	0.3
紫茉莉 *Mirabilis jatapa*	0.4	石榴 *Punica granatum*	0.2
美国商陆 *Phytolacca americana*	0.23	待宵花 *Oenothera odorata*	0.35
大花马齿苋 *Portulaca grandiflora*	0.45	二色补血草 *Limonium bicolor*	2.0
石竹 *Dianthus barbatus*	0.3	柿 *Diospyros kaki*	0.15
莲 *Nelumbo nucifera*		黑枣（君迁子）*Diospyros lotus*	0.17
睡莲 *Nymphaea tetragona*		洋白蜡 *Fraxinus pennsylvanica*	0.38
芍药 *Paeonia lactiflora*	0.2	津白蜡 *Fraxinus velutina* var. *toumeyi*	0.3
牡丹 *Paeonia suffruticosa*	0.2	连翘 *Forsythia suspense*	0.3
日本小檗 *Berberis thunbergii*	0.25	紫丁香 *Syringa oblata*	0.3
紫叶小檗 *Berberis thunbergii* var. *atropurpurea*	0.3	白丁香 *Syringa oblata* var. *affinis*	0.3
玉兰 *Magnolia denudata*	0.2	水蜡 *Ligustrum obtusifolium*	0.32
荷包牡丹 *Dicentra spectabilis*		小叶女贞 *Ligustrum quihoui*	0.2
醉蝶花 *Cleome spinosa*	0.25	罗布麻 *Apocynum venetum*	0.8
太平花 *Philadelphus pekinensis*	0.12	圆叶牵牛 *Pharbitis purpurea*	0.45
杜仲 *Eucommia ulmoides*	0.15	裂叶牵牛 *Pharbitis hederacea*	0.4
法国梧桐（三球）*Platalus orientalis*	0.25	大花牵牛 *Pharbitis Limbata*	0.4
英国梧桐（二球）*Platalus acerilolia*	0.25	小天蓝绣球 *Phlox drummondii*	0.3
美国梧桐（一球）*Platalus occidentalis*	0.25	一串红 *Salvia splendens*	0.4

续表 8 - 1 - 14

植物名称	耐盐程度/%	植物名称	耐盐程度/%
珍珠梅 *Sorbaria kirilowii*	0.25	臭牡丹 *Clerodendrum bungei*	0.2
山楂 *Crataegus pinnatifida*	0.2	海州常山 *Clerodendrum trichotomum*	0.2
白梨 *Pyrus bretschneideri*	0.18	碧冬茄 *Petunia hybrida*	0.2
杜梨 *Pyrus betulaefolia*	0.5	枸杞 *Lycium chinense*	0.6
苹果 *Malus pumila*	0.2	泡桐 *Paulownia tomentosa*	0.4
海棠花 *Malus spectabilis*	0.3	金鱼草 *Antirrhinum majus*	0.3
西府海棠 *Malus micromalus*	0.2	黄金树 *Catalpa speciosa*	0.3
珠美海棠 *Malus dzumei*	0.8	凌霄 *Campsis grandiflorus*	0.32
月季 *Rosa chinensis*	0.3	忍冬 *Lonicera japonica*	0.3
玫瑰 *Rosa rugosa*	0.2	金银木 *Lonicera maackii*	0.32
贴梗海棠 *Chaenomeles speciosa*	0.3	锦带花 *Weigela florida*	0.15
红叶李 *Prunus cerasifera*	0.3	桔梗 *Platycodon grandifloum*	0.17
榆叶梅 *Prunus triloba*	0.3	菊花 *Dendranthema moriflorum*	0.3
桃 *Prunus persica*	0.3	向日葵 *Helianthus annuus*	0.4
山桃 *Prunus davidiana*	0.3	金盏菊 *Calendula officinalis*	0.3
白碧桃 *Prunus persica* f. *alba-plena*	0.3	大丽菊 *Dahlia pinnata*	0.32
红碧桃 *Prunus persica* f. *rubro-plena*	0.3	早园竹 *Phyllostachys propinqua*	0.15
紫叶桃 *Prunus persica* f. *Atropurpures*	0.3	高羊茅 *Festuca arundinacea*	0.3
日本樱花 *Prunus yedoensis*	0.15	黑麦草 *Lolium multiflorum*	0.25
合欢 *Albizzia julibrissin*	0.33	结缕草 *Zoysia japonica*	0.35
紫荆 *Cercis chinensis*	0.3	大米草 *Spartina anglica*	4.0
日本皂荚 *Gleditsia japonica*	0.32	互花大米草 *Spartina alterniflora*	4.0
国槐 *Sophora japonica*	0.32	郁金香 *Tulipa gesneriana*	—
龙爪槐 *Sophora japonica* f. *pendula*	0.3	百合 *Lilium brownii*	—
五叶槐 *Sophora japonica* f. *oligophylla*	0.4	丝兰（剑麻）*Yucca smalliana*	0.35
紫穗槐 *Amorpha fruticosa*	0.3	德国鸢尾 *Iris germanica*	0.25
紫藤 *Wisteria sinensis*	0.3	马蔺 *Iris lectea*	0.4
洋槐 *Robinia pseudoacacia*	0.3	大花美人蕉 *Canna generalis*	0.3

8.1.6 土壤污染物胁迫与观赏植物

20世纪60年代以来，各国对土壤污染（soil pollution）的研究比较重视，提出了土壤环境背景值（soil background value）和土壤容量（environment capacity of soils）的概念。土壤环境背景值是指各种污染源明显影响的土壤中化学物质检出量，它是相对的，如今零污染土壤样本是不存在的。土壤环境容量是20世纪70年代提出的概念，它是指土壤对污染物有一定的可允许存在量，在土壤中扩散的污染物没有达到明显危害作用的量。土壤污染是指各种污染物在土壤中扩散和积累，其数量超过土壤容量并明显引起环境因素不良变化的现象。土壤污染是人类活动的结果，污染物通过各种途径输入土壤，其数量和速度超过土壤净化作用的速度，使污染物质的积累过程逐渐占据优势，土壤质量下降并影响到植物的生长发育。

土壤的污染可直接来自于工厂的三废（废气、废水、废渣）以及生活垃圾、农药、化肥等，也可以间接地通过大气污染、水体污染，再导致土壤的污染。

8.1.6.1 土壤污染物

已知的土壤污染物质主要分为有机污染物和无机污染物。无机污染物主要包括重金属元素、放射性元素和氟、酸、碱等物质。重金属是指密度大于5的金属元素，共有38种，但常见的污染土壤的重金属元素有12种，为镉、铬、钴、铅、汞、镍、锡、锌、铜、铁、锰和钼，一些非金属元素如硼、砷、硒也归在重金属类中。重金属污染源主要有工业排放和污水灌溉、污泥施肥和磷肥，另外有公路灰尘、燃煤与汽车尾气以及生活垃圾。土壤被重金属污染后，不仅使土壤肥力退化，影响农作物的产量和品质，而且会进入食物链从而影响人体健康，严重影响生态系统的平衡和经济的可持续发展。由于土壤中金属污染物具有多源性、隐蔽性、积蓄性、不可逆性和污染后果的严重性等特点，因此，土壤重金属污染被环境学界比喻为“化学定时炸弹”，已成为全球环境变化研究的重大问题之一，是近年来环境科学领域研究的热点问题。我国土壤重金属污染已经非常严重，国土资源部曾公开表示，中国每年有1 200万t粮食遭到重金属污染，直接经济损失超过200亿元。放射性污染主要来自于土壤，土壤中天然存在^{40}K，^{87}Rb，^{14}C等放射性物质，但正常放射水平不足以引起危害。放射性物质在土壤中不易移动，植物对其有一定的吸收性，但总量很少，尤其很少向种子转移，但岩石矿物和原子反应堆废物中残留的半衰期较长的元素，在土壤中积累，会引起人体危害。有机污染物主要包括化肥、农药、酚、氰化物、石油、有机洗涤剂和有害微生物。

8.1.6.2 重金属对观赏植物的毒害

土壤污染物胁迫主要从两个方面影响植物的生长。一方面土壤中的有毒物质直接影响植物生长或杀死植物。另一方面引起土壤酸碱度的变化，进而影响植物生长，如碱性的水泥粉尘散落在土壤中，能提高土壤的碱度。土壤受污染后，观赏树木的根系首先表现出被害症状：根系变短粗，吸收功能变弱，根系生长受抑制或死亡；地上部萌芽迟，生长缓慢，叶片黄化，开花不齐，坐果率低，果实畸形，污染严重时树势衰退或死亡。

重金属元素对土壤的污染比较严重，按其对植物的毒性大致排序如下（Craig，1980）：汞 > 铜 > 镍 > 铅 > 钴 > 镉 > 铁 > 锰。Chaney（1983）指出了重金属元素对植物的毒害水平，当重金属元素在叶片中含量 [$mg/(kg \cdot dw^{-1})$] 达到一定值时即产生危害，如无机砷 3~10、镉 5~700、铬 20、铜 25~40、钴 25~100、镍 50~100、硼 75、锡 100、钼 100、锰 400~2 000、锌 500~1 500。研究表明，重金属镉、铅胁迫能明显抑制蜀葵（*Althaea rosea*）、二月蓝（*Orychophragmus violace*）的生长。蜀葵、二月蓝叶面积、根系总长度、根表面积、地上部干重、根系干重、总生物量等均随着重金属胁迫的加重显著下降。镉、铅处理显著降低蜀葵、二月蓝叶绿素含量，进而导致净光合速率下降。同时，镉、铅胁迫会给蜀葵、二月蓝细胞带来不同程度的伤害。随着胁迫时间的延长和胁迫程度的加重，镉、铅对叶绿体、线粒体和细胞核的伤害也加重。叶绿体、前体、叶绿体膜破裂，基粒片层肿胀、松散甚至消失。在这几种细胞器中，叶绿体对镉、铅的胁迫更为敏感，其出现毒害症状的时间要早、程度要深。线粒体出现毒害症状的时间比叶绿体晚、程度要浅。细胞核受镉、铅影响最小。

8.1.6.3 植物修复

近年来，植物修复技术的出现和快速发展为土壤重金属污染修复提供了一条新途径。植物修复（phytoremediation）是利用自然生长植物或者遗传工程培育的植物提取、吸收、分解、转化或固定土壤、沉积物、污泥或地表、地下水中有毒有害污染物技术的总称。对于重金属污染土壤和水体的植物修复技术，主要包括植物稳定或植物固化（phytostabilization，phytomoblization）、植物挥发（phytovolatilization）、植物提取（phytoextraction）和植物过滤（phytofiltration，rhizofiltration）4 种技术。植物修复具有成本低、不破坏土壤生态环境、不造成二次污染的优点，而且植物修复是一个自然过程，易为公众所接受，是近年发展起来的用于清除土壤重金属污染的绿色生态技术。而这一技术最关键的基础主体是通过利用重金属超积累植物的提取作用去除污染土壤中的重金属。超积累植物对重金属具有超常规吸收和富集能力，种植在污染土壤上的植物把土壤中的污染物吸收起来，再把收获植物中的重金属元素加以回收利用。迄今为止，已发现的超积累植物有400 多种，但已报道超积累植物的种类仍然非常有限。近年来，以观赏植物为筛选重金属超积累植物对象已成为热点。观赏植物资源丰富、抗逆性强、生长迅速、具有较强的生命力，吸收能力也强，使筛选工作有了坚实的基础；观赏植物在进行土壤修复的同时，能够美化环境，一举两得；观赏植物不会进入食物链，可减少对人体的危害，而且对人类健康也有着一定的作用，如花卉芳香油可抗菌，提高人体免疫力，可作为保健食品或用于治疗疾病。而且人类在长期的生产实践中积累了丰富的品种选育、栽培以及病虫害防治等方面的经验。

研究发现，垂盆草对铅污染土壤的修复效果最好，其次是瞿麦、鸢尾、吉祥草和葱兰；菊花、满天星和火炬鸡冠对铅具有较强的富集能力；天竺葵对铅的耐性较高但吸收量较低；美女樱对铅具有较强的吸收能力，在 1 000 $mg \cdot kg^{-1}$ 处理时的累积浓度可达 65.1 $mg \cdot kg^{-1}$，移除量为每株植物 952 μg；波斯菊对铅污染的抗性很强，高浓度（1 000 $mg \cdot kg^{-1}$）铅可刺激它们的生长，使地上部和根部生物量增加。紫茉莉、金盏菊、万寿菊 3 种花卉植物对锰的耐性较强；含羞草、白雪姬、树马齿苋对重金属镉均有较强的累积能力，其中树马齿苋的累积能力最强，含羞草和白雪姬次之；在铜污染的土壤里，吉祥草的修复效果最好。

另外，中科院陈同斌发现并利用蜈蚣草修复砷污染土壤，效果良好。而且东南景天也被用于修复镉中毒的农田。

城市生态系统复杂，土壤污染源多，土壤污染严重，容易超过土壤环境容量。因此，在城市园林绿化中，应尽量避免污水灌溉和施用垃圾肥，同时应注意选择抗污染的植物。美国发现酸木树（*Oxydendrurn arboreum*）具有很强的抗放射性污染的能力，用栎属树木建成林带也有阻隔放射性物质辐射的作用；前苏联的研究证明落叶性阔叶树种比常绿针叶树净化放射性污染的能力大。一些观赏植物对重金属有一定的抵抗性（表8－1－15）。在观赏植物商品化生产中，应注意监测栽培基质，避免污染物伴随观赏植物进入消费领域。

表8－1－15　观赏植物对土壤中重金属（镉与锌）的抵抗性

土壤中重金属浓度/（$mg \cdot kg^{-1}$）	镉5～10未满，锌400～700	镉10～20未满，锌800～1 000	镉20以上，锌1 000以上
植物抵抗性	弱	中	强
植物种类	菊花*、紫菀*、花菖蒲*、柳树*、银芽柳*、海棠*、银杏*、唐菖蒲、铁炮百合、雁来红、一串红、美人蕉、连翘、万寿菊、金鱼草、桑树*、东方鸢尾、红三叶	杜鹃花*、木兰*、荚蒾	夹竹桃、白桦、红枫、丁香、月季、合欢、茶花

注：1）＊表示该种植物叶片出现黄化。2）据日本环境厅资料，1975年。

8.1.7　环境pH胁迫与观赏植物

环境pH胁迫是指由于环境中pH的变化对植物的危害，其主要包括酸雨和土壤酸碱度变化对植物的危害。

8.1.7.1　酸雨伤害及观赏植物对酸雨的适应性

酸雨中绝大部分是硫酸和硝酸，主要来源于排放的二氧化硫和氮氧化物，就某一地区而言，酸雨发生并产生危害有两个条件：一是发生区域有高度的经济活动水平，广泛使用矿物燃料，向大气排放大量硫氧化物和氮氧化物等酸性污染物，并在局部地区扩散，随气流向更远距离传输；二是发生区域的土壤、森林和水生生态系统缺少中和酸性污染物的物质或对酸性污染物的影响比较敏感。如酸性土壤地区和针叶林就对酸雨污染比较敏感，易于受到损害。

酸雨能直接伤害植物，使植物营养失调，降低对病虫害的抵抗能力和引起土壤理化性质和土壤生物特征的改变而间接引起植物伤害。根据在可控制的环境条件下和田间条件下，采用人工模拟酸雨所获得的实验结果，酸雨对植物危害有以下8个方面：

①加速植物茎叶中水分和营养物质的淋失，影响植物生长或降低观赏品质。

②侵蚀叶片角质层，改变叶片表面的化学性质，使叶际微生物区系发生变化，降低对病虫害的抗性。

③干扰和破坏气孔保卫细胞的机能，促进蒸腾，降低抗旱性与光合作用强度。

④干扰生殖过程，降低结实率和种子生活力。

⑤改变细胞膜透性，干扰正常代谢过程。

⑥使细胞中毒或坏死，产生可见伤害症状，阻滞生长发育，降低生产力。

⑦使根系分泌物的化学组成发生变化，进而导致根际微生物区系的变化。

⑧与其他胁迫因子发生作用，增加大气污染物或其他不良环境条件对植物的危害。

不同观赏植物类型和种类对酸雨的抗性是有差异的。据高绪平等（1987）对105种植物的研究，阔叶树和草本植物容易受酸雨伤害（表8－1－16）。针叶树不易被酸雨腐蚀和伤害，可能是由于针叶面积小，质坚韧。针叶树中松柏类树种抗性强，水杉等软质型叶片的树种易受伤害。植物不同叶龄对酸雨的反应也不同，通常幼嫩的叶片比成熟叶片或老叶更易受害。雪松可能例外。

表8－1－16 不同类型植物接触pH2.0酸雨后的受害情况

植物类别	供试植物种数	受害种数	受害比例/%
针叶树	15	1	7
阔叶树	80	62	78
草本植物	10	5	50

8.1.7.2 土壤pH胁迫及观赏植物的适应性

土壤pH对植物营养的影响主要有两方面：

（1）直接影响 土壤pH变化直接影响植物的代谢，土壤过酸、过碱都会引起酶和蛋白质的钝化和变性。土壤过酸会使根部原生质胶体受到破坏，植物体内单糖转变为蔗糖、淀粉和其他较复杂的有机化合物的代谢过程受到抑制。

（2）间接影响 土壤酸度会影响土壤微生物活动和土壤养分的有效性。矿质营养元素在不同酸度的土壤溶液中的溶解度不同。例如，磷酸在酸性土壤中容易与铁、铝离子结合，使磷素固定，在钙质碱性土壤中，磷又易与钙结合而成难溶解的物质。土壤过酸或过碱都会抑制植物生长。

土壤的酸碱性对观赏植物的影响很大，不同的植物对土壤酸碱性的要求不同，有的能生长在较宽的pH范围内，有的则对酸碱度的改变异常敏感。大多数观赏植物都比较适于在近中性或微酸性的土壤上生长，仅少数植物可以适应强酸性或强碱性的土壤。

8.1.8 空气污染物胁迫与观赏植物

气体胁迫是指在空气的正常成分之外，又增加了新的成分，或者骤然增加的原有成分对植物生长的危害。气体胁迫对观赏植物的危害很大，主要气体为二氧化硫、氯、氟化氢和光化学烟雾等。

8.1.8.1 有害气体胁迫对观赏植物的伤害机理

（1）SO_2对观赏植物的危害 SO_2是主要的大气污染之一，对植物的毒性强。1980年欧洲经济共同体委员会根据剂量反应关系的结果，提出了保护植物能够完全履行它的经济系和

生态系功能的 SO_2 年平均浓度限值：非常敏感植物为 50 μg · m^{-3}；敏感植物为 80 μg · m^{-3}；不敏感植物 120 μg · m^{-3}。二氧化硫对观赏植物的影响主要有以下 4 个方面：

A. 气孔机能瘫痪　Evovay 认为高浓度的 SO_2 可导致植物气孔开张和关闭的机能瘫痪。是由于 SO_2 大量进入植物体的细胞内加重其危害，而水分不断地大量蒸腾，从而导致植物组织迅速萎蔫。

B. 叶片组织结构破坏　SO_2 通过开放的气孔进入叶片组织后，溶解在细胞中，致使细胞内含物破坏或变形，引起外渗和原生质分离，使叶片组织结构发生变化，海绵组织比栅栏组织表现更为严重。

C. 观赏植物的新陈代谢受到干扰　一般光合作用受到抑制，叶绿素失去镁离子，去镁叶绿素含量增高，并在叶绿素 a/b 值变小。从苜蓿的实验观察到总的蛋白质含量下降，以及蛋白质的易消化衰退。SO_2 对氨基酸代谢的影响，氨基酸总量减少，特别是谷氨酸和天门冬氨酸含量明显降低，而谷氨酰胺含量增加。

D. SO_2 对生长发育的影响　当花粉正常萌发阶段，聚积在柱头上的 SO_2 将阻止花粉的正常萌发，因此使授粉率降低，而最终导致收获的数量和质量下降。

(2) 氟化物对观赏植物的危害　由于氟的化学性质活泼，氟在常温下几乎可以和所有的元素结合，使各种酶和叶绿素遭到伤害，光合作用长时间地受到抑制。氟化物对植物危害很大，空气中的氟化氢（HF）主要来自磷肥厂和炼铝厂的含氟磷矿石及冰晶石，HF 质量分数如高于十亿分之三（3 μg · kg^{-1}）就会在叶间和叶缘首先显出受害症状。HF 通过气孔进入叶片，引起叶肉组织发生酸性伤害。

HF 引起的伤斑开始多集中在叶片的尖端和叶缘，呈环带状分布，然后逐渐向内发展。受害严重会使整个叶片枯焦脱落。未成熟的幼叶及茎尖更易受害，以致新枝茎尖枯死。氟化物对不同植物的危害表现不同：氟化物对双子叶植物的急性伤害，首先引起叶子的下表皮和海绵组织崩溃，接着栅栏组织的叶绿体变形和被破坏，最后叶片上表皮变形和崩溃；在干热环境受害地区立即变为棕色。鸢尾、唐菖蒲、郁金香等对氟很敏感。单子叶植物典型的急性伤害开始出现叶片的顶端，随后向叶片基部发展，活组织和死组织之间有一条明显的暗色带。针叶树的针叶伤害从顶端开始，随着氟化物的积累，逐渐向基部发展，受害组织缺绿，随后变为红棕色。

(3) 氯对观赏植物的危害　氯主要来自化工厂、农药厂。氯进入叶片后，对叶肉细胞有很强的杀伤能力；能很快破坏叶绿素，使叶片产生退色伤斑，严重的甚至全叶漂白脱落。在同样的浓度下，氯气的危害程度约为 SO_2 的 3 倍，但氯引起的伤斑与 SO_2 引起的伤斑比较相似，主要分布在叶脉间，呈不规则点状或块状，其不同之处在于氯引起伤斑在受伤组织与健康组织之间常常没有明显的界限。通常成熟叶片易受伤害，下部老叶及顶端新叶较少受害。

(4) 光化学烟雾对观赏植物的危害　光化学烟雾是一种特殊的次生污染物。它是由汽车和工厂排出的氮氧化物和碳化氢，经太阳紫外线照射，而产生的一种毒性很大的蓝色烟雾。其主要成分为臭氧、醛类和过氧化乙酰基硝酸酯（PAN）等，是一些氧化能力极强的物质。其中臭氧占 90% 左右。

光化学烟雾对植物的伤害表现为受害叶片背面变为银白色或古铜色，叶片正面受害部分与正常部分之间有一明显横带。但光化学烟雾中一些主要成分的作用机理和毒害症状也有所差异。

A. 臭氧　是光化学烟雾中的主要成分之一，臭氧进入气孔损害叶的栅栏组织细胞壁和表皮细胞，即使在夜间气孔关闭时，它也可以进入植物体内。一般成熟叶片先受害，出现红棕、紫红或褐色伤斑；或叶表面变白，严重时扩展到叶背；还可能叶两面坏死，呈白色或橘红色，叶薄如纸，亦或叶片褪绿，有黄斑。结果叶卷曲，叶缘、叶尖干枯。

B. 过氧化酰基硝酸酯类　当它们进入植物体后，使植物叶子的下表皮细胞及叶肉中的海绵组织细胞发生质壁分离，并破坏叶绿素，使叶子背面变成银白色、棕色和古铜色或玻璃状，受害严重时会使整个叶子变色。叶表面常会出现横贯全叶的坏死带。低于 $0.1\ mg\cdot kg^{-1}$ 质量分数的 PAN 接触植物，即能造成失绿斑点。过氧化酰基酯类的作用是影响纤维素的形成，氧化强哚丁酸，并抑制光合作用。

C. 二氧化氮　植物受害时叶片上出现棕色或褐色斑点，特别在边缘上。其损害植物的方式与 SO_2 相似。

8.1.8.2 观赏植物对有害气体的适应性

不同植物对有害气体的抗性不同，抗性植物一般具有形态结构和生理机能的适应特点。

(1) 形态结构的适应　叶子的结构不利于有害气体的进入，例如，常绿阔叶树的叶子一般比较厚，革质，外表皮角质化或表面具有蜡质层，有害气体不易通过，因此抗性一般比落叶树木或草本植物强。叶子上气孔的多少与抗性强有一定的关系，如针叶树有条状气孔带，气孔密集，气体易于进入，所以一般抗性较弱。有些植物如夹竹桃，气孔分布在深凹的袋状气腔内壁上，气腔内有腺毛状附属物阻挡气孔口，这可能也是其抗性强的一个原因。另外，有些植物叶上多毛茸，对有害气体也有一定的阻挡作用。

(2) 生理特性的适应　植物的某些生理特性有利于抵御有害气体的危害，有些植物能吸收多量的有害气体而不受害，说明这类植物在生理上具有积累、忍受、转移、消除污染物质的能力，但这种能力的生理机理还很不清楚。有人认为，植物叶子汁液的 pH 与抵抗有害气体的能力有关，对二氧化氮、氟化氢等酸性气体来说，叶子汁液的 pH 越高，抗性越强；植物具有较强的再生能力，在有害气体危害后易于恢复，有些植物在接触有害气体后，叶子表现抗性并不太强，容易出现受害症状，但由于它们枝叶的萌生能力强，能很快恢复生长，因此在污染地区往往能够保存下来。例如女贞、构树等树种就具备这种特点。

(3) 观赏植物对气体胁迫的抗性　在园林绿化时，可根据环境气体污染的不同，选择抗性强的植物减轻气体的危害。

A. SO_2　SO_2 是国内较普遍的大气污染物，表 8-1-17 列出在不同地区常见观赏树木对 SO_2 的抗性水平。

表 8-1-17　我国各地抗二氧化硫污染的观赏树木

地区	抗性	树种
华东地区	强	夹竹桃、女贞、广玉兰、香樟、蚊母树、珊瑚树、枸骨、山茶、十大功劳、冬青、油橄榄、棕榈、厚皮香、丝兰、月桂、无花果、丁香、石榴、胡颓子、柑橘、丝绵木、白榆、合欢、乌桕、苦楝、木槿、接骨木、月季、紫荆、小叶女贞、黄金条、梓、桑、刺槐、臭椿、加杨、青冈栎、银杏、罗汉松、桧柏、龙柏

续表 8－1－17

地　区	抗性	树　　种
	中等	大叶黄杨、八角金盘、悬铃木、广玉兰
	弱	雪松
华南地区	强	对叶榕、小叶榕、高山榕、印度榕、粗叶榕、木麻黄、油茶、白油树、蒲桃、洋蒲桃、九里香、夹竹桃、台湾相思、紫珠、构树、黄槿
	较强	石栗、桑、木芙蓉、鸡蛋花、厚壳、朴树、竹类、黄葛榕、榄仁树、人心果、番石榴、黄皮、宝巾、黄栀子、变叶榕、苏铁、广玉兰、白蝉、香蕉、金边凤尾兰
	较弱	刺桐、蒲葵、木棉、凤凰木、大叶合欢、大叶榕、黄菠萝、安石榴、乌榄、油棕、扇桃果、椰子、茉莉、红背桂、一品红
	弱	马尾松、湿地松、水杉、羊蹄甲、山竹子、油梨、母生、荔枝、龙眼、白榄、杨桃、木瓜、桃、白兰、大红花、假连翘
华北地区	强	臭椿、国槐、紫穗槐、榆树、加杨、马氏杨、垂柳、旱柳、馒头柳、栾树、君迁子、柿树、北京丁香、胡桃、太平花、杜梨、山桃、山楂、野蔷薇、白玉堂、木槿、珍珠梅、雪柳、黄栌、构树、泡桐、云杉、小叶白蜡、丁香、连翘、火炬树、紫薇、胡颓子、海州常山、五叶地锦、地锦、大叶黄杨、小叶黄杨
	中等	北京杨、合作杨、钻天杨、桑树、金银木、西府海棠、金星海棠、榆叶梅、栗、合欢、元宝枫、枫杨、悬铃木、接骨木、桂香柳、银杏、华山松、侧柏、白皮松
	弱	黄金树、五角枫、紫薇、桃、白玉堂、黄刺玫、复叶槭、山杏、美国凌霄、油松
东北地区	强	山皂角、刺槐、银杏、加杨、银白杨、臭椿、美国白蜡、华北卫矛、欧洲红豆杉、茶条槭、榆树、大叶朴、枫杨、梓树、黄檗
	中等	小叶杨、小青杨、旱柳、复叶槭、辽杏、山桃、山荆子
	弱	黄花落叶松、辽东冷杉、红松、侧柏、青杆、杜松、油松

对 SO_2 抗性强的草本观赏植物有金鱼草、蜀葵、美人蕉、金盏花、百日草、晚香玉、鸡冠、大丽花、唐菖蒲、玉簪、酢酱草、风香花、扫帚草、石竹、菊花、野牛草。

B. 氟化物　常见的抗氟化氢的花卉有棕榈、凤尾兰、大丽花、一品红、天竺葵、万寿菊、倒挂金钟、山茶、秋海棠等；抗性弱的有郁金香、唐菖蒲、万年青、杜鹃等。根据北京地区的调查，观赏树木对氟化物抗性存在种间差异，有些具有较强的抗性（表 8－1－18）。

表 8－1－18　观赏树木对氟化物的抗性

抗　性	树　　种
强	国槐、臭椿、泡桐、垂柳、龙爪柳、悬铃木、胡颓子、白皮松、侧柏、丁香、山楂、紫穗槐、连翘、金银花、小檗、女贞、锦熟黄杨、大叶黄杨、地锦、五叶地锦
中等	刺槐、桑、接骨木、桂香柳、火炬树、君迁子、杜仲、文冠果、紫藤、美国凌霄、华山松
弱	榆叶梅、山桃、李、葡萄、白蜡、油松

C. 氯及氯化氢　根据 1964 年北京林学院陈有民、王玉华与市、区园林局、卫生部门刘铜、李临淮等的定点试验结果，在日常空气中氯气的含量为 0.01～0.86 $mg \cdot m^{-3}$，氯化氢

的含量在0.028～1.32 mg·m^{-3}的条件下，经3～4年的观察，结果见表8－1－19。

表8－1－19 观赏树木对氯及氯化氢的抗性

抗 性	树 种
最强	黄檗、伞花胡颓子、构树、榆、接骨木、加拿大接骨木、槐、紫荆、紫藤、紫穗槐
中等	皂荚、桑、加拿大杨、臭椿、二青杨、侧柏、复叶槭、树锦鸡儿、丝绵木、文冠果
弱	香椿、枣、红瑞木、黄栌、圆柏、洋白蜡、金银木、刺槐、旱柳、南蛇藤、银杏
很弱	海棠、苹果、槲栎、毛樱桃、小叶杨、钻天杨、连翘、鼠李、油松、垂柳、栾树、馒头柳、吉氏珍珠梅、山桃
极弱	榆叶梅、黄刺玫、胡枝子、水杉、杂种绣线菊、茶条槭、雪柳

D. 臭氧 依据日本以O_3毒质进行的抗性试验，当O_3质量分数为0.25 mg·m^{-3}时，测定观赏植物对O_3抗性，依其抗性不同分为6个等级（表8－1－20）。

表8－1－20 观赏植物对臭氧的抗性

抗 性	树 种
极强	银杏、柳杉、日本扁柏、日本黑松、樟树、海桐、青冈栎、夹竹桃、海州常山、日本女贞
强	悬铃木、连翘、冬青、美国鹅掌楸
一般	日本赤松、东京樱花、锦绣杜鹃、日本梨
弱	日本杜鹃、大花栀子、大八仙花、胡枝子
极弱	木兰、牡丹、垂柳、白杨、三裂悬钩子

8.1.8.3 观赏植物对环境的监测

环境污染物对植物的毒害会以各种形式在植物体上反映出来，植物对环境污染的反映常作为环境污染的“信号”，根据“信号”来监测和掌握环境污染的程度与范围，进而采取防止措施。这类对污染敏感而能发出“信号”的植物称为“环境污染指示植物”或“监测植物”。观赏植物常用做“监测植物”（表8－1－21）。

表8－1－21 常用做环境污染监测的观赏植物

污染物	监 测 植 物
二氧化硫	向日葵、紫苏、波斯菊、百日草、紫花苜蓿等、树木有枫杨、竹柏、梧桐、木棉、安息香、落叶松、雪松、美洲五针松、马尾松、加拿大白杨、檫树、杜仲
氯及氯化氢	百日草、波斯菊、复叶槭、落叶松、油松、桃
氮氧化物	秋海棠、向日葵、悬铃木、番茄、烟草
臭 氧	牡丹、矮牵牛、丁香、马唐、女贞、银槭、梓树、桤木、皂荚、木笔
PAN	早熟禾、矮牵牛
大气氟	地衣类、唐菖蒲

注：PAN为过氧化乙酰基硝酸酯。

"监测植物"发出的污染"信号"，主要表现在以下3个方面：

(1) 产生可见症状　当植物受到污染物质特别是大气污染物的影响后，通常在叶片上出现肉眼看得见的伤斑。同时，不同的污染物质和污染物质浓度所产生的受害程度各有不同。

(2) 生理代谢过程发生变化　污染对植物的危害有时并不表现出可见的症状，但却对其内部的生理代谢活动发生影响。如蒸腾速率降低，呼吸速率加强，叶绿素的相对含量减少，光合作用强度下降，其结果是生长发育受到影响，生长量减少，植株矮化，叶面积变小，叶片早落和落花落果等。

(3) 植物成分的异常变化　正常情况下，植物的成分大致是一定的。受到污染后，由于植物吸收污染物质而使其中的某些成分含量发生变化。例如，受二氧化硫污染的叶片含硫量比正常叶片几乎高1倍。

根据植物体上出现的各种症状，某些生理指标和植物体内某些成分含量的变化，就能够分析判断环境污染的情况。在实际应用时，应该考虑植物所发生的各种"信号"加以综合分析，以便得出正确的结论。表8-1-22列出大气污染对敏感花卉危害的可见症状。

表8-1-22　大气污染物对敏感花卉的危害

(引自：久岛鹤男，新编花卉园艺，1996)

大气污染物	受害阈值		主要受害症状	花卉种类
	质量分数/($mg \cdot L^{-1}$)	时间/h		
二氧化硫 SO_2	1.0	1	叶脉间产生浓绿色水浸状不定型斑点，后从乳白色变成褐色	紫菀、百日草、美女樱、波斯菊B
	0.002	8		
氟化氢 (HF)	0.003~0.004	1	叶先端与幼叶叶缘产生浓绿色受害状后逐渐白化至黑化	甘德唐菖蒲、郁金香
	0.000 1	5		
PAN	0.1	2	较嫩叶背面出现光泽斑，不久形成从银白至青铜色大斑块	大丽花、矮牵牛、紫菀
	0.01	5		
臭氧 (O_3)	1.0	2	未成熟叶敏感，叶表面银白色，后产生褐斑，叶逐渐黑化，提早落叶	牵牛花、矮牵牛、香石竹
	0.03	4		
氮氧化合物	2.5~6.0	2	成熟叶的叶脉间产生不规则白或褐色斑点，逐渐落叶	杜鹃属、木槿属、矮牵牛、鸢尾
	2.5	4		
乙烯 (C_2H_4)	0.1	6	叶与花很快萎蔫并凋落	香石竹、热带兰、万寿菊、月季、香豌豆
	0.005	24		
氯气 (Cl_2)	0.1~0.8	4	似二氧化硫危害状，叶脉间出现白色斑点，后落叶	月季、郁金香、百日草、秋海棠类
	0.1	2		

8.1.9 风尘胁迫与观赏植物

植物的某些生理活动需要适度的风才能顺利完成。如风可使叶片摆动，使之更全面地接受光照；风媒植物靠风传粉，有些植物的种子靠风传播；风还有利于蒸腾。但如风力过大，不仅会带来粉尘还会对植物有伤害。能对植物造成危害的强风和粉尘环境称为风尘胁迫。

8.1.9.1 风胁迫对观赏植物的伤害机理

风胁迫对观赏植物的影响分为以下两方面：

（1）生理伤害　风对植物的蒸腾作用有极显著的影响。风较大时蒸腾强度过大，根系不能供应蒸腾所需的水分，气孔就会关闭，光合强度下降，植物生长减缓。据测定，风速为 $10\ m \cdot s^{-1}$时，树木的生长高度要比风速为 $5\ m \cdot s^{-1}$时降低 1/2，比无风区降低 2/3。另外，风可以降低大气湿度，破坏植物正常的水分平衡，使树木生长不良而矮化。风还会带来盐分和其他大气污染物而使观赏植物受到损伤。盛行一个方向的强风能使向风面的芽死亡，导致树干弯曲、树冠畸形。

（2）机械伤害　风是造成树干断裂、风倒和植株随后死亡的主要原因，其危害程度主要取决于风速、风的阵发性和植物的抗风性。风速超过 $10\ m \cdot s^{-1}$时，能对树木产生强烈的破坏作用；风速为 $13 \sim 16\ m \cdot s^{-1}$时，能使树冠表面每平方米受到 15 ~ 20 kg 的压力。在强风的作用下，一些浅根性树种常常被连根拔起。遭受过病虫害或生长衰退、老龄过熟树木常被强风吹折树干。风倒与风折常给园林树木，特别是一些古树名木造成很大伤害。

8.1.9.2 观赏植物对风胁迫的适应性

一般来说，树冠紧密、材质坚韧、根系深广强大的树种抗风力强；而树冠庞大、材质柔软或硬脆、根系较浅的抗风力弱。同一树种也因繁殖方法、立地条件和栽培方式的不同而异。扦插繁殖的比播种繁殖的植株根系浅，易倒伏；在土壤松软而地下水位较高处根系浅，易倒；稀植和孤植的比密植的树木易受风害。

1956 年台风曾对武汉市的观赏树木造成很大的危害，但各种树木的抗风力差别很大。台风过后的调查结果见表 8－1－23。

表 8－1－23　主要观赏树种的抗风力比较

抗风力	树木名称
强	马尾松、黑松、圆柏、榉树、胡桃、白榆、乌桕、樱桃、枣树、葡萄、臭椿、朴、栗、槐树、梅树、樟树、麻栎、河柳、台湾相思、大麻黄、柠檬桉、假槟榔、桄榔、南洋杉、竹类、柑橘类
中	侧柏、龙柏、杉木、柳杉、檫木、楝树、苦槠、枫杨、银杏、广玉兰、重阳木、榔榆、枫香、凤凰木、桑、梨、柿、桃、杏、花红、合欢、紫薇、木绣球、长山核桃、旱柳
弱	大叶桉、榕树、雪松、木棉、悬铃木、梧桐、加杨、钻天杨、银白杨、泡桐、垂柳、刺槐、杨梅、枇杷、苹果

9914#台风对厦门市行道树的损坏尤为严重。灾后对市绿化工程处管辖的湖滨南路等 59

条主次干道的 19 种行道树（共 21 480 株）的风损情况进行了详尽的调查，结果见表 8-1-24。

表 8-1-24 9914#台风导致厦门市 59 条主要道路行道树倒伏的情况

（引自：王良睦，2000）

行道树种类	原有数量/株	倒伏数量/株	倒伏率/%
桃花心木 *Swietenia mahagoni*	950	819	86
海南蒲桃 *Syzygium cumini*	396	333	84
菩提 *Ficus religiosa*	602	481	80
洋紫荆 *Bauhinia blakeana*	3 580	2 730	76
人面子 *Duperreanum pierre*	107	80	75
芒果 *Mangifera indica*	3 892	2 394	62
石栗 *Aleuites noluccana*	569	264	46
银桦 *Grevillea robusta*	277	128	46
木本象牙红 *Evariegata* var. *orientalis*	354	163	46
大麻黄 *Casuarina equisetifolia*	458	178	39
麻楝 *Chukrasia tabularis*	198	78	39
大叶榕 *Ficus virens* var. *sublanceolata*	1 401	436	31
大花紫薇 *Lagerstroemia speciosa*	735	210	29
凤凰木 *Delonix regia*	2 349	392	17
天竺桂 *Cinnamomum japonicum*	1 098	172	16
皇后葵 *Syagrus romenzoffiana*	440	24	5
盆架子 *Alstouia scholaris*	618	43	7
高山榕 *Ficus altissima*	1 443	52	4
大王椰子 *Roystonea regia*	2 013	51	3
合计	21 480	9 028	42

8.1.9.3 粉尘胁迫与观赏植物的适应性

粉尘包括落尘和漂尘两类。前者粒径在 10 μm 以上，后者在 10 μm 以下。许多工业城市平均年降尘量为 500 $t \cdot km^{-2}$左右，某些工业城市甚至高达 1 000 $t \cdot km^{-2}$以上。大气中的粉尘也是一种重要污染物，植物叶面的皱褶会吸附、黏着粉尘，影响植株正常的光合作用、呼吸作用，进而降低其观赏价值。

植物特别是树木对粉尘有明显的阻挡、过滤和吸附作用。有调查结果显示水泥厂附近的一些绿化树种具有吸滞水泥粉尘的能力，在距污染源 200 ~ 250 m 处（少数树木在不同距离），各种树木单位叶面积上滞尘量见表 8-1-25。

表 8-1-25 各种观赏树木单位叶面积上的滞尘量 g·m^{-2}

（引自：江苏省植物研究所．城市绿化与环境保护）

树 种	滞尘量	树 种	滞尘量
刺楸	14.53	夹竹桃	5.28
榆树	12.27	丝绵木	4.77
朴树	9.37	紫薇	4.42
木槿	8.13	悬铃木	3.73
广玉兰	7.10	泡桐	3.53
重阳木	6.81	五角枫	3.45
女贞	6.63	乌桕	3.39
大叶黄杨	6.63	樱花	2.75
刺槐	6.37	腊梅	2.42
楝树	5.89	加拿大杨	2.06
臭椿	5.88	黄金树	2.05
构树	5.87	桂花	2.02
三角枫	5.52	栀子花	1.47
桑树	5.39	绣球	0.63

观赏树木的减尘作用大小与其叶片的生长特性及树冠总叶面积的大小有关：

（1）叶片的生长特性　植物叶片的大小、叶片着生角度、叶表面的粗糙程度等特征均与叶片减尘作用有关。如榆树叶面粗糙，女贞叶片硬挺风吹不易抖动，广玉兰叶片宽大，刺楸叶片平展略下凹，使得这些植物的滞尘能力都比较强。而加拿大杨叶面较光滑，叶片下倾，并且叶柄较细，风吹容易抖动，滞尘能力则比较弱。有的植物会分泌油脂和黏性物质可以吸附和滞留空气中的一部分粉尘。

（2）树冠总叶面积　树木对灰尘的阻滞作用与叶量多少成正比。据测定，即使在树木落叶期间，树干的枝干也能减少空气中含尘量的18%。树冠茂密，具有强大降低风速的作用，随着风速的降低，空气中携带的大粒灰尘下降。有些树种如悬铃木虽然单位叶面积的滞尘能力不很大，但它树冠高大，枝叶浓密，总叶面积很大，所以全树的滞尘能力就很大。因此，在选择防尘树种时，既要考虑其单位叶面积滞尘能力的大小，又要考虑全树的总叶面积。根据这两点，如刺楸、榆树、朴树、重阳木、刺槐、臭椿、构树、悬铃木、女贞、泡桐等都是比较好的防尘树种。另外，草地的减尘作用也是很显著的。因为草皮的茎叶不仅有吸附空气中灰尘的作用，而且可以固定地面的尘土不使其飞扬。有研究表明，铺草皮的足球场与不铺草皮的足球场相比，球场上空的含尘量减少66%～84%。

8.1.10　城市综合环境因子胁迫与观赏植物

城市迅速发展和人口的增加，工业设施及建筑物集中道路更加密集，城市生态环境与自然环境的差异日益增大。环境差异主要表现在以下6个方面。

8.1.10.1 光因子

与农业生态系统或森林生态系统相比，生长在城市生态系统中的植物所接受的光环境质量较差，表现在所接受的光强、光质以及植物体受光均匀程度等方面。并且越靠近市中心这种现象就越明显。在城区，有的地方植物接受到的光强远高于自然光照，有的则很低。导致光照增加的原因是街道地面和建筑物的反射以及人工光源的增补作用，而导致光照减少、光质变化以及植物受光不均匀的原因：一方面是由于市区的空气污染严重，大气混浊度增加，减少了到达地面的太阳直射光，而增加了散射光；另一方面是由于城市建筑改变了植物接受太阳辐射的状况，如同一街道两侧也会出现很大差异，一条东西向的街道，北侧接受到的阳光远多于南侧。观赏植物种植在建筑物附近时常受到荫蔽，使植物各部分接受的光量不同，引起不对称生长如偏冠、弯曲等。因此，在城市园林绿化中，应考虑绿化区光照的变化，选择适宜的观赏植物。

8.1.10.2 热因子

城市年平均气温比周围郊区高0.5～1.5℃，接受太阳辐射的道路和建筑物，其温度远远超过植物覆盖区。由于城市的温度较高，城市春天来得较早，而秋季结束较迟，使城市的无霜期延长，极端温度趋向缓和，植物冻害减轻。但这些有利于植物生长的效果，常会由于夏季温度过高和湿度降低而抵消。在夏季，由于太阳辐射和建筑物反射以及人类活动排放的热量，加之市区空气流动较差，导致城市的热岛效应，使植物在生长季节接受高温胁迫，生长发育受阻，严重时会发生焦叶和灼伤。

8.1.10.3 水因子

由于街道和路面的硬化和其他封闭作用，使得自然降水几乎全形成地面径流而被排入下水道，致使树木无法充分利用自然降水。由于建筑工程，如地铁、人防工程和其他地下设施已深入到地下，使得城市树木的根系很难接受到深层土壤中的水分；另外，由于各大城市过度开采地下水，使得地下水水位逐年下降，更加剧了土壤水的短缺。由于城市高温，水分供应不足，植物蒸腾量变小，使得城市的相对湿度和绝对湿度均较开阔的农村地区低。因此，城市园林绿化应选用可忍耐一个时期缺水条件的观赏植物。这些植物一般具有深而发达的根系，坚硬光泽或有绒毛的叶片。常见的植物有刺槐、臭椿、悬铃木、银杏、槐等。

8.1.10.4 大气因子

在我国大部分城市，向大气中排放的有害物质的种类和数量逐年增多。据测定，大气中含1 000种以上的污染物，现引起注意的约有100多种，威胁大的有粉尘、二氧化硫、氟、氯化氢、一氧化碳、二氧化氮以及汞、铬、镉、砷、铅等。这些污染物不仅影响日照等气象因素，形成酸雨，还直接吸附在植物表面，或通过水溶液、气体交换进入植物体内，对植物产生伤害，严重时可使植物枯死。

8.1.10.5 土壤因子

由于受城市废弃物、建筑、气候条件以及人为活动的影响，城市土壤的物理和化学性状普遍较差，主要表现在3个方面：a. 城市土壤普遍较贫瘠：城市土壤含有大量的矿渣和建筑废料等并缺少腐殖质，枯枝落叶又常被清理掉，削弱了土壤矿物质营养元素的循环，在这类贫瘠的土壤中应种植一些耐贫瘠的先锋树种，如刺槐等；b. 某些城市土壤盐碱化较严重：为去掉道路上的冰雪使用化冰盐，会使大量盐分进入土壤和植物根系，引起土壤盐碱化。有些旧城市土壤中石灰的含量较高，pH常高于7，而多数树木和多数真菌菌根的生长要求pH低于7；c. 土壤中含氧量低：被沥青、混凝土等封闭的土壤，由人为践踏、机械碾压所形成的密实土壤，城市中地下煤气管道漏气使煤气充满土壤空隙等，都会造成土壤缺氧，影响根系的生命活动，使叶片发黄提前脱落甚至全株枯死。

8.1.10.6 人为因子

在城市公园和绿地，游人的践踏易使土壤板结或人为的机械伤害，不渗漏的地面铺装，以及为平整地面而用碎石和土壤填充树木根区，在植物附近铺设的各种管道，以及众多车辆对植物的碾压和撞击伤等，都会给植物带来极大的危害。根部受到伤害的行道树比正常树木更易被风吹倒。

8.2 观赏植物对环境的影响

园林绿地系统在改善环境质量、维护城市生态平衡、美化景观等方面起着十分重要的作用。随着世界范围内城市化进程的加快和环境问题的加剧，观赏植物对环境的影响受到普遍重视。观赏植物对城市生态环境的作用体现在水体、温度、湿度、气体成分、风、尘埃等方面。

8.2.1 水体

观赏植物在水分循环中的作用。要恢复和改善生态环境，植被处在关键的地位，因为植被能对近地小气候起着重要的调节作用，植被能缓冲地表受外应力冲击，改良土壤、保持水土、涵养水源、防风固沙。城市的园林绿化也是一种植被建设，对城市水循环作用巨大。

观赏植物净化污水的作用。近年来水污染日益严重，治理污水已成为城市中的一项重要工作。各种水生与沼生植物对净化污水也有明显作用。如在试验水池中栽植芦苇，可使水中悬浮物减少30%，氯化物减少90%，有机氮减少20%，氨减少66%，总硬度减少33%。莎草科藨草属植物特别是水葱（*Soirpus racustrist*）具有很强的净化污水的能力，它不仅能从污水中吸收营养物质（氮、磷、钾、铁、锰、镁等），并且能吸收各种有机物质（多种芳香族碳氢化合物等）。水葱还能降低水体的生化需氧量，对酸性或碱性污水都有一定的忍受性。此外，凤眼莲、空心苋、爵床、香蒲、牛毛毡等草本植物也有较好的净化污水的效能。

8.2.2 温度

观赏植物有降低绿化区域内温度的作用。在炎热的夏天，城市无树的裸露地表温度极高，远远超过大气的温度。例如，空旷地的广场在1.5 m高度的最高气温为31.2℃时，而地面的最高气温可达43℃；而绿地中的地温要比空旷广场的低得多，一般可降低10～17.8℃。采用攀缘植物对墙面与屋顶进行绿化，可明显减低夏季室内温度，减少空调费用。

观赏植物主要从两个方面降低环境的温度。一方面通过减少热量收入。树冠吸收和转化一部分光合有效辐射，反射部分阳光，如可见光照射到植物叶片之后，一般80%被吸收，10%被反射，透射率低于10%。植物叶片使阳光不能全部透过而形成阴影，减少辐射热，从而使树冠阴影处的温度有所降低。另一方面是通过蒸腾作用。植物以蒸腾的方式向空气中散发大量水分，从而消耗树冠吸收的部分辐射热，同时也降低了环境温度。

北京市的研究表明，绿地可降低城市热岛效应。当阳光辐射到树冠时，有20%～50%的热量反射到天空，还有35%被树冠吸收。据测定，夏季乔灌草结构的绿地气温比非绿地低4.8℃。

杭州市的研究资料表明，1978年夏季，已郁闭的悬铃木行道树的街道（里西湖）的中午（13时）气温，要比基本无行道树遮蔽的街道（艮山门）低3℃。行道树在1 d内不同时间的降温效果见表8－2－1。

表8－2－1 行道树在杭州市的降温效果 ℃

时间	里西湖	艮山门	差值
7时	33.0	35.5	－2.5
13时	38.8	41.8	－3.0
17时	37.8	40.3	－2.5

重庆市于1984年夏季，对不同绿地结构、不同绿地覆盖率的降温效果进行了测试，分别进行地温和1.5 m处的气象观测。结果表明，绿地气温都比非绿地温度低，绿地的植物覆盖率越高降温效果表现越明显，覆盖率为50%的绿地，日均气温下降0.3℃；覆盖率达到100%的绿地，日均地温下降2.5～7.2℃。林荫结构的绿地降温效果最大，与覆盖度为100%的绿地相比，郁蔽度为80%的樟树林地的气温要低1.3～2.7℃，林荫下的地温可低9.1℃。

8.2.3 湿度

植物通过蒸腾作用向环境中散失水分，大量地从周围环境中吸热降低了环境空气的温度，同时也增加了空气湿度。与对照相比，乔、灌、草复层结构的绿地的空气湿度可增加10%～20%。在炎热的夏季，观赏植物的降温、增湿作用有利于改善城市小气候，提高城市居民生活环境的舒适度。从降温、增湿的效果出发，在空气干燥和温度较高的地区绿化时，可适当选用蒸腾量较大的观赏植物。北京市测定了常见观赏植物单位叶面积的年蒸腾量，并将观赏植物分为3类（表8－2－2）。

表 8-2-2 常见观赏植物在北京市的年蒸腾量 $kg \cdot m^{-2}$

（引自：陈自新，1998）

树木类型	年蒸腾量大于 300 kg	年蒸腾量在 300~200 kg	年蒸腾量小于 200 kg
落叶乔木	合欢、杂交马褂木、柿树、刺槐、火炬树、白蜡、垂柳、核桃、槐树	泡桐、构树、臭椿、栾树、桑树、元宝枫、黄栌、紫叶李、山楂、西府海棠、山桃、樱花	悬铃木、银杏、玉兰、毛白杨
常绿乔木	白皮松	—	—
落叶灌木	珍珠梅、紫藤、木槿、黄刺玫、丰花月季、迎春	鸡麻、棣棠、碧桃、腊梅、卫矛、天目琼花、紫荆、小叶女贞、石榴、金银木、榆叶梅、羽叶丁香、连翘、玫瑰、太平花、海州常山、丁香	锦带花、金叶女贞、猬实
常绿灌木	—	大叶黄杨、小叶黄杨	—
藤本植物	紫藤、蔷薇	五叶地锦、金银花、凌霄	山荞麦
草本植物	白三叶、马蔺	萱草、鸢尾	崂峪苔草

8.2.4 大气成分

在森林环抱绿树成荫的城市里，人们会感到空气新鲜。这主要由于植物具有吸收 CO_2 释放 O_2、吸收有毒气体、驱菌和杀菌的作用，改善了空气成分，提高了城市的空气质量。

8.2.4.1 吸收 CO_2 释放 O_2

大气中的 CO_2 平均质量分数为 320 $mg \cdot kg^{-1}$，但在城市人口密集地区可达 500~700 $mg \cdot kg^{-1}$。当 CO_2 达 500 $mg \cdot kg^{-1}$时，人就会感到不舒服。CO_2 又是“温室效应”气体，它的增加将会引起城市局部地区的升温，产生“热岛效应”。植物能吸收大量的 CO_2 释放 O_2，降低环境的 CO_2 浓度。据估算，36~40 m^2 绿地所释放的氧气量可满足一个成年人的呼吸需求，再考虑到其他动物和植物本身的需氧量，联合国规定城市人均绿地标准为 50~60 m^2。北京市曾测定了 65 种常见观赏植物的年 CO_2 吸收量，将植株单位面积年吸收 CO_2 的量分为 3 类（表 8-2-3）。

8.2.4.2 吸收有毒气体

观赏植物能在低浓度范围内吸收有毒气体，净化污染的空气。例如 SO_2 是数量多、分布广、对人和植物危害最大的有害气体，大气中 SO_2 质量分数达到 10 $mg \cdot kg^{-1}$时，人便不能正常工作，达到 400 $mg \cdot kg^{-1}$时可使人迅速致死。生长在 SO_2 污染区内的观赏植物，叶片含硫量比正常含量高 5~10 倍。植物吸收 SO_2 后便在体内转化成亚硫酸及亚硫酸盐，只要大气中的 SO_2 浓度不超过植物的忍耐力，植物叶片就可不断地吸收之。但植物对 SO_2 的吸收力有种间差异，在 SO_2 污染区绿化时，应选择吸收力较强的观赏植物。在吸收氧气方面，主要有丁香、旱柳、忍冬、连翘等；吊兰、芦荟、君子兰和仙人掌可以吸收甲醛和一氧化碳；棕榈、仙客来可以吸收二氧化硫、氟化氢、汞等有害气体；芦荟、无花果、八仙花能吸收细微灰尘及打印机、复印机粉尘。

表 8-2-3 北京常见园林植物单位叶面积的 CO_2 年吸收量

(引自：陈自新，1998)

年吸收量	植物名称
高于 2 000	柿树、刺槐、合欢、泡桐、栾树、紫叶李、山桃、西府海棠、紫薇、丰花月季、碧桃、紫荆、凌霄、山荞麦、白三叶
1 000 ~ 2 000	桑树、臭椿、槐树、火炬树、垂柳、构树、黄栌、白蜡、毛白杨、元宝枫、核桃、山楂、白皮松、木槿、小叶女贞、羽叶丁香、金叶女贞、黄刺玫、金银花、连翘、金银木、迎春、卫矛、榆叶梅、太平花、珍珠梅、石榴、猬实、海州常山、丁香、天目琼花、大叶黄杨、小叶黄杨、蔷薇、金银花、紫藤、五叶地锦、马蔺、鸢尾、崂峪苔草、萱草
低于 1 000	悬铃木、银杏、玉兰、杂交马褂本、樱花、锦带花、玫瑰、棣棠、腊梅、鸡麻

8.2.4.3 驱菌和杀菌作用

据调查，与无绿化区相比，绿化区空气内含菌量较少，居室绿化比较好的家庭，空气中细菌可降低 40% 左右，说明园林植物对于其生存环境的细菌等病原微生物具有不同程度的抑制作用。其原因在于许多树木能分泌出强大杀菌能力的挥发性物质，如丁香酚、松脂、柠檬等称为杀菌素（bacteriocidin)，可杀死伤寒和副伤寒病原菌、痢疾杆菌、链球菌、葡萄球菌等。1994 年北京市对 66 种园林植物对最常见的病原细菌（即金色葡萄球菌和铜绿假单胞杆菌）的杀菌力进行了分析测定，并根据园林绿化的实际要求，将植物的杀菌能力分为 4 级（表 8-2-4)。

表 8-2-4 常见观赏植物的杀菌能力

(引自：陈自新，1998)

植物类型	对杆菌和球菌杀菌力强	对两种菌杀菌力强和之一强	对球菌和杆菌的杀菌力中等和之一强	对球菌和杆菌的杀菌力均弱
常绿乔木	油松	白皮松、桧柏、侧柏、洒金柏	华山松	
落叶乔木	核桃、桑树	紫叶李、栾树、泡桐、杜仲、槐树、臭椿、黄栌	构树、绒毛白蜡、银杏、绦柳、馒头柳、榆树、元宝枫、西府海棠	加杨、洋白蜡、毛白杨、玉兰、樱花、山楂
常绿灌木			金叶女贞、大叶黄杨、小叶黄杨	
落叶灌木		紫穗槐、棣棠、金银木、紫丁香	北京丁香、丰花月季、海州常山、腊梅、石榴、紫薇、平枝栒子、紫荆、黄刺玫、木槿	玫瑰、报春刺玫、太平花、鸡麻、榆叶梅、野蔷薇、美蔷薇、迎春
藤本植物		中国地锦、美国地锦		
草本植物		美人蕉	鸢尾、地肤、山荞麦	萱草

8.2.4.4 增加负氧离子（negative oxide ion，negative oxygen ion）含量

阴离子又称负离子或负氧离子，是空气中一种带负电荷的气体离子。负氧离子能够调节人的神经系统，改善睡眠，促进血液循环和人体新陈代谢，提高免疫力等功能。一般情况下，空气负离子含量在700/cm^3 以上有利于人体健康。树木花草能产生丰富的负氧离子，在城市公园及森林公园中空气负离子含量较高，通常能达1 000/cm^3 左右。在有大片树林和草地的环境中，人们感觉空气清新、洁净，主要是空气中负氧离子浓度高形成的，所以观赏植物对人类有着很重要的康体价值。对室内花卉来说，花卉进行光合、蒸腾作用时，叶面气孔打开，释放水分，同时产生阴离子。随光线不断增强，蒸腾加强，空气中阴离子增多。产生阴离子较多的花卉观赏植物有：虎尾兰、八角金盘、白鹤芋、观音竹等。

8.2.5 尘埃

观赏植物有阻滞粉尘作用。一方面是指降风减尘，即树木通过降低风速使大粒灰尘随之落下；另一方面树叶多绒毛和分泌物可吸附大量漂尘。绿化林带比空旷地带可减少落尘量23% ~52%，减少漂尘量37% ~60%，草坪可减少重复扬尘污染。林木对大气中的粉尘污染能起到阻滞过滤的作用。

1975年七、八月间，调查测定了南京某水泥厂内绿化树木吸滞水泥粉尘的效应。在水泥厂粉尘污染源的不同方向及距离，选择无树木阻挡的空旷地及有树木阻挡的绿化地进行降尘量比较；在不同地点的空旷地和绿化地进行了空气中的漂尘量的测定。结果见表8 -2 -5和表8 -2 -6。

表8 -2 -5 南京空旷地和绿化地的降尘量比较

（引自：江苏省植物研究所编著．城市绿化与环境保护）

距污染源方向及距离	绿化情况	降尘量/（$mg \cdot m^{-2} \cdot h^{-2}$）	减尘/%
东，250 m（测定时未处于下风向）	空旷地	89.1	0
	悬铃木林带（高15 m，宽20 m，郁蔽度0.9）背后	58.0	35
西北，350 m（测定时未处于下风向）	空旷地	54.2	0
	稀疏刺槐林（郁蔽度0.4）背后	38.1	29.7
	刺槐林（郁蔽度0.6）背后	26.2	51.7
西南，30 ~35 m（测定时正处于下风向）	空旷地	4 034.6	0
	刺楸树丛（郁蔽度0.7）背后	1 952.2	51.6
西，100 m（测定时正处于下风向）	空旷地	2 478.5	0
	刺槐林（郁蔽度0.4）背后	1 901.3	23.4

表 8-2-6 空旷地和绿化地的漂尘量比较

（引自：江苏省植物研究所编著．城市绿化与环境保护，1981）

距污染源方向及距离	绿化情况	漂尘量/（$mg \cdot m^{-3}$）	减尘/%
东南，360 m（测定时未处于下风向）	空旷地	1.5	
	悬铃木（郁蔽度 0.9）林下	0.7	53.3
西南，30~35 m（测定时正处于下风向）	空旷地	2.7	
	刺楸树丛（郁蔽度 0.7）背后	1.7	37.1
东，250 m（测定时未处于下风向）	空旷地	0.5	
	悬铃木林带（高 15 m，宽 20 m，郁蔽度 0.9）背后	0.2	60.0

测定结果表明：绿化树种可使降尘量（较大颗粒的粉尘）减少 23%~52%，漂尘量（较小颗粒的粉尘）减少 37%~60%，效果比较明显。绿化树木减尘的效果和林带的高度和密度有关，一般林带高度和密度越大，减尘的效果越大。不同树种的滞尘能力是不同的。一般认为针叶树的滞尘能力较强，因为松叶总的叶面积大，并能分泌油脂吸收较多的粉尘。一般落叶阔叶树比常绿阔叶树滞尘能力要大一些。因后者多半叶面较光滑，前者叶面多粗糙，有绒毛。但也有例外，有些常绿阔叶树如女贞、广玉兰等滞尘能力也很强。

8.2.6 风

植物能减弱风力，降低风速。降低风速的程度主要决定于植物的体型大小、枝叶茂密程度。乔木防风的能力大于灌木，灌木又大于草本植物；阔叶树比针叶树防风效果好，常绿阔叶树又好于落叶阔叶树。在多风地区，可营造防风林带来减弱风害。防风林带宜采用深根性、材质坚韧、叶面积小、抗风力强的树种。乔、灌木结合的混交林防风效果好。

防风林、风沙防护林的主要作用在于防风或防风兼防沙。防风林可以分裂风势，降低风速，使植物不至于因过度蒸腾以及风的机械作用而受伤害。防风林的防风效果和林带的高度、孔隙度和长度有关。防风林越高，它所影响的顺风距离和逆风距离越远。紧密的和多孔的风障效果较差，孔隙度的增加使风易于穿透，阻碍了越过障碍冲向附近地面的空气回转湍流的产生。防风林越长，它的影响越稳定。如果障碍很短或有大的豁口，气流的影响是增加而不是减少。豁口附近的植物会因风速的增加而受害。在沙区建造林带，降低风速还可固定流沙。新疆莎车绿洲在建造防护林网后防风固沙效果明显，绿洲得到了扩大。

8.2.7 道路与交通

8.2.7.1 保护道路

行道树具有遮阴降温作用，使路面温度降低，并且昼夜和季节间的温差减少，从而减少沥青路面发生泛油现象，缩小水泥路面的胀缩系数，延长路面的使用寿命。

庞大的树冠可以截留部分降水，减缓地表径流，减少水土流失；深入地下的根系，特别是具有深根系的树种，能与深层的土壤紧密地结合在一起，在稳定路基、加固路肩、保持水土和防止边坡坍塌均具有明显的作用。

在冬季降雪量大，风力较强，易产生道路积雪的地区，以及流沙严重的地区，种植适宜的行道树，可有效地防止积雪和流沙埋没路面。

8.2.7.2 改善交通环境

城市街道和郊区公路的绿化可以改善视觉环境，减少行驶疲劳，引导人车通行，减少交通事故；植物的遮阴降温和减少风沙的效果可以降低交通的能源消耗。各种级别的公路，可根据不同路段的具体情况，选择种植具有各种姿态和风格的观赏植物，把城市和乡镇的特色衬托得更加鲜明和艳丽，使农村显得山清水秀，城市显得朝气蓬勃。不同性质的街道，如文化街、商业街、食品街等，均可通过绿化使其特点更加突出。

8.2.7.3 对路面与交通的不良影响

有些树木根系较浅，在暴风雨天容易倒伏妨碍交通，如北方行道树刺槐、南方的榕树等。另外，有些树种的根系加粗生长，以及在近地面土层中的水平运动，会对路面造成机械性破坏，使路面龟裂凹凸不平。在绿化建设中应予以重视。

综合植物对道路的利弊，可以看出路旁绿化是道路建设中不可或缺的重要组成部分，道路绿化的水平直接影响一个城市或一个地区的环境质量，并在一定程度上反映出当地的社会经济与文化的发展水平。

8.2.8 环境安全

观赏植物对人类有很多益处，但是某些观赏植物对人类具有危害性。目前，人类对植物有害物质的认识不足。在实践中应当合理地选用观赏植物，在没有危险的前提下，充分发挥其造景功能和观赏特性，正确对待与合理利用观赏植物。

常见的带有毒性的观赏植物有：龙舌兰、文珠兰、石蒜、水仙、龟背竹、马蹄莲、矢车菊、牵牛花、桂竹香、鸢尾、紫云英、香豌豆、斑纹芦荟、万年青、花叶万年青、萱草、紫茉莉、虞美人、茉莉、山茶花等。人们在选择室内观赏植物时一定要注意了解植物的毒性是否会对人和室内环境造成危害，如黄色杜鹃、白色杜鹃、马蹄莲、一品红、万年青、紫荆花、含羞草、五色梅、天竺葵等。有些花草的香味对人的嗅觉有较强的刺激作用，夜晚还会排出大量废气，对人体不利，如夜来香、兰花、月季、百合、郁金香等，这种植物尤其不能放在卧室，特别是对于特殊人群，如老人、儿童、孕妇、过敏体质的人及病人等，都应禁止在室内摆放这些植物。有些花卉会使人产生过敏反应：如月季、玉丁香、五色梅、天竺葵、紫荆花等均有致敏性，如碰触抚摸它们往往会引起皮肤过敏，重则出现红疹奇痒难忍。

总之，对于观赏植物中的有毒植物，应充分了解其毒性和观赏特性，合理应用到人们的生活中。对于毒性大，且容易对人和动物等造成中毒的应尽量避免应用在园林观赏中；一些观赏价值高，且毒性不大，易于防治，不易对人和动物等造成中毒伤害的，应该充分发挥其园林功能和观赏特性。可以在人和动物等接触不到的地方栽植，或者设置栅栏等防护措施，避免中毒的发生。

8.3 环境资源有效利用

随着经济快速增长和城市化的不断加速，城市发展与资源保护、水资源短缺等环境承载力的矛盾，城市规模的不断扩大与中心城区绿地不断减少的矛盾，城镇化的不断加速与自然绿地资源保护的矛盾日益突出。

发展节约型园林是建设节约型社会的重要组成部分，也是城市园林绿化可持续发展的重要保证。2006 年，建设部召开了建设节约型园林会议，首次提出了节约型园林（economic type of landscape architecture）的概念，是我国经济社会发展到一定阶段，园林绿化建设理念上的一次重大革命。节约型园林绿化，就是以最小的资源和资金的投入，实现园林绿化最大的生态效益（ecological benefit）、景观效益、经济效益和社会效益等综合效益，促进城市园林绿化自身的可持续发展。

节约型园林包括节水、节材、节能、节地 4 个方面的内容，建设“节约性园林”的目标可分为 3 个层次：首先是在现行的园林绿地建设中注重资源和能源的节约，并在改善局部生态环境的同时，为人们提供亲近自然的方式和生活的空间；其次是完善城市的园林绿地体系，建立城市生态环境的保护屏障，创造适宜人类居住的城市环境；最终要在大地上实现自然与人的和谐并存。

在构建节约型园林的过程中，对观赏植物的选择性应用极为重要。要求植物应具备抗性强，生长势强、无或者少有病虫害发生，对土壤的适应范围广，对土壤肥力和水分要求低，具有耐旱、耐碱、耐阴和耐污染等特点。可以选择应用的资源节约型观赏植物有以下类型。

8.3.1 节水耐旱观赏植物

节水耐旱园林观赏植物（water-saving and drought-tolerant ornamental plants）是一大类植物种群，在我国北方具有丰富的野生资源可供开发利用。同时，在我国传统的园林绿化植物中有一部分植物具备节水耐旱的特性。节水耐旱园林观赏植物分为乔木、灌木（shrub）和草本地被植物三大系列，从景观效果可分为观叶类、观花类、观果类、常绿类等，可以充分满足景观设计对不同植物材料的选择。常见节水型地被观赏植物有马蔺、玉簪、景天类等；节水型阔叶植物有丝绵木、栾树、槐树、沙枣、臭椿、圆冠榆、垂榆等；常绿树种有龙柏、沙地柏等；花灌木有丁香、金银木、红瑞木、连翘、玫瑰、红刺玫、碧桃、火炬树、木槿、金叶女贞、紫叶李、红花刺槐等。

8.3.2 宿根花卉

宿根花卉繁殖、栽培、养护、管理措施简单粗放，而且大多数种类对环境条件要求不严，病虫害较少，一次种植，可以连年多次开花。宿根花卉种类多，形态、色彩丰富，花期各异，生态习性差异大，适合不同的种植环境。有许多品种具有耐寒、耐旱、耐水、耐湿、耐瘠薄、耐盐碱等功能，合理搭配能够造就色彩斑斓、绚丽多姿、季季有景的优美环境。宿根花卉具有较强的适应性，可以生长在土层薄的贫瘠土壤、干旱的山坡上或者在水边、潮湿地上。大量种植宿根花卉，可以扩大绿化和美化面积，提高园林绿地覆盖率，改善环境，提高生态效益和社会效益。

宿根花卉栽培要注重适地适花，如在空旷地或路边应选择喜阳的美丽金光菊、多枝千屈菜、羽扇豆、钓钟柳、飞燕草及鸢尾类、萱草类、景天类等；在林下、建筑物的北侧等光照不充足的地方应选择耐阴性好的白芨、玉簪、多花筋骨草等；在水中栽植可选择荷花、花叶芦竹、花叶水葱、黄菖蒲等，利用水生或湿生植物净化美化水生环境，保护人工湿地；拓展绿化空间，增加城市绿化量，提高垂直绿化效果，可选择球兰、扶芳藤、铁线莲；在花坛及屋顶等绿地环境中可选择喜光、耐旱、耐贫瘠的八宝景天、三七景天、佛甲草等；城市街道和广场绿带，宜选择生长容易，耐粗放管理的荷兰菊、黑心菊、德景天、松果菊、地被菊、八宝景天等。

8.3.3 乡土植物

乡土植物（indigenous plants）指的是原产于本地区或通过长期引种、繁殖和栽培，已经完全适应本地区的气候和环境，并生长良好的植物。具有实用性强、易成活、利于改善当地环境和突出体现本地文化特色的诸多优点。同时，由于乡土植物对水肥的消耗低，因而种植和维护的成本较低。例如，北京地区的乡土植物大叶黄杨、垂柳、金银木、刺槐、石榴、栾树、玉兰、杜仲、榆叶梅、柿子、月季、龙爪槐、大叶铁线莲、金银花、雪松、白皮松、圆柏、西府海棠、芍药、牡丹、花椒、棣棠、蜀葵、爬山虎、紫薇、丁香、珍珠梅、紫藤、葡萄、萱草、迎春等，这些植物在园林中广泛应用。

每个城市的地理环境独特，相异的气候造就了独具地方特色的植物景观。用乡土植物模拟自然状态下的群落结构，是体现地方景观特色的最终出路，并且可以改变目前园林绿化树种单一雷同、城市风光特色缺失的面貌。在园林植物的选择方面要注重植物的地域性、本土性、适生性和实用性，节能型园林植物理念的形成和其研究、应用，就是放弃主观园林的理念，使我们的城市园林绿化回归自然、实用、特色的本来面目。

思考题

1. 比较温度胁迫与干旱胁迫机理的差异，并列举常见的抗旱观赏植物。
2. 简述光胁迫及观赏植物的适应机理，并列举常见的观赏植物。
3. 简述涝胁迫及观赏植物的适应机理，并列举常见的观赏植物。
4. 植物的抗盐机理是什么？列举北方常见耐盐观赏树木15种。
5. 主要的土壤重金属污染源是什么？观赏植物的适应机理如何？
6. 城市环境与自然环境的主要差异是什么？园林绿化对环境的改善作用有哪几个方面？

附录 我国各地区抗污染园林植物名录*

（一）常见抗二氧化硫（SO_2）的绿化树种

1. 华北地区

抗性强的：白皮松、桧柏、杜松、臭柏、侧柏、美国侧柏、加拿大杨、毛白杨、垂柳、旱柳、馒头柳、立柳、龙爪柳、银杏、核桃、白榆、大果榆、榉树、刺槐、国槐、皂荚、臭椿、构树、泡桐、柿树、君迁子、山茱萸、小叶白蜡、桂香柳、紫穗槐、紫藤、花椒、锦熟黄杨、大叶黄杨、雪柳、杠柳、连翘、金银木、接骨木、欧洲锈球、黑果绣球、朝鲜忍冬、海仙花、金银花、中国凌霄。

抗性中等的：云杉、华山松、桑树、板栗、法国梧桐、梓树、五角枫、榆叶梅、黄刺玫、紫薇、胡颓子、猬实、海州常山、美国凌霄。

抗性弱的：复叶槭、文冠果、雪松、油松。

2. 东北地区

抗性强的：刺槐、加拿大杨、银杏、臭椿、美国白蜡、山皂角、紫杉、榆树、茶条槭、大叶朴、枫杨、梓树、黄蘗、银白杨、鱼鳞松、黑松、紫椴、冷杉、旱柳、锦带花、侧柏、榆叶梅、桃叶卫矛、稠李。

抗性中等的：樟子松、柞树、白桦、白杨、刺梅果、东北赤杨、鼠李、杜仲。

抗性弱的：油松、杜松、青杆、侧柏、红松、辽东冷杉、钻天杨。

3. 西北地区

抗性强的：臭椿、国槐、白蜡、刺槐、龙爪槐、冬果梨。

抗性较强的：沙刺、旱柳、洋槐、华北丁香、连翘、山荆子、牡丹、核桃、紫丁香、榆叶梅。

抗性中等的：钻天杨、白榆、梨树、桃树、桧柏。

抗性弱的：青杨、侧柏、苹果、复叶槭。

4. 华东地区

抗性强的：茶花、胡颓子、大叶黄杨、桂花、木芙蓉、络石、雀舌黄杨、油茶、菠萝花、金边黄杨、棕榈、卫矛、茶梨、珊瑚树、苹果、夹竹桃、罗汉松、石楠、枸橘、金橘、枸骨、柳杉、桧柏、扁柏、花柏、垂柳、麻栎、厚皮香、白栎、青刚、板栗、紫楠、苦楝、

* 引自：赵世伟．园林植物景观设计与营造．北京：中国城市出版社，2001.

榔榆、海桐、广玉兰、山玉兰、七叶树、中带草、湖北山楂、八角枫、重丝海棠、山胡椒、柞木、月桂、长山核桃、硕苞蔷薇、腊梅、倭海棠、郁李、枫香、杨梅、白玉兰、鸡爪槭、重瓣樱花、毛竹、铺地柏、红叶李、四季竹、羽毛枫、瑞香、木瓜、水杨梅、薜荔、沙朴、丁香、绣线荚蒾、黄连木、枣树、山膀光、金银花、圆榧、豹皮樟、单瓣樱花、洒金瀛珊瑚。

抗性中等的：含笑、紫薇、蚊母树、栀子花、紫藤、黄馨、十大功劳、水蜡、紫荆、白柏、马褂木、香樟、乌柏、槐树、杜仲、重阳木、俣欢、无患子、杜樱、青桐、泡桐、白皮松、绣线菊、梅、湿地松、木香、木笔、油柿、绣球、西府海棠、贴梗海棠、南天竹、平头赤松、红枫、哭靥花、黄檀、三角枫。

抗性弱的：池杉、金丝桃、化香、金钟花、盘槐、黑松、杜鹃、十姐妹、石榴、水杉、金钱松、雪松、悬铃木。

5. 华南地区

抗性强的：银花、仙人掌、木麻黄、高山榕、美丽榕、印度橡胶榕、花叶印度橡胶榕、红叶榕、苦楝、古巴牛乳树、海芒果、黄花夹竹桃、小叶驳骨丹、仙人掌、柯甫木。

抗性较强的：竹柏、广玉兰、含笑、鹰爪、天竺桂、紫红宝巾、海桐花、油茶、肖薄桃、红果仔、白树油树、番石榴、海南蒲桃、蒲桃、阿珍榄仁、法国枇杷、千果榄仁、黄槿、石栗、红背桂、蝴蝶果、孔雀豆、海南油楠、刺桐、海南红豆、华南朴、菠萝蜜、对叶榕、菩提榕、桑树、黄皮、九里香、粗枝米仔兰、米仔兰、麻楝、大叶桃花心木、樟叶槭、芒果、扁桃果、人心果、牛乳果、盘架子、硬头黄、青皮竹、慈竹、厚壳树、假槟榔、散尾葵、鸡蛋花。

抗性较弱的：侧柏、樟树、肉桂、钝叶樟、大叶紫薇、红木、嘉赐树、大叶桉、白千层、聚果木、铁力木、梧桐、假苹婆、翻白叶树、木棉、木芙蓉、红桑、变叶木、耳叶相思、台湾相思、光叶决明、黄槐、凤凰木、垂花无忧树、海南黄檀、啄尖红豆、米老排、垂叶榕、黄葛榕、铁冬青、岭南臭椿、细子龙、龙眼、人面、大叶女贞、狗牙花、红花夹竹桃、白蝉、蒲葵、吊丝球竹、羽叶垂花树。

抗性弱的：湿地松、马尾松、水松、地柏、落羽松、羽花柏、白兰、火力楠、油梨、散沫花、柔胶木、母生、番木瓜、柠檬桉、水石榕、大红花、佛肚树、一品红、火果、南洋楹、羊蹄甲、腊肠树、铁刀木、仪花、花榈木、红苞木、麻栎、白栎、栓皮栎、多果榕、大叶水榕、变色榕、疏齿榕、白榄、三角榄、桫椤、复叶羽栾、荔枝、番龙眼、喜树、山指甲、夜来香、团花、乌檀、福建茶、红楸、假连翘。

6. 西南地区

抗性强的：海桐、大叶黄杨、油樟、夹竹桃、油茶、法桐、榕树、栾树、木麻黄、水杉、女贞、臭椿、白蜡、梧桐、樟树、苦楝、泡桐、国槐、刺槐、合欢、板栗、罗汉松、珊瑚树、油橄榄、芭蕉、柚子、石榴、棕榈、桑树、皂荚、乌柏、木槿、油茶、榆树、核桃、桂花、黄竹。

抗性弱的：雪松、檫木、杜仲、加拿大杨、樱花、油桐、马尾松。

（二）常见抗氟化氢（HF）的绿化树种

1. 华北地区

抗性强的：白皮松、桧柏、侧柏、臭柏、银杏、垂柳、国槐、构树、臭椿、泡桐、紫薇、紫穗槐、朝鲜忍冬、接骨木、欧洲绣球、大叶黄杨、锦熟黄杨、金银花。

抗性中等的：华山松、桑树、杜仲、紫藤。

抗性弱的：油松、山桃、榆叶梅、葡萄。

2. 东北地区

抗性强的：黑松、樟子松、鱼鳞松、刺梅果、桃叶卫柔、小青杨、侧柏、美国黑松、杜仲、北京丁香。

抗性中等的：落叶松、山楂、白丁香、小叶杨、水曲柳、锦鸡儿、臭松、文冠果、鼠李、水蜡树、五角槭、稠李、叶底珠。

抗性弱的：银杏、糖槭、榆树、锦带花、榆叶梅、白桦、紫丁香、南蛇藤、连翘、旱垂柳、爆竹柳、茶条槭、毛赤杨、花曲柳、雪柳、臭榆、皂荚、孩儿拳头。

3. 西北地区

抗性强的：柳树、刺槐、国槐、旱柳、臭椿、河北杨、栾树、侧柏、青杨、龙爪柳、核桃、箭杆杨、五角枫、白蜡、小叶杨、加杨、枣树、李、沙枣。

抗性中等的：冬果梨、黄香蕉苹果、臭椿、柽柳、葡萄、丁香、连翘、玫瑰、榆叶梅。

4. 华东地区

抗性强的：梨树、柑橘类、桦树、接骨木、美洲椴、桧柏、糖槭、悬铃木、刺槐、英国栎、青冈栎、蚊母、棕榈、石楠、大叶黄杨、梧桐、紫楠、板栗、丝兰、广玉兰、枳橙、栀子、天竺桂、海桐、瓜子黄杨、女贞、夹竹桃、槲栎、麻烁。

抗性中等的：白玉兰、柳杉、桐钱树、挪威槭、糙叶树、槐树、喜树、核桃、无花果、苹果、黑核桃、唐棣、丁香、大黄、防风、白蜡、欧洲山杨、欧椴、栓皮栎、钻天杨、银白云杉、漆树、紫缕杉。

抗性弱的；黄连木、拐枣、枫树、水杉、檫树、悬铃木、桂香柳、池柏、湿地松、健杨、青檀、马尾松。

5. 华南地区

抗性强的：海桐、花叶橡胶榕、橡胶榕、小叶榕、大叶榕、红花夹竹桃、大红花、鸡蛋花、蒲葵、火力楠、竹柏、米仔兰、九里香、蒲桃。

抗性中等的：木麻黄、黄皮、侧柏、大叶桃花心木、菠萝蜜、白兰、香椿、石栗、大王椰子、樟树、苦楝、麻楝、黄梁木、构树、母生、羊蹄甲。

抗性弱的：假连翘、山指甲、水杉、落羽杉、杉树、马尾松、窿缘桉、柠檬桉、芒果、红背桂、人面子、龙眼、八宝树、白千层、南洋楹、苹婆、银桦。

6. 西南地区

抗性强的：构树、大叶黄杨、夹竹桃、无花果、石楠、山茶、榕树、女贞、棕榈、重阳木、枫树、桧柏、龙柏、侧柏、朴树、梧桐、槭树、珊瑚树、苦楝、香樟、刺槐、灯台树、樟树、枣、泡桐、榆树、枇杷、青杠、柚子、油樟、桑树、法桐、广柑、桂花、石榴、乌柏、梨、油橄榄、接骨木、花椒。

抗性弱的：葡萄、雪松、水杉、桃。

（三）常见抗氯气（Cl_2）的绿化树种

1. 华北地区

抗性强的：白皮松、桧柏、臭柏、侧柏、银杏、加拿大杨、毛白杨、刺槐、臭椿、皂荚、合欢、柽柳、枣树、鼠李、紫藤、锦熟黄杨、大叶黄杨、欧洲绣球。

抗性中等的：华山松、胡颓子、桂香柳、连翘、枸杞、海州常山、月季。

抗性弱的：油松、文冠果、水蜡、葡萄。

2. 东北地区

抗性强的：黑松、樟子松、鱼鳞松、红松、美国黑松、侧柏、杜仲、白桦、茶条槭、臭椿、鼠李、荚蒾、小青杨。

抗性中等的：落叶松、臭松、茶藨子、月季、皂荚、北京丁香、榆树、南蛇藤、糖槭、文冠果、水蜡树。

抗性弱的：紫丁香、苹果、白丁香、连翘、桃叶卫柔、山杏、水曲柳、榆叶梅、山茶、锦带花、山杨、旱垂柳、锦鸡儿、爆竹柳、毛赤杨、稠李、胡桃楸、小叶杨、李子、紫椴、黄菠萝、绣线菊、叶底珠、孩儿拳头、五角枫、雪柳。

3. 西北地区

抗性强的：黄杨、女贞、海桐、臭椿、柳树、合欢。

抗性中等的：刺槐、柳树、杨树。

抗性弱的：法桐、杨树、梨树、刺柏。

4. 华东地区

抗性强的：夹竹桃、珊瑚树、大叶黄杨、瓜子黄杨、香抛、女贞、香樟、海桐、栀子花、构树、臭椿。

抗性较强的：无患子、苦楝、千头柏、龙柏、垂柳、泡桐、梓树、加拿大杨。

抗性较弱的：梧桐、葡萄、水杉、沙林、法桐。

抗性弱的：桧柏、侧柏、腊梅、紫荆、榉树、合欢、重阳木。

5. 华南地区

抗性强的：印度榕、高山榕、花叶印度榕、细叶榕、木麻黄、海南红豆、肉桂、苦梓、落地生根、龙舌兰、美丽榕。

抗性较强的：薄桃、果、扁桃、阴香、蝴蝶果、牛乳树、古巴牛乳树、菠萝蜜、樟叶槭、银桦、石栗、黄槿、番石榴、假槟榔、蒲葵、九里香、米仔兰、夹竹桃、桂化、松叶牡丹、小叶驳骨丹。

抗性较弱的：苏铁、竹柏、樟树、窿缘桉、铁力木、阿珍榄仁、榄仁树、台湾相思、黄葛榕、荷花玉兰、耳叶相思、铁冬青、大叶紫薇、盘架子、光叶杜英、细子龙、凤凰木、鸡蛋花、大叶女贞、山指甲、白蝉、红背桂。

抗性弱的；马尾松、落羽杉、白兰、三角榄、柠檬桉、梧桐、木棉、羊蹄甲、铁刀木、黄槐、荔枝、团花、水石榕、南洋楹、大红花、福建茶、假连翘、五彩铁树、木芙蓉、散沫花、木槿。

6. 西南地区

抗性强的：夹竹桃、小叶榕、大叶黄杨、海桐、广玉兰、山茶、无花果、卫矛、臭椿、榉树、枫杨、水杉、构树、银桦、木麻黄、梧桐、法桐、罗汉松、青杠、油茶、龙柏、杜仲、苦楝、印度榕、女贞、棕榈、重阳木、垂柳、银杏、泡桐、无患子、小叶女贞、珊瑚树、皂荚、白蜡、柚子、红橘、核桃、黄竹、广柑、香蕉、枣树、蒲葵、木槿、蓖麻、紫穗槐。

抗性弱的：天竺葵、锦葵、樱花、丁香、樱桃、桃树。

（四）其他防污染防火园林植物

1. 滞尘力强的树种

桧柏、龙柏、毛白杨、刺楸、刺槐、臭椿、腊梅、构树、重阳木、榆树、朴树、悬铃木、泡桐、榉、广玉兰、梧桐等。

2. 较好的防火树种

山茶、油茶、海桐、冬青、蚊母、八角金盘、女贞、杨梅、厚皮香、交让木、白榄、珊瑚树、枸骨、罗汉松、银杏、槲栎、栓皮栎、榉树等。

3. 抗有害气体的花卉

抗二氧化硫（SO_2）：美人蕉、紫茉莉、九里香、唐菖蒲、郁金香、菊、鸢尾、玉簪、仙人掌、雏菊、三色堇、金盏花、福禄考、金鱼草、蜀葵、半枝莲、垂盆草、蛇目菊等。

抗氟化氢（HF）：金鱼草、菊、百日草、虎耳草、美人蕉、紫罗兰、风铃草、耧斗菜、葱兰、萱草、一串红等。

抗氯气（Cl_2）：大丽菊、蜀葵、百日草、千日红、醉蝶花、紫茉莉、蛇目菊等。

中英文索引

参考文献

1. 郗荣庭．果树栽培学总论．北京：中国农业出版社，1999.
2. 陆时万，等．植物学（上册）．北京：高等教育出版社，1983.
3. 陈有民．园林树木学．北京：中国林业出版社，1990.
4. 荆家海．植物生理学．西安：陕西科学技术出版社，1990.
5. ［美］H·T·哈特曼，等．植物繁殖原理和技术．郑开文，等译．北京：中国林业出版社，1985.
6. 北京林业大学园林系花卉教研组．花卉学．北京：中国林业出版社，1988.
7. 陈俊愉，程绪珂．中国花经．上海：上海文化出版社，1991.
8. 陈俊愉．中国农业百科全书——观赏园艺卷．北京：中国农业出版社，1996.
9. 鹤岛久男．新编花卉园艺．东京：养贤堂株式会社，1996.
10. 高俊平，姜伟贤．中国花卉科技二十年，北京：科学出版社，2000.
11. 施振周，刘祖琪．园林花木栽培手册．北京：中国农业出版社，1999.
12. 余树勋，吴应祥．花卉词典．北京：农业出版社，1993.
13. 孙可群，张应麟，龙雅宜，等．花卉及观赏树木栽培手册．北京：中国林业出版社，1985.
14. 潘瑞炽，董愚得．植物生物学．北京：高等教育出版社，1995.
15. J·D·比尤利，M·布莱克．种子萌发的生理生化．何泽瑛，等译．广州：东南大学出版社，1990.
16. 陈有民．园林树木学．北京：中国林业出版社，1990.
17. 高信曾．植物学．北京：高等教育出版社，1978.
18. J·B·哈本．黄酮类化合物．北京：科学出版社，1983.
19. 包满珠．植物花青素基因的克隆及应用．园艺学报，1997.
20. 胡惠蓉，王彩云，包满珠．温光处理调控观赏植物花期的研究进展．园艺学报，2000.
21. 程金水．园林植物遗传育种学，北京：中国林业出版社，2000.
22. 南京农学院，华南农学院．植物学．上海：上海科学技术出版社，1978.
23. 郑湘如，等．植物学．北京：中国农业大学出版社，2001.
24. 郭维明，等．观赏园艺概论．北京：中国农业出版社，2001.
25. 颜启传．种子学．北京：中国农业出版社，2001.
26. 李光晨．园艺通论．北京：中国农业大学出版社，2000.
27. 万蜀渊．园艺植物繁殖学．北京：中国农业出版社，1996.
28. 加藤幸雄．植物生殖生理学．北京：科学出版社，1987.
29. 周云龙．植物生物学．北京：高等教育出版社，1999.
30. 赵玉巧，等．新编种子知识大全．北京：中国农业科技出版社，1998.
31. 赵庚义，等．草本花卉育苗新技术．北京：中国农业大学出版社，1997.
32. 熊济华．观赏树木学．北京：中国农业出版社，1998.
33. 国家林业局国有林场和林木种苗工作总站．木本植物的种子．北京：中国林业出版社，2000.
34. 俞玖．园林苗圃学．北京：中国林业出版社，1988.

35. 陈俊愉．中国花卉品种分类学．北京：中国林业出版社，2001.
36. 刘青林．梅花起源与演化问题初探．北京林业大学学报，1996，18（2）：78－82.
37. 刘金，谢孝福．观赏竹．北京：中国农业出版社，1999.
38. 郭维明，毛龙生．观赏园艺概论．北京：中国农业出版社，2001.
39. 赵兰勇，杜明芸，盛英群．园林花木最佳观赏期调查与划分标准研究．山东农业大学学报，1996，27（1）：105－110.
40. 胡中华，刘师汉．草坪与地被植物．北京：中国林业出版社，1994.
41. 卢思聪．兰花栽培入门．北京：金盾出版社，1990.
42. 卢思聪．中国兰与洋兰．北京：金盾出版社，1994.
43. 松泽正二．洋兰家庭栽培．赵梁军译．北京：中国林业出版社，2001.
44. 鲁涤非．花卉学．北京：中国农业出版社，1998.
45. 刘宏涛．草本花卉栽培技术．北京：金盾出版社，1999.
46. 李杨汉．植物学．2 版．上海：上海科学技术出版社，1984.
47. 郭志刚，张伟．球根类．北京：清华大学出版社，1999.
48. 余书文，汤章程．植物生理与分子生物学．北京：科学出版社，1998.
49. 柳梭，谢从华．马铃薯块茎发育机理及其基因表达．植物学通报，2001，18（5）：531－539.
50. 郭维明，毛龙生．观赏园艺概论．北京：中国农业出版社，2001.
51. 邵莉楣．观赏蕨类的栽培与用途．北京：金盾出版社，1994.
52. 王敬国．资源与环境概论．北京：中国农业大学出版社，2000.
53. 王忠．植物生理学．北京：中国农业出版社，2000.
54. 熊济华．观赏树木学．北京：中国农业出版社，1998.
55. 邹秀文，邢全，黄国振．水生花卉．北京：金盾出版社，1999.
56. 树木学（南方本）编写委员会．树木学（南方本）．北京：中国林业出版社，1994.
57. 赵可夫，王韶唐．作物抗性生理．北京：农业出版社，1990.
58. 陈自新，许慈安译．树木生态与养护．北京：中国建筑出版社，1987.
59. 翟志席，郭玉梅，等译．植物生态生理学．北京：中国农业大学出版社，1997.
60. 崔晓阳，方怀龙．城市绿地土壤及其管理．北京：中国林业出版社，2001.
61. 潘晓玲，党荣理，等．西北干旱荒漠区植物区系地理与资源利用．北京：科学出版社，2001.
62. 买永彬，顾方乔．农业环境学．北京：中国农业出版社，1994.
63. 杨小波，吴庆书．城市生态学．北京：科学出版社，2001.
64. 张和平，刘云国．环境生态学．北京：中国林业出版社，2002.
65. 江苏省植物研究所．城市绿化与环境保护．北京：中国建筑出版社，1981.
66. 祝廷成，钟章成，等．植物生态学．北京：高等教育出版社，1988.
67. 野泽敬．朝日园艺百科（Vol. 5－6，14－17）．东京：朝日新闻社，1985.
68. 祖本洋太朗监修．花卉园艺大事典．东京：养贤堂，1984.
69. 柴田忠裕．Conefer. 东京：诚文堂新光社，1999.
70. 饭岛健太朗．多肉植物．东京：Soft Scienec 社，1999.
71. 白瑞琴．蜀葵、二月蓝镉铅积累及毒害生理机制的研究．内蒙古农业大学博士学位论文．
72. 白向玉，刘汉湖．重金属污染土壤的花卉植物修复技术研究进展及发展趋势．安徽农业科学，2009，

37（18）：8672－8674.
73. 曹涤环，刘静．宿根花卉园林绿化的新宠．山东科技报，2008，11（10）：007 版．
74. 陈发棣，车代弟．观赏园艺学通论．北京：中国林业出版社，2009.
75. 陈宏．芳香植物在园林中运用的现状与形式．上海农业科技，2010，4：68－70.
76. 陈辉，张显．浅析芳香植物的历史及在园林中的应用．山西农业科学，2005，3：140－142.
77. 陈俊愉，程绪珂．中国花经．上海：上海文化出版社，1990.
78. 陈彦霖．关于建设节约型园林的思考．现代农业科技，2009，21：173－177.
79. 封义强．浅谈土壤污染对园林植物的影响．辽宁交通科技，2005：93－94.
80. 古岩，潘黎．室内观赏植物的生态保健作用．家具与室内装饰，2010，10：86－87.
81. 郭婧茹，唐岱．节约型园林及其园林植物的应用．黑龙江农业科学，2009，6：94－95.
82. 韩会新．浅谈立体绿化．河北林业科技，2005，12：102－103.
83. 黄小飞，杨柳青．浅议节约型园林绿化及其主要类型．湖南林业科技，2010，37（1）：54－59.
84. 林艳云．芳香植物在园林绿化中的应用．环境科学，2009，1：123－125.
85. 刘万玲．重金属污染及其对植物生长发育的影响．安徽农业科学，2006，34（16）：4 026－4 027，4 030.
86. 刘永红．土壤重金属污染及其修复技术研究进展．土壤科学与生态安全和环境，357－369.
87. 鲁凤娟，杜洁．浅谈观赏植物在人类生活中的价值．生态与环境，2008，30：207.
88. 曲影．园林植物中的有毒植物．内蒙古林业调查设计，2008，31（4）：95－97.
89. 邵泽强．花卉植物修复铅污染土壤的研究现状及展望．环境科学与管理，35（9）：23－25.
90. 孙玉珍．花卉植物对锰污染的耐性及其影响因子研究．湖南农业大学硕士学位论文．
91. 田静．观赏植物的应用与发展．重庆工商大学学报（自然科学版），2005，22（3）：241－245.
92. 王艳杰．近 10 年来土壤重金属污染植物修复研究．首都师范大学学报（自然科学版），2004，25（12）：141－145.
93. 吴卓珈，徐哲民．芳香植物的研究进展．安徽农业科学，2005，33（12）：2 393－2 396.
94. 修美玲．当园艺成为疗法．生命世界，2006，5：64－69.
95. 徐红霞．关于观赏植物的一些思考．科学大众·科学教育，2009，11：130.
96. 燕傲蕾，吴亭亭．三种观赏植物对重金属镉的耐性与积累特性．生态学报，2010，30（9）：2 491－2 498.
97. 杨世勇．重金属对植物的毒害及植物的耐性机制．安徽师范大学学报（自然科学版），27（1）：72－74.
98. 杨晓明，田国行，邢俊敏．园艺疗法及其园林应用．西北林学院学报，2007，22（5）：182－187.
99. 于金平，钱永秋，任全进．宿根花卉的特点及其在园林绿地中的应用原则．现代农业科技，2008，3：74－76.
100. 张频．抗污染园林植物的选择．江西农业大学学报，2004，26（6）：291－293.
101. 张淑琴．观赏植物的用途．中国林副特产，2000，2：50.
102. 张廷华，刘青林．节约型园林的植物之路初探．现代园林，2008，11：23－26.
103. 朱建宁．促进人与自然和谐发展的节约型园林．中国园林，2009，2：78－82.
104. J Cohat. The physiology of flower bulbs. Elsevier Science Publishers B. V., 1993.
105. James Underwood Crockett. Bulbs. TIME-LIFE Book. 1971.

106. John E, Bryan on bulbs, John E Bryan. New York Macmillan Company, 1994.
107. Alisdair R Ferule, Lothar Willmitzer. Molecular and biochemical triggers of potato tuber 11. development. Plant Physiology, 2001, 127 (4) .
108. Raymond P. Poineelot. Horticulture: Principles and practical applications. Prentice-Hall, INC. , Englewood Cliffs. New Jersey, 1980.
109. Gordon R. H, alfacer, John A. Barden, Horticulture, Mcgraw – Hill, INC, Newy Ork, 1979.
110. Steven M Still. Manual of herbaceous ornamental plants. Champaign Illionois: Stipes Publishing L. L. C. , 1994.
111. Savin K L, Baudioetts S C, Graham M W, *et al.* Antisenes ACC oxidase RNA delays carnation petal senescence. HortScience, 1995.
112. David Win. Recd. Water, Media, and Nutrition for Greenhouse eropa. Illinois, Ball Publishing, 1996.
113. Jim Nau Ball Culture Guide (The Encyclopedia of Seed Germination), Illinois, Ball Pubishing, 1999.
114. Simmonds N W. Evolution of Coop Plant. Condon and New York: Longman, 1976.

